计算机科学与技术专业核心教材体系建设——建议使用时间

课程系列	基础系列	电类系列	程序系列	系统系列	应用系列	选修系列
四年级下						
四年级上			软件工程综合实践	计算机体系结构	计算机图形学	机器学习 物联网导论 大数据分析技术 数字图像技术
三年级下			软件工程 编译原理		人工智能导论 数据库原理与技术 嵌入式系统	
三年级上			算法设计与分析	计算机网络		
二年级下			数据结构	计算机系统综合实践		
二年级上	离散数学(下)	数字逻辑设计 数字逻辑设计实验	面向对象程序设计 程序设计实践	操作系统		
一年级下	离散数学(上) 信息安全导论	电子技术基础	计算机程序设计	计算机原理		
一年级上	大学计算机基础					

面向新工科专业建设计算机系列教材

Python 数据分析案例教程

（微课版）

于晓梅　李　贞　郑向伟　朱　磊◎编著

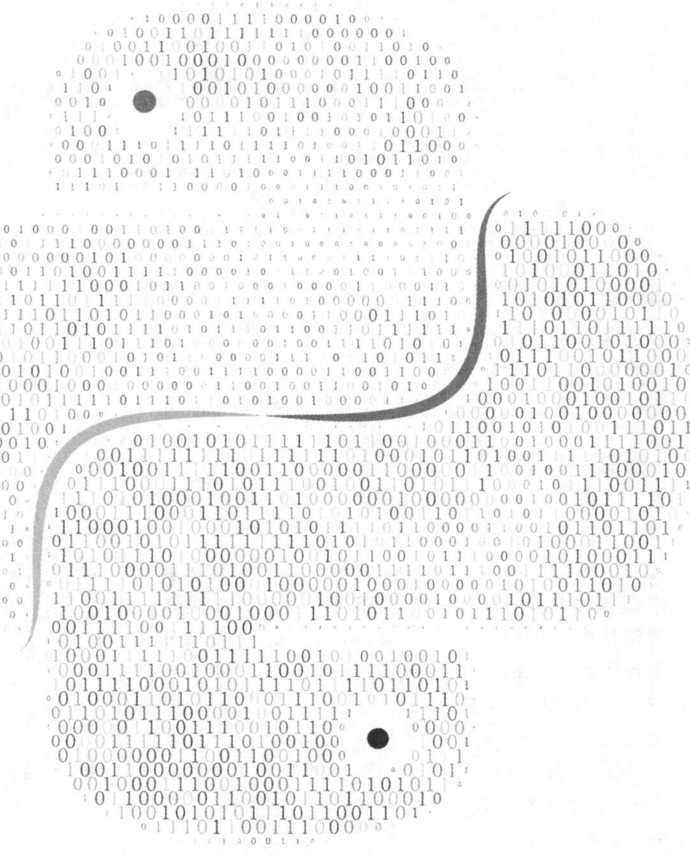

清華大學出版社
北　京

内 容 简 介

本书内容从Python基础到扩展库,从编程到数据分析,再到机器学习和深度学习,循序渐进,逐步推进知识点的实际应用。首先简要介绍数据分析相关概念和Python基础知识;然后按照数据分析的主要步骤,重点介绍数据获取、数据预处理、数据分析、数据可视化以及机器学习过程相关的扩展库,包括beautifulsoup4、numpy、matplotlib、pandas、pyecharts和sklearn等;最后将Python数据分析知识和实用案例有机结合,通过大量的实用案例演示相关理论和Python语言的应用。

本书适合作为高等院校本科生、研究生数据分析等课程的教材,也可以作为数据分析初学者的自学用书,还适合从事相关工作的工程师和爱好者阅读。

图书在版编目(CIP)数据

Python数据分析案例教程:微课版/于晓梅等编著. —北京:清华大学出版社,2022.6
面向新工科专业建设计算机系列教材
ISBN 978-7-302-60421-1

Ⅰ.①P… Ⅱ.①于… Ⅲ.①软件工具-程序设计-高等学校-教材 Ⅳ.①TP311.561

中国版本图书馆CIP数据核字(2022)第047962号

责任编辑: 白立军 薛阳
封面设计: 刘 乾
责任校对: 胡伟民
责任印制: 宋 林

出版发行: 清华大学出版社
网　　址: http://www.tup.com.cn,http://www.wqbook.com
地　　址: 北京清华大学学研大厦A座　　**邮　　编:** 100084
社 总 机: 010-83470000　　**邮　　购:** 010-62786544
投稿与读者服务: 010-62776969,c-service@tup.tsinghua.edu.cn
质量反馈: 010-62772015,zhiliang@tup.tsinghua.edu.cn
课件下载: http://www.tup.com.cn,010-83470236
印 装 者: 三河市铭诚印务有限公司
经　　销: 全国新华书店
开　　本: 185mm×260mm　　**印　张:** 34.25　　**插　页:** 1　　**字　　数:** 860千字
版　　次: 2022年6月第1版　　**印　　次:** 2022年6月第1次印刷
定　　价: 99.90元

产品编号:091951-01

出版说明

一、系列教材背景

人类已经进入智能时代，云计算、大数据、物联网、人工智能、机器人、量子计算等是这个时代最重要的技术热点。为了适应和满足时代发展对人才培养的需要，2017年2月以来，教育部积极推进新工科建设，先后形成了“复旦共识”“天大行动”“北京指南”，并发布了《教育部高等教育司关于开展新工科研究与实践的通知》《教育部办公厅关于推荐新工科研究与实践项目的通知》，全力探索形成领跑全球工程教育的中国模式、中国经验，助力高等教育强国建设。新工科有两个内涵：一是新的工科专业；二是传统工科专业的新需求。新工科建设将促进一批新专业的发展，这批新专业有的是依托于现有计算机类专业派生、扩展而成的，有的是多个专业有机整合而成的。由计算机类专业派生、扩展形成的新工科专业有计算机科学与技术、软件工程、网络工程、物联网工程、信息管理与信息系统、数据科学与大数据技术等。由计算机类学科交叉融合形成的新工科专业有网络空间安全、人工智能、机器人工程、数字媒体技术、智能科学与技术等。

在新工科建设的“九个一批”中，明确提出“建设一批体现产业和技术最新发展的新课程”“建设一批产业急需的新兴工科专业”。新课程和新专业的持续建设，都需要以适应新工科教育的教材作为支撑。由于各个专业之间的课程相互交叉，但是又不能相互包含，所以在选题方向上，既考虑由计算机类专业派生、扩展形成的新工科专业的选题，又考虑由计算机类专业交叉融合形成的新工科专业的选题，特别是网络空间安全专业、智能科学与技术专业的选题。基于此，清华大学出版社计划出版“面向新工科专业建设计算机系列教材”。

二、教材定位

教材使用对象为“211工程”高校或同等水平及以上高校计算机类专业及相关专业学生。

三、教材编写原则

(1) 借鉴 *Computer Science Curricula* 2013(以下简称 CS2013)。CS2013 的核心知识领域包括算法与复杂度、体系结构与组织、计算科学、离散结构、图形学与可视化、人机交互、信息保障与安全、信息管理、智能系统、网络与通信、操作系统、基于平台的开发、并行与分布式计算、程序设计语言、软件开发基础、软件工程、系统基础、社会问题与专业实践等内容。

(2) 处理好理论与技能培养的关系,注重理论与实践相结合,加强对学生思维方式的训练和计算思维的培养。计算机专业学生能力的培养特别强调理论学习、计算思维培养和实践训练。本系列教材以"重视理论,加强计算思维培养,突出案例和实践应用"为主要目标。

(3) 为便于教学,在纸质教材的基础上,融合多种形式的教学辅助材料。每本教材可以有主教材、教师用书、习题解答、实验指导等。特别是在数字资源建设方面,可以结合当前出版融合的趋势,做好立体化教材建设,可考虑加上微课、微视频、二维码、MOOC 等扩展资源。

四、教材特点

1. 满足新工科专业建设的需要

系列教材涵盖计算机科学与技术、软件工程、物联网工程、数据科学与大数据技术、网络空间安全、人工智能等专业的课程。

2. 案例体现传统工科专业的新需求

编写时,以案例驱动,任务引导,特别是有一些新应用场景的案例。

3. 循序渐进,内容全面

讲解基础知识和实用案例时,由简单到复杂,循序渐进,系统讲解。

4. 资源丰富,立体化建设

除了教学课件外,还可以提供教学大纲、教学计划、微视频等扩展资源,以方便教学。

五、优先出版

1. 精品课程配套教材

主要包括国家级或省级的精品课程和精品资源共享课的配套教材。

2. 传统优秀改版教材

对于已经出版的、得到市场认可的优秀教材,由于新技术的发展,计划给图书配上新的教学形式、教学资源的改版教材。

3. 前沿技术与热点教材

反映计算机前沿和当前热点的相关教材，例如云计算、大数据、人工智能、物联网、网络空间安全等方面的教材。

六、联系方式

联系人：白立军
联系电话：010-83470179
联系和投稿邮箱：bailj@tup.tsinghua.edu.cn

“面向新工科专业建设计算机系列教材”编委会
2019 年 6 月

面向新工科专业建设计算机系列教材编委会

FOREWORD
前言

人们身边的每一台生产设备、每一件智能终端、每一项工作流程，乃至每个人每天的生产生活过程，都不间断地产生新数据。银行、零售、互联网甚至传统的制造业累积了海量的、高增长率、多样化的数据。随着互联网和信息技术的快速发展，数据的种类和数量呈爆炸式增长，以数据为核心的信息革命已悄然发生。进行数据采集、存储、处理、分析、应用和展示，开发数据的功能，发挥数据的作用，最终实现数据的价值，对数据分析和处理提出了更高的要求。各行各业开始逐步开发和应用模型、工具和算法分析数据，从海量数据中总结出规律，辅助决策。

数据分析是大数据时代数学应用的主要方法，也是"互联网+"相关领域的主要数学方法，已经深入科学、技术、工程和现代生活的各个方面。在产品的整个生命周期，包括从市场调研到售后服务和最终处置的各个阶段，都需要适当运用数据分析过程，以提升有效性，数据分析成为当前企业管理过程中不容忽视的重要支撑点。有了大量完整、真实、有效数据的支撑，企业才能对未来行业的发展趋势进行有效预测，从而采取积极应对措施，制定良好战略。数据分析在各个领域的成功应用，促使企业和政府部门期望各业务部门的工作都由数据分析能力强的人员承担，更希望员工能够探索有效的数据分析方法，并根据实际应用场景分析数据，做出决策。因此，市场对毕业生的数据分析和处理能力提出了更高要求，需要具备良好数据分析技能的人才。这不仅要求学生会使用有效的数据分析工具，而且要求学生能够构建模型和理解算法本身，更需要学生具备跨学科的实践能力，将传统模型和算法逻辑应用到实际生产、生活场景，解决现实问题。

在众多编程语言中，Python 语言越来越受到数据分析人员的喜爱。其简洁的语法、强大的功能、丰富的扩展库和开源免费、简单易学的低门槛特点，使得越来越多的公司使用 Python 进行数据分析领域的软件开发。目前，Python 成为最适合做数据分析、数据处理和数据可视化的语言。

本书首先简要介绍数据分析相关概念和 Python 基础知识，然后按照数据分析的主要步骤，重点介绍数据获取、数据预处理、数据分析、数据可视化以及机器学习过程相关的扩展库，包括 beautifulsoup4、numpy、matplotlib、pandas、pyecharts 和 sklearn 等，最后将 Python 数据分析知识和实用案例有机结合,通过大量的实用案例演示相关理论和 Python 语言的应用。一方面,本书跟踪 Python 数据分析的发展,精心选择内容,突出重点,强调实用,使知识讲解全面、系统;另一方面,本书将知识融入案例,每个案例都有相关的知识讲解,部分知识点还有用法示例,既有助于知识学习,又有利于应用实践。

本书基于作者主持的 Python 数据分析混合式课程教学内容完成。从 Python 基础到扩展库,从编程到数据分析,再到机器学习和深度学习,循序渐进,逐步推进知识点的实际应用。本书精选数据分析实际应用中常用的经典技术,甄选贴近真实场景、有时代气息的数据集,提供经典的源代码,帮助学生梳理数据分析的规范流程;许多源代码经过改写,举一反三,可以用于解决类似的实际问题。本书兼顾理论和实践,学习内容既有基础知识,又有教学案例,还有综合实战。以案例驱动的方式,在案例中体会理论的效果,在实战中领略理论的强大优势并融会贯通,将知识转化为能力,并通过实战检验能力。

本书适合作为高等院校本科生、研究生数据分析等课程的教材,也可以作为爱好或从事数据分析的研究人员和工程技术人员的参考资料。本书内容新,数据分析案例贴近当前实际应用,重点突出,学以致用。本书逻辑结构流畅,篇幅合理,详略得当,非常适合一个学期 18～20 周的课程教学。经过三年的混合式教学实践证明,本书主要内容用于本科及研究生一学期的课程教学与实践,内容安排合理,教学过程流畅。

本书主要由山东师范大学于晓梅、山东管理学院李贞、山东师范大学郑向伟和朱磊编著,硕士研究生焦小桐、车雪玉、彭浩玮、付文响、宫兆坤和毛倩参与了素材整理及配套资源制作,赵丽香、尹强参与了校对整理工作,焦小桐还完成了 PPT 版面设计。此外,本书在写作过程中受到"山东省教育教学研究课题(2020JXY012)"、"山东省研究生教育教学改革研究重点培育项目(SDYJG19171)"、"教育部产学合作协同育人教学内容和课程体系改革项目(202002004035)"和"山东师范大学规划教材建设项目(2020GHJC16)"立项出版资助。

为方便读者实践和练习,对于书中全部任务的数据文件及源代码,读者可以登录"飞桨 AI Studio——人工智能学习与实训社区"下载。

由于作者水平有限,书中难免出现一些不足和疏漏之处。如果您有更多宝贵意见,欢迎发送邮件至邮箱 685601418@qq.com,期待能够得到您真挚的反馈。同时,本书更新内容将及时在"飞桨 AI Studio"官方网站上发布,读者可以关注网站查阅相关信息。

本书配套有教学课件和教学视频,可以扫描如下二维码并下载资源,下载资源并解压后,用微信扫描解压后的资源中的二维码,可以观看讲解视频和教学课件。

作　者

2022 年 5 月于济南

CONTENTS

目录

第1章　数据分析和 Python 概述 …………………………… 1

1.1　数据分析概述 …………………………… 1

1.1.1　数据、信息、知识 …………………………… 1

1.1.2　数据分析 …………………………… 5

1.1.3　数据分析、数据挖掘与机器学习 …………………………… 6

1.2　数据分析的基本步骤 …………………………… 7

1.2.1　明确目的 …………………………… 7

1.2.2　数据收集 …………………………… 8

1.2.3　数据预处理 …………………………… 8

1.2.4　数据分析 …………………………… 10

1.2.5　结果呈现 …………………………… 10

1.2.6　撰写报告 …………………………… 10

1.3　Python 概述 …………………………… 10

1.4　Python 环境安装与使用 …………………………… 12

1.4.1　IDLE 开发环境 …………………………… 12

1.4.2　Anaconda 开发环境 …………………………… 17

1.5　Python 库简介 …………………………… 24

1.5.1　标准库 …………………………… 24

1.5.2　扩展库 …………………………… 25

1.6　扩展库的获取和安装 …………………………… 25

1.6.1　安装 pip …………………………… 25

1.6.2　使用 pip 安装扩展库 …………………………… 26

1.6.3　手动安装 Python 扩展库 …………………………… 27

1.6.4　扩展库安装说明 …………………………… 28

1.6.5　使用 conda 安装扩展库 …………………………… 29

第 2 章　Python 基本语法…… 30

2.1　Python 程序的格式 …… 30
2.1.1　缩进要求…… 30
2.1.2　注释…… 31
2.1.3　关键字…… 32
2.1.4　标识符…… 33
2.1.5　常量和变量…… 34
2.2　数据类型 …… 35
2.2.1　对象…… 35
2.2.2　基本数据类型…… 36
2.2.3　数字类型…… 36
2.2.4　字符串…… 37
2.3　运算符和表达式 …… 42
2.4　程序的基本控制结构 …… 46
2.4.1　顺序结构…… 46
2.4.2　分支结构…… 50
2.4.3　循环结构…… 52
2.5　程序的异常处理 …… 56
2.5.1　Python 中的异常 …… 56
2.5.2　try…except…结构 …… 59
2.5.3　try…except…else…结构 …… 62
2.5.4　try…except…finally 结构 …… 62
2.6　函数 …… 63
2.6.1　函数定义…… 63
2.6.2　函数调用…… 64
2.6.3　函数的参数传递…… 65
2.6.4　匿名函数…… 67
2.6.5　变量的作用域…… 69
2.7　案例精选 …… 70

第 3 章　组合数据类型…… 77

3.1　组合数据类型的基本概念 …… 77
3.2　列表 …… 78
3.2.1　列表的创建与删除…… 78
3.2.2　列表的基本操作…… 79
3.2.3　列表可用操作符…… 83
3.2.4　列表常用函数…… 84

3.2.5 列表常用方法 …… 87

3.3 元组 …… 90

3.3.1 元组的创建与删除 …… 90

3.3.2 元组与列表的区别 …… 92

3.4 字典 …… 93

3.4.1 字典的创建和删除 …… 94

3.4.2 字典的基本操作 …… 95

3.5 集合 …… 98

3.5.1 集合的创建和删除 …… 99

3.5.2 集合的基本操作 …… 99

3.6 字符串常用方法 …… 101

3.7 推导式 …… 104

3.7.1 列表推导式 …… 104

3.7.2 字典推导式 …… 105

3.7.3 集合推导式 …… 105

3.8 迭代器对象和生成器表达式 …… 106

3.8.1 迭代器对象 …… 106

3.8.2 生成器表达式 …… 106

3.9 案例精选 …… 107

3.9.1 英文词频统计 …… 107

3.9.2 中文词频分析 …… 109

3.9.3 词云 …… 113

第4章 本地数据采集和操作 …… 116

4.1 文件的基本操作 …… 116

4.1.1 文件的打开 …… 116

4.1.2 文件的关闭 …… 118

4.1.3 文件的读写 …… 118

4.2 os 模块操作文件与目录 …… 122

4.2.1 os 模块常用操作 …… 122

4.2.2 os.path 模块常用操作 …… 123

4.3 JSON 文件操作 …… 124

4.3.1 JSON 数据 …… 124

4.3.2 JSON 文件操作 …… 125

4.4 CSV 文件操作 …… 127

4.4.1 普通方式读写 CSV 文件 …… 128

4.4.2 使用 csv 模块读写 CSV 文件 …… 129

4.4.3 使用 numpy 模块读写 CSV 文件 …… 129

4.4.4 使用 pandas 模块读写 CSV 文件 …… 132
4.5 Excel 文件操作 …… 133
4.5.1 读写.xls 格式的 Excel 文件 …… 134
4.5.2 读写 xlsx 格式的 Excel 文件 …… 138
4.5.3 使用 pandas 模块读写 Excel 文件 …… 139
4.6 SQLite 数据库操作 …… 142
4.6.1 SQLite 数据库简介 …… 142
4.6.2 SQL 语句 …… 142
4.6.3 sqlite3 模块 …… 145
4.6.4 操作 SQLite 数据库 …… 147
4.7 案例精选 …… 150
4.7.1 欧洲职业足球球员信息获取 …… 150
4.7.2 教工信息管理系统 …… 154

第 5 章 网络数据获取 …… 160

5.1 网络爬虫简介 …… 160
5.1.1 网络爬虫的定义 …… 160
5.1.2 网络爬虫的类型 …… 160
5.1.3 网络爬虫基本架构 …… 162
5.2 网页下载模块 …… 163
5.2.1 requests 库简介 …… 164
5.2.2 requests 库的使用 …… 164
5.3 网页解析模块 …… 167
5.3.1 beautifulsoup4 库简介 …… 167
5.3.2 文档对象模型 …… 167
5.3.3 创建 BeautifulSoup 对象 …… 168
5.3.4 查询节点 …… 169
5.3.5 获取节点信息 …… 172
5.4 scrapy 爬虫框架概述 …… 175
5.4.1 scrapy 爬虫框架简介 …… 176
5.4.2 scrapy 框架工作过程 …… 177
5.4.3 scrapy 爬虫框架的安装 …… 178
5.5 scrapy 框架的使用 …… 181
5.5.1 创建 scrapy 项目 …… 182
5.5.2 编写 Spider …… 183
5.5.3 执行爬虫 …… 185
5.5.4 构造爬取对象 …… 186
5.5.5 编写 pipeline 和配置数据 …… 189

5.6 精选案例 …… 191
5.6.1 《红楼梦》网络文本爬取 …… 191
5.6.2 空气质量数据爬取 …… 194

第 6 章 numpy 科学计算 …… 201

6.1 numpy 库简介 …… 201
6.2 数组对象 ndarray …… 201
6.2.1 ndarray 对象的创建 …… 202
6.2.2 ndarray 对象常用属性 …… 204
6.2.3 ndarray 对象基本操作 …… 205
6.2.4 索引和切片 …… 209
6.2.5 numpy 常用函数 …… 211
6.2.6 numpy 数组运算 …… 214
6.3 numpy 矩阵 …… 217
6.3.1 numpy 矩阵简介 …… 217
6.3.2 矩阵生成 …… 218
6.3.3 矩阵特征 …… 218
6.3.4 矩阵常用操作 …… 219
6.4 精选案例 …… 224
6.4.1 美国总统大选数据统计 …… 224
6.4.2 约会配对案例 …… 229

第 7 章 matplotlib 数据可视化 …… 236

7.1 探索性数据分析 …… 236
7.1.1 EDA 简介 …… 236
7.1.2 EDA 常用工具 …… 237
7.2 matplotlib 绘图基础 …… 238
7.2.1 matplotlib 绘图简介 …… 238
7.2.2 matplotlib 基本元素可视化 …… 240
7.2.3 matplotlib 的 ax 对象绘图 …… 248
7.2.4 matplotlib 绘制子图 …… 250
7.2.5 matplotlib 中文字体的显示 …… 252
7.3 定性数据可视化 …… 254
7.3.1 条形图 …… 254
7.3.2 帕累托图 …… 256
7.3.3 饼图 …… 256
7.3.4 环形图 …… 257
7.4 定量数据可视化 …… 259

7.4.1 直方图 …… 259
7.4.2 茎叶图 …… 261
7.4.3 箱线图 …… 262
7.4.4 折线图 …… 263
7.4.5 散点图 …… 265
7.4.6 气泡图 …… 267
7.4.7 雷达图 …… 268
7.4.8 矩阵图 …… 270
7.5 使用 matplotlib 绘制三维图形 …… 271
7.5.1 3D 绘图基本步骤 …… 272
7.5.2 3D 曲线 …… 272
7.5.3 3D 散点图 …… 273
7.5.4 3D 柱状图 …… 274
7.6 精选案例 …… 275
7.6.1 约会配对数据可视化 …… 275
7.6.2 《平凡的荣耀》收视趋势可视化分析 …… 280
第 8 章 pandas 数据分析 …… 290
8.1 认识 pandas …… 290
8.1.1 pandas 简介 …… 290
8.1.2 pandas 的安装与导入 …… 290
8.2 pandas 常用数据结构 …… 291
8.2.1 数据结构 Series …… 291
8.2.2 数据结构 DataFrame …… 295
8.2.3 Index 对象 …… 301
8.3 索引操作 …… 304
8.3.1 Series 的索引操作 …… 304
8.3.2 DataFrame 的索引操作 …… 305
8.4 算术运算与常见应用 …… 307
8.4.1 运算与对齐 …… 307
8.4.2 常见应用 …… 310
8.4.3 排序 …… 312
8.4.4 描述性统计与计算 …… 313
8.5 数据清洗 …… 315
8.5.1 处理缺失数据 …… 316
8.5.2 处理重复数据 …… 320
8.5.3 替换数据 …… 321
8.6 分组和聚合 …… 322

8.6.1 分组和聚合数据 …… 322
8.6.2 自定义分组及聚合操作 …… 325
8.6.3 透视表 …… 328
8.7 数据规整 …… 331
8.7.1 层级索引 …… 331
8.7.2 数据合并 …… 335
8.7.3 数据连接 …… 337
8.7.4 数据重构 …… 340
8.8 精选案例 …… 342
8.8.1 全球食品数据分析 …… 342
8.8.2 互联网电影资料库分析 …… 346
8.8.3 美国总统大选数据可视化分析 …… 353
第 9 章 pyecharts 可视化 …… 356
9.1 认识 pyecharts …… 356
9.1.1 pyecharts 简介 …… 356
9.1.2 pyecharts 使用 …… 357
9.1.3 pyecharts 数据格式 …… 358
9.1.4 pyecharts 图表分类 …… 359
9.2 pyecharts 绘图基础 …… 359
9.2.1 Faker 数据构造器 …… 359
9.2.2 pyecharts 数据可视化 …… 360
9.2.3 pyecharts 的渲染方式 …… 362
9.2.4 常用配置项 …… 362
9.3 项目对比可视化 …… 367
9.3.1 柱状图和条形图 …… 367
9.3.2 堆叠柱状图 …… 367
9.3.3 漏斗图 …… 368
9.4 时间趋势可视化 …… 370
9.4.1 折线图 …… 370
9.4.2 面积图 …… 370
9.4.3 K 线图 …… 371
9.4.4 堆叠折线图 …… 372
9.4.5 阶梯图 …… 373
9.4.6 折线图中常用的配置项 …… 374
9.5 数据关系可视化 …… 376
9.5.1 散点图 …… 376
9.5.2 气泡图 …… 377

9.5.3 热力图 …… 377
9.5.4 其他相关图表 …… 378
9.6 成分比例可视化 …… 381
9.6.1 饼图 …… 381
9.6.2 圆环图 …… 382
9.6.3 矩形树图 …… 382
9.6.4 多饼图 …… 384
9.6.5 玫瑰图 …… 384
9.6.6 雷达图 …… 385
9.7 统计分布及 3D 可视化 …… 386
9.7.1 箱线图 …… 386
9.7.2 直方图 …… 387
9.7.3 3D 柱状图 …… 388
9.7.4 叠加图 …… 389
9.8 文本数据可视化 …… 390
9.9 案例精选 …… 391
9.9.1 电子商城销售数据分析与可视化 …… 391
9.9.2 电商用户行为数据可视化 …… 398

第 10 章 机器学习库 sklearn …… 411

10.1 机器学习简介 …… 411
10.2 机器学习工具 sklearn …… 412
10.2.1 sklearn 常用模块 …… 412
10.2.2 sklearn 使用流程 …… 414
10.3 数据集准备及划分 …… 415
10.3.1 sklearn 常用数据集 …… 415
10.3.2 数据集划分 …… 420
10.4 模型选择及处理 …… 422
10.4.1 分类 …… 422
10.4.2 聚类 …… 430
10.4.3 回归 …… 434
10.5 数据预处理及特征工程 …… 438
10.5.1 数据标准化 …… 438
10.5.2 数据归一化 …… 440
10.5.3 数据正则化 …… 442
10.5.4 数据二值化 …… 443
10.5.5 缺失值处理 …… 443
10.6 模型调参 …… 444

10.6.1 交叉验证 …… 444
10.6.2 网格搜索 …… 446
10.7 模型测试及评价 …… 447
10.7.1 分类模型评价指标 …… 447
10.7.2 回归模型评价指标 …… 454
10.8 精选案例 …… 457
10.8.1 移动用户行为数据分析 …… 457
10.8.2 基于手机定位数据的商圈分析 …… 464

第11章 综合案例 …… 470

11.1 综艺节目选手数据爬取与探索性分析 …… 470
11.1.1 任务描述 …… 470
11.1.2 数据获取 …… 471
11.2 波士顿房价预测 …… 484
11.2.1 任务描述 …… 484
11.2.2 数据集介绍 …… 484
11.2.3 数据探索 …… 486
11.2.4 数据预处理 …… 491
11.2.5 基于 sklearn 经典模型的房价预测 …… 493
11.2.6 构建网络模型进行房价预测 …… 496
11.2.7 模型评估 …… 499

第12章 案例报告 …… 502

参考文献 …… 527

第1章

数据分析和Python概述

从早期洞穴石壁上的刻画符号到中国殷商时期的甲骨文，从东汉蔡伦发明造纸术到北宋毕昇发明活字印刷术，有历史记载的四千年人类文明史中，人类以不同的数据形式记录着社会活动和自然界的变化。现代信息社会，随着数据分析和处理工具的发展，人们基于获得的数据记录，逐步开展细粒度、多模态及深层次的数据分析研究及应用。

1.1 数据分析概述

自古以来，人们观察世界万物的运动、变化和发展，对观察到的数据进行分析，发现各种规律和法则，推测可能发生的结果。这些规律和法则帮助人们解释当前发生的事情，用于预测未来可能产生的结局。在此过程中，数据是原材料。人们首先对数据进行分析和处理，从中获得有价值的信息用于指导决策和行为。进而，人们可以利用信息技术从信息块的逻辑联系中理解模式，找出解决问题的结构化信息，这就形成了知识。更进一步，人们运用知识获得解决问题的能力和卓越的判断力，这就具有了一定的智慧。

1.1.1 数据、信息、知识

1. 数据

数据(Data)是事实或观察的结果，是对客观事物的逻辑归纳，用于表示客观事物的未经加工的原始素材。实际上，数据是人们进行各种统计、计算、科学研究或技术设计等所依据的原材料。

在计算机科学领域，数据是指所有能输入计算机并能被计算机程序处理的符号的总称，是具有一定意义的数字、字母、符号和模拟量的统称。事实上，数据的形式多种多样，可以表现为数值、文字、图像、音频、视频、动画或计算机可以识别和处理的其他形式。数据来源可以是社会数据，包括商业数据、生产数据、媒体数据等；也可以是个人数据，如社交网络、个人消费等；还可以是政府数据，例如统计数据、人口普查、经济年报等。人类四千年历史产生的所有文明记录，包括历史、文学、艺术、哲学、考古等一切人文社科的伟大成就，都可以数据的形式存储和保留下来。

数据按照结构分类可以划分为结构化数据、半结构化数据和非结构化数据三种。

(1) 结构化数据:结构化数据可以使用关系数据库表示和存储,表现为二维形式的数据。结构化数据一般以行为单位,一行数据表示一个实体的信息,每一列数据一般表示实体的一个属性。显然,结构化数据的存储和排列有一定规律,这有利于数据统计和分析。

(2) 半结构化数据:半结构化数据是结构化数据的一种形式,它不符合关系数据库的数据模型结构,也不具备其他数据表的关联形式,但半结构化数据包含相关标记,用于分隔语义元素以及对记录和字段分层。半结构化数据具有良好的扩展性。此外,属于同一类实体的半结构化数据也可以有不同的属性,即使它们被组合在一起,这些属性的顺序并不重要。常见的半结构化数据有 XML 文档和 JSON 文档等。

(3) 非结构化数据:非结构化数据的数据结构不规则或不完整,没有预定义的数据模型,不便使用数据库的二维逻辑表来表现。对于非结构化数据,一般直接整体存储,也常常存储为二进制数据格式。非结构化数据包括各种办公文档、图片、音频、视频等。

人类早期的数据记录可以追溯到上古时期的原始氏族社会。没有文字系统的印加人依靠结绳记事的方式构建了原始的数据管理体系,管理着庞大的帝国。造纸术和活字印刷术的发明使记录数据的便利性大大提高,留声机、照相机和摄影机的出现使声音数据、静止图像和运动图像数据的记录和存储成为可能。

计算机时代的到来使数据存储和处理模式发生了巨大变革。1946 年,ENIAC 的问世标志着电子计算机时代的到来。在计算机内部,所有数据以数字形式存储,这为数据压缩和纠错带来了便利,也是大规模数据存储、处理和传输的基础。随着工艺和技术的进步,计算机的数据存储和处理能力得到极大提高。

Internet(因特网,也称互联网)的出现使得全球范围的数据收集、数据发布、数据共享成为可能。基于 TCP/IP 网络协议,Internet 通过路由器将公共互联网汇集成一个资源共享和信息传递的集合。在互联网基础上延伸和扩展出的物联网通过智能感知、识别技术和普适计算等通信感知技术将应用扩展到物品与物品之间的信息交换和通信。

今天,人们身边的每一台生产设备、每一件智能终端、每一次工作流程,乃至每个人每天的生产生活过程,都在不间断地产生新数据,我们正处于数据无处不在的信息大爆炸时代。各种计算能力更为强大、数据处理能力呈爆炸式增长的超级计算机、高端服务器、图形工作站以及计算机集群层出不穷,使得计算机处理数据的能力从早期的 KB、MB 级别达到了今天的 TB 或 PB 量级。2015 年,社交网站 Facebook 每天需处理 100 亿条消息和 3.5 亿张新图片,而谷歌每天应对的查询请求达到 30 亿次,后台处理的数据量达到 85TB。

数据的发展历程演进到今天,可以说,人类社会的发展史正是一部数据收集、分析、处理和应用的演化史,数据处理技术与数据资产运营模式的不断进步推动着人类社会从蛮荒走向开化,从蒙昧步入文明。

2. 信息

信息(Information)可以指音讯、消息、通信系统传输和处理的对象,泛指人类社会传播的一切内容。人们通过获得、识别自然界和人类社会的不同信息来区别不同事物，得以认识和改造世界。

人类的祖先很早就开始使用和传播信息了。早期人类了解和需要传播的信息很少，含糊的声音是当时信息传播的主要载体。随着人类文明的进步和社会的发展，需要表达的信息越来越多。人们的生活经验是那个时代最宝贵的财富，作为一种特定的信息通过口述语言传给了后代。我们的祖先不断学习新鲜事物，使用的语言逐渐丰富和抽象，高效记录信息的需求促成文字的起源。文字是人类用表意符号记录、表达信息的方式和工具。今天，我们对五千年前埃及的了解远比一千年前玛雅文明要多很多，这归功于埃及人使用文字记录了他们生活中最重要的信息。显然，文字本身是刻在石头上还是写在纸张上并不重要，文字中承载的信息才是最重要的。这里，声音、语言和文字都是信息的载体，用于记录和传播信息。

1948 年，美国数学家克劳德・香农（Claude Shannon）发表了信息论奠基性论文《通信的数学理论》，这是世界上首次对通信过程建立的数学模型。信息论奠基人香农认为"信息是用来消除随机不确定性的东西"，明确指出一条信息的信息量与其不确定性有着直接的关系。一个消息的可能性愈小，其信息愈多；而消息的可能性愈大，则其信息愈少。一个事件出现的概率小，不确定性就多，信息量就大，反之则少。信息量等于不确定性的多少。一个事物内部存在随机性，也就是不确定性，假定为 U，而从外部消除这种不确定性的唯一办法是引入信息 I，需要引入的信息量取决于这种不确定性的多少，即 $I>U$ 才行。香农用"比特"来度量信息量。一比特就是一位二进制数。在计算机中，一字节就是八比特。

美国应用数学家、控制论创始人维纳（Norbert Wiener）认为"信息是人们在适应外部世界，并使这种适应反作用于外部世界的过程中，同外部世界进行交换的内容和名称"。意思是说，人们通过感觉器官接收到的外部事物及其变化都包含着信息。人们流露的情感或表达的内容，如喜怒哀乐，也包含着信息。信息广泛存在于现实世界中，渗透在各个领域，改变着各个学科的面貌，造就了世界万物的丰富多彩，人们无时无刻不在接触、传播、加工和利用信息。

信息是物质的一种存在形式，它以物质的属性运动状态为内容，被接收者感知、检测、识别、提取、传输、储存、显示、分析和利用，成为社会活动中决策的依据、控制的基础、管理的保证。

数据和信息是密不可分的。数据是信息的符号表示，是信息的载体；信息是数据的内涵，是对数据的语义解释。数据经过解释并被赋予一定的意义之后，便成为信息。同一数据对于不同的人、不同的目的可能有不同的解释，表达出不同的信息。即使是同一信息也可以有不同的表示形式，并不是所有信息都可以数据的形式表示出来。例如，男女间的"一见钟情"就是一种无法完全用数据来表示的信息。

数据体现的是一种过程、状态或结果的记录，这些记录被数字化后存储在计算机中并能被计算机处理。数据是获取信息的原材料，经过计算机进行加工处理之后，提取出蕴含在数据中有意义、有价值的信息，这些信息能够被人脑理解后产生思维推理，进而为指导人们的行为和决策提供依据。这就是人们利用计算机对数据进行加工处理，获取信息的意义。

3. 知识

人们在日常生活、社会活动中每时每刻都在利用知识:出门需要了解天气情况,出行需要遵守交通规则,出国需要明白当地的风俗和文化,社交需要熟悉语言技巧。但是,对于知识(Knowledge)的准确定义,目前还没有统一的表述,只能从不同的角度进行理解。

哲学家柏拉图(Crater Plato)把知识定义为"Justified True Belief",即知识需要满足三个核心要素:合理性(Justified)、真实性(True)和可信性(Belief)。简而言之,知识是人类通过观察、学习和思考有关客观世界的各种现象而获得并总结出的所有事实、概念、规则或原则的集合。

人工智能专家费根鲍姆(Edward Albert Feigenbaum)认为知识是经过消减、塑造、解释和转换的信息,即知识就是经过加工的信息。通过实验和研究,费根鲍姆证明了实现智能行为的主要手段在于知识,多数情况下是指特定领域的知识。

知识管理领域著名教授达文波特(Thomas H. Davenport)认为知识是与经验(Experience)、背景(Context)、解释(Interpretation)和思考(Reflection)结合在一起的信息,它是一种可以随时帮助人们决策与行动的高价值信息。

"知识创造理论之父"野中郁次郎(Nonaka)认为最有价值的知识不是从别人那里获得的,而是我们自己创造的。显性知识是有形的,可以规范系统的语言传播,也容易被学习并掌握;而事物固有的隐性知识拥有个性化的特征,很难用语言描述和分享,这些隐性知识也更为重要。

一般来说,知识是人类在实践中认识客观世界和人类自身的成果,它包括事实、信息的描述及在教育和实践中获得的技能。知识是人类从各个途径获得的经过提升总结与凝练的对世界的系统认识。从类型学看,知识可以分为简单知识和复杂知识、独有知识和共有知识、具体知识和抽象知识、显性知识和隐性知识等。

4. 数据、信息、知识和智慧

知识蕴含在数据之中。互联网时代,人类在与自然和社会的交互中生产了异常庞大的数据,这些数据包含大量描述自然界和人类社会客观规律的有用信息,这些信息用图像、声音、文字、视频等各种载体表示和存储。人们使用计算机自动阅读、分析、理解这些海量、繁杂乃至泛滥的数据,从中挖掘出有意义、有价值、可利用的信息。对信息进行再加工和深入洞察,理解信息块中的逻辑联系和模式,找出解决问题的结构化信息,即形成知识。人类基于已有的知识,针对物质世界运动过程中产生的问题,利用获得的信息进行分析、对比、演绎,找出解决方案,这就具有了一定智慧(Wisdom)。智慧主要表现为收集、加工、应用、传播知识的能力,对事物发展的前瞻性看法,以及通过经验、阅历、见识的累积而形成对事物的深刻认识和远见,体现为卓越的判断力。运用这种能力能够将信息中有价值的部分挖掘出来并使之成为已有知识架构中的组成部分。

数据、信息、知识和智慧之间存在着阶层递进的关系,如图 1-1 所示。数据是最原始的信息表达方式;只有对数据进行解释和理解之后,才能从数据中提取出有用的信息;只有对信息进行整合和呈现,才能获得知识;在大量知识积累的基础上,总结成原理和法则,就形成了智慧。数据中蕴含着信息和知识，数据是信息的载体；信息是形成知识的源泉；知识是智慧、决策以及价值构建的基石；知识可以看作构成人类智慧的最根本因素，智慧是为达到目标而运用知识的能力。

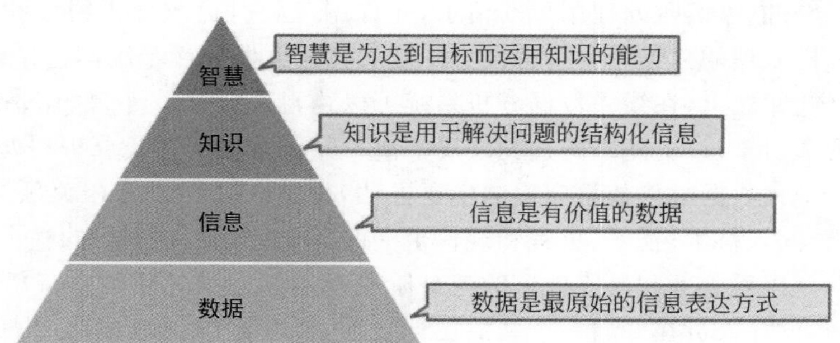

图 1-1　数据、信息、知识和智慧阶层递进关系

1.1.2　数据分析

数据分析是指运用适当的统计分析方法对收集来的大量数据进行分析、汇总、理解并消化它们，以求最大化地开发数据的功能，发挥数据的作用。数据分析是为了提取有用信息和形成结论而对数据加以详细研究和概括总结的过程。数据分析是数学与计算机科学相结合的产物。数据分析的数学基础在 20 世纪早期已经确立，但直到计算机的出现才使得实际操作成为可能，并使数据分析得以推广。数据分析的目的是把隐藏在一批看似杂乱无章数据中的信息集中、萃取和提炼出来，找出研究对象的内在规律。在实际应用中，数据分析可以帮助人们做出正确判断，以便采取适当行动。

在统计学领域，有些学者将数据分析划分为描述性数据分析、探索性数据分析和验证性数据分析。描述性数据分析(Declarative Data Analysis，DDA)是指仅依赖数据本身的语义描述实现数据分析的方法。该方法突出预先抽取数据的语义，建立数据之间的逻辑，并依靠逻辑推理的方法实现数据分析。描述性数据分析的目的是描述数据的特征，找到数据的基本规律，对数据以外的事情不进行深入推论。在业务流程中，描述性数据分析的结果通常不足以做出决策。这是数据分析的初级阶段。探索性数据分析(Exploratory Data Analysis，EDA)是为了形成值得假设的检验而对数据进行分析的一种方法，是对传统统计学假设检验手段的补充。探索性数据分析侧重在数据之中发现新的特征，通常比较灵活，讲究让数据自己说话。验证性数据分析(Confirmatory Data Analysis，CDA)是在已有假设的基础上进行证实或者证伪。因此，在验证性数据分析之前往往已经有了预先设定的数据模型，数据分析过程中需要把现有的数据套入模型，通过数据分析来帮助确认模型的性能。显然，验证性数据分析更侧重对已有假设的证实或证伪。

考虑反馈结果的实时性，可以分为离线数据分析和在线数据分析。其中，离线数据分析通常用于较复杂和耗时的数据分析及处理，一般构建在云计算平台之上。例如，Hadoop 以 HDFS 作为海量数据存储方案，利用 MapReduce 对海量数据进行并行计算。Hadoop 集群包含数百台乃至数千台服务器，存储了数 PB 乃至数十 PB 的数据，每天运行着成千上万的离线数据分析作业,每个作业处理几百 MB 到几百 TB 甚至更多的数据,运行时间为几分钟、几小时、几天甚至更长。在线数据分析也称为联机分析处理,用来处理用户的在线请求,它对响应时间的要求比较高,通常不超过若干秒。与离线数据分析相比,在线数据分析能够实时处理用户的请求,允许用户随时更改分析约束和限制条件,但是在线数据分析处理的数据量要小得多。传统的在线数据分析系统构建在以关系数据库为核心的数据仓库之上,在线大数据分析系统可以构建在云计算平台的 NoSQL 系统上。如今高效的搜索引擎、社交网络的蓬勃发展都离不开大数据的在线分析和处理。

数据分析是大数据时代数学应用的主要方法,也是"互联网+"相关领域的主要数学方法,目前已经深入科学、技术、工程和现代生活的各个方面。在产品的整个生命周期,包括从市场调研到售后服务和最终处置的各个阶段都需要适当运用数据分析过程,以提升有效性。例如,设计人员在开始一个新的设计之前,要开展广泛的设计调查,分析数据以判定设计方向,因此数据分析在工业设计中具有极其重要的地位。此外,数据分析也是当前企业管理过程中不容忽视的重要支撑点。企业需要大量完整、真实、有效数据的支撑,才能对未来行业的发展趋势进行有效预测,从而采取积极应对措施,制定良好的战略。以往情况下,由于数据的收集、存储以及分析存在一定的局限性,企业在分析和处理相关问题时,只能从获取到的少量信息中最大限度地分析和挖掘自身需要的信息,这在无形之中增加了企业的工作量,同时信息的不完整性、滞后性等问题直接影响企业的全面发展。在大数据时代来临之后,现代企业可以采用更加积极有效的方式,对市场信息、客户情况以及行业间的发展情况进行全面充分的了解和掌握,减少主观判断的缺陷,为企业不断提升核心竞争力、扩大产业规模提供前提和基础。

1.1.3 数据分析、数据挖掘与机器学习

数据分析是有组织有目的地收集数据,采用适当的统计分析方法对收集到的数据进行分析、概括和总结,并提取出有用信息的过程。数据挖掘是采用相关算法从海量数据中识别出有效的、新颖的、潜在有用的、最终可理解的模式,发现隐藏在数据中的规律和知识的过程。数据挖掘通常与计算机科学有关,并通过统计、在线分析处理、情报检索、机器学习、专家系统和模式识别等诸多方法来完成挖掘任务。机器学习的最初目的是让机器具有学习能力,以获取新知识或技能,重新组织已有的知识结构并利用经验不断改善自身的性能。由于"经验"在计算机系统中是以数据的形式存在,机器学习同样需要数据分析。目前大数据环境下机器学习领域的一个重要研究方向是如何有效利用数据,从中获取隐藏的、有效的、可理解的信息和知识。

数据挖掘受到许多学科领域的影响,其中,数据库提供数据管理技术,机器学习和统计学提供数据分析技术。统计学的很多技术通常在机器学习领域得到进一步研究,成为有效的机器学习算法之后进入数据挖掘领域。从这个意义上讲,统计学主要通过机器学习对数据挖掘发挥影响,而机器学习和数据库则是数据挖掘的两大支撑技术。从数据分析的角度来看,绝大多数数据挖掘技术来自机器学习领域,但机器学习研究往往并不把海量数据作为处理对象。因此,数据挖掘要对算法进行改造,使得算法性能和空间占用达到实用的地步。同时,数据挖掘还有自身独特的内容,如关联分析等。

数据挖掘和数据分析都是从数据中提取有价值的信息，二者有相似之处。例如，二者都对数据进行分析、处理等操作进而得到有价值的知识；都需要统计学、数据处理的常用方法，需要良好的数据敏感度。然而，数据挖掘和数据分析的侧重点和实现手段也有不同之处。

（1）在数据准备方面，数据挖掘处理的数据量极大，往往是海量数据；而数据分析处理的数据量不一定很大。

（2）在应用工具上，数据挖掘一般需要自己编程实现相应的算法来完成挖掘任务；而数据分析更多借助现有分析工具实现。

（3）在目标方面，数据分析往往有比较明确的目标，而数据挖掘所发现的知识往往是未知的，需要使用数据挖掘技术和方法发现隐藏在数据中有价值的信息和知识。

（4）在结果呈现方面，数据分析着重于展现数据之间的关系，而数据挖掘可以利用现有数据并结合数学模型，对未知情况进行预测和估计。

（5）在行业知识方面，数据分析人员要对从事的行业有一定了解，对专业领域知识有深刻理解，并且能够将数据分析结果与业务知识结合起来解读，才能发现数据的价值与作用；而数据挖掘人员可能不具备太多行业的专业知识。

（6）在学科交叉方面，数据分析需要结合统计学、营销学、心理学以及金融、政治等学科领域进行综合分析；而数据挖掘更注重技术层面的结合以及数学和计算机学科的结合。

当前的大数据时代，数据挖掘和数据分析的联系越来越紧密，很多数据分析人员开始使用编程工具进行数据分析，如 Python、R、SPSS 等。同样，数据挖掘人员在分析处理及结果表达方面也会借助数据分析的手段。二者的界限变得越来越模糊。

1.2　数据分析的基本步骤

针对研究对象收集相关数据，对数据进行整理、分析和推断，形成关于研究对象知识的过程，这就是数据分析。数据分析主要包括明确目的、数据收集、数据预处理、数据分析、结果呈现和撰写报告等几个阶段。

1.2.1　明确目的

明确数据分析目的以及确定分析思路，是确保数据分析过程有效进行的先决条件，它可以为数据收集、预处理以及分析指引方向。只有明确目的，数据分析才不会偏离方向，否则得出的数据分析结果可能失去指导意义。

当数据分析的目的确定之后，需要对数据分析的思路进行梳理，并搭建分析框架。可以说，清晰的数据分析思路是整个数据分析流程的起点。这一步其实就是将需要分析的内容具体化，把数据分析目的分解成若干个不同的分析要点，也就是说，要达到这个目的该如何具体开展数据分析？需要从哪几个角度进行分析？采用哪些分析指标？采用哪些逻辑思维？运用哪些理论依据？等等。这样一来，就不会觉得数据分析无从下手。分解目标的时候一定要体系化和逻辑化。具体地说，就是先分析什么，后分析什么，使得各个分析要点之间具有逻辑联系，避免不知道从哪方面入手以及分析的内容和指标被质疑合理性或完整性。而体系化就是为了使分析框架具有说服力。

总之,只有明确了分析目的,分析框架才能确定下来,然后才能确保分析框架的体系化,使分析具有说服力。

1.2.2 数据收集

数据收集是按照确定的数据分析框架收集相关数据的过程,它为数据分析提供素材和依据。从使用者的角度出发,数据的来源主要有两种:一手数据与二手数据。一手数据也称直接来源数据,主要指通过直接调查或实验获得的原始数据,如公司内部数据库、市场调查取得的数据、网络爬虫获取的数据等;二手数据又称间接来源数据,主要源自别人的调查或实验,使用者经过加工整理后得到的数据,如统计局在互联网上发布的数据、公开出版物中的数据、数据交易平台数据等。

数据也称为观测值,是实验、测量、观察、调查等的结果。根据研究目的,有组织、有计划地收集数据,是确保数据分析过程有效的基础。按照计量尺度的不同,可以将数据分为分类数据、顺序数据和数值型数据。

1. 分类数据

按照事物的某种属性对数据进行分类或分组得到分类数据。分类数据通常是用文字表述的类别数据,表示为只能归于某一类别的非数字型数据。分类数据中不存在等级次序关系。例如,人口变量中的性别属性值,用 1 表示“男性”,0 表示“女性”,但是 1 和 0 只是数据的代码,没有数量上的关系和差异。

2. 顺序数据

顺序数据是事物之间等级或顺序差别的一种测度,为只能归于某一有序类别的非数字型数据。顺序数据不仅可以测度类别差异,而且可以测度次序差距,但是无法测度类别之间的准确差值,因此该测度的计量结果只能排序,不能进行算术运算。例如,人口变量中的文化程度属性值,用 0 表示“高中及以下”,1 表示“大学”,2 表示“研究生”,这里的顺序数据用数字代码来表示,数字表示个体在有序状态中所处的位置。可见,顺序数据不仅表现为类别,而且这些类别也是有序的。

3. 数值型数据

数值型数据是按数字尺度测量的观测值,其结果表现为具体的数值,可以测度有序类别之间的准确差值。现实场景中处理的大多数数据都是数值型数据。例如,人的身高数据、年龄数据等。

一般来说,分类数据和顺序数据说明事物的品质特征,通常用文字来表述,其结果均表现为类别,因而也统称为定性数据或品质数据;数值型数据说明现象的数量特征,通常用数值表现,因此也称为定量数据或数量数据。

1.2.3 数据预处理

数据预处理是指对采集到的数据进行加工整理,形成适合数据分析的样式,保证数据的一致性和有效性。它是数据分析之前必不可少的阶段。数据预处理的基本目的是从大量的、可能杂乱无章、难以理解的数据中抽取并推导出对解决问题有价值、有意义的数据。如果数据本身存在错误,那么即使采用最先进的数据分析方法,得到的结果也是错误的,不具备任何参考价值,甚至还会误导决策。所以,收集的原始数据一般需要进行预处理才能用于后续的数据分析工作。数据预处理主要包括数据清洗、数据转换、数据提取、数据计算等。

(1) 数据清洗(Data Cleaning)。从现实世界中收集的数据常常是不完整的、有噪声的和不一致的。数据清洗是对数据进行重新审查和校验的过程,它是发现并纠正数据中可识别错误的最后一道程序,目的在于删除重复信息、纠正存在的错误、处理无效数据和缺失值、检查数据一致性等。数据清洗通过填写缺失值、光滑噪声数据、识别或删除离群点来解决数据不一致性,达到如下目标:数据格式标准化、异常数据清除、错误数据纠正、重复数据清除等。

(2) 数据转换(Data Transformation)。数据转换是指将数据从一种表示形式变为另一种表示形式的过程。在数据转换中,数据的含义保持完全不变。数据转换一般发生在当前输入数据不能满足软件处理要求的情况下,通过对数据进行规格化操作,构成适合数据处理的描述形式。例如,在进行数据分析或数据统计时,存储在数据库中的数据是SQL 文件格式,而处理程序仅支持文本格式,这时需要进行数据转换。数据转换可以包括一系列内容,例如,用函数和映射来转换数据类型,通过删除空值或重复值来清理数据,排列和随机采样,丰富数据或执行聚合,检测和过滤异常值等。通过数据转换能够实现不同源数据在形式上和语义上的一致性,这对后续的数据集成和数据管理等至关重要。

(3) 数据集成(Data Integration)。数据集成操作将来自多个数据源,包含不同格式和特点的数据在逻辑上或物理上有机地结合在一起形成一个统一的数据集合,以便为顺利完成数据分析工作提供完整的数据基础。由于不同的数据源在定义属性时采用的命名规则不同,存入的数据格式、取值方式、单位可能存在差异,即使两个数值代表的业务意义相同,也不表示它们保存在数据库中的取值就是相同的。因此需要在数据入库之前进行数据集成,去除冗余,保证数据质量。数据集成就是一个数据整合的过程。

(4) 数据提取(Data Extraction)。简单地说,数据提取就是从响应中获取数据分析所需数据的过程,它涉及从各种来源检索数据的操作。如果数据是结构化的,则数据提取通常在源系统内进行,常用的提取方法有完全提取法和增量提取法两种。完全提取法每次从源数据中完全提取所有的数据,无须跟踪更改,逻辑简单,但系统负载大;增量提取法跟踪源数据中的更改,这样就不需要每次提取所有数据,只需提取自上次成功提取后更新过的数据。增量提取的逻辑复杂,但降低了系统负载。对于非结构化数据,可能需要删除空格和符号,删除重复结果以及处理缺失值等来清除数据中的噪声。对于网络爬虫爬取的数据,由于其数据类型不同,用户需要根据数据的类型按照相应规则提取数据。

(5) 数据归约(Data Reduction)。数据归约是在尽可能保持数据原貌的前提下,最大限度地精简数据量。当然,完成数据归约的必要前提是理解数据分析的目的并熟悉数据本身的特点及内容。数据归约主要有两个途径:属性选择和数据采样,分别针对原始数据集中的属性和记录进行操作。例如,假设在公司的数据仓库中选择用于分析的数据,在海量数据上的复杂数据分析将花费很长时间,使得这种分析不现实或不可行。而数据归约技术可以得到数据集的归约表示,缩小后的数据集仍大致保持原数据的完整性。这样,在归约后的数据集上进行数据分析和数据挖掘将更加有效,并且产生几乎相同的分析结果。

1.2.4 数据分析

数据分析是指利用适当的分析方法和工具,对收集来的数据进行分析,提取有价值的信息,形成有效结论的过程。在确定数据分析思路阶段,需要为分析的内容确定适合的数据分析方法和工具,这样才能驾驭数据,从容地进行分析和研究。

数据分析大多通过软件完成,这就要求数据分析人员不仅掌握各种数据分析方法,还要熟悉数据分析软件的操作。简单的数据分析可以使用 Excel 完成,高级的数据分析大多借助专业的分析软件,如 SPSS、Python、SAS、R 语言等。

本书将详细介绍使用数据分析工具 Python 完成高质量数据分析的主要方法和实现技巧。

1.2.5 结果呈现

通过数据分析,隐藏在数据内部的关系和规律逐渐浮现出来。结果呈现阶段就是选取适合的工具展现这些关系和规律,让人一目了然,便于理解。一般情况下,数据分析结果可以通过表格和图形的方式呈现,即用图表说话。

常用的数据图表包括饼图、柱状图、条形图、折线图、散点图、雷达图等,当然也可以对这些图表进一步整理加工,得到更适合描述数据特点的图形,例如,金字塔图、矩阵图、瀑布图、漏斗图、帕雷托图等。

多数情况下,人们更愿意接受图形这种数据展现方式,因为它能更加有效、直观地传递需要表达的观点。一般来说,能用图形说明问题的情况下,就不用表格,能用表格说明问题的时候,就不用文字。

1.2.6 撰写报告

数据分析报告是对整个数据分析过程的总结与呈现。通过报告,把数据分析的起因、过程、结果及建议完整地呈现出来,供决策者参考。一份好的数据分析报告,首先需要有一个好的分析框架,并且图文并茂、层次明晰,能够让阅读者一目了然。另外,数据分析报告需要有明确的结论,没有明确结论的分析就没有实现数据分析的目的,也失去了报告的意义。最后,好的数据分析报告一定要有建议或解决方案,为进一步的决策支持提供帮助。

1.3 Python 概述

数据分析需要与数据进行大量的交互、探索性计算以及过程和结果的数据可视化等,曾经有很多专用于实验性数据分析的编程语言,如 R 语言、MATLAB、SAS 和 SPSS 等。与这些语言相比,Python 具有以下优点。

首先,Python 语言简洁优美。对于初学者来说,Python 编程语言更容易上手。

Python 语法主要用来精确表达问题逻辑，接近自然语言，仅有 30 个保留字。同样是完成一个功能，与现在流行的编程语言 Java、C、C++ 等相比，Python 编写的代码短小精干，开发效率是其他编程语言的好几倍。因为 Python 追求的是找到最好的解决方案，而其他编程语言大多追求多种解决方案。当阅读一段优雅、简单而明确的 Python 代码时，你会发现自己仿佛在读一段英语。这正是 Python 的第一个优点，它使程序员能够专注于问题的解决而不是纠结于搞懂语言本身。

其次，Python 功能强大。使用 Python 编程，无须考虑如何管理程序使用的内存等底层细节问题。并且，Python 有丰富的库，其中庞大的标准库可以处理各种工作，几乎无所不能；强大的第三方库已经写好了程序员可能需要的功能模块，只需要调用即可。这使得人们通过编程实现相应的功能变得非常简单，好像只需要将合适的零部件组装成汽车，而无须重新设计轮子。

第三，Python 支持可移植性。Python 是开源自由软件，用户可以自由使用和发布这个软件的副本，并移植在 Linux、Windows、FreeBSD、Macintosh、Solaris、OS/2 等许多平台上。也就是说，Python 开发环境基本都可以从网上免费下载。在 Windows 上写的 Python 代码，可以不经过任何修改直接运行在 Linux、Mac 等操作系统上。用户也可以查看和修改 Python 源代码，并在新的免费软件中使用它。

第四，Python 是一种“胶水”语言。Python 可以与其他编程语言（如 C、C++ 和 Java 等）结合使用。也就是说，用户在 Python 编程的过程中可以使用其他语言写好的功能，实现不同语言编写程序的无缝拼接，更好地发挥不同语言和工具的优势。

第五，Python 是面向生产的语言。大部分数据分析过程首先进行实验性研究、原型构建，再移植到生产系统中。有的编程语言多用于研究，无法直接用于生产过程，因为需要使用 C/C++ 语言等对算法进行再次实现。Python 语言是多功能的，不仅适用于原型构建，也可以直接应用到生产系统中，缩短了开发周期。

最后，Python 能满足不同应用领域的需求。不少知名公司都使用 Python 开发工具，如 Google、YuTube 和 NASA 等。著名开源云计算管理平台 OpenStack 是用 Python 写的，国内的知乎、豆瓣也是用 Python 写的。目前，Python 编程语言广泛用于网络爬虫、数据分析、文本处理、数据可视化、用户图形界面、机器学习、Web 开发和游戏开发等各个应用领域。如图 1-2 所示，TIOBE 公布的顶级编程语言排行榜中，Python 语言近年来始终处于前三甲位置，2021 年 5 月更是荣升亚军，与历史同期数据相比，呈现出愈加强劲的发展势头。

May 2021	May 2020	Change	Programming Language	Ratings	Change
1	1		C	13.38%	-3.68%
2	3	^	Python	11.87%	+2.75%
3	2	⌄	Java	11.74%	-4.54%
4	4		C++	7.81%	+1.69%
5	5		C#	4.41%	+0.12%

图 1-2　Python 编程语言的地位

1.4 Python 环境安装与使用

使用 Python 进行数据分析之前,首先需要安装 Python 开发环境。安装之后得到负责运行 Python 程序的 Python 解释器,一个命令行交互环境和一个 Python 集成开发环境。这里为大家推荐 IDLE、PyCharm 和 Anaconda 开发环境。

Python 是跨平台编程语言,可以运行在 Windows、Mac 和各种 Linux/UNIX 系统上。目前所有 Linux 发行版中都带有 Python,Windows 环境下编写的 Python 程序在 Linux 上也能够运行。因此,下面以 Windows 操作系统为例,介绍常用的 Python 集成开发环境 IDLE 和用于科学计算的 Python 发行版 Anaconda。

1.4.1 IDLE 开发环境

IDLE 是 Python 官方网站自带的集成开发环境,没有集成任何扩展库(第三方库),也不具备强大的项目管理功能,适合初学者学习 Python 编程和小规模程序开发。

1. IDLE 开发环境的安装

登录 Python 官方网站 https://www.python.org(见图 1-3),根据计算机的 Windows 版本(64 位还是 32 位)下载对应的安装包(见图 1-4)。这里以 Windows 7 操作系统为例,安装 Python 3.5 版本。

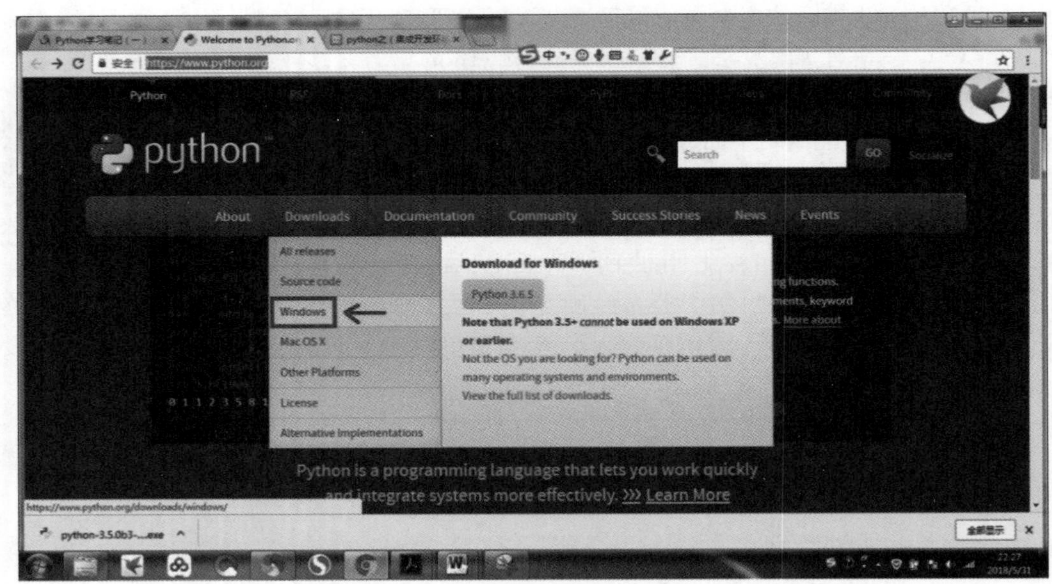

图 1-3 Python 官方网站

运行下载的 EXE 安装包,将 Python 安装到 Windows 7 操作系统上。这里使用 64

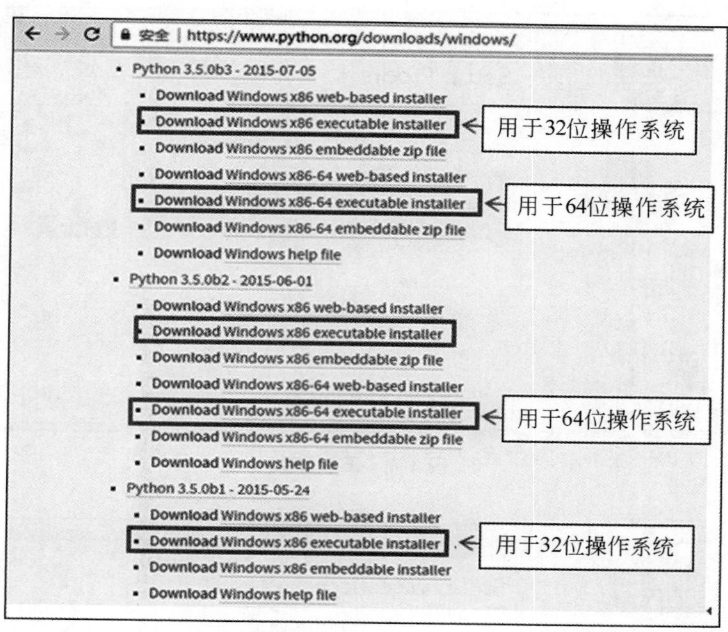

图 1-4　选择正确的 Python 安装程序

位安装包，注意勾选 Add Python 3.5 to PATH 复选框之后，再单击 Install Now(见图 1-5)，开始安装 Python 开发环境(见图 1-6)，直至出现图 1-7，说明已经完成 Python 开发环境的安装。这里 Python 文件保存在默认目录 C:\Users\dell\AppData\Local\Programs\Python\Python35 下，如图 1-5 所示。

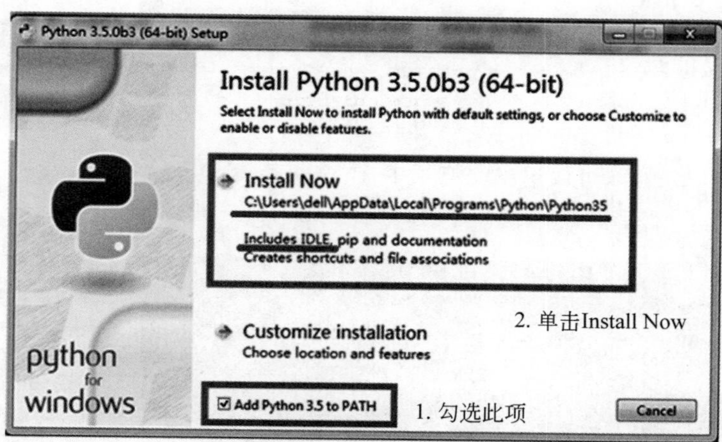

图 1-5　开始 Python 安装过程

2. 检验 Python 是否正确安装

打开命令提示符窗口(方法是单击“开始”→“运行”→输入 cmd)，在命令行环境下输入 Python。如果出现提示符“>>>”(见图 1-8)，说明 Python 环境安装成功。在当前提示

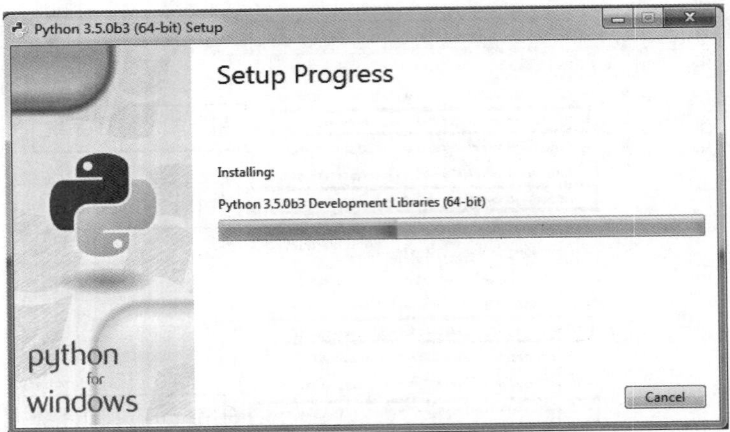

图 1-6　正在安装

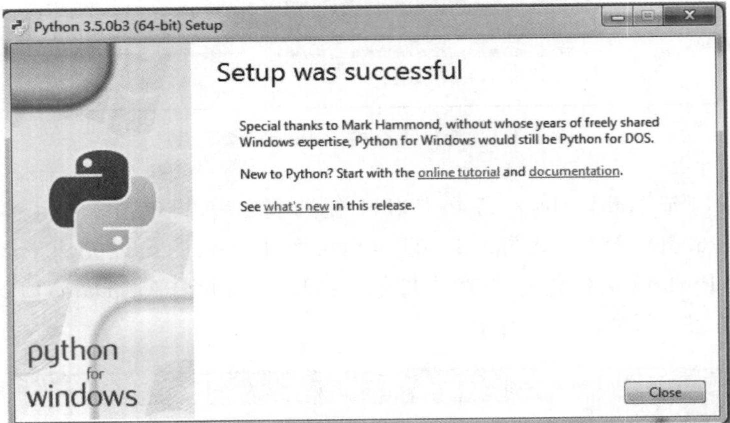

图 1-7　安装完成

符下输入 exit()并回车,可以退出交互式 Python 开发环境。

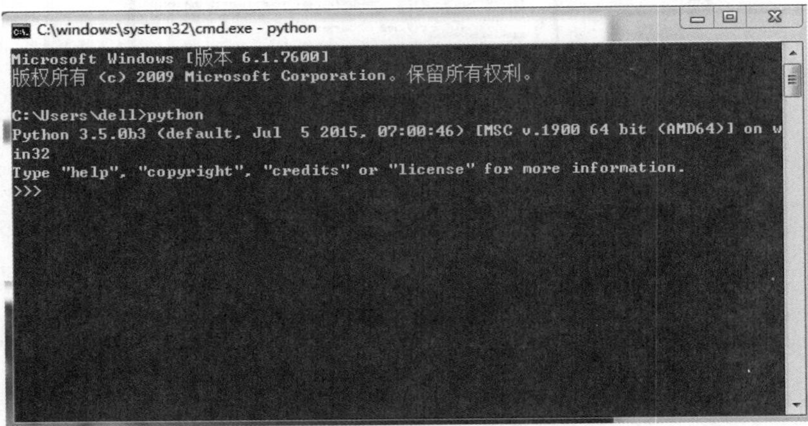

图 1-8　命令窗口

如果显示'Python' is not recognized as an internal or external command, operable program or batch file，这意味着 Python 不是内部或外部命令，也不是可运行的程序或批处理文件。这是因为 Windows 根据 PATH 环境变量设定的路径查找 Python.exe 文件，但没有找到，所以报错。造成这种情况的原因可能是在安装 Python 时没有勾选 Add Python 3.5 to PATH 复选框。这时，需要手动把 Python 安装路径添加到 PATH 变量中。

具体操作如图 1-9～图 1-12 所示。

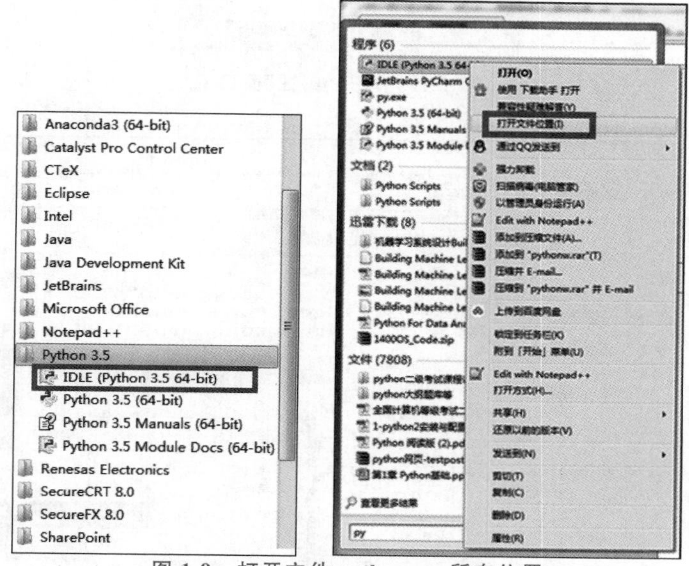

图 1-9　打开文件 python.exe 所在位置

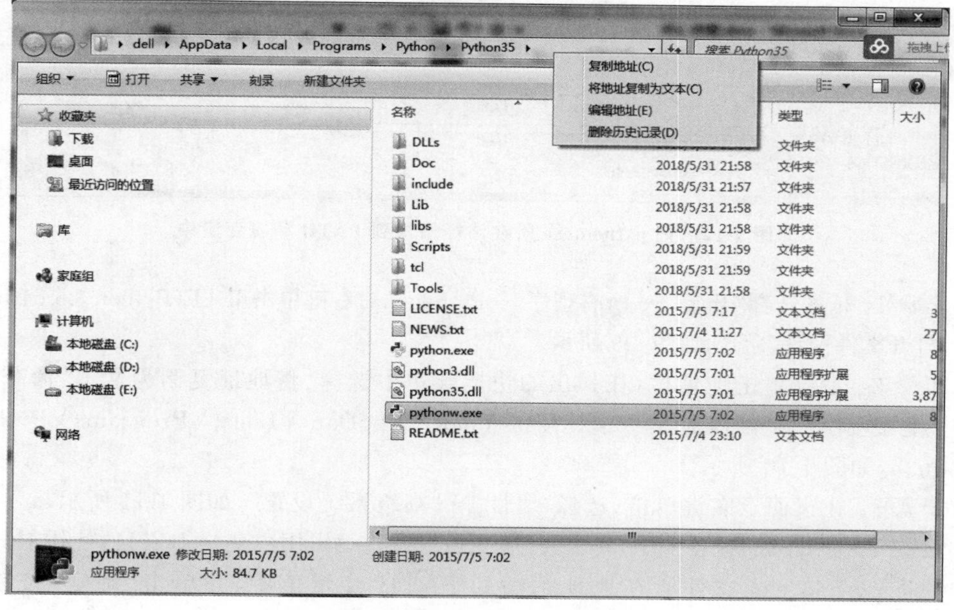

图 1-10　复制文件 python.exe 的地址

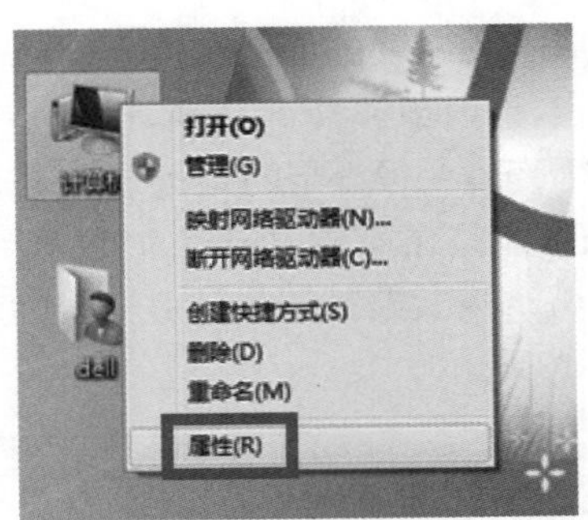

图 1-11　打开“属性”窗口

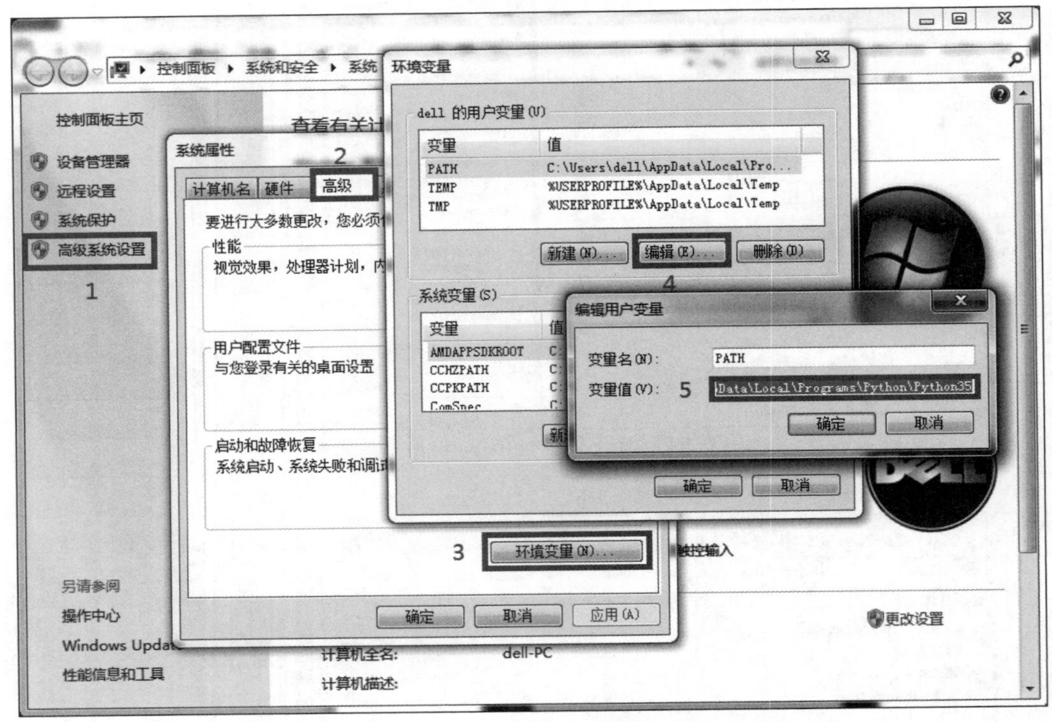

图 1-12　把 python.exe 所在路径添加到 PATH 环境变量中

步骤 1：依次选择“开始”→“所有程序”→Python 3.5，右键单击 IDLE(Python 3.5 64-bit)后选择“打开文件位置”命令，如图 1-9 所示。

步骤 2：右键单击地址栏，在弹出的快捷菜单中选择“将地址复制为文本”命令。例如，这里复制得到的地址是 C:\Users\dell\AppData\Local\Programs\Python\Python35，如图 1-10 所示。

步骤 3：在桌面上右键单击，选择“属性”→“高级系统设置”，如图 1-11 所示。

步骤 4：在“高级”选项卡中，单击“环境变量”按钮，编辑用户变量 PATH，使用 Ctrl+V 组合键将 python.exe 文件所在地址粘贴到 PATH 变量值中，并单击“确定”按钮，如图 1-12 所示。

实际上，如果不知道如何修改环境变量，一个简单的办法就是把 Python 安装程序重新运行一遍，这次记得勾选 Add Python 3.5 to PATH 复选框即可。

3. IDLE 开发环境的使用

IDLE 是 Python 自带的开发环境，用户可以将它看成一组集编写、保存、编辑 Python 源程序为一体的工具。使用 IDLE 开发环境可以使 Python 编程更加轻松和方便。

单击“开始”菜单，依次单击“所有程序”、Python 3.5（见图 1-13）和 IDLE（Python 3.5 64-bit）就启动了 IDLE 的交互模式，如图 1-14 所示。

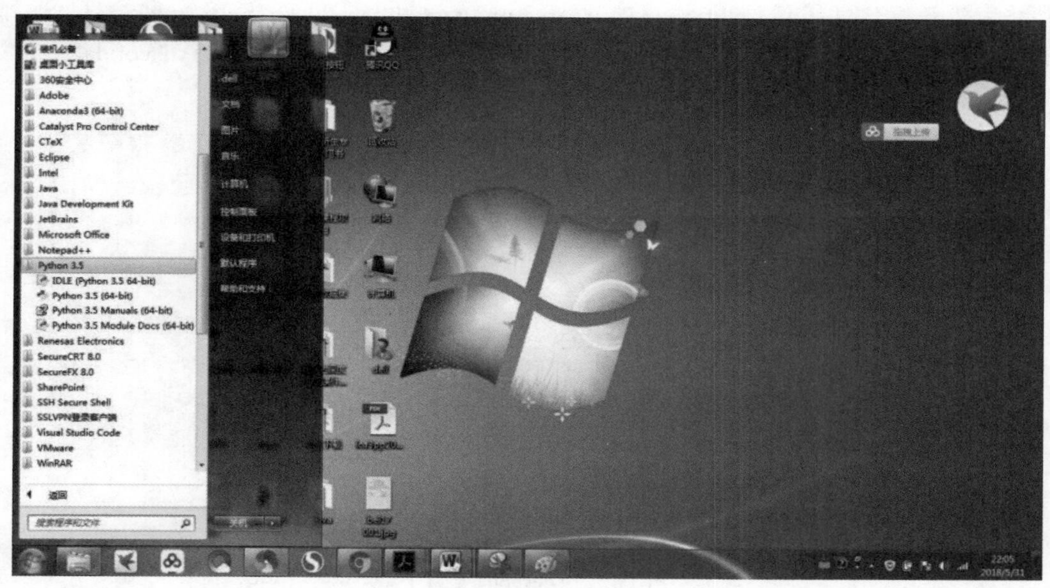

图 1-13　启动 IDLE

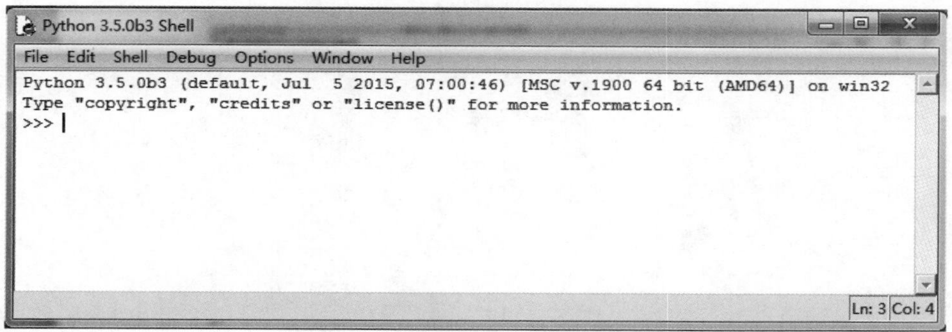

图 1-14　IDLE 开发环境的交互模式

1.4.2　Anaconda 开发环境

Anaconda 是一个用于科学计算的 Python 发行版，支持 Linux、Mac 和 Windows 等

多种操作系统，提供了 Jupyter Notebook 和 Spyder 两个开发环境。Anaconda 自带包含 conda、numpy 和 pandas 在内的 150 多个科学包及其依赖项，可以直接使用 Anaconda 处理数据。Anaconda 中的 conda 具备包管理与环境管理功能，可以很方便地解决多版本 Python 并存、切换以及各种第三方包安装问题。

1. Anaconda 开发环境的安装

使用浏览器打开 Anaconda 官方网站并选择合适的版本下载安装包，官网地址为 https://www.anaconda.com/download/，如图 1-15 所示。如果官网下载缓慢，可以使用清华大学开源软件镜像站 https://mirrors.tuna.tsinghua.edu.cn/help/anaconda/，选择相应版本下载。这里以 64 位 Windows 10 操作系统为例，下载并安装 Anaconda3-2020.11-Windows-x86_64.exe 版本，如图 1-16 所示。

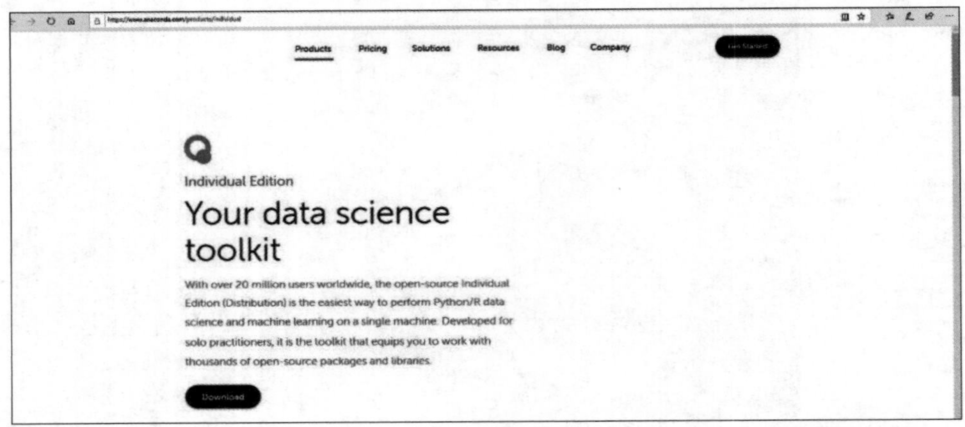

图 1-15 Anaconda 官网下载

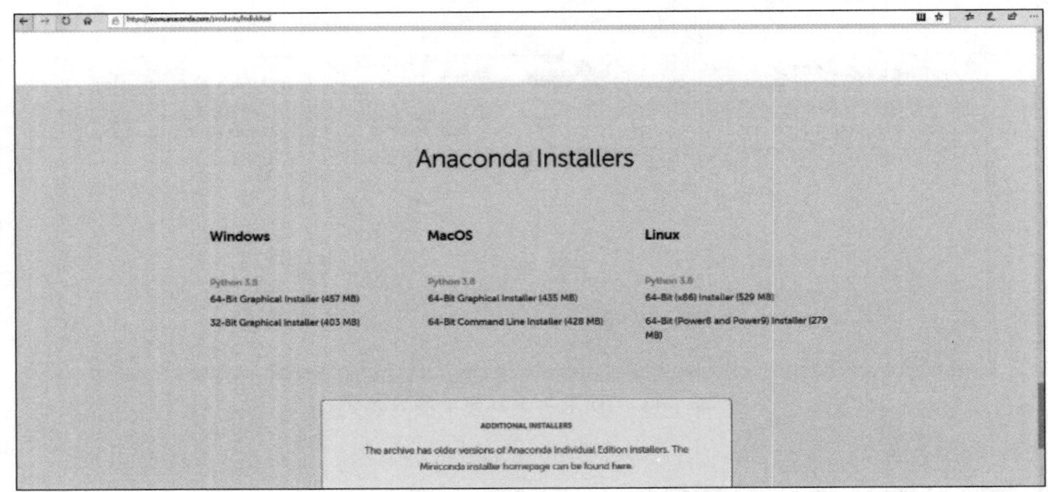

图 1-16 Anaconda 下载 Windows 64 位版本

运行下载的 EXE 安装包，如图 1-17 所示。这里选择 All Users（见图 1-18）并将 Anaconda 安装文件保存在 D:\anaconda3\目录下，如图 1-19 所示。特别注意勾选 Add Anaconda3 to the system PATH environment variable 和 Register Anaconda3 as the system Python 3.8 两个复选框，如图 1-20 所示。第一个选项是把 Anaconda 加入环境变量，这样才可以直接在命令窗口中使用 conda、jupyter、ipython 等命令，推荐勾选，否则后期需要使用 Anaconda 提供的命令行工具手动操作；第二个选项是设置 Anaconda 所带的 Python 3.8 为系统默认的 Python 版本。单击 Install 按钮开始安装过程（见图 1-21），直至出现图 1-22，说明已成功安装 Anaconda 开发环境。

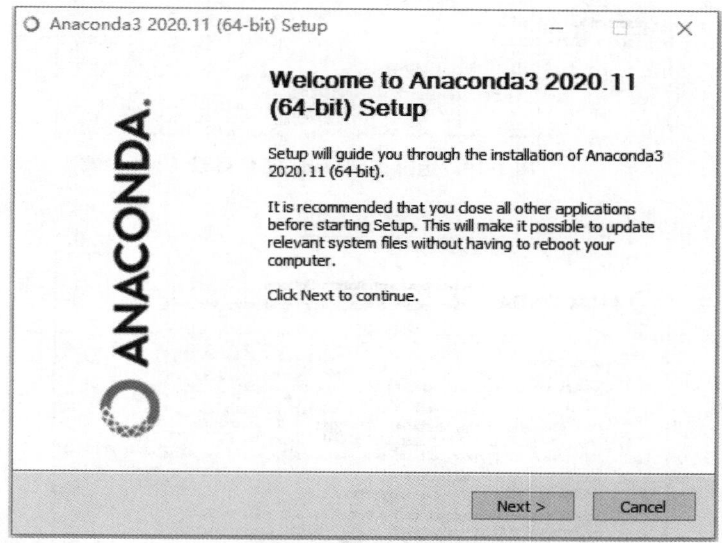

图 1-17　Anaconda 安装

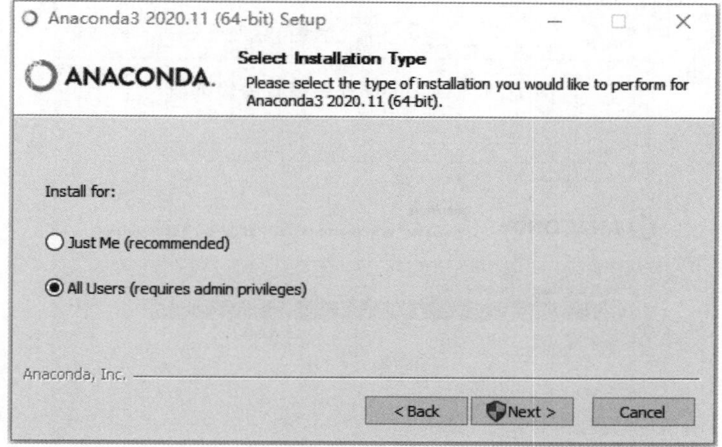

图 1-18　Anaconda 安装勾选"All Users"

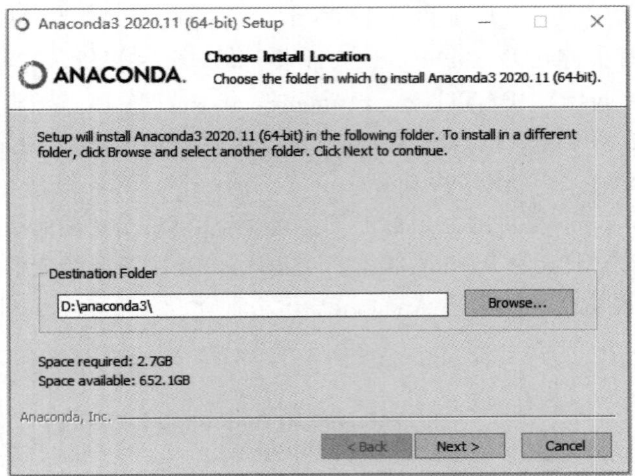

图 1-19 选择 Anaconda 安装目录

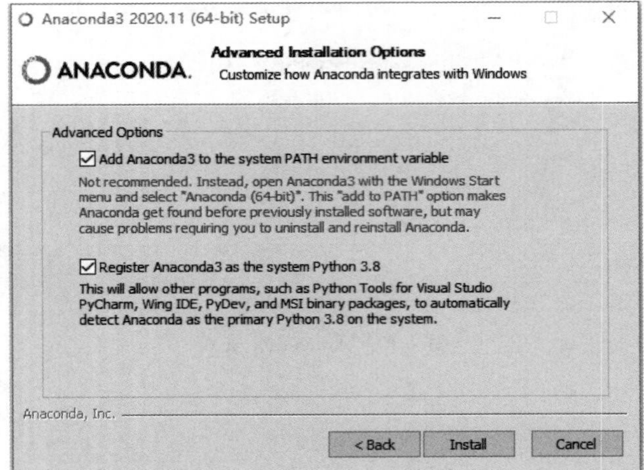

图 1-20 Anaconda 安装设置高级选项

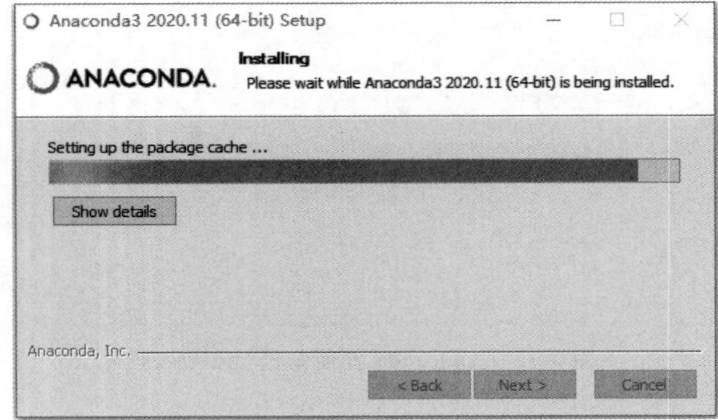

图 1-21 Anaconda 安装中

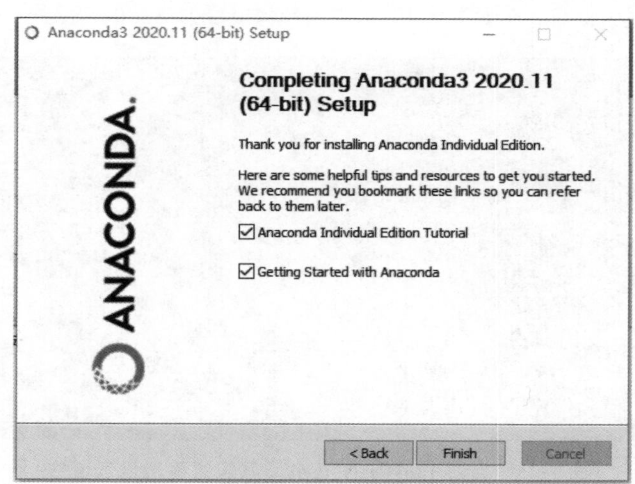

图 1-22　Anaconda 安装成功

2. 检验 Anaconda 是否正确安装

安装完成后，在桌面左下角命令行输入 cmd 打开命令提示符窗口，测试安装结果。分别输入 python、ipython、conda、jupyter notebook 等命令查看相应的结果，检验是否安装成功。

python 命令用于进入 Python 交互命令行，输入 exit()命令退出。

ipython 命令用于进入 iPython 交互命令行，输入 exit 命令退出。

conda 是 Anaconda 的配置命令，用于安装 Python 扩展库。

jupyter notebook 命令会在计算机本地以默认配置启动 Jupyter 服务。

3. Jupyter Notebook 的使用

Jupyter Notebook 是一个基于 Web 的交互式计算笔记本环境。通过浏览器可以网页形式直接打开 Jupyter Notebook，在页面中编写和运行 Python 代码，代码的运行结果直接显示在代码块下方。如果需要在编程过程中加入说明文档，也可以在同一个页面中直接编写。Jupyter Notebook 支持 Markdown 语法，支持使用 LaTeX 编写数学性说明，便于使用者对代码进行及时的说明和解释。Jupyter Notebook 可以实现代码、文字的完美结合，受到数据科学领域相关人员的青睐。

在准备开始数据处理操作的 Jupyter Notebook 工作目录打开命令提示符窗口，执行 Jupyter Notebook 命令之后，终端会显示一系列的 Notebook 服务器信息，同时浏览器自动启动 Jupyter Notebook。启动过程中终端显示的内容如图 1-23 所示。浏览器地址栏默认显示 http://localhost:8888。其中，localhost 指本机，8888 是端口号。需要注意的是，在 Jupyter Notebook 中的所有操作，都需要保持终端不要关闭。因为一旦关闭终端，就会断开与本地服务器的连接，将无法在 Jupyter Notebook 中进行其他操作。此外，如果同时启动了多个 Jupyter Notebook，由于默认端口 8888 被占用，地址栏中的数字将从

8888 起,每多启动一个 Jupyter Notebook 数字就加 1,如 8889、8890……

```
C:\Users\merry>ipython
Python 3.8.5 (default, Sep  3 2020, 21:29:08) [MSC v.1916 64 bit (AMD64)]
Type 'copyright', 'credits' or 'license' for more information
IPython 7.19.0 -- An enhanced Interactive Python. Type '?' for help.

In [1]: exit

C:\Users\merry>jupyter notebook
[I 16:40:18.221 NotebookApp] The port 8888 is already in use, trying another port.
[I 16:40:18.992 NotebookApp] JupyterLab extension loaded from D:\anaconda3\lib\site-packages\jupyterlab
[I 16:40:18.992 NotebookApp] JupyterLab application directory is D:\anaconda3\share\jupyter\lab
[I 16:40:19.007 NotebookApp] Serving notebooks from local directory: C:\Users\merry
[I 16:40:19.007 NotebookApp] Jupyter Notebook 6.1.4 is running at:
[I 16:40:19.007 NotebookApp] http://localhost:8889/?token=7f240954036f820665d678e5f27f89ba8df3f42a3811935e
[I 16:40:19.007 NotebookApp]  or http://127.0.0.1:8889/?token=7f240954036f820665d678e5f27f89ba8df3f42a3811935e
[I 16:40:19.007 NotebookApp] Use Control-C to stop this server and shut down all kernels (twice to skip confirmation).
[C 16:40:19.039 NotebookApp]

    To access the notebook, open this file in a browser:
        file:///C:/Users/merry/AppData/Roaming/jupyter/runtime/nbserver-848-open.html
    Or copy and paste one of these URLs:
        http://localhost:8889/?token=7f240954036f820665d678e5f27f89ba8df3f42a3811935e
     or http://127.0.0.1:8889/?token=7f240954036f820665d678e5f27f89ba8df3f42a3811935e
```

图 1-23 启动 Jupyter Notebook 服务的终端显示信息

当然,用户也可以自定义端口号来启动 Jupyter Notebook,这时在终端中输入命令:

```
jupyter notebook --port <port_number>
```

其中,<port_number>是自定义端口号,直接以数字的形式写在命令中,如 jupyter notebook --port 9999,表示在端口号为 9999 的服务器上启动 Jupyter Notebook。

如果只是启动 Jupyter Notebook 服务器但不立刻进入主页面,那么无须立刻启动浏览器,可以在终端输入命令:jupyter notebook --no-browser。此时终端显示启动的服务器信息,并在服务器启动之后,显示用于打开浏览器页面的链接。当需要启动浏览器页面时,需要复制该链接,粘贴在浏览器的地址栏中并按回车键转换到自己的 Jupyter Notebook 页面。

执行完启动命令之后,浏览器将进入 Notebook 主页面,即 Files 页面,如图 1-24 所示。Files 页面用于管理和创建文件等任务。对于现有文件,可以通过勾选的方式,对选中文件进行复制、重命名、移动、下载、查看、编辑和删除操作。

单击主页面右上角 New 下拉列表并选择用于创建文件的环境,可以创建 ipynb 格式的笔记本、txt 格式的文档、终端或文件夹。这里单击 Python 3 选项,打开"笔记本"页面,如图 1-25 所示。其中最常用的单元格状态是 Code 状态和 Markdown 编写状态。Jupyter Notebook 已经取消了 Heading 状态,取而代之的是 Markdown 的一级至六级标题。

在"笔记本"页面(见图 1-25),可以对正在编辑的文件重命名。页面左上方 Jupyter 图标旁显示程序默认标题 Untitled,单击 Untitled 后在弹出的对话框中输入自定义的文件名,单击 Rename 即完成了重命名文件操作。若在"笔记本"页面忘记了文件重命名,且已经保存并退出至 Files 界面,可以在 Files 界面中勾选需要重命名的文件,单击 Rename 后直接输入自定义的文件名即可。

在"In[ ]:"右边的单元格中可以编写一段独立运行的代码,单击如图 1-25 所示"运

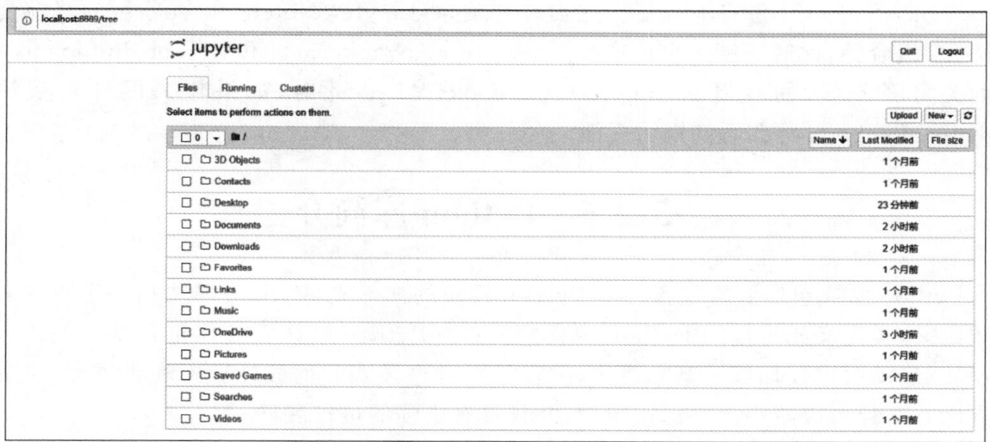

图 1-24　Files 页面

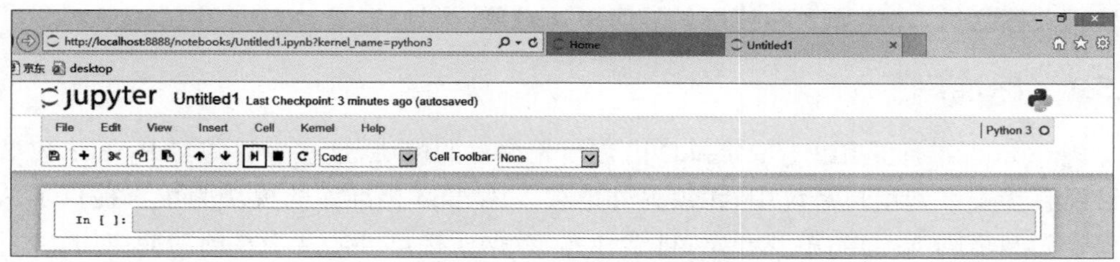

图 1-25　"笔记本"页面

行"按钮可以执行这段代码。在"笔记本"页面,前面单元格中定义的变量在后面的单元格中可以继续访问。

若要关闭已经打开的终端和 ipynb 格式的笔记本,仅关闭其页面是无法彻底退出的,还需要在 Running 页面单击其对应的 Shutdown 按钮,如图 1-26 所示。

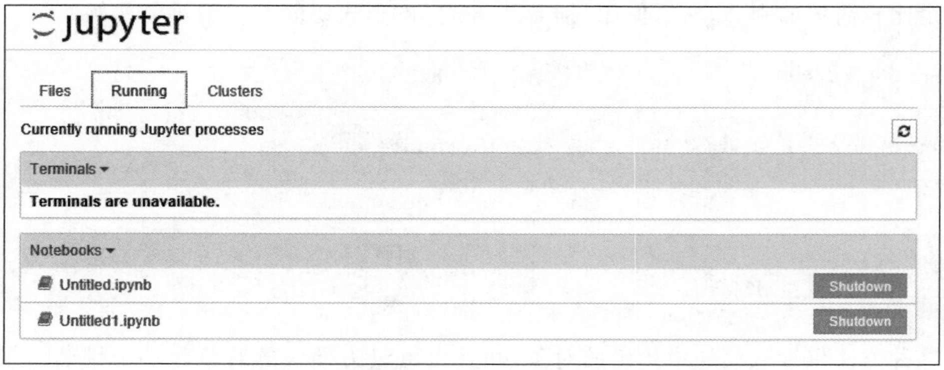

图 1-26　Running 页面

如果退出 Jupyter Notebook 程序,仅关闭网页是无法正确退出的,因为打开 Jupyter Notebook 实际上是启动了 Jupyter Notebook 服务器。因此,若要彻底退出 Jupyter

Notebook,需要关闭它的服务器。这需要在启动 Jupyter Notebook 服务器的终端上按 Ctrl+C 组合键,此时终端上会依次出现 Shutting down kernels 和 Kernel shutdown:…,进而关闭服务器,彻底退出 Jupyter Notebook 程序。此时,如果输入网址希望访问 Jupyter Notebook 将会看到报错页面。

1.5 Python 库简介

Python 库或包一般指包含若干 Python 模块的文件夹,Python 模块指一个包含若干函数定义、类定义或常量的 Python 源程序文件。Python 默认安装仅包含基本模块或核心模块,启动时也仅加载了基本模块,编程需要时再导入和加载标准库和扩展库(又称第三方库),这样可以减小程序运行压力,并且具有很强的可扩展性。

Python 基本模块中的对象称为内置对象,Python 内置对象不需要导入就可以直接使用,而 Python 标准库对象必须先导入才能使用。对于 Python 扩展库对象,需要正确安装相关库之后,才能导入和使用扩展库中的对象。

1.5.1 标准库

Python 标准库是用 Python 和 C 语言预先编写的模块,这些模块随着 Python 安装程序已经直接安装到用户系统中,无须另外下载。Python 标准库的模块为用户提供了从文本处理到网络脚本编程、游戏开发、科学计算、数据库接口等非常丰富的功能应用。

导入 Python 模块的方法如下。

```
方法一: import <模块名>[as <别名>]
使用方法: <模块名或别名>.<对象名>
```

这种方法可以导入模块中的所有对象,使用时需要在对象名前加上模块名作为前缀,即必须以“模块名.对象名”的形式进行访问。如果模块名比较长,也可以为导入的模块设置一个比较简短的别名,然后使用“别名.对象名”的形式访问其中的对象。例如:

```
import math                    #导入标准库 math
math.sqrt(4)                   #求平方根
import random as rm            #导入标准库 random
rm.random()                    #生成一个随机数
```

```
方法二: from <模块名>import <对象名>[ as <别名>]
使用方法: 直接写对象名
```

这种方法仅导入模块中指定的对象,并且也可以为导入的对象起一个别名。采用这种方法导入模块中的对象后,使用对象时前面无须再加模块名作为前缀。例如:

```
from math import sqrt
sqrt(4)                              #求平方根函数
```

```
方法三: from 模块名 import *
使用方法: 直接写对象名
```

这种方法可以一次性导入模块中的所有对象,采用这种方法导入对象后,可以直接使用对象,前面无须再加模块名作为前缀。例如:

```
from math import *
sqrt(4)
sin(8)
```

1.5.2 扩展库

除了标准库之外,用户可能需要单独获取和安装一些 Python 扩展库。扩展库可以使用 Python 或者 C 语言编写。很多扩展库是对标准库的优化和再封装,其功能覆盖科学计算、Web 开发、数据库接口、图形系统等多个领域。许多 Python 扩展库本身就是大型系统,如 numpy、pandas、matplotlib,分别用于科学计算、数据分析和数据可视化。

Python 标准库和扩展库的主要区别是: Python 标准库是安装 Python 开发环境时默认自带的库,不需要单独下载安装,只需导入就能使用;Python 扩展库需要下载后安装到 Python 工作目录下,导入后才能使用。不同扩展库的安装及使用方法也不一样。然而,Python 标准库和扩展库的调用方法相同,都需要用 import 语句导入后使用。

1.6 扩展库的获取和安装

目前,pip 工具已经成为安装 Python 扩展库的主要方式。使用 pip 命令不仅可以查看本机已经安装的 Python 扩展库列表,而且支持 Python 扩展库的安装、升级和卸载等操作。使用 pip 工具管理 Python 扩展库只需要在保证计算机联网的情况下输入相应的命令即可,操作简单方便。

安装好 Python 环境之后,可以直接使用 pip 工具。用户在命令提示符环境(见图 1-8)下输入 pip --version 并回车,如果显示了 pip 的当前版本,说明 pip 已经成功安装,否则需要手动安装 pip 工具。

1.6.1 安装 pip

将 pip 的 tar 包下载到本地并解压,如图 1-27 所示,这个 tar.gz 格式的文件就是 Windows 和 Linux 通用的包,在 Windows 下用常规解压工具即可解压。pip 的 tar 包下载地址为 https://pypi.Python.org/pypi/pip#downloads。

进入 pip 的解压目录,执行 python setup.py install 命令进行安装,安装完成后若出现 Finished 说明安装成功,如图 1-28 所示。

如果这时执行 pip 命令,仍然提示找不到这个命令,就需要将 pip 安装路径加入环境

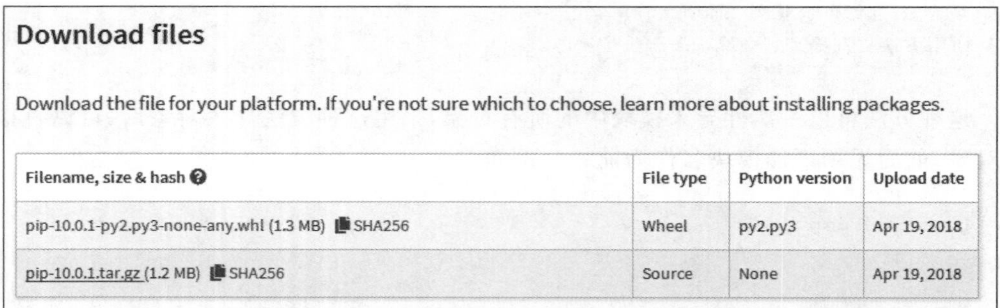
Download files

Download the file for your platform. If you're not sure which to choose, learn more about installing packages.

Filename, size & hash	File type	Python version	Upload date
pip-10.0.1-py2.py3-none-any.whl (1.3 MB) SHA256	Wheel	py2.py3	Apr 19, 2018
pip-10.0.1.tar.gz (1.2 MB) SHA256	Source	None	Apr 19, 2018

图 1-27 下载 pip 安装包

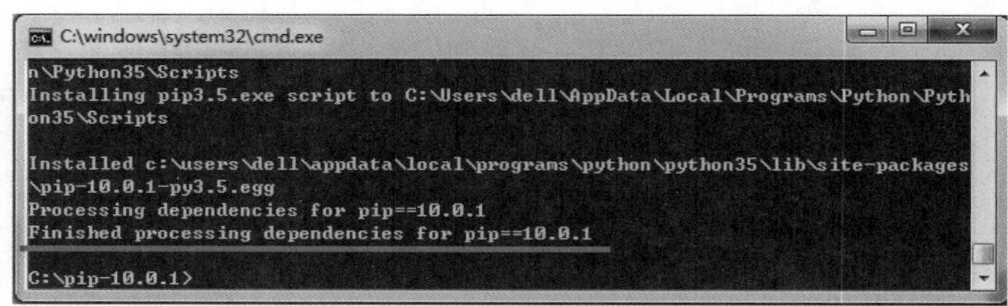

图 1-28 成功安装 pip 工具

变量中,路径一般为 Python 安装路径的 Scripts 子文件夹。

将 pip 安装路径成功添加到环境变量之后,执行 pip --version 命令成功显示版本信息,说明 pip 已经安装成功,如图 1-29 所示,这时就可以使用 pip 工具安装 Python 扩展库了。

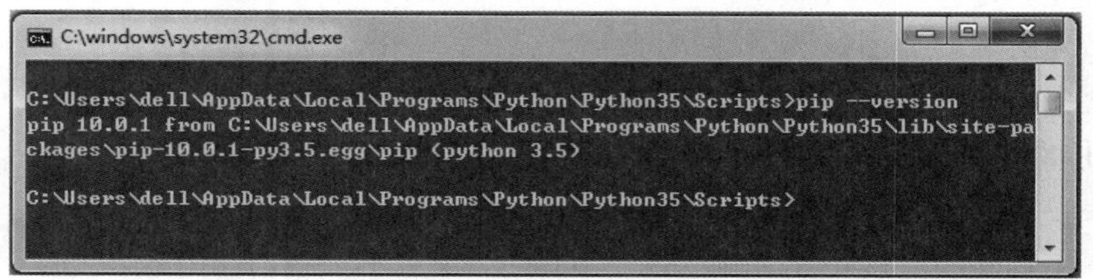

图 1-29 查看 pip 版本

1.6.2 使用 pip 安装扩展库

使用 pip 工具安装 Python 扩展库,只需在命令提示符环境下运行 pip install 命令。例如,用户需要安装数据可视化库 matplotlib,只需运行命令 pip install matplotlib 或 pip3 install matplotlib,如图 1-30 所示。

下面再介绍几个常用的 pip 命令。

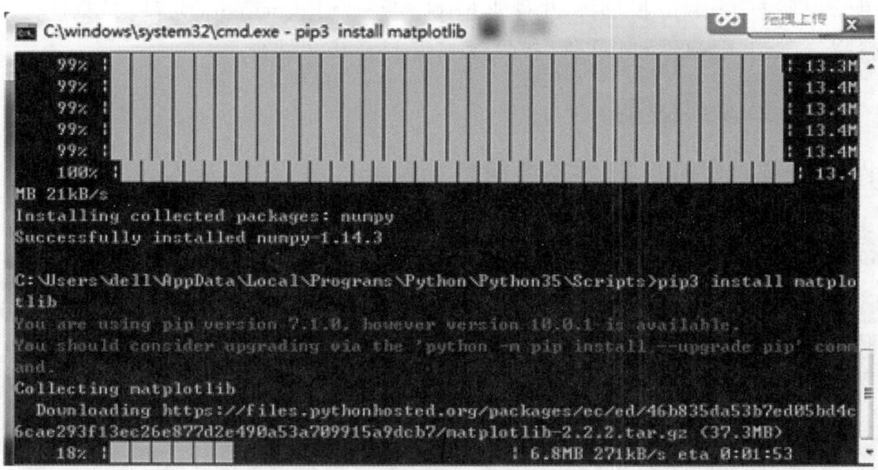

图 1-30　使用 pip 安装扩展库

```
pip list                                #列出当前已安装的所有模块
pip install --upgrade packagename       #升级 packagename 模块
pip uninstall packagename               #卸载 packagename 模块
pip install packagename ==version       #在线安装 packagename 模块的指定版本
```

1.6.3　手动安装 Python 扩展库

为了应对异常情况，Windows 用户可能需要手动安装 Python 扩展库。

进入网站 https://pypi.org/，搜索需要安装的库名称，这时可能出现以下三种情况。

情况 1：可以下载.exe 文件。用户根据自己的计算机系统和 Python 环境下载相应的.exe 文件。运行.exe 文件安装 Python 扩展库，一直单击 Next 按钮就可以完成。

情况 2：可以下载.whl 文件。其优势是可以自动安装该扩展库依赖的所有安装包。具体安装方法为：

确认下载的.whl 文件路径，在该路径下打开命令提示符窗口，执行命令 pip install XXX.whl。其中，XXX 就是下载的.whl 文件名。

情况 3：得到的是源码压缩包，扩展名为 zip、tar.zip 或 tar.bz2。这时需要用户首先安装扩展库依赖的其他安装包。例如，若要安装扩展库 pandas，必须首先安装 numpy，因为 pandas 库依赖于 numpy 库。

然后解压源码压缩包，进入解压后的文件夹，通常会看到一个 setup.py 文件。在当前文件夹下打开命令提示符窗口，执行命令：python setup.py install，这样就把该扩展库安装到系统的 Python 安装路径下。若是 Windows 操作系统，大多存放在 Python35\Lib\site-packages 目录下。

如果希望卸载某个扩展库，需要找到 Python 安装路径，进入 site-packages 文件夹，直接删除该库文件即可。

这里给出所有 Python 扩展库的网址 http://www.lfd.uci.edu/%7Egohlke/pythonlibs/，可以下载第三方编译好的 whl 文件(扩展库二进制安装文件)。

1.6.4 扩展库安装说明

安装 Python 扩展库时，通常需要找到 Python 安装路径，进入 Scripts 文件夹，按住 Shift 键，右键单击“打开命令行窗口”，输入：pip install ＜库文件所在绝对路径＞，回车即可运行并完成安装，如图 1-31 所示。

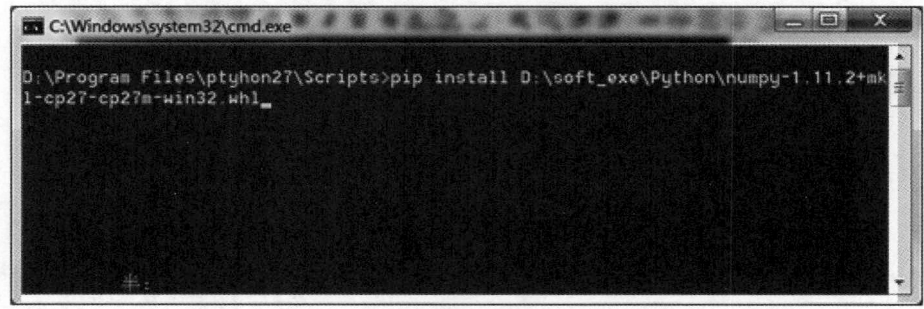

图 1-31 使用 pip 安装扩展库

如果无法正确安装扩展库，那么注意查看英文提示信息，复制到“百度搜索”中查看可能的解决方案，检查并纠正错误。

对于初学者，常见的出错原因可能是以下两种。

(1) pip 版本问题，如图 1-32 所示。

```
You are using pip version 8.1.1, however version 9.0.1 is available.
You should consider upgrading via the 'python -m pip install --upgrade pip' command.
```

图 1-32 pip 版本问题

这时需要更新 pip 版本，按照提示信息执行命令：Python -m pip install --upgrade pip。

(2) 网络问题，如图 1-33 所示。

图 1-33 网络问题

这时可以使用国内镜像源加速，如豆瓣源，命令为：pip install jieba -image -i http://pypi.douban.com/simple/ --trusted-host pypi.douban.com。

扩展库 jieba 安装完毕，在 IDLE 交互模式的命令提示符后输入：

```
import jieba
```

如果不报错,说明导入正确,扩展库 jieba 安装成功。

1.6.5 使用 conda 安装扩展库

在 Anaconda 开发环境中,除了 pip 工具之外,也可以使用 conda 命令安装 Python 扩展库,用法与 pip 类似。需要说明的是,并不是每个扩展库都有相应的 conda 版本,如果遇到 conda 无法安装的扩展库,可以进入 Anaconda 安装目录的 Scripts 文件夹,使用 pip 命令安装相关的扩展库,然后同样可以在 Anaconda 的 Jupyter Notebook 和 Spyder 环境中使用相应的库功能。

关于 conda 工具的具体使用方法,以及它与 pip 工具的比较,参见本书 5.4.3 节。

第2章 Python基本语法

书写一条正确的英文语句，作者需要知道构成这个语句的合理单词和正确语法结构。同样道理，编写一行合法的 Python 代码，程序员需要知道：①构成 Python 源程序的基本语法元素有哪些？源程序的书写规则是怎样的？② Python 语言中有哪些关键字以及变量名、函数名和模块名等标识符。③可以使用哪些数据？数据有哪些类型？数据运算时，可以使用哪些运算符？可以使用哪些表达式？等等。本章将介绍这些内容。

2.1 Python 程序的格式

Python 是一门简单而优雅的编程语言，对代码布局和排版有着非常严格的要求。作为 Python 语言的使用者，首先需要学习和掌握 Python 语言的编程规则，养成良好的编程习惯。这也是实现 Python 程序可读性的要求。

2.1.1 缩进要求

Python 严格使用“缩进”表达程序的语法框架，体现代码的逻辑从属关系。相同缩进量的连续多行代码形成顺序结构代码块，从上至下依次执行每行代码。Python 对同一个代码块中的缩进有硬性要求，如果某个代码块的缩进不对，那么整个程序就是错的。这时无论是检查语法错误，还是检查语义错误，都会花费一定的时间和精力。因此，编程人员必须使用缩进作为表达 Python 代码间逻辑关系的唯一手段，这也是实现代码易读性的基本要求。下面以计算 1＋2＋3＋…＋99＋100 的代码为例进行说明。

```
In [1]:s=0
       for i in range(1,101):
           s+=i
       else:
           print(s)
Out[1]: 5050
```

Python 使用缩进来标识代码块。Python 对缩进的空格数量没有硬性要求，只是同一个代码块中的 Python 语句必须保证相同的行首缩进空格数目，否则会报错。

2.1.2　注释

注释是用于提高代码可读性的辅助性文字，可以起到备注的作用，当程序运行时不被编译器执行。在实际应用中，常常要面对成千上万行复杂代码，如果没有详细的代码注释语句，时间久了恐怕程序员自身也弄不清代码的含义。而且，在团队合作时，个人编写的代码经常被多人调用，为了给别人阅读代码、理解程序提供帮助，使用注释是非常必要的。

Python 中的注释有自己的规范，注释形式有单行注释、多行注释、批量注释等，中文注释也被广泛采用。

1. 单行注释

单行注释通常以井号（#）开头。在代码中使用 # 时，它右边的任何数据都会作为注释内容被编译器忽略。

```
In [1]: #单独成行的注释
        print ("Hello world!")        #与代码在同一行的注释，输出 Hello world!
Out[1]: Hello world!
```

这里，# 号右边的内容在执行时不会被输出。

2. 多行、批量注释

实际应用中常常需要多行注释。除了可以在每行行首加 # 号进行注释之外，也可以使用多行注释符号进行批量注释。批量注释将注释内容放在三个单引号或三个双引号里面，达到注释多行数据或整段内容的效果。

```
In [1]:'''
        用三个单引号实现多行注释的效果
        用三个单引号实现多行注释的效果
        用三个单引号实现多行注释的效果
        '''
        """
        用三个双引号实现多行注释的效果
        用三个双引号实现多行注释的效果
        用三个双引号实现多行注释的效果
        """
        print("Hello world!")
Out[1]: Hello world!
```

使用引号实现多行注释的时候，需要注意前后使用的引号类型必须保持一致。前面使用单引号，后面使用双引号；或者前面使用双引号，后面使用单引号，执行程序时都会报错，如图 2-1 所示。

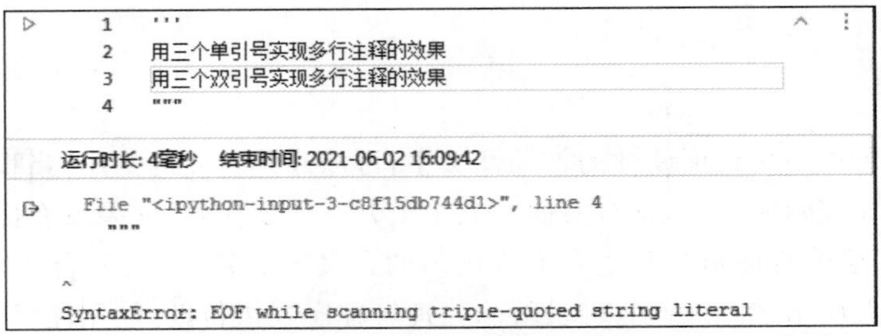

```
'''
用三个单引号实现多行注释的效果
用三个双引号实现多行注释的效果
"""

运行时长: 4毫秒   结束时间: 2021-06-02 16:09:42

  File "<ipython-input-3-c8f15db744d1>", line 4
    """

    ^
SyntaxError: EOF while scanning triple-quoted string literal
```

图 2-1　错误的多行注释运行报错

2.1.3　关键字

关键字是在语言中表达特定含义的字母组合，它们成为语法的一部分。使用者不能将这些字母组合用作常量或变量，也不能用作任何其他标识符的名称。在 Python 开发环境中导入 keyword 模块之后，使用 kwlist 函数可以查看 Python 中的所有关键字。

```
In [1]: from keyword import kwlist
        print(kwlist)
Out[1]: ['False', 'None', 'True', 'and', 'as', 'assert', 'async', 'await',
'break', 'class', 'continue', 'def', 'del', 'elif', 'else', 'except',
'finally', 'for', 'from', 'global', 'if', 'import', 'in', 'is', 'lambda',
'nonlocal', 'not', 'or', 'pass', 'raise', 'return', 'try', 'while', 'with',
'yield']
```

Python 中的关键字一共有 33 个。表 2-1 列出了所有的 Python 关键字及其说明。

表 2-1　Python 关键字及其含义

关键字	说　明
False	常量，逻辑假
None	常量，空值
True	常量，逻辑真
and	逻辑与操作，用于表达式运算
as	用于 import 或 except 语句中给对象起别名
assert	断言，用于判断变量或条件表达式的值是否为真，可以帮助调试程序
break	用于循环结构，结束当前循环，执行循环后面的语句
class	用于定义类
continue	用于循环结构，结束本次循环，继续执行下一次循环
def	用于定义函数或方法

续表

关键字	说　　明
del	用于删除变量或者序列的值
elif	用于分支结构，与 if、else 结合使用，表示 else if 的意思
else	可以用于分支结构，与 if、elif 结合使用。也可用于循环结构和异常处理
except	用于异常处理结构，捕获特定类型的异常，与 try、finally 结合使用
for	构造 for 循环，用于指定循环条件，可以是迭代序列或可迭代对象中的所有元素
finally	用于异常处理结构，出现异常后，始终要执行 finally 包含的代码块，与 try、except 结合使用
from	用于导入模块，表示从哪个模块导入对象，与 import 结合使用
global	定义全局变量
if	用于分支结构，与 else、elif 结合使用
import	用于导入模块，与 from 结合使用
in	用于成员测试，判断变量是否在序列中
is	用于同一性测试，判断变量是否为某个类的实例
lambda	用于定义匿名函数
nonlocal	用于标识嵌套函数中变量的作用域
not	用于表达式运算，逻辑非操作
or	用于表达式运算，逻辑或操作
pass	空的类、函数或方法的占位符，执行该语句时什么都不做
raise	用于异常抛出操作
return	用于从函数返回计算结果，如果没有指定返回值，表示返回空值 None
try	在异常处理结构中用来包含可能会引发异常的代码块，与 except、finally 结合使用
while	构造 while 循环结构，只要条件表达式等价于 True 就重复执行特定代码块
with	用于上下文管理，语句与 as 结合使用，具有自动管理资源的功能
yield	用于从函数中依次返回值，与 return 类似，返回生成器

2.1.4　标识符

标识符是程序开发人员自己定义的一些符号和名称，是一个被允许作为名字的有效字符串。Python 中的标识符用于识别变量、函数、类、模块以及其他对象的名字。

Python 中标识符的命名规则如下。

(1) 标识符只能包含字母、数字及下画线(_)，第一个字符必须为字母或下画线。Python 3.X 采用 Unicode 编码方式，该编码本身支持中文。因此，Python 3.X 允许标识符中有汉字。标识符不能以数字开头，以下画线开头的标识符具有特殊意义，使用时需要特别注意。

(2) Python 标识符对英文字母大小写是敏感的,因此 Student 和 student 是两个不同的标识符。

(3) 不能使用关键字作为标识符,如 if、else、for 等是关键字,不能用作标识符。特殊符号,如 $ 、%、@等,不能用在 Python 标识符中。不建议使用内置函数名、类型名、标准库名等作为变量名或自定义函数名。

(4) 为标识符取名字时,尽量遵循“见名知义”的原则。例如,使用 age 表示年龄,使用 sex 表示性别。除了临时演示示例或测试知识点的代码片段,一般不建议使用 x、y 或 a1、a2 等含义不明确的变量名。

2.1.5 常量和变量

所谓常量,一般是指在程序运行过程中其取值不需要改变而且不能改变的量,如数字 3,字符串"hello",布尔型数据 True,标准模块 math 中的符号常量 pi 等。

所谓变量,是指在程序运行过程中其取值可以变化的量。在 Python 中,变量不需要提前声明,创建时直接对其赋值即可。

变量的类型由赋给变量的值决定,因此变量的类型也是随时可以发生变化的。例如,下面分别给四个不同的变量赋值。

```
In [1]: a=12
        b=a+3
        c="Hello"
        d=True
        a
Out[1]: 12
In [2]: b
Out[2]: 15
In [3]: c
Out[3]: 'Hello'
In [4]: d
Out[4]: True
```

如果在一段代码中有大量的变量,这些变量命名很随意,风格不一,在解读代码时容易出现混淆。因此,保持良好的变量命名习惯是增加代码易读性的要求,也是一个良好程序设计员的基本素质。Python 中变量命名规则如下。

(1) 变量名的长度不受限制,但其中的字符必须是字母、数字或者下画线(_),而不能使用空格、连字符、标点符号(括号、引号、逗号、斜线、反斜线、冒号、句号、问号等)或其他字符。

(2) 变量名的第一个字符不能是数字,必须是字母或下画线。但以下画线开头的变量在 Python 中有特殊含义,不建议使用。

(3) 不能将 Python 关键字用作变量名。

（4）不建议使用系统内置的模块名、类型名、函数名以及已经导入的模块名及其成员名作为变量名。因为可能改变其类型和含义，甚至导致其他代码无法正常执行。

（5）Python 变量名对英文字母大小写敏感，“a”和“A”代表两个不同的变量。

2.2 数据类型

2.2.1 对象

对象是 Python 语言中最基本的概念之一，Python 中一切皆对象。数字 1、2、3，变量 a、b、c，函数 sin(x)等，都是对象。Python 中，使用函数 dir(__builtins__)可以查看所有内置对象的名称，其中常用内置对象如表 2-2 所示。

表 2-2　常用的 Python 内置对象

对象类型	示　例	说　明
数字	123，3.14，1.3e5，3＋4j	数字大小没有限制，且支持复数及其运算
字符串	'he'，"I am "，'''Hello world'''	使用单引号、双引号、三引号作为定界符
列表	[1，2，3]，['a'，'2'，['c'，3]]	所有元素放在一对方括号中，元素之间用逗号隔开
字典	{1：'water'，2：'juice'，3：'food'}	所有元素放在一对大括号中，元素之间用逗号隔开，元素形式为“键：值”
元组	(2，－5，6)	所有元素放在一对圆括号中，元素之间用逗号隔开
文件	f＝open('data.dat'，'r')	open 是 Python 内置函数名，使用指定模式打开文件
集合	{'a'，'b'，'c'}	所有元素放在一对大括号中，元素之间用逗号隔开，元素不允许重复
布尔型	True，False	只有“True”和“False”两个值
空类型	None	
编程单元	函数(def)，类(class)	类和函数都属于可调用对象

Python 中每一个对象都有身份(id)、类型(type)和值(value)属性。对象的 id 就是该对象在内存中的地址，是一个整数，一旦创建就不再改变。例如：

```
In [1]: id(12)
Out[1]: 94217477620864
In [2]: id('Hello')
Out[2]: 139666557933296
```

对象的类型决定了该对象支持的操作。type()函数返回对象的类型。例如：

```
In [1]: type(12)
Out[1]: int
In [2]: type("Hello")
Out[2]: str
```

当对象被创建后，如果该对象的值可以被更改，那么称为可变对象；有些对象的值一旦创建就不可以改变，称为不可变对象。Python 大部分对象是不可变对象，如数字、字符串、元组等；也有可变对象，如字典、列表等。

2.2.2 基本数据类型

数学中有整数、实数、复数等，不同类别的数据有不同的特点。计算机中的数据也划分成不同的类别，称为数据类型。不同数据类型的数据，在内存中的表示方法不同，占用存储空间不同，可以参与的运算也不相同。

Python 中所谓"数据类型"是变量指向的内存地址中存放对象的类型。Python 常用的标准数据类型有数字类型(Numbers)、字符串类型(String)、集合类型(Set)、列表类型(List)、元组类型(Tuple)和字典类型(Dictionary)。其中，数字类型和字符串属于基本数据类型，而集合、列表、元组及字典属于组合数据类型(详见第 3 章)。

2.2.3 数字类型

Python 中，数字类型用于存储数值数据，属于不可变对象。如果改变数字类型变量的取值，系统将重新分配内存空间。Python 3 中的数字类型变量可以表示任意大的数值，具体大到什么程度仅由内存大小决定。

在 Python 中，内置的数字类型包括整数类型、浮点数类型和复数类型。

1. 整数类型

整数类型通常被称为整型或整数，可以是正整数或负整数，不带小数点。主要有以下几种形式。

十进制整数，如 0、-2、3、456。

十六进制整数，可以使用数字 0、1、2、3、4、5、6、7、8、9、a、b、c、d、e、f 构成整数，必须以 0x 开头，如 0x10、0xfd、0x1f2e3dcba。

八进制整数，可以使用数字 0、1、2、3、4、5、6、7 构成整数，必须以 0o 开头，如 0o11、0o777。

二进制整数，可以使用数字 0、1 构成整数，必须以 0b 开头，如 0b100、0b11。

2. 浮点类型

浮点类型也称浮点数或实数，由整数部分与小数部分组成，如 10.0、.75、-5.2、750. 等。浮点数可以用科学记数法表示，如 2.5e2、1e2 和 15e-2 都是合法的浮点数。其中，2.5e2=2.5×10^2=250，1e2=1×10^2=100，15e-2=15×10^{-2}=0.15。

```
In [1]: 0.3+0.5
Out[1]: 0.8
In [2]: 0.2-0.7
Out[2]: -0.49999999999999994
In [3]: 0.4-0.2==0.2
```

```
Out[3]: True
In [4]: 0.3-0.5==-0.2
Out[4]: True
In [5]: 0.2-0.7==-0.5
Out[5]: False
```

由于精度问题，浮点数运算可能会有一定误差，应尽量避免在浮点数之间直接进行相等性测试，可以将两数之差的绝对值足够小作为两个浮点数相等的测试依据。

3. 复数类型

Python 中的复数与数学中复数的形式完全相同，都是由实数部分和虚数部分构成，并且使用 j 或 J 来表示虚部，形如 a+bj 或者 complex(a,b)，其中，复数的实部 a 和虚部 b 可以是浮点数。

```
In [1]: x=2.3+4.5j
        y=6.7+3.9j
        x+y
Out[1]: (9+8.4j)
In [2]: x * y
Out[2]: (-2.1400000000000023+39.120000000000005j)
In [3]: abs(x-2)
Out[3]: 4.509988913511872
In [4]: x.imag
Out[4]: 4.5
In [5]: x.real
Out[5]: 2.3
In [6]: x.conjugate()
Out[6]: (2.3-4.5j)
```

复数之间支持加减乘除以及乘幂等操作，内置函数 abs()用于计算复数的模，x.imag 和 x.real 分别表示复数对象 x 的虚部和实部，内置函数 conjugate()用于计算共轭复数。

2.2.4　字符串

Python 中的字符串属于不可变序列，一般使用单引号、双引号或三引号作为字符串定界符。单引号、双引号、三单引号或三双引号可以互相嵌套，用来表示复杂字符串。例如，'abc'、"123"、'''计算机'''、"""Python"""、'''He said，"'、"I'm six"都是合法字符串。空字符串表示为一对不包含任何内容的字符串定界符。

Python 中的字符串是不可以更改的。如果为指定位置的字符重新赋值，将会出错，如图 2-2 所示。

如果要修改字符串，最好的办法是重新创建一个。如果只需要获取其中小部分字符，可以使用下面的字符串操作。

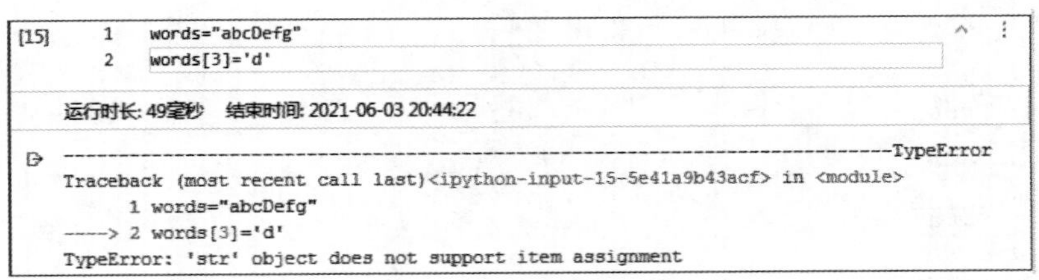

图 2-2 字符串是不可变对象

1. 索引与切片

字符串是字符的有序集合,可以根据字符所在位置获取具体的字符串元素。

字符串的索引就是编号,通过编号可以找到字符串对应的存储空间。Python 字符串中的字符就是通过索引来获取的。Python 字符串的索引从 0 开始,也可以取负值,表示从字符串右侧开始,最右侧字符的索引为−1,向左依次递减计数。

切片,就是从字符串中取出一部分字符存储在另一个位置,切片得到的字符组成新的字符串。如图 2-3 所示,string[0]代表第一个字符 H,string[−1]表示最后一个字符 d,空格也算一个字符;如果需要截取某一段字符,可以用 string[X:Y]表示;如果从开头或从末尾开始截取,可以直接省略开头或末尾的索引。

strings="	H	e	l	l	o		w	o	r	l	d	"
	0	1	2	3	4	5	6	7	8	9	10	
INDEXING	−11	−10	−9	−8	−7	−6	−5	−4	−3	−2	−1	

图 2-3 字符串索引示意图

```
In [1]: strings="Hello world"
        strings[: 2]
Out[1]: 'He'
In [2]: strings[3: 7]
Out[2]: 'lo w'
In [3]: strings[: -5]
Out[4]: 'Hello '
In [5]: strings[-1: -5]
Out[5]: ''
In [6]: strings[4]
Out[6]: 'o'
In [7]: strings[-3]
Out[7]: 'r'
In [8]: strings[-5: -1]
Out[8]: 'worl'
```

2. 字符串格式化

Python 中,可以使用"%"开头的格式标志对各种类型的数据进行格式化输出。字符串格式化时,引号内是格式化字符串,相当于一个字符串模板,可以放置模板中的格式字符,为真实值预留位置,并说明真实值应该呈现的格式,如图 2-4 所示。引号外的"%"是格式运算符,起分隔作用,它前面是格式化字符串,后面是要输出的表达式。

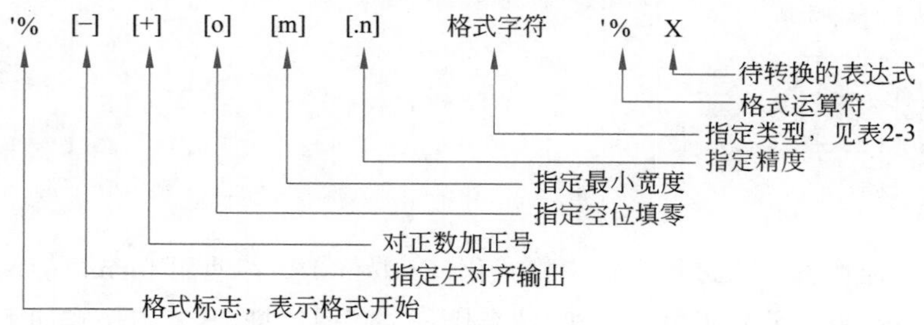

图 2-4 字符串格式化

图 2-4 中待转换的表达式 X 可以是一个元组,将多个值传递给引号内的字符串模板,每个值对应一个格式字符。Python 常用格式字符如表 2-3 所示。

表 2-3 Python 常用格式字符及其描述

格式字符	描　　述
%%	百分号标记,输出一个字符"%"
%c	ASCII 码对应的单个字符
%s	字符串
%d	有符号整数(十进制)
%u	无符号整数(十进制)
%o	无符号整数(八进制)
%x	无符号整数(十六进制)
%X	无符号整数(十六进制大写字符)
%e	浮点数字(科学记数法)
%E	浮点数字(科学记数法,用 E 代替 e)
%f	浮点数字(用小数点符号)
%g	浮点数字(根据值的大小采用%e 或%f)
%G	浮点数字(类似于%g,根据值的大小采用%E 或%f)

通过操作符“%”实现字符串格式化,可以将其他类型的对象按格式要求转换为字符串,并返回结果字符串。

```
In [1]: a=3.1415926
        '%10.3f'%a
Out[1]: '     3.142'
In [2]: "%d: %c"%(97,97)
Out[2]: '97: a'
In [3]: "%u: %c"%(49,49)
Out[3]: '49: 1'
In [4]: "%d: %c"%(65,65)
Out[4]: '65: A'
```

除了使用操作符“%”进行字符串格式化,Python 3 推荐使用 format()函数实现字符串格式化。format()函数使用“{}”和“:”来代替“%”操作符,其基本格式如下:

```
<模板字符串>.format(<逗号分隔的参数>)
```

其中,＜模板字符串＞除了包含参数序号,还可以包含格式控制信息。格式如下:

```
{<参数序号>: <格式控制标记>}
```

format()函数的＜参数序号＞从 0 开始,＜格式控制标记＞用来控制参数的显示格式,包括:＜填充＞、＜对齐＞、＜宽度＞、＜.精度＞和＜类型＞5 个字段,这些字段都是可选的,可以组合使用,如图 2-5 所示。

:	<填充>	<对齐>	<宽度>	,	<.精度>	<类别>
	用于填充的单个字符	<左对齐 >右对齐 ^居中对齐	用于设定输出宽度	数字的千位分隔符 适用于整数和浮点数	浮点数小数部分的精度或字符串的最大输出长度	整数类型 B,c,d,o,x,X 浮点数类型 e,E,f,%

图 2-5 format()函数的格式控制标记

＜宽度＞:设定输出字符的宽度,如果 format()参数长度比＜宽度＞设定值大,则使用参数实际长度。如果该值的实际位数小于指定宽度,则位数默认以空格字符补齐。

＜对齐＞:指参数在＜宽度＞内输出的对齐方式,分别使用“＜”、“＞”和“^”符号表示左对齐、右对齐和居中对齐。

＜填充＞:指＜宽度＞内除了参数之外的字符采用什么符号表示,默认采用空格,可以通过＜填充＞更换其他字符。

＜格式控制标记＞中的逗号(,)用于显示数字的千位分隔符。

＜.精度＞:表示两种含义,由小数点(.)开头。对于浮点数,“精度”表示小数部分输出的有效位数；对于字符串，“精度”表示输出的最大长度。

<类别>：表示输出整数类型或浮点数类型的格式规则。

对于整数类型，输出格式包括以下 6 种。

b：输出整数的二进制形式。

c：输出整数对应的 Unicode 字符。

d：输出整数的十进制形式。

o：输出整数的八进制形式。

x：输出整数的小写十六进制形式。

X：输出整数的大写十六进制形式。

对于浮点数类型，输出格式包括以下 4 种。

e：输出浮点数对应小写字母 e 的指数形式。

E：输出浮点数对应大写字母 E 的指数形式。

f：输出浮点数的标准浮点形式。

%：输出浮点数的百分数形式。

浮点数输出时尽量使用<.精度>表示小数部分的宽度，有助于控制输出格式。

调用 format()函数后会返回一个新的字符串。

```
In [1]: print("The number {1} in hex is: {1: #x}, the number {0} in oct is {0: #o}".format(65536,512))
Out[1]: The number 512 in hex is: 0x200, the number 65536 in oct is 0o200000
In [2]: print("The number {0} in hex is: {0: #x}, in oct is {0: #o}".format(65536))
Out[2]: The number 65536 in hex is: 0x10000, in oct is 0o200000
In [3]: print("Her name is {name}, she is: {age} years old, and her QQ is {qq}".format(name="Merry", qq="970231168",age=40))
Out[3]: Her name is Merry, she is: 40 years old, and her QQ is 970231168
```

3. 转义字符

一些具有特殊含义的控制字符是非显示字符，难以用可视的标准符号表示。例如，换行符、回车符、制表符等都是非显示字符，虽然它们的作用结果可见，但这些字符属于“空白字符”，在印刷页面上无法用一般形式的字符表示。

为了处理空白字符以及其他不可打印字符，Python 通常使用“\”开头，后面跟一个固定字符来表示，称为转义字符。Python 中常用的转义字符如表 2-4 所示。当需要使用不可打印的特殊字符时，Python 用反斜杠“\”实现字符转义。例如：Python 中的字符串用引号作为定界符。如果字符串本身也含有引号的话，就需要在字符串包含的引号前插入一个转义字符“\”。

表 2-4 Python 常用转义字符及描述

转义字符	描 述	转义字符	描 述
\(在行尾时)	续行符	\n	换行符
\\	反斜杠	\v	纵向制表符
\'	单引号	\t	水平制表符
\"	双引号	\r	回车符
\a	响铃符	\oyy	八进制数 yy 代表的字符,例如:\012 代表换行
\b	退格符	\xyy	十进制数 yy 代表的字符,例如:\x0a 代表换行
\f	换页	\uxxxx	十六进制数 xxxx 代表的字符,例如,'\u5317'代表'北'

```
In [1]: print("He said: \"hello, everyone!\"")
Out[2]: He said: "hello, everyone!"
```

4. 原始字符串

需要说明的是,字符串定界符前面加字符 r 或 R 表示原始字符串,其中的特殊字符不进行转义,但字符串的最后一个字符不能是"\"。也就是说,只想显示字符串原来的意思,并不希望转义字符生效的情况下,使用字符 r 或 R 表示原始字符串。原始字符串主要用于正则表达式、文件路径或者 URL 等场合。

```
In [1]: print('\t\r')
Out[1]:
In [2]: print(r '\t\r')
Out[2]: \t\r
```

2.3 运算符和表达式

运算符表示对象支持的行为和对象之间的操作,不同类型的数据适用于不同的运算符。Python 支持大多数算术运算符、关系运算符、逻辑运算符以及位运算符,并遵循与大多数语言相同的运算符优先级。此外,还有一些运算符是 Python 特有的,如成员测试运算符、集合运算符、同一性测试运算符等。有些 Python 运算符具有多种不同的含义,它们作用于不同类型的操作数时含义并不相同。

用运算符、括号将操作数连接起来的有意义的式子称为表达式。如表达式 10+20=30 中,10 和 20 被称为操作数,"+"为算术运算符。在 Python 中,单个常量或变量可以看作最简单的表达式,使用除赋值运算符之外的其他运算符和函数调用连接起来的式子也属于表达式。

1. 算术运算符

假设 n 为整型变量，赋值 8，有 n=8。常用算术运算符及其操作示例如表 2-5 所示。

表 2-5 算术运算符

运算符	含 义	说 明	优先级	示 例	结 果
+	一元加	正号，操作数的值	1	+n	8
-	一元减	操作数的相反数	1	-n	-8
**	幂运算	操作数的幂运算	1	n**2	64
*	乘法	操作数的积	2	n * n * 2	128
/	除法	第二个操作数除第一个操作数	2	10/n	1.25
//	整数除法	两个整数相除，结果为整数	2	10//n	1
%	取模	第二个操作数除第一个操作数的余数	2	10%n	2
+	加法	两个操作数之和	3	10+n	18
-	减法	第一个操作数减去第二个操作数	3	n-10	-2

2. 关系运算符

关系运算符用于连接并比较运算符两边的数值，从而确定它们之间的关系。假设变量 a 赋值 10，变量 b 赋值 20，有 a=10，b=20。常用关系运算符及操作示例如表 2-6 所示。

表 2-6 关系运算符

运算符	描 述	示 例
==	如果两个操作数的值相等，则结果为真	(a == b)求值结果为 False
!=	如果两个操作数的值不相等，则结果为真	(a != b)求值结果为 True
>	如果左操作数的值大于右操作数的值，则结果为真	(a > b)求值结果为 False
<	如果左操作数的值小于右操作数的值，则结果为真	(a < b)求值结果为 True
>=	如果左操作数的值大于或等于右操作数的值，则结果为真	(a >= b)求值结果为 False
<=	如果左操作数的值小于或等于右操作数的值，则结果为真	(a <= b)求值结果为 True

3. 赋值运算符

假设变量 a 赋值 10，变量 b 赋值 20，有 a=10，b=20。常用赋值运算符及其操作示例如表 2-7 所示。

表 2-7 赋值运算符

运算符	描述	示例
=	将右操作数的值分配给左操作数	c = a + b 表示将 a + b 的值分配给 c,结果 c=30
+=	将右操作数相加到左操作数,并将结果分配给左操作数	c += a 等价于 c = c + a,结果 c=40
-=	从左操作数中减去右操作数,并将结果分配给左操作数	c -= a 等价于 c = c - a,结果 c=30
*=	将右操作数与左操作数相乘,并将结果分配给左操作数	c *= a 等价于 c = c * a,结果 c=300
/=	将左操作数除以右操作数,并将结果分配给左操作数	c /= a 等价于 c = c / a,结果 c=30.0
%=	左操作数除以右操作数,并将模数分配给左操作数	c %= b 等价于 c = c % b,结果 c=10.0
**=	执行指数(幂)计算,并将值分配给左操作数	c **= 3 等价于 c = c ** 3,结果 c=1000.0
//=	左操作数整除右操作数,并将值分配给左操作数	c //= b 等价于 c = c // b,结果 c=50.0

4. 逻辑运算符

Python 语言支持三种逻辑运算符,如表 2-8 所示。这里变量 a 赋值 True,变量 b 赋值 False。

表 2-8 逻辑运算符

运算符	描述	示例
and	如果两个操作数都为真,则条件成立	(a and b)的结果为 False
or	如果两个操作数中的任何一个非零,则条件成立	(a or b)的结果为 True
not	用于反转操作数的逻辑状态	not(a and b)的结果为 True

5. 位运算符

位运算符只能用于整数,执行逐位运算。假设变量 a 赋值 60,变量 b 赋值 13,这里将 a,b 转换为二进制格式:a=0b00111100,b=0b00001101。位运算符及其操作示例如表 2-9 所示。

表 2-9 位运算符

运算符	描述	示例
&	交操作	a&b 的结果为 12,即 0b00001100
|	并操作	a|b 的结果为 61,即 0b00111101

续表

运算符	描　述	示　例
^	异或操作	a^b 的结果为 49，即 0b00110001
～	非操作	～a 的结果为-61，即-0b00111101
<<	二进制左移	a<<2 的结果为 240，即 0b11110000
>>	二进制右移	a>>2 的结果为 15，即 0b00001111

6. 身份运算符

身份运算符 is 用于比较两个对象的存储单元是否相同，即同一性测试。如果对两个对象赋同一个值，那么二者具有相同的内存地址。假设变量 a 赋值 10，变量 b 赋值 20，有 a＝10，b＝20，身份运算符及其操作示例如表 2-10 所示。

表 2-10　身份运算符

运算符	描　述	示　例
is	如果两个操作数引用同一个对象，则条件成立	(a is b)的结果为 False
is not	如果两个操作数引用不同对象，则条件成立	(a is not b)的结果为 True

7. 成员测试运算符

成员测试运算符 in 用于测试一个对象是否为另一个序列对象中的元素，如表 2-11 所示。

表 2-11　成员测试运算符

运算符	描　述	示　例
in	如果一个对象是另一个序列对象中的元素，则条件成立	"h" in “hello”的结果为 True
not in	如果一个对象不是另一个序列对象中的元素，则条件成立	"H" not in "hello"的结果为 True

8. 运算符优先级

运算符优先级遵循的原则是：算术运算符的优先级最高，其次是位运算符、关系运算符、逻辑运算符，赋值运算符优先级最低。算术运算符遵循“先乘除，后加减”的基本运算原则。虽然 Python 运算符有一套严格的优先级规则，但是在编写复杂表达式时建议使用圆括号说明其中的逻辑来提高代码的可读性。使用圆括号可以强制改变表达式的运算顺序，使表达式的意义更加明确。常用 Python 运算符的优先级由高到低如表 2-12 所示。

表 2-12 运算符优先级

序号	运算符	描述
1	**	指数（幂）运算
2	~、+、-	按位求反，一元加减运算符
3	*、/、%、//	乘法、除法、模数和整数除
4	+、-	加、减
5	>>、<<	向右和向左移位
6	&	按位与
7	^	按位异或
8	<=、<、>、>=、==、!= is、is not in、not in	关系运算符 身份运算符 成员测试运算符
9	not、or、and	逻辑运算符
10	=、%=、/=、//=、-=、+=、*=、**=	赋值运算符

2.4 程序的基本控制结构

编写清晰明了、容易读懂的程序，不仅需要一个程序具有良好的书写风格，更重要的是要求程序具有良好的结构性。所谓程序良好的结构性是指程序仅由三种基本控制结构组合而成，即顺序结构、分支结构和循环结构。为了实现特定的业务逻辑或算法，在实际开发中需要使用大量分支结构和循环结构，并且经常将分支结构和循环结构嵌套使用。

Python 源程序的三种基本控制结构是顺序结构、分支结构和循环结构。

2.4.1 顺序结构

顺序结构是程序设计语言执行流程的默认结构，程序按照语句书写的先后顺序依次执行。其执行流程如图 2-6 所示。实现顺序结构的语句主要是赋值语句和内置的输入输出函数等。

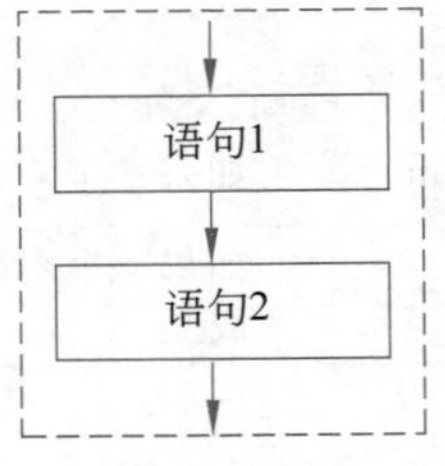

图 2-6 顺序结构

1. 赋值语句

方式 1：一次给一个变量赋值。

格式：<变量>=<表达式>

赋值（=）运算符左边是一个变量名，右边是存储在变量中的值。例如，a = 12 就是将整数 12 赋值给变量 a，也就是创建整型对象 12、变量 a，并使变量 a 连接到（指向）对象 12。这时在内存中创建一个空间，用一个地址来表示，就是 id。

从变量到对象的连接称为引用。变量连接到对象只是在变量中存储了该对象的单元地址,并没有存储对象的值。Python 赋值语句就是建立对象的引用值,而不是复制对象,如图 2-7 所示。引用不同的对象,对应的 id 也不一样。例如:

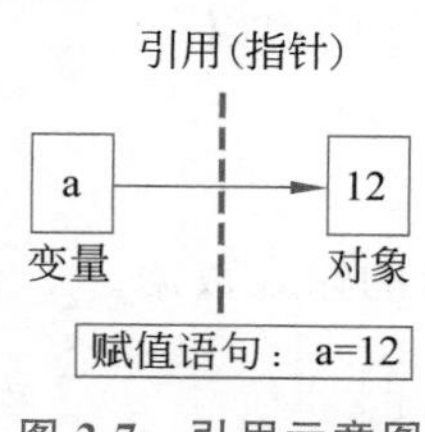

图 2-7　引用示意图

```
In [1]: a=12
        b=12
        c=b
        id(12)
Out[1]: 94391183844480
In [2]: id(a)
Out[2]: 94391183844480
In [3]: id(b)
Out[3]: 94391183844480
In [4]: id(c)
Out[4]: 94391183844480
In [5]: d=13
        id(d)
Out[5]: 94391183844512
In [6]: d=12
        id(d)
Out[6]: 94391183844480
```

从运行结果可以看出,给 a、b、d 赋值 12,这是同一个对象,它们有相同的 id;a、b、c 以及赋值 12 之后的 d 都引用了 12;给 d 赋值 13 之后,d 与值 12 有了不同的 id。

方式 2:一次为多个变量赋相同值。

```
格式:<变量 1>=<变量 2>=…=<变量 n>=<表达式>
例如:a =b =c =12
```

这里使用赋值语句创建一个整型对象,值为 12,三个变量 a、b、c 都指向同一个内存地址。运行结果相当于示例中的前三条语句:a=12、b=12 和 c=b

方式 3:一次为多个变量赋不同值。

```
格式:<变量 1>,<变量 2>,…, <变量 n>=<表达式 1>,<表达式 2>,…, <表达式 n>
例如:a, b, c =1, True, "run"
```

Python 赋值语句的执行过程是：首先将赋值运算符右侧表达式的值计算出来，然后在内存中寻找一个位置把值存进去，最后创建变量并指向这个内存地址。可见，Python 变量并不直接存储值，而是存储了值的内存地址或引用，这种基于值的内存管理模式也是 Python 变量的数据类型随时可以改变的原因。

2. 内置函数实现数据输入

内置函数 input()用于接收键盘的输入数据。

```
格式: input([提示信息])
```

无论用户输入了什么数据，input()一律作为字符串对待，必要时可以使用内置函数 int()、float()或 eval()对用户输入的数据进行类型转换。

```
In [1]: x=input('请输入数据: ')
Out[1]: 请输入数据: 12
In [2]: type(x)
Out[2]: str
```

内置函数 eval()执行一个字符串表达式，还原字符串中数据的实际类型，用于数据类型转换。例如：

```
In [1]: eval('3+5')                          #返回字符串表达式的值
Out[1]: 8
In [2]: eval('9')                            #把数字字符串转换为数字类型
Out[2]: 9
In [3]: eval('09')                           #以 0 开头的数字字符串转换问题
Out[3]: Traceback (most recent call last):
   File "/opt/conda/envs/Python35 - paddle120 - env/lib/Python3. 7/site -
packages/IPython/core/interactiveshell.py", line 3326, in run_code
    exec(code_obj, self.user_global_ns, self.user_ns)
  File "<iPython-input-8-77ea6cdc9b12>", line 1, in <module>
    eval('09')                               #以 0 开头的数字字符串转换问题
  File "<string>", line 1
    09
     ^
SyntaxError: invalid token
```

这里，系统抛出异常的原因是，eval()函数要求参数不能是以 0 开头的数字。类型转换函数 int()没有这样的要求，例如：

```
In [1]: int('09')                                  #这样转换是可以的
Out[1]: 9
```

3. 内置函数 print()

内置函数 print()用于将指定格式的数据输出到标准控制台或指定的文件对象。

格式：print(value1,value2,…[,sep=' '][, end='\n'][,file=sys.stdout][,flush=False])

说明：参数 value1～valuen 表示需要输出的对象，可以有多个，各对象之间用逗号分隔；参数 sep 指定输出内容之间的分隔符，默认为空格；参数 end 指定输出数据之后的结束标志符，默认值是换行符“\n”，也可以换成其他字符；参数 file 用于指定输出位置，默认为标准控制台，也可以重定向输出到文件。

```
In [1]: for i in range(3):
           print(i)
Out[1]: 0
        1
        2
In [2]: for i in range(10):
           print(i,end=" ")
Out[2]: 0 1 2 3 4 5 6 7 8 9
In [3]: print(1,'hello',True)
Out[3]: 1 hello True
In [4]: print(1,'hello',True,sep='\n')
Out[4]: 1
        hello
        True
In [5]: with open('test.txt','a+') as fp:
           print("Hello world!",file=fp)
Out[5]:
```

例 2-1　一个简单的顺序结构 Python 程序。

```
In [1]: '''
        例 2-1: 第一个顺序结构的源程序
        顺序结构主要由数据输入、数据处理、数据输出三部分组成
        '''
        #数据输入部分
        int1=input('请输入第一个正整数(0～26): ')
        int2=input('请输入第二个正整数(97～123): ')
        #数据处理部分
        str1=str(int1)
```

```
    ascii_str1=ord(str1)
    str2=chr(int(int2))
    upper_str2=str2.upper()
    #数据输出部分
    print(' \n 整数',int1,'对应的 ASCII 码值为: ',ascii_str1)
    print('ASCII 码值为',int2,'的整数对应的英文字母是: ',str2)
    print('转换为大写字母为: ', upper_str2, ',其 ASCII 码值是: ', ord(upper_
    str2))
Out[1]: 请输入第一个正整数(0~ 26): 0
        请输入第二个正整数(97~ 123): 98
        整数 0 对应的 ASCII 码值为: 48
        ASCII 码值为 98 的整数对应的英文字母是: b
        转换为大写字母为: B ,其 ASCII 码值是: 66
```

2.4.2 分支结构

分支结构也称为选择结构,Python 解释器根据条件表达式的取值有选择地决定下一步的执行流程。Python 分支结构的形式灵活多变,除了常见的单分支结构、双分支结构、多分支结构和分支结构的嵌套之外,循环结构和异常处理结构也可以带有 else 子句,它们可以看作特殊形式的分支结构。在实际开发中,具体使用哪一种分支结构应该取决于需要实现的业务逻辑。

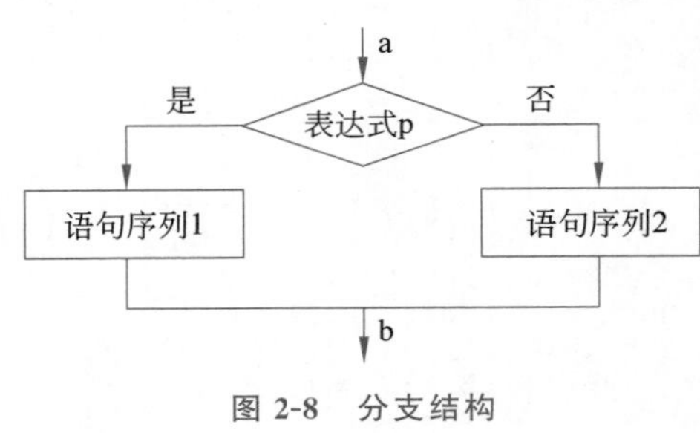

图 2-8 分支结构

在分支结构和循环结构中,条件表达式的返回值用于确定下一步的执行流程。如图 2-8 所示,分支结构中有一个条件表达式 p,如果表达式返回值为 False、0(或 0.0、0j 等)或空(包括空值 None、空列表、空元组、空集合、空字典、空字符串、空 range 对象或其他空迭代对象),那么执行语句序列 2,否则 Python 解释器认为表达式的取值与 True 等价,于是执行语句序列 1。

1. 单分支结构

格式:

```
if  <条件表达式 p>:
    <语句序列 1>
```

说明:<条件表达式 p>返回一个布尔值(True 或 False)。当返回值为 True 时,执行<语句序列 1>,否则不执行<语句序列 1>,而是继续执行和 if 纵向对齐的下一条语句。if 和与其纵向对齐的下一条语句是顺序执行的关系。

<条件表达式 p>后面的冒号(英文半角“:”)是不可缺少的,表示语句序列的开始。

本章后面几种形式的分支结构和循环结构中，冒号也是必不可少的。<语句序列 1>可以是单个语句，也可以是多个语句组成的语句块，同一代码块的语句必须满足缩进要求且纵向对齐。

例 2-2　从键盘上输入两个数，求它们的最大值。

分析：input()函数返回值为字符串类型，可以使用内置函数 int()将其转换为整型数据。

```
In [1]: a=int(input("请输入第一个数："))
        b=int(input("请输入第二个数："))
        max_num=a
        if max_num<b:
            max_num=b
        print("\n 这两个数的最大值是：",max_num)
Out[1]: 请输入第一个数：5
        请输入第二个数：8
        这两个数的最大值是：8
```

2. 双分支结构

格式：

```
if  <条件表达式 P>:
    <语句序列 1>
else:
    <语句序列 2>
```

首先计算<条件表达式 p>的值，如果返回值为 True，那么执行<语句序列 1>，否则执行<语句序列 2>。

例 2-3　输入一个年份 year，判断其是否为闰年。

分析：判断闰年的条件：①能被 4 整除但不能被 100 整除；②能被 400 整除。只要满足这两个条件之一即可。用逻辑表达式表示为：

```
(year%4==0 and year%100!=0) or (year%400==0)
```

```
In [1]: year=eval(input('输入一个年份：'))
        if (year%4==0 and year%100!=0) or (year%400==0):
            print(year,'年是闰年！')
        else:
            print(year,'年不是闰年。')
Out[1]: 输入一个年份：1996
        1996 年是闰年！
```

3. 多分支结构

格式：

```
if  <条件表达式 1>:
    <语句序列 1>
elif  <条件表达式 2>:
      <语句序列 2>
…
[elif <条件表达式 n>:
      <语句序列 n>
else:
      <语句序列 n+1>]
```

首先计算<条件表达式 1>的值，若返回值为 True，则执行<语句序列 1>；否则，继续计算<条件表达式 2>的值，若返回值为 True，则执行<语句序列 2>……以此类推。如果所有条件表达式的值都为 False，那么执行<语句序列 n+1>。在多分支结构中，无论有几个分支，只要程序执行了其中一个分支，余下的分支将不再执行。若多个分支的表达式同时满足条件，程序只执行第一个与之匹配的分支结构。

注意，最前面的关键字是 if，中间是 elif，最后是 else。每个条件表达式和 else 后面英文半角的冒号是必不可少的。方括号中的代码是可选的，可以没有。同一代码块的语句序列要按照缩进要求纵向对齐。

4. 分支结构的嵌套

在分支结构的语句序列中，还可以有分支结构，称为分支结构的嵌套。这样可以解决更复杂的业务逻辑。其语法格式如下。

```
if  <条件表达式 1>:
    if    <条件表达式 2>:
          <语句序列 1>
    else:
          <语句序列 2>
[else:
    if    <条件表达式 3>:
          <语句序列 3>
    else:
          <语句序列 4>]
```

2.4.3 循环结构

循环结构是指在满足指定条件的情况下重复执行一段代码。Python 循环结构主要有 for 循环和 while 循环两种形式。

1. for 循环

1) for 循环常用格式

for 循环用于实现直到型循环结构,特点是:先执行,后判断。

for 循环常用格式为:

```
for  <变量>in range([begin,]end[,step]):
     <循环体>
```

这里的 range()函数可以快速构造一个数字序列。例如,range(5)或 range(0,5)构造了从 0 开始的连续整数序列,其中包含整数 0,但不包含整数 5;range(a,b)能够返回列表[a,a+1,…,b−1],注意列表中不包含元素 b。

<变量>依次获取从初值 begin 开始,到终值 end(不包括 end)结束,步长为 step 的每一个数据,执行循环体。注意,for 语句行末的冒号(英文半角":")不能丢;参数 step 可以是正整数或负整数;<循环体>是需要重复执行的语句序列,必须满足缩进要求。

例 2-4 从键盘输入 n,计算 1~n 的平方和。

分析:1~n 的平方和公式为 $sum=1+2^2+3^2+\cdots+n^2$。对于逐项累加求和或求乘积的问题,适合用循环结构实现。

```
In [1]: n=int(input("请输入 n: "))
        sum1=0                                    #sum1 是存放累加结果的变量
        for i in range(1,n+1,1):
            sum1=sum1+i * i
        print("\n1~n 的平方和为: ",sum1)
Out[1]: 请输入 n: 10
1~n 的平方和为: 55
```

注意:①range()函数设置的终值为 n+1,实际上 i 能取到的终值是 n。如果 range()函数中参数 begin 省略,默认为 0;参数 step 省略,默认为 1。所以本例中 range 还可以写为 range(1,n+1)。使用 range()函数便于生成循环次数,所以在已知循环次数的情况下,常使用结合 range 函数的 for 循环。②存放累加结果的自定义变量 sum1,其命名方式遵循"见名知义"原则。也就是说,程序中要使用含义明确的标识符,包括自定义函数名、变量名、模块名等。这些名字应能反映它所代表的实际事物,有实际意义。例如,表示总量用 total,累加和用 sum 等。然而,sum()是 Python 中的内置函数。如果自定义变量名与系统内置函数名重名,在后续操作中可能因为名称混淆给运行结果带来不可预知的错误,因此这里将存放累加结果的变量命名为 sum1。

思考:如果是逐项求乘积,存放结果的变量应该如何赋值?其初值可以赋值为 0 吗?

2) for 循环一般格式

for 循环作为强有力的程序控制结构之一,可以简洁高效地完成许多重复性操作。它可以遍历序列对象内的元素,并依据每个元素运行循环体。for 循环的一般格式为:

```
for  <变量>in <可迭代对象>:
     <循环体>
[else:
     <语句序列 1>]
```

for 循环中的可迭代对象是指可以按次序逐个读取的对象。Python 中的可迭代对象包括字符串、列表、元组、字典、集合、文件对象等。事实上，range 函数的返回值也是一个可迭代对象。

for 循环结构的＜变量＞依次获取＜可迭代对象＞中每一个元素，然后执行循环体。所有元素遍历完毕，可以执行可选项 else 后面的＜语句序列 1＞，然后顺序执行与 for、else 纵向对齐的后续语句。注意，如果由于某种原因，没有取完＜可迭代对象＞中的元素就跳出循环的话，else 后面的＜语句序列 1＞就不执行。这里 else 和＜语句序列 1＞可以省略，＜可迭代对象＞后面的冒号不能丢，＜循环体＞和＜语句序列 1＞各自遵守同一代码块缩进对齐的语法要求。

例 2-5 计算 1＋2＋3＋…＋99＋100 的值。

```
In [1]: s=0
        for i in range(1,101):
            s+=i
        else:
        print(s)
Out[1]: 5050
```

计算 1＋2＋3＋…＋99＋100 的值，也可以直接用内置函数 sum()和 range()实现。

```
In [1]: sum(range(1,101))
Out[1]: 5050
```

例 2-6 输入一个字符串，统计该字符串包含的字母个数，输出字符串中所有的字母。

```
In [1]: in_str=input("请输入一个字符串：\n ")
        for each_letter in in_str:
            print(each_letter,end=',')
        print("该字符串的长度为：",len(in_str))
Out[1]: 请输入一个字符串：hello world!
        h,e,l,l,o, ,w,o,r,l,d,!,该字符串的长度为：12
```

2. while 循环

while 循环用于实现当型循环结构，其特点是：先判断，后执行。当仅知道重复执行的条件，而不知道需要重复执行的次数时，常使用 while 循环结构。

while 循环的一般格式为：

```
while  <条件表达式>:
    <循环体>
[else:
    <语句序列>]
```

<条件表达式>表示循环条件，其值为 True 或 False，用于确定循环是否继续进行。首先判断<条件表达式>的值，若为 True，就执行<循环体>中的语句序列；然后再次判断<条件表达式>的值是否为 True，直至<条件表达式>的值为 False 时结束循环。也可以执行可选项 else 后面的<语句序列>，接着继续执行与 while、else 纵向对齐的后续语句。如果从<循环体>内退出循环，else 后面的<语句序列>就不再执行。其中，else 和其后的<语句序列>可以省略。注意<条件表达式>后面有冒号，<循环体>内的语句序列需要满足缩进要求。

例 2-7　求自然数 1～100 之和。

```
In [1]: i=1
        s=0
        while i<=100:
            s+=i
            i+=1
        print('s=',s)
Out[1]: s=5050
```

注意：①循环体内必须包含改变<条件表达式>取值的语句，否则会造成无限循环(死循环)。例如，如果例 2-7 源程序的循环体中没有 i+=1 语句，则 i 的值始终保持不变，循环永远不会终止。这就造成了死循环。②如果首次执行<条件表达式>的结果就为 False，则循环体一次也不执行，直接退出循环。③要注意循环次数。在设置循环条件时，需要仔细分析边界值，以免多执行一次或少执行一次循环体。

例 2-8　求满足不等式 $1+\frac{1}{2}+\frac{1}{3}+\cdots+\frac{1}{n}\geqslant 10$ 的最小 n 值。

```
In [1]: i=0
        s=0
        while s<10:
            i+=1
            s+=1/i
        print("满足条件的最小 n 值为：",i)
Out[1]: 满足条件的最小 n 值为：12367
```

for 循环一般用于循环次数可以提前确定的情况，尤其适用于枚举或遍历序列或可迭代对象中的元素。while 循环一般用于循环次数难以提前确定的情况，当然在循环次数确定的场合也可以使用。

3. 循环结构和分支结构的嵌套

在一个循环结构的循环体中,可以包含另一个循环结构或分支结构;在一个分支结构的语句序列中,也可以包含另一个分支结构或循环结构。

4. break 和 continue 语句

break 与 continue 语句用于提前结束循环结构,在 while 循环和 for 循环中都可以使用,一般常与分支结构或异常处理结构结合使用。

1) break 语句

break 语句的作用是跳出本层循环,执行与该层循环呈顺序结构的下一行代码。

2) continue 语句

continue 语句的作用是结束本次循环,提前进入下一次循环。continue 语句不是跳出循环,而是不再执行当前循环的其他语句,继续执行下一轮循环。

需要注意的是,过多的 break 和 continue 语句会降低程序的可读性。所以,除非 break 和 continue 语句可以使程序更简洁、更清晰,否则不要轻易使用它们。

2.5 程序的异常处理

程序在编译执行时,可能会产生意想不到的错误,或者是语法错误,或者是语义错误,还可能是异常。

语法错误是由于没有按照程序设计语言的语法规则编写而导致程序无法运行的情况,例如,拼写错误、缩进不一致、引号不闭合等。在编译执行的系统中,编译器很容易捕获语法错误。在解释执行的系统中,执行到包含语法错误的语句时会输出错误信息。因此,语法错误比较容易发现和纠正。语义错误是指编写的程序虽然能够运行,但是不能输出正确的运行结果,例如,算法不正确、语句顺序错误、引用了不正确的变量等。语义错误是编译器或解释器发现不了的错误,它比语法错误更难检查和修正。无论是语法错误还是语义错误,都属于致命错误。如果不排除错误,程序就无法正确运行。

异常是程序在运行过程中引发的错误,这类错误是编译器或解释器发现不了的,如除数为 0、下标越界、文件不存在等,如果这些错误得不到正确处理就会导致程序终止运行。一般来说,程序中有的错误不是致命错误,这些非致命错误可以在程序中得到有效控制,从而避免直接终止程序的运行,因此需要在程序中加入异常处理结构。合理使用异常处理结构可以使程序更加健壮,增加程序的容错性,避免用户偶然的输入错误或其他非致命运行事故造成程序直接终止。使用异常处理结构也可以为用户提供更加友好的提示,帮助用户准确定位出错点,快速调试程序并解决存在的问题。

2.5.1 Python 中的异常

简单地说,异常是在程序运行过程中发生的事件,影响程序的正常执行。异常是一个 Python 对象,表示程序运行中的错误。当 Python 程序发生异常时,需要捕获并处理异常，否则程序就会终止执行。

异常处理是指运行 Python 代码时，用户可能看到的报错信息。严格地说，语法错误和语义错误不属于异常，但是有些语法错误或语义错误往往导致异常，例如，由于英文字母大小写拼写错误而试图访问不存在的对象时，系统可能抛出 NameError 异常。

Python 系统可能引发的常见异常如下。

(1) NameError：访问一个不存在的变量时抛出 NameError 异常。

```
In [1]: a
Out[1]: ----------------------------------------NameError Traceback
(most recent call last)<iPython-input-3-3f786850e387>in <module>
  ---->1 a
  NameError: name 'a' is not defined
```

(2) ZeroDivisionError：进行数学运算时，若除数为 0 则抛出此异常。

```
In [1]: 2/0
Out[1]: -------------------------------ZeroDivisionErro Traceback (most
recent call last)<iPython-input-4-e8326a161779>in <module>
---->1 2/0
ZeroDivisionError: division by zero
```

(3) SyntaxError：语法错误时抛出此异常。

```
In [1]: for True:
Out[1]: File "<iPython-input-5-a568dd2d69fc>", line 1
    for True:
              ^
SyntaxError: invalid character in identifier
```

(4) TypeError：类型错误，通常是不同类型的数据进行操作时抛出此异常。

```
In [1]: '3'+4
Out[1]: ----------------------------------TypeError   Traceback (most
recent call last)<iPython-input-6-4d3cf805a54e>in <module>
  ---->1 '3'+4
  TypeError: can only concatenate str (not "int") to str
```

(5) FileNotFoundError：企图打开一个不存在的文件时抛出此异常。

```
In [1]: fp=open("D: \data.txt",'r')


Out[1]: ---------------------------FileNotFoundError   Traceback (most
recent call last)<iPython-input-7-5373ffa0f094>in <module>
  ---->1 fp=open("D: \data.txt",'r')
  FileNotFoundError: [Errno 2] No such file or directory: 'D: \\data.txt'
```

(6) KeyboardInterrupt：从键盘输入数据时，若用户中断了数据的输入，则系统抛出此异常。

```
In [1]: input("请输入一元二次方程的系数 a: ")
```

等待用户从键盘输入数据时，用户中断了程序的执行。部分输出结果如下：

```
Out[1]: 881   except KeyboardInterrupt:
        882       #re-raise KeyboardInterrupt, to truncate traceback
   -->883       raise KeyboardInterrupt
        884   else:
        885     break
KeyboardInterrupt: Interrupted by user
```

(7) ValueError：传入一个不期望的值，即使值的类型是正确的。用户输入不完整(比如输入为空)或者输入非法(比如未按要求输入数字)数据时抛出此异常。

```
Out[1]: 请输入被除数:
  ---------------------------------------ValueError   Traceback (most
recent call last)<iPython-input-14-60bd41182cff>in <module>
        3  while (i<2):
        4    try:
  ---->5       beichu=int(input("请输入被除数: "))
        6       chushu=int(input("请输入除数: "))
        7       print(beichu,'/',chushu,'=',beichu/chushu)
  ValueError: invalid literal for int() with base 10: ''
```

(8) AttributeError：企图访问对象的不存在属性时抛出此异常。

```
In [1]: fp=open('test.txt','r')
        fp.age
Out[1]: --------------------------------AttributeError Traceback (most
recent call last)<iPython-input-11-07756bf0973d>in <module>
      1 fp=open('test.txt','r')
  ---->2 fp.age
AttributeError: '_io.TextIOWrapper' object has no attribute 'age'
```

(9) IndexError：超出对象的索引范围时抛出此异常。

```
In [1]: str="hello world"
    str[12]
Out[1]: ---------------------------------IndexError   Traceback (most
recent call last)<iPython-input-12-139d3049fb49>in <module>
        1 str="hello world"
  ---->2 str[12]
  IndexError: string index out of range
```

在 Python 系统中，还有许多类型的异常，这里不再一一列举。

2.5.2　try…except…结构

异常处理是因为程序执行过程中出错而在正常控制流之外采取的行为。该行为分为两个阶段：首先是异常产生阶段，系统检查到错误并且解释器认为是异常，接着抛出异常；然后是异常处理阶段，当捕获到异常时，系统可以选择忽略或者终止程序去处理异常，实现程序的可控性，提高程序的健壮性。

1. try…except…

最基本的 Python 异常处理结构用 try…except…实现。其语法形式为：

```
try:
    <被检测的语句序列>
except <异常名>:
    <异常处理语句序列>
```

首先执行 try 子句<被检测的语句序列>。如果<被检测的语句序列>没有出现异常则忽略<异常处理语句序列>，继续执行<异常处理语句序列>后与 try、except 相同缩进量且纵向对齐的下一条语句；如果检测到<被检测的语句序列>中有异常，则执行<异常处理语句序列>。

```
In [1]: i=0
        while (i<2):
            try:
                beichu=int(input("请输入被除数: "))
                chushu=int(input("请输入除数: "))
                print('\n ',beichu,'/',chushu,'=',beichu/chushu)
            except ZeroDivisionError:
                print("\n 除数不能为 0。")
            i=i+1
Out[1]: 请输入被除数: 3
        请输入除数: 0
        除数不能为 0。
        请输入被除数: 1
        请输入除数: 2
        1 / 2 =0.5
```

2. 带有多个 except 子句的 try 结构

如果代码中存在多种可能异常，每个 except 子句的<异常处理语句序列>可以处理一种异常类型。格式如下：

```
try:
    <被检测的语句序列>
except <异常名1>:
    <异常处理语句序列1>
[except <异常名2>:
    <异常处理语句序列2>]
```

示例如下。

```
In [1]: i=0
        while (i<=2):
            try:
                beichu=int(input("请输入被除数："))
                chushu=int(input("请输入除数："))
                print(beichu,'/',chushu,'=',beichu/chushu)
            except ValueError:
                print("\n请输入一个整数。")
            except ZeroDivisionError:
                print("\n除数不能为0。")
            i=i+1
Out[1]: 请输入被除数：1
        请输入除数：0
        除数不能为0。
        请输入被除数：a
        请输入一个整数。
        请输入被除数：1
        请输入除数：2
        1 / 2 =0.5
```

3. except子句包含多个异常名的try结构

一个except子句可以处理多种异常类型，异常名写在圆括号中，并用逗号隔开。

```
try:
    <被检测的语句序列>
except <异常名1,异常名2,…>:
    <异常处理语句序列>
```

例如，上面程序示例的except子句可以改写为：

```
except (ValueError, ZeroDivisionError):
        print("你输入的不是整型数据或者除数为0。")
```

4. except子句不带异常名的try结构

except子句可以不带任何异常名，表示捕获程序中所有可能的异常。

```
In [1]: i=0
        while (i<=2):
            try:
                beichu=int(input("请输入被除数: "))
                chushu=int(input("请输入除数: "))
                print('\n',beichu,'/',chushu,'=',beichu/chushu)
            except:
                print("\n输入错误!")
            i=i+1
Out[1]: 请输入被除数: 1
        请输入除数: 0
        输入错误!
        请输入被除数: a
        输入错误!
        请输入被除数: 2
        请输入除数: 3
        2 / 3 =0.6666666666666666
```

在异常处理结构 except 子句中，若忽略所有异常名可能会隐藏程序员没有想到并且未做好处理准备的错误，存在安全隐患，不建议使用。

5. 带参数变量的 try…except 结构

如果希望在 except 子句中访问异常对象本身，或者希望记录产生异常的原因，可以给 except 子句增加一个参数变量 e。当然，也可以命名为其他名称，如 err 等。

```
In [1]: i=0
        while (i<4):
            try:
                beichu=int(input("请输入被除数: "))
                chushu=int(input("请输入除数: "))
                print('\n',beichu,'/',chushu,'=',beichu/chushu)
            except (ValueError ,ZeroDivisionError) as e:
                print(e)
            i=i+1
Out[1]: 请输入被除数: 1
        请输入除数: 2
        1 / 2 =0.5
        请输入被除数: 1
        请输入除数: 0 division by zero
        请输入被除数: a invalid literal for int() with base 10: 'a'
        请输入被除数: 3e+3 invalid literal for int() with base 10: '3e+3'
```

2.5.3 try…except…else…结构

另一种常用的异常处理结构是 try…except…else…,这也是一种特殊形式的分支结构。其语法格式为:

```
try:
    <被检测的语句序列>
except <异常名>:
    <异常处理语句序列>
else:
    <语句序列 3>
```

首先执行 try 子句<被检测的语句序列>。如果<被检测的语句序列>没有出现异常,则执行 else 子句后面的<语句序列 3>;如果检测到<被检测的语句序列>中有异常,则执行<异常处理语句序列>,这种情况下不会执行 else 子句的<语句序列 3>。

2.5.4 try…except…finally 结构

还有一种常用的异常处理结构是 try…except…finally。在这种结构中,无论是否发生异常,finally 子句的语句序列都会执行,常用于完成对象清理工作以释放 try 子句申请的内存资源。

```
In [1]: i=1
        while (i<=3):
            try:
                beichu=int(input("请输入被除数: "))
                chushu=int(input("请输入除数: "))
                print(beichu,'/',chushu,'=',beichu/chushu)
            except ValueError:
                print("请输入一个整数。")
            except ZeroDivisionError:
                print("除数不能为 0。")
            else:
                pass
            finally:
                print("已经完成",i,"轮操作,还剩",3-i,"次操作。")
                i=i+1
Out[1]: 请输入被除数: 1
        请输入除数: 0
        除数不能为 0。
        已经完成 1 轮操作,还剩 2 次操作。
        请输入被除数: 1
        请输入除数: 2
```

```
1 / 2 =0.5
已经完成 2 轮操作,还剩 1 次操作。
请输入被除数: 2
请输入除数: a
请输入一个整数。
已经完成 3 轮操作,还剩 0 次操作。
```

2.6 函 数

函数是一段预先定义的、可以被多次重用的代码,通常用来实现一个独立的特定功能。Python 包含多种类型的函数,如内置函数、标准库函数、扩展库函数、自定义函数和匿名函数等。使用函数,可以将解决复杂问题的程序分解为一些相对独立、便于阅读和管理的代码模块,从而降低编程难度。此外,具有相对独立功能的函数,可以在一个程序的多处重复使用,也可以用于多个程序,实现代码的重用和共享。

2.6.1 函数定义

如果需要若干代码段执行逻辑完全相同的操作,仅仅初始数据不同,那么可以考虑将这些代码段抽象成一个自定义函数。这样可以大大提高代码重用性,使之结构更清晰,可靠性更高。此外,自定义函数可以极大地保证代码一致性,必要情况下只需要修改函数代码的一部分就可以在所有调用位置得到体现。

Python 自定义函数必须先定义后使用。定义函数的一般格式为:

```
def <函数名>(<形式参数表>):
    <函数体>
```

其中,def 是自定义函数的关键字,用空格与后面的<函数名>分隔。<函数名>不能与 Python 内置函数或变量重名,也不能以数字开头。<形式参数表>必须放在<函数名>后面的一对圆括号中,多个参数之间用逗号隔开。即使该函数不需要接收任何参数,也必须保留一对圆括号,括号后面的冒号必不可少。<函数体>中所有语句必须相对 def 关键字按照相同缩进量纵向对齐,表明它们是<函数体>内部的语句。

函数定义时,<函数体>内部的 return 语句用于结束函数执行并向主调程序(或函数)传递任意类型的返回值。return 语句的语法格式为:

```
return  <表达式 1>[,<表达式 2>[,…[,<表达式 n>]]]
```

return 语句可以向主调程序(或函数)传递多个返回值,只要主调程序(或函数)有足够多变量接收返回的多个值即可。

无论 return 语句出现在<函数体>中什么位置,只要执行了 return 语句,该函数就会立即结束。Python 自定义函数也可以没有返回值,如果函数体中没有 return 语句或者执行了不返回任何值的 return 语句,Python 认为函数以 return None 结束,返回空值。

例 2-9 编写自定义函数,求[1,100]内所有整数的和。

```
In [1]: def Mysum(i,j):
            s=0
            for x in range(i,j+1):
                s=s+x
            return s
        print(Mysum(1,100)) #使用表达式调用函数
Out[1]: 5050
```

首先这段程序定义了一个函数,函数名为 Mysum,但是系统并不会自动执行这个函数,需要在程序的最后使用 print 语句调用函数 Mysum()。也就是说,系统执行语句 print(Mysum(1,100))时,先使用 Mysum()函数实现整数求和功能,并利用 return 语句将计算结果 5050 赋值给返回值 s,作为 print 语句的参数输出。这个过程就是函数调用。

2.6.2 函数调用

函数调用就是使用函数的过程。已定义的函数只有通过调用才能被执行,进而得到计算结果。函数调用的语法格式为:

```
<函数名>(<实际参数表>)
```

这里<函数名>与函数定义中 def 关键字后面的<函数名>必须一致;<实际参数表>可以由多个实参组成,用逗号隔开。实参的个数可以少于形参的个数,因为形参可以有默认值。

在定义函数时,<函数名>后面圆括号内的"形式参数",简称"形参",表现形式是变量。定义函数时不需要声明参数类型,因为形参只在函数调用时才分配内存单元,调用结束后释放分配的内存单元,因此,形参只在函数内部有效。函数调用结束,主调程序(或主调函数)不能继续使用被调函数中的形参。

函数调用时,<函数名>后面圆括号内的"实际参数",简称"实参",可以是常量、变量或表达式,只要符合参数传递的要求即可。在函数调用时,必须给实参赋确定的值。

在主调程序中,函数调用主要有以下三种形式。

1. 使用 Python 语句调用函数

使用单独的 Python 语句调用函数,主调程序不需要函数的返回值,只是将函数执行一遍以完成函数中的操作。

```
In [1]: def Mysum1(i,j):
            s=0
            for x in range(i,j+1):
                s=s+x
```

```
        print(s)
    Mysum1(1,100)            #用 Python 语句调用函数
Out[1]: 5050
```

2. 使用表达式调用函数

函数调用以表达式的形式呈现,主调程序获得函数的返回值,将函数返回值作为一个 Python 对象参与表达式运算,比如例 2-9 中的函数调用。

3. 使用函数参数调用

函数调用的返回值作为实际参数参与另一个函数调用过程。

```
In [1]: def Mymax2(i,j):
            if i>j:
                return i
            else:
                return j
        print(Mymax2(15,Mymax2(7,10)))          #用函数参数调用另一个函数
Out[1]: 15
```

函数调用的一般步骤如下。

步骤 1:保存主调程序中函数调用的下一条语句。目的是函数调用结束时,确保系统能继续下一步要执行的操作。

步骤 2:将实参传递给形参。

步骤 3:执行函数。

步骤 4:函数执行完毕,返回到主调程序,执行函数调用的下一条语句。

2.6.3　函数的参数传递

参数传递是指利用实参向形参传递数据从而实现函数调用的过程。

在 Python 中定义函数时,不需要声明形式参数的类型,解释器会根据实参的类型自动推断形参的类型。此外,Python 支持函数定义中的默认值参数。也就是说,在定义函数时可以为形参设置默认值。含有默认值参数的函数定义语法格式如下。

```
def  <函数名>(…,形参名=默认值):
     <函数体>
```

需要注意的是,在定义含有默认值参数的函数时,默认值参数必须出现在函数形参列表的最右端,任何一个默认值参数的右侧都不能出现非默认值参数。例如,计算梯形面积的函数如下。

```
In [1]: def TrapezoidArea(up,down=40,height=20):
            return 1/2 * (up+down) * height
```

可以采用不同方式向这个函数传递参数。

1. 按默认值传递参数

按默认认值传递参数时,主调程序只需为没有默认值的形参传递数据。至于其他参数,主调程序会直接使用函数定义时设置的默认值,当然,也可以通过显式赋值方式来替换默认值。

```
In [2]: TrapezoidArea(10)
```

函数调用时,只需为第一个形参传递数据,而第二个、第三个形参分别使用默认值 40 和 20。

```
In [3]: TrapezoidArea(10,50)
```

函数调用时,主调程序把数据 10 传递给形参 up,并显式赋值 50 给形参 down 以替换默认值 40,形参 height 使用默认值 20 参与函数调用。

2. 按位置传递参数

按位置传递参数时,实参的数量、顺序必须和形参一致,实参和形参从左到右一一对应而不能把位置弄错。例如:

```
In [4]: TrapezoidArea(10,20,40)
```

这里实参 10、20 和 40 从左到右依次传递给形参 up、down 和 height。

3. 按关键字传递参数

按关键字传递参数时,主调程序中的实参以“参数名=值”的形式将数据传递给形参。例如:

```
In [5]: TrapezoidArea(up=10,down=20,height=40)
```

按关键字传递参数时,依据关键字的名字传递参数,实参顺序和形参顺序可以不一致,也不会影响参数传递的结果,避免了牢记参数位置和顺序的麻烦,使函数调用和参数传递更加灵活方便。

```
In [6]: TrapezoidArea(height=40,up=10,down=20)
```

4. 按关键字和位置混合传递参数

关键字参数和位置参数可以混合使用,完成函数调用的参数传递。需要注意的是,关键字参数必须放在位置参数的右边,否则会报错。

```
In [7]: TrapezoidArea(10,20,height=40)
```

这是合法的函数调用。而下面的函数调用将报错。

```
In [8]: TrapezoidArea(up=10,down=20,40)
Out[8]: File "<iPython-input-16-0c2f825c6268>", line 1
          TrapezoidArea(up=10,down=20,40)
                                      ^
        SyntaxError: positional argument follows keyword argument
```

5. 可变长度参数的传递

可变长度参数是指一个形参能够接收的实参数量是可变的。在函数定义时,可变长度参数主要有两种形式:①在形参前面加一个星号 *,表示可以接收任意多个位置参数并把它们放在一个元组中;②在形参前面加两个星号**,表示可以接收任意多个关键字参数并把它们放在一个字典中。

```
In [1]: def demo4(arg1, * arg2):        #第一个参数为位置参数,第二个为可变长度参数
            print("arg1=",arg1)         #接收的可变长度参数放于元组中
            print("arg2=",arg2)
In [2]: demo4(2)                        #只给出位置参数
Out[2]: arg1=2
        arg2=()
In [2]: demo4(2,3,4)                    #位置参数和可变长度参数
Out[3]: arg1=2
        arg2=(3, 4)
In [3]: def demo5(**args):              #接收的可变长度参数放于字典中
            print("args=",args)
In [4]: demo5()
Out[4]: args={}
In [5]: demo5(x =1,y =2)                #以关键字参数形式传递可变长度参数
Out[5]: args={'x': 1, 'y': 2}
In [6]: demo5(x =1,y =2,z =3)
Out[6]: args={'x': 1, 'y': 2, 'z': 3}
```

2.6.4 匿名函数

匿名函数是没有函数名、临时使用的小函数,常用于临时需要一个简单函数的功能但不想定义函数的场合,或者需要一个函数作为另一个函数参数的场合。Python 使用 lambda 表达式来创建匿名函数。

```
函数名 =lambda [参数]: 返回值
```

可以看出,匿名函数并不是真的不能有名字。可以把一个lambda表达式赋值给一个变量,然后使用变量名代替函数名,同样采用"函数名(参数)"的形式调用匿名函数。匿名函数的参数可以有多个,用逗号隔开;匿名函数的返回值也是函数体,可以是任意数据类型。匿名函数只允许包含一个表达式,在表达式中可以调用其他函数,实现比较复杂的业务逻辑。

```
In [1]: total=lambda a,b=4: a+b
        total(3)                                  #匿名函数支持默认值参数
out[1]: 7
In [2]: total(b=5,a=6)                            #支持关键字参数
out[2]: 11

In [3]: total=lambda * arg: print("arg=",arg)    #支持可变长度参数
        total(2,3,4)
out[3]: arg=(2, 3, 4)
```

使用匿名函数实际上就是定义一个lambda表达式。大致分为以下三种用法。

(1) 将lambda表达式赋值给一个变量,通过这个变量间接调用匿名函数。

```
In [1]: total=lambda a,b: a+b
        total(3,4)                  #通过变量 total 间接调用匿名函数
out[1]: 7
```

(2) 将lambda表达式作为其他函数的返回值,返回给调用者。

```
In [1]: def demo():                 #lambda 函数是定义在某个函数内部的嵌套函数
            return lambda x: x * * 2
        demo()(3)
out[1]: 9
```

(3) 将lambda表达式作为参数传递给其他函数或方法。

部分Python内置函数或方法可以接收匿名函数作为参数,常用的内置函数有map()、sorted()、filter()、reduce()等。这里以sort()方法为例,其中key参数可以接收lambda表达式来实现较复杂的排序规则。

```
In [1]: #按转换成字符串以后的长度降序排序
        data=[1,2,3,4,5,6,7,8,9,10,11,12,13,14,15,16,17,18,19]
        data.sort(key =lambda x: len(str(x)), reverse =True)
        data
out[1]: [10, 11, 12, 13, 14, 15, 16, 17, 18, 19, 0, 1, 2, 3, 4, 5, 6, 7, 8, 9]
```

2.6.5 变量的作用域

变量起作用的代码范围称为变量的作用域，不同作用域内同名变量之间互不影响。在函数内定义的变量和在函数外定义的变量，其作用域是不同的。在函数内部定义的变量一般为局部变量，在函数外部定义的变量大多为全局变量。无论是局部变量还是全局变量，其作用域都是从定义它的位置开始，即任何变量不可能在创建之前被使用。

局部变量是指在函数内部定义的普通变量，只能在函数内被声明、使用和起作用。函数运行结束，在函数内部定义的局部变量被自动删除而不可访问。需要注意的是，如果在某个作用域内有变量赋值操作，那么该变量就是这个作用域内的局部变量。

全局变量是指在一个程序中所有函数之外定义的变量，可以供程序全局的任何函数使用。全局变量的作用域是从定义它的位置开始到程序结束。在函数内部使用 global 定义的全局变量，在函数结束之后仍然存在并可以使用。使用 global 关键字声明或定义全局变量时，需要注意以下两点。

(1) 如果需要在函数内部修改一个定义在函数外部的变量值，必须使用 global 关键字明确声明这个变量为全局变量，否则系统会自动创建新的局部变量。

(2) 如果在函数内部使用 global 关键字声明了一个全局变量，而在函数外没有定义过这个全局变量，那么在函数调用之后，系统自动增加了这个新的全局变量。

```
In [1]: def test():
            global g                                #在函数内创建全局变量
            g=6
            l=9                                     #创建局部变量
            print("函数内 g=",g,'l=',l)
        try:
            test()
            print("函数外 g=",g)                    #在函数外增加了新的全局变量
            g=8
            print("函数外赋值后 g=",g)
            print("函数外 l=",l)                    #函数内的局部变量在作用域外不起作用
        except (NameError,UnboundLocalError) as e:
            print(e)
out[1]: 函数内 g=6 l=9
        函数外 g=6
        函数外赋值后 g=8
        name 'l' is not defined
```

最后，如果局部变量与全局变量重名，那么在局部变量作用域内同名的全局变量不起作用，只有局部变量起作用。

```
In [1]: g=5
        def test():
            g=8
            print("函数内 g=",g)
        test()
        print("函数外 g=",g)
out[1]: 函数内 g=8
        函数外 g=5
```

2.7 案例精选

例 2-10 解一元二次方程 $ax^2+bx+c=0(a\neq 0)$。从键盘输入系数 a、b 和 c,如果方程有实根,计算并输出所有实根,否则显示“方程无实根”。

分析:①一元二次方程有无实根可以根据根的判别式 $\Delta=b^2-4ac$ 来判定。若 $\Delta\geqslant 0$,方程有实根;若 $\Delta<0$,方程无实根。②计算方程的实根可以用开平方函数 sqrt(),该函数不是内置函数,它封装在标准库 math 中,因此首先需要导入 math 标准库。

```
In [1]: from math import *            #为了使用库函数 sqrt(),首先导入标准库 math
        a=float(input('请输入一元二次方程的系数 a(a≠0): '))
        b=float(input('请输入一元二次方程的系数 b: '))
        c=float(input('请输入一元二次方程的系数 c: '))
        delta=b*b-4*a*c
        #原则上变量名只由 ASCII 字母、数字和下画线组成,不建议使用中文和希腊字母
        if(delta>=0):
            delta=sqrt(delta)
            x1=(-b+delta)/(2*a)
            x2=(-b-delta)/2/a
            print('方程',a,'x*x+',b,'x+',c,'=0','有两个实根: ')
            print('x1=',x1,',x2=',x2)
        else:
            print('\n方程',a,'x*x+',b,'x+',c,'=0','没有实根')
        print('计算完毕。')
out[1]: 请输入一元二次方程的系数 a(a≠0): 1
        请输入一元二次方程的系数 b: 3
        请输入一元二次方程的系数 c: 2
        方程 1.0 x*x+3.0 x+2.0 =0 有两个实根:
        x1=-1.0 ,x2=-2.0
        计算完毕。
out[2]: 请输入一元二次方程的系数 a(a≠0): 1
        请输入一元二次方程的系数 b: 2
        请输入一元二次方程的系数 c: 3
        方程 1.0 x*x+2.0 x+3.0 =0 没有实根
        计算完毕。
```

思考：①if 与 else 之间的语句序列满足缩进要求。②if 和 else 之间的两行 print 语句纵向对齐书写，而 else 后面的两行 print 语句没有纵向对齐。为什么？如果 else 后面的两行 print 语句纵向对齐书写的话，运行结果会怎样？

例 2-11　根据 x 的值，计算分段函数 y 的值。y 的计算公式如下。

$$y=\begin{cases}|4x+5| & x<0\\ e^x\sin 2x & 0\leqslant x<10\\ x^3+2x/3 & 10\leqslant x<20\\ (3+4x)\ln x & x\geqslant 20\end{cases}$$

```
In [1]: import math              #导入标准库 math,才能使用库函数 exp()、sin()和 log()
        x=eval(input('请输入一个实数: x='))
        if x<0:
            y=abs(4 * x+5)                                 #abs()是内置函数
        elif x<10:
            y=math.exp(x) * math.sin(2 * x)                #exp()、sin()是 math 库函数
        elif x<20:
            y=pow(x,2)+2 * x/3                             #pow()是内置函数
        else:
            y=(3+4 * x) * math.log(x)                      #log()是 math 库函数
        print('\ny=',y)
out[2]: 请输入一个实数: x=5
        y=-80.73989168558451
out[2]: 请输入一个实数: x=15
        y=235.0
```

例 2-12　解一元二次方程 $ax^2+bx+c=0$。从键盘输入系数 a、b 和 c，计算并输出该方程所有的根(包括复根)。注意考虑程序的健壮性。

分析：从键盘输入的系数可能只构成一元一次方程，也可能无法构成方程。在明确要求考虑程序健壮性的时候，这些极端情况都要处理。

```
In [1]: import math
        a=float(input('请输入一元二次方程的系数 a: '))
        b=float(input('请输入一元二次方程的系数 b: '))
        c=float(input('请输入一元二次方程的系数 c: '))
        print('你输入的方程为: %dx * x+%dx+%d=0'%(a,b,c))
        #格式化输出,%d 表示一个整数项

        if a==0:
            if b==0:
            print("你输入的系数无法构成方程!")
```

```
        else:
            x=-c/b
            print("这个一元一次方程的根为：",x)
    else:
        delta=b*b-4*a*c
        if delta>=0:                                    #判别式大于等于 0,有实根
            delta=math.sqrt(delta)
            x1=(-b+delta)/(2*a)
            x2=(-b-delta)/2/a
            print('这个一元二次方程',a,'x*x+',b,'x+',c,'=0','有实根：',end
            ='')                                        #end=''表示不换行
            print('x1=','%10.3f'%x1,',x2=','%10.3f'%x2)
        else:                                           #判别式小于 0,有复根
            delta=math.sqrt(-delta)
            x1=(-b)/(2*a)
            x1=float('%10.3f'%x1)
            #格式化输出宽度为 10,小数点后保留 3 位的浮点数
            x2=delta/2/a
            x2=float('%10.3f'%x2)
            print('这个一元二次方程',a,'x*x+',b,'x+',c,'=0','有复根：',end
            ='')
            print('x1=',complex(x1,x2),',x2=',complex(x1,-x2))
            #complex(x1,x2)构造一个 x1 为实部,x2 为虚部的复数
out[1]: 请输入一元二次方程的系数 a: 3
        请输入一元二次方程的系数 b: 2
        请输入一元二次方程的系数 c: 1 你输入的方程为：3x*x+2x+1=0
        这个一元二次方程 3.0 x*x+2.0 x+1.0 =0 有复根：x1=(-0.333+0.471j) , x2=
        (-0.333-0.471j)
out[2]: 请输入一元二次方程的系数 a: 1
        请输入一元二次方程的系数 b: 3
        请输入一元二次方程的系数 c: 2 你输入的方程为：1x*x+3x+2=0
        这个一元二次方程 1.0 x*x+3.0 x+2.0 =0 有实根：x1=-1.000 ,x2=-2.000
out[3]: 请输入一元二次方程的系数 a: 0
        请输入一元二次方程的系数 b: 2
        请输入一元二次方程的系数 c: 4 你输入的方程为：0x*x+2x+4=0
        这个一元一次方程的根为：-2.0
out[4]: 请输入一元二次方程的系数 a: 0
        请输入一元二次方程的系数 b: 0
        请输入一元二次方程的系数 c: 3 你输入的方程为：0x*x+0x+3=0
        你输入的系数无法构成方程！
```

例 2-13 编写程序，打印九九乘法表。

分析：九九乘法表由九行构成，其中第一行有一列，第二行有两列，…，第九行有九

列。因此，行数 i 取值范围是 range(1,10)，列数 j 的取值范围是 range(1,行号+1)。分别用 for 循环和 while 循环打印九九乘法表。

```
In [1]: for i in range(1,10):#外循环,执行9次,产生9行
            koujue=''
            for j in range(1,i+1):                  #内循环,执行i次,产生i列
                koujue+=str(j)+'*'+str(i)+'='+str(i*j)+' '
                #字符串操作生成新字符串,即第i行数据
        print(koujue)
In [2]: i=1
        while i<10:                                 #外循环,执行9次,产生9行
            koujue=''
            j=1
            while j<=i:                             #内循环,执行i次,产生i列
                koujue+=str(j)+'*'+str(i)+'='+str(i*j)+' '
                #字符串操作生成新字符串,即第i行数据
                j+=1
            i+=1
            print(koujue)
```

运行结果如下。

```
1*1=1
1*2=2  2*2=4
1*3=3  2*3=6   3*3=9
1*4=4  2*4=8   3*4=12  4*4=16
1*5=5  2*5=10  3*5=15  4*5=20  5*5=25
1*6=6  2*6=12  3*6=18  4*6=24  5*6=30  6*6=36
1*7=7  2*7=14  3*7=21  4*7=28  5*7=35  6*7=42  7*7=49
1*8=8  2*8=16  3*8=24  4*8=32  5*8=40  6*8=48  7*8=56  8*8=64
1*9=9  2*9=18  3*9=27  4*9=36  5*9=45  6*9=54  7*9=63  8*9=72  9*9=81
```

从例 2-13 可以看出 for 循环和 while 循环在语法格式上的区别：①while 循环需要在 while 语句之前给循环变量赋初值，而 for 循环是在<可迭代对象>中给循环变量赋初值；②while 循环的<循环体>中必须有改变循环变量取值的语句，以免造成死循环，而 for 循环是依据<可迭代对象>确定循环变量的取值。

例 2-14　打印自幂数。输入位数 n，输出所有 n 位数的自幂数。

分析：① 一个 n 位正整数，如果其各位数字的 n 次方累加之和仍然等于这个数，那么这个数称为自幂数。例如，$1^3+5^3+3^3=153$，所以 153 就是一个 3 位自幂数，3 位自幂数又称水仙花数。为了简化问题，这里设 n 的取值不超过 6。

② 遍历所有 n 位数字，首先需要生成这 n 个数的最小值和最大值，在此范围内寻找自幂数。一个 n 位数的最小值为 10^{n-1}，最大值为 10^n-1。遍历过程可以用 for 循环实现。

③ 检验一个数是不是自幂数,需要取出这个数的每一位数字。一个数对 10 取余得到个位数字;接着被 10 整除后继续对 10 取余得到十位数字,重复操作可以获取这个数各位上的数字。无法预知循环次数,所以用 while 循环实现。

```
In [1]: min1=0
        max1=0
        digit=0
        rest=0
        n=int(input('输入自幂数的位数[1,2,3,4,5,6]: '))
        while 0<n<7:
            min1=pow(10,n-1)                  #生成 n 位数组成的最小值
            max1=pow(10,n)-1                  #生成 n 位数组成的最大值
            print(n,'位数的自幂数有: ')
            for data_n in range(min1,max1):
                rest=data_n
                total=0
                while rest!=0:                #重复操作获得各位上的数字
                    digit=rest%10
                    total+=pow(digit,n)       #对得到的数字求 n 次方并累加
                    rest=rest//10             #被 10 整除,为了得到下一位上的数字
                if total==data_n:             #判断自幂数
                    print(str(data_n),end=' ')     #输出这个 n 位自幂数
            n=int(input('\n 输入自幂数的位数[1,2,3,4,5,6]: '))     #\n 实现换行
        else:
            print('输入的 n 值超出范围,程序退出。')
out[1]: 输入自幂数的位数 3 [1,2,3,4,5,6]: 3 位数的自幂数有:
        153  370  371  407
        输入自幂数的位数 4 [1,2,3,4,5,6]: 4 位数的自幂数有:
        1634  8208  9474
        输入自幂数的位数 5 [1,2,3,4,5,6]: 5 位数的自幂数有:
        54748  92727  93084
        输入自幂数的位数 6 [1,2,3,4,5,6]: 6 位数的自幂数有:
        548834
        输入自幂数的位数 7 [1,2,3,4,5,6]: 输入的 n 值超出范围,程序退出。
```

例 2-15 输入一个自然数,判断是否为素数。

分析:①如果一个数只能被 1 和它本身整除,这个数就是素数。寻找 1 和它本身范围内有无其他因子,是判断素数的基本方法。②如果一个数是素数,那么它的最小质因数一定不大于它的开方。也就是说,一个数只要能被不大于其开方的某个数整除,那么它一定是合数;反之为素数。采用这种方法,需要遍历的数据量就会减少很多。

```
In [1]: import math
        data=int(input('请输入一个大于 1 的自然数[0 表示结束]: '))
        while (data!=0):
            end=int(math.sqrt(data))
            while end>1:
                if data%end==0:
                    print(data,'不是素数,它至少含有因子',end)
                    break
                end=end-1
            else:
                print(data,'是素数!')
            data=int(input('请输入一个大于 1 的自然数[0 表示结束]: '))
out[1]: 请输入一个大于 1 的自然数[0 表示结束]: 269 是素数!
        请输入一个大于 1 的自然数[0 表示结束]: 138 不是素数,它至少含有因子 6
        请输入一个大于 1 的自然数[0 表示结束]: 0
```

例 2-16　请输出 1000 以内的最大素数。

分析：①外循环依次获取 1000 以内的每一个数值进行测试，如果数值 n 能被 2 整除，显然 n 不是满足条件的最大素数，结束本次循环，继续测试下一个数值。这需要使用 continue 语句实现。②内循环用于测试当前数值 n 在不能被 2 整除的情况下，是否能被 $3\sim\sqrt{n}$ 范围内的某一个数整除，只要找到了该范围内的一个因子 i，说明这个数值 n 就不是素数，结束内循环而不必寻找数值 n 的其他因子。这需要使用 break 语句实现。③找到了满足要求的最大素数之后，不需要再对其他数据进行测试，结束外循环对其他数据的获取。这可以使用 break 语句实现。④寻找最大素数，这个数应该更接近 1000 才好，所以从 1000 往前找可以节省时间，更快地找到。⑤一个数不能被 2 整除，那么这个数也不能被大于 2 的其他偶数整除。所以，在寻找数值 n 的可能因子时，步长可以设置为 2，以提高查找效率。

```
In [1]: import math
        for n in range(1000,1,-1):
            if n%2==0:
                continue                        #结束本次循环,进入下一轮循环
            for i in range(3,int(math.sqrt(n)),2):
                if n%i==0:
                    break                       #结束内循环
            else:
                print("1000 以内的最大素数是: ",n)
                break                           #结束外循环
out[1]: 1000 以内的最大素数是: 997
```

例 2-17　读取键盘输入的数据，根据用户要求输出字符串中的第几个字母。

```
In [1]: letters='Hello world!'
        while True:
            try:
                n=eval(input("你希望输出字符串中的第几个字母?"))
                print('你希望输出的字母是: ',letters[n-1])
            except IndexError:
                print('索引出界')
                break
            except NameError:
                print("你输入的不是数字")
                break
            except KeyboardInterrupt:
                print("用户中断输入数据")
                break
            else:
                pass
out[1]: 你希望输出字符串中的第几个字母?5  你希望输出的字母是: o
        你希望输出字符串中的第几个字母?a  你输入的不是数字
out[2]: 你希望输出字符串中的第几个字母?你希望输出的字母是: o
        你希望输出字符串中的第几个字母?索引出界
out[3]: 你希望输出字符串中的第几个字母?12  你希望输出的字母是: !
        用户中断输入数据
```

这段代码的功能是：循环读取键盘输入的数据，将其作为索引用于确定需要输出字符串中的第几个字母。被检测的语句序列可能有三种异常：索引越界、不是数字或用户中断了数据输入。无论发生何种异常都会终止循环并结束程序。

发生异常后程序终止的原因是每个 except 子句中＜语句序列＞的最后都是 break 语句，它使程序跳出 try…except…else…结构。如果没有设置这些 break 语句，程序将继续检测而不会停止。这就形成了死循环。可见，在 except 子句中使用 break 语句是必要的。

else 子句的 pass 表示空语句。pass 语句不做任何事情，一般用作占位语句，保持程序结构的完整性。如果删除 pass 语句，那么因为程序结构不完整将弹出错误信息窗口。

第3章

组合数据类型

在大数据时代，数据获取方式更加多样，数据传递速度更加快捷，实际应用中人们面对的常常是大批量数据。如果将这些数据罗列起来，用一条或者多条Python语句进行批量化处理，势必可以简化操作，大大提高运行效率。这种能够表示多个数据的类型称为组合数据类型。Python组合数据类型是内置对象，可以实现复杂的数据处理任务。

3.1 组合数据类型的基本概念

Python提供的组合数据类型为多个相同或不同类型的数据提供了更为宽泛的单一表示，方便针对大量数据批量化高效处理。在Python中，组合数据类型主要有列表、元组、字典、集合、字符串等，按照数据的存放是否有先后次序可以将它们分为有序类型(列表、元组和字符串)和无序类型(字典和集合)两种；按照元素值是否允许改变可以分为可变类型(列表、字典和集合)和不可变类型(元组和字符串)；根据数据之间的关系可以分成三类，分别是序列类型(列表、元组和字符串)、集合类型(集合)和映射类型(字典)。

序列类型：Python中的序列类似数学中的数列，它是一串有序元素的向量，可以通过索引访问每一个元素。序列类型包括字符串、列表和元组，它们可以进行通用的序列操作，包括索引、切片、序列相加、乘法、计算长度、最小值、最大值等。序列类型在实际应用中使用频率颇高。

列表、元组、字符串等有序序列都支持双向索引。创建了一个有序序列，就可以通过索引访问其中的元素。有序序列的正向索引从0开始，以1为步长从左向右依次递增。索引为0的元素表示第1个元素，索引为1的元素表示第2个元素；负向索引从右向左开始，最右边一个元素的索引为－1，第二个元素的索引为－2，依次类推，如图3-1所示。

```
正向索引 ——► 0  1  2  3  4  5  6  7  8

sample=[1, 2, 3, 4, 5, 6, 7, 8, 9]

            -9 -8 -7 -6 -5 -4 -3 -2 -1 ◄—— 负向索引
```

图3-1 列表的双向索引

Python 有序序列(例如列表、字符串、元组)都支持切片操作,其语法格式如下。

```
<序列名>[start: end: step]
```

其中,start 表示切片的起始位置,起始索引默认为 0;end 表示切片的截止位置,即结束索引;step 指切片的步长,当步长为正时,表示从左向右正向获取序列元素,步长为负时,表示从右向左负向获取元素。需要注意的是,切片操作的结果不包含结束索引 end 对应的元素。使用切片操作可以方便地在有序可变序列的任意位置实现多个元素的插入、删除、修改、替换等操作,而且不影响序列对象的内存地址。

集合类型:Python 中的集合类似数学中的集合概念。集合类型中的元素具有无序性,无法通过下标(索引)锁定集合中的每一个数据,相同元素在集合中唯一存在。集合中的元素只能是固定数据类型,例如整数、浮点数、字符串、元组等;由于列表、字典以及集合类型的可变性,它们不可以作为集合中的数据元素。集合类型与其他类型的最大不同是它不包含重复元素。当对数据进行去重处理时,一般使用集合完成。

映射类型:映射类型存储了对象之间的映射关系,是键值对的集合,也存在无序性。Python 中的字典正是映射类型的典型代表。在字典中,键代表属性,值表示这个属性对应的内容,通过元素的键可以获取对应元素的值。

3.2 列　　表

列表是 Python 的内置可变序列,是包含若干元素的有序连续内存空间,用于存储一组数据类型相同或不同的元素。在形式上,Python 列表的所有元素放在一对方括号"[]"中,相邻元素之间用逗号隔开。列表中的元素可以是各种类型的对象,无论是整数、浮点数、字符串,还是列表、字典、集合、元组或者其他自定义类型的对象,都可以作为列表元素。列表中的元素可以重复出现。例如:

```
[15, 20, 25, 30, 20, 10]
['Sunday', 'Monday', 'Tuesday']
[['Mary', 1992,'female',True,5], ['Tom', 1989,'male',False,8]]
[1, 2.0, 'a word', print(5), True, [3,8], (3,8), {'mykey': 'myvalue'}]
```

都是合法的列表对象。

3.2.1 列表的创建与删除

1. 用赋值语句创建列表

在已知列表元素个数及其值时,可以用赋值语句直接创建列表。

```
In [1]: a_list=[1,2.0,[3,4],'a word',"better"]
        a_list
```

```
Out[1]: [1, 2.0, [3, 4], 'a word', 'better']
In [2]: b_list=[]
        b_list
Out[2]: []
```

2. 调用 list()函数创建列表

list()函数可将一个可迭代对象转换为列表。

```
In [1]: a_list =list("hello") #将字符串转换为列表
        a_list
Out[1]: ['h', 'e', 'l', 'l', 'o']
In [2]: b_list=list() #创建一个空列表
        b_list
Out[2]: []
```

3. 列表的删除

用 del 命令删除列表，释放所占的存储空间。

```
In [1]: a_list
Out[1]: ['h', 'e', 'l', 'l', 'o']
In [2]: del a_list                                    #删除列表 a_list
        a_list                                        #a_list 已经不存在了，抛出异常
Out[2]: -------------NameError    Traceback (most recent call last)
          <iPython-input-10-32d89a22c1f5>in <module>()
                1 del a_list                          #删除列表 a_list
          ---->2 a_list
          NameError: name 'a_list' is not defined
```

3.2.2　列表的基本操作

1. 列表元素的获取

方法一：在列表对象右边的方括号内输入对应的索引，获取列表中的某个元素。
格式：列表对象[索引]

```
In [1]: a_list=[1,2.0,"a word",[3,8],(3,8,9),{'key1': 128,'key2': 'myvalue',
        3: 'a number'}]
        a_list[-1]
Out[1]: {'key1': 128, 'key2': 'myvalue', 3: 'a number'}
In [2]: print(a_list[0],a_list[3],a_list[-3],a_list[-2])
Out[2]: 1 [3, 8] [3, 8] (3, 8, 9)
```

Python 可以直接访问一个序列元素,无须先将序列赋值给一个变量。

```
In [1]: print(["ABCD",'Hello','Python','University'][2])
Out[1]: Python
```

注意,当传入的索引超出列表正向索引或负向索引范围时,即索引取值小于第一个元素的负向索引或大于最后一个元素的正向索引时,Python 会抛出异常。

```
In [1]: a_list[-7]
Out[1]: ----------IndexError Traceback (most recent call last) <iPython-
        input-18-f9b61e944de4>in <module>
        ---->1 a_list[-7]
        IndexError: list index out of range
In [2]: a_list[6]
Out[2]: ----------IndexError Traceback (most recent call last) <iPython-
        input-19-6ac097c0a2a1>in <module>
        ---->1 a_list[6]
        IndexError: list index out of range
```

方法二:切片操作获取列表中的多个元素。

使用切片操作返回列表中部分元素组成的新列表。

```
In [1]: a=[1,2,3,4,5,6]
        b1=a[:]           #省略全部,代表截取全部内容,可以将一个列表复制给另一个列表
        print(b1)
Out[1]: [1, 2, 3, 4, 5, 6]
In [2]: b=a[0:-1:1]       #从索引 0 开始到结束,每次增加 1,截取内容,不包含结束索引
        print(b)
Out[2]: [1, 2, 3, 4, 5]
In [3]: c1=a[:3]          #省略起始索引和步长。默认从索引 0 开始,默认步长为 1
        print(c1)         #结束索引为 3,切片操作结果不包含结束索引的值
Out[3]: [1, 2, 3]
In [4]: c=a[0:5:3]        #从第一个位置到第六个位置,每三个位置取一个值
        print(c)
Out[4]: [1, 4]
In [5]: d=a[5:0:-1]       #负向取值
        print(d)
Out[5]: [6, 5, 4, 3, 2]
In [6]: d1=a[::-1]
        print(d1)
Out[6]: [6, 5, 4, 3, 2, 1]
```

与使用索引访问列表元素不同,切片操作不会因为下标越界而抛出异常,而是简单地在列表尾部截断或者返回一个空列表,保证了代码的健壮性。

```
In [1]: print(a[0: 100])                    #切片结束位置大于列表长度,在列表末尾截断
Out[1]: [1, 2, 3, 4, 5, 6]
In [2]: print(a[100: ])                     #切片结束位置大于列表长度,返回空列表
Out[2]: []
```

2. 遍历列表元素

使用 for 循环遍历列表元素,常用以下两种方法。

方法一:隐藏列表长度,操作较为便利。

```
In [1]: a_list=range(10)
        for i in a_list:
          print(i,end=' ')
Out[1]: 0 1 2 3 4 5 6 7 8 9
```

方法二:使用 len()函数计算列表长度,使用 range()函数返回列表元素序列,通过索引遍历列表元素。

```
In [1]: for i in range(len(a_list)):
            print(a_list[i],end=' ')
Out[1]: 0 1 2 3 4 5 6 7 8 9
```

3. 列表元素的修改

方法一:利用索引修改列表元素。

列表是可变序列,可以直接指定列表索引的取值来修改列表元素。

```
In [1]: a_list =[0, 1, 2, 3, 4, 5]
        a_list[0]=100
        a_list
Out[1]: [100, 1, 2, 3, 4, 5]
```

方法二:使用切片操作批量修改列表元素。

```
In [1]: a_list =[0,1,2,3,4,5]
        a_list[0: 3] =[100,100,100]
        a_list
Out[1]: [100, 100, 100, 3, 4, 5]
```

4. 列表元素的添加

方法一:使用 append()方法向列表尾部添加一个新元素。

```
In [1]: a_list=list(range(5))
        a_list.append(True)
        a_list
Out[1]: [0, 1, 2, 3, 4, True]
```

方法二：使用 extend()方法向列表尾部添加一个可迭代对象中的所有元素。

```
In [1]: a_list=list(range(5))
        a_list.extend([True,'c',5])
        a_list
Out[1]: [0, 1, 2, 3, 4, True, 'c', 5]
```

方法三：使用 insert()方法向列表任意位置插入一个新元素。

该方法需要两个参数,第一个参数为插入位置,第二个参数为需要插入的元素。

```
In [1]: a_list=list(range(5))
        a_list.insert(3,'c')
        a_list
Out[1]: [0, 1, 2, 'c', 3, 4]
```

5. 列表元素随机排序

shuffle()函数用于打乱列表元素的顺序,将列表中的所有元素随机排序。shuffle()函数是不能直接访问的,需要首先导入 random 模块,然后通过 random 对象调用该函数。shuffle()函数不会生成新的列表,只是将原列表的次序打乱,因此不可以将 shuffle()函数的返回值赋值给另外一个列表,只能在原列表的基础上操作。

```
In [1]: import random
        a_list =[1,2,3,4,5]
        random.shuffle(a_list)
        print(a_list)
Out[1]: [5, 2, 1, 4, 3]
```

6. 列表元素的删除

方法一：使用 del 命令删除指定位置的列表元素。

```
In [1]: a_list =[0, 1, 2, 3, 4, 5]
        del a_list[0]                    #删除下标为 0 的元素
        a_list
Out[1]: [1, 2, 3, 4, 5]
```

方法二：使用 pop()方法删除并返回指定位置的列表元素,省略参数时弹出最后一个元素。如果给定的下标超出了列表范围，则抛出异常。

```
In [1]: a_list =[0, 1, 2, 3, 4, 5]
        a_list.pop()
        a_list
Out[1]: [0, 1, 2, 3, 4]
In [2]: a_list.pop(6)
Out[2]: ------------IndexError  Traceback (most recent call last)
        <iPython-input-31-1d77944e9b78>in <module>()
        ---->1 a_list.pop(6)
        IndexError: pop index out of range
```

方法三：使用 remove()方法删除首次出现的指定元素。如果列表中不存在该元素，则抛出异常 ValueError。

```
In [1]: a_list =['x', 'y', 'z', 'a', 'b', 'z', 'c']
        a_list.remove('z')
        a_list
Out[1]: ['x', 'y', 'a', 'b', 'z', 'c']
```

方法四：利用切片操作删除多个列表元素。

```
In [1]: a_list=list(range(10))
        a_list[3: 8]=[]
        a_list
Out[1]: [0, 1, 2, 8, 9]
```

方法五：清空所有列表元素。

```
In [1]: a_list =list(range(10))
        a_list.clear()
        a_list
Out[1]: []
```

当增加或删除列表元素时，列表对象自动进行内存扩展或内存收缩，从而保证元素之间没有缝隙。Python 列表内存的自动管理功能在大幅减少程序员负担的同时，可能带来程序执行效率的降低，甚至可能导致意外的错误结果。为了避免可能涉及的大量列表元素移动，应尽量从列表尾部进行元素的增加或删除操作，这有助于大幅提高列表处理速度。

3.2.3　列表可用操作符

常用的列表操作符包括：系统提供的标准操作符和为序列提供的专门操作符。

1. 标准操作符

用于对象值比较的关系运算符：>、<、>=、<=、==和!=。
用于对象同一性测试的身份运算符：is 和 is not。
逻辑运算符：not、and、or。

```
In [1]: a_list=['ABC','Hello',1,2,3]
        b_list=['ABC','Hello']
        a_list>b_list                #逐个比较列表元素,直到一方列表元素胜出
Out[1]: True
```

2. 序列专用操作符

为序列提供的专用操作包括连接、重复、切片和成员关系测试等。
连接操作将多个列表连接起来。连接操作符(+)两边的对象必须属于相同数据类型。

```
In [1]: a_list+b_list
Out[1]: ['ABC', 'Hello', 1, 2, 3, 'ABC', 'Hello']
In [2]: c_string='Python'
        a_list+c_string
Out[2]: --------TypeError  Traceback (most recent call last)
        <iPython-input-46-669a4cfc2469>in <module>
        ---->1 a_list+c_string
        TypeError: can only concatenate list (not "str") to list
```

重复操作符(*)主要用于序列类型。

```
In [1]: b_list*3
Out[1]: ['ABC', 'Hello', 'ABC', 'Hello', 'ABC', 'Hello']
```

成员测试运算符用于检查一个对象是否是给定序列对象中的元素。

```
In [1]: a_list=['ABC','Hello',1,2,3]
        b_list=['ABC','Hello']
        b_list in a_list
Out[1]: False
In [2]: 'ABC'in a_list
Out[2]: True
In [3]: 4 in a_list
Out[3]: False
```

3.2.4 列表常用函数

Python 列表的常用函数基本上也适用于元组和字符串。

Python 中常用于列表对象的内置函数有：len()、max()、min()、sum()、list()、tuple()、enumerate()、zip()、sorted()、reversed()等。

1. len()函数

len()函数返回列表中元素的个数，同样适用于元组、字典、集合和字符串。

```
In [1]: a_list =[1,2,4,[4,5]]
        len(a_list)
Out[1]: 4
```

2. max()、min()、sum()函数

max()函数和 min()函数分别返回列表元素的最大值和最小值，参数为只包含字符串元素的列表或只有数字元素构成的列表，同样适用于元组、字典、集合或 range 对象。

sum()函数用于列表的求和操作，同样适用于元组求和或 range 对象求和。

```
In [1]: a_list=['a','A','F','fa','f']
        max(a_list)
Out[1]: 'fa'
In [2]: min(a_list)
Out[2]: 'A'
In [3]: sum(range(1,11))
Out[3]: 55
```

3. list()、tuple()函数

接受可迭代对象作为参数，list()函数将可迭代对象转换为列表，tuple()函数将可迭代对象转换为元组。

4. zip()函数

接受可迭代对象（如列表、元组或字符串）为参数，将其中的元素对应打包生成一个元组元素，然后返回由这些元组元素组成的可迭代 zip 对象。需要注意的是，当两个列表中的元素个数不相等时，舍弃其中多余的元素。

```
In [1]: a_list=['a','A','F','fa','f']
        b_list=[1,2,3]
        c_list=zip(a_list,b_list)
        c_list
Out[1]: <zip at 0x7f094cd73870>
In [2]: list(c_list)
Out[2]: [('a', 1), ('A', 2), ('F', 3)]
```

5. eunmerate()函数

eunmerate()函数将一个可迭代对象组合为一个数据对的序列,其中每个数据对元素表示为一个包含索引和数据值的元组。eunmerate()函数同样适用于元组和字符串。

```
In [1]: t=[2,4,5]
        for i in enumerate(t):
            print(i)
Out[1]: (0, 2)
        (1, 4)
        (2, 5)
```

6. sorted()函数

sorted()函数可以将列表元素按照正序或者逆序排列,返回一个排序之后的新列表,内置函数 sorted()并不改变原列表元素的排列次序。实际上,针对任何可迭代对象,sorted()函数的返回值都是一个排序之后的新列表。

```
In [1]: b_list=[4,3,2,8,1,6,9,5,3]
        sorted(b_list,reverse=True)
Out[1]: [9, 8, 6, 5, 4, 3, 3, 2, 1]
In [2]: b_list
Out[2]: [4, 3, 2, 8, 1, 6, 9, 5, 3]
In [3]: sorted(b_list)
Out[3]: [1, 2, 3, 3, 4, 5, 6, 8, 9]
```

7. reversed()函数

reversed()函数将列表元素逆序排列,返回一个迭代器对象,但并不修改原列表元素的位置。实际上,对于给定的可迭代对象,如列表、元组、字符串以及 range()函数等,内置函数 reversed()都返回一个逆序排列的 reversed 对象,可以利用此迭代器遍历其中的元素。

```
In [1]: b_list=[4,3,2,8,1,6,9,5,3]
        b_reverse=reversed(b_list)
        b_reverse
Out[1]: <list_reverseiterator at 0x7f54ac9ba890>
In [2]: list(b_reverse)
Out[2]: [3, 5, 9, 6, 1, 8, 2, 3, 4]
In [3]: b_list=[4,3,2,8,1,6,9,5,3]
        b_reverse=reversed(b_list)
        for i in b_reverse:
            print(i,end=" ")
```

```
Out[3]: 3 5 9 6 1 8 2 3 4
In [4]: list(b_reverse)
Out[4]: []
```

代码段最后的 list()函数没有输出任何内容，这是因为执行 for 循环的过程中，完成可迭代对象的遍历。如果需要再次查看迭代器的内容，需要重新创建该迭代器对象。

3.2.5　列表常用方法

列表作为一种序列类型，具有序列通用的操作方法，同时也具有列表特有的操作方法。使用列表对象常用方法的格式：[列表对象].<方法名>。除了列表元素的添加、删除方法，Python 还提供了其他常用方法，方便对列表元素的操作。

1. count()方法

统计指定元素在列表中出现的次数。

```
In [1]: a_list=list(range(5))+[3,1,3,5,3]
        a_list
Out[1]: [0, 1, 2, 3, 4, 3, 1, 3, 5, 3]
In [2]: a_list.count(3)
Out[2]: 4
```

2. index()方法

返回指定元素在列表中首次出现的索引。如果该元素不在列表中则抛出异常 ValueError。

```
In [1]: str_list=list("hello")
        str_list.index('l')
Out[1]: 2
```

3. sort()方法

按照指定规则原地排列列表中的元素，默认规则是将所有元素从小到大升序排列。

```
In [1]: a_list=[3,4,5,13,14,15]
        import random
        random.shuffle(a_list)                    #打乱顺序
        a_list
Out[1]: [4, 5, 15, 13, 3, 14]
In [2]: a_list.sort()                             #默认规则是升序排列
        a_list
```

```
Out[2]: [3, 4, 5, 13, 14, 15]
In [3]: a_list.sort(reverse=True)                    #降序排列
        a_list
Out[3]: [15, 14, 13, 5, 4, 3]
In [4]: a_list.sort (key=lambda x: len(str(x)))      #自定义排序
        a_list
Out[4]: [5, 4, 3, 15, 14, 13]
```

若列表元素的数据类型不同，则不能比较大小，所以不能使用 sort()方法排序。

```
In [1]: a_list =['abc','bcd','cef',97,65,98,99]
        a_list.sort()
Out[1]: -------------------TypeError Traceback (most recent call last)
        <iPython-input-57-6abf35b10e50>in <module>()
              1 a_list=['abc','bcd','cef',97,65,98,99]
        ---->2 a_list.sort()
        TypeError: unorderable types: int() <str()
```

必要时，可以将列表元素转换成相同类型的数据，再使用 sort()方法排序。

```
In [1]: a_list.sort(key=str,reverse=True) #自定义排序
       a_list
Out[1]: ['cef', 'bcd', 'abc', 99, 98, 97, 65]
```

sort()方法和内置函数 sorted()都可以对列表元素排序，但 sort()方法是原地排序，同时修改原列表元素的顺序；而内置函数 sorted()返回新列表，并不会修改原列表元素的顺序。

```
In [1]: a_list=list(range(5))+[5,4,3,2,1]
        sorted(a_list)
Out[1]: [0, 1, 1, 2, 2, 3, 3, 4, 4, 5]
```

4. reverse()方法

原地逆序排列列表元素。

```
In [1]: a_list=[3,4,5,13,14,15]
        import random
        random.shuffle(a_list)                    #打乱顺序
        a_list
Out[1]: [15, 3, 14, 4, 13, 5]
In [2]: a_list.reverse()
       a_list
Out[2]: [5, 13, 4, 14, 3, 15]
```

reverse()方法用于原地逆序排列列表元素，同时修改原列表元素的顺序；而内置函数reversed()将列表逆序排列后的结果放在一个可迭代对象中，并不会修改原列表元素的顺序。

```
In [1]: new_list=reversed(a_list)
        new_list
Out[1]: <list_reverseiterator at 0x70cd81ef0>
In [2]: list(new_list)
Out[2]: [15, 3, 14, 4, 13, 5]
```

5. copy()方法

复制列表中的所有元素，生成一个新列表。

```
In [1]: a_list=[3,4,5,13,14,15]
        new_list=a_list.copy()            #copy()方法产生列表的副本
        new_list
Out[1]: [3, 4, 5, 13, 14, 15]
In [2]: a_list.clear()
        new_list
Out[2]: [3, 4, 5, 13, 14, 15]
```

对于基本数据类型（如整数或字符串），可以使用等号进行对象赋值。对于列表类型，直接赋值方式只是为列表增加了一个别名，不能产生新列表，而使用 copy()方法才能复制列表，返回列表的副本。

```
In [1]: a_list=[3,4,5,13,14,15]
        b_list=a_list                #直接赋值只是为列表增加别名
        a_list.clear()
        b_list
Out[1]: []
```

例 3-1　计算基本统计值，输出一组数据的平均值、方差和众数。

分析：①为了便于功能重用，可以将每个功能用自定义函数实现；②计算一组数据的基本统计值，但是这组数据的元素个数不确定，因此使用可变序列中的列表来存储。

```
In [1]: def getNum():                           #获取用户输入的数据，数目不确定
            nums =[]
            iNumStr =input("请输入数字(回车退出): ")
            while iNumStr !="":
                nums.append(eval(iNumStr))
                iNumStr =input("请输入数字(回车退出): ")
                return nums
        def mean(numbers):                      #计算平均值
            s =0.0
            for num in numbers:
```

```
            s =s +num
        return s / len(numbers)
    def dev(numbers, mean):                                   #计算方差
        sdev =0.0
        for num in numbers:
            sdev =sdev +(num -mean) * * 2
        return pow(sdev / (len(numbers)-1), 0.5)
    def median(numbers):                                      #计算中位数
        sorted(numbers)
        size =len(numbers)
        if size %2==0:
            med =(numbers[size//2-1] +numbers[size//2])/2
        else:
            med =numbers[size//2]
        return med
    n =getNum()
    m =mean(n)
    print("平均值:{}方差:{:.2}中位数:{}".format(m, dev(n,m),median
    (n)))
out[1]: 请输入数字(回车退出): 79
        请输入数字(回车退出): 82
        请输入数字(回车退出): 69
        请输入数字(回车退出): 54
        请输入数字(回车退出): 平均值: 71.0 方差: 1.3e+01 中位数: 75.5
```

3.3 元　　组

元组是不可变有序序列。一旦创建了元组就不允许改变其中元素的值,也无法为元组增加或删除元素。元组中的元素放在一对圆括号"()"中,元素之间用逗号隔开,元素可以是任意数据类型。例如:

```
(15, 20, 25, 30, 20, 10)
('Sunday', 'Monday', 'Tuesday')
(['Mary', 1992,'female',True,5], ('Tom', 1989,'male',False,8))
(1, 2.0, 'a word', print(5), True, [3,8], (3,8), {'mykey': 'myvalue'})
```

都是合法的元组对象。

3.3.1 元组的创建与删除

元组的创建与删除与列表类似,主要采用以下方法。

1. 用赋值语句创建元组

将一个元组对象赋值给一个变量，就创建了一个元组变量。当一个元组只包含一个元素时，该元素后面也必须有逗号；当一个元组的圆括号内没有元素时，表示创建了一个空元组。

```
In [1]: d_tuple=(1, 2.0, 'a word', print(5), True, [3, 8], (3, 8), {'mykey': '
        myvalue'})
        d_tuple
out[1]: (1, 2.0, 'a word', None, True, [3, 8], (3, 8), {'mykey': 'myvalue'})
In [2]: type(d_tuple)
out[2]: tuple
In [3]: a_tuple =(1,)
        a_tuple                                    #创建只包含一个元素的元组
out[3]: (1,)
In [4]: b_tuple =()
        b_tuple                                    #创建一个空元组
out[4]: ()
```

实际上，在使用非空元组时，一对圆括号可以省略，Python 将一组用逗号分隔的数据自动默认为元组类型。

```
In [1]: c_tuple =1,2,3                                   #用逗号分隔的多个数据
        c_tuple
out[1]: (1, 2, 3)
In [2]: d_tuple =1,                                      #用逗号分隔的一个数据
        d_tuple
out[2]: (1,)
In [3]: type(d_tuple)                                    #用逗号分隔的一个数据也是元组
out[3]: tuple
In [4]: t =1                                             #如不加逗号，则不是元组
        type(t)
out[4]: int
```

2. 使用 tuple()函数创建元组

tuple()函数可以将一个可迭代对象转换为元组。

```
In [1]: a_tuple=tuple([1,2,3,4])                            #将列表转换为元组
        print(a_tuple)
        b_tuple=tuple(range(5))                             #将 range 对象转换为元组
        print(b_tuple)
        c_tuple=tuple("hello")                              #将字符串转换为元组
        print(c_tuple)
```

```
out[1]: (1, 2, 3, 4)
        (0, 1, 2, 3, 4)
        ('h', 'e', 'l', 'l', 'o')
```

3. 元组的删除

对于元组而言,用 del 命令可以删除整个元组对象,而不能只删除元组中的部分元素,因为元组属于不可变序列。

```
In [1]: a_tuple = (2,3,4)                                        #创建一个元组
        a_tuple
out[1]: (2, 3, 4)
In [2]: del a_tuple[2]                                           #删除元组元素
out[2]: ---------------------TypeError   Traceback (most recent call last)
        <iPython-input-6-b012d3a47b80>in <module>()
        ---->1 del a_tuple[2]                                    #删除元组
        TypeError: 'tuple' object doesn't support item deletion
In [3]: del a_tuple                                              #删除元组
        a_tuple                                                  #此时元组已经不存在
out[3]: -------------------NameError   Traceback (most recent call last)
        <iPython-input-3-30499c72454a>in <module>()
        1 del a_tuple                                            #删除元组
        ---->2 a_tuple                                           #此时元组已经不存在
        NameError: name 'a_tuple' is not defined
```

3.3.2 元组与列表的区别

元组是类似于列表的一种数据结构,可以看作轻量级的列表。除了定义形式相似之外,二者还有许多相似之处,例如,都属于有序序列,支持双向索引和切片操作,支持运算符"+""*"和"in",对内置函数的支持也是大同小异。

二者的区别和联系如下。

(1) 列表是可变的,而元组是不可变的。列表支持针对部分元素的增加、删除操作,也可以修改列表中的元素值。相反,元组中的数据一旦定义就不允许通过任何方式更改,因此元组没有提供 append()、extend()和 insert()等方法,无法为元组增加元素;元组也没有 remove()和 pop()方法,不支持针对元组元素的 del 操作,不能删除元组中的部分元素,只能删除整个元组对象。可以通过切片操作访问元组中的元素,但是不支持使用切片操作对元组元素进行修改、增加和删除操作。

(2) 元组和列表可以相互转换。Python 内置函数 tuple()可以接收一个列表、字符串等可迭代对象作为参数,返回包含同样元素的元组;而 list()函数可以接收一个元组、字符串等可迭代对象作为参数,返回一个列表。从实现效果上看,tuple()函数可以理解为将列表"冻结"使之不可变,list()函数则是将元组"融化"使之可变。

(3) 元组的访问和处理速度比列表更快，开销更小。如果定义了一系列常量，主要进行遍历等操作，而无须改变元素的取值，一般建议使用元组而非列表数据类型。

(4) 元组可以使代码更安全。例如，调用函数时使用元组传递参数可以防止在函数中修改元组的值，这时若使用列表则达不到需要的效果，甚至可以理解为元组对不需要修改的数据进行了“写保护”，在实现上不允许修改元素值，从而使代码更安全。实际上，Python 自定义函数中的 return 语句返回多个值时，这些值会形成一个元组数据类型，在一定程度上也起到保护数据、防止返回值被无意修改的作用。

```
In [1]: def multiply(x,y=10):
                  return x * y,x+y
        s=multiply(90,2)
        print('s=',s)                              #返回元组数据类型
        a,b=multiply(90,2)
        print('a=',a)                              #返回基本数据类型
        print('b=',b)                              #返回基本数据类型
out[1]: s=(180, 92)
        a=180
        b=92
```

(5) 二者与其他组合数据类型的关系。作为不可变序列，元组可以用作字典的键，也可以作为集合的元素。列表是可变序列，不可以用作字典的键，列表或包含列表的元组也不可以作为集合的元素。

元组是不可修改的，因此在列表中用于改变元素的方法和函数都不能用在元组上。元组也是一种序列类型，因此针对序列的通用操作都可以作用在元组上。需要注意的是，如果元组的元素是可变序列，那么该元素仍然可以修改。

```
In [1]: a_tuple=('a','b',1,[3,5],["A",'b','T'])
        a_tuple[4][1]=9
        a_tuple
out[1]: ('a', 'b', 1, [3, 5], ['A', 9, 'T'])
```

3.4 字　　典

作为一种有序序列，列表只接受基于位置的索引。如果数据量巨大的话，要记住每个元素及其在列表中的位置是不现实的。Python 提供了通过“键”数据查找“值”数据，表示映射关系的数据组织形式，这就是字典。

字典是一种典型的映射类型，由若干键值对元素构成的无序可变序列。字典中每个元素由“键(key)：值(value)”构成，通过键可以找到其对应的值。换一个角度讲，字典的“键”代表一个关键词，而字典的“值”代表这个关键词对应的内容。在使用字典时，只要查找字典前面的关键词就可找到该关键词对应的内容。

字典的键可以是任意不可变数据类型，如整数、浮点数、元组等。一个字典元素的键是唯一的，无法修改的；而值是可变的，可重复、可修改，可以是任何 Python 对象。

3.4.1 字典的创建和删除

1. 利用“{}”创建字典

字典中每个元素是一个键值对，其中，“键”和“值”用冒号隔开，相邻元素之间用逗号分隔，所有元素放在一对大括号“{}”中。

```
In [1]: a_dict={65: 'A',98: 'b',67: 'C','a': 97,'B': 66}
        a_dict
out[1]: {65: 'A', 98: 'b', 67: 'C', 'a': 97, 'B': 66}
In [2]: type(a_dict)
out[2]: dict
```

直接使用一对大括号可以创建一个空字典对象。

```
In [1]: a_dict={}
        print(a_dict,type(a_dict))
out[1]: {} <class 'dict'>
```

2. 使用 dict()函数创建字典

内置函数 dict()可以将一个可迭代对象转换为字典。

```
In [1]: keys=['a','b','c','d']
        values=[97,98,99,100]
        b_dict=dict(zip(keys,values))
        b_dict
out[1]: {'a': 97, 'b': 98, 'c': 99, 'd': 100}
```

dict()函数的参数也可以是形如“键＝值”的数据对。

```
In [1]: c_dict=dict(name='Tom',age=18)
        c_dict
out[1]: {'age': 18, 'name': 'Tom'}
```

dict()函数的参数为空，表示创建一个空字典。

```
In [1]: d_dict=dict()
        d_dict
out[1]: {}
```

3. 使用 dict.fromkeys()方法创建字典

根据给定的键，使用 dict.fromkeys()方法可以创建一个具有相同值的字典。如果没有给出字典的值，则默认为空。

```
In [1]: e_dict=dict.fromkeys(['Tom','Mary'],'18')
        e_dict
out[1]: {'Mary': '18', 'Tom': '18'}
In [2]: e_dict=dict.fromkeys(['Tom','Mary'])
        e_dict
out[2]: {'Mary': None, 'Tom': None}
```

4. 字典的删除

当不需要时，可以用 del 命令删除字典，释放内存空间，与删除列表或元组类似。

3.4.2　字典的基本操作

与列表和元组的索引类似，可以使用字典中的“键”访问对应的字典元素。字典元素的键与值是一一对应的，不能脱离对方而存在。

1. 字典元素的获取

方法一：以键为索引获取元素的值。

字典中的元素是键值对，访问字典元素最常用的方法是以键为索引获取指定元素的值。

```
In [1]: a_dict={65: 'A',98: 'b',67: 'C','a': 97,'B': 66}
        a_dict[67]
out[1]: 'C'
```

使用“键”作为索引访问字典元素的“值”，若指定的“键”不存在则抛出异常。

```
In [1]: a_dict={65: 'A',98: 'b',67: 'C','a': 97,'B': 66}
        a_dict[77]
out[1]: -------------------KeyError  Traceback (most recent call last)
        <iPython-input-12-daf717106fe3>in <module>()
             1 a_dict={65: 'A',98: 'b',67: 'C','a': 97,'B': 66}
        ---->2 a_dict[77]
        KeyError: 77
```

方法二：使用 get()方法获取指定键的元素值。

使用字典对象的 get()方法可以获取指定“键”对应的“值”，并且在指定“键”不存在的情况下可以读取参数指定的值并返回，如果省略该参数，则不返回数据。

```
In [1]: a_dict={'B': 66, 65: 'A', 98: 'b', 67: 'C', 'a': 97}
        a_dict.get(65)                        #当键存在则返回相应的值
out[1]: 'A'
In [2]: a_dict.get(66,'NO')                   #当键不存在时返回指定的值
out[2]: 'NO'
In [3]: a_dict.get(66)                        #键不存在,未指定返回值,则不返回数据
```

2. 字典元素的遍历

使用字典对象的 items()方法可以返回字典的"键值对"列表,使用字典对象的 keys()方法可以返回字典的"键"列表,使用字典对象的 values()方法可以返回字典的"值"列表。

```
In [1]: dict1={1: 'A',2: 'B',3: 'C',4: 'D',5: ['E','e']}
        dict1.items
out[1]: <function dict.items>
In [2]: dict1.items()
out[2]: dict_items([(1, 'A'), (2, 'B'), (3, 'C'), (4, 'D'), (5, ['E', 'e'])])
In [3]: dict1.values()
out[3]: dict_values(['A', 'B', 'C', 'D', ['E', 'e']])
In [4]: dict1.keys()
out[4]: dict_keys([1, 2, 3, 4, 5])
```

使用 for 循环可以遍历字典中的元素。需要注意的是,迭代访问字典元素时,默认情况下遍历字典元素的"键";如果需要遍历字典元素的"值",可以使用 values()方法明确指定;如果需要遍历字典元素的"键值对",可以使用 items()方法明确指定。

```
In [1]: d={65: 'A', 68: 'D', 67: 'C', 69: 'E', 66: 'B'}
        for i in d:                            #默认遍历的是字典的"键"
            print(i,end=" ")
out[1]: 65 66 67 68 69
In [2]: for i in d.values():                   #遍历字典的"值"
            print(i,end=" ")
out[2]: A B C D E
In [3]: for i in d.items():                    #遍历字典元素,即"键值对"
            print(i,end=" ")
out[3]: (65, 'A') (66, 'B') (67, 'C') (68, 'D') (69, 'E')
```

使用 len()、max()、min()、sum()、sorted()、enunerate()、map()、filter()等内置函数以及成员测试运算符 in 对字典对象操作时,也遵循同样的约定。

```
In [1]: d_dict={65: 'A', 68: 'D', 67: 'C', 69: 'E', 66: 'B'}
        65 in d_dict                          #默认情况下作用于字典的“键”
out[1]: True
In [2]: 'A'in d_dict                  #成员测试运算符 in 用于判断某个元素是否在字典中
out[2]: False
In [3]: 'A'in d_dict.values()           #values()方法指定作用于字典元素的“值”
out[3]: True
In [4]: (65,'A') in d_dict.items()      #items()方法指定作用于字典元素“键值对”
out[4]: True
In [5]: sorted(d_dict.values())
out[5]: ['A', 'B', 'C', 'D', 'E']
```

3. 添加与修改

方法一：使用赋值语句添加、修改字典元素。

利用指定的键为字典元素赋值，如果该“键”存在于字典中，表示修改这个字典元素的“值”；否则，表示向字典中添加一个新元素。

```
In [1]: a_dict={'B': 66, 65: 'A', 98: 'b', 67: 'C', 'a': 97}
        a_dict[66]='B'
        a_dict
out[1]: {'B': 66, 65: 'A', 98: 'b', 67: 'C', 'a': 97, 66: 'B'}
In [2]: a_dict['B']=' '
        a_dict
out[2]: {'B': ' ', 65: 'A', 98: 'b', 67: 'C', 'a': 97, 66: 'B'}
```

方法二：使用 update()方法添加、修改字典对象。

字典对象的 update()方法用于将参数中另一个字典的键值对全部添加到当前字典对象中。如果两个字典中存在相同的键，则用参数字典中的“值”更新当前字典对象。

```
In [1]: dict1={97: 'a',98: 'b',99: 'c',100: 'd'}
        dict2={65: 'A',66: 'B','D': 67}
        dict1.update(dict2)
        dict1
out[1]: {97: 'a', 98: 'b', 99: 'c', 100: 'd', 65: 'A', 66: 'B', 'D'=67}
In [2]: dict1.update(C=67,D=68,E=69)
        dict1
out[2]: {97: 'a', 98: 'b', 99: 'c', 100: 'd', 65: 'A', 66: 'B', 'D': 68, 'C': 67, 'E':
69}
```

方法三：使用 setdefault()方法添加字典元素。

setdefault()方法以键值对的形式向字典中添加新元素。若指定键存在于字典中，setdefault()方法返回对应字典元素的“值”；否则，setdefault()方法中的参数作为字典元素的“键”和“值”,生成新元素并添加到字典中,返回新元素的“值”。

```
In [1]: d_dict={65: 'A', 66: 'B', 67: 'C'}
        d_dict.setdefault(66)
out[1]: 'B'
In [2]: d_dict.setdefault(68,'D')
out[2]: 'D'
In [3]: d_dict
out[3]: {65: 'A', 66: 'B', 67: 'C', 68: 'D'}
In [4]: d_dict.setdefault(69)
        d_dict
out[4]: {65: 'A', 66: 'B', 67: 'C', 68: 'D', 69: None}
```

4. 字典元素的删除

可以使用 del 命令删除字典中指定“键”对应的元素,也可以使用字典对象的 pop()方法返回指定“键”对应的“值”,同时删除该元素,还可以使用 popitem()方法删除字典中的一个键值对,并返回一个包含该键值对的元组。建议避免使用 clear()方法删除字典中的所有元素。

```
In [1]: a_dict={'B': ' ', 65: 'A', 98: 'b', 67: 'C', 'a': 97, 66: 'B'}
        del a_dict['B']
        a_dict
out[1]: {65: 'A', 98: 'b', 67: 'C', 'a': 97, 66: 'B'}
In [2]: a_dict.pop(65)                    #弹出并删除指定元素,返回键对应的值
out[2]: 'A'
In [3]: a_dict
out[3]: {98: 'b', 67: 'C', 66: 'B', 'a': 97}
In [4]: a_dict.pop(65,'NO')               #弹出并删除指定元素,返回键对应的值
out[4]: 'NO'
In [5]: a_dict.popitem()                  #弹出并删除元素,返回被删除的元素
out[5]: (98, 'b')
In [6]: a_dict
out[6]: { 67: 'C', 66: 'B', 'a': 97}
```

3.5 集　　合

集合是无序可变的容器对象,使用一对大括号作为定界符,大括号中的集合元素之间用逗号分隔,同一个集合的元素不允许重复,集合中每一个元素是唯一的。

集合元素只能是数字、字符串、元组等不可变类型的数据,不能是列表、字典、集合等可变类型的数据,包含列表等可变类型元素的元组也不能成为集合元素。集合中的元素是无序的,元素的存储顺序和添加顺序并不一致。集合不支持使用索引直接访问特定位

置上的元素，但允许使用 random 标准库中的 sample()函数随机选取部分元素。

3.5.1　集合的创建和删除

可以把元素放在一对大括号中创建集合。需要注意的是，不能直接使用“{}”创建空集合。因为在 Python 中，用“{}”创建的是空字典，而不是空集合。

```
In [1]: s={'a','b','c','d'}
        type(s)
out[1]: set
```

如果创建空集合，可以使用 set()函数。set()函数用于将列表、元组、字符串、range 对象等可迭代对象转换为集合。如果原来的数据中存在重复元素，在转换过程中，set()函数会自动去除重复元素，只保留并生成唯一的集合元素。如果原来的可迭代对象中含有可变类型的元素，则转换失败并抛出异常。

```
In [1]: a_set=set({65: 'A', 66: 'B', 67: 'C'})
        a_set
out[1]: {65, 66, 67}
In [2]: b_set=set([65,'A',66,'B',67,"B","A",'''B'''])
        b_set
out[2]: { 65, 66, 67, 'A','B'}
In [3]: c_set=set("hello Python")
        c_set
out[3]: {' ', 'e', 'h', 'l', 'n', 'o', 'p', 't', 'y'}
```

当不再使用某个集合时，使用 del 命令可以删除整个集合，释放所占的存储空间。

```
In [1]: del c_set
        c_set
out[1]: ---------NameError Traceback (most recent call last)
        <iPython-input-16-806525444309>in <module>
        ---->1 c_set
        NameError: name 'c_set' is not defined
```

3.5.2　集合的基本操作

1. 集合运算

类似数学中的集合概念，Python 集合支持数学集合中的一些运算，如并(|)、交(&)、差补(－)、对称差分(^)等。此外，Python 集合也支持成员测试运算符(in 和 not in)和关系运算符(！＝、＜、＞、＜＝、＝＝和＞＝)等。例如：

```
In [1]: s={'a','b','c','d'}
        'a'in s
out[1]: True
In [2]: 'd'not in s
out[2]: False
In [3]: s
out[3]: {'a', 'b', 'c', 'd'}
In [4]: for i in s:
            print(i,end='\t')
out[4]: c    b    a    d
In [5]: s={'a','b','c','d'}
        s
out[5]: {'a', 'b', 'c', 'd'}
In [6]: s=s|set('letters')
        s
out[6]: {'a', 'b', 'c', 'd', 'e', 'l', 'r', 's', 't'}
```

2. 集合元素的添加和删除

集合不支持索引操作，也不支持切片操作。除了集合运算之外，可以向集合中添加元素或删除元素。add()方法用于增加新的集合元素，如果集合中存在该元素则忽略此操作，不会抛出异常。update()方法用于集合元素的合并，同时去除重复元素。

```
In [1]: a_set={'a','e','i','o'}
        a_set.add('u')                              #增加新元素 u
        a_set
out[1]: {'a', 'e', 'i', 'o', 'u'}
In [2]: a_set.add('a')                              #集合中已包含 a,忽略本操作
        a_set
out[2]: {'a', 'e', 'i', 'o', 'u'}
In [3]: a_set.update("letters")
        a_set
out[3]: {'a', 'e', 'i', 'l', 'o', 'r', 's', 't', 'u'}
```

集合元素的 pop()方法用于删除集合中的任一元素并返回该元素，如果集合为空则抛出异常；remove()方法和 discard()方法用于删除集合中的一个指定元素，若指定元素不存在，则 remove()方法会引发异常，discard()方法则忽略该操作。clear()方法用于清空集合元素。

```
In [1]: a_set={'a', 'e', 'i', 'l', 'o', 'r', 's', 't', 'u'}
        a_set.remove('l')                 #删除集合中的一个指定元素
        a_set
```

```
out[1]: {'a', 'e', 'i', 'o', 'r', 's', 't', 'u'}
In [2]: a_set.discard('ets')               #指定元素不存在,discard()方法忽略该操作
        a_set
out[2]: {'a', 'e', 'i', 'o', 'r', 's', 't', 'u'}
```

3. 集合常用函数

Python 内置函数 len()、max()、min()、sum()、sorted()等同样适用于集合。

```
In [1]: a_set=set(range(10))
        sorted(a_set)
out[1]: [0, 1, 2, 3, 4, 5, 6, 7, 8, 9]
```

3.6　字符串常用方法

字符串对象属于不可变有序序列。除了支持索引、切片、运算符操作以及内置函数外,字符串对象自身还支持许多 Python 方法。这里介绍的字符串常用方法将返回处理后的字符串或字节串,并不会修改原始字符串。

1. encode()和 decode()

不同编码格式意味着不同的数据表示和存储形式。使用不同编码格式的同一字符对应的字节串也不一样,存入文件时,写入的内容也可能不同。如果试图理解文件的内容,就必须了解编码规则并进行正确解码,否则无法还原原始信息。

Python 支持 str 类型的字符串,也支持 bytes 类型的字节串。encode()方法可以按照指定的编码格式对 str 字符串编码成 bytes 字节串,decode()方法可以使用正确的解码格式对 bytes 字节串解码得到 str 字符串,默认使用 UTF-8 编码格式。由于编码规则不同,使用一种编码格式得到的字节串无法通过另外一种编码格式正确解码。

```
In [1]: str1 ="中国"
        str1.encode()                              #默认采用 utf-8 编码格式编码
out[1]: b'\xe4\xb8\xad\xe5\x9b\xbd'
In [2]: b'\xe4\xb8\xad\xe5\x9b\xbd'.decode()    #默认采用 utf-8 编码格式解码
out[2]: '中国'
In [3]: str1.encode("gbk")                         #采用 gbk 编码格式编码
out[3]: b'\xd6\xd0\xb9\xfa'
In [4]: b'\xd6\xd0\xb9\xfa'.decode()              #采用默认 utf-8 编码格式解码
```

```
out[4]: ----UnicodeDecodeError Traceback (most recent call last)
        <iPython-input-66-a1d57a31704e> in <module>
        ---->1 b'\xd6\xd0\xb9\xfa'.decode()
        UnicodeDecodeError: 'utf-8' codec can't decode byte 0xd6 in position 0:
        invalid continuation byte
```

2. find()和 rfind()

find()和 rfind()方法用来查找一个字符串在另一个字符串指定范围内出现的位置，如果不存在则返回－1。find()方法查找首次出现的位置，rfind()方法查找最后一次出现的位置，查找范围的默认值是整个字符串。

```
In [1]: str1 ="apple,pear,banana,orange,watermallen"
        str1.find("a")
out[1]: 0
In [2]: str1.find("a",5,7)           #在下标范围[5,7)内查找
out[2]: -1
In [3]: str1.rfind("a")              #从右侧开始查找
out[3]: 31
In [4]: str1.rfind("a",-10,-6)       #在指定范围内查找
out[4]: 26
```

3. index()、rindex()和 count()

用来返回一个字符串在另一个字符串指定范围内出现的位置，如果不存在则抛出异常。index()方法返回首次出现的位置，rindex()方法返回最后一次出现的位置，默认范围是整个字符串。

```
In [1]: str1 ="apple,pear,banana,orange,watermallen"
        str1.index("a")                    #返回首次出现的位置
out[1]: 0
In [2]: str1.rindex("a")                   #返回最后一次出现的位置
out[2]: 31
In [3]: str1.index("a",1,10)               #在指定范围内查找首次出现的位置
out[3]: 8
In [4]: str1.rindex("a",-20,-15)           #在指定范围查找最后一次出现的位置
out[4]: 20
```

count()方法返回一个字符串在另一个字符串指定范围内出现的次数，默认范围是整个字符串。

```
In [1]: str1 ="apple,pear,banana,orange,watermallen"
        str1.count("a")                                  #统计出现的次数
out[1]: 8
```

4. split()、rsplit()和 join()

以指定字符为分隔符，将字符串分隔成多个子字符串，并返回包含分隔结果的列表。如果未指定分隔符，则字符串中任何空白符号，如空格、换行符、制表符等，都被认为是分隔符。split()方法从字符串左侧开始分隔，rsplit()方法从字符串右侧开始分隔，可选参数 maxsplit 指定最大分隔次数。

```
In [1]: str1 ="I like them\n I love them"
        str1.split(" ")                    #以空格作为分隔符,从左侧分割
out[1]: ['I', 'like', 'them\n', 'I', 'love', 'them']
In [2]: str1.rsplit("\n")                  #以\n 作为分隔符从右侧分割
out[2]: ['I like them', ' I love them']
```

使用指定的连接符，join()方法将可迭代对象中所有元素连接成为一个字符串。这里可迭代对象的元素必须是字符串类型，否则抛出异常。

```
In [3]: "-".join(["apple","banana","pear"])          #用"-"连接
out[3]: 'apple-banana-pear'
In [4]: "-".join([1,2,3,4])                          #只能对字符串数据连接
out[4]: ---------TypeError  Traceback (most recent call last)
        <iPython-input-48-db9a85f9f7e2>in <module>
        ---->1 "-".join([1,2,3,4])                   #只能对字符串数据连接
        TypeError: sequence item 0: expected str instance, int found
```

利用 split()方法和 join()方法可以删除字符串中多余的空白字符。

```
In [1]: str1 ="this    is    an    example"
        "".join(str1.split())                          #去除所有的空格
out[1]: 'thisisanexample'
In [2]: " ".join(str1.split())                         #保留一个空格
out[2]: 'this is an example '
```

5. lower()、upper()、capitalize()、title()、swapcase()

这几个方法分别用来将字符串转换为小写、大写、首字母大写、每个单词首字母大写以及大小写互换。转换后的结果都是一个新字符串，并不对原始字符串做任何修改。

```
In [1]: str1 ="What is Your Name?"
        str1.lower()                            #返回小写字符串
out[1]: 'what is your name?'
In [2]: str1.title()                            #每个单词的首字母大写
out[2]: 'What Is Your Name?'
```

6. replace()

replace()方法用于字符串替换,默认替换字符串中指定的所有字符或子字符串,可以指定替换次数,返回结果为替换后的新字符串。

```
In [1]: str1 ="I like football,I like basketball too."
        str1.replace("like","love")                        #替换所有子字符串
out[1]: 'I love football,I love basketball too.'
In [2]: str1.replace("like","love",1)                      #只替换一次
out[2]: 'I love football,I like basketball too.'
```

7. strip()、rstrip()、lstrip()

这几个方法分别用来删除字符串两侧、右侧或左侧的连续空白字符或指定字符。

```
In [1]: "  ab c    ".strip()                               #删除两侧空白字符
out[1]: 'ab c'
In [2]: "   ab c    ".rstrip()                             #删除右侧空白字符
out[2]: ' ab c'
In [3]: "aaabacdadea".strip("a")                           #删除两侧指定字符
out[3]: 'bacdade'
In [4]: "aaabacdadea".rstrip("a")                          #删除右侧指定字符
out[4]: 'aaabacdade'
In [5]: "aaabacdadea".lstrip("a")                          #删除左侧指定字符
out[5]: 'bacdadea'
```

3.7 推 导 式

推导式又称解析式,是 Python 独有的一种特性。它使用非常简洁的方式对可迭代对象中的元素进行遍历、过滤或再计算,快速构建满足特定需求的新对象,同时优化了代码的可读性。Python 支持三种推导式,即列表(list)推导式、字典(dict)推导式和集合(set)推导式。

3.7.1 列表推导式

列表推导式的基本语法格式为:

```
[expression for expr1 in sequence1]
```

列表推导式的一般语法格式为:

```
[expression for expr1 in sequence1 if condition1
            for expr2 in sequence2 if condition2
            for expr3 in sequence3 if condition3
            ...
            for exprN in sequenceN if conditionN]
```

列表推导式逻辑上等价于一个循环结构，同时形式上更加简洁。

```
In [1]: [x * x for x in range(1, 6)]                                    #生成一个列表
Out[1]: [1, 4, 9, 16, 25]
```

可以利用列表推导式中的 if 子句对列表元素进行筛选，只保留符合条件的元素。

```
In [1]: a_list=[-3,10,2,5,30,-9,10,30,-8]     #筛选出大于等于 0 且出现两次以上的元素
        [x for x in a_list if x >=0 and a_list.count(x)>=2]
Out[1]: [10, 30, 10, 30]
```

当列表推导式中含有多个 for 循环时，相当于循环结构的嵌套。

```
In [1]: vec =[[1,2,3],[4,5,6],[7,8,9]]
        [v for line in vec for v in line]
out[1]: [1, 2, 3, 4, 5, 6, 7, 8, 9]
```

3.7.2 字典推导式

字典推导式与列表推导式使用方法相似，只是定界符采用大括号“{}”，并且每个元素采用“键:值”对形式。

```
In [1]: {i: str(i+48) for i in range(1, 5)}
Out[1]: {1: '49', 2: '50', 3: '51', 4: '52'}
In [2]: name =("A","B","C")
        num =(65,66,67)
        {n: nm for n,nm in zip(num,name)}                     #使用 zip()函数
Out[2]: {65: 'A', 66: 'B', 67: 'C'}
```

3.7.3 集合推导式

集合推导式与字典推导式相似，都采用大括号“{}”作为定界符，不同之处在于集合元素只是值，而字典元素是键值对的形式。

```
In [1]: set(i for i in range(6))                          #使用集合推导式创建集合
Out[1]: {0, 1, 2, 3, 4, 5}
In [2]: s ={i for i in range(20) if i %3 ==0}
        s
Out[2]: {0, 3, 6, 9, 12, 15, 18}
In [3]: a_list =[-3,10,2,5,30,-9,10,30,-8]                #筛选出大于等于 0 的数
        {x for x in a_list if x >=0 }
Out[3]: {2, 5, 10, 30}
```

3.8 迭代器对象和生成器表达式

3.8.1 迭代器对象

迭代器是一个可以记住遍历位置的对象。迭代器对象从一组数据的第一个元素开始访问,直到访问完所有元素才结束。迭代器只能前进不会后退。字符串、列表和元组对象都可用于创建迭代器。迭代器有两个基本函数:iter() 和 next()。

```
In [1]: list=[1,2,3,4]
        it =iter(list)                          #用列表创建迭代器对象
        print(next(it),end=" ")                 #输出迭代器的下一个元素
        print(next(it))
out[1]: 1  2
In [2]: list=[1,2,3,4]
        it =iter(list)                          #创建迭代器对象
        for x in it:                            #使用 for 语句遍历迭代器对象
          print(x, end=" ")
out[2]: 1 2 3 4
```

3.8.2 生成器表达式

列表推导式具有运行速度快、形式简洁等优点,但是使用时需要一次性生成整个列表。在数据量很大的情况下,使用列表存储数据会对内存造成巨大压力。Python 提供了一种非常节省内存资源的结构,这就是生成器表达式。从形式上看,生成器表达式与列表推导式非常相似,只是生成器表达式使用圆括号而列表推导式使用方括号。

与列表推导式不同的,生成器表达式的计算结果是一个生成器对象,而不是一个结果列表。由于生成器对象具有惰性求值的特点,只有在需要的时候才生成新元素,而不是一次性构建整个列表,因此与列表推导式相比,占用了更少的内存空间,具有更高的执行效率,尤其适合大规模数据分析。

在使用生成器对象的元素时,可以根据需要将其转换成列表或元组,也可以使用生成器对象的__next__()方法或者内置函数 next()遍历其中的元素,或者直接将其作为迭代器对象使用。不管采用哪种方法访问生成器对象的元素,当所有元素访问结束以后,如果需要重新访问其中的元素,必须重新创建该生成器对象。

```
In [1]: g =(i * i for i in range(4))      #创建一个生成器对象
        g
out[1]: <generator object <genexpr>at 0x7fce4dad63d0>
In [2]: next(g)                            #使用内置函数 next()访问元素
out[2]: 0
In [3]: next(g)
out[3]: 1
```

```
In [4]: g.__next__()            #继续使用生成器对象的__next__()方法获取元素
out[4]: 4
In [5]: g.__next__()
out[5]: 9
In [6]: g.__next__()
out[6]: --------StopIteration Traceback (most recent call last)
        <iPython-input-54-42e506b1086 8>in <module>
            ---->1 g.__next__()
            StopIteration:
In [7]: g =(i * i for i in range(5))
        for i in g:              #利用循环结构遍历生成器对象中的元素
            print(i,end=" ")
out[7]: 0 1 4 9 16
```

3.9 案例精选

3.9.1 英文词频统计

给定一篇文章，希望统计出文章中每个单词出现的频次，这就是“词频统计”问题。使用 Python 解决词频统计问题主要包括以下三个步骤。

步骤一：输入数据，从文件中读取一篇文章的内容。

步骤二：处理数据，可以采用字典数据结构统计词语出现的频率。

步骤三：输出结果，对统计结果排序，按照从高到低的顺序显示词语及其出现频次。

首先列出 Hamlet 英文词频统计案例的完整代码。

```
import string
read_path =r "/home/aistudio/work/hamlet.txt"
with open(read_path,'r') as text:
    words=[raw_word.strip(string.punctuation).lower() \
    for raw_word in text.read().split()]
    words_index=set(words)
    counts_dict={index: words.count(index) for index in words_index}
for word in sorted(counts_dict,key=lambda x: counts_dict[x],reverse=
    True):
    print("{}-{} times".format(word, counts_dict[word]))
```

下面逐行分析 Hamlet 英文词频统计案例的代码。

1. 导入 string 模块

string 模块主要包含字符串处理函数和一些有用的符号常量。例如：

```
In [1]: string.punctuation
out[1]: '!"#$%&\'()*+,-./:;<=>?@[\\]^_`{|}~'
```

2. 读取文本文件 hamlet.txt

利用记事本编辑器打开文本文件 hamlet.txt,其中英文文本以空格或标点符号分隔单词,因此获取单词并统计单词数量相对容易。但是,同一个单词存在大写、小写、首字母大写等几种情况,而词频统计中不需要区分大小写,应该合并为同一个单词的频次计入统计结果。

代码第 3~5 行用 with 语句打开文本文件 hamlet.txt,通过文件对象 text 调用 read()方法读取文件中全部内容,使用 split()方法将文件中单词分开,得到独立的单词 raw_word。

3. 数据预处理

代码第 4~5 行使用列表推导式,生成一个完成数据预处理的所有单词元素构成的列表。首先使用 strip()方法将文章中每一个独立单词 raw_word 开头、末尾可能存在的标点符号(string.punctuation)去掉,然后使用 lower()方法将所有单词中每一个字母转换为小写形式,排除原文中大小写差异对词频统计的干扰。

```
In [2]: with open(read_path,'r') as text:
            words=[raw_word.strip(string.punctuation).lower() \
            for raw_word in text.read().split()]
            print(words)
out[2]: ['the', 'tragedy', 'of', 'hamlet', 'prince', 'of', 'denmark', 'shakespeare', '
        homepage', '', 'hamlet', '', 'entire', 'play', 'act', 'i', 'scene', 'i', '
        elsinore', 'a', 'platform', 'before', 'the', 'castle', 'francisco', 'at', 'his
        ', 'post', 'enter', 'to', 'him', 'bernardo', 'bernardo', "who's", 'there',…]
```

从输出结果可以看到,文章中许多单词多次出现。为实现词频统计目标,可以对每个单词设计一个计数器,然后以单词为键,以计数器为值,生成"<单词>:<出现频次>"的键值对,就可以完成词频统计任务。

4. 词频统计

字典类型适合描述属性和值的映射关系,因此确定使用字典类型保存词频统计结果。代码第 6 行使用 set()函数将完成数据预处理的所有单词转换为集合类型,自动去除了重复单词,得到取值唯一的单词用于生成字典元素的"键"。

代码第 7 行使用字典推导式,将返回的词频统计结果存储在一个字典中。针对单词集合 words_index 中的每一个单词 index,使用 count()方法统计该单词在文章单词列表中出现的次数,生成字典元素的"值"。最后,生成形式为键值对"<单词 index>:<单词词频 words.count(index)>"的字典元素,并保存于字典 counts_dict。至此,字典 counts_dict 保存了文本中所有单词的词频统计结果。

```
In [3]: with open(read_path,'r') as text:
            words=[raw_word.strip(string.punctuation).lower() for raw_word
            in text.read().split()]
            words_index=set(words)
            counts_dict={index: words.count(index) for index in words_index}
            print(counts_dict)
out[3]: {'': 10, 'remorse': 1, 'herb-grace': 1, 'exceed': 1, 'highness': 1, '
    source': 2, 'visage': 5, 'arm': 5, 'kingly': 1, 'mobled': 3, '
    equivocation': 1, 'likelihood': 1, 'salvation': 2, 'moderate': 1, '
    matters': 2, 'worms': 1, 'formal': 1, 'mountebank': 1, 'hinges': 1, '
    solid': 1, 'semblable': 1, 'thyself': 5, 'foolery': 1, 'taints': 1, '
    market': 1, 'ever-preserved': 1, 'unproportioned': 1, "weigh'd": 2, '
    shine': 1, "beseech'd": 1, 'short': 5, 'fawning': 1, 'otherwise': 3, '
    eyes': 23, …}
```

字典是无序的，目前排在前面位置的字典元素大多只出现了一次。如果根据当前显示的词频统计情况分析文章的内容，显然是不方便的。可以按照词频统计结果进行逆序排列，将高频单词排在前面，方便用户查看高频单词并进一步分析文章内容。

5. 统计结果展示

代码第 8 行中 sorted()函数完成词频统计结果的排序功能。给定单词 x，也就是字典元素的键，按照单词词频统计结果 counts_dict[x]的逆序对字典元素排序。

代码第 9 行格式化输出词频统计结果。使用 format()方法输出统计结果“＜单词＞－＜出现频次＞times”。

```
In [4]: for word in sorted(counts_dict, key=lambda x: counts_dict[x], reverse=
        True):
         print("{}-{} times".format(word, counts_dict[word]), end='|')

out[4]: the-1142 times|and-964 times|to-737 times|of-669 times|i-567 times|
you-546 times|a-531 times|my-513 times|hamlet-463 times|in-436 times|it-416
times|that-389 times|is-340 times|not-313 times|lord-310 times …
```

观察输出结果可以看到，高频单词大多是冠词、代词、连接词等，这些停用词对理解文章的主要内容没有实际意义。下一步，可以采用集合类型构建一个停用词词库，在输出结果中排除这个词库中的单词，真正筛选出体现文章主要内容的高频单词。

3.9.2　中文词频分析

与英文文本不同，中文文本中词语和词语之间是相连的，没有天然的分隔符用于实现对文章内容的简单切分。因此，在对中文文本进行词频分析之前，首先需要对中文文本分词。常用的中文分词第三方库包括 jieba、hanLP 等。这里使用中文分词模块 jieba 对中国古典文学巨著《红楼梦》文本文件进行中文分词，然后进行《红楼梦》出场人物词频分析。

下面是《红楼梦》出场人物词频分析案例的完整代码。

```
import jieba
#红楼梦文档路径
content_path =r '/home/aistudio/work/Dream_of_the_Red_Mansion.txt'
#停用词文档路径
stop_words_path =r '/home/aistudio/work/cn_stopwords.txt'
#自定义词典的路径
dictionary_path =r '/home/aistudio/work/Red_Mansion_Dictionary.txt'
#指定自定义的词典,以便包含 jieba 词库里没有的词,保证更高的正确率
jieba.load_userdict(dictionary_path)
#读取文章、停用词、自定义词典
f_stop_words =open(stop_words_path, "r", encoding='utf-8')
stop_words =f_stop_words.read()
f_content =open(content_path, "r", encoding='utf-8')
content =f_content.read()
f_dictionary =open(dictionary_path, "r", encoding='utf-8')
dictionary =f_dictionary.read()
f_stop_words.close()
f_content.close()
f_dictionary.close()
#停用词数据集、词典数据集
stop_words =set(stop_words)
dictionary =jieba.lcut(dictionary)
dictionary =set(dictionary)
words =jieba.lcut(content)
counts ={}
for word in words:
    if len(word) ==1:
        continue
    else:
        rword =word
    counts[rword] =counts.get(rword, 0) +1
for word in stop_words:
    counts[word]=0
items =list(counts.items())
items.sort(key=lambda x: x[1], reverse=True)
for i in range(10):
    word, count =items[i]
    print ("{0: <10}{1: >5}".format(word, count))
```

1. 导入 jieba 模块

Python 扩展库 jieba 的分词原理是利用一个中文词库，将需要分词的内容与中文分词词库进行比对，依据图结构和动态规划方法确定中文字符之间的关联概率，关联概率大的汉字组成词组，形成分词结果。除了实现中文分词功能，用户还可以自定义词组，在中文分词词库中添加 jieba 库里没有的词组，提高中文分词的正确率。

首先在 Scripts 文件夹下打开命令窗口，用 pip install 命令安装 jieba 模块，然后在源程序中使用 import 命令成功导入 jieba 模块，才能使用 jieba 库提供的函数等对象。

2. 读取文本文件

中文分词中经常包含一些出现频率非常高的无效词语，影响词频统计结果，可以使用停用词数据集来解决。代码 2～7 行分别加载《红楼梦》中文文本路径、停用词文件路径、自定义词典文件路径；代码第 9 行添加《红楼梦》人物词典，将文本涉及的人物作为词组以保证分词的准确性；代码 10～19 行分别读取中文文本、停用词文本、人物词典文本并关闭文件。

3. 数据预处理

代码第 21 行使用集合类型构建一个停用词数据集，目的是在输出结果中排除这个停用词数据集中的词组，真正筛选出体现文章重要内容的高频词语。

jieba.lcut()函数是用于精确模式的中文分词方法，将句子精确地切分成中文词组，不产生冗余词语，返回结果是一个列表。作为最常用的中文分词函数，jieba.lcut()函数非常适合中文文本分析任务。如果需要对《红楼梦》文本中的人物精确分词，可以使用代码 22～23 行构建集合类型的《红楼梦》人物数据集，利用代码 24 行对《红楼梦》文本内容精确分词，为下一步词频分析做准备。

4. 词频分析

代码 25～33 行实现《红楼梦》出场人物词频分析主要功能。使用 for 循环对《红楼梦》文本分词列表 words 中的每一个元素 word 展开分析：如果该元素长度为 1，说明这只是一个字，不是词语，无须统计；否则，将该元素记为需要统计的词语，并以键值对的形式添加到字典 counts 中。代码 31 行为每个词语 rword 设计一个计数器，该词语在文本分词列表中每出现一次，相关计数器加 1。使用 get()方法将词语及其词频作为字典元素添加到存放词频统计结果的字典 counts 中。

5. 结果展示

代码 34～38 行对词语的统计值从大到小排序并格式化输出前 10 个高频词语。由于字典是无序类型，代码 34～35 行将其转换为有序的列表对象，使用 sort()方法和 lambda 函数配合实现词频统计结果的排序输出。代码 36～38 行使用 for 循环格式化输出前 10 个高频词语。其中，format()方法中格式控制标记“＜”和“＞”分别表示“左对齐”和“右对齐”。

程序运行后,输出结果如下。

```
宝玉      3556
什么      1536
一个      1414
贾母      1200
我们      1187
那里      1139
凤姐      1085
袭人       992
如今       977
你们       976
```

排除了停用词数据集中的词语之后,从词频统计结果来看,作者曹雪芹在书中经常使用"什么""我们""那里""你们"等词语。《红楼梦》出场人物词频分析中,需要排除与出场人物无关的词汇,如"什么""一个""你们""我们"等。

为了排除大量无关词汇的干扰,专注于《红楼梦》出场人物词频分析,可以添加《红楼梦》人物数据集。只需将代码第29行修改为:

```
29  elif word in dictionary:
```

这样,代码31行获取出现在《红楼梦》人物数据集中的每个词语rword,对每个词语设计一个计数器,该词语在文本分词列表中每出现一次,相关计数器加1。使用get()方法将词语及其词频生成键值对"＜词语 rword＞:＜词频＞",作为字典元素添加到《红楼梦》出场人物字典counts中。

程序运行结果如下。

```
宝玉      43703
贾母      14241
凤姐      14229
黛玉      10256
袭人       8955
宝钗       8949
贾琏       8931
王夫人     8356
贾政       7075
平儿       6594
```

由此可见,"宝玉"是《红楼梦》中当之无愧的出场王,"贾母""凤姐"紧随其后,"黛玉"是出场频次位列第四的重要人物。当然,仅通过人物名称在作品中的出现频次来分析角色重要性显然有失偏颇。从前面的词频统计结果看到,高频代词与具体人物的指代关系并没有考虑。要进行周密详尽的《红楼梦》出场人物分析,还需要自然语言处理等技术的支持。

3.9.3　词云

上述《红楼梦》出场人物词频分析结果做到了"用数据说话"，但是不够生动直观。下面结合 Python 第三方库 wordcloud，用词云展示《红楼梦》人物出场频次情况。

完整代码如下。

```
1   import jieba
2   import wordcloud
3   content_path =r '/home/aistudio/work/Dream_of_the_Red_Mansion.txt'
4   f_content=open(content_path, "r", encoding="utf-8")
5   content =f_content.read()
6   f_content.close()
7   words =jieba.lcut(content)
8   txt_content =" ".join(content)
9   w =wordcloud.WordCloud( \
10      width =1000, height =700,\
11      background_color ="white",
12      font_path =r "/home/aistudio/work/msyh.ttc"
13      )
14  w.generate(txt_content)
15  w.to_file("/home/aistudio/work/RedMansionwordcloud.png")
```

1. 导入 wordcloud 等模块

词云以词语为基本单位，根据词语在文本中出现的频率生成不同大小、各种颜色的字体，展示出生动的视觉效果，形成"关键词云层"或"关键词渲染"，让人"一瞥"即可领略文本的主旨。wordcloud 模块是专门用于文本词云生成的 Python 第三方库。首先在 Scripts 文件夹下打开命令窗口，用 pip install 命令安装 wordcloud 模块，然后在源程序中才能成功导入 wordcloud 模块并使用其中的函数等对象。

2. 读入文本文件

代码第 3～6 行加载文件路径，打开待分析的文本文件，读取文件内容后及时关闭文件。

3. 数据预处理

在生成词云阶段，wordcloud 模块默认以空格或标点为分隔符对目标文本进行分词处理。因此代码第 7～8 行进行精确模式中文分词后，使用 join()方法将词语用空格拼接起来，方便后续生成中文词云。

4. 词频分析

代码 9～13 行调用 wordcloud 模块中的 WordCloud 对象，为词云图片配置可选参数,可以包含词云图片的宽和高、背景颜色、字体文件、字号步进间隔、停用词列表以及词云形状等。这里设置词云图片的宽和高分别为 1000px 和 700px,背景颜色为白色,中文字符选用微软雅黑(msyh.ttc)显示词云效果。需要注意的是,该字体文件需要与词云代码存放至同一个目录下,或者在字体文件名前面添加完整访问路径。

代码 14 行调用 generate()方法为待分析文本生成词云。

5. 结果可视化

代码 15 行将生成的词云图片保存于指定路径的文件中。在相应路径打开指定文件,可以看到生成的词云图片。

运行程序后,该词云图片的内容如图 3-2 所示。用户可以根据个人需求修改参数,得到更炫目的词云可视化效果图。例如,可以根据指定图片生成一定形状的词云,也可以自己设计词云的形状。这里导入 numpy 模块,在代码 8～9 行之间插入一段生成圆形图案的代码,并设置 WordCloud 对象中的参数 mask,得到圆形的词云效果图,如图 3-3 所示。

图 3-2 《红楼梦》基本词云效果图

图 3-3 《红楼梦》词云效果图

修改后的完整代码如下。

```
1    import jieba
2    import wordcloud
3    import numpy as np
4
5    content_path = r '/home/aistudio/work/Dream_of_the_Red_Mansion.txt'
6    f_content=open(content_path, "r", encoding="utf-8")
7    content =f_content.read()
8    f_content.close()
9
10   words =jieba.lcut(content)
11   txt_content =" ".join(content)
```

```

#产生一个以(150,150)为圆心,半径为 130 的圆形 mask
x,y =np.ogrid[: 300,: 300]
mask =(x-150) * * 2 +(y-150) * * 2 >130 * * 2
mask =255 * mask.astype(int)

w =wordcloud.WordCloud( \
    width =1500, height =1500,\
    mask =mask, background_color ="white",
    font_path =r "/home/aistudio/work/msyh.ttc"
    )
w.generate(txt_content)
w.to_file("/home/aistudio/work/circle.png")
```

第4章

本地数据采集和操作

文件是存放在外部存储介质(如硬盘、U盘、云盘等)上的一组相关数据的有序集合。按照数据的组织形式可以把文件分为文本文件和二进制文件。

文本文件存储的是常规字符串,由若干文本行组成,通常每行以换行符"\n"结尾。常规字符串是指记事本或其他文本编辑器能正常显示、编辑,人们能直接阅读和理解的字符串,如英文字母、汉字、数字字符串等。除了以txt为扩展名的文本文件之外,其他常见的文本文件包括以ini为扩展名的配置文件、以log为扩展名的日志文件等。文本文件可以使用文字处理软件,如gedit、记事本等进行编辑。

二进制文件存储对象内容的字节串,无法用记事本或其他普通文本处理软件直接编辑,也无法被人们直接阅读与理解,通常需要使用专业软件工具解码后读取、显示、修改和执行。常见的二进制文件包括图形图像文件、音频视频文件、可执行文件、资源文件、各种数据库文件、各类Office文档等。

Python文件也是一个对象,类似前面章节的其他Python对象。

4.1 文件的基本操作

无论是文本文件还是二进制文件,文件操作的流程基本一致:首先打开文件并创建一个文件对象,然后利用文件对象提供的方法对文件中的数据进行读取、写入、删除、修改等操作,最后关闭文件并保存文件内容。这里,创建文件对象就是建立文件与内存中数据存储区的联系,读取数据是将文件中的数据读到内存的数据存储区,写数据是将内存中数据存储区的数据按照一定的格式存入文件。

4.1.1 文件的打开

打开文件是读写数据必备的准备工作。Python提供内置函数open()创建文件对象,并按照指定模式打开要操作的文件。

open()函数的语法格式:

```
<文件对象>=open(<文件名>[,<打开模式>][,<缓冲区设置策略>])
```

这里，＜文件对象＞建立文件与内部数据存储区的联系，对已打开文件中的数据进行存取操作，可以通过文件对象的相应方法实现。＜文件名＞指定被打开的文件名称，以字符串的形式表示，可以是文本文件或二进制文件。如果要打开的文件不在当前目录中，还需要指定完整路径。

＜打开模式＞是指打开文件后的处理方式，表示为一个字符串，例如，只读、写入、追加等，默认按照只读('r')方式打开文件。open()函数的文件打开模式如表 4-1 所示。当然，也可以将字符组合生成可行的文件打开模式。例如，使用"rb"以只读方式打开二进制文件；使用"a+"表示可读写，写入操作只能在文件末尾进行；使用"w+"表示可读写，如果文件不存在，那么先创建文件，然后写入；如果文件已存在，那么文件内原始内容会被写入的数据覆盖。使用"r+"表示可读写，如果文件不存在，将会报错；如果文件已存在，则在文件开头写入数据。需要注意的是，凡是带"r"的文件打开模式(包括"r"、"r+"、"rb"、"rb+"等)都是打开已经存在的文件，若文件不存在，则打开操作失败，程序抛出异常；凡是带"w"或"a"的文件打开模式(包括"w"、"w+"、"wb"、"wb+"、"a"、"a+"等)也是打开已经存在的文件，若文件不存在，则会创建一个新文件。

表 4-1　open()函数的打开模式

打开模式	功　　能
'r'	只读模式打开文件(默认方式)，如果文件不存在，则抛出异常
'w'	只写模式打开文件，如果文件已存在，先清除原来的内容
'x'	创建一个新文件，只写模式打开文件，如果文件已存在则抛出异常
'a'	追加模式打开文件，若文件存在，将要写入的数据追加在原文件内容之后
'b'	二进制文件模式
't'	文本文件模式(默认方式)
'+'	读/写模式打开文件，用于更改文件内容

缓冲区是内存中暂存数据的存储区域，＜缓冲区设置策略＞用于指定读写文件的缓存模式，表示为一个整数。默认值为 1 表示缓存模式，只用于文本文件；当数值为 0 时表示不缓存，用于二进制文件；若数值大于 1，表示缓冲区的大小。

如果正常执行，open()函数返回一个可迭代的文件对象，通过该文件对象可以对文件进行各种操作，如果指定文件不存在、访问权限不够、磁盘空间不足或其他原因导致创建文件对象失败，则系统自动抛出异常。

以只读模式打开当前目录的文本文件：

```
In [1]: f1=open('abc.txt')
```

以二进制文件模式打开文件 Fig1.bmp 并清除文件内容，准备写入数据：

```
In [1]: f2=open('/home/aistudio/work/Fig1.bmp','wb')
```

以只读模式打开 D 盘 Datasets 目录的文件 file1.txt：

```
In [1]: f3=open('D: /Datasets/file1.txt','r')
        type(f3)
Out[1]: _io.TextIOWrapper
```

创建了文件对象,就可以使用文件对象的属性和方法。

```
In [2]: f3.buffer
Out[2]: <_io.BufferedReader name='/home/aistudio/work/abc.txt'>
In [3]: f3.mode
Out[3]: 'r'
In [4]: f3.name
Out[4]: '/home/aistudio/work/abc.txt'
In [5]: f3.closed
Out[5]: False
```

无论文本文件还是二进制文件,都可以用"文本文件模式"和"二进制文件模式"打开,只是打开后的操作不同。采用文本文件模式打开文件,数据经过编码生成字符串。字符串中的每个字符由多个字节编码生成,显示为有意义的字符;采用二进制文件模式打开的文件,内容被解析为字节流,人们很难直接阅读和理解。

4.1.2 文件的关闭

对于一个已经打开的文件,无论是否进行了读写操作,当不需要对文件操作的时候,应该关闭文件,切断文件与内部数据存储区的联系,释放文件占用的系统资源。Python提供close()方法关闭文件,对于上述打开的文件,可以分别运行命令"f1.close()""f2.close()""f3.close()"关闭文件,保证所做的修改得到保存。同时,文件对象f1、f2、f3也就不再存在。

4.1.3 文件的读写

打开文件的目的是对文件进行读写等操作。当以文本文件模式打开文件时,采用当前计算机使用的编码或者用户指定的编码形式,按照字符串方式进行读写操作;当以二进制文件模式打开文件时,文件内容按照字节流方式参与读写操作。与读写操作相关的Python常用方法有读文件、写文件和文件指针定位。

1. 读文件

读文件常用方法包括read()、readline()和readlines()。

read()方法用于读取文本文件或二进制文件中的数据,分别返回字符串或字节串。可以设置参数,用于指定读取的字符或字节数,如果未指定参数或指定的参数为负数,那么读取文件的全部内容。

readline()方法适合从文本文件中读取一行数据并作为字符串返回,其中包括"\n"字符。

readlines()方法适合以行为单位读取文本文件中的多行数据，读取的每行数据作为一个字符串元素存入列表并返回。如果指定参数，表示读取指定字节数的相应行数。

打开文本文件 abc.txt 并用不同方法读取文本内容：

```
In [1]: f1=open('/home/aistudio/work/abc.txt')
        f2.read(8)                              #读取前 8 个字符
Out[1]: 'The Zen '
In [2]: f1.read(10)                             #从当前位置继续读取 10 个字符
Out[2]: 'of Python,'
In [3]: f1.readline()                           #从当前位置读取一行
Out[3]: ' by Tim Peters\n'
In [4]: f1.readline()                           #从当前位置继续读取一行
Out[4]: '\n'
In [5]: f1.readline()                           #从当前位置继续读取一行
Out[5]: 'Beautiful is better than ugly.\n'
In [6]: f1.readlines(2)                         #读取相当于字节数的行数
Out[6]: ['Explicit is better than implicit.\n']
In [7]: f1.readlines()                          #读取文本文件中的多行数据，并返回列表
Out[7]: ['Simple is better than complex.\n',
        'Complex is better than complicated.\n',
        …
        --let's do more of those!"]
In [8]: f1.close()                              #关闭文件
```

文本文件的每一行数据以换行符“\n”结束或以文件末尾标记符结束。当以“\n”作为行结束标记时，read()方法读取的数据可以包含换行符“\n”，readline()方法读取的每一行数据也包含字符“\n”。

读取一个二进制文件，例如一张图片、一段视频或者一首乐曲，需要采用二进制文件打开模式'rb'。打开二进制文件 Fig1.bmp 并用 read()方法读取文件部分内容：

```
In [1]: f2=open('/home/aistudio/work/Fig1.bmp','rb')
        f2.read(8)
Out[1]: b'BM\x1e\x89\x01\x00\x00\x00'
In [2]: f2.read(8)
Out[2]: b'\x00\x006\x00\x00\x00(\x00'
In [3]: f2.close()
```

2. 写文件

写文件包括 write()方法和 writelines()方法。

write()方法将指定数据写入文件，参数指定要写入的内容，必须是字符串或字节串。返回写入的字节数。该方法适合向文本文件和二进制文件写入数据。

writelines()方法向文件写入字符串元素组成的列表。如果需要换行，则自己在每一

行末尾加入换行符。该方法更适合以行为单位向文本文件写入内容。

```
In [1]: fp =open('/home/aistudio/work/test1.txt','a')
        s =['Hello,Jinan\n','Hello,China\n','Welcome to learn Python\n']
        fp.writelines(s)
        fp.close()
In [2]: s1="Python之禅 by Tim Peters"
        s2="\n"
        s_line="优美胜于丑陋(Python 以编写优美的代码为目标)"
        f1=open('/home/aistudio/work/abc.txt','a+')
        f1.write(s1)                    #写入数据,英文字符和汉字同等对待
Out[2]: 22
In [3]: f1.write(s2)
Out[3]: 1
In [4]: f1.write(s_line)
Out[4]: 26
In [5]: f1.close()
```

文本文件 abc.txt 的内容如图 4-1 所示。

```
The Zen of Python, by Tim Peters

Beautiful is better than ugly.
Explicit is better than implicit.
Simple is better than complex.
Complex is better than complicated.
Flat is better than nested.
Sparse is better than dense.
Readability counts.
Special cases aren't special enough to break the rules.
Although practicality beats purity.
Errors should never pass silently.
Unless explicitly silenced.
In the face of ambiguity, refuse the temptation to guess.
There should be one-- and preferably only one --obvious way to do it.
Although that way may not be obvious at first unless you're Dutch.
Now is better than never.
Although never is often better than *right* now.
If the implementation is hard to explain, it's a bad idea.
If the implementation is easy to explain, it may be a good idea.
Namespaces are one honking great idea -- let's do more of those!

Python之禅 by Tim Peters

优美胜于丑陋（Python 以编写优美的代码为目标）
```

图 4-1 读写操作后 abc.txt 文件内容

3. 文件指针定位函数

每个打开的文件都有一个隐含的文件指针用于标识文件读写操作的当前位置,实质上是一个从文件头部开始对字节计数的整型变量。文件的打开模式不同,指针的初始位置也不一样。例如,以包含“r”或“w”的模式打开文件则文件指针初始位置指向文件头部,以包含“a”的模式打开文件则指针初始位置指向文件尾部。每当读写一定数目的字节,文件指针就后移相应的字节数。

在文件读写过程中,文件指针的位置不断发生变化。这时,程序员可以使用文件指针

定位函数,确定指针的当前位置或自己指定读写位置。Python 中与文件指针相关的函数有 tell()和 seek()。

tell()方法返回文件指针的当前位置,也就是说,下一次的读写操作将在这个位置执行。

seek(offset[,from])方法用于设置文件指针移动到的位置。offset 参数用于指定指针要移动的字节数,from 参数用于指定偏移位置的指针基点。如果 from 设为 0,表示文件开头作为指针移动的参考位置;若设为 1,则使用当前位置作为参考位置;如果设为 2,那么该文件末尾将作为文件指针的参考位置开始计算偏移字节数。默认情况下,参数 from 的值为 0。

```
In [1]: f1=open('/home/aistudio/work/abc.txt')
        f1.read(18)
Out[1]: 'The Zen of Python,'
In [2]: f1.tell()
Out[2]: 18
In [3]: f1.read(26)
Out[3]: ' by Tim Peters\n\nBeautiful '
In [4]: f1.tell()
Out[4]: 46
In [5]: f1.seek(0)
Out[5]: 0
In [6]: f1.read(11)
Out[6]: 'The Zen of '
In [7]: f1.tell()
Out[7]: 11
In [8]: f1.read(6)
Out[8]: 'Python'
In [9]: f1.close()
```

4. 使用 with 语句读取文件

文件操作一般遵循“打开文件、读写文件、关闭文件”的标准流程。然而,如果文件读写过程中因代码问题引发异常,则程序抛出异常 IOError,导致后面的 close()方法无法调用,文件无法正常关闭。

使用 with 语句可以很好地处理上下文环境产生的异常,并自动调用 close()方法关闭文件。关键字 with 可以自动管理上下文资源,不论因为什么原因跳出 with 代码块,总能保证文件被正确关闭,常用于文件操作、数据库连接、网络通信连接等场合。

```
In [2]: with open('/home/aistudio/work/abc.txt') as f1:
            f1.read()
```

另外,上下文管理语句 with 还支持一次操作两个文件。

```
In [1]: with open('/home/aistudio/work/abc.txt','r') as src_out,open('/home/aistudio/data/abc.txt','w') as dst_in:
            dst_in.write(src_out.read())
```

操作结果是不同目录下的文本文件“/home/aistudio/work/abc.txt”与“/home/aistudio/data/abc.txt”内容相同。

4.2 os 模块操作文件与目录

文件目录，又称为文件夹，是文件系统用于组织和管理文件的一种结构对象。Python 的标准库 os 提供了操作文件与文件夹的函数，标准库 os.path 提供了路径判断、切分、连接及文件夹遍历等函数。

4.2.1 os 模块常用操作

Python 标准库 os 常用函数如表 4-2 所示。

表 4-2 os 模块常用函数

函 数	说 明
remove(filename)	删除指定的文件，如果文件不存在，则抛出异常
rename(oldname, newname)	重命名文件或文件夹
getcwd()	查看当前工作目录
listdir(path)	返回指定目录下所有文件和文件夹元素的列表
mknod(filename)	创建空文件
mkdir(path)	创建目录
mkdirs(path)	创建多层目录
rmdir(path)	删除指定目录（只能删除空目录）
chdir(path)	改变当前工作目录到指定路径

```
In [1]: import os
        mkpath="/home/aistudio/mywork"                    #定义要创建的目录
        os.mkdir(mkpath)
        print(mkpath+'创建成功')
Out[1]: /home/aistudio/mywork创建成功
In [2]: os.getcwd()
Out[2]: '/home/aistudio'
In [3]: os.chdir("/home/aistudio/work")
        os.getcwd()
```

```
Out[3]: '/home/aistudio/work'
In [4]: os.listdir()
Out[4]: ['abc.txt', 'Fig1.bmp']
In [5]: os.rename("/home/aistudio/work/abc.txt","/home/aistudio/mywork/my_
abc.txt")
In [6]: os.rmdir("/home/aistudio/mywork")
```

4.2.2　os.path 模块常用操作

Python 标准库 os.path 适用于获取文件属性。os.path 模块常用函数如表 4-3 所示。

表 4-3　os.path 模块常用函数

函　　数	说　　明
abspath(path)	返回指定路径的绝对路径
basename(path)	返回指定路径的最后一个组成部分
dirname(path)	返回指定路径的目录名部分
exists(path)	判断给定的路径、目录或文件是否存在
isabs(path)	判断给定的 path 是否为绝对路径
isdir(path)	判断给定的 path 是否为目录
isfile(path)	判断给定的 path 是否为文件
getsize(filename)	获取给定文件的大小
getctime(filename)	获取给定文件的创建时间
getmtime(filename)	获取给定文件的最后一次修改时间
getatime(filename)	获取给定文件的最后一次访问时间

例 4-1　将指定目录下所有.txt 文件重命名，在文件名后加入“_new”，如将“1.txt”重命名为“1_ new.txt”。

```
In []: import os                                        #引入 os 模块
       import os.path                                   #引入 os.path 模块
       path = '/home/aistudio/work'                     #指定目录
       os.chdir(path)                                   #修改当前目录
       #找出当前目录下所有的.txt 文件
       filelist =[fname for fname in os.listdir() if os.path.isfile(fname) and
       fname.endswith('.txt')]
       for fn in filelist:                              #将每个文件依次改名
           newname = fn[: -4] + '_new.txt'              #新文件名
           os.rename(fn,newname)                        #重命名
```

4.3 JSON 文件操作

JSON(JavaScript Object Notation)是一种轻量级的数据交换格式。它采用完全独立于编程语言的文本格式存储和表示数据,其简洁清晰的层次结构易于阅读和编写,同时也易于机器解析和生成,这些特性使得 JSON 成为理想的数据交换语言。

4.3.1 JSON 数据

JSON 是 JavaScript(JS)对象的字符串表示法,它使用文本表示一个 JS 对象的信息,本质是一个字符串。JSON 使用 JavaScript 语法描述数据对象,将 JavaScript 对象表示的一组数据转换为字符串,然后在网络或者程序之间传递字符串,并在需要的时候将它还原为编程语言支持的数据格式,常用于传输由属性值或者序列值组成的数据对象,可以大大节约数据传输占用的带宽,有效提升网络传输效率。

JSON 数据可以是一个简单的字符串、数值、布尔值或空值,也可以是一个数组或一个复杂的对象。其中,数组和对象是两种比较特殊且常用的数据类型。

JSON 的字符串(string)只能放在一对双引号中。

JSON 的数值(number)可以是整数或浮点数。

JSON 的布尔值包括 true 和 false。

JSON 的数组(array)用方括号括起来。

JSON 的对象(object)用大括号括起来。

1. JSON 对象

JSON 对象是一个由大括号“{}”括起来的无序键值对集合,键值对之间用逗号隔开,数据结构形如{key1:value1, key2:value2,…}。其中,键 key 描述对象的属性,一般采用整数或字符串;值 value 可以是任意类型的数据。例如:

```
{"firstName": " John ", "lastName": "Smith"}
```

JSON 对象的值可以是另外一个对象。例如:

```
{
    "firstName": " John ",
    "lastName": " Smith ",
    "age": 25,
    "address": {"street": "21 2nd Street","city": "New York","state": "NY"},
    " contactInformation ": { " type ": " phone ", " number ": " 212 555 - 1234 ",
"frequency": 1}
}
```

2. JSON 数组

JSON 数组是用方括号“[]”括起来的一组数据元素,元素之间用逗号隔开,数据结构为[value1,value2,…, valuen,…]。JSON 数组与对象一样,可以使用键值对,但还是使用索引更多一些。同样,数组元素可以是任意类型的数据。例如:

```
{
    "people": [
        {
            "firstName": "Brett",
            "lastName": "McLaughlin"
        },
        {
            "firstName": "Jason",
            "lastName": "Hunter"
        }
    ]
}
```

在这个示例中,JSON 对象 people 的值是一个 JSON 数组,其中包含两个 JSON 对象,每个对象代表一条包含 firstName 和 lastName 属性的记录。可以使用索引访问 JSON 数组元素,例如,通过 people[0].firstName 访问 JSON 数组,返回值为 Brett。

3. JSON 文件

可以将 JSON 数据保存为扩展名为.json 的文件,称为 JSON 文件。例如,可以将下列数据保存到 platform.json 文件中。

```
{"name": "百度", "platform": "https: //aistudio.baidu.com/aistudio/index", "E
-mail": " aistudio@baidu.com", "官方 QQ": "580959619"}
```

4.3.2　JSON 文件操作

1. json 模块

Python 标准库 json 用于简捷方便地解析 JSON 数据,实现 JSON 数据格式与 Python 标准数据类型相互转换,如表 4-4 所示。

表 4-4　Python 数据类型与 JSON 数据格式的转换

Python 数据类型	JSON 数据格式	Python 数据类型	JSON 数据格式
dict	object	True	true
list, tuple	array	False	false
str	string	None	null
int, float	number		

使用 json 模块之前,首先导入 json 库,然后可以使用其中的函数进行编码和解码。

例如,json.dumps(obj)函数将 Python 数据类型转换成 JSON 数据格式,这个过程称为编码;json.loads(str)函数将 JSON 数据格式转换成 Python 数据类型,这个过程称为解码。

2. 读操作

与读取 JSON 数据文件相关的常用函数有 json.loads(str)和 json.load()。

json.loads(str)函数将一个 JSON 对象的 str 数据格式转换为一个 Python 对象,最常见的是将字符串转换为字典数据类型。需要注意的是,json.loads(str)函数处理的 JSON 内容为字符串数据时,字符串必须使用双引号作为定界符,否则会发生解码错误并抛出异常。此外,如果被处理的 Python 字符串是以双引号作为定界符,那么 JSON 字符串的双引号需要进行转义操作。

```
In [1]: import josn
        json.loads('{"a": 97}')
Out[1]: {'a': 97}
In [2]: json.loads("{'a': 97}")
Out[2]: … … … …
JSONDecodeError: Expecting property name enclosed in double quotes: line 1
column 2 (char 1)
In [3]: json.loads("{\"a\": 97}")
Out[3]: {'a': 97}
```

json.load()函数用于从 JSON 文件中读取数据,并转换为 Python 对象。json.load()函数的第一个参数就是指向 JSON 数据文件的文件对象。

```
In [4]: filename ='/home/aistudio/work/climate.json'
        with open(filename, 'r') as f_obj:
            json_data =json.load(f_obj)
        #返回值是 dict 类型
        print(type(json_data))
Out[4]: <class 'dict'>
In [5]: print(json_data.keys())
Out[5]: dict_keys(['description', 'data'])
In [6]: print(len(json_data['data']))                    #查看 data 内容
Out[6]: 105
In [7]: for item in json_data['data']:
            print(item['city'])
Out[7]: Amsterdam
        Athens
        Atlanta GA
        …
```

3. 写操作

与写入 JSON 数据文件相关的常用函数有 json.dumps(obj)和 json.dump()。

json.dumps(obj)函数可以将 Python 对象转换为一个 JSON 字符串,第一个参数 obj 即为要转换的 Python 对象。默认情况下,json.dumps(obj)函数只能用于字典类型 Python 对象的转换。

```
In [8]: json.dumps({'a': 123, 'b': 'ABC'})
Out[8]: '{"a": 123, "b": "ABC"}'
```

json.dump()函数将 Python 对象转换成的 JSON 数据保存到 JSON 文件中。

```
In [9]: book_dict_list =[{'书名': '无声告白', '作者': '伍绮诗'}, {'书名': '我不是潘金莲', '作者': '刘震云'}, {'书名': '沉默的大多数 (王小波集)', '作者': '王小波'}]
        filename ='/home/aistudio/data/json_output.json'
        with open(filename, mode='w', encoding='utf-8') as f_obj:
            json.dump(book_dict_list, f_obj, ensure_ascii=False)
```

代码运行完毕,json_output.json 文件内容如图 4-2 所示。

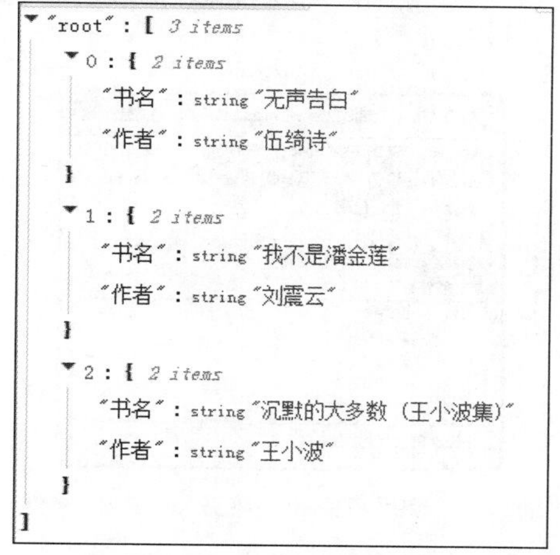

图 4-2　json_output.json 文件内容

4.4　CSV 文件操作

CSV(Comma Seperated Values)是一种以逗号为分隔符的纯文本文件格式,通常用于存储电子表格数据。CSV 文件的第一行通常为列名或字段名,其余的每行存储一个样本或记录。整个 CSV 文件由任意数目的记录组成,记录间以某种换行符分隔;每条记录由样本特征或字段组成,字段间最常见的分隔符是逗号。CSV 文件常用于不同程序之间的数据交换,特别是电子表格和数据库数据的导入导出操作。

4.4.1 普通方式读写 CSV 文件

CSV 文件也是一种文本文件,完全可以将它看作普通文本文件对 CSV 数据进行读写操作。

```
In [1]: #新建一个 csv 文件,向文件中写入数据
        with open('/home/aistudio/data/score.csv','w') as fp:
            fp.write('1,98\n2,90\n3,88\n4,70')
```

程序运行后生成一个 score.csv 文件,其内容如图 4-3 所示。

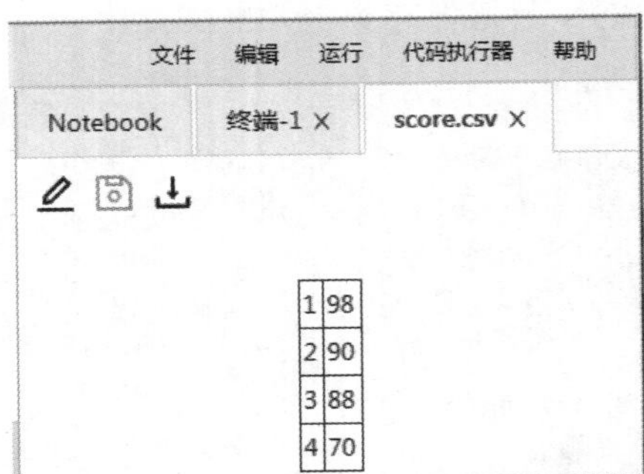

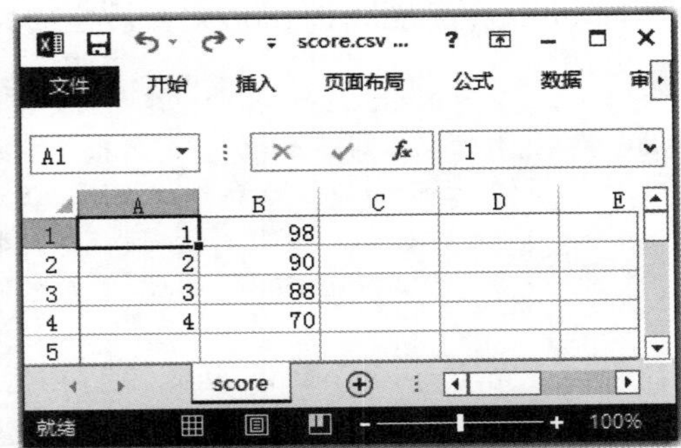

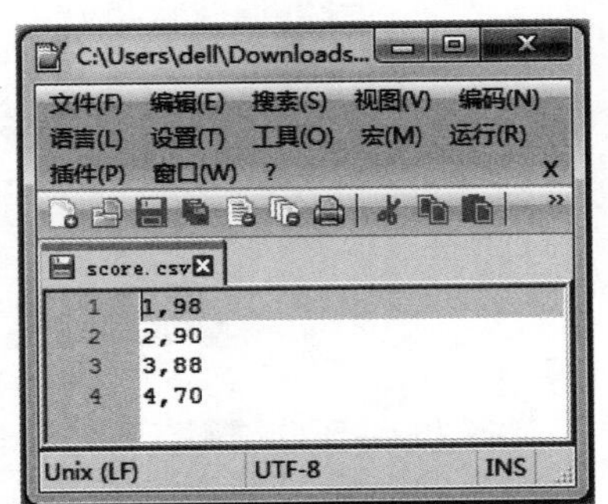

图 4-3 使用不同软件打开 score.csv 文件

```
In [1]: #将 score.csv 文件中内容读出来并显示
        with open('/home/aistudio/data/score.csv','r') as fp:
            s =fp.read().split('\n')
            for i in s:
                print(i)
out[1]: 1,98
        2,90
        3,88
        4,70
```

4.4.2　使用 csv 模块读写 CSV 文件

Python 标准库 csv 提供了专门函数来简化 CSV 文件的读写操作。

reader()函数用于 CSV 文件的读操作，基本格式为 reader(csvfile)，创建并返回一个可迭代的读对象，每次迭代以字符串列表的形式返回文件中的一行数据。

```
In [1]: from csv import reader
        with open('/home/aistudio/data/score.csv','r') as fp:
            lines =reader(fp)            #利用 reader()函数读取文件内容
            for line in lines:           #输出文件内容
                print(line)
out[1]: ['1', '98']
        ['2', '90']
        ['3', '88']
        ['4', '70']
```

writer()函数用于 CSV 文件的写操作，基本格式为 writer(csvfile)，创建并返回一个可迭代的写对象，写对象支持 writerow()和 writerows()方法将数据写入目标文件。

```
In [1]: #利用 write()函数将数据追加写入文件 score.csv
     from csv import writer
     lines =[['1','98'],['2','90'],['3','88'],['4','70']]
     with open('/home/aistudio/data/score2.csv','a',newline ='') as fp:
         wr =writer(fp)
         for line in lines:
             wr.writerow(line)
```

4.4.3　使用 numpy 模块读写 CSV 文件

Python 第三方库 numpy 也提供了读写 CSV 文件的函数。其中，loadtxt()函数从 CSV 文件加载数据，要求文件中各行的数据量相同。基本格式如下。

```
loadtxt(filepath, dtype=<class 'float'>, comments='#', delimiter=None,
converters=None, skiprows=0, usecols=None, unpack=False, ndmin=0, encoding
='bytes')
```

filepath：指定加载的文件路径及文件名。

dtype：指定返回的数据类型，默认为 float。

comments：字符串类型可选参数，如果加载文件中行的开头为“#”就跳过该行。

delimiter：字符串类型可选参数，指定加载文件中数据的分隔符，默认是空格。

skiprows：指定文件中不需要读取的行数。对于 CSV 文件，首行一般为列名，所以读取数据时通常设置 skiprows=1，表示跳过第一行；如果设置为 skiprows=N，就跳过前 N 行,数据类型为整型。

usecols：元组类型可选参数,指定加载文件中特定列的索引,默认读取所有列。

unpack：布尔类型可选参数,若为 True,则可以将数据拆分,把每一列当成一个向量输出,而不是合并在一起。

此外,numpy 模块提供的 savetxt()函数将 numpy 数组写入 CSV 文件。基本格式如下。

```
savetxt(fileName, data, delimiter, fmt)
```

fileName：保存文件的路径和名称。

data：指定需要保存的数据。

delimiter：指定保存到 CSV 文件的数据间分隔符。

fmt：指定写入 CSV 文件的数据格式。

例 4-2 使用 numpy 模块读取 CSV 文件部分字段,显示数据并保存为新的 CSV 文件。需要读取的 CSV 文件内容如图 4-4 所示。

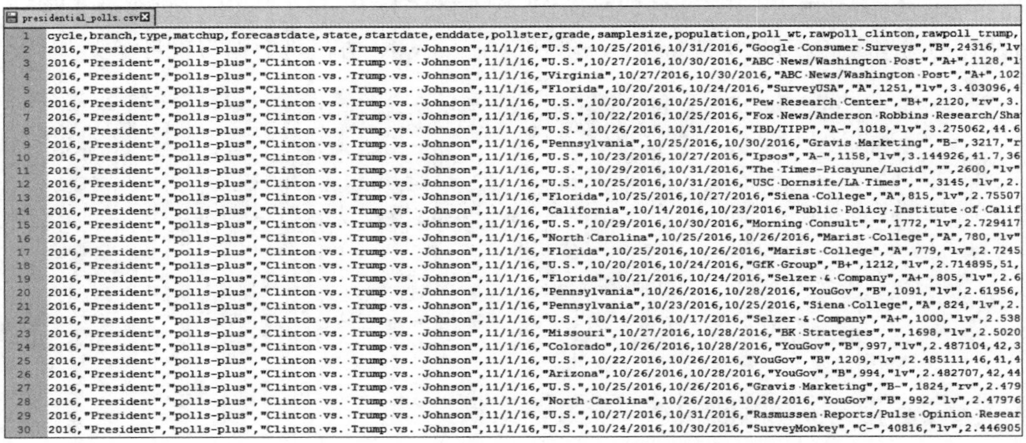

```
presidential_polls.csv
cycle,branch,type,matchup,forecastdate,state,startdate,enddate,pollster,grade,samplesize,population,poll_wt,rawpoll_clinton,rawpoll_trump,
2016,"President","polls-plus","Clinton vs. Trump vs. Johnson",11/1/16,"U.S.",10/25/2016,10/31/2016,"Google Consumer Surveys","B",24316,"lv
2016,"President","polls-plus","Clinton vs. Trump vs. Johnson",11/1/16,"U.S.",10/27/2016,10/30/2016,"ABC News/Washington Post","A+",1128,"l
2016,"President","polls-plus","Clinton vs. Trump vs. Johnson",11/1/16,"Virginia",10/27/2016,10/30/2016,"ABC News/Washington Post","A+",102
2016,"President","polls-plus","Clinton vs. Trump vs. Johnson",11/1/16,"Florida",10/20/2016,10/24/2016,"SurveyUSA","A",1251,"lv",3.403096,4
2016,"President","polls-plus","Clinton vs. Trump vs. Johnson",11/1/16,"U.S.",10/20/2016,10/25/2016,"Pew Research Center","B+",2120,"rv",3.
2016,"President","polls-plus","Clinton vs. Trump vs. Johnson",11/1/16,"U.S.",10/22/2016,10/25/2016,"Fox News/Anderson Robbins Research/Sha
2016,"President","polls-plus","Clinton vs. Trump vs. Johnson",11/1/16,"U.S.",10/26/2016,10/31/2016,"IBD/TIPP","A-",1018,"lv",3.275062,44.6
2016,"President","polls-plus","Clinton vs. Trump vs. Johnson",11/1/16,"Pennsylvania",10/25/2016,10/30/2016,"Gravis Marketing","B-",3217,"r
2016,"President","polls-plus","Clinton vs. Trump vs. Johnson",11/1/16,"U.S.",10/23/2016,10/27/2016,"Ipsos","A-",1158,"lv",3.144926,41.7,36
2016,"President","polls-plus","Clinton vs. Trump vs. Johnson",11/1/16,"U.S.",10/29/2016,10/31/2016,"The Times-Picayune/Lucid","",2600,"lv"
2016,"President","polls-plus","Clinton vs. Trump vs. Johnson",11/1/16,"U.S.",10/25/2016,10/31/2016,"USC Dornsife/LA Times","",3145,"lv",2.
2016,"President","polls-plus","Clinton vs. Trump vs. Johnson",11/1/16,"Florida",10/25/2016,10/27/2016,"Siena College","A",815,"lv",2.75507
2016,"President","polls-plus","Clinton vs. Trump vs. Johnson",11/1/16,"California",10/14/2016,10/23/2016,"Public Policy Institute of Calif
2016,"President","polls-plus","Clinton vs. Trump vs. Johnson",11/1/16,"U.S.",10/29/2016,10/30/2016,"Morning Consult","",1772,"lv",2.729417
2016,"President","polls-plus","Clinton vs. Trump vs. Johnson",11/1/16,"North Carolina",10/25/2016,10/26/2016,"Marist College","A",780,"lv"
2016,"President","polls-plus","Clinton vs. Trump vs. Johnson",11/1/16,"Florida",10/25/2016,10/26/2016,"Marist College","A",779,"lv",2.7245
2016,"President","polls-plus","Clinton vs. Trump vs. Johnson",11/1/16,"U.S.",10/20/2016,10/24/2016,"GfK Group","B+",1212,"lv",2.714895,51,
2016,"President","polls-plus","Clinton vs. Trump vs. Johnson",11/1/16,"Florida",10/21/2016,10/24/2016,"Selzer & Company","A+",805,"lv",2.6
2016,"President","polls-plus","Clinton vs. Trump vs. Johnson",11/1/16,"Pennsylvania",10/26/2016,10/28/2016,"YouGov","B",1091,"lv",2.61956,
2016,"President","polls-plus","Clinton vs. Trump vs. Johnson",11/1/16,"Pennsylvania",10/23/2016,10/25/2016,"Siena College","A",824,"lv",2.
2016,"President","polls-plus","Clinton vs. Trump vs. Johnson",11/1/16,"U.S.",10/14/2016,10/17/2016,"Selzer & Company","A+",1000,"lv",2.538
2016,"President","polls-plus","Clinton vs. Trump vs. Johnson",11/1/16,"Missouri",10/27/2016,10/28/2016,"BK Strategies","",1698,"lv",2.5020
2016,"President","polls-plus","Clinton vs. Trump vs. Johnson",11/1/16,"Colorado",10/26/2016,10/28/2016,"YouGov","B",997,"lv",2.487104,42,3
2016,"President","polls-plus","Clinton vs. Trump vs. Johnson",11/1/16,"U.S.",10/22/2016,10/26/2016,"YouGov","B",1209,"lv",2.485111,46,41,4
2016,"President","polls-plus","Clinton vs. Trump vs. Johnson",11/1/16,"Arizona",10/26/2016,10/28/2016,"YouGov","B",994,"lv",2.482707,42,44
2016,"President","polls-plus","Clinton vs. Trump vs. Johnson",11/1/16,"U.S.",10/25/2016,10/26/2016,"Gravis Marketing","B-",1824,"rv",2.479
2016,"President","polls-plus","Clinton vs. Trump vs. Johnson",11/1/16,"North Carolina",10/26/2016,10/28/2016,"YouGov","B",992,"lv",2.47976
2016,"President","polls-plus","Clinton vs. Trump vs. Johnson",11/1/16,"U.S.",10/27/2016,10/31/2016,"Rasmussen Reports/Pulse Opinion Resear
2016,"President","polls-plus","Clinton vs. Trump vs. Johnson",11/1/16,"U.S.",10/24/2016,10/30/2016,"SurveyMonkey","C-",40816,"lv",2.446905
```

图 4-4 presidential_polls.csv 文件内容

```
In [1]: import numpy as np
        #数据文件地址
        filename ='/home/aistudio/work/presidential_polls.csv'
        ##Step1. 列名预处理
        #读取列名,即第一行数据
        with open(filename, 'r') as f:
            col_names_str =f.readline()[: -1]
        #[: -1]表示不读取末尾的换行符'\n'
        #将字符串拆分,并组成列表
        col_name_lst =col_names_str.split(',')
        #使用的列名
```

```
        use_col_name_lst =['enddate', 'rawpoll_clinton', 'rawpoll_trump','
        adjpoll_clinton', 'adjpoll_trump']
        #获取相应列名的索引号
        use_col_index_lst =[col_name_lst.index(use_col_name) for use_col_
        name in use_col_name_lst]
        ##Step2. 读取数据
        data_array =np.loadtxt(filename,                    #文件名
                               delimiter=',',               #分隔符
                               skiprows=1,                  #跳过第一行,即跳过列名
                               dtype=str,                   #数据类型
                               usecols=use_col_index_lst)   #指定读取的列索引号
In [2]: use_col_index_lst
Out[2]: [7, 13, 14, 17, 18]
In [3]: data_array
Out[3]: array([['10/31/2016', '37.69','35.07','42.6414','40.86509'],
        ['10/30/2016', '45', '46', '43.29659', '44.72984'],
        ['10/30/2016', '48', '42', '46.29779', '40.72604'],
        ...,
        ['9/22/2016', '46.54', '40.04', '45.9713', '39.97518'],
        ['6/21/2016', '43', '43', '45.2939', '46.66175'],
        ['8/18/2016', '32.54', '43.61', '31.62721', '44.65947']],
        dtype='<U10')
In [4]: type(data_array)
Out[4]: numpy.ndarray
In [5]: #将 numpy 数组写入新建的 CSV 文件
        np.savetxt('/home/aistudio/work/presidential_out.csv',data_array,
        delimiter=',', fmt ='%s')
In [6]: #读取并显示生成的 CSV 文件内容
        from csv import reader
        fn='/home/aistudio/work/presidential_out.csv'
        with open(fn) as fp:
            for line in reader(fp):
                if line:
                    print(* line)
Out[6]: 该条输出内容超过 1000 行,保存时将被截断
        10/25/2016 43 40 42.57505 42.81375
        10/20/2016 1.094835 37  35.39879
        10/31/2016 32 52 30.71972 51.16212
        10/21/2016 32.5 56 31.55171 56.37258
        10/31/2016 36 49 34.71487 48.17945
        10/26/2016 44.9 33.4 45.61723 34.98907
        …
```

利用 numpy 模块的 loadtxt()函数读取 CSV 文件内容时,需要列名预处理等比较复杂的操作,一般不推荐使用。

4.4.4 使用 pandas 模块读写 CSV 文件

Python 第三方库 pandas 也提供简单的 CSV 文件读写函数,返回一个 DataFrame 类型的 Python 对象。利用 pandas 模块处理 CSV 文件快捷方便,也是常用的 CSV 文件读写方式。

扩展库 pandas 提供了用于读取 CSV 文件内容的 read_csv()函数,使用该函数可以快速而直接地打开、读取并分析 CSV 文件,将数据存储在 DataFrame 对象中。

```
In [1]: import pandas as pd
        filename ='/home/aistudio/work/presidential_polls.csv'
        df_obj =pd.read_csv(filename)
        print(type(df_obj))
Out[1]: <class 'pandas.core.frame.DataFrame'>
```

值得注意的是,pandas 模块自动识别 CSV 文件第一行包含的列名,并使用它们。此外,pandas 模块的 DataFrame 对象具有从零开始的整数索引。如果需要使用 CSV 文件中其他列作为 DataFrame 对象的索引,可以在 read_csv()函数中设置可选参数 index_col。

```
In [2]: df2 =pd.read_csv(filename, index_col='Item')
        df2
Out[2]:
```

	cycle	branch	type	matchup	forecastdate	state	startdate	
enddate								
10/31/2016	2016	President	polls-plus	Clinton vs. Trump vs. Johnson	11/1/16	U.S.	10/25/2016	Google Consumer Surveys
10/30/2016	2016	President	polls-plus	Clinton vs. Trump vs. Johnson	11/1/16	U.S.	10/27/2016	ABC News/Washington Post
10/30/2016	2016	President	polls-plus	Clinton vs. Trump vs. Johnson	11/1/16	Virginia	10/27/2016	ABC News/Washington Post
10/24/2016	2016	President	polls-plus	Clinton vs. Trump vs. Johnson	11/1/16	Florida	10/20/2016	SurveyUSA
10/25/2016	2016	President	polls-plus	Clinton vs. Trump vs. Johnson	11/1/16	U.S.	10/20/2016	Pew Research Center

如果 CSV 文件的第一行没有列名,可以使用可选参数 names 提供列名的列表。如果需要覆盖 CSV 文件第一行提供的列名,也可以使用此参数。在这种情况下,必须设置可选参数 header = 0 使得 read_csv()函数忽略现有列名。此外,可选参数 parse_dates 可以强制 pandas 将数据作为日期读取,该参数值是作为日期处理的列名列表。

```
In [3]: df3 =pd.read_csv('/home/aistudio/work/presidential_out.csv',
            index_col='enddate', parse_dates=['enddate'], header=0,
            names=['enddate', 'raw_clinton', 'raw_trump','poll_clinton',
            'poll_trump'])
        print(df3)
Out[3]: raw_clinton   raw_trump  poll_clinton   poll_trump   enddate
        2016-10-30       45          46          43.29659    44.72984
        2016-10-30       48          42          46.29779    40.72604
        2016-10-24       48          45          46.35931    45.30585
        2016-10-25       46          40          45.32744    42.20888
        …
```

使用 to_csv()方法将 DataFrame 对象写入 CSV 文件同样简单便捷。下面将带有新列名的数据写入指定的 CSV 文件。

```
In [4]: df4 =pd.read_csv('/home/aistudio/work/presidential_out.csv', index_
            col='enddate', parse_dates=['enddate'], header=0,
            names=['enddate', 'raw_clinton', 'raw_trump','poll_clinton', '
            poll_trump'])
        df4.to_csv('/home/aistudio/work/presidential_out_modified.csv')
```

此代码与上述读取 CSV 文件的代码相比，区别是 print(df)替换为 df.to_csv()，新的 CSV 文件内容如图 4-5 所示。

enddate	raw_clinton	raw_trump	poll_clinton	poll_trump
2016-10-30	45	46	43.29659	44.72984
2016-10-30	48	42	46.29779	40.726040000000005
2016-10-24	48	45	46.35931	45.30585
2016-10-25	46	40	45.32744	42.20888
2016-10-25	44	41	44.6508	42.26663
2016-10-31	44.6	43.7	46.218340000000005	43.56017
2016-10-30	47	44	46.89049	43.50333
2016-10-27	41.7	36.4	41.22576	37.24948

图 4-5　presidential_out_modified.csv 文件内容展示

```
In [5]: #不包含索引列
        filtered_data.to_csv('/home/aistudio/data/filtered_data.csv',index
        =False)
```

4.5　Excel 文件操作

Excel 是 Microsoft 为 Windows 和 Apple Macintosh 操作系统编写的一款电子表格软件。直观的界面、出色的计算功能和图表工具，再加上成功的市场营销，使得 Excel 成为最流行的个人计算机数据处理软件之一。Excel 处理的数据格式与 CSV 文件有相似之处,例如,二者都可以使用 Microsoft 的 Excel 软件打开。然而,二者在数据分析中存在明显区别。

Excel 文件内容除了文本数据,还可以包含图表、样式、工作表等。在数据分析处理中,用户只关注纯文本数据,无须对图表和样式进行分析和处理。而 CSV 文件虽然在 Windows 环境下默认的打开方式是 Excel,但它是一个纯文本文件,每一行表示一条记录。CSV 文件不存储数据的格式、公式、宏,也不能存储图表或样式等。相比而言,Excel 文件不仅存储数据,还可以对数据进行操作,用于解析 Excel 数据的编程语言库通常更复杂,因此 Excel 软件导入数据时会消耗更多内存,而导入 CSV 文件可以更快,消耗的内存更少。

4.5.1 读写.xls 格式的 Excel 文件

Python 第三方库 xlrd 和 xlwt 提供了操作 Excel 数据文件的功能,这两个模块适用于 xls 格式的 Excel 文件。其中,xlrd 模块读取 Excel 2003 或更低版本的数据文件,xlwt 模块将数据写入 Excel 2003 或更低版本的文件。

xlrd 模块和 xlwt 模块不是 Python 系统自带模块,因此在使用之前需要首先安装该模块。可以在 Python 工作目录的 Scripts 文件夹下打开命令提示符窗口,使用 pip install xlrd 命令安装 xlrd 模块。

1. 读取 Excel 工作表中的数据

在 Python 中,读取 Excel 工作表数据主要分为以下步骤。

步骤一:导入 xlrd 模块。

```
In [1]: import xlrd
```

步骤二:打开 Excel 工作簿,创建文件对象。

```
In [2]: workbook = xlrd.open_workbook(r '/home/aistudio/work/happiness_excel2003.xls')
```

若文件名包含中文的话,需要设置参数进行解码,如 filename = filename.decode('utf-8')。

步骤三:获取工作表,创建工作表对象。

可以使用下列方法之一。

```
In [3]: table1=workbook.sheet_names()             #获取所有工作表
In [3]: table2=workbook.sheet_by_name('2017')     #通过名称获取 Excel 工作表
In [3]: table3=workbook.sheet_by_index(2)         #通过索引获取 Excel 工作表
```

步骤四:获取行数和列数。

```
In [4]: nrows=table2.nrows                                    #获取行数
        ncols=table2.ncols                                    #获取列数
```

步骤五：获取指定单元格的数据，注意行和列的索引值都是从 0 开始。

```
In [5]: cell_A1=table2.cell(0,0).value                    #获取单元格 A1 数据
```

例 4-3 读取 Excel 文件 happiness_excel2003.xls 第 3 个工作表"2017"中的部分内容，如图 4-6 所示。

	A	B	C	D	E	F	G
1	Country	Happiness.Rank	Happiness.Score	Whisker.high	Whisker.low	Economy	Family
2	Norway	1	7.537000179	7.594444821	7.479555538	1.61646	1.53352356
3	Denmark	2	7.521999836	7.581728065	7.462271607	1.48238	1.551121593
4	Iceland	3	7.504000187	7.622030473	7.385969901	1.48063	1.610574007
5	Switzerland	4	7.493999958	7.56177242	7.426227496	1.56498	1.516911745
6	Finland	5	7.468999863	7.527542076	7.41045765	1.44357	1.540246725
7	Netherlands	6	7.376999855	7.427425841	7.326573869	1.50394	1.428939223
8	Canada	7	7.315999985	7.384402835	7.247597134	1.4792	1.481348991
9	New Zealand	8	7.31400013	7.379510442	7.248489818	1.40571	1.548195124
10	Sweden	9	7.28399992	7.344094877	7.223904962	1.49439	1.478162169

图 4-6 Excel 文件第 3 个工作表的内容

```
In [1]: import xlrd
        def read_excel():
            #打开 excel 工作簿,创建文件对象
            workbook = xlrd.open_workbook(r '/home/aistudio/work/happiness_
            excel2003.xls')
            #获取所有工作表名称
            print("工作表: ", workbook.sheet_names())
            #获取第 3 张工作表名称
            sheet3_name=workbook.sheet_names()[1]
            #通过工作表索引获取工作表内容
            sheet3=workbook.sheet_by_index(2) #工作表索引从 0 开始
            #工作表的名称、行数和列数
            print('工作表的名称、行数和列数: ',sheet3.name,sheet3.nrows,sheet3.
            ncols)
            #获取整行和整列的值(数组元素从 0 开始计数)
            rows=sheet3.row_values(2) #获取第 3 行数据
            cols=sheet3.col_values(1) #获取第 2 列数据
            print('第 3 行数据: ',rows)
            print('第 2 列数据: ',cols)
```

```
        #获取单元格数据
        print(sheet3.cell(2,0).value)
        print(sheet3.cell_value(2,1))
        print(sheet3.row(2)[2].value)
        #获取单元格内容的数据类型
        print(sheet3.cell(2,0).ctype)
    if __name__=='__main__':
        read_excel()
out[1]: 工作表: ['2015', '2016', '2017']
      工作表的名称、行数和列数: 2017 156 12
      第 3 行数据: ['Denmark', 2.0, 7.52199983596802, 7.58172806486487,
7.46227160707116, 1.48238301277161, 1.55112159252167, 0.792565524578094,
0.626006722450256, 0.355280488729477, 0.40077006816864, 2.31370735168457]
      第 2 列数据: ['Happiness.Rank', 1.0, 2.0, 3.0, 4.0, 5.0, 6.0, 7.0, 8.0, 9.0,
10.0, 11.0, 12.0, 13.0, 14.0, 15.0, 16.0, 17.0, 18.0, 19.0, 20.0, 21.0, 22.0, 23.0,
24.0, 25.0, 26.0, 27.0, 28.0, 29.0, 30.0, 31.0, 32.0, 33.0, 34.0, 35.0, 36.0, 37.
0, 38.0, 39.0, 40.0, 41.0, 42.0, 43.0, 44.0, 45.0, 46.0, 47.0, 48.0, 49.0, 50.0,
51.0, 52.0, 53.0, 54.0, 55.0, 56.0, 57.0, 58.0, 59.0, 60.0, 61.0, 62.0, 63.0, 64.
0, 65.0, 66.0, 67.0, 68.0, 69.0, 70.0, 71.0, 72.0, 73.0, 74.0, 75.0, 76.0, 77.0,
78.0, 79.0, 80.0, 81.0, 82.0, 83.0, 84.0, 85.0, 86.0, 87.0, 88.0, 89.0, 90.0, 91.
0, 92.0, 93.0, 94.0, 95.0, 96.0, 97.0, 98.0, 99.0, 100.0, 101.0, 102.0, 103.0,
104.0, 105.0, 106.0, 107.0, 108.0, 109.0, 110.0, 111.0, 112.0, 113.0, 114.0, 115.
0, 116.0, 117.0, 118.0, 119.0, 120.0, 121.0, 122.0, 123.0, 124.0, 125.0, 126.0,
127.0, 128.0, 129.0, 130.0, 131.0, 132.0, 133.0, 134.0, 135.0, 136.0, 137.0, 138.
0, 139.0, 140.0, 141.0, 142.0, 143.0, 144.0, 145.0, 146.0, 147.0, 148.0, 149.0,
150.0, 151.0, 152.0, 153.0, 154.0, 155.0]
      Denmark
      2.0
      7.52199983596802
      1
```

2. 写入数据到 Excel 工作表

在 Python 中,写入数据到 Excel 工作表主要分为以下步骤。

步骤一:导入 xlwt 模块。

```
In [1]: import xlwt
```

步骤二:新建一个 Excel 文件。

```
In [2]: file1 =xlwt.Workbook()                    #建立工作簿对象,注意 Workbook 首字母大写
```

步骤三:新建一个 Excel 工作表。

```
In [3]: table1=file1.add_sheet('my_table')                 #建立 Excel 工作表
```

步骤四：写入数据。

```
In [4]: table1.write(0,0,'data')                #写入数据
```

步骤五：保存文件。

```
In [5]: file1.save('test_excel.xls')            #保存文件
```

例 4-4　新建一个自定义风格的 Excel 文件。

```
In [1]: import xlwt
        workbook =xlwt.Workbook(encoding='ascii')
        worksheet=workbook.add_sheet('my_worksheet')
        style=xlwt.XFStyle()                                    #初始化样本
        font=xlwt.Font()
        font.name='Times New Roman'                             #为样本创建字体
        font.bold=True                                          #黑体
        font.underline=True                                     #下画线
        font.italic=True                                        #斜体
        style.font=font                                         #设置样式
        worksheet.write(0,0,'Unformatted value')                #无样式写入
        worksheet.write(0,1,'无样式写入')
        worksheet.write(1,0,"Formated value",style)             #自定义样式写入
        worksheet.write(1,1,"自定义样式写入",style)
        workbook.save('style_Excel.xls')                        #保存文件
```

运行程序后，当前目录下生成名为 style_Excel.xls 的 Excel 文件，如图 4-7 所示。

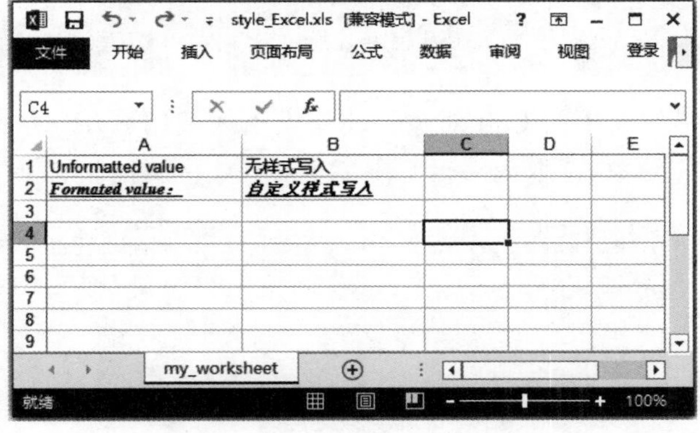

图 4-7　自定义样式的 Excel 文件

4.5.2 读写 xlsx 格式的 Excel 文件

Python 第三方库 openpyxl 专门用于处理 Excel 2007 及以上版本 xlsx、xlsm、xltx 和 xltm 格式的 Excel 文件。openpyxl 模块不是 Python 系统自带的,因此在使用之前首先安装该模块。在 Python 安装目录的 Scripts 文件夹下打开命令提示符窗口,使用 pip install openpyxl 命令安装 openpyxl 模块,然后可以使用 openpyxl 模块读写 Excel 2010 等文档。

openpyxl 模块有三个不同层次的类,其中,Workbook 是对工作簿的抽象,Worksheet 是对表格的抽象,Cell 是对单元格的抽象,每一个类又包含许多属性和方法。使用 openpyxl 模块读写 Excel 文件时,首先打开一个 Excel 工作簿 Workbook,然后定位到工作簿中的一张工作表 Worksheet,接着才能操作工作表中的一个单元格 Cell。具体步骤如下。

步骤一:导入 openpyxl 模块。

```
In [1]: import openpyxl
```

步骤二:创建一个 Workbook 对象。根据需要调用 openpyxl.load_workbook()函数或 openpyxl.Workbook()函数创建 Workbook 对象。

```
In [2]: wb=openpyxl.load_workbook(fn_xlsx)      #打开已有的文件
In [2]: wb =openpyxl.Workbook()                 #创建一个 Workbook 对象
```

步骤三:获取一个 Worksheet 对象。可以调用 active 属性或 get_sheet_by_name()方法获取 Worksheet 对象。

```
In [3]: ws=wb.worksheets[1]                         #打开指定索引的工作表
In [4]: mySheet =wb.create_sheet(index=0, title="Mysheet")
                                                    #创建一个 Sheet 对象
In [5]: ws =wb.active                               #获取活动的 Sheet 对象
In [5]: ws =wb.get_sheet_by_name('New Title')       #获取 Worksheet 对象
```

步骤四:操作工作表中的 Cell 对象。使用索引或调用 cell()方法,并设置参数 row 和 column,获取 Cell 对象,读取或编辑 Cell 对象的 value 属性。

```
In [6]: print(ws['B1'].value)                     #输出单元格 B1 的值
In [6]: ws['A1'].value                            #显示单元格的值
In [6]: ws.cell(row=1,column=1).value
```

例 4-5 读取 Excel 文件 2015_2017_top5.xlsx 中的数据。

```
In [1]: import openpyxl
        fn_xlsx='/home/aistudio/work/2015_2017_top5.xlsx'
        wb=openpyxl.load_workbook(fn_xlsx)      #打开已有的文件
```

```
        ws=wb.worksheets[0]                          #打开指定索引的工作表
        print(ws['C1'].value)                        #输出单元格 B1 的值
        ws.append([1,2,3,4,5])                       #添加一行数据
        ws.merge_cells('C2: C5')                     #合并单元格
        ws['E7']="average(A2: E2)"                   #写入公式
        #读取数据
        print(ws['B1'].value)
        print(ws.cell(row=1,column=2).value)
        wb.save(fn_xlsx)                             #保存 excel 文件
out[1]: Region
        Country
        Country
```

例 4-6　创建一个 Excel 文件 test.xlsx，在文件中写入部分测试数据。

```
In [1]: import openpyxl
        #创建一个 Workbook 对象
        wb =openpyxl.Workbook()
        #创建一个 Sheet 对象
        mySheet =wb.create_sheet(index=0, title="Mysheet")
        #再创建一个 Sheet 对象
        anotherSheet =wb.create_sheet(index=2, title="AnotherSheet")
        #获取活动的 sheet
        #activeSheet =wb.get_active_sheet()
        activeSheet =wb.active
        #设置活动表颜色
        activeSheet.sheet_properties.tabColor ="205EB2"
        #设置 anotherSheet 的标题
        anotherSheet.title ="test"
        #选择 Cell 对象(B4 单元格并赋值)
        directionCell =activeSheet.cell(row=4, column=2)
        directionCell.value ="找到这个单元格"
        #获取单元格的行列最大值
        anotherSheet['A1'].value ="activesheet 最大行: "+str(activeSheet.max
        _row)
        anotherSheet['A2'].value ="activesheet 最大列: "+str(activeSheet.max
        _column)
        #最后保存 workbook
        wb.save("test.xlsx")
```

运行程序后，当前目录下生成名为 text.xlxs 的 Excel 文件，如图 4-8 所示。

4.5.3　使用 pandas 模块读写 Excel 文件

Python 数据分析经常用到 pandas 模块，该模块可以处理众多常见的数据存储格式，

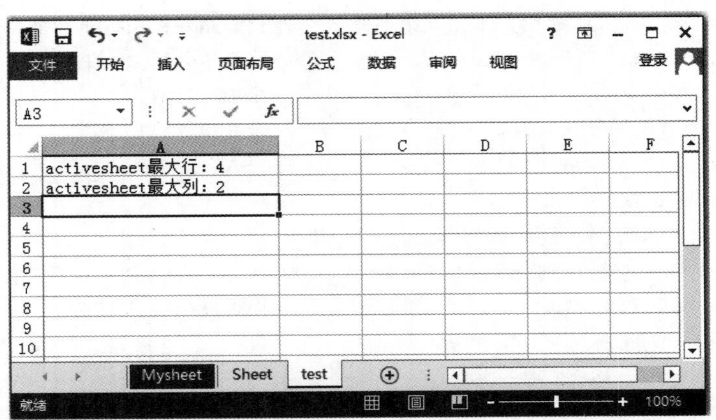

图 4-8 Excel 文件 test.xlsx 的样式及内容

例如 CSV、JSON 和 Excel 等,功能非常强大,操作简捷方便。

1. 读取 Excel 文件

Python 第三方库 pandas 常用于数据分析,其中提供了许多读取文件的函数,例如,读取 CSV 文件的 read_csv()函数,读取 Excel 文件的 read_excel()函数等。pandas 模块使用方便,只需一行代码就能实现相应数据文件的读取。

首先导入 pandas 模块:

```
In [1]: import pandas as pd
```

然后使用 read_excel()函数读取 Excel 文件,语法格式如下:

```
pd.read_excel(filename, sheet_name=0, header=0, names=None, index_col=None,
              usecols=None, squeeze=False, dtype=None, engine=None,
              converters=None, true_values=None, false_values=None,
              skiprows=None, nrows=None, na_values=None, parse_dates=False,
              date_parser=None, thousands=None, comment=None, skipfooter=0,
              convert_float=True, * * kwds)
```

filename:指定 Excel 文件的存储路径及名称。

sheet_name:指定要读取的 Excel 工作表名称,可以是单个工作表,也可以是多个工作表;参数可以是字符串(工作表名称)、整型(工作表索引)、列表(元素为字符串和整型,使函数返回字典{'key':'sheet'})、None(使函数返回字典,其中包含全部工作表中的数据)。

header:指定使用 Excel 工作表中哪一行作列名;参数可以是整型、整型元素构成的列表或 None。

names:自定义最终使用的列名。

index_col:指定用作索引的列。

usecols：指定需要读取的列；参数是整型或列表，默认值 None，表示读取所有列。

squeeze：如果数据只包含一列，则返回一个 Series 对象。

converters：强制规定列数据类型。

skiprows：指定需要跳过的特定行来读取数据。

nrows：指定需要读取的行数。

skipfooter：指定需要跳过末尾 n 行来读取数据。

read_excel()函数返回 DataFrame 对象或 DataFrame 对象组成的字典，然后可以使用 DataFrame 对象的相关操作读取数据。

```
In [1]: import pandas as pd
        filename ='/home/aistudio/work/happiness.xlsx'
        df_obj =pd.read_excel(filename, sheet_name='2016')      #读入一个工作表
        print(type(df_obj))
out[1]: <class 'pandas.core.frame.DataFrame'>
In [2]: #读入多个工作表
        df_data =pd.read_excel(filename, sheet_name=['2015', '2017'])
        print(type(df_data))
Out[2]: <class 'collections.OrderedDict'>
```

2. 写入 Excel 文件

使用 pandas 模块创建 DataFrame 对象后，可以调用 to_excel()方法将数据写入 Excel 文件。to_excel()方法的语法格式如下。

```
DataFrame.to_excel(excel_writer, sheet_name='Sheet1', na_rep='', float_
format=None, columns=None, header=True, index=True, index_label=None,
startrow=0, startcol=0, engine=None, merge_cells=True, encoding=None, inf_
rep='inf', verbose=True, freeze_panes=None)
```

excel_writer：指定写入数据的 Excel 目标文件，可以是文件路径或 ExcelWriter 对象。

sheet_name：指定写入数据的工作表名称，字符串类型，默认为“sheet1”。

na_rep：指定缺失值表示方式。

header：指定是否写入列名，布尔类型或列表类型，默认为 True。

index：指定是否写入行索引，布尔类型，默认为 True。

```
In [3]: #写入单个工作表
        top5_2015 =df_data['2015'].head()          #获取工作表“2015”前五条记录
        top5_2015.to_excel('/home/aistudio/data/2015_top5.xlsx', index=
       False)
```

此外，也可以使用 to_excel()方法将 DataFrame 对象写入 Excel 文件的多个工作表。

```
In [4]: #写入多个工作表
        top5_2017 =df_data['2017'].head()        #获取工作表“2017”前五条记录
        writer=pd.ExcelWriter('/home/aistudio/data/2015_2017_top5.xlsx')
        top5_2015.to_excel(writer, '2015 top 5')
        top5_2017.to_excel(writer, '2017 top 5')
        writer.save()
```

4.6 SQLite 数据库操作

在以复杂数据为研究对象的数据分析任务中,全部数据通常分布于不同的数据文件,数据库为保存不同数据文件的关联关系提供了便利。数据库是按照数据结构来组织、存储和管理数据的仓库,是一个长期存储在计算机内、有组织、可共享、统一管理的大量数据的集合。

Python 可以连接并使用多种数据库,其中,Python 支持内嵌的 SQLite 数据库管理系统,用户可以使用 SQL 语句操作 SQLite 数据库。

4.6.1 SQLite 数据库简介

SQLite 数据库是一款开源的轻量级关系数据库。作为无服务器、零配置、事务性的 SQL 数据库引擎,SQLite 数据库是一个非常优秀的嵌入式数据库,是小型项目和简单 Web 应用的理想选择。

SQLite 数据库是一个单一的,不依赖于其他模块与组件的数据库文件。一个 SQLite 数据库完全存储在单个磁盘文件中,直接复制数据库文件即可实现数据库备份。SQLite 是关系数据库,一个数据库可以由多个数据库表组成,一个数据库表就是一张二维表格,每张表格有唯一的名称。一个数据库表由若干条记录组成,每条记录包含若干个字段。一个数据库表的字段名是唯一的,每个字段都有相应的数据类型和取值范围。

SQLite 数据库没有提供图形操作界面,多数情况下使用 SQL 语句对数据库操作。一些可视化管理工具,如 SQLiteManager、SQLiteDatabase Browser 等,提供了 SQLite 图形化管理界面,可以用于可视化管理 SQLite 数据库。

Python 系统嵌入了 SQLite 数据库操作模块 sqlite3,通过 Python 应用程序可以方便地使用 SQLite 数据库。

4.6.2 SQL 语句

SQL(Structured Query Language,结构化查询语言)是操作各种关系数据库的通用语言,可以使用 SQL 访问 SQLite 数据库。常用的 SQL 语句有表的创建和记录的插入、修改、删除及查询等。

1. 表的创建

```
格式: create table 表名(字段名 类型, 字段名 类型,…)
```

例：创建一个 book 表，包含 id（编号）、name（书名）、price（价格）和 type（类型）字段。

```
create table book(id INT, name TEXT, price DOUBLE, type INT)
```

2. 记录的插入

```
格式：insert into 表名([字段名列表]) values(字段值列表)
```

说明：字段值和字段名一一对应，如果给所有字段赋值，字段名列表可以省略。

例：向 book 表中插入一条记录

```
insert into book values(5,'当你的才华还撑不起你的梦想时',23.00)
```

3. 记录的修改

```
格式：update 表名 set 字段名=值[, 字段名=值][where 条件]
```

说明：一次可以修改一个字段值，一次也可以修改多个字段值。如果不加条件，那么表示默认修改所有记录，否则只修改满足条件的记录。

例：将 book 表中编号(id)为 2 的记录的价格降低 20％。

```
update book set price=price*(1-20%) where id=2
```

4. 记录的删除

```
格式：delete from 表名 [where 条件]
```

说明：若不加条件表示删除表中所有记录，否则只删除满足条件的记录。

例：删除 book 表中编号为 1 的记录。

```
delete from book where id=1
```

5. 记录的查询

```
格式：select 字段列表 from 表名 [where 条件][order by 字段][group by 字段]
      [limit n,m]
```

说明：字段列表可以是表中的一个或多个字段，各字段之间用逗号分隔，如果选择所有字段，可用星号“*”表示。

where 条件：表示只查询满足条件的记录。

order by 字段：表示查询结果按指定字段排序。

group by 字段：表示按字段对记录进行分组统计，常配合 count()、sum()、avg()、max()和 min()等函数使用。

limit n,m：表示选取从第 n 条记录开始的 m 条记录，如果 n 省略，表示选取前 m 条记录。

例：查询 book 表中的所有记录。

```
select * from book
```

例：查询 book 表中所有价格不超过 50 元的图书记录。

```
select * from book where price<=50
```

例：查询 book 表中所有的记录，按价格从小到大排序。

```
select * from book order by price
```

例：查询 book 表中各种类型图书的数目。

```
select count(*) as 数目 from book group by type
```

例：查询 book 表中从第 2 条记录开始的 5 条记录。

```
select * from book limit 2,5
```

6. 数据表的交叉连接

cross join 生成两张表的笛卡儿积，返回的记录数为两张表记录数的乘积。

例：交叉连接数据表 employee 和 department，查询 name、dept、emp_id 字段内容。

```
SELECT name, dept, emp_id FROM employee CROSS JOIN department
```

7. 数据表的内连接

inner join 生成两张表的交集，返回的记录数为两张表交集的记录数。

例：内连接数据表 employee 和 department，查询 name、dept、emp_id 字段内容。

```
SELECT emp_id, name, dept FROM employee INNER JOIN department ON employee.id =
department.emp_id
```

8. 数据表的外连接

left join(A,B)返回表 A 的所有记录以及表 B 中匹配的记录，没有匹配的记录返回 null。

例：外连接数据表 employee 和 department，查询 name、dept、emp_id 字段内容。

```
SELECT emp_id, name, dept FROM employee LEFT OUTER JOIN department ON employee.
id =department.emp_id
```

注意：目前的 sqlite3 模块中不支持右连接，但是可以考虑交换 A、B 表的位置再操作。

4.6.3　sqlite3 模块

sqlite3 模块是 Python 操作 SQLite 数据库的接口模块。sqlite3 模块包含一系列连接和操作数据库的函数和方法。

1. sqlite3.connect(database [, timeout, other optional arguments])

连接到一个 SQLite 数据库文件。如果指定的数据库不存在，则创建该数据库文件；如果数据库成功打开，则返回一个连接(connection)对象。

当一个数据库被多个连接访问，且其中一个连接修改了数据库时，SQLite 数据库被锁定，直到事务提交。参数 timeout 指定在引发异常之前，连接等待锁定消失的时间，默认值是 5.0(5s)。

2. connection.cursor([cursorClass])

创建一个游标 cursor。该方法可以接受可选参数 cursorClass，该参数必须是一个来自 sqlite3.Cursor 的自定义 cursor 类。

成功建立数据库连接之后，返回一个与数据库相关联的 connection 对象，该对象提供若干方法对数据库进行操作。

3. cursor.execute(sql [, optional parameters])

执行一个 SQL 语句。该语句中可以使用占位符。sqlite3 模块支持问号"?"和命名变量作为占位符。需要注意的是，使用"?"占位符时，如果传入一个字符串参数，那么需要将该字符串转换为列表或元组数据类型，否则 sqlite3 会将字符串中的每一个字符作为一个参数。

例如：

```
#以列表传递参数,将"?"看作一个接收列表的参数
cursor.execute( "UPDATE a SET para=? WHERE input_id=1", ["hello"])
#以元组传递参数,将"?"看作一个接收元组的参数
cursor.execute( "UPDATE a SET para=(?) WHERE input_id=1", ("hello",))
```

4. connection.execute(sql [, optional parameters])

执行一个 SQL 语句。这是 cursor.execute()方法的快捷方式，connection.cursor()方

法调用成功后会创建一个 cursor 对象,通过给定参数调用 cursor 对象的 execute()方法对查询到的结果进行操作。

5. cursor.executemany(sql, seq_of_parameters)

一次执行多条 SQL 语句。同样支持为 SQL 语句传递参数,可以使用问号"?"和命名变量作为占位符。该方法通常对所有给定参数执行同一个 SQL 语句,参数序列可以使用不同方式产生。

6. connection.executemany(sql[, parameters])

一次执行多条 SQL 语句。这是调用 connection.cursor()方法创建一个中间 cursor 对象的快捷方式,通过给定参数调用 cursor 对象的 executemany()方法。

7. connection.commit()

提交当前的事务,将更新写入数据库。如果未调用该方法,那么自上一次调用 commit() 之后的所有操作都不会真正保存到数据库中。

8. connection.rollback()

撤销当前事务,将数据库恢复至上一次调用 commit()方法之后的状态。

9. connection.close()

关闭数据库连接。需要注意的是,此方法不会自动调用 commit()方法。如果未调用 commit()方法就直接关闭数据库连接,所有的更改将会全部丢失!

10. cursor.fetchone()

获取查询结果集中的下一行,返回一个单一序列。当没有更多可用数据时,返回 None。

执行 SQL 语句的 select 查询后,会返回相应的查询结果集,这是一个可迭代对象。fetchone()方法用于从查询结果集中读取当前的一条记录,以元组形式返回。每读取一次,指针自动移动到下一条记录。

11. cursor.fetchmany([size=cursor.arraysize])

获取查询结果集中的多条记录,返回一个列表,每个列表元素是一个元组,存放数据表中的一条记录。如果省略参数 size,则默认获取一条记录。当没有更多可用记录时,返回一个空列表。该方法获取参数 size 指定的尽可能多行数据。

12. cursor.fetchall()

获取查询结果集中所有(剩余)的记录,返回一个列表。当没有可用记录时,返回一个空列表。

4.6.4　操作 SQLite 数据库

操作 SQLite 数据库之前，首先导入 Python 标准库 sqlite3。

```
In [1]: import sqlite3
```

Python 操作 SQLite 数据库的基本步骤如下。

1. 连接数据库

```
In [2]: db_path ='/home/aistudio/work/test.db'
        conn =sqlite3.connect(db_path)
```

建立与指定数据库的连接。如果指定路径下的数据库文件存在，那么读取数据库；否则自动创建该数据库文件。连接成功后返回一个与数据库关联的 connection 对象，这里 conn 为自行指定的 connection 对象名。

2. 获取游标

```
In [3]: cur =conn.cursor()
```

从数据库连接对象获取游标对象 cursor。游标是一段私有的 SQL 工作区，用于暂时存放受 SQL 语句影响的数据，可以理解为一个能够访问数据库资源，操作查询结果的对象。这里 conn 为数据库连接成功后返回的 connection 对象，cur 为自行指定的游标名。

3. 操作 SQLite 数据库

从数据库连接对象获取 cursor 游标对象后，可以通过游标执行 SQL 语句对数据库进行增删改查等操作。其中，connection 对象和 cursor 对象都提供了执行 SQL 语句的 execute()方法和 executemany()方法，二者使用方法基本相同。

```
In [4]: cur.execute("SELECT SQLITE_VERSION();")               #获取数据库版本信息
        print(cur.fetchone())
Out[4]: ('3.30.0',)
In [5]: cur.execute("SELECT name FROM sqlite_master WHERE type='table';").
fetchall()                                                    #获取数据库中的表
Out[5]: [('book',)]
In [6]: cur.execute("DROP TABLE IF EXISTS book;")             #建立表
        cur.execute("CREATE TABLE book(id INT, name TEXT,price DOUBLE);")
Out[6]: <sqlite3.Cursor at 0x7fdb9c01ea40>
In [7]: cur.execute("SELECT name FROM sqlite_master WHERE type='table';").
        fetchall()
Out[7]: [('book',)]
```

```
In [8]: #向表中逐条插入数据
        cur.execute("INSERT INTO book VALUES(1, '世界知名企业员工指定培训教材:
        所谓情商高,就是会说话',22.00);")
        cur.execute("INSERT INTO book VALUES(2, '孤独深处(收录雨果奖获奖作品《北
        京折叠》)',21.90);")
        cur.execute("INSERT INTO book VALUES(3,'活着本来单纯: 丰子恺散文漫画精
        品集(收藏本)',30.90);")
        cur.execute("INSERT INTO book VALUES(4,'自在独行: 贾平凹的独行世界',26.
        80);")
        cur.execute("INSERT INTO book VALUES(5,'当你的才华还撑不起你的梦想时',
        23.00);")
        cur.execute("INSERT INTO book VALUES(6,'巨人的陨落(套装共 3 册)',84.
        90);")
Out[8]: <sqlite3.Cursor at 0x7fdb9c01ea40>
In [9]: #批量插入数据
        more_books = ((7, '人间草木', 30.00),
            (8,'你的善良必须有点锋芒', 20.50),
            (9, '这么慢,那么美', 24.80),
            (10, '考拉小巫的英语学习日记: 写给为梦想而奋斗的人(全新修订版)', 23.
            90))
        cur.executemany("INSERT INTO book VALUES(?, ?, ?)", more_books)
Out[9]: <sqlite3.Cursor at 0x254c109d260>
In [10]: #查询数据
         cur.execute("SELECT * FROM book").fetchone()              #获取单条记录
Out[10]: (1, '世界知名企业员工指定培训教材: 所谓情商高,就是会说话', 22.0)
In [11]: rows = cur.execute("SELECT * FROM book").fetchmany(6)    #获取多条记录
         rows
Out[11]: [(1, '世界知名企业员工指定培训教材: 所谓情商高,就是会说话', 22.0),
         (2, '孤独深处(收录雨果奖获奖作品《北京折叠》)', 21.9),
         (3, '活着本来单纯: 丰子恺散文漫画精品集(收藏本)', 30.9),
         (4, '自在独行: 贾平凹的独行世界', 26.8),
         (5, '当你的才华还撑不起你的梦想时', 23.0),
         (6, '巨人的陨落(套装共 3 册)', 84.9)]
```

4. 提交操作

```
In [12]: conn.commit()
```

提交所有操作,把更新写入数据库中。

5. 关闭连接

```
In [13]: cur.close()                                    #关闭游标对象
         conn.close()                                   #关闭数据库连接对象
```

关闭游标对象和数据库连接对象，释放相应的资源。

例 4-7　数据库中多个数据表的连接操作。

首先，获取指定数据库中的表。

```
In [1]: import sqlite3
        db_path ='/home/aistudio/data/data70059/company.db'
        conn =sqlite3.connect(db_path)
        cur =conn.cursor()
        tables =cur.execute("SELECT name FROM sqlite_master WHERE type='table
        ';").fetchall()
        print(tables)
Out[1]: [('department',), ('employee',)]
```

然后，可以对数据表进行操作，如获取字段信息，查询表中的记录等。

```
In [2]: cur.execute("PRAGMA table_info(employee)").fetchall() #获取字段信息
Out[2]: [(0, 'id', 'INT', 1, None, 1),
        (1, 'name', 'CHAR(50)', 1, None, 0),
        (2, 'age', 'INT', 1, None, 0),
        (3, 'address', 'CHAR(50)', 1, None, 0),
        (4, 'salary', 'DOUBLE', 1, None, 0)]
In [3]: cur.execute("PRAGMA table_info(department)").fetchall()
Out[3]: [(0, 'id', 'INT', 1, None, 1),
        (1, 'dept', 'CHAR(50)', 1, None, 0),
        (2, 'emp_id', 'INT', 1, None, 0)]
In [4]: cur.execute("SELECT * FROM employee").fetchall()      #查询表中的记录
Out[4]: [(1, 'Paul', 32, 'California', 20000.0),
        (2, 'Allen', 25, 'Texas', 15000.0),
        (3, 'Teddy', 23, 'Norway', 20000.0),
        (4, 'Mark', 25, 'Rich-Mond', 65000.0),
        (5, 'David', 27, 'Texas', 85000.0),
        (6, 'Kim', 22, 'South-Hall', 45000.0),
        (7, 'James', 24, 'Houston', 10000.0)]
In [5]: cur.execute("SELECT * FROM department").fetchall()
Out[5]: [(1, 'IT Builing', 1), (2, 'Engineerin', 2),(3,'Finance',7)]
```

接着，可以对数据库的多个数据表进行交叉连接、内连接和外连接。

```
In [6]: cur.execute("SELECT name, dept, emp_id FROM employee CROSS JOIN
department;").fetchall()                                  #数据表的交叉连接
Out[6]: [('Paul', 'IT Builing', 1),
        ('Paul', 'Engineerin', 2), ('Paul', 'Finance', 7),
        ('Allen', 'IT Builing', 1),('Allen', 'Engineerin', 2),
```

```
        ('Allen', 'Finance', 7), ('Teddy', 'IT Builing', 1),
        ('Teddy', 'Engineerin', 2), ('Teddy', 'Finance', 7),
        ('Mark', 'IT Builing', 1), ('Mark', 'Engineerin', 2),
        ('Mark', 'Finance', 7), ('David', 'IT Builing', 1),
        ('David', 'Engineerin', 2), ('David', 'Finance', 7),
        ('Kim', 'IT Builing', 1), ('Kim', 'Engineerin', 2),
        ('Kim', 'Finance', 7), ('James', 'IT Builing', 1),
        ('James', 'Engineerin', 2), ('James', 'Finance', 7)]
In [7]: cur.execute("SELECT emp_id, name, dept FROM employee INNER JOIN
        department ON employee.id=department.emp_id;").fetchall()
                                                  #数据表的内连接
Out[7]: [(1, 'Paul', 'IT Builing'),
        (2, 'Allen', 'Engineerin'),
        (7, 'James', 'Finance')]
In [8]: cur.execute("SELECT emp_id, name, dept FROM employee LEFT OUTER JOIN
        department ON employee.id=department.emp_id;").fetchall()    #外连接
Out[8]: [(1, 'Paul', 'IT Builing'),
        (2, 'Allen', 'Engineerin'), (None, 'Teddy', None),
        (None, 'Mark', None), (None, 'David', None),
        (None, 'Kim', None), (7, 'James', 'Finance')]
```

sqlite3 模块不支持右连接,因此交换两张表的位置,使用 sqlite3 模块支持的外连接实现数据表的右连接操作。

```
In [9]: cur.execute("SELECT emp_id, name, dept FROM department LEFT OUTER JOIN
employee ON employee.id=department.emp_id;").fetchall()
Out[9]: [(1, 'Paul', 'IT Builing'),
        (2, 'Allen', 'Engineerin'), (7, 'James', 'Finance')]
```

最后,提交操作并关闭连接。

```
In [10]: cur.close()
         conn.close()
```

4.7 案例精选

4.7.1 欧洲职业足球球员信息获取

本案例使用欧洲职业足球数据库提供的数据文件,包括 table_structure.csv 文件和 soccer.db 文件。其中,table_structure.csv 文件存放了数据表结构的描述信息,而 soccer.db 是数据库文件,存放了欧洲职业足球比赛、球员和球队属性等结构化数据。

本案例的任务是获取球员基本信息并保存到 JSON 文件中。

1. 查看数据文件

打开 table_structure.csv 文件，查看文件内容，如图 4-9 所示。根据数据表结构的描述信息得知，欧洲职业足球数据库包含 7 个数据文件。与球员基本信息相关的数据文件有两个，其中，数据表文件 Player_Attributes 包含 18 万多条记录，每条记录由 42 列组成，包括 id、player_fifa_api_id、player_api_id 等属性；数据表文件 Player 包含 11 060 条记录，每条记录由 7 列组成，包括 id、player_api_id、player_name 等属性。

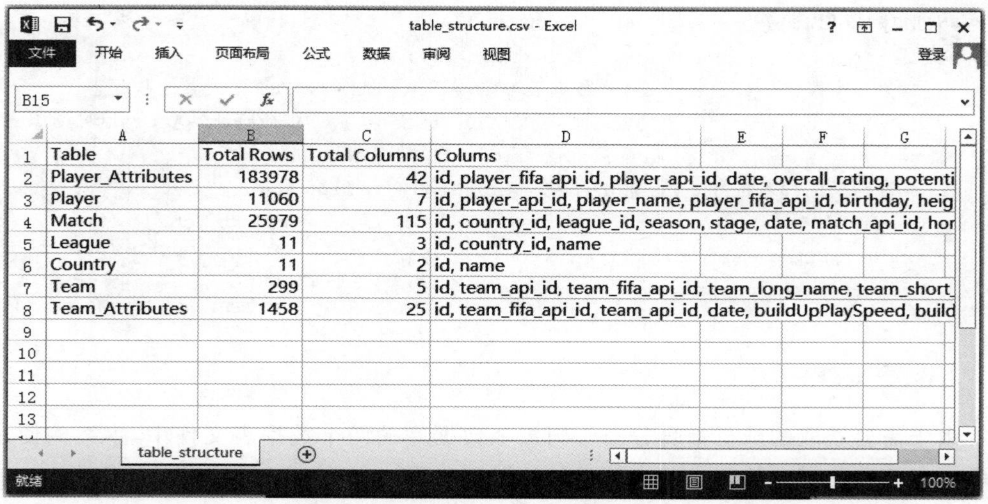

Table	Total Rows	Total Columns	Columns
Player_Attributes	183978	42	id, player_fifa_api_id, player_api_id, date, overall_rating, potenti
Player	11060	7	id, player_api_id, player_name, player_fifa_api_id, birthday, heig
Match	25979	115	id, country_id, league_id, season, stage, date, match_api_id, hor
League	11	3	id, country_id, name
Country	11	2	id, name
Team	299	5	id, team_api_id, team_fifa_api_id, team_long_name, team_short_
Team_Attributes	1458	25	id, team_fifa_api_id, team_api_id, date, buildUpPlaySpeed, build

图 4-9　table_structure.csv 文件内容

2. 本地数据获取

为了完成球员基本信息提取任务，本案例应依据数据表 Player 获取球员的姓名(player_name)、球员的生日(birthday)、球员的身高(height)和体重(weight)等，还要依据数据表 Player_Attributes 获取球员评分(rating)、总分(over_rating)和日期(date)等。

注意到数据库中没有直接提供球员的年龄数据，只是在数据表 Player 中提供了球员的生日(birthday)，因此可以依据球员的生日计算球员年龄。代码如下。

```
import datetime
#根据生日获取年龄
def get_age(birthday_str):
    #'1989-12-15 00: 00: 00' ->1989
    born_year =int(birthday_str.split('-')[0])
    #获得当前年份
    current_year =datetime.datetime.now().date().year
    #年龄=当前年份-出生年份
    return current_year -born_year
```

数据库中数据表 Player 提供了球员评分(rating)数据，但是该属性值存在较大差异。考虑到 rating 属性是随着同一个数据表中 date 属性的变化而动态变化的，因此本案例考虑计算每个球员职业生涯的平均得分。具体计算公式如下。

$$\text{mean\_rating} = \frac{\sum_{i=1}^{n} \text{overall\_rating}}{\text{len(rating)}} \tag{4-1}$$

相应的自定义函数如下。

```
#获取球员平均评分
def get_overall_rating(cur, player_api_id):
    #关键字段 player_api_id 将数据表 Player_Attribute 和 Player 关联起来
    rows = cur.execute("SELECT overall_rating FROM Player_Attributes WHERE
player_api_id={};".format(player_api_id)).fetchall()
    #带判断的列表推导式,row[0]存放非空 overall_rating 数据
    ratings =[float(row[0]) for row in rows if row[0] is not None]
    mean_rating =sum(ratings) / len(ratings)
    return mean_rating
```

3. 数据处理

由于需要获取的球员信息分布于同一个数据库的两个数据表文件中，本案例使用多表联合查询获取需要的球员基本信息。

相应的自定义函数如下。

```
import sqlite3
import json
#多表查询获取球员基本数据,保存至 JSON 文件
def get_players_info(cur, n_players=None):
    #从 Player 表中获取球员基本信息
    if n_players:
        #获取指定个数的球员信息,若 n_players 获得了非空参数值
        sql ="SELECT * FROM Player LIMIT {};".format(n_players)
    else:
        #获取所有球员信息,若 n_players=None
        sql ="SELECT * FROM Player;"
    rows =cur.execute(sql).fetchall()        #返回列表类型

    #构造球员列表
    player_list =[]
    for row in rows:
        player =dict()                        #创建字典类型,便于存放至 JSON 文件
        #1. 姓名
        player['name'] =row[2]
```

```
        #2. 年龄
        birthday_str =row[4]
        player['age'] =get_age(birthday_str)
        #3. 体重
        player['weight'] =row[5]
        #4. 身高
        player['height'] =row[6]
        #5. 平均评分
        #player_api_id 是关联数据表 Player_Attribute 和 Player 的关键字段
        #这里 player_api_id 和 player _id 均可作关键字段,而 id 不行
        player_api_id =row[1]
        player['average rating']=get_overall_rating(cur, player_api_id)
        player_list.append(player)
```

4. 数据保存

```
#将处理后的结果保存到 JSON 文件中
with open(json_filepath, 'w') as f:
    json.dump(player_list, f)
```

5. 主函数

```
def main():
    #连接数据库
    conn =sqlite3.connect(db_filepath)
    cursor =conn.cursor()
    #获取球员基本信息
    get_players_info(cursor, n_players=50)
    #分析结束,提交操作,关闭连接
    conn.commit()
    cursor.close()
    conn.close()
```

6. 程序入口

一般来说,程序应该有一个入口。而 Python 属于脚本语言,从脚本第一行开始动态逐行解释运行,没有统一的程序入口。一个 Python 文件通常有两种使用方法,第一种是作为脚本直接执行,第二种是在其他的 Python 脚本中被导入,然后被调用(模块重用)执行。为了区分当前文件是调用其他模块文件的主文件,还是作为模块文件被其他文件调用,这时需要使用"if __name __ = = '__main__': "语句控制代码的执行过程。当__name __取值为"'__main__'"时,表示当前文件是主文件,"执行 if __name__ = = '__main__'"中

的语句;如果当前文件是作为模块文件被调用,那么 if 语句块不会被执行。

本案例中,程序入口代码如下:

```
if __name__=='__main__':
    main()
```

4.7.2 教工信息管理系统

本案例设计开发一个基于 SQLite 数据库的教工信息管理系统。要求系统具备教工信息的查看、增加、删除、修改以及数据导入、导出等功能。

1. 模块导入

教工信息管理系统的数据导入功能需要使用 os.path.exist()方法判断给定的文件或路径是否存在,因此需要导入 Python 标准库 os.path。

```
import os.path
import sqlite3
```

2. 连接数据库

```
def connect(db):
    con=sqlite3.connect(db)
    cur=con.cursor()
    try:
        sql =" create table employee (no integer, name text, sex text, age
        integer)"

      cur.execute(sql)
    except:
        pass
```

3. 教工信息显示功能

```
def show():
    formatstr='{: 10}\t{: 10}\t{: 10}\t{: 10}'
    print(formatstr.format("工号","姓名","性别","年龄"))
    sql='select * from employee'
    cur.execute(sql)
    rows=cur.fetchall()
    for row in rows:
        print(formatstr.format(str(row[0]).strip(),row[1],row[2],str(row
        [3]).strip()))
```

4. 年龄输入功能

```
def enterAge():
    '''输入年龄,检验年龄的有效性'''
    while True:
        try:
            age=int(input('年龄: '))
            if 25<=age<=60:
                break
            else:
                print("输入错误,年龄应在 25 到 60 之间")
        except:
            print("输入数据应该是 25 到 60 之间的整数")
    return age
```

5. 教工信息查询功能

```
def exists(no):
    sql='select * from employee where no=?'
    result=cur.execute(sql,(no,))
    rows=result.fetchall()
    if len(rows)>0:
        return True
    else:
        return False
```

6. 教工信息插入功能

```
def insert_record():
    '''插入记录方法'''
    no=input("工号: ")
    name=input("姓名: ")
    sex=input("性别: ")
    age=enterAge()
    if no!=""and name!=""and sex!="":
        insert(no,name,sex,age)
    else:
        print("请将信息输入完整")
def insert(no,name,sex,age):
    if exists(no):
        print("该教工已经存在")
```

```
    else:
        try:
         sql='insert into employee(no,name,sex,age) values(?,?,?,?)'
         cur.execute(sql,(no,name,sex,age))
         if cur.rowcount>0:
            print("添加成功")
        else:
            print('添加失败')
        except:
            print('错误')
```

7. 教工信息修改功能

```
def update_record():
    '''修改记录方法'''
    no=input("请输入要修改的工号：")
    name=input("姓名：")
    sex=input("性别：")
    age=enterAge()
    if no!=""and name!=""and sex!="":
        update(no,name,sex,age)
    else:
        print("请将信息输入完整")
def update(no,name,sex,age):
    if not exists(no):
        print("该教工不存在")
    else:
        try:
            sql='update employee set name=?,sex=?,age=?where no=?'
            cur.execute(sql,(name,sex,age,no))
            if cur.rowcount>0:
                print("修改成功")
            else:
                print('修改失败')
        except:
                print('错误')
```

8. 教工信息删除功能

```
def delete_record():
    '''删除记录方法'''
    no=input("请输入要删除的工号：")
    if no!="":
```

```
        delete(no)
def delete(no):
    if not exists(no):
        print("该教工不存在")
    else:
        sql='delete from employee where no=?'
        cur.execute(sql,(no,))
        if cur.rowcount>0:
            print("删除成功")
        else:
            print('删除失败')
```

9. 数据导出功能

```
def export():
    try:
        fn=input('请输入要导出的文件路径与名称：')
        with open(fn,'w') as fp:
            cur.execute('select * from employee')
            rows=cur.fetchall()
            for row in rows:
                fp.write(str(row[0])+','+row[1]+','+row[2]+','+str(row[3])+
                '\n')
            print("导出完毕")
    except Exception as err:
            print(err)
```

10. 数据导入功能

```
def load():
    try:
        fn=input('请输入要导入的文件路径与名称：')
        if os.path.exists(fn):
            with open(fn,'r') as fp:
                while True:
                    s=fp.readline().strip('\n')
                    if s=='':
                        break
                    st=s.split(',')
                    insert(int(st[0]),st[1],st[2],st[3])
            print("导入完毕")
        else:
            print("文件不存在")
```

```
    except Exception as err:
        print(err)
```

11. 关闭文件

```
def close():
    con.commit()
    cur.close()
    con.close()
```

12. 主函数

```
def main(db):
    '''主控方法,显示系统菜单及命令提示符'''
    connect(db)
    print("教工信息管理系统".center(30,"="))
    print("show----------显示教工信息")
    print("insert----------插入教工信息")
    print("delete----------删除一个教工信息")
    print("upadte----------修改教工信息")
    print("export----------导入教工数据")
    print("load----------导出教工数据")
    print("exit----------退出")
    print("".center(38,"="))
    while True:
        s=input(">").strip().lower()
        if s=="show":
            show()
        elif s=="insert":
            insert_record()
        elif s=="delete":
            delete_record()
        elif s=="update":
            update_record()
        elif s=="export":
            export()
        elif s=="load":
            load()
        elif s=="exit":
            break
        else:
```

```
            print("输入错误")
    close()
```

13. 程序入口

```
if __name__=='__main__':
    db='/home/aistudio/work/employee.db'
    con=sqlite3.connect(db)
    cur=con.cursor()
    main(db)
```

运行程序,系统主界面及部分显示结果如下。

```
===========教工信息管理系统===========
show----------显示教工信息
insert----------插入教工信息
delete----------删除一个教工信息
upadte----------修改教工信息
export----------导入教工数据
load----------导出教工数据
exit----------退出
======================================
>工号        姓名        性别        年龄
3            刘军         男          35
1            王芳         女          23
5            黎明         男          35
6            赵晨         女          34
7            孙玉         男          45
8            孙殷         男          32
9            刘允         男          43
10           张实         男          27
2            张明         男          34
```

第5章 网络数据获取

随着互联网的快速发展，有效提取并利用海量网络数据很大程度上决定了解决问题的效率和质量。传统的通用搜索引擎作为辅助程序员检索信息的工具，无法针对特定的目标和需求进行索引，也无法满足有效数据获取和信息发现的高质量需求。面对结构越来越复杂，信息含量越来越密集的网络数据，为了按照特定需求定向抓取并分析网页资源，实现更高效的指定信息获取、发现和利用，网络爬虫应运而生。

5.1 网络爬虫简介

5.1.1 网络爬虫的定义

网络爬虫(Web Spider)又称网络机器人、网络蜘蛛，是一种根据既定规则，自动提取网页信息的程序或者脚本。传统爬虫以一个或若干初始网页的统一资源定位符(Uniform Resource Location，URL)为起点，下载每一个 URL 指定的网页，分析并获取页面内容，并不断从当前页面抽取新的 URL 放入队列，记录每一个已经爬取过的页面，直到 URL 队列为空或满足设定的停止条件为止。网络爬虫的目的在于将互联网上的目标网页数据下载到本地，保存在数据库中或本地数据文件中，以便进行本地数据文件操作和后续的数据分析。网络爬虫技术的兴起源于海量网络数据的可用性，使用爬虫技术能够较为容易地获取网络数据，通过数据分析得出有价值的结论。

5.1.2 网络爬虫的类型

按照系统结构和实现技术，网络爬虫大致分为四种类型：通用网络爬虫(General Purpose Web Crawler)、聚焦网络爬虫(Focused Web Crawler)、增量式网络爬虫(Incremental Web Crawler)以及深层网络爬虫(Deep Web Crawler)。实际应用中的网络爬虫系统通常是几种爬虫技术相结合实现的。

1. 通用网络爬虫

通用网络爬虫又称全网爬虫，爬行对象从一些种子 URL 扩充到整个 Web

(万维网),主要为门户站点搜索引擎和大型 Web 服务提供商采集数据。这类网络爬虫的爬行范围和数量巨大,对爬行速度和存储空间要求较高,而对爬行页面的顺序要求相对较低,通常采用并行工作方式应对大量待刷新的页面,适合为搜索引擎获取广泛的主题。

通用网络爬虫大致由页面爬行模块、页面分析模块、链接过滤模块、页面数据库、URL 队列和初始 URL 集合等几部分构成。为了提高工作效率,通用网络爬虫可以采用深度优先和广度优先等爬行策略。采用深度优先爬行策略的爬虫按照深度由低到高的顺序,依次访问下一级网页链接,直到不能再深入为止。爬虫在完成一个爬行分支后返回上一个链接节点进一步搜索其他链接。当所有链接遍历完毕,爬行任务结束。这种爬行策略比较适合垂直搜索或站内搜索,但爬行页面内容层次较深的站点时会造成资源的巨大浪费。采用广度优先爬行策略的爬虫按照网页内容目录层次深浅来爬行页面,优先爬取目录层次较浅的页面。当同一层次的页面爬行完毕,再深入下一层次继续爬取。这种爬行策略能够有效控制页面的爬取深度,避免在遇到一个无穷深层分支时无法结束爬行的问题。该策略无须存储大量的中间节点,不足之处是需要较长时间才能爬行到目录层次较深的页面。

2. 聚焦网络爬虫

聚焦网络爬虫又称主题网络爬虫,它会选择性地爬取与预定主题相关的页面。与通用网络爬虫相比,聚焦网络爬虫只需爬取与主题相关的页面,极大地节省了硬件和网络资源,保存页面数量少且更新快,可以更好地满足特定人群对特定领域信息的爬取需求。

页面内容和链接重要性不同导致链接的访问顺序也不一样,因此聚焦爬虫的爬行策略分为以下四种。

基于内容评价的爬行策略将文本相似度计算方法引入网络爬虫中。该策略以用户输入的查询词为主题,将包含查询词的页面视为主题相关页面,其局限性在于无法评价页面与主题相关度的高低,可以尝试利用空间向量模型计算页面与主题的相关度。

页面链接指示了页面之间的相互关系,基于链接结构的搜索策略利用这些结构特征评价页面和链接的重要性,以此决定搜索顺序。其中,PageRank 算法是这类搜索策略的代表,具体做法是每次选择 PageRank 值较大的页面链接进行访问。

基于增强学习的爬行策略将增强学习引入聚焦爬虫,利用贝叶斯分类器,根据网页文本和链接文本对超链接分类,为每个链接计算重要性,从而决定链接的访问顺序。

基于语境图的爬行策略通过语境图学习网页之间的相关度。该策略训练一个机器学习系统,计算当前页面到相关 Web 页面的距离,优先访问距离近的页面链接。

3. 增量式网络爬虫

增量式网络爬虫对已下载的网页采取增量式更新策略,只爬行新产生或已经发生变化的网页,在一定程度上保证爬行尽可能新的页面。与周期性爬行和刷新页面的爬虫相比,增量式爬虫按需爬取新产生或发生更新的页面内容,有效减少了数据下载量并及时更新爬行过的网页,减少时间和空间上的耗费,但是增加了爬行算法的复杂度和实现难度。

为了保持本地存储的页面为最新页面,增量式爬虫通过监测网页数据的更新情况,持续更新本地的页面内容。采用统一更新法的爬虫以相同的频率访问所有网页,不考虑网页的改变频率。采用个体更新法的爬虫根据个体网页的改变频率重新访问各页面。采用基于分类的更新法的爬虫根据网页改变频率分为更新较快网页子集和更新较慢网页子集两类,然后以不同的频率访问这两类网页。

为了保证爬取的页面质量,增量式爬虫需要对网页的重要性进行排序,常用广度优先策略和 PageRank 优先策略;也可以采用自适应方法,根据历史爬取结果和网页实际变化速度对页面更新频率进行调整;或者将网页分为变化网页和新网页两类,分别采用不同的爬行策略。

4. 深层网页爬虫

Web 页面按照存在方式可以分为表层网页和深层网页两类。表层网页是指传统搜索引擎可以索引到的页面,以超链接可以到达的静态网页为主。深层网页是指隐藏在搜索表单后,大部分内容不能通过静态链接获取,只有用户提交关键词才能获得的 Web 页面。深层网页是目前互联网上最大、发展最快的新型信息资源。

深层网页爬行过程中最重要的部分就是表单填写,表单填写方法可以分为两类。

基于领域知识的表单填写:此方法一般会维持一个本体库,通过语义分析来选取合适的关键词填写表单。一种方法是将数据表单按照语义分配到各个组中,每组从多方面注解,结合各种注解结果预测最终的注解标签;也可以利用一个预定义的领域本体知识库识别深层网页内容,同时利用 Web 站点导航模式自动识别填写表单时所需的路径导航。

基于网页结构分析的表单填写:此方法一般无须领域知识或仅利用有限领域知识,将网页表单表示为文档对象模型(Document Object Model,DOM),从中提取表单字段值。一种方法是将 HTML(HyperText Markup language,超文本标记语言)网页表示为 DOM 树形式,对单属性表单和多属性表单分别处理;也可以将 Web 文档构造成 DOM 树,将文字属性映射到表单字段。

5.1.3 网络爬虫基本架构

网络爬虫主要完成两个任务,即下载目标网页和从目标网页中解析信息。一个简单网络爬虫的基本架构如图 5-1 所示。

图 5-1 网络爬虫基本架构

1. URL 管理模块

URL 管理模块负责管理 URL 链接，维护已经爬行的 URL 集合和计划爬行的 URL 集合，防止重复爬取或循环爬取。其主要功能包括：添加新的 URL 链接、管理已爬行的 URL 和未爬行的 URL 以及获取待爬行的 URL。

URL 管理模块的实现方式有两种：一种是利用 Python 集合数据类型不包含重复元素的特点达到去重效果，防止重复爬取或循环爬取；另一种实现方式是在数据库表的记录中增加一个 URL 标志字段，例如，已爬行的网页链接标记为"1"，未爬行的网页链接标记为"0"。当有新链接产生时，先在已爬行的链接集中查询，如果发现该链接已被标记为"1"，那么不再爬行该 URL 的链接页面。

2. 网页下载模块

这是网络爬虫的核心组件之一，用于从 URL 管理模块获取待爬行的 URL，并将对应的页面内容下载到本地，或者以字符串形式读入内存，方便后续使用字符串相关操作解析网页内容。

Python 第三方库 requests 是一个处理 HTTP（Hyper Text Transfer Protocol，超文本传输协议）请求的模块，其最大优点是程序编写过程更接近正常的 URL 访问过程。

3. 网页解析模块

网页解析模块是网络爬虫的另一个核心组件，用于从网页下载模块获取已下载的网页，并解析出有效数据交给数据存储器。网页解析的实现方式多种多样。由于下载到本地的网页内容以字符串形式保存，可以使用字符串相关操作从中解析出有价值的结构化数据，例如，可以使用正则表达式指定规则，然后根据规则找出感兴趣的字符串；也可以使用 Python 自带的 HTML 解析工具 html.parser 从网页内容的字符串中解析出相关信息；还可以使用 Python 第三方库 beautifulsoup4 实现网页解析。作为一种功能强大的结构化网页解析工具，beautifulsoup4 模块能够根据 HTML 和 XML（Extensible Markup Language，可扩展标记语言）语法建立解析树，进而高效解析和处理页面内容。

4. 数据存储器

数据存储器负责将网页解析模块解析出的数据存储起来，用于后续的数据分析和信息利用。

5.2　网页下载模块

网页下载模块将 URL 对应的网页下载到本地或读入内存。Python 提供了第三方库 requests 访问一个指定的 URL，返回有用的数据。

5.2.1 requests 库简介

requests 是一个处理 HTTP 请求的 Python 第三方库，需要预先安装。requests 模块在 Python 内置模块的基础上进行了高度封装，使得进行网络请求时更加简洁和人性化。

requests 库支持丰富的链接访问功能，包括 HTTP 长链接和链接缓存、国际域名和 URL 获取、HTTP 会话和 Cookie 保持、浏览器使用风格的 SSL 验证、自动内容解码、基本摘要身份验证、有效键值对的 Cookie 记录、自动解压缩、Unicode 响应主体、HTTP(S) 代理支持、文件分块上传、流式下载、连接超时和分块请求等。

5.2.2 requests 库的使用

1. requests 库的网页请求方法

通过 URL 访问网络链接并返回网页内容是 requests 模块的基本功能，其中与网页请求相关的函数有 6 个，具体使用方法如表 5-1 所示。

表 5-1 requests 模块的网页请求函数

函　数	说　明
get(url[,timeout=n])	对应 HTTP 的 GET 方式，获取网页最常用的方式，可选参数 timeout 设定每次请求超时时间，单位为秒
post(url,data={'key':'value'})	对应 HTTP 的 POST 方式，其中字典用于传递客户数据
delete(url)	对应 HTTP 的 DELETE 方式
head(url)	对应 HTTP 的 HEAD 方式
options(url)	对应 HTTP 的 OPTIONS 方式
put(url,data={'key':'value'})	对应 HTTP 的 PUT 方式，其中字典用于传递客户数据

requests.get()函数向目标网址发送请求，接收响应，返回一个 response 对象。这里的参数 url 必须采用 HTTP 或 HTTPS 方式访问。

```
In [1]: import requests
        url ='https: //www.baidu.com/'
        r_obj =requests.get(url)
        type(r_obj)
Out[1]: requests.models.Response
```

2. response 对象

调用 requests.get()函数后，返回的网页内容保存为一个 response 对象。response 对象的常用属性如表 5-2 所示。

表 5-2　response 对象的常用属性

属　性	说　明
status_code	HTTP 请求返回的状态码，为整数，200 表示连接成功，404 表示连接失败，500 表示内部服务器错误等
headers	HTTP 响应内容的网页 header 信息
encoding	HTTP 响应内容的编码形式
text	HTTP 响应内容的字符串形式，即 url 对应的页面内容
content	HTTP 响应内容的二进制形式

调用 requests.get()函数后，可以使用 response.status_code 属性返回 HTTP 请求之后的状态，如果请求未被响应，需要中止内容处理；否则系统返回一个 response 对象，其中存储了服务器的响应内容。大多数情况下，requests 用户可以使用 response.text 获取文本形式的响应内容，requests 自动解析服务器内容；也可以使用 response.encoding 属性返回页面内容的编码方式，可以为 encoding 属性赋值更改编码方式，便于处理中文字符。实际上，requests 也可以基于 HTTP 头部信息对相应编码做出有根据的推测，使用正确的编码方式访问 response.content，以字节形式直接保存返回的二进制数据。

```
In [2]: r_obj.status_code                    #状态码
Out[2]: 200
In [3]: r_obj.headers                        #网页 header 信息
Out[3]: {'Cache-Control': 'private, no-cache, no-store, proxy-revalidate, no
-transform', 'Connection': 'keep-alive', 'Content-Encoding': 'gzip', '
Content-Type': 'text/html', 'Date': 'Fri, 05 Feb 2021 01: 52: 06 GMT', 'Last-
Modified': 'Mon, 23 Jan 2017 13: 23: 55 GMT', 'Pragma': 'no-cache', 'Server': '
bfe/1.0.8.18', 'Set-Cookie': 'BDORZ=27315; max-age=86400; domain=.baidu.
com; path=/', 'Transfer-Encoding': 'chunked'}
In [4]: r_obj.encoding                       #网页编码
Out[4]: 'ISO-8859-1'
In [5]: r_obj.text                           #请求返回的文本信息，出现乱码
Out[5]: '<!DOCTYPE html>\r\n<!--STATUS OK--><html><head><meta http-equiv=
content-type content=text/html;charset=utf-8><meta http-equiv=X-UA-Compatible
content=IE=Edge><meta content=always name=referrer><link rel=stylesheet type=
text/css href=https: //ss1.bdstatic.com/5eN1bjq8AAUYm2zgoY3K/r/www/cache/bdorz/
baidu.min.css><title>ç\x993/4å°|ä.\x80ä.\x8bï1/4\xa0ä°±ç\x9f¥é\x81\x93</title>
</head><body link=#0000cc><div id=wrapper><div id=head>…
In [6]: r_obj.encoding='utf-8' #重新设置网页编码，使用 utf-8 编码
Out[6]: '<!DOCTYPE html>\r\n<!--STATUS OK--><html><head><meta http-equiv
=content-type content=text/html; charset=utf-8><meta http-equiv=X-UA-
Compatible content=IE=Edge><meta content=always name=referrer><link rel=
stylesheet type=text/css href=https: //ss1.bdstatic.com/5eN1bjq8AAUYm2-
zgoY3K/r/www/cache/bdorz/baidu.min.css><title>百度一下，你就知道</title></
head><body link=#0000cc><div id=wrapper><div id=head>… … … …
```

```
In [7]: r_obj.content                              #以字节形式返回的非文本信息
Out[7]: b'<!DOCTYPE html>\r\n<!--STATUS OK--><html><head><meta http-equiv
=content-type content=text/html; charset=utf-8><meta http-equiv=X-UA-
Compatible content=IE=Edge><meta content=always name=referrer><link rel=
stylesheet type = text/css href = https: //ss1. bdstatic. com/5eN1
bjq8AAUYm2zgoY3K/r/www/cache/bdorz/baidu.min.css><title>\xe7\x99\xbe\xe5\
xba\xa6\xe4\xb8\x80\xe4\xb8\x8b\xef\xbc\x8c\xe4\xbd\xa0\xe5\xb0\xb1\xe7\x9f\
xa5\xe9\x81\x93</title></head><body link=#0000cc>… … … …
```

除了属性,response 对象还提供了一些方法,如表 5-3 所示。

表 5-3 response 对象的常用方法

方　法	说　　明
json	如果 HTTP 响应内容包含 JSON 格式数据,则解析 JSON 数据
raise_for_status()	如果状态码不是 200,则抛出异常

response 对象的 json()方法解析 HTTP 响应内容中的 JSON 数据;response 对象的 raise_for_status()方法可以用于 try…except…结构,在非成功响应后抛出异常,避免状态码 200 以外的各种意外。例如,遇到 DNS 查询失败、拒绝连接等,requests 会抛出 ConnectionError 异常;遇到无效响应时,requests 会抛出 HTTPError 异常;如果请求 url 超时,会抛出 Timeout 异常;请求超过了设定的最大重定向次数,会抛出 TooManyRedirect 异常,等等。

例 5-1 编写一个获取网页内容的函数。

```
In [1]: import requests
        def getHTMLText(url):
            try:
                r_obj=requests.get(url,timeout=30)
                r_obj.raise_for_status()
                r_obj.encoding='utf-8'
                return r_obj.text
            except:
                return ""
        url="http: //www.baidu.com"
        print(getHTMLText(url))
Out[1]: <!DOCTYPE html>
        <!--STATUS OK--><html><head><meta http-equiv=content-type content
      =text/html;charset=utf-8><meta http-equiv=X-UA-Compatible content=IE
      =Edge><meta content=always name=referrer><link rel=stylesheet type=
      text/css href=http://s1.bdstatic.com/r/www/cache/bdorz/baidu.min.css><
      title>百度一下,你就知道</title></head><body link=#0000cc><div id=
      wrapper><div id=head><div class=head_wrapper>… … … …
```

5.3　网页解析模块

使用 requests 模块获取 HTML 页面并将其转换成字符串之后，需要进一步解析 HTML 页面格式，提取有用信息，这需要解析和处理 HTML、XML 的函数库。

5.3.1　beautifulsoup4 库简介

Python 第三方库 beautifulsoup4(也称 BeautifulSoup 或 bs4 库)用于解析和处理 HTML、XML 文件并提取数据。beautifulsoup4 支持多种解析器，其优势是能够根据 HTML 和 XML 语法建立解析树，进而高效解析其中的内容，为用户提供需要的数据。

在使用之前，需要预先安装第三方库 beautifulsoup4。在 Scripts 文件夹下打开命令提示符窗口，使用命令 pip install beautifulsoup4 进行安装。

安装完成后，需要在 Python 解释器中导入 beautifulsoup4，可以使用 from…import 方式从 bs4 模块直接引用 BeautifulSoup 类，方法如下。

```
In [1]: from bs4 import BeautifulSoup
```

然后，就可以使用 beautifulsoup4 模块提供的函数和方法处理导航、搜索、修改分析树等一系列操作。

5.3.2　文档对象模型

HTML 建立的 Web 页面一般比较复杂，除了有用数据之外，还包含大量用于页面格式的元素。一个网页文件通常可以表示为一个文档对象模型(Document Object Model，DOM)。DOM 是一种处理 HTML 和 XML 文件的标准编程接口，它提供了对整个文档的访问模型，将网页文档表示为一个树形结构，树的每个节点表示一个 HTML 标签(Tag)或标签内的文本项。DOM 树结构精确地描述了 HTML 文档中标签间的关联性，如图 5-2 所示。

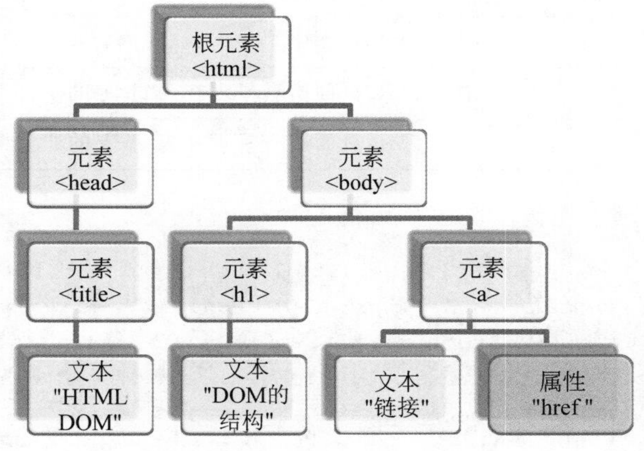

图 5-2　文档的 DOM 树结构

将 HTML 或 XML 文档转换为 DOM 树的过程称为解析。HTML 文档被解析后，转换为 DOM 树，因此对 HTML 文档的处理可以通过对 DOM 树的操作实现。DOM 树不仅描述了文档的结构，还定义了节点对象的行为。利用节点对象的方法和属性，可以方便地访问、修改、添加和删除 DOM 树的节点和内容。

Python 第三方库 beautifulsoup4 将复杂 HTML 文档转换成一个树形结构，将专业的 Web 页面格式解析部分封装成函数。这些方便有效的处理函数为用户解析和处理 HTML、XML 文件提供了便捷。

5.3.3 创建 BeautifulSoup 对象

导入 bs4 库的 BeautifulSoup 类之后，通过 BeautifulSoup 类创建一个 BeautifulSoup 对象。实例化的 BeautifulSoup 对象相当于一个页面，表示一个文档的全部内容。

```
In [1]: import requests
        from bs4 import BeautifulSoup
        url ='http: //www.baidu.com'
        r_obj =requests.get(url)
        bs =BeautifulSoup(r_obj.content, from_encoding='utf-8')
        type(bs)
Out[1]: bs4.BeautifulSoup
```

BeautifulSoup 对象是一个树状结构，它包含 HTML 页面的每一个标签(Tag)元素，如<head>、<body>等。也就是说，HTML 的主要结构都成为 BeautifulSoup 对象的属性。表 5-4 列出了 BeautifulSoup 对象的常用属性。

表 5-4 BeautifulSoup 对象的常用属性

属 性	说 明
head	HTML 页面的<head>内容
title	HTML 页面标题，在<head>中，由<title>标记
body	HTML 页面的<body>内容
p	HTML 页面中第一个<p>内容
strings	HTML 页面所有呈现在 Web 上的字符串，即标签的内容
stripped_strings	HTML 页面所有呈现在 Web 上的非空格字符串

```
In [2]: bs.head
Out[2]: <head><meta content="text/html;charset=utf-8" http-equiv="content
-type"/> <meta content="IE=Edge" http-equiv="X-UA-Compatible"/> <meta
content="always" name="referrer"/> <link href="http://s1.bdstatic.com/r/
www/cache/bdorz/baidu.min.css" rel="stylesheet" type="text/css"/><title>百
度一下,你就知道</title></head>
```

```
In [3]: bs.title                    #每一个对应 HTML Tag 的属性是一个 Tag 类型
Out[3]: <title>百度一下,你就知道</title>
In [4]: type(bs.title)
Out[4]: bs4.element.Tag
In [5]: bs.p
Out[5]: <p id="lh"><a href="http://home.baidu.com">关于百度</a><a href="
http://ir.baidu.com">About Baidu</a></p>
```

许多情况下,可以将 BeautifulSoup 对象看作 Tag 对象,它支持遍历 DOM 树和搜索 DOM 树的大部分方法。创建 BeautifulSoup 对象之后,可以使用 BeautifulSoup 对象的方法查找和解析网页。

5.3.4　查询节点

当需要列出标签对应的所有内容或者需要找到非第一个标签时,可以使用 BeautifulSoup 对象的 find()和 findall()方法。这两个方法可以遍历整个 HTML 文档,依据查找条件返回标签内容。

1. find()方法

find()方法实现指定范围内的单次条件定位,目的是找到满足条件的第一个节点,返回第一个匹配的对象。

find()方法语法格式如下:

```
find(name, attrs, recursive, string)
```

参数 name:标签名,可以是字符串类型,定位到指定标签名的节点;也可以是列表类型,用于匹配多个标签名;还可以是正则表达式,用于传递自定义的标签名规则;找到后返回一个 BeautifulSoup 标签对象。

参数 attrs:标签的属性,以字典类型指定标签的属性名及属性值,查找其第一次出现的位置,找到后返回一个 BeautifulSoup 标签对象。

参数 recursive:设置查找层次,布尔类型数据,默认值为 True,表示当前标签下的所有子孙标签;如果设置为 False,表示只查找当前标签下的直接子标签。

参数 string:查找标签的文本内容,而不使用标签的属性去匹配。参数可以是字符串类型,字符串列表等,搜索指定范围的字符串内容,返回匹配字符串的列表。

find()方法的参数相当于过滤器,可以对页面内容进行筛选处理。依据 find()方法的参数查找满足条件的标签,返回找到的第一个节点信息。

```
In [6]: bs.find('title')                                     #查找 title 标签
Out[6]: <title>百度一下,你就知道</title>
In [7]: link_tag =bs.find('a')                               #查找第一个链接标签
Out[7]: <a class="mnav" href="http://news.baidu.com" name="tj_trnews">新闻
</a>
```

```
In [8]: link_tag.name                                   #节点标签名称
Out[8]: 'a'
In [9]: link_tag.attrs                                  #节点的属性
Out[9]: {'href': 'http://news.baidu.com', 'name': 'tj_trnews', 'class': ['mnav']}
In [10]: link_tag['href']
Out[10]: 'http://news.baidu.com'
In [11]: link_tag.text
Out[11]: '新闻'
```

2. find_all()方法

find_all()方法实现指定范围内多个符合要求的定位,目的是找到所有满足条件的节点,返回多个匹配结果构成的列表。

find_all()方法语法格式如下:

```
find_all(name, attrs, recursive, string, limit, **kwargs)
```

其中,范围限制参数 limit 只用于 find_all()方法,设置网页中获取结果的范围。find()方法相当于参数 limit 等于 1 的情形。参数**kwargs(keyword arguments)表示可变长度的关键字参数,用于选择具有指定属性的标签,属于冗余技术。其他参数的含义与 find()方法类似。

```
In [12]: bs.find_all('a')                                  #查找所有的链接标签
Out[12]: [<a class="mnav" href="http://news.baidu.com" name="tj_ trnews">新
闻</a>, <a class="mnav" href="http://www.hao123.com" name= "tj_trhao123">
hao123</a>, <a class="mnav" href="http://map.baidu. com" name="tj_trmap">地
图</a>, <a class="mnav" href="http://v.baidu.com" name ="tj_trvideo">视频</
a>, <a class="mnav" href="http://tieba.baidu.com" name="tj_trtieba">贴吧</a
>, <a class="lb" href="http://www.baidu.com/ bdorz/login.gif?login&amp;tpl
=mn&amp;u=http%3A%2F%2Fwww.baidu.com%2f%3fbdorz_come%3d1" name="tj_login"
>登录</a>, <a class="bri" href="//www. baidu.com/more/" name="tj_briicon"
style="display: block;">更多产品</a>, <a href="http://home.baidu.com">关于
百度</a>, <a href="http://ir.baidu. com">About Baidu</a>, <a href="http://
www.baidu.com/duty/">使用百度前必读</a>, <a class="cp-feedback" href="
http://jianyi.baidu.com/">意见反馈</a>]
In [13]: bs.find_all('a', class_='mnav') #查找属性 class 为 mnav 的所有链接标签,
          #这里的"class_"表示 HTML 样式,以区分 Python 关键字"class"
Out[13]: [<a class="mnav" href="http://news.baidu.com" name="tj_ trnews">新
闻</a>, <a class="mnav" href="http://www.hao123.com" name="tj_ trhao123">
hao123</a>, <a class="mnav" href="http://map.baidu.com" name="tj_trmap">地图
</a>, <a class="mnav" href="http://v.baidu.com" name="tj_trvideo">视频</a>,
<a class="mnav" href="http://tieba.baidu. com" name="tj_trtieba">贴吧</a>]
```

BeautifulSoup 对象的 find()方法和 findall()方法可以根据标签名称、标签属性和标签内容查找并返回标签列表。当根据标签属性查询时，属性名及对应属性值采用字典类型；当根据字符串查询时，可能需要使用正则表达式指定匹配规则才能得到检索结果。例如，对于查到的第一个链接标签“<a class="mnav" href="http://news.baidu.com" name="tj_trnews">新闻</a>”，标签 a 对应的节点具有样式 mnav，属性 href 和 name，文本内容是“新闻”。可以按照不同方式进行查询，以获取需要的网页内容。

```
In [1]: import requests
        from bs4 import BeautifulSoup
        url ='http: //www.baidu.com'
        r_obj =requests.get(url)
        bs =BeautifulSoup(r_obj.content,
                          'lxml',
                          from_encoding='utf-8')
        link_tag =bs.find_all('a')
        #按照标签名称查询文档中所有的超链接(a 标签节点)
        link_tag
Out[1]: [<a class="mnav" href="http://news.baidu.com" name="tj_ trnews">新闻
</a>, <a class="mnav" href="http://www.hao123.com" name="tj_trhao123">
hao123</a>, <a class="mnav" href="http://map.baidu. com" name="tj_trmap">地
图</a>, <a class="mnav" href="http://v.baidu.com" name ="tj_trvideo">视频</
a>, <a class="mnav" href="http://tieba.baidu.com" name="tj_trtieba">贴吧</a
>, <a class="lb" href="http://www.baidu.com/ bdorz/login.gif?login&amp;tpl
=mn&amp;u=http%3A%2F%2Fwww.baidu.com%2f%3fbdorz_come%3d1" name="tj_login"
>登录</a>, <a class="bri" href="//www. baidu.com/more/" name="tj_briicon"
style="display: block;">更多产品</a>, <a href="http://home.baidu.com">关于
百度</a>, <a href="http://ir.baidu. com">About Baidu</a>, <a href="http://
www.baidu.com/duty/">使用百度前必读</a>, <a class="cp-feedback" href="
http://jianyi.baidu.com/">意见反馈</a>]
In [2]: bs.find_all('a',string='新闻')
        #按照标签内容查询,查找文本内容为“新闻”的超链接
Out[2]: [<a class="mnav" href="http://news.baidu.com" name="tj_trnews">新闻
</a>]
In [3]: bs.find_all('a',{'href': "http: //news.baidu.com"})
        #按照标签属性查询指定规则的标签,属性和值采用字典类型,值为字符串类型
Out[3]: [<a class="mnav" href="http://news.baidu.com" name="tj_trnews">新闻
</a>]
In [4]: import re
        bs.find_all('a',{'name': re.compile('tj_tr')})
        #按照标签属性查询属性 name 含有“tj_tr”的超链接,键值对的值是正则表达式
```

```
Out[4]: [<a class="mnav" href="http://news.baidu.com" name="tj_ trnews">新闻
</a>, <a class="mnav" href="http://www.hao123.com" name ="tj_trhao123">
hao123</a>, <a class="mnav" href="http://map.baidu. com" name="tj_trmap">地
图</a>, <a class="mnav" href="http://v.baidu.com" name="tj_trvideo">视频</a
>, <a class="mnav" href="http://tieba.baidu. com" name="tj_trtieba">贴吧</
a>]
```

5.3.5 获取节点信息

1. 利用 Tag 对象获取节点信息

不难发现，BeautifulSoup 对象的属性名与 HTML 的标签名称相同。实际上，HTML 页面中的每一个 Tag 元素在 beautifulsoup4 库中也是一个对象，称为 Tag 对象，如<head>、<title>等。使用 find()方法查询节点信息的返回结果也是 Tag 对象。因此可以使用 Tag 对象的 name、attrs 和 string 属性获得节点信息。Tag 对象的常用属性如表 5-5 所示。

表 5-5 Tag 对象的常用属性

属　性	说　　明
name	字符串，节点标签的名称，如 a
attrs	字典，包括原来页面标签的所有属性，如 href
contents	列表，这个 Tag 对象下所有子标签的内容
string	字符串，Tag 对象包含的文本数据，即网页中真实的文字

```
In [1]: import requests
        from bs4 import BeautifulSoup
        url ='http: //www.baidu.com'
        r_obj =requests.get(url)
        bs =BeautifulSoup(r_obj.content, from_encoding='utf-8')
        type(bs.head)
Out[1]: bs4.element.Tag
In [2]: type(bs.find('a'))
Out[2]: bs4.element.Tag
In [3]: bs.a
Out[3]: <a class="mnav" href="http://news.baidu.com" name="tj_trnews">新闻
</a>
In [4]: bs.a.name                                   #字符串，节点标签的名称
Out[4]: 'a'
In [5]: bs.a.attrs                                  #字典
Out[5]: {'href': 'http://news.baidu.com', 'name': 'tj_trnews', 'class': ['mnav
']}
```

```
In [6]: bs.a.string                                          #字符串
Out[6]: '新闻'
In [7]: bs.a.contents                                        #列表
Out[7]: ['新闻']
```

2. 利用 BeautifulSoup 对象获取其他节点信息

一个网页文件通常表示为一个 DOM 树结构，它精确地描述了 HTML 文档中标签节点间的层次关系。在解析网页文档的过程中，可以利用 beautifulsoup4 模块中 BeautifulSoup 对象的上行遍历属性和下行遍历属性获取不同层次节点的信息。

BeautifulSoup 对象用于 DOM 树的下行遍历属性如表 5-6 所示。

表 5-6　DOM 树的下行遍历属性

属　性	说　明
contents	子节点的列表，列表中包含指定标签的所有子节点
children	子节点的迭代类型，用于循环遍历子节点
descendants	子孙节点的迭代类型，用于循环遍历所有子孙节点

以如图 5-3 所示页面内容为例，使用 BeautifulSoup 对象获取不同层次节点的信息。

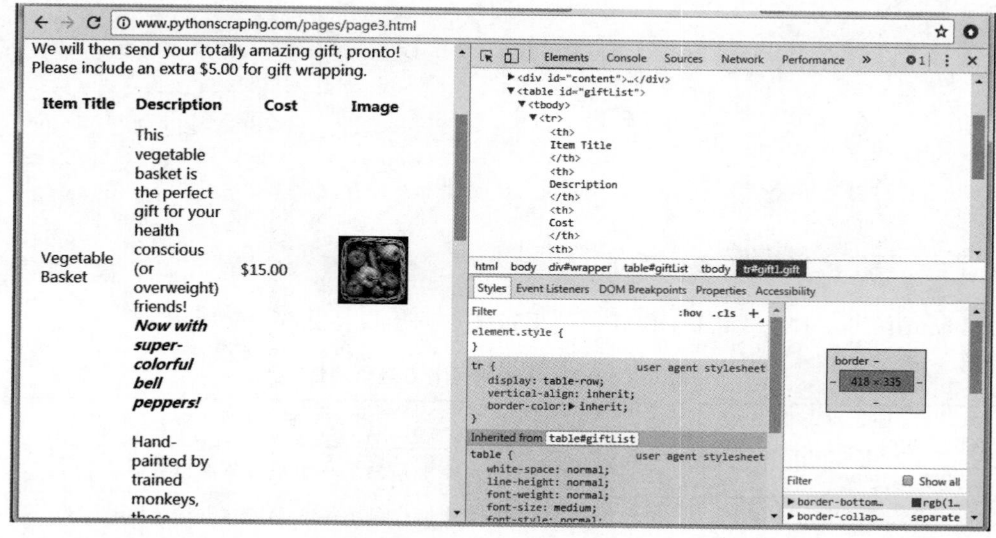

图 5-3　查询网页部分内容

```
In [1]: url ='http://www.Pythonscraping.com/pages/page3.html'
        r_obj =requests.get(url)
        bs_obj =BeautifulSoup(r_obj.content, 'lxml')
```

```
    table_tag =bs_obj.find('table')                      #获取表格标签
    #获取表格的每行内容,即"孩子"节点
    for row in table_tag.children:
        print(row)
Out[1]: <tr><th>
     Item Title
     </th><th>
     Description
     </th><th>
     Cost
     </th><th>
     Image
     </th></tr>
     … … … …
In [2]: for descendant in table_tag.descendants:          #获取子孙节点
            print(descendant)
Out[2]: <tr><th>
     Item Title
     </th><th>
     Description
     </th><th>
     Cost
     </th><th>
     Image
     </th></tr>
     <th>
     Item Title
     </th>
     …
```

BeautifulSoup 对象用于 DOM 树的平行节点遍历属性如表 5-7 所示。

表 5-7 DOM 树的平行节点遍历属性

属 性	说 明
next_sibling	返回按照 HTML 文本顺序的下一个平行节点标签
previous_sibling	返回按照 HTML 文本顺序的上一个平行节点标签
next_siblings	迭代类型,返回按照 HTML 文本顺序的后续所有平行节点标签
previous_siblings	迭代类型,返回按照 HTML 文本顺序的先前所有平行节点标签

```
In [3]: for sibling in first_row.next_siblings:
            print(sibling)
```

```
Out[3]: <tr class="gift" id="gift1"><td>
        Vegetable Basket
        </td><td>
        This vegetable basket is the perfect gift for your health conscious (or
        overweight) friends!
        <span class="excitingNote">Now with super-colorful bell peppers!</
        span>
        </td><td>
        $15.00
        </td><td>
        <img src="../img/gifts/img1.jpg"/>
        </td></tr>
        …
```

BeautifulSoup 对象用于 DOM 树的上行遍历属性如表 5-8 所示。

表 5-8　DOM 树的上行遍历属性

属　性	说　　明
parent	返回元素的父节点
parents	先辈节点的迭代类型,用于循环遍历所有先辈节点

```
In [4]: first_row.parent                          #返回"父亲"节点
Out[4]: <table id="giftList">
        <tr><th>
        Item Title
        </th><th>
        Description
        </th><th>
        Cost
        </th><th>
        Image
        </th></tr>
        <tr class="gift" id="gift1"><td>
        Vegetable Basket
        </td><td>
        …
```

5.4　scrapy 爬虫框架概述

scrapy 是一个开源的 Python 爬虫框架,用于爬行 Web 站点并从页面中提取结构化数据,可以用于数据挖掘、信息处理和历史数据存储等一系列程序。scrapy 爬虫的集成程度很高,所有步骤都进行了模块化,只需编写少量代码即可快速进行爬虫开发和实践,简捷方便地完成爬取任务。scrapy 功能强大,易扩展,是广受欢迎的 Python 爬虫框架。

5.4.1 scrapy 爬虫框架简介

1. 爬虫框架

scrapy 是一个爬虫框架而非 Python 功能函数库,它可以帮助用户简单迅速地部署一个专业的网页爬虫。所谓爬虫框架,可以看作一个半成品的爬虫,它已经实现了工作队列、下载器、保存处理数据的逻辑,以及日志、异常处理等功能。用户的工作是配置这个爬虫框架,针对具体爬取的网站,只需编写相应的爬取规则即可,而诸如多线程下载、异常处理等,全部交给框架来实现。配置好爬虫框架,爬虫可以顺畅地根据规则去爬取数据,还会自动处理很多事情。与用户自己为 requests 添加功能代码相比,爬虫框架的执行效率明显提高。因此,使用爬虫框架可以大大简化编写代码的工作量,并且提高爬虫的运行效率。

2. scrapy 爬虫框架

作为一个相对成熟的爬虫框架,scrapy 有着丰富的文档和开放的社区交流空间,是 Python 中最著名、最受欢迎、最活跃的爬虫框架。scrapy 爬虫框架主要由引擎(Engine)、调度器(Scheduler)、下载器(Downloader)、爬虫(Spiders)、管道(Item Pipelines)、下载器中间件(Downloader Middleware)、Spider 中间件(Spider Middlewares)等几部分组成,具体结构如图 5-4 所示。

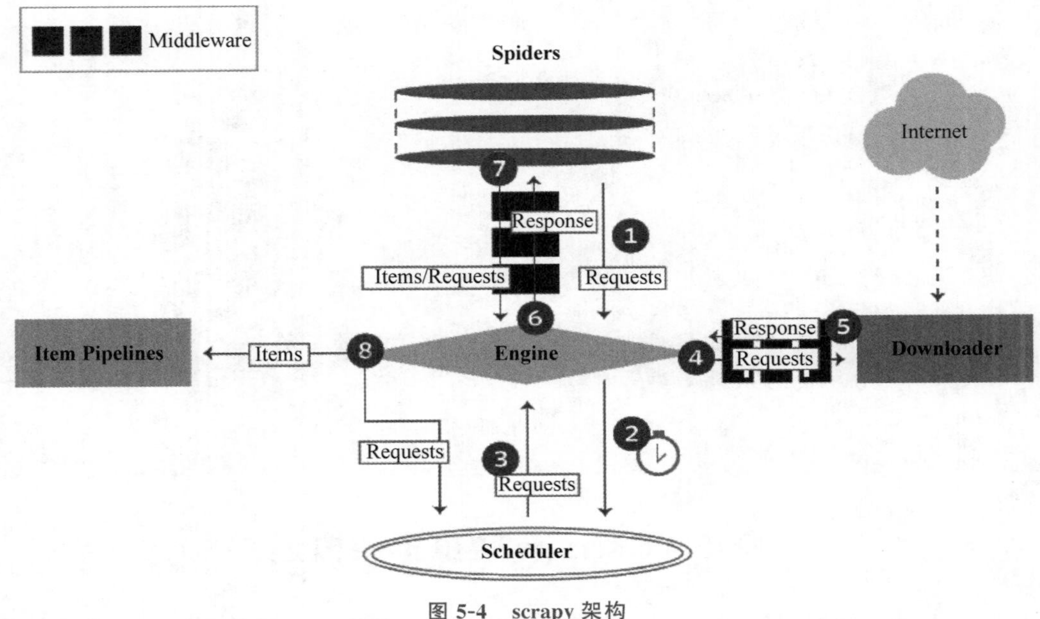

图 5-4 scrapy 架构

引擎(Engine)：引擎是 scrapy 框架的核心部分，负责控制数据流在系统所有组件中流动，在 Spiders 和 Item Pipelines、Downloader、Scheduler 之间通信、传递数据等，并在不同条件下触发相应事件。引擎相当于整个爬虫的调度中心。

调度器(Scheduler)：调度器接受引擎发送的请求并将它们加入队列，负责调度请求的顺序并在需要时将它们提供给引擎。初始爬取的 URL 和后续获取的待爬行 URL 都被放入调度器，等待爬取。调度器可以自动去除重复 URL，也可以设置实现特定 URL 的不去重需求。

下载器(Downloader)：下载器负责接收引擎传来的下载请求，然后下载相应的页面数据并提供给引擎，进而提供给 Spider。

爬虫(Spiders)：Spiders 向引擎发送需要爬行的链接，然后引擎把其他模块请求回来的数据再发送给爬虫，爬虫解析需要的数据。Spiders 是 scrapy 用户自己编写的一个类，要爬取哪些链接，需要页面中的哪些数据都是由程序员自己决定。每个 Spider 处理一个或一组域名。

管道(Item Pipelines)：负责处理 Spiders 传来的数据并保存，主要任务是清洗、验证和存储数据。Spider 解析页面提取的数据被发送到管道，经过几个特定的次序处理数据，最后存入本地文件或数据库。

下载器中间件(Downloader Middleware)：下载器中间件介于 scrapy 引擎和下载器之间，是可以扩展下载器和引擎之间通信功能的中间件，主要处理下载器传递给引擎的响应。下载器中间件提供了一个简便机制，可以通过插入自定义代码扩展 scrapy 功能。通过设置下载器中间件可以实现爬虫自动更换 IP 等功能。

Spider 中间件(Spider Middlewares)：可以扩展引擎和爬虫之间通信功能的中间件，主要功能是处理 Spider 的响应输入和请求输出。Spider 中间件可以通过插入自定义代码扩展 scrapy 的功能。

5.4.2　scrapy 框架工作过程

在引擎的控制下，scrapy 框架的工作过程如下。

(1) 引擎打开一个网站，找到处理该网站的 Spiders，并向该 Spiders 请求一个要爬取的 URL，用该 URL 构造一个 Request 对象，提交给引擎，如图 5-4 中①。

(2) 引擎将爬取请求转发给调度器，Request 对象进入调度器，按照某种调度算法排队，之后由引擎交给下载器，如图 5-4 中②③④。

(3) 下载器根据 Request 对象中的 URL 发送一次 HTTP 请求到目标网站服务器，并接受返回的 HTTP 响应，构建一个 Response 对象，如图 5-4 中⑤。

(4) 引擎将 Response 提交给 Spiders，如图 5-4 中⑥。

(5) Spiders 提取 Response 中的数据，构造出 Item 对象或者根据新的链接构造出 Request 对象，分别由引擎提交给管道或者调度器，如图 5-4 中⑦⑧。

(6) 这个过程反复进行，直至调度器中没有更多的 URL 请求，爬取得到了所有需要的数据，引擎关闭该网站。

5.4.3 scrapy 爬虫框架的安装

安装 scrapy 爬虫框架的常用方法有两种：一种是使用 conda 安装可能包含任何编程语言的软件包，另一种是使用 pip 安装 Python 软件包。

1. 包管理工具 conda 和 pip 的比较

conda 和 pip 都是软件包管理工具，它们的某些功能重叠。在开源的 Python 包管理器 Anaconda 中，conda 和 pip 安装的软件包都是 Python 环境的一部分，安装在相同路径下，两种方法安装的同一种软件包在使用上没有区别。实际上，conda 和 pip 适用于不同的设计目的，侧重于不同用户组和使用模式。

区别一：conda 可以安装任何编程语言写的软件包，而 pip 通常安装 Python 包。conda 是一种跨平台的通用包管理系统，一个与编程语言无关的跨平台的包和环境管理器，可以安装和管理来自 Anaconda Repository 以及 Anaconda Cloud 的软件包。conda 不限于安装 Python 软件包，它们还可以包含 C 或 C++ 库，R 包或任何其他软件。而 pip 是 Python 官方认可的包管理器，通常用于安装在 Python 包索引(PyPI，即 Python 相关包的仓库)上发布的软件包。pip 是 Python 包的通用管理器，在安装打包为 wheels 或源代码分发的 Python 软件时，可能要求系统安装兼容的编译器和库。

在使用 pip 之前，需要下载并运行安装程序来安装 Python 解释器；而 conda 可以直接安装 Python 包以及 Python 解释器。

区别二：conda 能够创建包含不同版本 Python 或其他软件包的隔离环境，而 pip 没有内置环境的支持。使用数据分析工具时，conda 能够创建隔离环境的功能非常有用，因为不同工具包含的软件要求可能存在冲突，冲突避免规则会阻止它们全部安装到单个系统环境中。pip 没有内置环境的支持，而是依赖 virtualenv 或 venv 等其他工具来创建隔离环境。

区别三：在如何实现安装环境的软件依赖关系方面，pip 和 conda 存在着差异。使用 conda 安装软件包的同时会自动安装其依赖项，确保在安装环境中满足包的所有依赖项安装要求；而使用 pip 安装软件包时，或许会忽略依赖项直接进行安装，不能保证满足软件包的所有依赖关系。使用 conda 时，检查安装环境可能需要额外的时间，但可以有效避免后期创建安装环境的失败。使用 pip 时，如果较早安装的软件包与稍后安装的软件包存在版本不兼容的情况，很可能导致后期创建安装环境的操作失败。

考虑到 conda 和 pip 功能的相似性，可以将二者结合起来创建数据分析环境。其主要原因是有些 Python 软件包只能使用 pip 安装。conda 和 pip 的功能比较如表 5-9 所示。

表 5-9 conda 和 pip 的比较

类 别	conda	pip
管理	二进制	wheel 或源码
需要编译器	否	是
语言	任意	Python

续表

类　别	conda	pip
虚拟环境	支持	依赖 virtualenv 或 venv
依赖性检查	是	屏幕提示用户选择
包来源	Anaconda Repository 和 Anaconda Cloud	pypi

2. 使用 conda 安装 scrapy

使用 pip install 安装 scrapy 之前需要安装大量的依赖库，比较烦琐。因此，对于 Windows 操作系统下的用户，建议使用 conda 在 Anaconda Prompt 下安装 scrapy，如图 5-5 所示。

具体地说，在“开始”菜单找到 Anaconda 文件夹，展开文件夹，然后单击 Anaconda Prompt(见图 5-6)，打开如图 5-5 所示的 Anaconda Prompt 窗口。可能的安装步骤如下。

图 5-5　Anaconda Prompt 目录

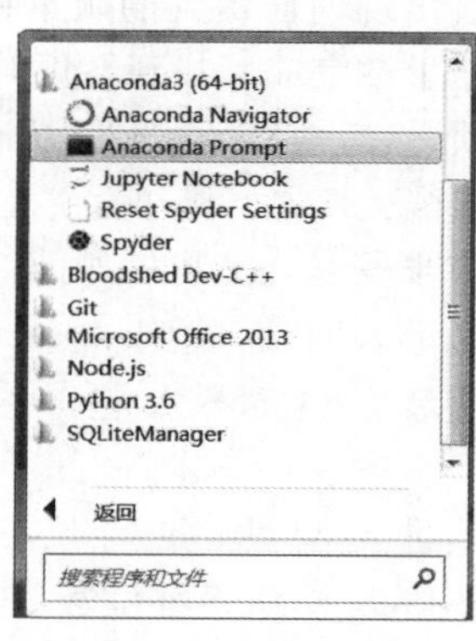

图 5-6　“开始”菜单

步骤一：可以使用 conda list 命令输出 Anaconda 包含的科学包及其安装信息，拖动鼠标到达“s”开头的文件名称位置，查看是否存在“scrapy”。如果没有自带的 scrapy，就需要自己安装了。

步骤二：通常情况下，使用 conda 安装 scrapy 只需要执行一条语句：conda install scrapy，但是在 scrapy 安装中可能会遇到各种问题。

问题一：在普通 DOS 环境下已经安装了 scrapy 包，但是使用时报错或不能正常使用，可以运行命令 conda uninstall scrapy，将当前 DOS 环境下的 scrapy 卸载，然后在 Anaconda Prompt 窗口重新安装。

问题二：因依赖包版本问题，安装的 scrapy 在使用中报错。首先，卸载当前的 scrapy 包，尝试安装更新版本的 scrapy。一般来说，在 Anaconda 3-4.2 版本下使用 conda install scrapy 命令，Anaconda 会自动下载 scrapy 包。

问题三：总是提示超时错误或者这样安装的 scrapy 总是不能正常使用。用户可以使用 conda uninstall scrapy，将 DOS 下的 scrapy 卸载，然后考虑使用 pip install 命令安装 scrapy。

3. 使用 pip 安装 scrapy

使用 pip 安装 scrapy 之前,需要卸载无法使用的 scrapy。可以在 anaconda3/Scripts 文件夹下打开命令提示符窗口,使用 conda uninstall scrapy 命令卸载;也可以在 anaconda3/Scripts 文件夹下打开命令提示符窗口,使用 pip uninstall scrapy 命令卸载 scrapy。

在 Windows 7 系统中,使用 pip install scrapy 命令安装 scrapy 之前,通常需要多个依赖包的支持。用户可以进入网站"http://www.lfd.uci.edu/~gohlke/Pythonlibs/"下载需要的 whl 安装文件。这里以 Python 3.6 版本的 scrapy 安装为例,具体步骤如下。

步骤一:安装 lxml。

进入网站,找到 lxml-3.7.3-cp36-cp36m win amd64.whl,下载即可。需要注意的是,这里"36"是对应 Python 3.6 版本,amd64 对应 64 位操作系统,一定要与用户使用的 Python 版本一致。因为这里使用 Python 3.6 版本,所以下载对应版本的 lxml 安装包,否则会出现前面提到的版本错误。

下载完成后找到文件对应的路径,可以鼠标右键单击该文件,在快捷菜单中单击"属性"选项,然后选择"安全"选项卡,复制"对象名称"右边的 lxml 文件及路径。然后在 anaconda3/Scripts 文件夹下打开命令提示符窗口,使用"pip install <lxml 文件及路径>"命令安装 lxml。

步骤二:安装 pyOpenSSL。

进入网站,找到 pyOpenSSL-18.0.0-py2.py3-none-any.whl 并下载,然后按照如上步骤安装 pyOpenSSL 包。

步骤三:安装 twisted。

进入网站,找到 twisted-17.1.0-cp36-cp36m win amd64.whl,即找到与自己的 Windows 操作系统位数、Python 版本号一致的安装包并下载,后续安装步骤与前面相似。

步骤四:安装 pywin32。

进入官网 https://sourceforge.net/projects/pywin32/files/pywin32/Build 221/,找到与自己 Python 版本对应的安装文件并下载,采用默认方式一步步直接安装就可以。如果屏幕出现"无法进入对应的目录(Python 3.6 安装的位置)",这是因为用户权限不够,可以右键单击鼠标,在快捷菜单中选择"以管理员身份运行",然后以默认方式安装即可。这里与 Python 3.6 版本一致的安装命令为:pip install pypiwin32-220-cp36-none-win_amd64.whl。以上安装依赖包的步骤都完成之后,开始安装 scrapy。

步骤五:安装 scrapy。

只需要在 anaconda3/Scripts 文件夹下打开命令提示符窗口,输入命令:pip install scrapy。

可能遇到的问题如下。

问题一:命令提示符下"pip install scrapy"报错"unable to find vcvarsall.bat"。

这是使用 pip 在 Windows 操作系统下安装 scrapy 最常见的问题,主要因为在 Windows 操作系统下没有正确安装 twisted 库。针对这个问题,可以先下载与 Windows 操作系统的位数、Python 版本号相对应的二进制 whl 安装包,然后在 anaconda3/Scripts 文件夹下打开命令提示符窗口,使用"pip install <twisted 文件及路径>"命令安装

twisted 包。以 64 位 Windows 操作系统、Python 3.6 版本为例，在网站"https://www.lfd.uci.edu/～gohlke/Pythonlibs/"下载对应版本的依赖包，执行命令：pip install C:\Users\dell\Downloads\ Twisted-17.1.0-cp36-cp36m win amd64.whl，其中，pip install 命令后面填写的是 whl 安装包所在的绝对路径，这里是放在了 C 盘用户文件夹下的 Downloads 子文件夹内。依次成功安装 twisted、lxml、pywin32、pyOpenSSL 等依赖包之后，就可以使用"pip install scrapy"命令在 Windows 平台安装 scrapy 框架了。

问题二：TypeError：attr() got an unexpected keyword argument 'converter'。

这是因为 attrs 这个包的版本太低了。例如，在 scrapy 2.0.0 版本下，将 attrs 升级到 17.4.0 版本以上就可以了，可以使用安装命令"pip install attrs==17.4.0"。

如果在 Windows 操作系统中还遇到其他错误提示，可以尝试按照提示信息安装对应的依赖库，然后才能完成 scrapy 爬虫框架的安装。

4. 检验 scrapy 是否安装成功

在命令行提示符下，输入 scrapy bench 后，显示如图 5-7 所示信息，表明当前虽然没有爬取到任何有用数据，但是没有任何错误信息，从而验证了 scrapy 安装成功。

```
C:\windows\system32\cmd.exe
2020-03-17 18:09:55 [scrapy.extensions.logstats] INFO: Crawled 357 pages (at 240
0 pages/min), scraped 0 items (at 0 items/min)
2020-03-17 18:09:56 [scrapy.extensions.logstats] INFO: Crawled 405 pages (at 288
0 pages/min), scraped 0 items (at 0 items/min)
2020-03-17 18:09:57 [scrapy.extensions.logstats] INFO: Crawled 445 pages (at 240
0 pages/min), scraped 0 items (at 0 items/min)
2020-03-17 18:09:58 [scrapy.core.engine] INFO: Closing spider (closespider_timeo
ut)
2020-03-17 18:09:58 [scrapy.extensions.logstats] INFO: Crawled 485 pages (at 240
0 pages/min), scraped 0 items (at 0 items/min)
2020-03-17 18:09:59 [scrapy.statscollectors] INFO: Dumping Scrapy stats:
{'downloader/request_bytes': 212881,
 'downloader/request_count': 501,
 'downloader/request_method_count/GET': 501,
 'downloader/response_bytes': 1430117,
 'downloader/response_count': 501,
 'downloader/response_status_count/200': 501,
 'elapsed_time_seconds': 10.716,
 'finish_reason': 'closespider_timeout',
 'finish_time': datetime.datetime(2020, 3, 17, 10, 9, 59, 582402),
 'log_count/INFO': 20,
 'request_depth_max': 18,
 'response_received_count': 501,
 'scheduler/dequeued': 501,
 'scheduler/dequeued/memory': 501,
 'scheduler/enqueued': 10019,
 'scheduler/enqueued/memory': 10019,
 'start_time': datetime.datetime(2020, 3, 17, 10, 9, 48, 866402)}
2020-03-17 18:09:59 [scrapy.core.engine] INFO: Spider closed (closespider_timeou
t)

D:\anaconda3\Scripts>
```

图 5-7　验证 scrapy 安装成功

5.5　scrapy 框架的使用

scrapy 框架是高度集成性与模块化的开源网络爬虫框架。同时，为了保证一定的自主性，scrapy 开放了方便用户二次开发的接口。使用 scrapy 框架开发爬虫获取网络数据主要分成如下五个步骤，其中包含两个可选步骤。

步骤一：创建 scrapy 爬虫项目。

步骤二(可选)：定义 Item，构造爬取对象。

步骤三：编写 Spider，生成爬虫主体。

步骤四(可选)：编写 Pipeline 和配置数据，用于处理爬取结果。

步骤五：执行爬虫。

本节通过简单示例介绍 scrapy 框架的目录结构和具体用法。下面使用 scrapy 爬取百度首页右上角的栏目名及对应的 URL。

5.5.1 创建 scrapy 项目

作为一个框架，scrapy 在创建爬虫项目的时候需要遵循既定规则，包括在哪个文件夹下创建什么文件？各文件之间满足什么关系等。这里，用户确定将爬虫项目存放在 D 盘 scrapy_example 文件夹下。首先在 D 盘创建 scrapy_example 文件夹，进入此文件夹，在文件夹内打开命令提示符窗口，使用 scrapy 提供的 startproject 命令创建一个 scrapy 项目，格式如下。

```
scrapy startproject <project_name>[project_dir]
```

project_name：表示创建的 scrapy 项目名称，在指定目录下创建一个名为＜project_name＞的 scrapy 爬虫项目。

project_dir：表示创建 scrapy 爬虫项目的路径。指定此参数后，＜project_dir＞目录下会产生一个名为 project_name 的文件夹，整个文件夹统称为一个 scrapy 爬虫项目；如果不指定该参数，将在当前路径下创建一个名为 project_name 的 scrapy 爬虫项目。

这里使用 startproject 命令创建第一个 scrapy 项目，如图 5-8 所示。

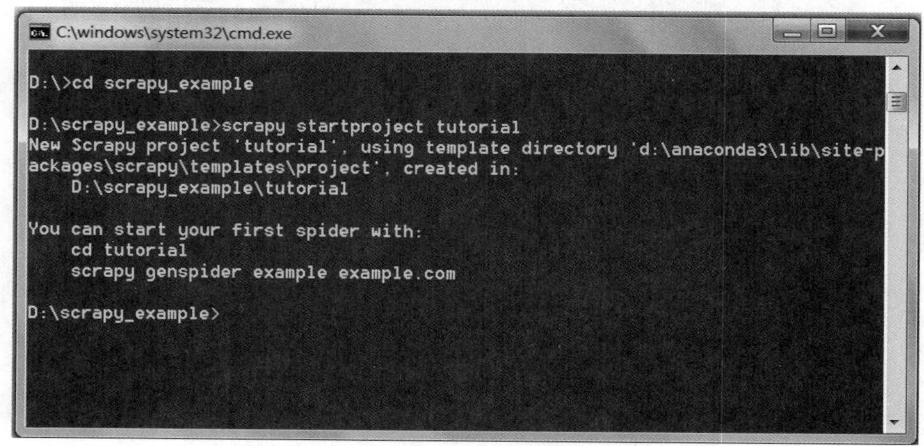

图 5-8 创建一个 scrapy 项目

这时，在 scrapy_example 文件夹下生成了一个名为 tutorial 的 scrapy 爬虫项目，其目录结构如图 5-9 所示。其中，各目录、脚本文件的名称、作用如表 5-10 所示。

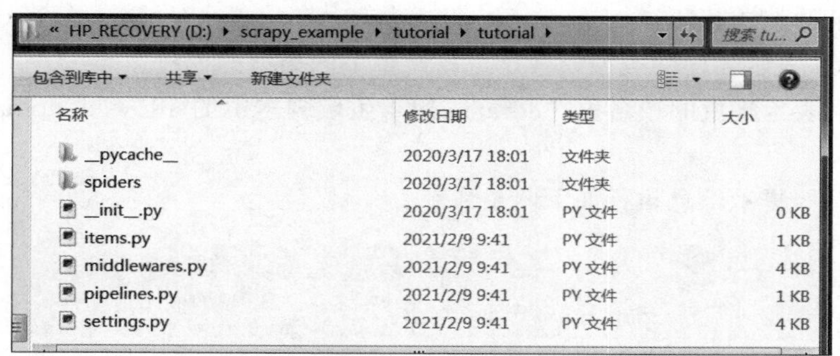

图 5-9　scrapy 爬虫目录结构

表 5-10　各目录与脚本文件的作用

目录或文件名	作　用
spiders	创建 scrapy 项目后自动生成的一个文件夹，存放用户编写的爬虫脚本，定义爬虫的主要逻辑。这里可以存放多个爬虫主程序文件，分别执行不同的爬虫功能
items.py	表示项目中的 item，即保存数据的容器。在 items 脚本中定义了一个 Item 类，保存爬取到的数据。item 对象使用方法与 Python 字典类似，并提供了额外保护机制避免因拼写有误导致的未定义字段错误
middlewares.py	表示项目的中间件，对所有发出的请求、收到的响应等进行全局性自定义配置。在 middlewares 脚本中用户可以根据需要自定义中间件，实现自动更换代理 IP、浏览器标识等
pipelines.py	表示项目中的 pipelines。在 pipelines 脚本中定义了一个 pipelines 类，主要用于存储爬取到的数据，可以根据需求进行数据去重或保存数据至本地文件、数据库等
settings.py	表示项目设置，是 scrapy 爬虫框架的配置文件

5.5.2　编写 Spider

编写 Spider 是爬虫的主体步骤，对爬取内容进行解析的过程就是在爬虫主体中进行。从图 5-8 中可以看到，使用 startproject 命令生成爬虫项目后，命令行出现了如下提示。

```
cd tutorial
scrapy genspider example example.com
```

这是提醒用户使用 scrapy 模板生成爬虫文件。

1. 生成爬虫模板文件

可以使用 genspider 命令生成爬虫文件，其语法格式如下。

```
scrapy genspider [-t template] <name><domain>
```

name：表示创建的爬虫名称。指定 name 参数后会在 spiders 目录下创建一个该名称的 spider 爬虫脚本模板。

template：表示创建的类型模板。可以产生不同类型的模板。

domain：表示爬虫的域名称。domain 用于生成脚本中的 allowed_domains 和 start_urls 对象。

本示例按照提示信息执行如下两条命令。

```
cd tutorial                                        #进入项目目录
scrapy genspider baidu baidu.com                   #生成爬虫文件
```

在生成爬虫文件的命令中,"baidu"指这个爬虫的名字,"baidu.com"表示爬虫需要爬取的网页地址。这时,在 tutorial 项目的 spiders 文件夹下生成了一个名为 baidu.py 的爬虫文件。用 Notepad++编辑器打开 baidu.py 文件,可以看到如下代码。

```
1   #-*-coding: utf-8 -*-
2   import scrapy
3
4   class BaiduSpider(scrapy.Spider):
5       name =' baidu'
6       allowed_domains =['baidu.com']
7       start_urls =['http://baidu.com/']
8
9       def parse(self, response):
10          pass
```

第 2 行：导入 scrapy 库。

第 4~7 行：定义一个 BaiduSpider 类,此类继承自父类 scrapy.Spider。第 5 行 name 变量存放定义的爬虫名称 baidu。虽然在一个爬虫项目中可以定义多个爬虫,但每个爬虫的 name 必须是唯一的。第 6 行 allowed_domains 表示需要爬取的域名,不在此允许范围内的域名被过滤掉而不被爬取。第 7 行 start_urls 表示 scrapy 爬虫启动时默认爬取的网址,然后把得到的响应(response)传递给 parse()解析方法。

第 9~10 行：定义一个 parse()方法,参数 response 指 scrapy 爬取 start_urls 之后得到的响应。这个方法用于定义如何解析爬取到的网页内容,从 response 中提取需要的信息。

这就是 scrapy 爬虫框架生成的爬虫模板文件。

2. 百度爬虫示例

有了 scrapy 爬虫模板文件,用户可以在模板的基础上增加具体的提取规则、解析方法等,高效地编写自己的 scrapy 爬虫。

作为示例,这里仅修改 parse()方法,简单解析爬取到的网页。上面 baidu.py 文件中代码第 10 行修改为：

```
print('---------------------------------')        #爬取结果打印的开始标记
print('url: ', response.url)
print('type: ',type(response))
print('status: ', response.status)
print('headers')
print(response.headers)
print('--------------------')                     #爬取结果打印的结束标记
```

这样，一个爬虫模块的基本结构已经搭好。

5.5.3 执行爬虫

执行爬虫时，通过 requests 访问网址，返回 response 对象；然后使用 parse()方法中的 response 对象获取额外信息。例如，这里可以获取 response.body 信息，然后使用 beautifulsoup4 库对网页主体内容进行解析。

运行爬虫可以使用 crawl 命令，其语法格式如下。

```
scrapy crawl <爬虫名称>
```

用户需要在 scrapy 项目中执行爬虫命令。进入 D 盘 scrapy_example/tutorial 文件夹，打开命令提示符窗口，执行命令：scrapy crawl baidu。

运行 scrapy 百度爬虫之后，可能在屏幕上出现类似"Forbidden by robots.txt"的错误信息，如图 5-10 所示。

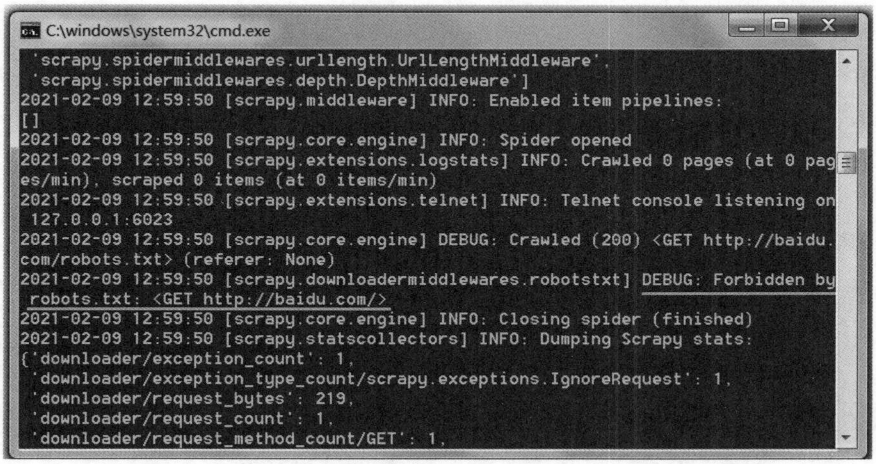

```
C:\windows\system32\cmd.exe
 'scrapy.spidermiddlewares.urllength.UrlLengthMiddleware',
 'scrapy.spidermiddlewares.depth.DepthMiddleware']
2021-02-09 12:59:50 [scrapy.middleware] INFO: Enabled item pipelines:
[]
2021-02-09 12:59:50 [scrapy.core.engine] INFO: Spider opened
2021-02-09 12:59:50 [scrapy.extensions.logstats] INFO: Crawled 0 pages (at 0 pag
es/min), scraped 0 items (at 0 items/min)
2021-02-09 12:59:50 [scrapy.extensions.telnet] INFO: Telnet console listening on
 127.0.0.1:6023
2021-02-09 12:59:50 [scrapy.core.engine] DEBUG: Crawled (200) <GET http://baidu.
com/robots.txt> (referer: None)
2021-02-09 12:59:50 [scrapy.downloadermiddlewares.robotstxt] DEBUG: Forbidden by
 robots.txt: <GET http://baidu.com/>
2021-02-09 12:59:50 [scrapy.core.engine] INFO: Closing spider (finished)
2021-02-09 12:59:50 [scrapy.statscollectors] INFO: Dumping Scrapy stats:
{'downloader/exception_count': 1,
 'downloader/exception_type_count/scrapy.exceptions.IgnoreRequest': 1,
 'downloader/request_bytes': 219,
 'downloader/request_count': 1,
 'downloader/request_method_count/GET': 1,
```

图 5-10 "Forbidden by robots.txt"的错误信息

这是因为新版本的 scrapy 爬虫框架遵守 robots 协议，而百度的 robots 协议不允许爬取其首页。解决方法是打开项目目录下的 settings.py 文件，找到 scrapy 爬虫框架的 ROBOTSTXT_OBEY 属性，将其设置为"False"，保存设置"ROBOTSTXT_OBEY = False"，然后在项目中再次运行爬虫命令"scrapy crawl baidu"。

如果顺利的话，可以根据 parse()方法中自己设置的打印标记轻松找到输出的爬取结果，如图 5-11 所示。

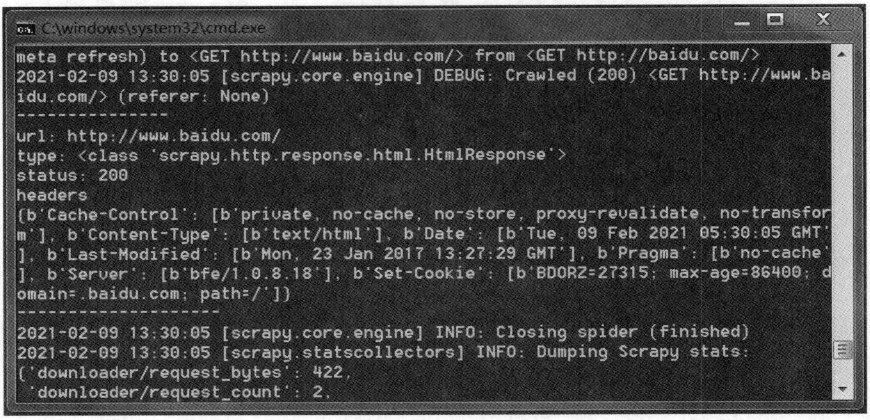

```
C:\windows\system32\cmd.exe
meta refresh) to <GET http://www.baidu.com/> from <GET http://baidu.com/>
2021-02-09 13:30:05 [scrapy.core.engine] DEBUG: Crawled (200) <GET http://www.ba
idu.com/> (referer: None)
---------------
url: http://www.baidu.com/
type: <class 'scrapy.http.response.html.HtmlResponse'>
status: 200
headers
{b'Cache-Control': [b'private, no-cache, no-store, proxy-revalidate, no-transfor
m'], b'Content-Type': [b'text/html'], b'Date': [b'Tue, 09 Feb 2021 05:30:05 GMT'
], b'Last-Modified': [b'Mon, 23 Jan 2017 13:27:29 GMT'], b'Pragma': [b'no-cache'
], b'Server': [b'bfe/1.0.8.18'], b'Set-Cookie': [b'BDORZ=27315; max-age=86400; d
omain=.baidu.com; path=/']}
--------------------
2021-02-09 13:30:05 [scrapy.core.engine] INFO: Closing spider (finished)
2021-02-09 13:30:05 [scrapy.statscollectors] INFO: Dumping Scrapy stats:
{'downloader/request_bytes': 422,
 'downloader/request_count': 2,
```

图 5-11　scrapy 爬取结果

5.5.4 构造爬取对象

数据爬取就是从非结构化或半结构化数据源中提取结构化数据的过程。scrapy 爬虫框架提供 Item 类来满足数据爬取需求。item 对象是简单的容器，用于保存爬取到的数据，其使用方法和 Python 字典类似，并且提供了额外保护机制来避免不正确拼写导致的未定义字段错误。scrapy 将爬取到的数据封装成一个 item 对象，通过这个对象访问数据的某些属性。

下面以百度网站栏目信息爬取为目的，构建百度爬虫。

1. 定义要爬取的数据

items.py 文件定义了爬虫程序要爬取的字段信息，是用于存放爬取数据的容器。打开 items.py，可以看到 scrapy 爬虫框架默认生成了如下代码。

```
import scrapy
class TutorialItem(scrapy.Item):
    #define the fields for your item here like:
    #name =scrapy.Field()
    pass
```

项目创建时自动生成的这段代码简洁清晰地提示用户，可以使用类似 name = scrapy.Field()的形式定义需要提取的字段。考虑到需要提取栏目标题(title)和栏目对应的 URL，这里将代码改写如下。

```
import scrapy
class TutorialItem(scrapy.Item):
    title =scrapy.Field()
    url =scrapy.Field()
```

这里按照项目生成的 item 默认模板定义了一个继承自 scrapy.Item 的 TutorialItem 类，然后定义了两个需要爬取的字段：title 和 url。

2. 编写爬虫文件

打开 spiders 文件夹下的 baidu.py 爬虫文件，可以直接在 parse()方法中编写百度首页的解析规则，提取数据到 items 数据容器，生成需要进一步处理的 URL。本示例仅提取百度首页第一个栏目的名称和网址信息。首先进入百度首页，使用“开发者工具”查看页面内容和布局对应的源代码，如图 5-12 所示。

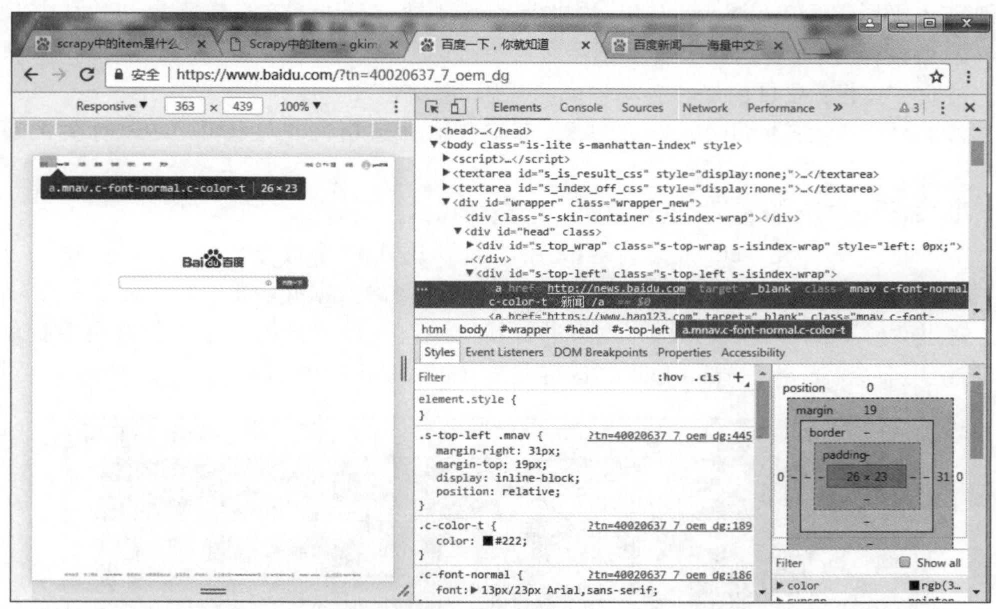

图 5-12　百度首页“开发者工具”页面

这里使用 Python 第三方库 beautifulsoup4 解析和处理百度首页的 HTML 文件。以提取百度首页“新闻”栏目的名称和网址为例，编写自己的 parse()方法。完整的 baidu.py 爬虫文件源代码如下。

```
#首先导入定义好的 TutorialItem 类
import scrapy
from tutorial.items import TutorialItem
from bs4 import BeautifulSoup
class BaiduSpider(scrapy.Spider):
```

```
6        name = 'baidu'
7        allowed_domains = ['baidu.com']
8        start_urls = ['http://baidu.com/']
9
10   def parse(self, response):
11           bs = BeautifulSoup(response.body, 'lxml')
12           top_div = bs.find('a', class_ = 'mnav')
13           item=TutorialItem()
14           item['title']=top_div.text              #获取百度首页“新闻”栏目的名称
15           item['url']=top_div['href']             #获取百度首页“新闻”栏目的网址
16           print(item['title'], item['url'])
17           return item
```

第 2～4 行：导入需要的模块。除了导入 scrapy 库之外，考虑到在 parse()方法中需要创建并使用 BeautifulSoup 对象，因此导入 bs4 库；parse()方法中需要初始化并使用 item 数据容器，因此导入定义好数据字段的 Item 类。

第 5～10 行：项目创建时自动生成的代码，未做修改。

第 11 行：创建 BeautifulSoup 对象，希望获取并解析网页主体即 body 标签的页面内容。

第 12 行：使用 find()方法获取第一个链接标签。

第 13 行：初始化 item 数据容器，其用法类似 Python 字典类型。

第 14～17 行：获取第一个匹配的元素，提取需要的数据并输出。

这里暂时不保存提取的数据，也不进行其他操作。在项目根目录下打开命令提示符窗口，使用命令“scrapy crawl baidu”运行爬虫，结果如图 5-13 所示。

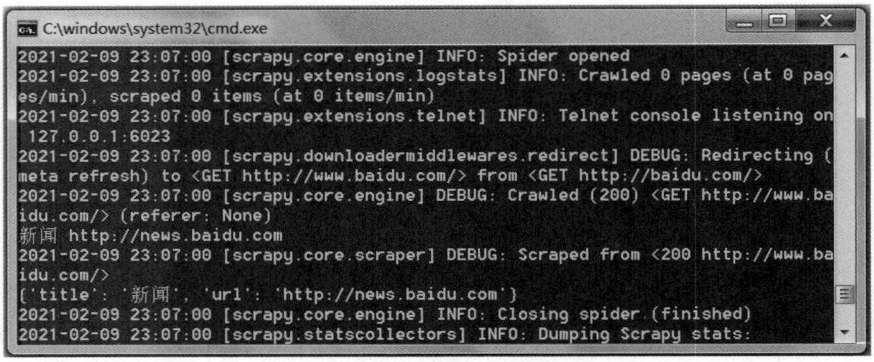

```
C:\windows\system32\cmd.exe
2021-02-09 23:07:00 [scrapy.core.engine] INFO: Spider opened
2021-02-09 23:07:00 [scrapy.extensions.logstats] INFO: Crawled 0 pages (at 0 pag
es/min), scraped 0 items (at 0 items/min)
2021-02-09 23:07:00 [scrapy.extensions.telnet] INFO: Telnet console listening on
 127.0.0.1:6023
2021-02-09 23:07:00 [scrapy.downloadermiddlewares.redirect] DEBUG: Redirecting (
meta refresh) to <GET http://www.baidu.com/> from <GET http://baidu.com/>
2021-02-09 23:07:00 [scrapy.core.engine] DEBUG: Crawled (200) <GET http://www.ba
idu.com/> (referer: None)
新闻 http://news.baidu.com
2021-02-09 23:07:00 [scrapy.core.scraper] DEBUG: Scraped from <200 http://www.ba
idu.com/>
{'title': '新闻', 'url': 'http://news.baidu.com'}
2021-02-09 23:07:00 [scrapy.core.engine] INFO: Closing spider (finished)
2021-02-09 23:07:00 [scrapy.statscollectors] INFO: Dumping Scrapy stats:
```

图 5-13 scrapy 爬取“新闻”栏目信息

如果希望获取百度首页所有栏目的名称和网址信息，只需将上述代码第 12～17 行替换为如下语句。

```
12        top_div =bs.find_all('a', class_='mnav')
13        for tag in top_div:
14            item=TutorialItem()
15            item['title']=tag.text                          #获取百度首页栏目名称
16            item['url']=tag ['href']                        #获取百度首页栏目网址
17            print(item['title'], item['url'])
18            yield item
```

需要说明的是，这里第 18 行使用了 yield 语句，而没有使用 return 返回 item 对象。yield 和 return 都可以返回函数执行的结果，但二者存在差异。return 在返回结果后结束函数的运行，而 yield 则是让函数变成一个生成器。yield 语句的生成器每次只产生一个值，接着函数被冻结，再次被唤醒后又产生一个值。因此，与 return 语句一次返回所有结果相比，yield 生成器存在着明显优势：yield 生成器反应更迅速，更节省空间，使用更灵活。

在项目根目录的命令提示符后输入命令"scrapy crawl baidu"，再次运行爬虫，屏幕显示 scrapy 爬取到了所有栏目信息，结果如图 5-14 所示。

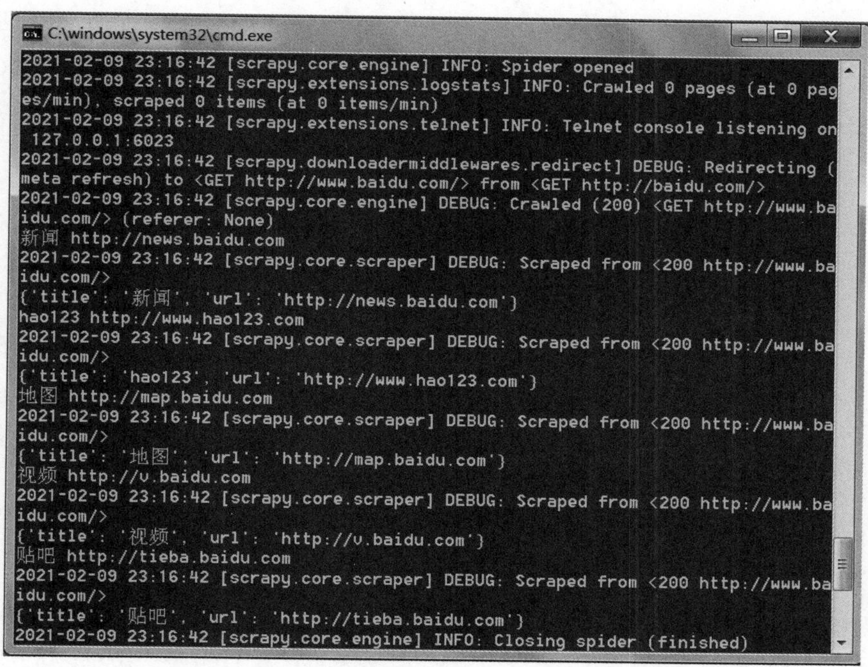

图 5-14　scrapy 爬取所有栏目信息

5.5.5　编写 pipeline 和配置数据

pipeline 可以被理解为一个管道，主要用于处理爬取后的结果，例如，去除空值、数据去重、保存到本地等，可以形象地看作数据通过管道一步一步流到本地的过程。

下面开始编写 pipeline，用于处理解析的 item，并将爬取结果保存为 CSV 文件。

1. 配置 settings.py

在项目文件夹下的 settings.py 文件中，找到“configure item pipeline”部分，添加或修改为如下内容。

```
#Configure item pipelines
#See https://docs.scrapy.org/en/latest/topics/item-pipeline.html
ITEM_PIPELINES ={
    'tutorial.pipelines.BaiduItemPipeline': 300,
}
```

这段代码的作用是处理 TutorialItem 对象。其中，参数值 300 代表优先度，当存在多个 pipeline 或多个 item 时，系统会根据此参数值决定多个 pipeline 的运行次序。

2. 在 pipelines.py 文件中添加类及函数

打开项目文件夹下的 pipelines.py 文件，添加与 settings.py 文件中名称一致的类 BaiduItemPipeline，并为此类编写 open_spider()、process_item ()和 close_spider()三个函数。

```
1   from scrapy.exporters import CsvItemExporter
2   class BaiduItemPipeline(object):
3       def open_spider(self, spider):
4           self.file =open('baidu.csv', 'wb')
5           self.exporter =CsvItemExporter(self.file)
6           self.exporter.start_exporting()
7       def process_item(self, item, spider):
8           self.exporter.export_item(item)
9           return item
10      def close_spider(self, spider):
11          self.exporter.finish_exporting()
12          self.file.close()
```

第 1 行：在 scrapy 中保存和处理 CSV 文件之前，需要导入 scrapy.exporters 模块。这是 scrapy 内置模块，用于 CSV 文件导出操作。

第 3～6 行：在 open_spider()函数中调用 CsvItemExporter，将 item 导入指定路径的 CSV 文件，使用 start_exporting()方法开始导出数据。

第 7～9 行：process_item()函数用于处理 item，这里只需将 item 导出。

第 10～12 行：运行完毕，调用 close_spider()函数关闭文件。

再次运行爬虫，在项目目录 scrapy_example/tutorial 下增加了一个名为 baidu.csv 的文件，用 Notepad++编辑器打开文件，内容如图 5-15 所示。

显然，scrapy 爬虫爬取到了百度首页所有栏目的名称和网址信息，并成功保存在 baidu.csv 文件中。

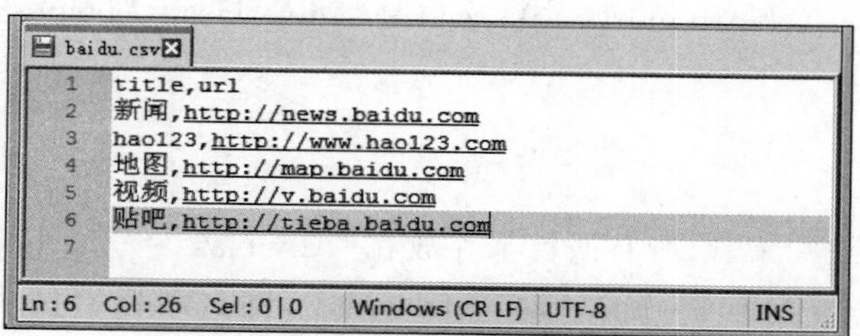

图 5-15　爬取结果保存为 CSV 文件

5.6　精选案例

5.6.1　《红楼梦》网络文本爬取

任务描述：打开《红楼梦》小说网站，找到每个回目对应的 URL，爬取网页内容，保存在本地文件中。

1. 网页结构分析

《红楼梦》小说目录页面(http://hongloumeng.5000yan.com/)如图 5-16 左侧所示。在 Chrome 浏览器中打开目录页面，单击窗口右上角的 Chrome 菜单并选择“更多工具”，然后单击启动“开发者工具”，如图 5-16 右侧所示。实际上，在 Chrome 浏览器中按快捷键 F12 可以轻松打开 Chrome 开发者工具。

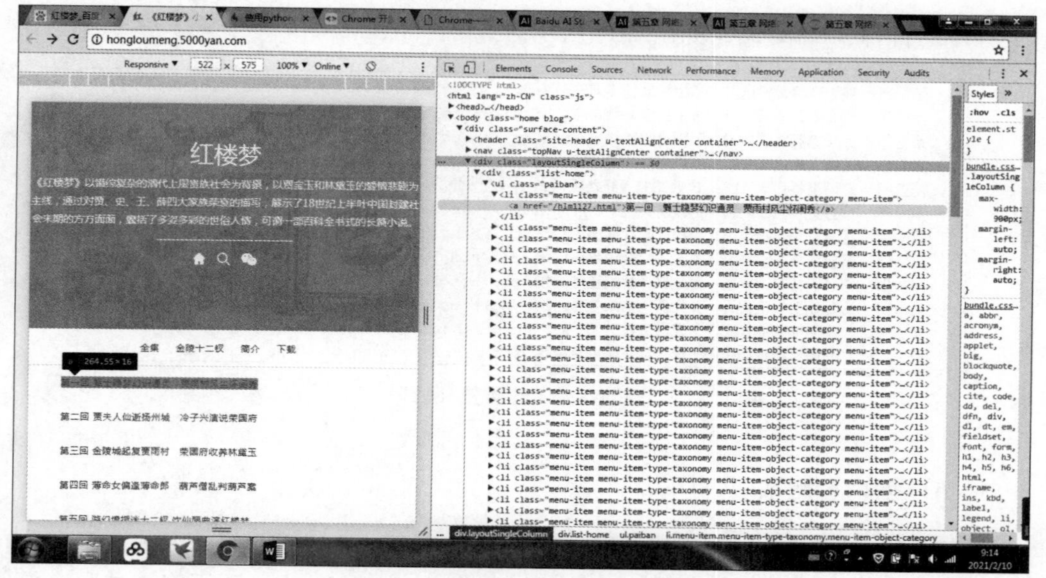

图 5-16　《红楼梦》小说回目及代码

从图 5-16 中可以看到，每一章的链接地址都是有规则地存放在<li>标签中，这些标签又放在<div class="list-home">中,这也是<div class="layoutSingleColumn">的下一个<div>。

2. 解析目录页

从目录的代码结构来看,所有回目都存放在<div class="list-home">节点标签中。本案例的网页下载器使用 Python 标准库 requests,网页解析器使用 Python 第三方库 bs4,任务是爬取网络版小说《红楼梦》回目及内容,包括回目名称和相应的网址。

完整源代码如下。

```
import requests
from bs4 import BeautifulSoup

if __name__=='__main__':
    url ='http: //hongloumeng.5000yan.com/'        #目录页
    req =requests.get(url)
    soup=BeautifulSoup(req.content)                 #解析目录页
    soup_texts=soup.find('div',class_='layoutSingleColumn').find
_next('div')                #find_next 找到第二个<div>
    #遍历 ul 的子节点,打印标题和对应的链接地址
    for link in soup_texts.ul.children:
        if link !='\n':
            print(link.text+': ', url+link.a.get('href'))
```

程序运行,截取部分结果如图 5-17 所示。

```
第一回　甄士隐梦幻识通灵　贾雨村风尘怀闺秀: http://hongloumeng.5000yan.com//hlm1127.html
第二回　贾夫人仙逝扬州城　冷子兴演说荣国府: http://hongloumeng.5000yan.com//hlm1128.html
第三回　金陵城起复贾雨村　荣国府收养林黛玉: http://hongloumeng.5000yan.com//hlm1129.html
第四回　薄命女偏逢薄命郎　葫芦僧乱判葫芦案: http://hongloumeng.5000yan.com//hlm1130.html
第五回　游幻境指迷十二钗　饮仙醪曲演红楼梦: http://hongloumeng.5000yan.com//hlm1131.html
第六回　贾宝玉初试云雨情　刘姥姥一进荣国府: http://hongloumeng.5000yan.com//hlm1132.html
第七回　送宫花周瑞叹英莲　谈肄业秦钟结宝玉: http://hongloumeng.5000yan.com//hlm1133.html
第八回　薛宝钗小恙梨香院　贾宝玉大醉绛芸轩: http://hongloumeng.5000yan.com//hlm1134.html
第九回　恋风流情友入家塾　起嫌疑顽童闹学堂: http://hongloumeng.5000yan.com//hlm1135.html
第十回　金寡妇贪利权受辱　张太医论病细穷源: http://hongloumeng.5000yan.com//hlm1136.html
第十一回　庆寿辰宁府排家宴　见熙凤贾瑞起淫心: http://hongloumeng.5000yan.com//hlm1137.html
第十二回　王熙凤毒设相思局　贾天祥正照风月鉴: http://hongloumeng.5000yan.com//hlm1138.html
```

图 5-17 《红楼梦》回目

3. 第一回内容爬取

在浏览器中打开第一回的链接地址,如图 5-18 所示。可以看到第一回的内容存放在<div>标签中,而这些标签又存放在标签<div class='grap'>中。下面将文本内容提取出来。程序源代码如下。

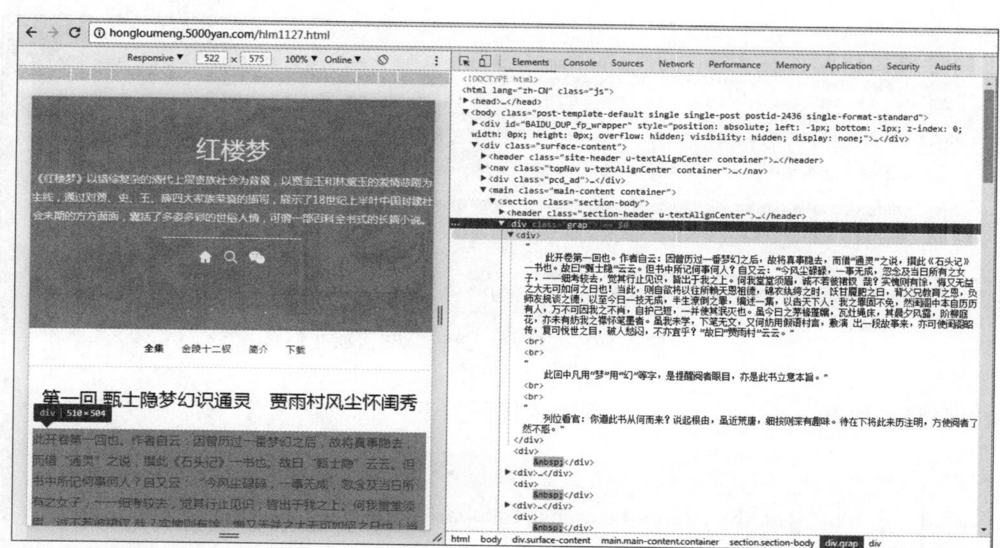

图 5-18　《红楼梦》第一回内容页面

```
1   import requests
2   from bs4 import BeautifulSoup
3   if __name__=='__main__':
4       #第一回的网址
5       url ='http: //hongloumeng.5000yan.com/hlm1127.html'
6       req =requests.get(url)
7       #解析目录页
8       soup=BeautifulSoup(req.content)
9       #找出 div 中的内容
10      soup_text=soup.find('div',class_='grap')
11      #输出其中的文本
12      print(soup_text.text)
13
14      for link in soup_text:
15          if link !='\n':
16              print(link.string)
17
```

程序运行，截取部分结果如图 5-19 所示。

可以看到，这里的源代码基本延续了上一节的代码结构。其实，可以将程序第 10 行改为：soup _ text = soup. find ('main', class _ = "main-content container")，并将第 14～17 行代码去掉，这样程序更简洁。

4. 爬取并保存全集内容

利用 for 循环将生成的每一回内容后面链接 URL 解析出来，然后爬取其中的文本内

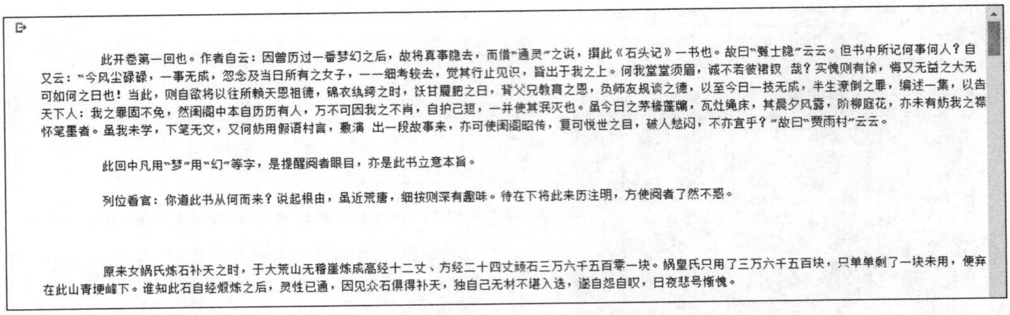

此开卷第一回也。作者自云：因曾历过一番梦幻之后，故将真事隐去，而借"通灵"之说，撰此《石头记》一书也。故曰"甄士隐"云云。但书中所记何事何人？自又云："今风尘碌碌，一事无成，忽念及当日所有之女子，一一细考较去，觉其行止见识，皆出于我之上。何我堂堂须眉，诚不若彼裙钗 哉？实愧则有馀，悔又无益之大无可如何之日也！当此，则自欲将以往所赖天恩祖德，锦衣纨绔之时，饫甘餍肥之日，背父兄教育之恩，负师友规谈之德，以至今日一技无成，半生潦倒之罪，编述一集，以告天下人：我之罪固不免，然闺阁中本自历历有人，万不可因我之不肖，自护己短，一并使其泯灭也。虽今日之茅椽蓬牖，瓦灶绳床，其晨夕风露，阶柳庭花，亦未有妨我之襟怀笔墨者。虽我未学，下笔无文，又何妨用假语村言，敷演 出一段故事来，亦可使闺阁昭传，复可悦世之目，破人愁闷，不亦宜乎？"故曰"贾雨村"云云。

此回中凡用"梦"用"幻"等字，是提醒阅者眼目，亦是此书立意本旨。

列位看官：你道此书从何而来？说起根由，虽近荒唐，细按则深有趣味。待在下将此来历注明，方使阅者了然不惑。

原来女娲氏炼石补天之时，于大荒山无稽崖炼成高经十二丈、方经二十四丈顽石三万六千五百零一块。娲皇氏只用了三万六千五百块，只单单剩了一块未用，便弃在此山青埂峰下。谁知此石自经煅炼之后，灵性已通，因见众石俱得补天，独自己无材不堪入选，遂自怨自叹，日夜悲号惭愧。

图 5-19 《红楼梦》第一章节页面

容，保存到本地 hongloumeng.txt。程序源代码如下：

```
if __name__=='__main__':
    url ='http: //hongloumeng.5000yan.com/'          #目录页
    req =requests.get(url)
    soup=BeautifulSoup(req.content)                 #解析目录页
    soup_texts=soup.find('div',class_='layoutSingleColumn').find_next('div')       #find_next 找到第二个<div>
    #遍历 ul 的子节点，打印标题和对应的链接地址
    f=open('/home/aistudio/data/hongloumeng2.txt',"w")

    for link in soup_texts.ul.children:
        if link !='\n':
            download_url=url+link.a.get('href')
            download_req=requests.get(download_url)
            download_soup=BeautifulSoup(download_req.content)
            download_soup_texts=download_soup.find('section',class_="section-body").find('div')
            f.write('\n\n'+link.text+': '+'\n\n')
            f.write(download_soup_texts.text)
    f.close
```

从图 5-19 所示运行结果可以看到，爬取和显示的页面内容还存在瑕疵，例如，页面内容显示方式不够美观、存在无意义的空行、部分显示内容可能有重复等。可以尝试进一步优化代码功能，编写优雅而简洁的 Python 爬虫。

5.6.2 空气质量数据爬取

任务描述：登录网址 http://www.pm25.in(见图 5-20)，使用 scrapy 框架爬取国内所有城市空气质量指数(AQI)数据，并保存为本地文件。

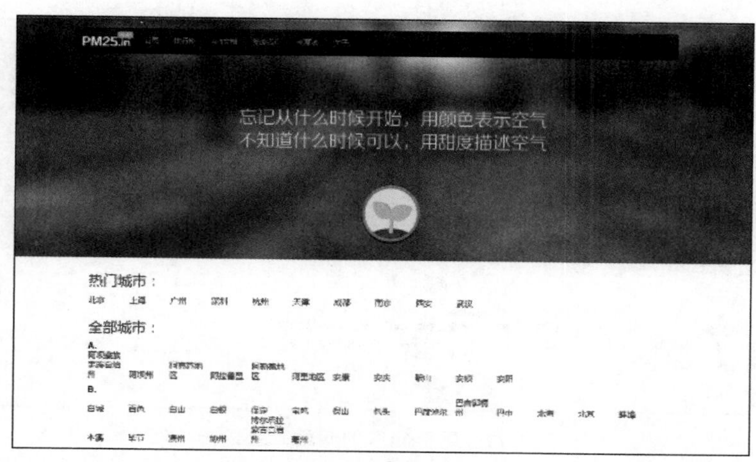

图 5-20　准备爬取的网站首页

1. 网站结构分析

给定的网站主页包含国内所有城市的名称和链接，每个城市名称对应的二级链接包括该城市的各项 AQI 数据，如：http://www.pm25.in/beijing 包含 AQI、PM2.5/h、PM10/h、CO/h、NO_2/h、O_3/h、O_3/8h 和 SO_2/h。

在 Chrome 浏览器中按快捷键 F12 打开 Chrome 开发者工具，如图 5-21 所示。主页中城市名称和链接地址有规则地存放在<li>标签内，这些标签又位于<div>标签内。需要注意的是，网站的链接标签“<a href="/beijing">北京</a>”仅提供了相对地址，将主页网址 http://www.pm25.in 与相对网址“/beijing”拼接成字符串“http://www.pm25.in/beijing”就可以进入城市“北京”所在的二级网址。其中，需要获取的各项 AQI 数据有规则地存放在<div class="span12 data">标签内，其中包含多个<div class="span1">标签，每个<div>标签下面的<div class="value">和<div class="caption">分别存放不同 AQI 数据及其名称。

2. 开发 scrapy 爬虫

如前所述，scrapy 框架下的爬虫开发通常由以下五个步骤组成。

步骤一：创建 scrapy 爬虫项目。

在“D:\chap05\project”路径下打开命令提示符窗口，使用命令 scrapy startproject aqi_proj 创建一个 scrapy 项目，其目录结构如图 5-22 所示。

步骤二：定义 Item，构造爬取对象。

打开 items.py 文件，按照项目生成的 item 默认模板定义一个继承自 scrapy.Item 的 CityAqiItem 类，然后定义需要爬取的字段：城市名称、城市链接以及八项 AQI 数据。items.py 文件内容如下。

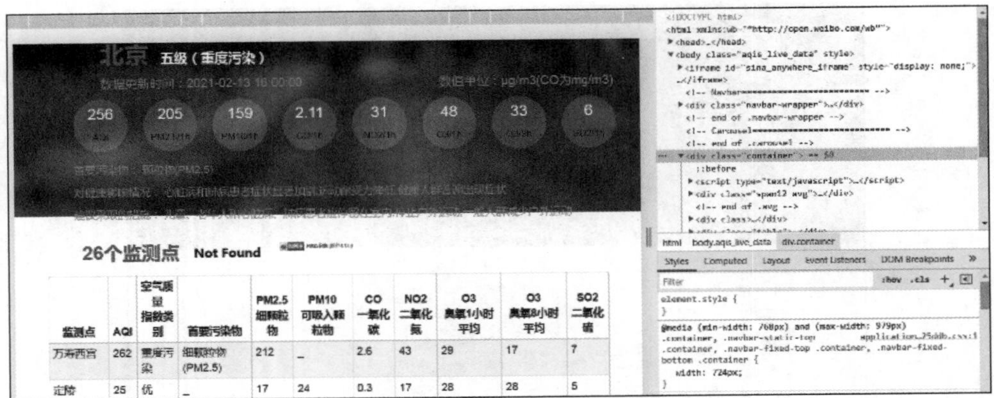

图 5-21 需要爬取的网站二级链接

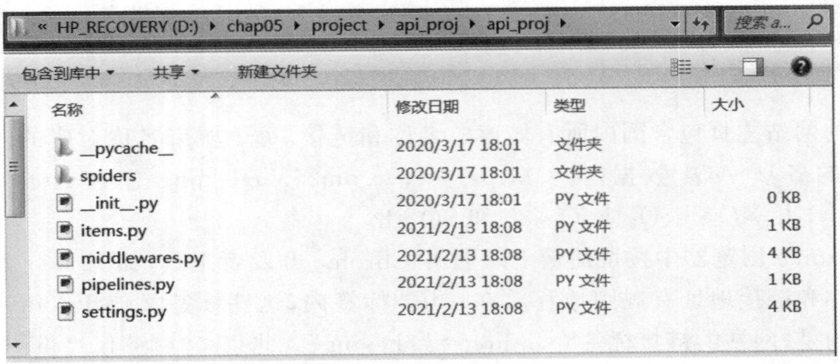

图 5-22 scrapy 项目目录结构

```
import scrapy
class CityAqiItem(scrapy.Item):
    city_name =scrapy.Field()              #城市名称,在一级链接获取
    city_link =scrapy.Field()              #城市链接,在一级链接获取
    aqi =scrapy.Field()                    #AQI,在二级链接获取
    pm25 =scrapy.Field()                   #PM2.5,在二级链接获取
    pm10 =scrapy.Field()                   #PM10,在二级链接获取
    co =scrapy.Field()                     #CO,在二级链接获取
    no2 =scrapy.Field()                    #NO2,在二级链接获取
    o3_1h =scrapy.Field()                  #O3/h,在二级链接获取
    o3_8h =scrapy.Field()                  #O3/8h,在二级链接获取
    so2 =scrapy.Field()                    #SO2,在二级链接获取
```

步骤三：编写 Spider 爬虫主体。

在命令提示符下依次执行如下两条命令,生成爬虫文件。在 api_proj 项目的 spiders 文件夹下生成一个名为 api_spider.py 的爬虫文件,如图 5-23 所示。

```
cd api_proj                                          #进入项目目录
scrapy genspider api_spider http://www.pm25.in/      #生成爬虫文件
```

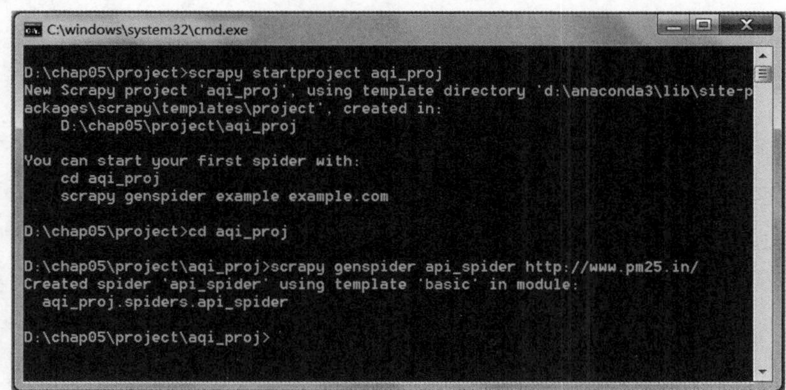

图 5-23　生成 api_spider.py 爬虫模板文件

在 scrapy 爬虫模板文件 api_spider.py 的基础上添加具体的提取规则、解析方法等，实现自己的 scrapy 爬虫，完成后的文件内容如下。

```
import scrapy
from aqi_proj.items import CityAqiItem
from bs4 import BeautifulSoup

class AqiSpider(scrapy.Spider):
    name ='aqi_spider'
    allowed_domains =['http://www.pm25.in/']
    start_urls =['http://www.pm25.in/']

    def parse(self, response):
        #解析首页 URL
        bs =BeautifulSoup(response.body, 'lxml')
        bottom_div =bs.find('div', class_='all')
        city_tag_list =bottom_div.find_all('li')

        for city_tag in city_tag_list:
            city_aqi_item =CityAqiItem()
            city_aqi_item['city_name'] =city_tag.find('a').text
            #字符串拼接,获得二级链接的绝对路径
            city_link='http://www.pm25.in'+city_tag.find('a')['href']
            city_aqi_item['city_link'] =city_link
            #解析二级链接
            yield scrapy.Request (city_link,
                                  meta={'item': city_aqi_item},
```

```
25                                     callback=self.parse_city_link,
26                                     dont_filter=True)
27
28     def parse_city_link(self, response):
29         city_aqi_item = response.meta['item']
30         #解析二级链接
31         bs = BeautifulSoup(response.body, 'lxml')
32
33         print('正在爬取', city_aqi_item['city_name'])
34
35         data_div_tag = bs.find('div', class_='span12 data')
36         value_div_tag_list = data_div_tag.find_all('div', class_='value')
37                     #value 属性存放了要爬取的 AQI 数据
38
39         city_aqi_item['aqi'] = float(value_div_tag_list[0].text)
40         city_aqi_item['pm25'] = float(value_div_tag_list[1].text)
41         city_aqi_item['pm10'] = float(value_div_tag_list[2].text)
42         city_aqi_item['co'] = float(value_div_tag_list[3].text)
43         city_aqi_item['no2'] = float(value_div_tag_list[4].text)
44         city_aqi_item['o3_1h'] = float(value_div_tag_list[5].text)
45         city_aqi_item['o3_8h'] = float(value_div_tag_list[6].text)
46         city_aqi_item['so2'] = float(value_div_tag_list[7].text)
47
48         yield city_aqi_item
```

第 23～26 行：传递需要的参数，解析二级链接。这里 Request 类是一个 HTTP 请求类，通常在 Spider 中创建一个请求，在 Downloader 中执行一个请求。

其一般语法格式和主要参数如下。

```
yield scrapy.Request (url[, callback, method='GET', headers, body, cookies,
meta, encoding='utf-8', priority=0, dont_filter=False, errback, flags])
```

url：请求的 URL。

callback：回调函数，用于接收请求后的返回信息；若未指定，默认为 parse()函数。

method：HTTP 请求的方式，默认为 GET 请求，一般不需要指定。若需要 POST 请求，用 FormRequest 即可。

headers：请求头信息，一般在 settings 中设置，也可以在 middlewares 中设置。

meta：用户自定义的参数，这个参数从 Request 传递到 Response，也可以在 middlewares 中处理，例如：yield scrapy.Request(url = 'zarten.com', meta = {'name' : 'Zarten'})，在 Response 中可以使用 my_name = response.meta['name']。

dont_filter：是否过滤数据，默认为 False。

本案例使用 scrapy.Request 发出一个 HTTP 请求，获取字符串拼接生成的二级链接绝对路径 city_link(http://www.pm25.in/beijing)；获取一级链接与二级链接之间的关联信息 meta,这里是 city_aqi_item,它包含在一级链接中获得的两个属性 city_name 和 city_link;需要调用本文件第 28 行开始的 parse_city_link()函数;不需要过滤数据,故 dont_filter 参数设置为 True。

第 28 行:解析二级链接的函数,获取二级链接的 response 对象。

第 29 行:获取参数 meta 传递来的 city_aqi_item 数据,用于解析二级链接。

第 37 行:八个标签＜div class＝"value"＞的文本内容分别存放爬取的 AQI 数据,因为需要查找八个相同标签,这里使用 find_all 命令,返回的列表存放了八个 AQI 数据元素。

步骤四:编写 Pipeline 和配置数据,处理爬取结果。

在项目文件夹下的 settings.py 配置文件中,找到“configure item pipeline”部分,添加或修改为如下内容。

```
#Configure item pipelines
#See https://docs.scrapy.org/en/latest/topics/item-pipeline.html
ITEM_PIPELINES ={
    'aqi_proj.pipelines.CityItemPipeline': 300,
}
```

打开项目文件夹下的 pipelines.py 文件,添加与 settings.py 文件中名称一致的类 CityItemPipeline,为此类添加 open_spider()、process_item()和 close_spider()三个函数。

```
from scrapy.exporters import CsvItemExporter
class CityItemPipeline(object):
    def open_spider(self, spider):
        self.file =open('cities.csv', 'wb')
        self.exporter =CsvItemExporter(self.file)
        self.exporter.start_exporting()
    def close_spider(self, spider):
        self.exporter.finish_exporting()
        self.file.close()
    def process_item(self, item, spider):
        self.exporter.export_item(item)
        return item
```

步骤五:执行爬虫。

在“D:\chap05\project\aqi_proj”文件夹下打开命令提示符窗口,输入命令:scrapy crawl api_spider。运行爬虫后,在项目目录 project\aqi_proj 下增加了一个名为 cities.csv 的文件,存放着爬取到的 AQI 数据。

3. 查看爬取的 CSV 数据文件

用户可以使用 Notepad++编辑器打开 cities.csv 文件,查看获得的 AQI 数据。

如果双击 cities.csv 文件,系统将默认在 Excel 中打开 CSV 文件。如图 5-24 所示,在 Excel 中看到"city_name"字段显示为乱码,这是因为 Excel 默认的编码方式与 scrapy 中的中文编码不同。用户可以在 Excel 的"数据"菜单选择"自文本"命令导入文本文件 cities.csv。如图 5-25 所示,在"文本导入向导"中的"预览文件"部分查看中文数据显示形式,在"文件原始格式"下拉列表中查看使用的编码方式,使用"分隔符号"单选按钮查看当前使用的分隔符等,依次单击"下一步"直至"完成",然后选择"新工作表"为数据的显示位置。至此,在 Excel 中将会看到中文的正确显示形式。

cities.csv - Excel

文件 开始 插入 页面布局 公式 数据 审阅 视图 帮助 百度网盘 操作说明搜索 共享

C2 闃垮潩钘忔棌缇屾棌鑷 不宸?0.47

	A	B	C	D	E	F	G	H	I	J	K
1	aqi	city_link	city_name	co	no2	o3_1h	o3_8h	pm10	pm25	so2	
2	44	http://ww	闃垮潩钘忔棌缇屾棌	6	56	76	43	27	12		
3	86	http://ww	宕囧乏	0.9	13	68	100	71	63	7	
4	110	http://ww	閲嶅簡	0.87	31	20	30	104	82	10	
5	76	http://ww	鎴愰兘	0.55	19	56	74	72	55	5	
6	203	http://ww	鎵垮痉	2.5	50	32	53	231	152	12	
7	66	http://ww	娼缥窗	0.63	15	59	79	66	47	10	
8	36	http://ww	鏈濋槼	0.53	9	73	70	27	16	23	
9	45	http://ww	甯稿窞	0.86	32	54	68	44	30	10	
10	49	http://ww	甯哥唵	0.63	22	77	97	37	26	9	
11	113	http://ww	闈掓不	1.28	24	59	71	89	84	13	
12	87	http://ww	闈掓矙	0.96	25	35	65	86	64	7	

cities

就绪 100%

图 5-24 CSV 中文在 Excel 默认显示为乱码

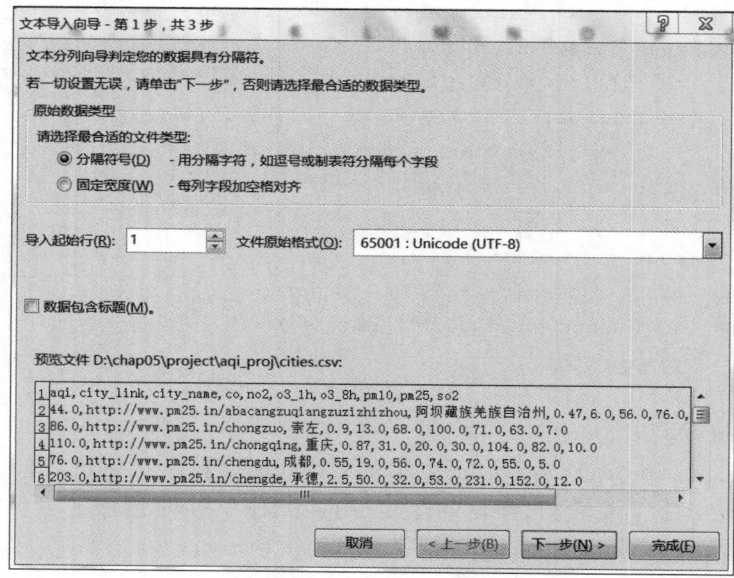

图 5-25 Excel"文本导入向导"窗口

numpy 科学计算

科学计算是为了解决科学研究和工程技术中的数学问题而利用计算机进行的数值计算。Python 语言为开展人人都能使用的科学计算提供了有力支持。

Python 标准库中用于保存数组的数据类型不支持多维数据,处理函数也不够丰富,不适合数值计算。Python 扩展库 numpy(Numerical Python)支持科学计算,是数据分析和科学计算领域众多扩展库必备的基础包之一。目前,numpy 发展迅速,已经成为 Python 科学计算事实上的"标准"库。

6.1 numpy 库简介

numpy 是 Python 支持科学计算的重要扩展库,也是数据分析领域必备的基础包,提供多维数组对象,各种派生对象,以及用于数组快速操作的各种功能,包括数学、逻辑运算、广播操作、排序、选择、输入输出、离散傅里叶变换、基本线性代数、基本统计运算和随机模拟等等。numpy 支持强大的数组运算与矩阵运算,并且提供了大量的数学函数。

在使用之前,可以借助 pip 工具进行 numpy 库安装。在 Scripts 文件夹下打开命令提示符窗口,运行命令 pip install numpy。若在 Anaconda 集成化环境中,用户可以直接导入 numpy 而无须额外安装,因为 numpy 已经默认安装到 Anaconda 环境中。

安装完毕,通常使用命令"import numpy as np"导入 numpy 库。这样,在程序的后续部分,使用 np 代替 numpy 调用库函数。

6.2 数组对象 ndarray

Python 第三方库 numpy 提供了一个具有矢量算术运算能力和复杂广播能力的 ndarray 数组对象。为了保证快速运算且节省空间,ndarray 对象中许多操作采用在本地编译执行代码的方式。numpy 数组与 Python 列表的主要区别如下。

第一,numpy 数组具有固定大小,更改 numpy 数组大小的操作将创建一个新数组并删除原来的 numpy 数组。而 Python 列表对象包含的元素数目是可以动态增长的。

第二,numpy 数组中的元素通常具有相同的数据类型,而 Python 列表元素可以是不同类型的数据。

第三,numpy 数组可以实现高效快速的矢量算术运算。与 Python 列表相比,numpy 数组无须使用循环语句,可以完成类似 MATLAB 的矢量运算,需要编写的代码更少,在处理多维度大规模数据时快速且节省空间。

第四,越来越多基于 Python 的数学运算和科学计算软件包使用 numpy 数组参与计算过程。虽然这些工具通常支持 Python 列表作为参数,但在处理之前会将 Python 列表转换为 numpy 数组参与计算,通常输出结果也是 numpy 数组。

6.2.1 ndarray 对象的创建

ndarray 对象是 numpy 模块的基础对象,是用于存放同类型元素的多维数组。可以使用整数索引获取数组中的元素,序号从 0 开始。ndarray 对象的维度称为轴(axis),轴的个数叫作秩。一维数组的秩为 1,二维数组的秩为 2,以此类推。二维数组相当于两个一维数组,其中,第一维度的每个元素又是一个一维数组。Python 中关于 ndarray 对象的许多计算方法都是基于 axis 进行的。当 axis=0,表示沿着第 0 轴进行操作,即对每一列进行操作;当 axis=1,表示沿着第 1 轴进行操作,即对每一行进行操作。

1. 利用 array()函数创建 ndarray 对象

可以使用 numpy 的 array()函数创建一个 ndarray 对象,格式如下。

```
np.array(object, dtype =None, copy =True, order =None, subok =False, ndmin =0)
```

其中,参数 object 表示数组或嵌套的序列;可选参数 dtype 表示数组元素的数据类型;可选参数 copy 指出对象是否需要复制;order 描述创建数组的内存布局,C 为行方向,F 为列方向,默认值 A 表示输入方向;subok 默认返回一个与基类类型一致的数组;ndmin 指定生成数组的最小维度。

```
In [1]: import numpy as np
        np.array([1,2,3,4,5])                          #将列表转换为数组
out[1]: array([1, 2, 3, 4, 5])
In [2]: np.array((1,2,3,4,5))                          #将元组转换为数组
out[2]: array([1, 2, 3, 4, 5])
In [3]: np.array(range(5))                             #将 range 对象转换为数组
out[3]: array([0, 1, 2, 3, 4])
In [4]: l =[[1., 2., 3.], [4., 5., 6.]]                #二维数组
        np.array(l)
out[4]: array([[1., 2., 3.],
        [4., 5., 6.]])
In [5]: l =[[[1,2],[3,4]],[[5,6],[7,8]]]               #三维数组
```

```
        np.array(1)
out[5]: array([[[1, 2],
                [3, 4]],

               [[5, 6],
                [7, 8]]])
```

2. np.ones()和 np.zeros()函数

np.ones((m,n),dtype)函数用于创建一个 m 行 n 列的全 1 数组,其中,参数 dtype 指定数组类型。类似地,np.zeros((m,n),dtype)函数用于创建一个 m 行 n 列的全 0 数组。

```
In [6]: np.zeros((3, 4))
out[6]: array([[0., 0., 0., 0.],
               [0., 0., 0., 0.],
               [0., 0., 0., 0.]])
In [7]: np.ones((2, 3) ,dtype=np.int)
out[7]: array([[1, 1, 1],
               [1, 1, 1]])
```

需要注意的是,np.ones()和 np.zeros()函数中第一个参数是元组类型,用来指定数组的大小,如 np.zeros((3, 4))表示创建 3 行 4 列的全 0 数组,np. ones((2, 3))表示创建 2 行 3 列的全 1 数组。

3. np.random.rand()函数

np.random.rand()函数创建一个指定形状的随机数组,数组元素是服从"0～1"均匀分布的随机样本,取值范围是[0,1),不包括 1。

```
In [8]: np.random.rand(3)
out[8]: array([0.61680187, 0.31953998, 0.75485274])
In [9]: np.random.rand(3, 4)
out[9]: array([[0.02201144, 0.90251899, 0.38872952, 0.92436457],
               [0.78491163, 0.70545066, 0.70202207, 0.66271789],
               [0.70565713, 0.49143328, 0.20526337, 0.96837098]])
```

4. np.arange()函数

np.arange()函数类似 Python 自带的 range 函数,用于创建一个等差序列的 ndarray 数组。

```
In [10]: np.arange(10)
out[10]: array([0, 1, 2, 3, 4, 5, 6, 7, 8, 9])
In [11]: np.arange(10,20,2)
out[11]: array([10, 12, 14, 16, 18])
```

5. np.linspace()函数

np.linspace(x,y,n) 函数用于创建间隔均匀的数值序列,生成一个以 x 为起始点,以 y 为终止点,等分成 n 个元素的等差数组。

```
In [12]: np.linspace(1,10,5)                     #等差数组,包含 5 个数
out[12]: array([ 1. , 3.25, 5.5 , 7.75, 10. ])
In [13]: np.linspace(1,10,5,endpoint=False)      #不包含终点
out[13]: array([1. , 2.8, 4.6, 6.4, 8.2])
```

6. np.empty()函数

np.empty((m,n),dtype) 函数创建一个 m 行 n 列的数组,参数 dtype 指定数组元素的数据类型。此方法生成的数组元素不一定为空,而是随机产生的数据。

```
In [14]: np.empty((3,4))                     #返回指定维度的数组,元素值是接近 0 的随机数
out[14]: array([[6.92145454e-310, 4.66495625e-310, 2.10077583e-312,
                 6.79038654e-313],
                [2.22809558e-312, 2.14321575e-312, 2.35541533e-312,
                 6.79038654e-313],
                [2.22809558e-312, 2.14321575e-312, 2.46151512e-312,
                 2.41907520e-312]])
In [15]: np.empty((6,),dtype=list)      #指定数据类型为 list 对象,创建空数组
out[15]: array([None, None, None, None, None, None], dtype=object)
```

np.empty()函数默认数据类型为 numpy.float64。若没有指定数据类型,该函数返回的数据类型为 numpy.float64,这时生成的数组元素不可能为空。

6.2.2 ndarray 对象常用属性

ndarray 对象常用属性 ndim 返回正整数表示的数组维度个数,即数组的秩;shape 属性返回数组维度,返回值为 N 个正整数组成的元组类型,元组的每个元素对应各维度的长度,元组的长度是秩,即维度个数或者 ndim 属性;dtype 属性返回数组元素的数据类型,每个 ndarray 对象只有一种 dtype 类型;size 属性返回数组元素总个数,返回值为 shape 属性中元组元素的乘积。

```
In [16]: l =[1, 2, 3, 4, 5, 6]                 #一维数组
         data =np.array(l)
         print(data)
         print('维度个数', data.ndim)
         print('各维度大小: ', data.shape)
         print('数据类型: ', data.dtype)
         print('数组元素总个数: ', data.size)
```

```
out[16]: [1 2 3 4 5 6]
         维度个数 1
         各维度大小: (6,)
         数据类型: int64
         数组元素总个数: 6
```

通过序列类型对象创建 ndarray 数组 data，ndim 属性返回整数“1”表示这是一维数组，shape 属性返回数组的维度个数和各维度元素的数量，即只有一维，该维度元素数量为“6”，dtype 属性表明 data 数组元素的类型为“int64”，size 属性表明 data 数组各维度元素总数为“6”。

6.2.3　ndarray 对象基本操作

1. 改变数组形状

numpy 模块用于修改数组形状时，可以使用 reshape()函数，语法格式如下。

```
np.reshape(arr, newshape, order='C')
```

其中，arr 表示需要修改形状的数组；newshape 为整数或由整数元素构成的元组，表示修改后的数组形状，要求新数组与原数组的形状及元素数量兼容，否则抛出异常；order 默认取值为'C'，表示按列读取数组元素，若 order='F'，表示按行读取数据，若 order='A'，表示按原顺序读取数据。

```
In [17]: np.reshape(np.arraycrange(10)),(2,5),order="F")
out[17]: array([[0, 4, 8, 3, 7],
               [2, 6, 1, 5, 9]])
In [18]: np.reshape(np.arraycrange(10)),10,order="C")
out[18]: array([0, 1, 2, 3, 4, 5, 6, 7, 8, 9])
In [19]: np.reshape(np.arraycrange(10)),(2,5),order="A")
out[19]: array([[0, 1, 2, 3, 4],
               [5, 6, 7, 8, 9]])
```

ndarray 数组对象，可以调用 reshape(n, m)方法改变 numpy 数组的形状。在不改变数据的情况下，返回一个维度为(n,m)的新数组。

```
In [20]: arr2=np.array(range(10))
         print(arr2)
out[20]: [0 1 2 3 4 5 6 7 8 9]
In [21]: arr2 =arr2.reshape((5, 2))
         print(arr2)
```

```
out[21]: [[0 1]
          [2 3]
          [4 5]
          [6 7]
          [8 9]]
```

np.resize()函数原地修改数组形状,并且根据需要补充或丢弃部分元素。

```
In [22]: np.resize(arr2,(1,15))
out[22]: array([[0, 1, 2, 3, 4, 5, 6, 7, 8, 9, 0, 1, 2, 3, 4]])
In [23]: np.resize(arr2,(3,4))
out[23]: array([[0, 1, 2, 3],
                [4, 5, 6, 7],
                [8, 9, 0, 1]])
```

此外,还可以使用 shape 属性原地修改数组大小。

```
In [24]: arr2.size
out[24]: 10
In [25]: arr2.shape=2,5
out[25]: array([[0, 1, 2, 3, 4],
                [5, 6, 7, 8, 9]])
```

2. 改变数组元素类型

astype()方法用于改变数组元素的数据类型。即使指定的数据类型与原始数组元素类型相同,astype()方法也会创建一个新数组。

```
In [26]: print(arr2.dtype)
out[26]: int64
In [27]: arr3 =arr2.astype(float)
         print(arr3.dtype)
out[27]: float64
In [28]: arr2.astype(dtype =np.float16)
out[28]: array([[0., 1.],
                [2., 3.],
                [4., 5.],
                [6., 7.],
                [8., 9.]], dtype=float16)
```

3. 数组降维

ndarray.flatten()方法用于数组降维操作,将二维或者三维数组快速扁平化,返回一个一维数组。默认情况下按照行方向降维。

```
In [29]: arr3 =np.array([[1,2], [3,4],[5,6]])
         arr3.flatten()                              #默认按行方向降维
out[29]: array([1, 2, 3, 4, 5, 6])
In [30]: arr3.flatten('F')                           #按列方向降维
out[30]: array([1, 3, 5, 2, 4, 6])
```

4. 数组转置

np.transpose()函数用于调换数组的索引值,对于二维数组,相当于求数组的转置对象。

```
In [31]: data =np.arange(15).reshape(3, 5)
         print(data)
out[31]: [[ 0 1 2 3 4]
          [ 5 6 7 8 9]
          [10 11 12 13 14]]
In [32]: print(np.transpose(data))
out[32]: [[ 0 5 10]
          [ 1 6 11]
          [ 2 7 12]
          [ 3 8 13]
          [ 4 9 14]]
```

ndarray.T 属性可以实现线性代数中的矩阵转置功能。

```
In [33]: print(data.T)
out[33]: [[ 0 5 10]
          [ 1 6 11]
          [ 2 7 12]
          [ 3 8 13]
          [ 4 9 14]]
```

np.swapaxes(a,x,y)函数等价于 ndarray 对象的 swapaxes(x,y)方法,用于将 n 维数组中 x、y 两个维度的数据调换。以维度为(2,3,4)的数组 a 为例,a 是三维数组,第 0 维长度为 2,第 1 维长度为 3,第 2 维长度为 4。使用 a.swapaxes(2,0)方法将数组 a 第 0 维与第 2 维交换,返回第 0 维长度为 4,第 2 维长度为 2;第 1 维长度保持不变。

```
In [34]: print(np.swapaxes(data, 0, 1))
out[34]: [[ 0 5 10]
          [ 1 6 11]
          [ 2 7 12]
          [ 3 8 13]
          [ 4 9 14]]
```

```
In [35]: a =np.arange(24).reshape(2,3,4)
         print(a)
out[35]: [[[ 0 1 2 3]
           [ 4 5 6 7]
           [ 8 9 10 11]]

          [[12 13 14 15]
           [16 17 18 19]
           [20 21 22 23]]]
In [36]: a.swapaxes(2, 0)
out[36]: array([[[ 0, 12],
                 [ 4, 16],
                 [ 8, 20]],

                [[ 1, 13],
                 [ 5, 17],
                 [ 9, 21]],

                [[ 2, 14],
                 [ 6, 18],
                 [10, 22]],

                [[ 3, 15],
                 [ 7, 19],
                 [11, 23]]])
```

5. 数组合并

数组合并用于多个数组间的操作，numpy 的 hstack()和 vstack()函数分别用于沿着水平和垂直方向将多个数组合并在一起。

水平方向的数据合并操作将 ndarray 对象构成的元组作为参数，传递给 hstack()函数。

```
In [37]: arr1=np.array([1,2,3])
         arr2=np.array([4,5,6])
         arr1
out[37]: array([1, 2, 3])
In [38]: np.hstack((arr1,arr2))
out[38]: array([1, 2, 3, 4, 5, 6])
```

垂直方向的数据合并操作将 ndarray 对象构成的元组作为参数，传递给 vstack()函数。

```
In [39]: arr3=np.array([[1],[2],[3]])
         arr4=np.array([[4],[5],[6]])
         arr3
out[39]: array([[1],
                [2],
                [3]])
In [40]: np.vstack((arr3,arr4))
out[40]: array([[1],
                [2],
                [3],
                [4],
                [5],
                [6]])
```

np.concatenate()函数提供了类似的数据合并功能。其中,参数 axis 指定数据合并的方向或维度,默认值为 0,表示按照垂直方向进行数据合并;axis=1,表示按照水平方向进行数据合并。

```
In [41]: np.concatenate((arr1,arr2))        #一维数组 axis=0,返回值不存在 axis=1
out[41]: array([1, 2, 3, 4, 5, 6])
In [42]: np.concatenate((arr3,arr4))              #要求两数组列数相同
out[42]: array([[1],
                [2],
                [3],
                [4],
                [5],
                [6]])
In [43]: np.concatenate((arr3,arr4),axis=1)    #要求两数组行数相同
out[43]: array([[1, 4],
                [2, 5],
                [3, 6]])
```

6.2.4 索引和切片

ndarray 对象的索引通常用于获取数组元素,ndarray 对象的切片通常获取数组中多个元素组成的数据片段。ndarray 对象的索引和切片操作得到的都是原始数组的视图,修改视图也会修改原始数组。

1. 一维数组的索引

ndarray 一维数组对象和 Python 列表结构类似,通过单个索引访问 ndarray 一维数组对象会返回对应的元素值。

```
In [44]: data =np.array([1, 2, 3, 4, 5, 6])
         print(data)
out[44]: [1 2 3 4 5 6]
In [45]: print(data[0])                          #一维数组索引
         print(data[-1])
         print(data[3: ])                        #一维数组切片
out[45]: 1
         6
         [4 5 6]
```

2. 多维数组的索引

ndarray 二维数组对象可以看作一维数组的嵌套形式，当 ndarray 对象用一维数组的索引访问一个二维数组时，获取的元素就是一个一维数组，然后可以继续访问该一维数组来获取二维数组中的某个元素值。

```
In [46]: arr =np.arange(9).reshape(3, 3)    #多维数组
         print(arr)                         #获取所有元素
out[46]: [[0 1 2]
          [3 4 5]
          [6 7 8]]
In [47]: print(arr[2])                      #多维数组索引,获取一行元素
out[47]: [7 8 9]
In [48]: print(arr[2][0])                   #多维数组索引,获取一个元素
out[48]: 7
In [49]: print(data[: 2, 1: ])
out[49]: [[1 2]
          [4 5]]
In [50]: print(data[2, : ])
         print(data[2: , : ])
out[50]: [6 7 8]
         [[6 7 8]]
In [51]: print(data[: , : 2])
out[51]: [[0 1]
          [3 4]
          [6 7]]
```

3. 布尔值索引

ndarray 对象的布尔值索引又称为条件索引，指一个由布尔值组成的新数组可以作为另一个数组的索引，返回新数组中 True 值对应位置的元素。通过布尔运算(如关系运算符)获取符合指定条件的元素组成的数组。

```
In [52]: is_gt = data > 4                                    #条件索引
         print(is_gt)
out[52]: [[False False False]
          [False False True]
          [ True True True]]
In [53]: print(data[is_gt])                                  #找出大于 4 的数据
out[53]: [5 6 7 8]
In [54]: print(data[data > 4])                               #简写
out[54]: [5 6 7 8]
In [55]: print(data[ (data > 4) & (data % 2 == 0)])          #找出数据中大于 4 的偶数
out[55]: [6 8]
```

6.2.5 numpy 常用函数

1. numpy 常用统计函数

numpy 模块中常用的统计函数如表 6-1 所示。几乎所有 numpy 统计函数用于二维数组的运算时都需要注意参数 axis 的取值。对二维数组而言，如果未设置参数 axis，那么针对所有元素进行操作；如果 axis=0，表示按照列或垂直方向，即沿着纵轴进行操作；如果 axis=1，表示按照行或水平方向，即沿着横轴进行操作。

表 6-1　numpy 常用统计函数

函　数	描述	函　数	描　述
np.mean()	均值	np.argmax()	最大值的索引
np.sum()	求和	np.argmin()	最小值的索引
np.max()	最大值	np.argsort()	排序后的索引
np.min()	最小值	np.cumsum()	累加
np.std()	标准差	np.cumprod()	累乘
np.median()	中位数	np.average()	加权平均数

```
In [56]: data = np.arange(10).reshape(5, 2)
         print(data)
out[56]: [[0 1]
          [2 3]
          [4 5]
          [6 7]
          [8 9]]
In [57]: print(np.mean(data))              #返回数组元素的算术平均值
         print(np.mean(data, axis=0))      #axis=0 按列操作，返回每一列的平均值
         print(np.mean(data, axis=1))      #axis=1 按行操作，返回每一行的平均值
```

```
out[57]: 4.5
         [4. 5.]
         [0.5 2.5 4.5 6.5 8.5]
In [58]: print(np.sum(data))               #将数组平铺成为一维向量后求所有元素的和
         print(np.sum(data, axis=0))       #axis=0 表示按列操作,返回每一列的和
         print(np.sum(data, axis=1))       #axis=1 表示按行操作,返回每一行的和
out[58]: 45
         [20 25]
         [ 1 5 9 13 17]
In [59]: print("中位数: ",np.median(data))              #返回中位数
         print("最小值的索引: ",np.argmin(data))        #返回最小值的索引
         print("最大值的索引: ",np.argmax(data))        #返回最大值的索引
         print("排序后的索引: ",np.argsort(data))       #排序后的索引
out[59]: 中位数: 4.5
         最小值的索引: 0
         最大值的索引: 9
         排序后的索引: [[0 1]
                       [0 1]
                       [0 1]
                       [0 1]
                       [0 1]]
```

np.average()函数根据另一个数组指定的权重计算数组元素的加权平均值。所谓加权平均值,是指将各数值乘以相应的权重,然后相加求和得到总体值,再除以总的单位数。该函数可以接受一个轴参数 axis。如果没有指定轴,则数组将被展开。

```
In [60]: data=np.swapaxes(data, 0, 1)
         print(data)
         print(np.argsort(data,axis =0))    #按列从小到大排序,输出对应索引
         print(np.argsort(data,axis =1))    #按行从小到大排序,输出对应索引
out[60]: [[0 2 4 6 8]
          [1 3 5 7 9]]
         [[0 0 0 0 0]
          [1 1 1 1 1]]
         [[0 1 2 3 4]
          [0 1 2 3 4]]
In [61]: print("加权平均数(无权值参数): ",np.average(data))
         print("加权平均数: ", np.average([1,2,3,4],weights =[4,3,2,1]))
out[61]: 加权平均数(无权值参数): 4.5
         加权平均数: 2.0
```

这里 np.average()函数将数值数组[1,2,3,4]和权重数组[4,3,2,1],通过对应元素相乘后相加,并将相加之和除以权重之和,来计算加权平均值。

2. np.all()、np.any()和 np.unique()函数

np.all()函数对所有元素进行与操作，用于判断是否所有元素都满足条件。只有所有元素取值为 True，该函数的返回值才为 True。

```
In [62]: print(np.all(data >5))
out[62]: False
```

np.any()函数对所有元素进行或操作，用于判断是否至少一个元素满足条件。只要任意一个元素取值为 True，该函数的返回值就为 True。

```
In [63]: print(np.any(data >5))
out[63]: True
```

np.unique()函数返回数组中所有不同的值，并按照从小到大排序。该函数用于去除数组中的重复数据，并返回排序后的结果。

```
In [64]: arr =np.array([[1, 2, 1], [2, 3, 4]])
         print(arr)
out[64]: [[1 2 1]
          [2 3 4]]
In [65]: print(np.unique(arr))
out[65]: [1 2 3 4]
```

np.unique()函数的可选参数 return_index=True 时，该函数返回新数组中每个元素在原数组中第一次出现的索引值，因此元素个数与新数组中元素个数一样。可选参数 return_inverse=True 时，该函数返回原数组中每个元素在新数组中出现的索引值，因此元素个数与原数组中元素个数一样。

```
In [66]: A =np.array([1, 2, 5, 3, 4, 3])
         print ("原数组：", A)
         a, s, p =np.unique(A, return_index=True, return_inverse=True)
         print ("新数组：",a)
         print ("return_index", s)
         print ("return_inverse", p)
out[66]: 原数组：[1, 2, 5, 3, 4, 3, 2]
         新数组：[1 2 3 4 5]
         return_index [0 1 3 4 2]
         return_inverse [0 1 4 2 3 2 1]
```

6.2.6 numpy 数组运算

1. numpy 数组的向量化

Python 扩展库 numpy 使用简单的数组表达式完成多种数据操作任务，而无须使用大量循环语句。这种利用数组表达式替代循环结构的方法，称为向量化。numpy 数组的向量化操作，可以一次性地在一个复杂对象上操作，或者将函数应用于一个复杂对象，避免了在对象的单个元素上使用复杂循环语句完成操作任务，达到代码更紧凑、执行速度更快的实现效果。

实际上，numpy 中 ndarray 对象的循环操作是通过高效优化的 C 代码实现的，执行速度远快于纯 Python。通常，向量化的 numpy 数组操作比纯 Python 的等价实现在速度上至少快 1～2 个数量级。这为实现高效的数值计算奠定了基础。

```
In [67]: import numpy as np
         import time
         a =np.arange(100000, dtype=float)
         b =np.arange(100000, 0, -1, dtype=float)
         begin =time.time()                          #未使用向量化
         results =[]
         for i, j in zip(a, b):
             results.append(i * j)
         end =time.time()
         print('运行时间：', end -begin)
out[67]: 运行时间: 0.02645111083984375
In [68]: begin =time.time()                          #使用向量化
         results =a * b
         end =time.time()
         print('运行时间：', end -begin)
out[68]: 运行时间: 0.0027115345001220703
```

从示例中看到，与纯 Python 的循环语句相比，使用 numpy 数组的向量化操作完成同样的功能，运算效率提高了近十倍。

2. numpy 广播机制

numpy 广播机制是实现向量化计算的有效方式。当需要处理的数组维度或各维长度不一致时，numpy 广播机制提供了不同形状的数组仍然能够计算的实现机制。

作为多维向量的组合，数组(或者称向量)计算大多在相同形状的数组之间进行，要求被处理的数组维度个数相同，并且每个维度长度是相等的，这时的数组操作应用在元素上，即数组元素一一对应进行操作。但是，许多计算可能涉及一个维度与其他所有维度之间的操作，此时被操作的数组维度不一致。当两个形状不同的数组参与运算时，可以使用扩展数组的方式实现相加、相减、相乘等操作，这种机制称为广播(Broadcasting)。numpy

采用广播机制实现形状不同的数组间运算。

如果两个 numpy 数组 x 和 y 形状相同，即满足 x.shape == y.shape，那么 x 与 y 相加、相减以及相乘的运算结果是数组 x 与数组 y 对应元素的操作。这里要求两个数组维度个数相同，且各维度的长度相等。

```
In [69]: x =np.array([[2,2,3],[1,2,3]])
         y =np.array([[1,1,3],[2,2,4]])
         print(x * y)      #numpy 数组相乘是对应元素的乘积,与线性代数中矩阵相乘不同
out[69]: [[ 2 2 9]
          [ 2 4 12]]
```

当参与运算的两个 numpy 数组形状不一致时，如果数组形状符合广播机制的要求，numpy 将自动触发广播机制。通俗地说，首先将两个数组的维度大小右对齐，然后比较对应维度上的数值，如果数值相等或其中有一个为 1 或者为空，那么能够进行广播运算，并且输出数组的维度大小取数值大的原数组维度值。否则不能进行数组运算。

```
In [70]: np.arange(6).reshape((2, 3)).shape
out[70]: (2, 3)
In [71]: np.arange(10).reshape(2,5).shape
out[71]: (2, 5)
In [72]: np.arange(6).reshape((3, 2))+np.arange(10).reshape(5,2)
out[72]: ------ValueError Traceback (most recent call last)
         <iPython-input-16-b265dad701e5>in <module>
         ---->1 np.arange(6).reshape((3,2))+np.arange(10).reshape
         (5,2)
         ValueError: operands could not be broadcast together with
         shapes (3,2) (5,2)
In [73]: np.arange(5).shape
out[73]: (5,)
In [74]: np.arange(10).reshape(5,2).shape
out[74]: (5, 2)
In [75]: np.arange(5)+np.arange(10).reshape(5,2)
         #一维数组长度不等于二维数组列数
out[75]: --------ValueError Traceback (most recent call last)
         <iPython -input-10-ccb772981d62>in <module>
         ---->1 np.arange(5) +np.arange(10).reshape(5,2)
         #一维数组长度          #不等于二维数组列
         ValueError: operands could not be broadcast together with shapes
         (5,) (5,2)
```

广播机制遵循的规则：第一，所有输入数组都向其中 shape 属性最长的数组看齐，shape 中不足的部分通过在小维度数组的前面添加长度为 1 的轴补齐；第二，输出数组的 shape 是输入数组 shape 中各个轴上的最大值；第三，当输入数组的某个轴长度为 1 时，沿

着此轴运算时都用该轴上的第一组值。

```
In [76]: np.arange(3) +5          #一维数组与数字的运算,向量与标量的运算
out[76]: array([5, 6, 7])
In [77]: np.ones((3, 3)) +np.arange(3)
out[77]: array([[1., 2., 3.],
                [1., 2., 3.],
                [1., 2., 3.]])
In [78]: np.arange(3).reshape((3, 1)) +np.arange(3)
out[78]: array([[0, 1, 2],
                [1, 2, 3],
                [2, 3, 4]])
```

广播机制将维度或形状比较小的数组扩展到更大的范围,以便两个参与操作的数组维度个数相等,各维度的长度相同,达到数组形状可兼容,然后实现两个相同形状数组对应元素的操作。

3. ufunc 通用函数

ufunc(universal function)函数意为“通用函数”,是一种能够对数组中每个元素进行操作的函数。ufunc 函数对输入数组进行元素级别的运算,输出结果为 numpy 数组。numpy 中许多 ufunc 函数的底层代码是基于 C 语言实现的,因此对 numpy 数组运算时,使用 ufunc 函数的计算速度比使用 math 标准库函数或列表推导式要快很多。但是,在对单个数值进行运算时,Python 提供的运算要比 numpy 执行效率高。

这里仅介绍几个常用的 ufunc 函数。

ceil()函数对数组元素向上取整,返回向上最接近该元素的整数;floor()函数对数组元素向下取整,返回向下最接近该元素的整数;rint()函数对数组元素进行四舍五入,返回最接近的整数;isnan()函数用于判断数组元素是否为 NaN(Not a Number)。

```
In [79]: arr =np.random.randn(2,3)
         print(arr)
out[79]: [[-1.14243468 0.62343218 1.10789425]
         [ 0.14386543 0.90263521 1.19952443]]
In [80]: print(np.ceil(arr))
         print(np.floor(arr))
         print(np.rint(arr))
         print(np.isnan(arr))
out[80]: [[-1. 1. 2.]
          [ 1. 1. 2.]]
         [[-2. 0. 1.]
          [ 0. 0. 1.]]
         [[-1. 1. 1.]
```

```
 [ 0. 1. 1.]]
[[False False False]
 [False False False]]
```

multiply()函数用于元素相乘，等同于数组的“ * ”操作，需要注意该操作与数学中的矩阵乘法不同；divide()函数用于元素相除，等同于数组的“/”操作。

```
In [81]: np.multiply(np.arange(3), 5)
out[81]: array([ 0, 5, 10])
In [82]: np.arange(3) * 5
out[82]: array([ 0, 5, 10])
In [83]: np.divide(np.arange(3), 5)
out[83]: array([0. , 0.2, 0.4])
In [84]: np.arange(3) / 5
out[84]: array([0. , 0.2, 0.4])
```

6.3 numpy 矩阵

numpy 中包含一个矩阵库 numpy.matlib，其中的函数返回矩阵对象，而不是 ndarray 对象。一个 m×n 的矩阵是一个由 m 行(row)n 列(column)元素排列成的矩形阵列。

```
In [1]: import numpy as np
        np.array(range(6))
out[1]: array([0, 1, 2, 3, 4, 5])
In [2]: type(np.array(range(6)))
out[2]: numpy.ndarray
In [3]: np.matrix([1,2,3,4,5,6])
out[3]: matrix([[1, 2, 3, 4, 5, 6]])
In [4]: type(np.matrix([1,2,3,4,5,6]))
out[4]: numpy.matrix
```

6.3.1 numpy 矩阵简介

numpy 中的矩阵对象 matrix 和数组对象 ndarray 都可以用于处理行、列表示的数值型元素。它们在形式上很相似，同时二者存在着一定区别和联系。

(1) 数组对象 ndarray 是 numpy 模块的基础，矩阵对象 matrix 可以看作数组的特殊形式。

(2) 矩阵是数学上的概念，而数组是一种数据存储方式。

(3) 矩阵对象 matrix 只能包含数字类型的元素，而数组对象 ndarray 的元素可以是任意类型的数据。

(4) 矩阵对象 matrix 只能表示二维数据，而数组对象 ndarray 可以表示任意维度数据，或者说 matrix 相当于二维数组。当 matrix 某维度为 1 时，如(m,1)形状的矩阵可称为列向量，而(1,n)形状的矩阵为行向量。

(5) 矩阵对象 matrix 的优势是可以使用相对简单的运算符号，如矩阵相乘用符号 *，但是数组对象 ndarray 相乘使用 dot()方法。数组对象 ndarray 的优势是不仅可以表示二维，还能表示更多维度的数据。

实际上，矩阵对象 matrix 是数组对象 ndarray 的分支，二者在很多时候都是通用的。这种情况下，官方建议尽量选择数组对象 ndarray，因为 ndarray 更灵活，速度更快，很多人也把二维的 ndarray 翻译成矩阵。在实际应用中，使用 numpy 数组的情况更常见；但是当对矩阵运算有要求时，定义和使用 numpy 矩阵同样便捷。

6.3.2 矩阵生成

扩展库 numpy 中提供的 matrix()函数可以把列表、元组、range 对象等 Python 可迭代对象转换为矩阵。

```
In [5]: x=np.matrix([[1,2,3],[4,5,6]])
        y=np.matrix([1,2,3,4,5,6])
        print(x,y,sep='\n')
out[5]: [[1 2 3]
         [4 5 6]]
        [[1 2 3 4 5 6]]
In [6]: print(x[1,1])                              #返回行下标和列下标都为 1 的元素
out[6]: 5
In [7]: np.matrix(range(10))
out[7]: matrix([[0, 1, 2, 3, 4, 5, 6, 7, 8, 9]])
In [8]: np.matrix('1 3;5 7')
out[8]: matrix([[0, 1, 2, 3, 4, 5, 6, 7, 8, 9]])
In [9]: np.mat(np.eye(2,2,dtype=int))              #2 * 2 对角矩阵
out[9]: matrix([[1, 0],
                [0, 1]])
In [10]: np.mat(np.diag([1,2,3]))                  #对角线为 1,2,3 的对角矩阵
out[10]: matrix([[1, 0, 0],
                 [0, 2, 0],
                 [0, 0, 3]])
In [11]: np.mat(np.random.randint(2,8,size=(2,5))) #元素为(2,8)的随机整数矩阵
out[11]: matrix([[7, 3, 2, 6, 3],
                 [3, 4, 6, 4, 6]])
```

显然，matrix()函数与 array()函数生成矩阵所需的数据格式存在差别。matrix()函数处理的数据可以是分号(;)分隔的字符串，也可以是逗号(,)分隔的列表类型，而 array()函数处理的数据大多是逗号(,)分隔的列表类型。

6.3.3 矩阵特征

扩展库 numpy 中的 max()、min()、sum()、mean()等方法均支持矩阵操作。在大多

数矩阵方法中，可以使用参数 axis 指定计算方向。axis＝1 表示水平方向的计算；axis＝0 表示垂直方向的计算；如果不指定 axis 参数，则对矩阵平铺后的所有元素进行操作。

```
In [12]: print(x,end='\n===\n')
         print('所有元素平均值：',x.mean(),end='\n===\n')
         print('垂直方向平均值：',x.mean(axis=0),end='\n===\n')
         print('形状',x.mean(axis=0).shape,end='\n===\n')
         print('水平方向平均值：',x.mean(axis=1),end='\n===\n')
         print('形状',x.mean(axis=1).shape)
out[12]: [[1 2 3]
          [4 5 6]]
         ===
         所有元素平均值：3.5
         ===
         垂直方向平均值：[[2.5 3.5 4.5]]
         形状 (1, 3)
         ===
         水平方向平均值：[[2.]
                          [5.]]
         形状 (2, 1)
In[13]: print('所有元素之和：',x.sum(),)
        print('横向元素之和：',x.sum(axis=1),end='\n===\n')
        print('横向最大值的下标：',x.argmax(axis=1),end='\n===\n')
        print('对角线元素：',x.diagonal(),end='\n===\n')
        print('非零元素行、列下标：',x.nonzero())
out[13]: 所有元素之和：21
         横向元素之和：[[ 6]
                        [15]]
         ===
         横向最大值的下标：[[2]
                            [2]]
         ===
         对角线元素：[[1 5]]
         ===
         非零元素行、列下标：(array([0, 0, 0, 1, 1, 1]), array([0, 1, 2, 0, 1, 2]))
```

6.3.4　矩阵常用操作

1. 矩阵转置

矩阵转置是对矩阵的行和列互换得到新矩阵的操作。原矩阵的第 i 行变为新矩阵的第 i 列，原矩阵的第 j 列成为新矩阵的第 j 行，一个 m 行 n 列的矩阵转置之后得到 n 行 m 列的矩阵。numpy 中常用矩阵对象的 T 属性实现转置操作。

```
In [14]: print(x.T,y.T,sep='\n')
out[14]: [[1 4]
          [2 5]
          [3 6]]
         [[1]
          [2]
          [3]
          [4]
          [5]
          [6]]
```

2. 矩阵乘法

在线性代数中,一个 m 行 p 列矩阵 A 和一个 p 行 n 列矩阵 B 的乘积为一个 m 行 n 列矩阵。其中,结果矩阵中每个元素 C_{ij} 的值等于 A 矩阵中第 i 行和 B 矩阵中第 j 列的内积。

```
In [15]: x=np.matrix([[1,2,3],[4,5,6]])
         y=np.matrix([[1,2],[3,4],[5,6]])
         print(x * y)
out[15]: [[22 28]
          [49 64]]
```

3. 相关系数矩阵

相关系数矩阵是一个对称矩阵,其中,对角线上的元素都是 1,表示自相关系数;非对角线上的元素表示互相关系数,每个元素的绝对值都小于等于 1,反映变量变化趋势的相似程度。对于二维相关系数矩阵而言,如果非对角线元素的值大于 0,表示两个变量正相关,二者相互影响的变化方向相同。而且相关系数的绝对值越大,两个变量相互影响的程度越大。

numpy 提供的 corrcoef()函数可以计算相关系数矩阵。

```
In [16]: A=np.matrix([1,2,3,4])
         B=np.matrix([4,3,2,1])
         C=np.matrix([1,2,3,40])
         D=np.matrix([4,3,2,10])
         print('负相关,变化方向相反:',np.corrcoef(A,B))
         print('负相关,变化方向接近相反:',np.corrcoef(A,D))
         print('正相关,变化方向相近:',np.corrcoef(A,C))
         print('正相关,变化方向一致:',np.corrcoef(A,A))
```

```
out[16]: 负相关,变化方向相反：[[ 1. -1.]
                             [-1.  1.]]
         负相关,变化方向接近相反：[[1.        0.61065803]
                                 [0.61065803 1.        ]]
         正相关,变化方向相近：[[1.        0.8010362]
                             [0.8010362 1.       ]]
         正相关,变化方向一致：[[1. 1.]
                             [1. 1.]]
```

4. 方差、协方差、标准差

方差是随机变量或一组数据离散程度的度量,协方差用于衡量两个变量的总体误差。当两个变量相同的情况下,方差与协方差的计算结果相同。如果两个变量的变化趋势一致,即两个变量均大于自身的期望值,那么这两个变量的协方差是正值。如果两个变量的变化趋势相反,即其中一个变量大于自身的期望值,另外一个变量小于自身的期望值,那么这两个变量的协方差是负值。扩展库 numpy 提供的 cov()函数可以计算协方差。

标准差是方差的算术平方根,反映一个数据集的离散程度。平均数相同的两组数据,标准差未必相同。扩展库提供了计算标准差的 std()函数。

```
In [17]: print("单变量协方差、方差：",np.cov(A))
         print("两变量协方差：",np.cov(A,B))
         print("单变量标准差：",np.std(A))
         print("单变量行元素标准差：",np.std(A,axis=1))
out[17]: 单变量协方差、方差：1.6666666666666665
         两变量协方差：[[ 1.66666667 -1.66666667]
                       [-1.66666667 1.66666667]]
         单变量标准差：1.118033988749895
         单变量行元素标准差：[[1.11803399]]
```

5. 特征值和特征向量

n×n 方阵 A 乘以一个向量,就是对这个向量进行了一个变换,将向量从一个坐标系变换到了另一个坐标系。如果矩阵乘以一个向量后仅发生了缩放变化,那么该向量就是矩阵的一个特征向量,特征值就是缩放比例。如果矩阵乘以一个向量后进行了旋转,那么特征向量是对向量旋转之后理想的坐标轴之一,特征值就是原向量在新坐标轴上的投影或者该坐标轴对原向量的贡献。特征值越大,原向量在新坐标轴上的投影越大,新坐标轴对原向量的表达越重要。一个矩阵的所有特征向量组成了矩阵的一组基,也就是新坐标系中的轴。有了特征值和特征向量,向量就可以在新坐标系中表示出来。

numpy 中线性代数子模块 linalg 提供了计算特征值和特征向量的 eig()函数,参数可以是 Python 列表、numpy 数组或 numpy 矩阵。

```
In [18]: A=np.matrix([[1,-3,3],[3,-5,3],[6,-6,4]])
         e,v=np.linalg.eig(A)
         print("特征值: ",e,sep='\n')
         print("特征向量: ",v,sep="\n")
         print("矩阵与特征向量的乘积: ",np.dot(A,v))
         print("特征值与特征向量的乘积: ",e * v)
         print("验证二者是否相等: ",np.isclose(np.dot(A,v),e * v))
out[18]: 特征值:
         [ 4.+0.00000000e+00j -2.+1.10465796e-15j -2.-1.10465796e-15j]
         特征向量:
         [[-0.40824829+0.j    0.24400118-0.40702229j   0.24400118+0.40702229j]
          [-0.40824829+0.j   -0.41621909-0.40702229j  -0.41621909+0.40702229j]
          [-0.81649658+0.j   -0.66022027+0.j          -0.66022027-0.j ]]
         矩阵与特征向量的乘积: [[-1.63299316+0.00000000e+00j
         -0.48800237+8.14044580e-01j
         -0.48800237-8.14044580e-01j]
         [-1.63299316+0.00000000e+00j 0.83243817+8.14044580e-01j
         0.83243817-8.14044580e-01j]
         [-3.26598632+0.00000000e+00j 1.32044054-5.55111512e-16j
         1.32044054+5.55111512e-16j]]
         特征值与特征向量的乘积: [[0.81649658+4.50974724e-16j
         3.12888345-8.14044580e-01j
         3.12888345+8.14044580e-01j]]
         验证二者是否相等: [[False False False]
                           [False False False]
                           [False False False]]
```

6. 逆矩阵

n×n 方阵 A 和 B 的乘积为单位矩阵,则称矩阵 A 为可逆矩阵,矩阵 B 为矩阵 A 的逆矩阵。numpy 中线性代数子模块 linalg 提供了计算逆矩阵的 inv()函数,参数必须为可逆矩阵,可以是 Python 列表、numpy 数组或 numpy 矩阵。

```
In [19]: A=np.matrix([[1,2],[3,4]])
         B=np.linalg.inv(A)
         print ("逆矩阵: \n",B)
         print("AB 乘积(对角线元素为 1,其余近似为 0): \n",A * B)

out[19]: 逆矩阵:
         [[-2. 1. ]
          [ 1.5 -0.5]]
         AB 乘积(对角线元素为 1,其余近似为 0):
         [[1.0000000e+00 0.0000000e+00]
          [8.8817842e-16 1.0000000e+00]]
```

7. 范数

线性代数中，n 维向量的长度称为模或 2-范数，其模长就是向量与自身内积的平方根。对于 m×n 矩阵 A，其 2-范数是矩阵 A 的共轭转置矩阵与 A 乘积的最大特征值的平方根。numpy 中线性代数子模块 linalg 提供了计算不同范数的 norm()函数，参数必须为可逆矩阵，可以是 Python 列表、numpy 数组或 numpy 矩阵，可选参数 ord 用于指定范数类型，默认为 2-范数。

```
In [20]: A=np.matrix([[1,2],[3,4]])
         print("矩阵 2-范数：",np.linalg.norm(A))
         print("矩阵最小奇异值：",np.linalg.norm(A,-2))
         print("min(sum(abx),axis=0)=",np.linalg.norm(A,-1))
         print("max(sum(abx),axis=0)=",np.linalg.norm(A,1))
         print("向量中非 0 元素个数：",np.linalg.norm([1,2,0,3,4,0],0))
         print("向量 2-范数：",np.linalg.norm([1,2,0,3,4,0],2))

out[20]: 矩阵 2-范数：5.477225575051661
         矩阵最小奇异值：0.36596619062625746
         min(sum(abx),axis=0)=4.0
         max(sum(abx),axis=0)=6.0
         向量中非 0 元素个数：4.0
         向量 2-范数：5.477225575051661
```

8. 奇异值分解

奇异值分解(Singular Value Decomposition，SVD)可以把大矩阵分解成几个小矩阵的乘积，达到数据降维和去噪的效果。这是机器学习算法中主成分分析算法的理论基础。numpy 中线性代数子模块 linalg 提供了计算奇异值分解的 svd()函数。

```
In [21]: A=np.matrix([[1,2,3],[4,5,6],[7,8,9]])
         u,s,v=np.linalg.svd(A)
         print("u=",u)
         print("s=",s)
         print("v=",v)

out[21]: u=[[-0.21483724  0.88723069  0.40824829]
            [-0.52058739  0.24964395  -0.81649658]
            [-0.82633754  -0.38794278  0.40824829]]
         s=[1.68481034e+01  1.06836951e+00  4.41842475e-16]
         v=[[-0.47967118  -0.57236779  -0.66506441]
            [-0.77669099  -0.07568647  0.62531805]
            [-0.40824829  0.81649658  -0.40824829]]
```

svd()函数将矩阵 A 分解为 u * np.diag(s) * v 的形式并返回 u、s、v,其中,数组 s 中的元素就是矩阵 A 的奇异值。

```
In [22]: u*np.diag(s)*v
out[22]: matrix([[1., 2., 3.],
                 [4., 5., 6.],
                 [7., 8., 9.]])
```

6.4　精选案例

6.4.1　美国总统大选数据统计

任务描述:本案例对特朗普和希拉里·克林顿每月的民意调查数据进行统计分析,涉及的知识点包括:numpy 读取 CSV 文件、处理日期格式的文本数据、numpy 数组的切片与索引、numpy 的统计函数以及列表推导式等。

本案例数据分析的主要步骤包括:首先,读取指定列的数据;然后,处理表示日期的文本数据,转换为形如"yyyy-mm"的字符串,提取选票日期;最后,统计每月的投票数据。

1. 数据集简介

本案例使用的数据集包含从 2015 年 11 月到 2016 年 11 月美国总统大选的民意调查数据。该数据集由 27 列不同类型的数据组成,保存为一个 CSV 文件,如图 6-1 所示。此数据集来源于 kaggle 网站,网址为 https://www.kaggle.com/fivethirtyeight/2016-election-polls。

F	G	H	I	J	K	L	M	N	O	P	Q	R	S	T	U
state	startdate	enddate	pollst	grade	samples	popul	poll_	rawpoll_clinton	rawpoll_trump	rawpoll_	rawpoll_	adjpoll_clinton	adjpoll_trump	adjpoll_johnson	adjp
U.S.	10/25/2016	10/31/2016	Google	B	24316	lv	6.14	37.69	35.07	6.18		42.6414	40.86509	5.675099	
U.S.	10/27/2016	10/30/2016	ABC Ne	A+	1128	lv	4.2	45	46	3		43.29659	44.72984	3.401513	
Virginia	10/27/2016	10/30/2016	ABC Ne	A+	1024	lv	3.88	48	42	6		46.29779	40.72604	6.401513	
Florida	10/20/2016	10/24/2016	Survey	A	1251	lv	3.4	48	45	2		46.35931	45.30585	1.77773	
U.S.	10/20/2016	10/25/2016	Pew Re	B+	2120	rv	3.39	46	40	6		45.32744	42.20888	3.61832	
U.S.	10/22/2016	10/25/2016	Fox Ne	A	1221	lv	3.35	44	41	7		44.6508	42.26663	6.114222	
U.S.	10/26/2016	10/31/2016	IBD/TI	A-	1018	lv	3.28	44.6	43.7	4.2		46.21834	43.56017	3.15359	
Pennsylvan	10/25/2016	10/30/2016	Gravis	B-	3217	rv	3.22	47	44	3		46.89049	43.50333	3.466432	
U.S.	10/23/2016	10/27/2016	Ipsos	A-	1158	lv	3.14	41.7	36.4	6.3		41.22576	37.24948	6.420006	
U.S.	10/29/2016	10/31/2016	The Times-F		2600	lv	3.04	42	40	5		42.21983	41.6954	4.220173	
U.S.	10/25/2016	10/31/2016	USC Dornsif		3145	lv	2.96	43.28	46.9			44.53217	43.84845		
Florida	10/25/2016	10/27/2016	Siena	A	815	lv	2.76	42	46	4		41.81832	47.92262	2.676897	
California	10/14/2016	10/23/2016	Public	A	1024	lv	2.74	54	28	5		55.68839	29.50605	3.17051	
U.S.	10/29/2016	10/30/2016	Morning Cor		1772	lv	2.73	42	39	7		43.31551	40.34972	5.823322	
North Caro	10/25/2016	10/26/2016	Marist	A	780	lv	2.73	47	41	8		45.20793	42.01937	6.499082	
Florida	10/25/2016	10/26/2016	Marist	A	779	lv	2.72	45	44	5		43.19458	45.07725	3.499082	
U.S.	10/20/2016	10/24/2016	GfK Gr	B+	1212	lv	2.71	51	37	6		50.18283	39.33826	5.044833	
Florida	10/21/2016	10/24/2016	Selzer	A+	805	lv	2.69	43	45	4		42.67789	46.11255	3.054228	
Pennsylvan	10/26/2016	10/28/2016	YouGov	B	1091	lv	2.62	48	40	5		47.77047	39.80679	6.359501	
Pennsylvan	10/23/2016	10/25/2016	Siena	A	824	lv	2.58	46	39	6		45.74354	41.34735	4.421316	
U.S.	10/14/2016	10/17/2016	Selzer	A+	1000	lv	2.54	47	38	8		46.84417	39.99571	6.27284	
Missouri	10/27/2016	10/28/2016	BK Strategi		1698	lv	2.5	39	53			38.51061	50.7572		
Colorado	10/26/2016	10/28/2016	YouGov	B	997	lv	2.49	42	39	7		41.75385	38.87231	8.359501	
U.S.	10/22/2016	10/26/2016	YouGov	B	1209	lv	2.49	46	41	4		45.63602	41.55637	4.964521	
Arizona	10/26/2016	10/28/2016	YouGov	B	994	lv	2.48	42	44	4		41.76	43.84806	5.359501	

presidential_polls

图 6-1　2016 美国总统大选数据集

本案例的数据文件中可以用于每月民意调查统计的数据有 3 列。其中,enddate 属性表示统计选票数据的结束日期;rawpoll_clinton 和 rawpoll_trump 属性分别表示克林顿和特朗普在这一天获得的选票数。因此,本案例的任务是从 enddate 属性中提取年份和月份,然后将 rawpoll_clinton 和 rawpoll_trump 属性的取值以月份为单位进行统计。

2. 导入模块

本案例使用 numpy 扩展库进行数据统计分析，因此首先导入 numpy 模块。此外，Python 标准库 datetime 提供了日期和时间处理功能。本案例使用 datetime.datetime.strptime ()函数将一个日期和时间的格式化字符串转换为 datetime 对象，因此需要导入 datetime 模块。

```
In [1]: import numpy as np
        import datetime
```

3. 加载数据

```
1   def load_data(filename, use_cols):                    #读取指定列的 CSV 数据
2       #读取列名，即第一行数据
3       with open(filename, 'r') as f:
4           col_names_str =f.readline()[: -1]
5
6       #将字符串拆分，并组成列表
7       col_name_lst =col_names_str.split(',')
8
9       #获取相应列名的索引号
10      use_col_index_lst =[col_name_lst.index(use_col_name) for use_col_
11  name in use_cols]
12
13      #读取数据
14      data_array =np.loadtxt(filename,                  #文件名
15                             delimiter=',',             #分隔符
16                             skiprows=1,                #跳过第一行，即跳过列名
17                             dtype=str,                 #数据类型
18                             usecols=use_col_index_lst)
19                             #指定读取的列索引号
20      return data_array
```

自定义函数 load_data()用于加载数据文件 filename，读取指定列 use_cols 的 CSV 数据。

代码第 3～4 行：读取 CSV 文件中第一行数据，也就是字符串类型的“列名”数据。因为 CSV 文件每一行的末尾以换行符“\n”结束，这里使用 readline()方法读取文件第一行的字符串数据，利用切片操作[:－1]避免读取第一行末尾的换行符“\n”。这样，变量 col_names_str 保存了 CSV 文件的第一行，即由逗号分隔的所有列名组成的一个字符串数据。

代码第 7 行：以逗号为分隔符，使用 split()方法将所有列名的字符串拆分成列表，列

表中每个元素是一列的列名字符串。

代码 10～11 行：使用列表推导式在指定列 use_cols 中遍历每一个列名 use_col_name，对应找到该列名在列名列表 col_name_lst 中的索引 col_name_lst.index(use_col_name)。这样，变量 use_col_index_lst 中存储了指定列的索引。

代码 14～18 行：使用 numpy 读取 CSV 文件，根据列索引访问指定列的 CSV 数据。考虑到 CSV 文件使用逗号作为数据分隔符，loadtxt()函数的参数 delimite 指定分隔符为“，”；CSV 文件第一行为列名，不是需要读取的列数据，因此参数 skiprows 设为 1，表示跳过文件第一行，从文件第二行开始读取数据；考虑到 numpy 数组只存放同类型的数据，参数 dtype 指定读取的数据为字符串类型，保证数据安全并方便后续数据处理。

代码第 20 行：load_data()函数的返回值 data_array 保存了指定列的字符串数据。

4. 数据预处理

基于统计分析任务目标，本案例从提供的 CSV 数据文件中读取 3 列数据：enddate、rawpoll_clinton 和 rawpoll_trump。观察 enddate 列的字符串发现，其数据格式并不一致，且基本都是具体到某一天的日期格式字符串。因此，数据预处理阶段需要从 enddate 日期字符串中提取出月份数据，为后续以月份为单位的选票统计准备数据。

```
1   def process_date(data_array):
2       #处理日期格式数据,转换为 yyyy-mm 字符串
3       enddate_lst =data_array[: , 0].tolist()
4       #将日期字符串格式统一,即'yy/dd/mm'
5       enddate_lst =[enddate.replace('-', '/') for enddate in enddate_
6       lst]
7       #将日期字符串转换成日期
8       date_lst=[datetime.datetime.strptime(enddate, '%m/%d/%Y') for
9   enddate in enddate_lst]
10      #构造年份-月份列表
11      month_lst =['{}-{:02d}'.format(date_obj.year,date_obj.month) for
12  date_obj in date_lst]
13
14      month_array =np.array(month_lst)
15      data_array[: , 0] =month_array
16      return data_array
```

自定义函数 process_date()中的实参 data_array 接收 enddate、rawpoll_clinton 和 rawpoll_trump 三列字符串数据。

代码第 3 行：将实参 data_array 中第一列 enddate 数据转换为列表类型。

代码第 5 行：将日期字符串中形为“yy-dd-mm”的数据转换为“yy/dd/mm”形式，实现所有 enddate 列数据格式的统一。

代码 8～9 行：使用 datetime.datetime.strptime()函数将日期字符串转换为形如“month/day/year”的 datetime 对象，使用列表推导式将 enddate_lst 列表元素生成的

datetime 对象作为元素构成新列表 date_lst。

代码 11～12 行：遍历列表 date_lst，从每一个日期数据中提取年、月，生成形为“year-month”字符串的列表元素，进而构造一个“年份-月份”列表 month_lst。

代码 14 行：将列表 month_lst 转换为 numpy 数组 month_array。

代码 15～16 行：将实参数组 data_array 中第一列，即索引为 0 的 enddate 列数据替换为“年份-月份”形式的字符串。至此，函数返回值 data_array 保存了从 enddate 日期字符串中提取出的年份和月份，以及 CSV 文件中 rawpoll_clinton 列和 rawpoll_trump 列的数据。

5. 数据统计分析

经过数据预处理，本案例已经得到了每条记录中选票所在的年份和月份。在数据统计分析阶段，可以基于月份对每个月的选票数据进行统计。

```
1   def get_month_stats(data_array):          #统计每月的投票数据
2       months =np.unique(data_array[:, 0])
3       for month in months:                  #根据月份过滤数据
4           filtered_data =data_array[data_array[:, 0] ==month]
5           #获取投票数据，字符串数组转换为数值型数组
6           try:
7               filtered_poll_data =filtered_data[:, 1:].astype(float)
8           except ValueError:
9               #遇到不能转换为数值的字符串，跳过循环
10              continue
11          result =np.sum(filtered_poll_data, axis=0)
12          print('{},Clinton 票数: {},Trump 票数: {}'.format(month, result
13          [0], result[1]))                 #列方向求和
```

自定义函数 get_month_stats()用于每个月的选票数据过滤并统计分析。

代码第 2 行：利用 unique()函数提取 enddate 列数据中“年份-月份”的唯一值，并排序。需要注意的是，CSV 文件中既包含 2015 年 11 月的数据，又包含 2016 年 11 月的数据，所以需要同时提取年份和月份，以免出现统计错误。

代码第 3 行：使用 for 循环遍历每一个月份，进行数据筛选。实际上，使用 unique()函数提取出排序后 months 数组中的第一个元素就是“2015-11”。

代码第 4 行：用于查找所有数据中第 1 列即日期符合指定年份月份要求的数据记录，为的是针对这些数据记录开展后续的统计分析。

代码第 6～10 行：进行异常处理。考虑到原始数据文件中可能存在数据缺失等问题，将筛选出的 filtered_data 数组中所有数据去除第一列“年份-月份”数据之后，转换成浮点型数据。其实就是将 CSV 文件中 rawpoll_clinton 和 rawpoll_trump 两列数据转换为浮点数；若存在数据缺失或者遇到不能转换为数值的字符串，就跳过本次循环并忽略那些有问题的数据。这也是常用的数据清理操作之一。至此，numpy 数组 filtered_poll_ data 中保存了符合指定条件、质量合格的选票数据。

代码 11 行：对符合要求的选票数据求和，参数 axis=0 表示按列操作，分别统计出克林顿和特朗普每个月民意调查的选票数据。

代码 12～13 行：打印输出统计结果。

6. 主函数

```
1  filename='/home/aistudio/data/data76670/presidential_polls.csv'
2  #读取指定列的数据
3  use_cols =['enddate', 'rawpoll_clinton', 'rawpoll_trump']
4  data_array =load_data(filename, use_cols)
5  #处理日期格式数据,转换为 yyyy-mm 字符串
6  proc_data_array =process_date(data_array)
7  
8  #统计每月的投票数据
9  get_month_stats(proc_data_array)
```

主函数中，首先找到数据文件及其路径，指定需要读取的 3 列数据“enddate”“rawpoll_clinton”和“rawpoll_trump”。代码第 4 行调用 load_data()函数，使用 numpy 读取 CSV 数据文件；代码第 6 行调用 process_date()函数处理日期格式的文本数据，转换为“yyyy-mm”格式的字符串；代码第 9 行调用 get_month_stats()函数统计每月的投票数据并输出统计结果，如下。

```
out[1]:
2015-11,Clinton 票数: 1920.0,Trump 票数: 1948.2
2015-12,Clinton 票数: 4816.799999999999,Trump 票数: 4164.299999999999
2016-01,Clinton 票数: 6861.600076850002,Trump 票数: 6267.0
2016-02,Clinton 票数: 8271.600253600001,Trump 票数: 7528.200000000002
2016-03,Clinton 票数: 11656.202546,Trump 票数: 9626.699999999999
2016-04,Clinton 票数: 11911.803926800001,Trump 票数: 9396.300000000005
2016-07,Clinton 票数: 22007.013854599994,Trump 票数: 21426.99
2016-08,Clinton 票数: 63619.39624199996,Trump 票数: 59529.000000000015
```

统计结果显示，“2016-05”和“2016-06”没有统计数据，说明这两个月份存在数据缺失等问题，在数据预处理模块中忽略了这些有问题的数据，因此没有在统计结果中呈现。

本案例采用 numpy 数组对 CSV 数据进行统计分析，利用 np.sum()函数简洁方便地实现了功能要求，避免了烦琐而低效的循环操作。然而，本案例在统计分析之前，需要完成烦琐的数据预处理，这也是扩展库 numpy 用于数据分析的缺陷。实际上，Python 扩展库 numpy 更擅长科学计算应用，后面章节的扩展库 pandas 将为用户提供简洁而方便的专业化数据分析功能。

6.4.2 约会配对案例

任务描述：本案例采用 K-近邻算法(KNN)筛选可能的约会对象。案例主要使用扩展库 numpy 提供的数组操作完成数据分类预测。主要步骤如下。

第一，设计 KNN 分类器：实现 KNN 分类算法。

第二，读取数据：从文本文件中读取数据并转换成 numpy 数组之后进行数据解析。

第三，数据预处理：对数值数据进行归一化处理。

第四，测试分类器性能：提取部分数据作为测试样本，使用错误率检测分类器性能。

第五，分类应用：使用 KNN 分类器完成约会对象筛选任务。

1. 数据集简介

本案例使用公开的约会配对数据集。每个样本数据占据一行，由三个样本特征和一个类标签组成，所有数据保存在文本文件 datingSet.txt 中，如图 6-2 所示。

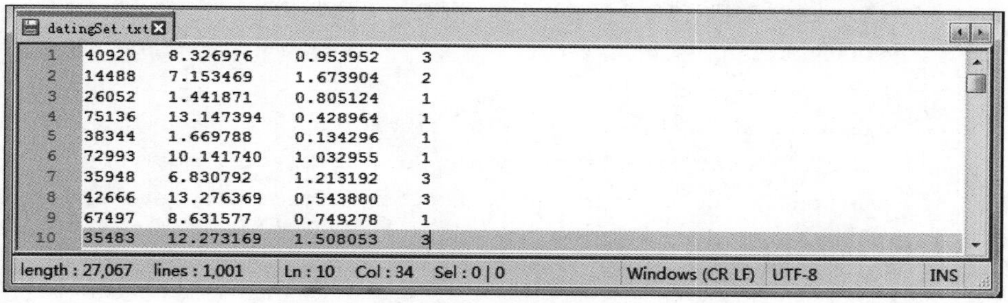

```
datingSet.txt
40920	8.326976	0.953952	3
14488	7.153469	1.673904	2
26052	1.441871	0.805124	1
75136	13.147394	0.428964	1
38344	1.669788	0.134296	1
72993	10.141740	1.032955	1
35948	6.830792	1.213192	3
42666	13.276369	0.543880	3
67497	8.631577	0.749278	1
35483	12.273169	1.508053	3
length : 27,067   lines : 1,001   Ln : 10   Col : 34   Sel : 0 | 0   Windows (CR LF)   UTF-8   INS
```

图 6-2 约会配对数据集

该数据文件包含 1001 行约会配对数据，但并不包含列名。其中前三列为样本特征，依次表示每个潜在约会对象每年飞行的里程数、玩游戏和视频所占的时间比以及每周消费冰淇淋的公升数；文件第四列表示对这个潜在约会对象的喜欢程度，分为“1”“2”和“3”三个类别，分别代表“不喜欢的人”“有点喜欢的人”和“比较喜欢的人”。

本案例将构建一个可用的约会对象筛选系统。用户输入潜在约会对象的信息，即上述三个特征数据，系统利用 KNN 算法预测出用户对该约会对象的喜欢程度。

2. 导入模块

本案例将运用大量的 numpy 库函数和方法进行操作，因此使用“from numpy import *”命令导入 numpy 模块，避免频繁地书写库名；使用命令“import operator”导入 operator 模块，以便使用对应 Python 内置运算符的高效率函数，例如，operator.itemgetter()函数用于获取操作对象指定维度上的数据；使用命令“from os import listdir”导入 os 库，以便使用 os.listdir()函数返回指定文件夹包含的文件名或子文件夹名称的列表。

3. 构建 KNN 分类器

KNN 算法通常应用于含有标签的样本集合，其基本原理是：存在一个样本集合，其中每个样本都有标签;输入没有标签的新样本之后,将新样本的每个特征与样本集中对应的样本特征进行比较;然后提取样本集中与新样本特征最相似的 k 个数据的分类标签作为新样本的标签。也就是说,给定含有 m 个实例的数据集 $T=\{(x_1,y_1),(x_2,y_2),(x_3,y_3),\cdots,(x_m,y_m)\}$,分别计算新样本到 m 个实例的距离,然后找出与新样本特征最接近的 k 个实例,这 k 个实例中哪个类别的实例最多,那么新样本就拥有最多实例对应的分类标签。

```
1   def classify0(inX, dataSet, labels, k):
2       dataSetSize =dataSet.shape[0]
3       diffMat =tile(inX, (dataSetSize,1)) -dataSet
4       sqDiffMat =diffMat * * 2
5       sqDistances =sqDiffMat.sum(axis=1)
6       distances =sqDistances * * 0.5
7       sortedDistIndicies =distances.argsort()
8       #argsort 方法返回将数组值从小到大排序之后的索引值
9       classCount={}          #字典
10      for i in range(k):
11          voteIlabel =labels[sortedDistIndicies[i]]
12          classCount[voteIlabel] =classCount.get(voteIlabel,0) +1
13       sortedClassCount = sorted (classCount. items ( ), key = operator.
14  itemgetter(1), reverse=True)
15      return sortedClassCount[0][0]
```

自定义函数 classify0()接收四个输入参数:inX 接收用于分类的 numpy 数组,dataSet 表示输入的训练样本集,label 为样本的类别标签,k 表示选择最近邻居的数目,其中,标签向量 label 的元素数目和 numpy 数组 dataSet 的行数相同。代码第 2 行使用 shape[0]属性获取矩阵第一维度的长度,这里返回 dataSet 矩阵的行数。代码第 3 行元组(dataSetSize,1) 中第一个元素表示沿 X 轴复制的次数,第二个元素表示沿 Y 轴复制的次数。这里使用 title()函数将 numpy 数组 inX 沿 X 轴重复 dataSetSize 次,沿 Y 轴重复 1 次后构成一个新数组,与样本数据集进行减操作,实现数据集中 $A(x_0,y_0)$和 $B(x_1,y_1)$ 两个向量点的减操作;再经过代码 4～6 行对 numpy 数组 diffMat 求平方、累加、开根号后,得到向量点 $A(x_0,y_0)$和 $B(x_1,y_1)$之间的距离 d。

$$d=\sqrt[2]{(x_1-x_0)^2+(y_1-y_0)^2} \tag{6-1}$$

计算了输入向量点与样本集中所有点之间的距离,代码第 7 行对距离数据从小到大排序,利用 argsort()方法返回数组元素值顺序排列后对应的索引值。接着,代码 10～14 行确定样本集中与输入向量点距离最小的前 k 个元素对应的类别标签,根据前 k 个最接近输入数据的类别标签预测当前输入数据的类别标签。代码第 11 行依次获取前 k 个距离最小的索引对应的类别标签值;代码第 12 行利用字典 classCount 统计这 k 个标签各自出现的频率,其中字典元素的“键”为“类别标签”,“值”为“标签出现频率”。代码第 13～14 行使用 sorted()函数对统计结果进行排序,参数 reverse=True 表示逆序排列,出现频率高的类别排在首位，即索引值为 0 的位置；参数 classCount.items()返回“键值对”元组数据组成的列表；函数 operator.itemgetter(1) 表示元组元素中索引为 1 的数据，也就是字典元素的“值”对应的“标签出现频率”；参数 key=operator.itemgetter(1)表示按照类别标签出现频率进行排序。因此，将前 k 个最相似向量点的类标签按照出现频率的逆序排列后，排在最前面的就是出现频率最高的类标签。最后，函数返回值 sortedClassCount[0][0]将此类别标签作为 KNN 算法对输入向量点的预测结果。

4. 读取数据

从文本文件读入的约会对象特征数据，需要转换为分类器可以读取的格式，才能输入到 KNN 分类器。自定义函数 file2matrix()用于处理输入数据的格式问题。该函数的输入为文件名字符串，输出为样本特征矩阵和类标签向量。

```
1   def file2matrix(filename):
2       fr =open(filename)
3       arrayOfLines=fr.readlines()
4       numberOfLines=len(arrayOfLines)                 #得到文件行数
5       returnMat =zeros((numberOfLines,3))             #创建二维 numpy 数组
6       classLabelVector =[]                            #创建存放标签的列表
7       index =0
8       for line in arrayOfLines:
9           line =line.strip()                 #移除字符串头尾的空格,生成新字符串
10          listFromLine =line.split('\t')
11          returnMat[index,: ] =listFromLine[0: 3]
12          #向全零元素的 ndarray 中添加数据
13          classLabelVector.append(int(listFromLine[-1]))
14          index +=1
15      return returnMat,classLabelVector
```

代码第 2～4 行打开文本文件，读取文件中所有行，返回以文件中每行数据为字符串元素的列表。使用 len()函数得到列表长度，即文件的行数 numberOfLines。

代码第 5 行创建一个行数为 numberOfLines，列数为 3 的全零矩阵，用于存放处理后准备输出的样本特征。

代码第 8～15 行依次读取文本文件中的每一行数据，使用 strip()方法移除字符串首尾的空格，依据 Tab 字符“\t”将每行数据拆分成数据元素组成的列表 listFromLine；将列表中的前三列元素，即约会对象的特征保存至特征矩阵 returnMat；将列表中的最后一列元素，即类别标签追加至类别向量中。如此处理文本文件中的每一行数据，将最后的特征矩阵和类别向量作为函数的返回值。

需要注意的是，列表变量 listFromLine 中存储的是取自文本文件的字符串数据。代码 13 行将列表变量 listFromLine 中最后一列，即类别标签字符串，通过 int()函数转换成整型数据后保存至列表 classLabelVector。对于列表变量 listFromLine 前三列的特征数据，本案例没有使用纯 Python 语句处理变量值类型转换问题，而是使用 numpy 函数库自

动将字符串类型的列表元素转换成浮点型数据并进行后续操作。这也是扩展库 numpy 的优势之一。

5. 数据预处理

如图 6-2 所示,从矩阵 returnMat 可以提取出所有样本三个方面的特征数据,依次为:每年完成的飞行里程数,玩游戏看视频消耗的时间百分比和每周消费的冰淇淋公升数。以样本 3 和样本 4 为例,根据公式(6-1)可以计算出样本之间的距离。

$$d_{3,4}=\sqrt[2]{(75\ 136-26\ 052)^2+(13.147\ 394-1.444\ 1871)^2+(0.428\ 964+0.805\ 124)^2}$$

从上述计算过程可见,不同样本之间相同特征的数值差对计算结果的影响呈现显著不均衡性。其中,数值差距较大的特征,如“每年完成的飞行里程数”对计算结果起着决定性作用,而其他两个特征对计算结果几乎不产生任何影响。究其原因,在于“飞行里程数”数据与“消费冰淇淋公升数”“玩乐消耗时间百分比”数据存在多个数量级的差距,致使“飞行里程数”数据主导了计算结果的变化趋势。因此,原本同等重要的三个特征对分类决策结果的影响呈现出不均衡性。

通常,为了消除不同量纲和量纲单位对数据分析结果的影响,需要进行数据归一化处理,使各数据处于同一数量级,以解决数据之间的可比性,实现数据的综合对比评价。本案例为了处理取值范围不同的特征值对计算结果的影响,采用 min-max 归一化方法将取值范围转换至[0,1]区间。

min-max 归一化,也称为线性归一化,是对原始数据的线性变换,使结果映射到[0,1]区间。转换函数如下。

$$x^*=\frac{x-\min}{\max-\min} \tag{6-2}$$

其中,max 为样本数据的最大值,min 为样本数据的最小值。此方法可能的缺陷是当新数据加入时,也许导致 max 和 min 取值的变化,但是本案例不存在此顾虑。因此这里编写自定义函数 autoNorm(),自动地将特征数据的取值转换到[0,1]区间。

```
1   def autoNorm(dataSet):
2       minVals =dataSet.min(0)        #axis=0 按列统计,跨行统计,所有列的最小值
3       maxVals =dataSet.max(0)
4       ranges =maxVals -minVals
5       normDataSet =zeros(shape(dataSet))
6       m =dataSet.shape[0]
7       normDataSet =dataSet -tile(minVals, (m,1))
8       #tile()函数将 minVals 复制(m,1)遍,生成与输入矩阵相同维度的数组
9       normDataSet =normDataSet/tile(ranges, (m,1))                #元素除操作
10      return normDataSet, ranges, minVals
```

函数 autoNorm()中,输入变量接收样本特征矩阵 dataSet,变量 minVals 保存列最小值,变量 maxVals 保存列最大值。代码 2～3 行函数 min()和 max()中的参数取值为 0 表示从列中选取最值;代码第 4 行生成函数计算的取值范围,用于获取公式(6-2)的分母部

分;代码第5行创建元素全零的输出矩阵normDataSet,用于存放公式(6-2)的计算结果;代码第6行获取特征矩阵的行数。

准备工作完成之后,代码7～9行依据公式(6-2)完成数据归一化处理:用特征矩阵的当前值减去最小值,再除以取值范围。需要注意的是,特征矩阵有1001×3个数值,而变量minVals和ranges均为1×3向量。为解决维度不一致数据间的操作问题,本案例使用numpy库的tile()函数分别将变量minVals和ranges复制(m,1)遍,生成与输入矩阵dataSet维度相同的新矩阵,然后进行元素级别的特征值相除。最后,函数返回归一化处理之后的特征矩阵normDataSet、取值范围ranges和特征矩阵列最小值minVals。

6. 测试分类器性能

自定义函数datingClassTest()用于测试分类器的性能。如果测试结果符合要求,就可以使用这个分类器筛选约会对象;否则,需要进一步优化分类器,以满足任务需求。

```
1  def datingClassTest():
2      TestRatio = 0.10                    #留出10%做测试数据
3      datingDataMat,datingLabels = file2matrix('/home/aistudio/data/data76810-
4  /datingSet.txt')                        #加载约会配对数据集
5      normMat, ranges, minVals = autoNorm(datingDataMat)
6      m = normMat.shape[0]
7      numTestVecs = int(m * TestRatio)
8      errorCount = 0.0
9      for i in range(numTestVecs):
10         classifierResult = classify0(normMat[i,:],normMat[numTestVecs:
11 m,:],datingLabels[numTestVecs: m],3)
12         print ("the classifier came back with: %d, the real answer is: %d"%
13 (classifierResult, datingLabels[i]))
14         if (classifierResult!=datingLabels[i]):
15             errorCount += 1.0
16     print ("the total error rate is: %f"%(errorCount/float(numTestVecs)))
17     print ("the total error number is: ",errorCount)
```

首先使用自定义函数file2matrix()加载完整数据集,使用函数autoNorm()进行特征数据归一化,获取数据集行数。代码9～15行依次提取测试集中的每一行数据,使用分类器函数classify0()完成测试数据的类别预测。具体过程是:函数classify0()读取当前第i个测试数据,指定将数据集的前90%作为训练数据,将数据集的后10%作为测试数据,执行k=3的KNN算法;依据公式(6-1)计算得到与当前测试数据最为相似的前三个训练数据;查看这三个训练数据的类别标签,取三个类别标签中出现频率最高的标签值作为当前测试数据的类别预测值并保存于变量classifierResult。然后,查看当前测试数据的真实标签值datingLabels[i],如果与类别预测值classifierResult相同,表示分类成功;否则,代表分类错误,变量errorCount取值加1,旨在统计错误分类的测试样本数目。最后,代码16～17行分别输出此次分类错误的测试样本总数和分类错误率,后者为分类错误总数除以测试样本总数。

运行函数 datingClassTest()后,部分输出结果如下。

```
out[1]: …
        the classifier came back with: 1, the real answer is: 1
        the classifier came back with: 2, the real answer is: 2
        the classifier came back with: 1, the real answer is: 1
        the classifier came back with: 3, the real answer is: 3
        the classifier came back with: 3, the real answer is: 3
        the classifier came back with: 2, the real answer is: 2
        the classifier came back with: 1, the real answer is: 1
        the classifier came back with: 3, the real answer is: 1
        the total error rate is: 0.050000
        the total error number is: 5.0
```

分类器处理约会配对数据集的错误率为 5%,这是一个不错的结果。用户也可以尝试修改变量 TestRatio 和 k 的取值,检测分类错误率是否随着变量取值的变化而增加。参数取值不同,分类器的输出结果可能出现较大波动。需要注意的是,参数 k 一般为奇数,为的是便于依据少数服从多数的原则根据 k 个训练数据的类别确定测试数据的类别标签。

经过测试,分类器正确率满足本案例约会对象筛选要求。下面可以输入潜在约会对象的特征数据,由分类器帮助判定这一约会对象的可交往程度。

7. 分类器应用:约会对象筛选

自定义函数 classifyPerson()使用经过训练和测试的 KNN 分类器,为用户筛选约会对象。具体筛选过程是:用户根据提示信息输入待筛选对象的特征数据,程序调用 KNN 分类器预测用户对该约会对象的喜欢程度。

```
def classifyPerson():
    resultList=[ '一点也不喜欢','有点喜欢', '比较喜欢']
    percentTats=float(input("玩游戏、看视频消耗时间百分比: "))
    ffMiles=float(input("每年飞行的里程数: "))
    iceCream=float(input("每周消费冰淇淋的公升数: "))
     datingDataMat, datingLabels = file2matrix ('/home/aistudio/data/
data76810/datingSet.txt')
    norMat,ranges,minVals=autoNorm(datingDataMat)
    inArr=array([ffMiles,percentTats,iceCream])
    classifierResult= classify0 ((inArr - minVals)/ranges, normMat,
datingLabels,3)
    print("\n 你对约会对象可能的喜欢程度: ",resultList[classifierResult-1])
```

代码 2～5 行使用 input()函数接收字符串类型的特征数据，通过 float()函数将输入数据转换为浮点型。然后依次调用 file2matrix()函数对文本文件进行数据解析，调用 autoNorm()函数进行数据归一化处理；代码第 9 行将输入的三个特征数据转换为 ndarray 数组；至此，获取了代码第 10 行 classify0()函数所需的全部形式参数，于是调用 KNN 分类器完成约会对象类别标签分类预测任务。最后，代码第 12 行返回分类预测结果。

这里，用户依次输入特征数据“30”“300”和“20”，此函数运行结果如下。

```
out[2]: 玩游戏、看视频消耗时间百分比：30
        每年飞行的里程数：300
        每周消费冰淇淋的公升数：20
        你对约会对象可能的喜欢程度：比较喜欢
```

第7章 matplotlib数据可视化

数据是枯燥的，而图形图像是具有生动性的表现形式。数据可视化就是将数据以图形图像的形式展示出来，并利用数据分析和开发工具发现信息的过程。通过数据可视化，不仅可以向用户呈现数据之间已知的规律，还可以帮助用户认知数据，发现数据反映的实质。

matplotlib是最流行的Python可视化绘图工具之一。它模仿MATLAB绘图风格，用于制图以及其他多维数据的可视化，绘制出达到出版要求的图形。

7.1 探索性数据分析

探索性数据分析(Exploratory Data Analysis，EDA)方法由美国著名统计学家约翰·图基(John Tukey)提出。1977年，John Tukey第一次系统论述了EDA的重要性。EDA是指对已有数据在尽量少的先验假设下进行探索，通过作图、制表、方程拟合、计算特征量等手段探索数据结构和数据之间规律的数据分析方法之一。

一般来说，数据分析可以分为探索和验证两个阶段。探索阶段强调灵活探求线索和证据，发现数据中隐藏的有价值的信息；而验证阶段则着重评估这些证据，相对精确地研究一些具体模式或效应。在验证阶段，常用传统的统计学方法；而在探索阶段，主要采用EDA方法。

7.1.1 EDA简介

EDA方法主要用于无法对数据进行常规统计分析，只是对数据进行初步分析的情形。这时候，分析者对数据中的信息没有足够经验，不知道该用何种统计方法进行分析。因此先对数据进行探索性分析，检查数据集的特征和形状，辨析数据的模式与特点，将它们有序地发掘出来，以便灵活地选择和调整分析模型，揭示数据相对于常见模型的偏离，进而对数据集中的某些现象及原因提出假设。在此基础上，再进行验证性数据分析(Confirmatory Data Analysis，CDA)。从假设开始，使用统计模型和既定的策略及方法，着重对数据模型和已有假设进行验证，进而科学地评估观察到的模式或效应。总之，EDA方法注重对数据进行概括性描述，不受数据模型和科研假设的限制，而CDA方法更注重对已有假设进行验证。

EDA 方法的特点和优势如下。

一是在分析思路时让数据说话，不强调对数据的整理。传统的统计分析方法通常先假定一个模型，然后使用适合此模型的方法进行拟合、分析及预测，但常常因为给定的数据不满足假定的理论分布，致使统计结果在使用上受到很大的局限。EDA 方法从原始数据出发，深入探索数据的内在规律，无须从某种假定出发，不必拘泥于模型的假设。

二是 EDA 方法灵活多样。传统的统计分析方法以概率论为基础，使用有严格理论依据的假设检验、置信区间等处理工具。而 EDA 方法完全从数据出发，灵活处理。EDA 着重于方法的稳健性，不刻意追求概率意义上的精确性。

三是 EDA 工具简单直观，更易于普及。传统的统计分析方法比较抽象，难于掌握。而 EDA 方法更强调直观及数据可视化，使分析者能一目了然地看出数据中隐含的有价值的信息，显示出其遵循的普遍规律及与众不同的突出特点，促进发现规律，得到启迪，这也是 EDA 方法的主要优势。

7.1.2　EDA 常用工具

在未知数据集没有提供假设条件的情况下，首先采用 EDA 方法，通常使用可视化工具探索数据集的特征和形状，更好地了解数据集，以便生成假设。EDA 的主要工作包括：进行数据清洗，使用描述统计量和图表等形式描述数据，查看数据分布，探索数据之间的关系，培养对数据的直觉，进行数据总结等。实现 EDA 的主要方式是数据可视化，使用户方便直观地看到数据分布、数据模式等。

数据可视化利用计算机图形学及图像处理技术，将数据转换成图形或图像并显示出来，为用户提供帮助和指导，最终成为数据分析传递信息的重要工具之一。按照数据的作用和功能划分，可以将数据可视化的量化图表分为比较类、分布类、流程类、地图类、占比类、区间类、关联类、时序类以及趋势类等，其中每一种类型的图表可以包含不同的数据可视化图形，如统计图、观测图、量测图和相对位置图等。其中，用于二维数据可视化的常见图形有柱状图、折线图、饼图以及散点图等；用于三维数据可视化的常见图形有气泡图、环形图等；用于四维及四维以上数据可视化的常见图形有彩色气泡图、雷达图等。

目前常用的数据可视化工具很多，Python 也提供了多个数据可视化库，包括基础的 2D 和 3D 可视化库 matplotlib、seaborn 等；也包括交互信息可视化库 Bokeh、pygal 等；还包括用于生成 Echarts 图表的类库 pyecharts。其中，matplotlib 是最基础的 Python 可视化库，取 MATLAB＋Plot＋Library 之意，作图风格接近 MATLAB；seaborn 是一个基于 matplotlib 的高级可视化效果库，主要针对数据挖掘和机器学习中的变量进行特征选取和展示，seaborn 可以用短小的代码绘制多维度数据的可视化效果图；Bokeh 是一个用于创建浏览器端交互可视化图的库，实现分析师与数据的交互；plotly 实现了在线导入数据进行可视化并将内容保存在云端服务器的功能，只需本地 Jupyter Notebook 与 plotly 服务器建立通信，就可调用已经完成的可视化内容进行展示。

一般地说，Python 数据可视化可以从 matplotlib 开始，然后进行纵向与横向拓展，完成更加炫酷、更具表现力的数据可视化作品。

7.2 matplotlib 绘图基础

Python 扩展库 matplotlib 是一套依赖扩展库 numpy 和标准库 tkinter 的绘图工具包,可以绘制出满足出版级质量要求的图形。matplotlib 为 Python 构建了一个类似 MATLAB 的绘图接口,广泛应用于数据可视化和科学计算可视化领域。

7.2.1 matplotlib 绘图简介

Python 扩展库 matplotlib 主要包括 pylab、pyplot 等绘图模块,也包含大量用于字体、颜色、图例等图形元素管理和控制的模块,支持线条样式、字体属性、轴属性等属性管理和控制,可以使用非常简洁的代码绘制出优美的图案。其中,pyplot 绘图模块包含常用的 matplotlib API 函数,可以使用 numpy 进行数组运算和表示。

使用扩展库 matplotlib 进行数据可视化之前,首先导入必要的工具包。

```
In [1]: import numpy as np
        import matplotlib.pyplot as plt
```

这样,后面的代码可以使用 plt 表示类似 MATLAB 的 pyplot 模块。此外,若希望代码能够访问全部 matplotlib 函数集合,也需要导入 matplotlib 库。

```
In [2]: import matplotlib as mpl
```

1. matplotlib 绘图步骤

使用 Python 语句生成或读入数据后,通常根据数据类型和可视化要求选择合适的图形,以便于数据展示。然后,可以使用扩展库 matplotlib 中的 pylab 或 pyplot 模块绘制图形,一般步骤如下。

第一步,创建画布,相当于绘画前准备图纸。

第二步,根据需要在画布上创建一个或多个绘图区域。可以在一张画布上绘制一个图形,也可以将画布分成几部分,在每个组成部分分别绘制相同或不同的图形。这时,图形的不同组成部分可以拥有各自独立的坐标系。

第三步,在选定的区域描绘点、线、图形等。

第四步,为绘图线或坐标轴添加刻度、范围及修饰标签等,使得图形容易理解,更具表现力。

第五步,根据需要为图形添加其他信息,如旋转标签、添加图例和标题等。

最后,保存或显示绘图结果。

利用 matplotlib 模块绘制图形的基本步骤如下,可视化结果如图 7-1 所示。

```
In [3]: plt.figure()                    #创建画布
        data =[2, 3, 6, 7, 11]          #生成数据
        plt.plot(data)                  #图形绘制
        plt.show()                      #可视化结果
Out[3]:
```

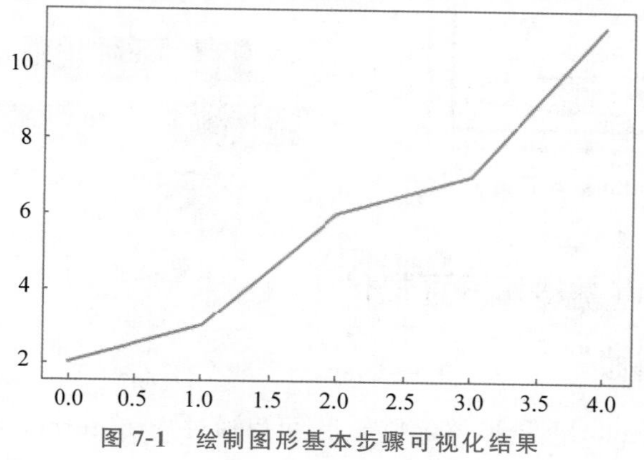

图 7-1　绘制图形基本步骤可视化结果

2. matplotlib 基本元素

画布(Figure)：使用扩展库 matplotlib 绘图时，用户绘制的所有内容都呈现在画布上。

变量：变量是用于绘制图形的数据。生成或读入需要可视化展示的数据后，一般会将数据保存在变量中。用户调用扩展库 matplotlib，使用相关的 Python 命令操作变量进行数据可视化。

函数：matplotlib 模块包含各种各样的绘图函数，调用这些绘图函数，将数据绘制成图形，以可视化形式展示出来。

坐标轴(Axes)：包含水平(x 轴)和垂直(y 轴)的轴线。

绘图时，用户通过变量和函数改变画布和坐标轴中的元素，如标题(title)、标签(label)等，描述画布和坐标轴上呈现的内容。从图 7-2 可以看出，首先生成一个 Figure 对象，然后绘制折线图隐式生成 Axes 对象；最后图中所有元素，包括 x 和 y 坐标轴等，都在 Axes 对象中呈现。

扩展库 matplotlib 基本元素之间呈层级关系，如图 7-3 所示。画布上可以创建多个绘图区域，因此画布 fig 内可以包含多个子图 ax；其中每一个子图拥有自己的数据 data、标题 title 以及包括横轴 xaxis 和纵轴 yaxis 的坐标系；每个坐标轴包含单独的刻度 tick 和坐标轴标签 label；刻度 tick 还可以拥有自己的刻度标签 tick label，即根据实际需要，为刻度赋予的有意义名字。例如：根据个人需要，x 轴定义刻度标签 tick label“0，1，2，…”，依次描述年份序列中“2000，2001，2002，…”，x 轴的 label 可以是“年份”。

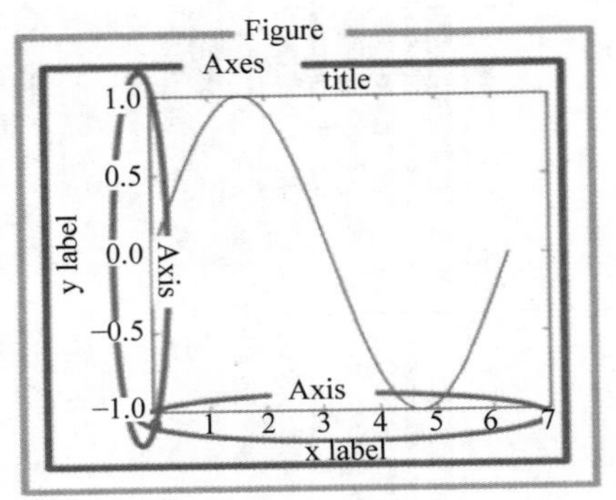

图 7-2 matplotlib 基本元素

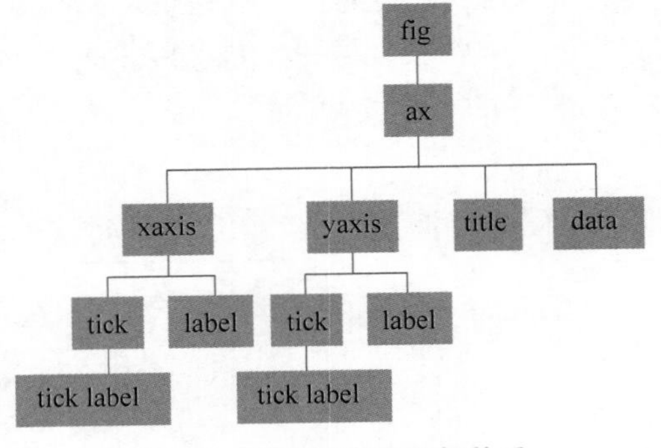

图 7-3 基本元素间层级关系

7.2.2 matplotlib 基本元素可视化

1. matplotlib 画布

用户绘制的 matplotlib 图形位于画布上，可以通过 plt.figure()函数创建画布。

```
格式: plt.figure([num,figsize,dpi,facecolor,edgecolor,frameon])
```

num:指定图形编号或名称，数字表示图形编号，字符串表示图形名称。

figsize：指定画布的宽和高，单位为英寸，1 英寸等于 2.5cm。

dpi：指定绘图对象的分辨率，即每英寸多少个像素，默认值为 80。

facecolor：指定画布背景颜色。

edgecolor：指定画布边框颜色。

frameon：指定是否显示画布边框。

```
In [4]: #创建画布
        plt.figure('fig2',figsize=(15,5),facecolor='purple',frameon=True)
        random_data =np.random.randn(100)                           #生成数据
        plt.plot(random_data)                                       #绘制图形
        plt.show()                                                  #可视化结果
```

运行结果如图 7-4 所示。如果用户省略画布创建语句，matplotlib 会自动生成默认画布。图形绘制完毕，需要使用 plt.show()函数显示绘图结果。

2. 设置坐标轴长度与范围

matplotlib 绘图时，坐标轴的长度和范围是非常重要的，可以调用 plt.axis()函数设置 x 轴和 y 轴的属性值。

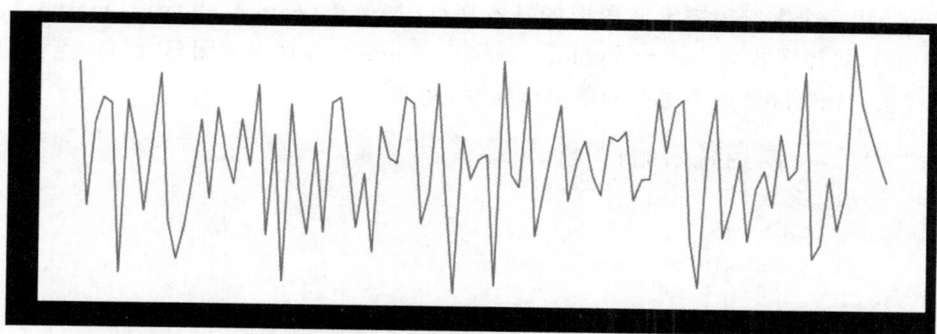

图 7-4　matplotlib 画布设置

```
In [5]: plt.axis()                              #默认的坐标轴范围
Out[5]: (0.0, 1.0, 0.0, 1.0)
In [6]: ax=[-1,1,-100,100]
        plt.axis(ax)                            #重新设置坐标轴范围
        plt.show()                              #可视化结果
In [7]: plt.axis(ymax=20)                       #单独设置 y 轴
Out[7]: (0.0, 1.0, 0.0, 20)
```

如图 7-5 所示，plt.axis()函数返回由 xmin，xmax，ymin，ymax 四个浮点型元素构成的元组，分别表示 x、y 轴坐标的极值。在绘图时，若未设置坐标轴的范围，表示坐标轴采用自动缩放方式，即由 matplotlib 根据数据系列自动配置坐标轴的范围和刻度。

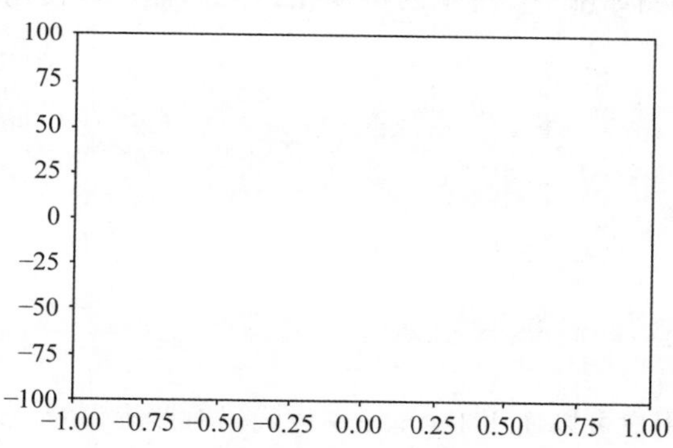

图 7-5　坐标轴范围[−1，1，−100，100]

3. 设置图形的线型与颜色

matplotlib 绘图时，可以设置线条的颜色、线宽、点标记等线条风格，满足用户的个性化绘制需求。若使用 plt.plot()函数绘图，可以设置相关参数值确定图形的线型和颜色。

```
格式：plt.plot([x,] y [,fmt])
```

x 和 y：分别表示绘制在横轴和纵轴上的数据。

fmt：用一个字符串来定义图形的基本属性，如颜色(color)、点标记(marker)、线型(linestyle)，具体形式为 fmt = '[color][marker][line]'，分别表示图形"颜色、点标记和线型"的样式。fmt 接受每个属性的单字母缩写，例如：

```
In [8]: x =np.random.randn(50)
        y =x * 2
        plt.plot(x, y, 'bo-')                                    #蓝色圆点实线
        plt.show()
```

运行结果如图 7-6 所示。

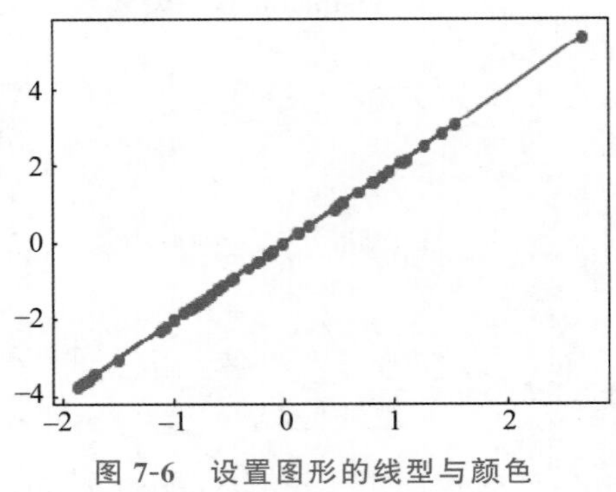

图 7-6　设置图形的线型与颜色

若 fmt 接收属性时用的是全名，则应该用关键字参数对单个属性赋值，不能使用单字母组合赋值。例如，绘制如图 7-6 所示的可视化结果同样可以使用如下关键字参数赋值方式实现。

```
plt.plot(x, y, color='blue', marker='o', linestyle='dashed', linewidth=1,
markersize=6)
```

或者：

```
plt.plot(x,y,color='#0000FF',marker='o',linestyle='-')
```

Python 编程时，用户可以使用 Python 颜色代码对照表设置 color 属性完成图形的颜色匹配，其中 20 种常用的颜色代码如表 7-1 所示。

表 7-1　Python 常用的 20 种颜色代码对照表

颜　色	代码	中文	英文	R	G	B	16 进制
	0	黑	Black	0	0	0	#000000
	1	白	white	255	255	255	#FFFFFF
	2	红	Red	255	0	0	#FF0000

续表

颜　色	代码	中文	英文	R	G	B	16 进制
	3	酸橙色	Lime	0	255	0	#00FF00
	4	蓝	Blue	0	0	255	#0000FF
	5	黄	Yellow	255	255	0	#FFFF00
	6	洋红	Magenta	255	0	255	#FF00FF
	7	青色	Cyan	0	255	255	#00FFFF
	8	黑	Black	0	0	0	#000000
	9	白	White	255	255	255	#FFFFFF
	10	红	Red	255	0	0	#FF0000
	11	酸橙色	Lime	0	255	0	#00FF00
	12	蓝	Blue	0	0	255	#0000FF
	13	黄	Yellow	255	255	0	#FFFF00
	14	洋红	Magenta	255	0	255	#FF00FF
	15	青色	Cyan	0	255	255	#00FFFF
	16	栗色	Maroon	128	0	0	#800000
	17	绿	Green	0	128	0	#008000
	18	海军蓝	Navy	0	0	128	#000080
	19	橄榄	Olive	128	128	0	#808000
	20	紫色	Purple	128	0	128	#800080

此外，用户可以设置 marker 属性为图中的每个点做标记，使用 markersize 属性设置点标记大小。plt.plot()函数中 marker 属性对应的常用点标记如表 7-2 所示。plt.plot()函数中 linestyle 属性可以设置图形的线型，Python 常用线型如表 7-3 所示。

表 7-2　marker 属性常用点标记对照表

marker	符号	描　述	marker	符号	描　述
"."	●	point	"p"	⬟	pentagon
","	·	pixel	"p"	✚	plus(filled)
"o"	●	circle	" * "	★	star
"v"	▼	triangle_down	"h"	⬢	hexagon1
"^"	▲	triangle_up	"H"	⬣	hexagon2

续表

marker	符号	描　述	marker	符号	描　述
"<"	◀	triangle_left	"+"	+	plus
">"	▶	triangle_right	"×"	×	x
"1"	Y	tri_down	"D"	✖	x(filled)
"2"	⅄	tri_up	"d"	◆	diamond
"3"	≺	tri_left	"|"	♦	thin_diamond
"4"	≻	tri_rigjt	"_"	|	viine
"8"	●	octagon		—	

表 7-3　linestyle 属性常用线型对照表

Linestyle	描　述	
'-' or 'solid'	solid line	实线
'--' or 'dashed'	dashed line	虚线
'-.' or 'dashdot'	dash-dotted line	虚点线
':' or 'dotted'	dotted line	点线
'None' or ' ' or ''	draw nothine	

4. 设置图形刻度、刻度标签和坐标轴标签等

与数据本身相比，使用图形可以直观地表达出更多实际意义。为了提供更多图形信息，可以在图形中加入许多配置，如坐标刻度、刻度标签和网格等。这里使用 pyplot 模块的相关函数设置图形刻度范围、刻度标签和坐标轴标签。

1）设置刻度范围

如果用户没有设置坐标轴的范围，那么 matplotlib 默认按照数据的范围自动选择它认为最合适的区间来展示所有数据。若系统产出的数据范围并不是自己想要的，用户可以使用 xlim()和 ylim()函数分别设置 x 轴、y 轴的刻度显示范围，语法格式分别为：plt.xlim(xmin, xmax)和 plt.ylim(ymin, ymax)。其中，xmin 和 ymin 分别表示 x 轴和 y 轴刻度的最小值；xmax 和 ymax 分别表示 x 轴和 y 轴刻度的最大值。

```
In [9]: x =np.linspace(5,10,100)
        y =np.random.rand(100)
        plt.plot(x,y)
        plt.xlim(4,11)                    #设置 x 轴范围
        plt.ylim(-0.2,1.2)                #设置 y 轴范围
        plt.show()
```

首先调用 np.linspace(5,10,100)生成[5,10]区间的 100 个数据并赋值给变量 x，调

用 np.random.rand(100)生成[0,1)区间的 100 个数据并赋值给变量 y,然后设置 x 轴刻度范围[4,11]可视化显示变量 x,其取值范围[5,10];设置 y 轴刻度范围[−0.2,1.2]可视化显示变量 y,其取值范围[0,1)。运行结果如图 7-7 所示。

2) 设置坐标轴刻度值

xticks()和 yticks()函数分别设置 x 轴、y 轴的刻度值,增加图形的可读性,语法格式分别为: plt.xticks(locs, [labels])和 plt.yticks(locs, [labels])。其中,locs 表示 x 轴或 y 轴刻度线上显示刻度标签的位置,即放置刻度值的地方,locs 为数组参数(array_like, optional),包含刻度的范围和个数等信息;labels 表示在参数 locs 设置的相应位置需要添加的标签名称,为数组参数,允许使用文本作为刻度标签。此外,plt.xticks()和 plt.yticks()函数还可以使用参数 fontsize 设置刻度的字体大小,使用参数 rotation 设置刻度旋转的度数等。

```
In [10]: x =np.random.randn(100)
         y=x.cumsum()
         plt.plot(y)                      #cumsum() 累加和
         #设置 x 轴的刻度
         plt.xticks(np.linspace(0,100,5),list('abcde'),fontsize=15)
         #设置 y 轴的刻度
         plt.yticks(np.linspace(-10,20,3), ['max', 'min', 0], fontsize=15,
         rotation=60)
```

代码段中 xticks()函数的 locs 参数为 numpy 数组,包含 0～100 范围内的 5 个整数,表示在图形 x 轴上 5 个位置显示刻度标签,即图 7-8 中 x 轴的刻度线;yticks()函数的 locs 参数为 numpy 数组,包含−10～20 范围内的 3 个数值,对应图 7-8 中 y 轴的刻度线。xticks()函数的 labels 参数为包含 5 个字符串元素的列表,即图 7-8 中 x 轴的刻度标签;yticks()函数的 labels 参数为包含 3 个元素的列表,即图形 y 轴的 3 个刻度标签。从图 7-8 可以明显看出参数 locs 和 labels 的关系,locs 表示位置,labels 决定这些位置上的标签,locs 和 labels 中数据元素的个数相等。

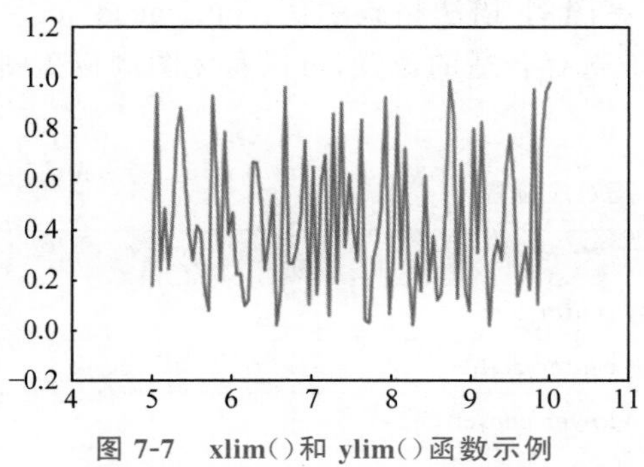

图 7-7 xlim()和 ylim()函数示例

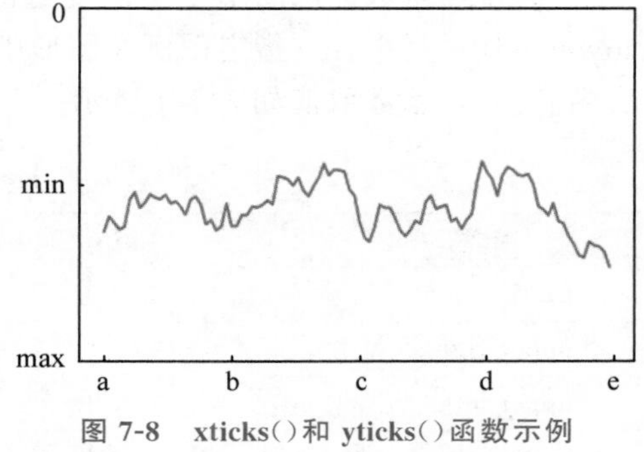

图 7-8 xticks()和 yticks()函数示例

若参数 labels 的值为空,则在参数 locs 决定的位置上会出现刻度线,但不会显示任何数据。如果参数 labels 的值省略,则 labels 的默认值和 locs 相同,即在这些位置添加的数值就是 locs 数组中的数据。

3) 设置其他信息

xlabel()函数和 ylabel()函数分别设置 x 轴和 y 轴的标签文本,语法格式分别为: plt.xlabel(string)和 plt.ylabel(string),其中,string 表示坐标轴的标签文本内容。

grid()函数用于绘制表示刻度线的网格,语法格式示例: plt.grid(linestyle=':', color='r'),其中,linestyle 设置网格线的风格,color 设置网格线的线条颜色。

axhline()函数和 axvline()函数分别绘制平行 x 轴和 y 轴的水平参考线,语法格式示例: plt.axhline(y=0.0, c='r', ls='-', lw=2),其中,y 指定水平参考线的出发点;c 指定参考线的线条颜色;ls 指定参考线的线条风格;lw 指定参考线的线条宽度。

axhspan()函数和 axvspan()函数分别绘制垂直 x 轴和 y 轴的参考区域,语法格式示例: plt.axvspan(xmin=1.0, xmax=2.0, facecolor='y', alpha=0.3),其中,xmin 指定参考区域的起始位置;xmax 指定参考区域的终止位置;facecolor 指定参考区域的填充颜色;alpha 指定参考区域的填充透明度。

使用图例和注解可以为图形添加与给定数据相关的简短描述,方便用户理解图形的实际意义。annotate()函数为图形内容的细节添加指向型注释文本,用于标记图中的重要细节。语法格式示例: plt.annotate(string, xy=(np.pi/2, 1.0), xytext=(np.pi/2)+0.15, 1.5, weight='bold', color='b', arrowprops=dict(arrowstyle='->', connectionstyle='arc3', color='b'))。其中,string 表示图形内容的注释文本;xy 表示被注释图形内容的位置坐标,即箭头位置;xytext 表示注释文本的位置坐标;weight 表示注释文本的字体粗细风格;color 表示注释文本的字体颜色;arrowprops 指示被注释内容对应箭头的属性字典。

text()函数为图形内容细节添加无指向型注释文本,用于解释图中的重要细节。语法格式示例: plt.text(x, y, string, weight='bold', color='b')。其中,x、y 分别指定注释文本所在的横坐标和纵坐标;string 指定注释文本的内容;weight 指定注释文本的字体粗细风格;color 指定注释文本的字体颜色。

title()函数为图形内容添加标题,语法格式为: plt.title(string),其中,string 表示图形内容的标题文本。

legend()函数标识图形中不同变量的文本标签图例,语法格式示例: plt.legend(loc='lower left'),其中,loc 指定图例在图形中的位置。选择合适的位置,可以避免图例覆盖图表内容。loc 参数取值如表 7-4 所示。

表 7-4 loc 参数取值及对应位置

字符串	数值	字符串	数值
best	0	center left	6
upper right	1	center right	7
upper left	2	lower center	8
lower left	3	upper center	9
lower right	4	center	10
right	5		

灵活使用 matplotlib 库函数进行数据可视化,可以帮助读者更好地理解图表内容,便于完成上下文数据的可视化分析。上述 9 组函数的综合应用示例如下。

```
In [1]: import matplotlib.pyplot as plt
        import numpy as np
        from matplotlib import *

        x =np.linspace(0.5,3.5,100)                              #生成数据
        y =np.sin(x)
        plt.plot(x,y,ls='--',lw=2,label='plot figure')  #绘图

        plt.xlim(0.0,4.0)                                        #设置刻度范围
        plt.ylim(-3.0,3.0)
        plt.xlabel('x_axis')                                     #设置坐标轴标签文本
        plt.ylabel('y_axis')
        plt.grid(ls=': ',color='r')                              #设置网格线
        plt.axhline(y=0.0,c='r',ls='--',lw=2)         #绘制平行于 x 轴的水平参考线

        #绘制垂直于 y 轴的参考区域
        plt.axvspan(xmin=1.0,xmax=2.0,facecolor='r',alpha=0.3)
        #为图形内容细节添加指向型注释文本
        plt.annotate('maximum',xy=(np.pi/2,1.0), xytext=((np.pi/2) +0.15,
        1.5),weight= 'bold', color= 'r', arrowprops=dict(arrowstyle='->',
        connectionstyle='arc3',color='r'))
        plt.annotate('spines',xy=(0.75,-3), xytext=(0.35, -2.25), weight='
        bold', color='r', arrowprops=dict(arrowstyle='->', connectionstyle
        ='arc3', color='r'))
        plt.annotate('',xy=(0,-2.78),xytext=(0.4,-2.32),weight='bold',
        color='r', arrowprops=dict(arrowstyle='->',connectionstyle='arc3',
        color='r'))
        plt.annotate('',xy=(3.5,-2.98), xytext=(3.6,-2.7), weight='bold',
        color='r', arrowprops=dict(arrowstyle='->', connectionstyle='arc3
        ', color='r'))
        #为图形内容细节添加无指向型注释文本
        plt.text(3.6,-2.5,"'l' is tickline",weight='bold',color='b')
        plt.text(3.6,-2.8,"3.5 is ticklabel",weight='bold',color='b')

        plt.title("9 function for plt shown with matplotlib")#设置图形标题
        plt.legend(loc='upper right')                            #设置图例
        plt.show()
```

代码运行结果如图 7-9 所示。

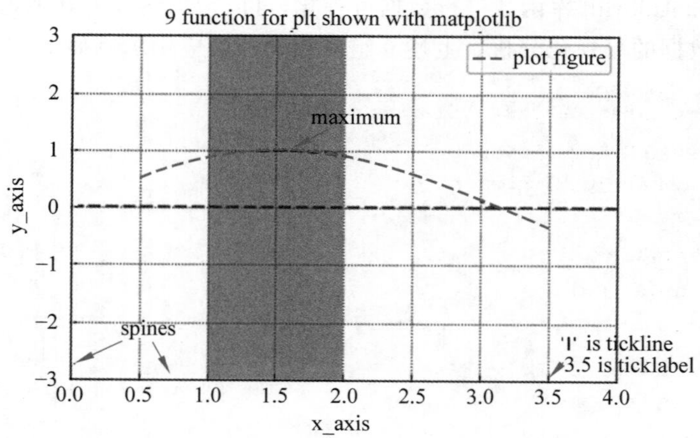

图 7-9 matplotlib 基本元素可视化示例

7.2.3 matplotlib 的 ax 对象绘图

使用扩展库 matplotlib 绘制图形时,首先使用 figure 方法创建画布,然后图形的绘制可以使用 pyplot(别名 plt)模块的相关函数完成。实际上,使用画布中坐标对象 ax 的相关方法同样可以实现整个图形的绘制。

```
In [1]: import matplotlib.pyplot as plt
        import math
        import numpy as np
        x=np.arange(1,10)
        y=x**2
In [2]: plt.figure()
        plt.plot(x,y)
        plt.show()
In [3]: fig,ax=plt.subplots()
        ax.plot(x,y)
        plt.show()
```

分别使用 plt 模块和 ax 对象绘制了"$y=x^2$"曲线,绘图结果相同。二者的区别在于:plt.plot()函数首先创建一个 figure 对象,然后在这个画布隐式生成的画图区域上绘图;而 ax.plot()方法同时生成了 fig 对象和 ax 对象,然后使用 ax 对象在其区域上绘图。可以使用 ax 对象的 set_xticks()、set_yticks()方法设置坐标轴刻度值,使用 ax 对象的 set_xticklabels()、set_yticklabels()方法设置刻度标签等。

```
In [4]: x =np.random.randn(100)
        ax =plt.subplot(111)
        ax.plot(x.cumsum())
        '''设置 x 轴和 y 轴刻度值,功能类似 plt 模块的 xticks()和 yticks()函数'''
```

```
ax.set_xticks([0,25,50,75,100])
ax.set_yticks([-10,-5,0,5,10])
'''设置刻度标签,可以使用 plt 模块的 xticks()、yticks()函数实现'''
ax.set_xticklabels(list('abcde'))
plt.show()
```

运行结果如图 7-10 所示。

下面使用画布中坐标对象 ax 的相关方法完成与 plt 模块绘图相同的功能,具体实现参见代码中的注释语句,运行结果如图 7-11 所示。

```
In [5]: #生成数据
        data1 =np.random.randn(1000).cumsum()
        data2 =np.random.randn(1000).cumsum()
        data3 =np.random.randn(1000).cumsum()
In [6]: fig, ax =plt.subplots(1)
        ax.plot(data1, label='line1')
        ax.plot(data2, label='line2')
        ax.plot(data3, label='line3')
        #设置刻度范围,功能类似 plt 模块的 x lim()、y lim()函数
        ax.set_xlim([0, 800])
        #设置刻度值,功能类似 plt 模块的 xticks()、yticks()函数
        ax.set_xticks([0, 100, 200, 300, 400, 500])
        #设置刻度标签,可以使用 plt 模块的 xticks()、yticks()函数实现
        ax.set_xticklabels(['x1', 'x2', 'x3', 'x4', 'x5'])
        #设置坐标轴标签,功能类似 plt 模块的 xlabel()、ylabel()函数
        ax.set_xlabel('Number')
        ax.set_ylabel('Random')
        #设置标题,功能类似 plt 模块的 title()函数
        ax.set_title('An example of ax drawing')
        #图例
        ax.legend(loc=3)
        plt.show()
```

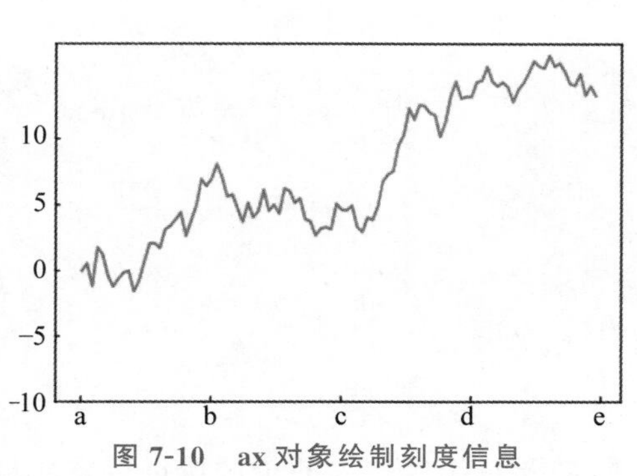

图 7-10　ax 对象绘制刻度信息

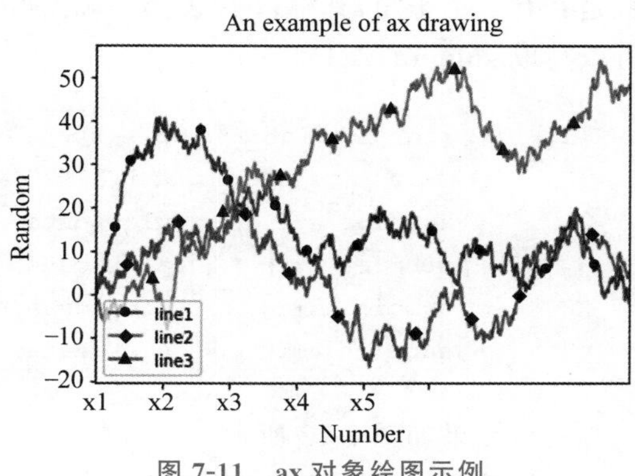

图 7-11　ax 对象绘图示例

Python 扩展库 matplotlib 中的 Axes 对象代表画布中的一片区域,如图 7-2 所示。当使用 plt 模块绘图时,Axes 对象是隐式生成的,因此只需要在画布上绘制一个图形就可以,无须显式生成 Axes 对象,这时使用 plt.plot()函数完成图形绘制是比较方便的。如果需要在一个图中绘制多个子图,通常使用 ax 对象绘图:首先显式调用 plt.subplot()函数,使用生成的 fig 对象和 ax 对象分别对画布 Figure 和绘图区域 Axes 进行控制,然后使用 ax 对象对各个子图执行更多的操作。显然,使用 ax 对象实现多个子图的绘制更方便且易于解释。因此,在实际绘图,特别是绘制多个子图时,推荐使用 ax 对象完成。

7.2.4 matplotlib 绘制子图

默认情况下,扩展库 matplotlib 使用整个绘图区域绘制图形,多个图形叠加并共用同一套坐标系统。然而,有时需要将整个绘图区域划分为不同的子区域,在每个子区域绘制不同的图形,并且每个子区域使用各自独立的坐标系统。

扩展库 matplotlib.pyplot 中的 subplot()函数可以划分绘图区域并创建子图,其语法格式及重要参数如下。

```
subplot(numbRow, numbCol, plotNum) 或者: subplot(numbRow numbCol plotNum)
```

numbRow:表示绘图区域中子图的行数。

numbCol:表示绘图区域中子图的列数。

plotNum:指定 Axes 对象所在的绘图区域。

此外,subplot()函数可以使用可选参数设置图形的更多属性,例如,参数 facecolor 设置当前子图的背景颜色;参数 polar 设置当前子图是否为极坐标图,默认为 False;参数 sharex、sharey 设置与哪个子图共享 x 轴或 y 轴坐标,使得共享轴坐标的子图具有相同的起止范围、刻度和缩放比例。

subplot()函数的返回值包括一个绘图区(figure)和一系列 Axes 实例对象组成的数组,将整个绘图区域划分为 numRows 行和 numCols 列个子区域,按照从左到右、从上到下的顺序对每个子区域依次编号。用户可以方便地访问每一个 Axes 对象,绘制并独立配置每一个子图。例如,函数 subplot (2,2,1)表示将绘图区域划分成 2×2 个子区域,也就是共有 4 个子图,其中,1 代表第一幅图所在的子区域,即左上方的子区域编号为 1,也可以写成 subplot(221)。

```
In [7]: fig, subplot_arr =plt.subplots(2, 2, figsize=(8, 8),sharex=True)
        data =np.random.randn(20)
        subplot_arr[0, 0].plot(data, '--r.')
        subplot_arr[0, 1].plot(data, 'gv: ')
        subplot_arr[1, 0].plot(data, 'b<-')
        subplot_arr[1, 1].plot(data, 'ys-.')
```

运行结果如图 7-12 所示。

如果绘制的图形包含 3 幅或者 5 幅子图的话,需要对编号较大的子区域进行重新排

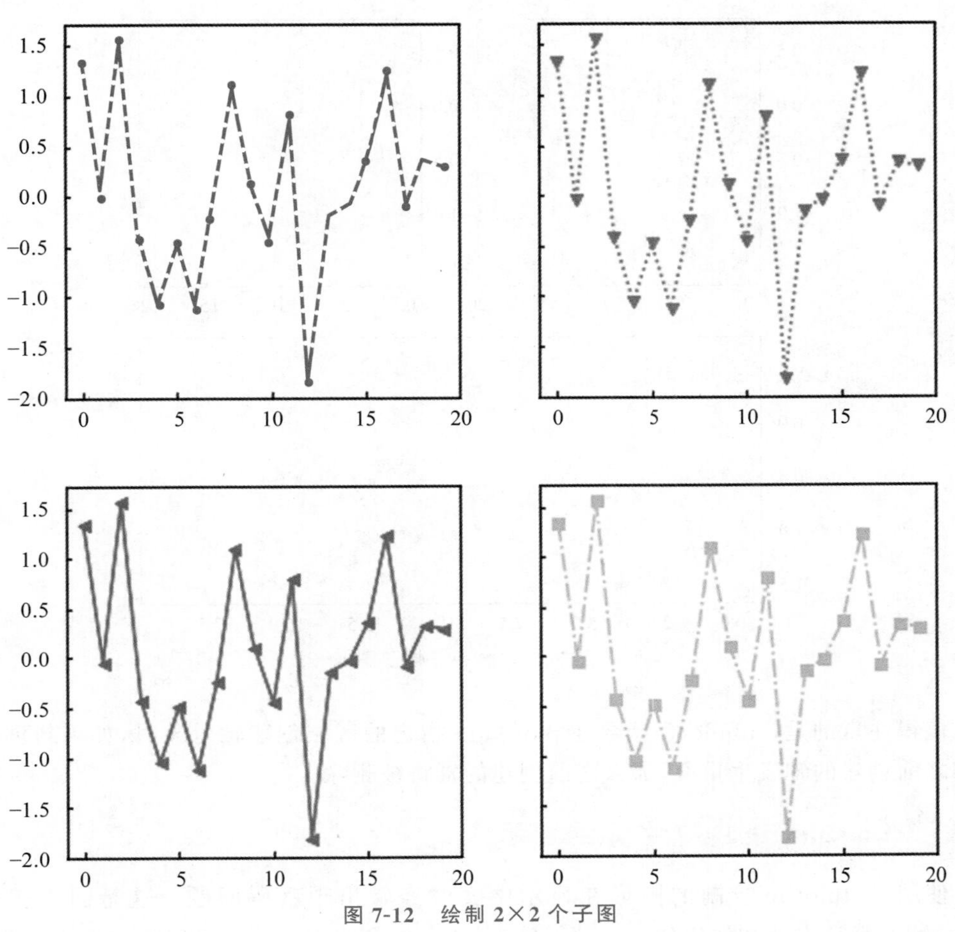

图 7-12　绘制 2×2 个子图

列。例如,当绘制一幅包含 3 个子图的图形时,如果将整个绘图区域按照 2×2 划分,那么前两个子区域分别是(2, 2, 1)和(2, 2, 2),第三个子图需要占用(2, 2, 3)和(2, 2, 4)这两个子区域,因此需要再次使用 subplot()函数对这个子区域按照 2×1 重新划分,使得前两个子图占用(2, 1, 1)的区域,第三个子图占用(2, 1, 2)的区域。

```
In [8]: plt.figure(figsize=(6, 6), dpi=80 ,facecolor='lightcyan')
        plt.figure(1)
        ax1 =plt.subplot(221)
        plt.plot(data, color="r",linestyle ="--")
        ax2 =plt.subplot(222)
        plt.plot(data,color="y",linestyle ="-")
        ax3 =plt.subplot(212)
        plt.plot(data,color="g",linestyle ="-.")
```

运行结果如图 7-13 所示。

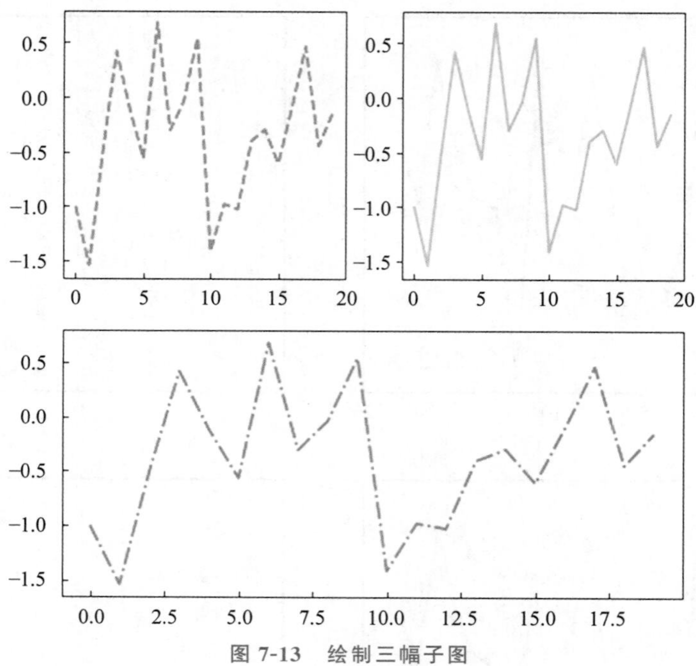

图 7-13 绘制三幅子图

值得注意的是,subplot()函数在 plotNum 指定的区域创建轴对象时,如果新创建的轴和之前创建的轴发生重叠,那么之前创建的轴将被删除。

7.2.5 matplotlib 中文字体的显示

使用 matplotlib 绘制的图形在显示中文时经常出现乱码问题。这是因为扩展库 matplotlib 默认安装和使用的 sans-serif 字体并不支持中文显示,当用户将图形标题、标签或图例设置为中文字符串的时候,这些中文字体无法正常显示出来。针对 matplotlib 绘图时中文字体显示为乱码的问题,常用的解决方案有以下两种。

方法 1:使用 matplotlib 的 reParams 属性设置。

具体地说,可以在代码中 matplotlib 绘图命令之前,添加如下语句。

```
In [9]: #设置中文字体为黑体,中文正常显示
        plt.rcParams['font.sans-serif']=['SimHei']
        plt.rcParams['axes.unicode_minus']=False                #使负号正常显示
```

方法 2:使用 matplotlib 的 font_manager 工具。

主要由三个步骤组成。首先导入 font_manager 模块;然后找到中文字体在计算机中的位置,导入中文字体库;接着根据绘图时中文字体出现的不同位置,采取适当的解决方案。例如:若在图例中出现中文字体,需要设置 legend 函数的 prop 属性。若在标题和横坐标等地方出现中文,需要设置对应函数的 fontproperties 属性。若显示希腊字母,需要采用 latex 格式。

```
In [10]: #生成数据
         data1 =np.random.randn(1000).cumsum()
         data2 =np.random.randn(1000).cumsum()
         data3 =np.random.randn(1000).cumsum()
In [11]: #导入库
         import matplotlib.font_manager as fm
         #定位中文字体文件
         zhfont1= fm.FontProperties(fname="/home/aistudio/work/simhei.ttf",
         size=15)
         #绘图
         plt.figure()
         plt.plot(data1, label='线条 1')
         plt.plot(data2, label='线条 2')
         plt.plot(data3, label='线条 3')
         #设置刻度
         plt.xlim([0, 700])
         #设置刻度标签：中文字体
         plt.xticks((100, 200, 300, 400, 500,600),('一', '二', '三', '四', '五','
         六'),fontproperties=zhfont1)
         #设置坐标轴标签：中文字体
         plt.xlabel('数据个数',fontproperties=zhfont1)
         plt.ylabel('随机数',fontproperties=zhfont1)
         #设置中文标题
         plt.title('中文字体显示',fontproperties=zhfont1)
         #图例
         plt.legend(loc='upper left',prop=zhfont1)
```

代码运行结果如图 7-14 所示。

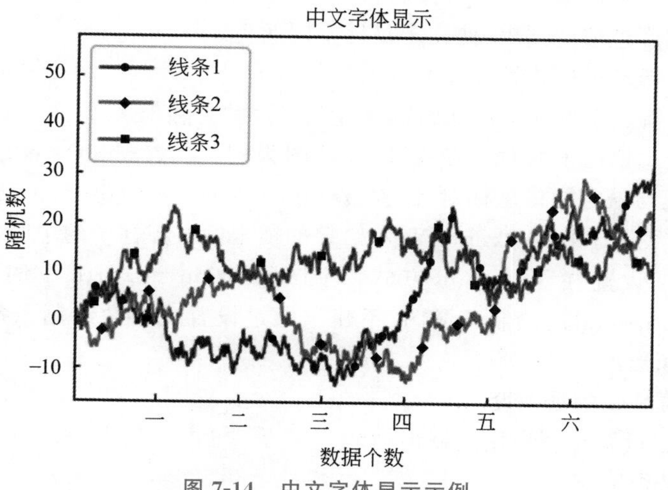

图 7-14　中文字体显示示例

7.3 定性数据可视化

数据可视化主要借助图形化手段,清晰有效地传达与沟通数据。利用人们对形状、颜色、运动的敏感,数据可视化可以帮助用户发现数据之间的关系、规律和变化趋势。对于不同类型数据的可视化要求,应根据特定的应用场景选择最合适的图形类型进行展示,而不应生硬地套用某种图形。对于定性数据或品质数据(包括分类数据和顺序数据),常用的可视化图形有条形图、帕累托图和饼图等。

7.3.1 条形图

条形图或柱状图适用于中小规模的二维数据集,且只有一个维度的数据需要进行比较的情况。条形图是用同宽度条形的高度或长短来表示数据变动的图形。绘制条形图时,各类别可以放在纵轴,称为条形图;也可以放在横轴,称为柱状图。条形图有单式、复式等形式。

扩展库 matplotlib.pyplot 中的函数 bar()可以根据给定的数据绘制条形图或柱状图,其语法格式及重要参数如下。

```
bar(left, height, width=0.8, bottom=None, hold=None, data=None, * * kwargs)
```

left：指定每根柱子的横坐标。

height：指定每根柱子的高度,即待比较数据的统计值。

width：指定每根柱子的宽度,默认为 0.8。

bottom：指定每根柱子底部边框的 y 坐标值。

函数 bar()的其他可选参数如下。

color：指定每根柱子的颜色,可以指定一个颜色值,使所有柱子呈现相同颜色;也可以指定包含不同颜色值的列表,使柱子呈现不同颜色。

edgecolor：指定每根柱子边框的颜色。

linewidth：指定每根柱子边框的宽度,默认值为“无边框”。

align：指定每根柱子的对齐方式,以柱状图为例：参数 align='edge'且 width>0 表示柱子左侧边框与给定的横坐标对齐;参数 align='edge'且 width<0 表示柱子右侧边框与给定的横坐标对齐;align='center'表示给定的横坐标对齐柱子的中间位置。

orientation：设置柱子的显示方式,当 orientation='vertical'时绘制柱状图;当 orientation='horizontal'时绘制条形图,不建议通过设置此参数绘制条形图,通常使用函数 barh()绘制条形图。

alpha：设置柱子的透明度。

antialiased：设置是否启用抗锯齿功能。

fill：设置是否填充。

hatch：指定内部填充符号,可选值有'/'、'\\'、'|'、'-'、'+'、'x'、'o'、'O'、'.'、'*'。

label：指定图例中显示的文本标签。

linestyle：指定边框的线型。

visible：设置绘制的柱子是否可见。

下面代码段分别绘制单式条形图和复式条形图(多列数据柱状图),运行结果如图 7-15 和图 7-16 所示。

```
In [12]: x =[1, 2, 3, 4, 5, 6, 7]                          #单组数据
         data =[5, 3, 7, 8, 2, 9, 4]
         plt.barh(x, data)                                 #单式条形图

         plt.xlabel('Number')                              #设置坐标轴标签
         plt.ylabel('Type')
         plt.title('Example of single bar chart')          #设置标题
         plt.show()
In [13]: x1 =[1, 3, 5, 7, 9, 11, 13]                       #多组数据
         data1 =[5, 3, 7, 8, 2, 6, 4]
         plt.bar(x1, data1, color='b' ,label='data1')
         x2 =np.array(x1) +0.8                    #需要设置不同的横坐标,避免重叠
         data2 =[8, 6, 2, 5, 6, 9, 7]
         plt.bar(x2, data2, color='y',label='data2')       #复式条形图

         plt.xlim([0, 15])                                 #设置刻度范围
         plt.xticks([1, 3, 5, 7, 9, 11, 13], ['x1', 'x2', 'x3', 'x4', 'x5', 'x6', 'x7'])
                                                           #设置显示的刻度
         plt.xlabel('Type')                                #设置坐标轴标签
         plt.ylabel('Frequency')
         plt.title('Double bar chart')                     #设置标题
         plt.legend()
         plt.show()
```

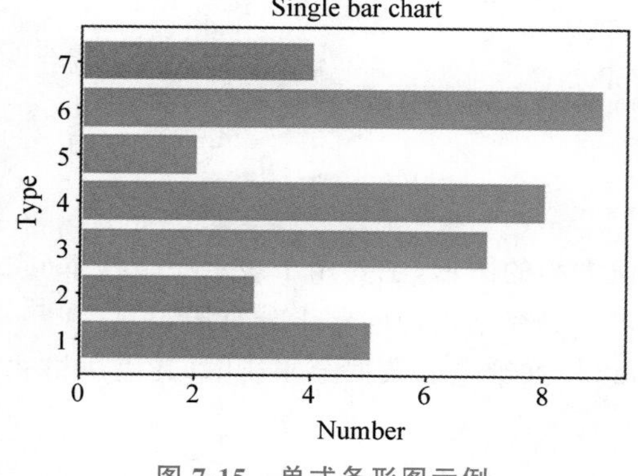

图 7-15　单式条形图示例

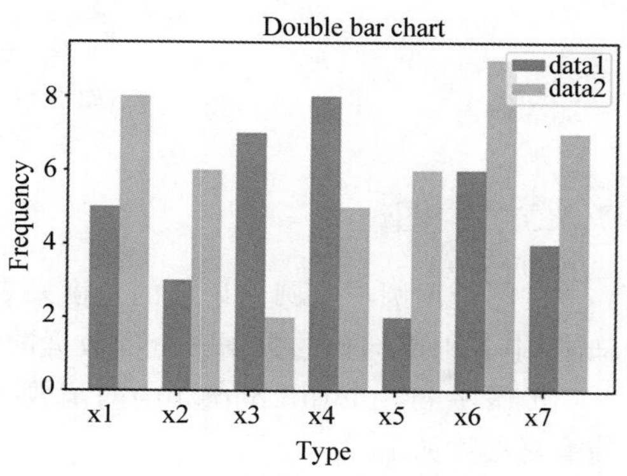

图 7-16　复式条形图示例

7.3.2 帕累托图

帕累托图以意大利经济学家 Vilfredo Pareto 的名字命名,是按照各类别数据出现的频率高低排序后绘制的条形图。通过条形的排序,很容易看出哪类数据出现较多,哪类数据出现较少。

```
In [14]: x =[1, 2, 3, 4, 5, 6,7]                                    #单组数据
         data =[5,3,7,8,2,9,4]
         data1=sorted(data,reverse=True)
         plt.bar(x,data1)                                           #帕累托图

         plt.xlim([0,8])                                            #设置刻度范围
         plt.xticks([1,2,3,4,5,6,7], ['x6','x4','x3','x1','x7','x2','x5'])
         plt.xlabel('Type')                                         #设置坐标轴标签
         plt.ylabel('Number')
         plt.title('Pareto chart')                                  #设置标题
         plt.show()
```

运行结果如图 7-17 所示。

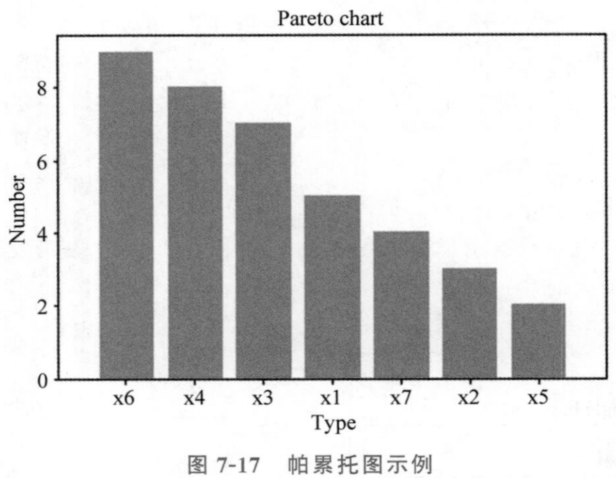

图 7-17 帕累托图示例

7.3.3 饼图

饼图是用圆形及圆内扇形的角度来表示数值大小的图形,主要用于表示一个样本(或总体)中各组成部分的数据占全部数据的比例,对于研究结构性问题十分有用。

扩展库 matplotlib.pyplot 中的函数 pie()可以根据给定的数据绘制饼图,其语法格式及重要参数如下。

```
pie(x, explode=None, labels=None, colors=None, autopct=None, pctdistance=0.
6, shadow = False, labeldistance = 1. 1, startangle = None, radius = None,
counterclock=True, wedgeprops=None, textprops=None, center=(0,0), frame=
False, hold=None, data=None)
```

x：取值为数据序列，自动计算每个数据占的百分比并确定对应的扇形面积。

explode：取值为 None 或与 x 等长的数据序列，用于指定每个扇形沿半径方向偏离圆心的距离，取值为 None 表示无偏移，正数表示远离圆心。

colors：取值 None 或元素为颜色值的数据序列，指定每个扇形的颜色；如果颜色值序列长度小于扇形数量，则循环使用颜色值。

labels：与 x 长度相同的字符串序列，用于指定每个扇形对应的文本标签。

autopct：设置扇形内部标签的显示格式，一般为一个格式化字符串，如“%1.2f%%”，表示标签显示为数据在总体中占有的百分比。

pctdistance：设置每个扇形中心与 autopct 指定文本的距离，默认值为 0.6。

labeldistance：设置每个饼标签与圆心的径向距离，1.1 表示 1.1 倍半径。

shadow：布尔类型的数据，设置是否显示阴影，默认值为 False。

startangle：设置第一个扇形的起始角度，沿 x 轴逆时针方向计算，默认值为 0。

radius：设置饼的半径，默认值为 1。

counterclock：布尔类型的数据，设置饼图中每个扇形的绘制方向。

center：形式为(x,y)的元组数据，设置饼的圆心位置。

frame：布尔类型的数据，设置是否显示边框。

```
In [15]: labels =['amusement','education','diet','mortgage',' transportation','
         others']
         sizes =[16,12,22,33,8,9]
         explode =(0,0,0,0.1,0,0)
         plt.pie(sizes,explode=explode,labels=labels,autopct='%1.1f%%',
         shadow=False,startangle=150)

         plt.title("pie chart")
         plt.axis('equal')                          #设置饼图形状为圆形

         plt.legend(loc="lower right",fontsize=10,bbox_to_anchor=(1.2,0.
         05),borderaxespad=0.3)
         plt.show()
```

运行结果如图 7-18 所示。

7.3.4　环形图

饼图只能显示一个样本中各部分所占的比例。如果需要展示多个样本的构成比例，可以把多个饼图叠加在一起，挖去中间的部分，这就形成了环形图。环形图中间有一个

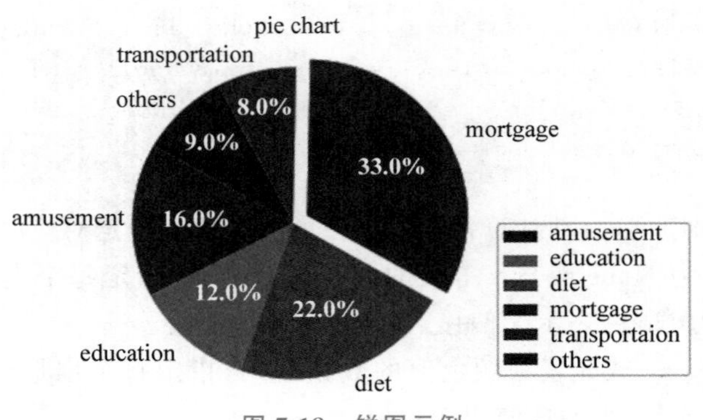

图 7-18 饼图示例

“空洞”,每个样本用一个环来表示,样本中的每一部分数据用环中的每一段来表示。环形图可以显示多个样本各部分所占的比例,有利于展示构成的比较研究结果。

扩展库 matplotlib.pyplot 中的函数 pie()可以绘制饼图,也可以绘制环形图,与之相关的主要参数及含义如下。

radius:设置圆环的半径,据此区分不同的圆环。

pctdistance:设置每个扇形中心与 autopct 指定文本的距离。

textprops:设置标签文本的颜色,其值为字典类型数据。

wedgeprops:设置环形的宽度和边框颜色,其值为字典类型数据。

```
In [16]: #不同年份的家庭支出构成比较研究
         labels =['娱乐','育儿','饮食','房贷','交通','其他']
         sizes3 =[16,12,22,33,8,9]
         sizes2 =[10,15,18,40,8,9]
         sizes1 =[8,12,15,50,6,9]
         colors=('blue','red','green','orange','gray','cyan')
         explode =(0,0,0,0,0,0)

         plt.figure()
         plt.pie(sizes3, explode=explode, radius=1.3, autopct='%1.0f%%',
         pctdistance=0.85, colors=colors, shadow=False, startangle=170,
         wedgeprops={'width': 0.3,'edgecolor': 'w'})
         plt.pie(sizes2, explode=explode, radius=1.0, autopct='%1.0f%%',
         pctdistance=0.85, colors=colors, shadow=False, startangle=170,
         wedgeprops={'width': 0.3,'edgecolor': 'w'})
         plt.pie(sizes1, explode=explode, radius=0.7, autopct='%1.0f%%',
         pctdistance=0.85, colors=colors, shadow=False, startangle=170,
         wedgeprops={'width': 0.3,'edgecolor': 'w'})
         plt.axis('equal')                    #相等的纵横比确保饼图绘制为圆形
```

```
#重新设置字体大小
proptease = fm.FontProperties(fname="/home/aistudio/work/simhei.ttf",
size=20)
proptease.set_size('large')
#font size include: 'xx-small',x-small', 'small',' medium', 'large', 'x
-large', 'xx-large' or number, e.g. '12'
plt.setp(texts, fontproperties=proptease)
plt.setp(autotexts, fontproperties=proptease)
plt.title("环形图-家庭支出比较",fontproperties=font)
plt.legend(loc="lower right", labels=labels, fontsize=10, bbox_to_
anchor=(1.05,0.05),borderaxespad=0.2,prop=proptease)
plt.savefig('/home/aistudio/work/Demo_project_pie_chinese3.jpg')
plt.show()
```

运行结果如图 7-19 所示。

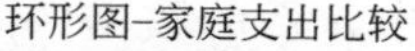

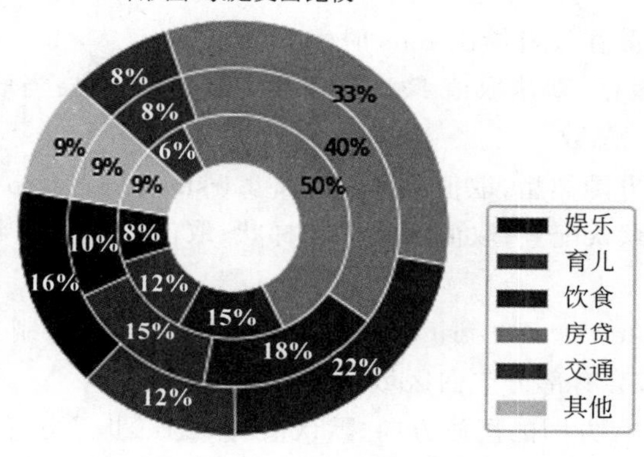

图 7-19 环形图示例

7.4 定量数据可视化

以上品质数据的可视化方法同样适用于定量数据(数值型数据)可视化。但是数值型数据还有一些特有的展示方法,它们并不适用于分类数据和顺序数据。对于数值型单变量数据可视化,常用直方图、茎叶图和箱线图等。对于两个或两个以上变量,可以采用多变量数据可视化方法,常用散点图、气泡图、雷达图等。

7.4.1 直方图

按照某种标准分组后的数值型数据,可以使用直方图呈现。直方图是用于展示连续型数据分布特征的统计图形,它用矩形的宽度和高度(即面积)表示频数分布。在平面直角坐标系中,用横轴表示数据分组,纵轴表示频数或频率,这样,每个数据分组与相应的频数就形成了一个矩形,即直方图。

直方图与条形图不同。首先,条形图是用条形的长度表示各类别频数的多少,宽度(表示类别)是固定的;直方图是用面积表示各组频数的多少,矩形的高度表示每一组的频数或频率,宽度则表示各组的组距,因此其高度与宽度均有意义。其次,由于分组数据具有连续性,直方图的各矩形通常连续排列,而条形图是分开排列。最后,条形图主要用于展示品质数据,而直方图主要用于展示数值型数据。

扩展库 matplotlib.pyplot 中的 hist()函数可以根据给定的数据绘制直方图,其语法格式及重要参数如下。

```
hist(x, bins=None, range=None, density=None, bottom=None, histtype='bar',
align='mid', log=False, color=None, label=None, stacked=False, normed=None)
```

x:数据集,最终的直方图将对该数据集进行统计。

bins:指定分组个数或分组边界,除了最后一组,其余分组有开放的边界,例如,[1,2,3,4]的对应区间为 [1,2)、[2,3)和[3,4]。

range:元组类型的数据,指定直方图中显示的数据区间,默认包含绘图数据的最大值和最小值,参数 range 在没有给出 bins 时生效。

density:布尔型数据,默认取值 False,显示频数统计结果;当取值 True 时显示频率统计结果,频率=频数/总数。

histtype:指定直方图类型,取值可选{'bar', 'barstacked', 'step', 'stepfilled'}之一,默认值为'bar',推荐使用默认配置;取值'step'表示梯状;取值'stepfilled'将对梯状内部填充,效果与'bar'类似。

align:取值可选{'left', 'mid', 'right'}之一,默认值为'mid',控制直方图的水平分布;取值若为'left'或者'right',会有部分空白区域,推荐使用默认值。

orientation:设置直方图的摆放方向,默认值为'vertical',表示垂直方向。

log:布尔型数据,默认值为 False,用于设置 y 轴是否选择指数刻度。

stacked:布尔型数据,默认值为 False,设置是否绘制为堆叠累积直方图。

```
In [17]: x =np.random.randn(1000)                          #1000个正态分布的数据
bins =np.around(np.linspace(min(x), max(x), 10,endpoint=True),2)

h=plt.hist(x,bins=bins,color='navy',edgecolor='white',alpha=0.5)
plt.xlabel('值',fontproperties=proptease)
plt.ylabel('频率',rotation='horizontal',y=1,fontproperties=proptease)
plt.xticks(bins, bins,fontproperties=proptease)
plt.grid(axis='y',linewidth=0.5,linestyle='--')          #网格线
plt.title("直方图",fontproperties=font)
plt.savefig(r '/home/aistudio/work/Demo_hist.jpg',dpi=200, bbox_inches='
tight')
```

运行结果如图 7-20 所示。

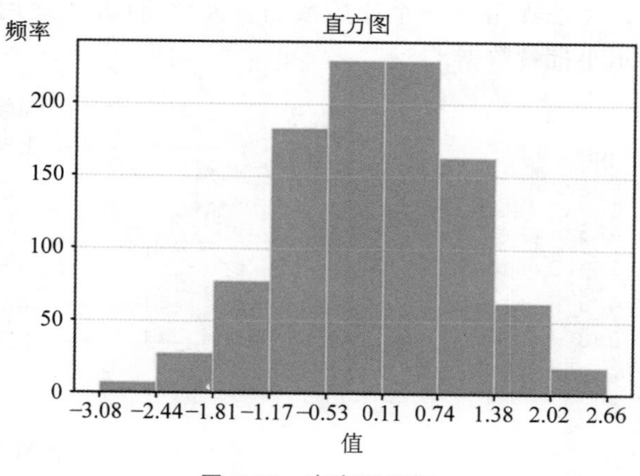

图 7-20　直方图示例

7.4.2　茎叶图

对于未分组的数值型数据，可以用茎叶图或箱线图展示。茎叶图是反映原始数据分布特征的图形。它由茎和叶两部分构成，其图形是由数字组成的。通过茎叶图，可以看出数据的分布形状及离散状况，如分布是否对称、数据是否集中、是否有离群点，等等。制作茎叶图时，首先把一个数值分成两部分，通常以该组数据的高位数值作为树茎，叶子上保留该数值的最后一个数字。

Python 不能直接调用函数来绘制茎叶图，这里自定义一个 stem()函数绘制茎叶图，需要使用 math 库和 itertools 库。

```
In [18]: import math
         from itertools import groupby
         #参数 data 为数据集,n=10 表示以个位数字为叶子
         #lambda x 为一个匿名函数,x 表示 sorted(data)中的元素
         #math.floor(x/n) 表示取 x 的百位和十位数,并向下取整作为茎;lst 中为数据
         #的个位数,作为叶子
         def stem(data,n):
             for k,g in groupby(sorted(data),key =lambda x: math.floor(x/n)):
                 lst =map(str, [d %n for d in list(g)])
                 print(k, '|', ' '.join(lst))
         #调用函数
         weight=[12,15,24,25,53,64,31,31,36,36,37,39,44,49,50,79,68,32,]
         print('茎', ' ', '叶 ')
         stem(weight,10)
```

运行结果如图 7-21 所示。茎叶图保留了数据的全部信息，能直观显示数据的分布状况。如果将茎叶图逆时针旋转 90°，可以得到一个类似频数直方图的图形。与横置的直方图相比，茎叶图在展示数据分布状况的同时，完整保留了原始数据的信息。直方图适合

展示数据的分布,但是无法保留每一个原始数据。因此,直方图适用于大批量数据的展示,茎叶图更适合展示小批量数据。

图 7-21 茎叶图示例

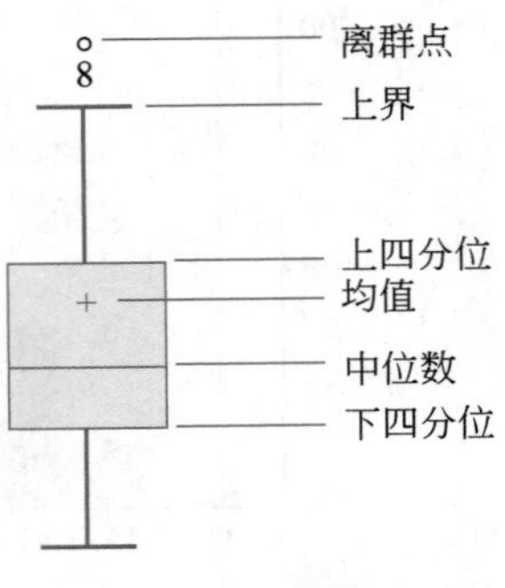

图 7-22 箱线图各部分含义

7.4.3 箱线图

箱线图由一组数据的最大值、最小值、中位数、两个四分位数这 5 个特征值绘制而成,主要反映原始数据的分布特征,如图 7-22 所示。对于多组数据,可以将各组数据的箱线图并列起来,进行多组数据分布特征的比较研究。

扩展库 matplotlib.pyplot 中的函数 boxplot()可以根据给定的数据绘制箱线图,其语法格式如下,部分常用参数如表 7-5 所示。

```
boxplot(x, notch=None, sym=None, vert=None, whis=None, positions=None, widths=None, patch_artist=None, bootstrap=None, usermedians=None, conf_intervals=None, meanline=None, showmeans=None, showcaps=None, showbox=None, showfliers=None, boxprops=None, labels=None, flierprops=None, medianprops=None, meanprops=None, capprops=None, whiskerprops=None, manage_xticks=True, autorange=False, zorder=None, hold=None, data=None)
```

表 7-5 boxplot()函数绘制箱线图常用参数

参数	说明
x	指定要绘制箱线图的数据
notch	是否以凹口形式展示箱线图
sym	指定异常点的形状,默认为圆圈显示
vert	是否将箱线图垂直摆放,默认值为 True,即垂直摆放
whis	指定上下须与上下四分位的距离,默认值为 1.5 倍的四分位差
positions	指定箱线图的位置
widths	指定箱线图的宽度
patch_artist	是否填充箱体的颜色

续表

参　数	说　　明
meanline	是否用线的形式表示均值
showmeans	是否显示均值
showfliers	是否显示异常值,默认显示
showbox	是否显示箱线图的箱体
showcaps	是否显示箱线图顶端和末端的两条线
boxprops	设置箱体的属性,如边框色,填充色等
capprops	设置箱线图顶端(最大值)和末端(最小值)线条的属性
filerprops	设置异常值的属性
medianprops	设置中位数的属性
meanprops	设置均值的属性
labels	为箱线图添加标签
whiskerprops	设置须的属性

```
In [19]: weight1=[12,15,24,25,53,64,31,31,36,36,37,39,44,49,50,79,68,32]
         weight2=[32, 45, 64, 65, 73, 64, 81, 81, 86, 86, 77, 69, 94, 79, 90, 79,
         68, 32, 70, 46]
         weight=[weight1,weight2]
         labels=['第一组','第二组']
         plt.boxplot(weight,labels=labels)
         plt.xticks(fontproperties=proptease)
         plt.xlabel('数据',fontproperties=proptease)
         plt.ylabel ('得分', rotation = 'horizontal', y = 1, fontproperties =
        proptease)
         plt.title('箱线图',fontproperties=font)
         plt.show()
```

运行结果如图 7-23 所示。

7.4.4　折线图

折线图比较适合刻画多组数据随时间变化的趋势,或描述一组数据对另一组数据的依赖关系。绘制折线图时,时间一般放在横轴,观测值一般放在纵轴,可以形成横轴略大于纵轴的长方形,长宽比例大致为 10∶7。图形过扁或过瘦,容易让人产生视觉上的错觉,不便于对数据变化的理解。通常情况下,纵轴数据下端从"0"开始;如果数据与"0"的差距过大,可以在纵轴上使用折断符号表示。

扩展库 matplotlib.pyplot 中的 plot()函数可以根据给定的数据绘制折线图,其语法格式如下,常用参数如表 7-6 所示。

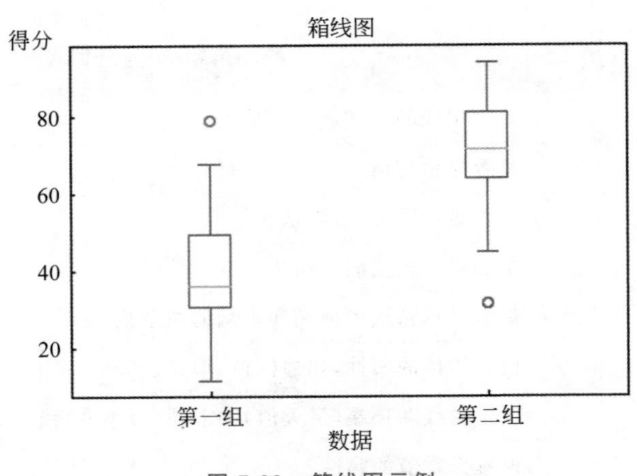

图 7-23 箱线图示例

```
plot(*args, scalex=True, scaley=True, data=None, **kwargs)
```

表 7-6 plot()函数的常用参数

参数	接收值	说明	默认值
x,y	列表或数组	表示 x 轴与 y 轴对应的数据	无
color	字符串	表示折线的颜色	None
marker	字符串	表示折线上数据点的形状	None
linestyle	字符串	表示折线的类型	—
linewidth	数值	表示线条宽度,单位为像素	1
alpha	[0,1]区间的小数	表示点的透明度,默认值 1 表示完全不透明	1
label	字符串	图例内容,显示指定的线条标签	None

```
In [20]: #生成数据
         time=[2005, 2006, 2007, 2008, 2009, 2010, 2011, 2012, 2013, 2014, 2015,
         2016, 2017, 2018, 2019, 2020]
         data1=[0, 98, 146, 196, 223, 289, 334, 392, 426, 456, 469, 477, 501, 539,
         562, 511]
         data2=[0, 56, 67, 99, 132, 176, 193, 207, 243, 269, 271, 273,304, 321,
         333, 326]
         data3=[0, 35, 43, 52, 64, 87, 96, 105, 141, 154, 173, 188, 202, 216, 224,
         209]
```

```
plt.figure(figsize=(10,5))                              #设置画布的尺寸
plt.title('Example of line chart',fontsize=20)  #标题,并设定字号大小
plt.xlabel(u 'x-year',fontsize=14)                      #设置 x 轴,并设定字号大小
plt.ylabel(u 'y-income',fontsize=14)                    #设置 y 轴,并设定字号大小

plt.plot(time,data1,color="deeppink",linewidth=2,linestyle=': ',
label= 'Jay income', marker='o')
plt.plot(time,data2,color="darkblue",linewidth=1,linestyle='--',
label= 'JJ income', marker='+')
plt.plot(time, data3, color="goldenrod", linewidth=1.5, linestyle='-',
label= 'Jolon income', marker='*')

plt.legend(loc=2)                                       #图例展示位置,数字代表第几象限
plt.show()                                              #显示图形
```

运行结果如图 7-24 所示。

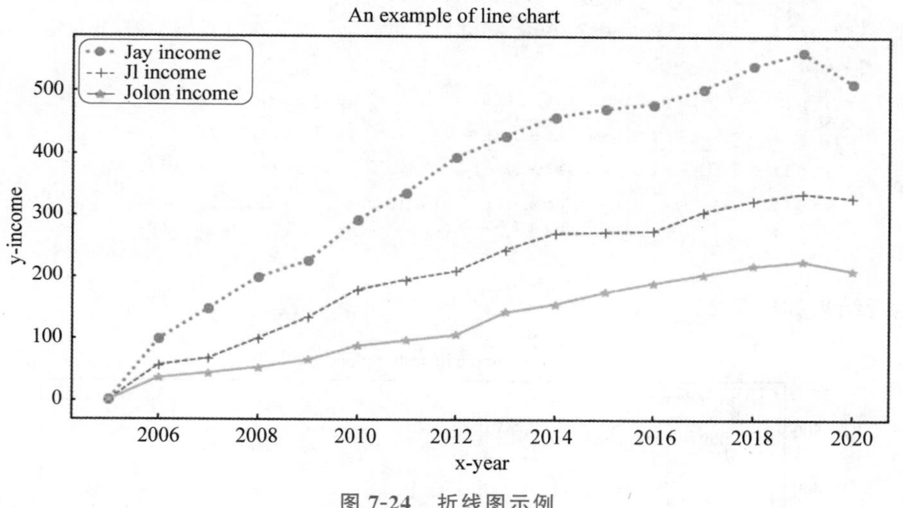

图 7-24 折线图示例

7.4.5 散点图

散点图是用二维坐标展示两个变量之间关系的图形。其中,横轴代表变量 x,纵轴代表变量 y,每组数据(x_i,y_i)在坐标系中用一个点来表示,n 组数据在坐标系中形成的 n 个点称为散点,由坐标和散点形成的二维数据图称为散点图。散点图比较适合描述数据在平面或空间中的分布和聚合情况,有助于分析数据之间的联系,例如,观察聚类算法的初始点选择和参数设置对聚类效果的影响等。

扩展库 matplotlib.pyplot 中的 scatter()函数可以根据给定的数据绘制散点图,其语法格式如下。

```
scatter(x, y, s=None, c=None, marker=None, cmap=None, norm=None, vmin=None,
vmax=None, alpha=None, linewidths=None, verts=None, edgecolors=None, data=
None, **kwargs)
```

x,y：分别用于指定绘制散点的 x 轴、y 轴输入数据，可以是标量或数组形式的数据。

s：数值或一维数组，指定散点的大小，若是一维数组，则表示图中每个点的大小。

c：字符串或一维数组，表示散点的颜色，若是一维数组，则表示图中每个点的颜色。

marker：字符串类型的数据，用于表示散点的类型。

alpha：用于表示散点的透明度，取值范围为 0～1 的小数。

edgecolors：用于指定散点符号的边线颜色，可以是颜色值或包含若干颜色值的序列。

```
In [21]: plt.figure(figsize=(10,5))                          #设置画布的尺寸
         #标题,并设定字号大小
         plt.title('Examples of scatter plots',fontsize=20)
         plt.xlabel(u 'x-year',fontsize=14)                  #设置 x 轴,并设定字号大小
         plt.ylabel(u 'y-income',fontsize=14)                #设置 y 轴,并设定字号大小

         plt.scatter(time,data1, s=100, c='deeppink', marker='o')
         plt.scatter(time,data2, s=100, c='darkblue', marker='+')
         plt.scatter(time,data3, s=100, c='goldenrod', marker='*')
         plt.legend(['Jay income', 'JJ income', 'Jolin income'])    #标签
         plt.show()                                          #显示
```

运行结果如图 7-25 所示。

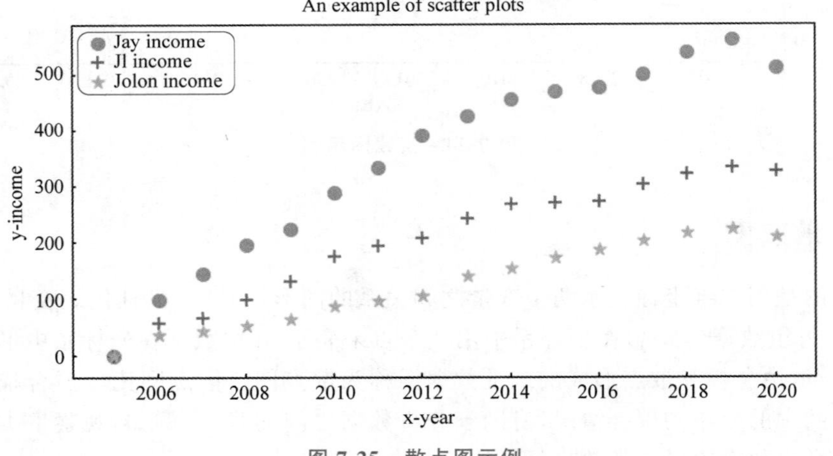

图 7-25　散点图示例

7.4.6　气泡图

散点图只能展示两个维度的数据：x 轴和 y 轴。气泡图比散点图增加了一个维度，即使用标记点的大小代表第三个维度。根据数值的大小动态调整气泡的大小，因此气泡图可以看作散点图的衍生，用于展示三个变量之间的关系。与散点图类似，绘制气泡图时将一个变量放在横轴，另一个变量放在纵轴，第三个变量则用气泡的大小来表示。

扩展库 matplotlib.pyplot 中的 scatter()函数可以绘制气泡图。

```
In [22]: plt.figure(figsize=(12,8))                                     #设置画布的尺寸
         plt.title('An example of scatter plots',fontsize=20)  #标题,字号
         plt.xlabel(u 'x-year',fontsize=14)  #设置 x 轴,并设定字号大小
         plt.ylabel(u 'y-income',fontsize=14#设置 y 轴,并设定字号大小

         #根据数值动态调整气泡的大小
         plt.scatter (time, data1,  s = data1,  c = ' deeppink ',  marker = ' o ',
         linewidth = 2.5, alpha = 0.6)
         plt.scatter (time, data2,  s = data2,  c = ' darkblue ',  marker = ' o ',
         linewidth = 2.5, alpha = 0.6)
         plt. scatter (time, data3,  s = data3,  c = ' goldenrod ',  marker = ' o ',
         linewidth = 2.5, alpha = 0.6)
         plt.legend(['Jay income', 'JJ income', 'Jolin income'])  #标签
         plt.show()                                                #显示
```

运行结果如图 7-26 所示。

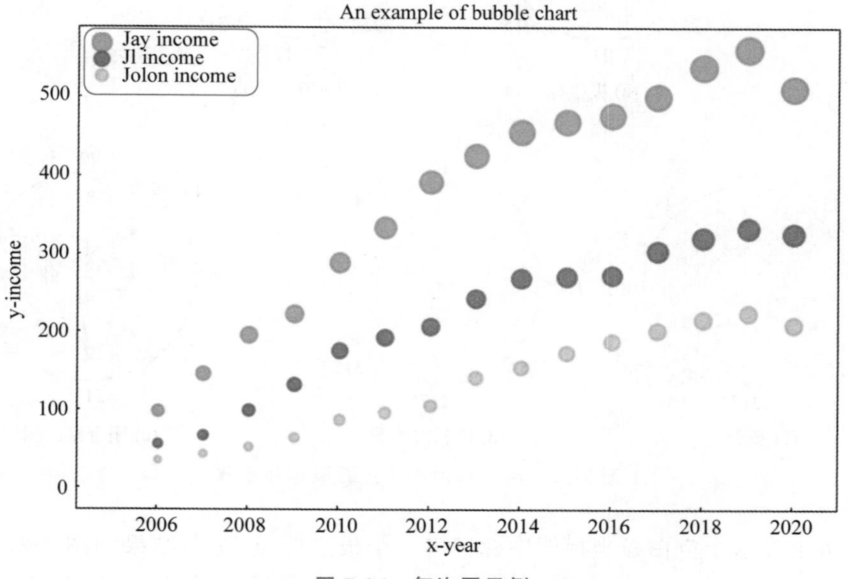

图 7-26　气泡图示例

7.4.7 雷达图

雷达图是显示多个变量的常用图形,也称为蜘蛛图。雷达图在显示或对比各变量的数值总和时十分有用。假定各变量的取值具有相同的正负号,则总的绝对值与图形围成的区域成正比。利用雷达图也可以研究多个样本之间的相似程度。

使用 matplotlib.pyplot 中的 polar()函数可以根据给定的数据绘制雷达图,也就是画极坐标图,其语法格式如下。

```
polar(theta, r, **kwargs)
```

theta 表示极角,r 表示极径;其他参数的含义与 plot()函数的参数类似。

绘制雷达图的主要原理和步骤如下。

第一步:使用 polar()函数画一幅空白极坐标图,运行结果如图 7-27(a)所示。其中,极坐标图中的极点即圆心,极轴即 0°的方向。

```
In [23]: import matplotlib.pyplot as plt
         plt.polar()
         plt.show()
```

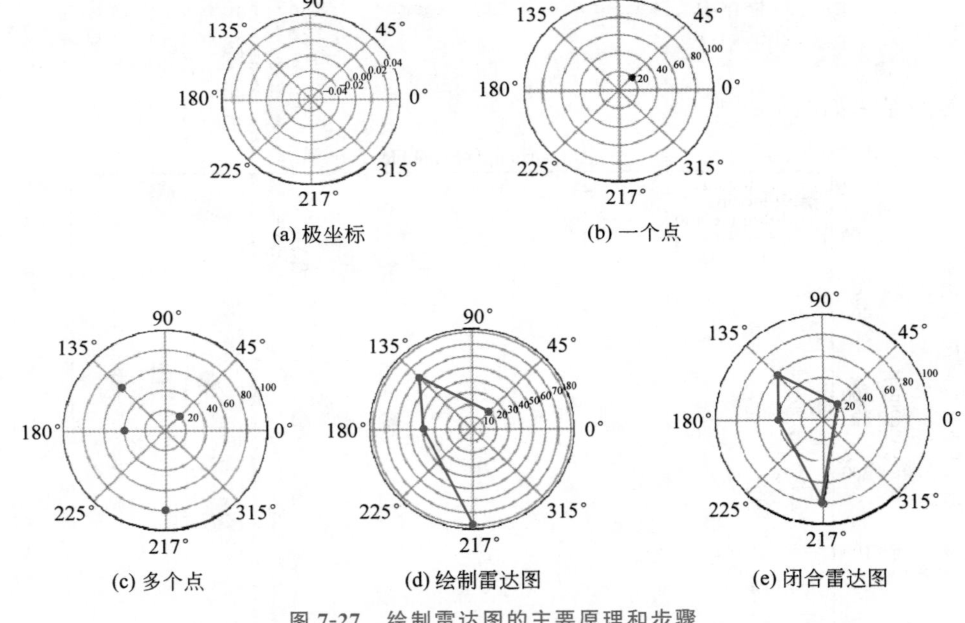

图 7-27 绘制雷达图的主要原理和步骤

第二步:在这个空白极坐标图中标记出一个极坐标点,运行结果如图 7-27(b)所示,这里极角是 0.25×np.pi=90°,极轴是 20。也就是说,以圆心作为中心点,以 20 作为半径,从 0°开始,逆时针方向画 90°,最终停止的点就是极坐标。

```
In [24]: plt.polar(0.25 * np.pi,20,'ro',lw=2)
         plt.ylim(0,100)                        #设置极轴的上下限
         plt.show()
```

这里实参 ro 表示绘制的极坐标图形显示为红色圆点；实参 lw=2 表示极坐标图形的线条宽度为 2 像素。

第三步：一次在图中绘制出多个点(0.25 * π,20),(0.75 * π,60),(1 * π,40),(1.5 * π,80),运行结果如图 7-27(c)所示。

```
In [25]: theta =np.array([0.25,0.75,1,1.5])
         r =[20,60,40,80]
         plt.polar(theta * np.pi,r,'ro',lw=2)
         plt.ylim(0,100)
         plt.show()
```

第四步：将这些点用线连接起来,绘制雷达图,运行结果如图 7-27(d)所示。从图中可以看到,绘制的雷达图没有闭合。

```
In [26]: plt.polar(theta * np.pi,r,'ro-',lw=2)
```

第五步：再次构造一个极坐标点,和第一个点重叠,生成闭合的雷达图,运行结果如图 7-27(e)所示。

```
In [27]: theta =np.array([0.25,0.75,1,1.5,0.25])
         r =[20,60,40,80,20]
         plt.polar(theta * np.pi,r,'ro-',lw=2)
         plt.ylim(0,100)
         plt.show()
```

下面对生成的雷达图进一步修整。完整代码如下。

```
In [28]: import numpy as np
         from matplotlib import font_manager as fm
         import matplotlib as mpl

         proptease = fm. FontProperties (fname ="/home/aistudio/work/simhei.
         ttf", size=12)
         labels =['特征 1','特征 2','特征 3','特征 4','特征 5','特征 6']  #标签
         dataLenth =6                                        #数据长度
         data1 =np.random.randint(1,10,6)                    #数据
         data2 =np.random.randint(2,10,6)                    #数据
         data3 =np.random.randint(3,10,6)                    #数据
```

```
#分割圆周长
angles =np.linspace(0, 2*np.pi, dataLenth, endpoint=False)
data1 =np.concatenate((data1, [data1[0]]))                  #闭合
data2 =np.concatenate((data2, [data2[0]]))                  #闭合
data3 =np.concatenate((data3, [data3[0]]))                  #闭合
angles =np.concatenate((angles, [angles[0]]))               #闭合

plt.polar(angles, data1, 'o-', linewidth=1)                 #极坐标系
plt.fill(angles, data1, alpha=0.25)                         #填充
plt.polar(angles, data2, 'o-', linewidth=1)                 #极坐标系
plt.fill(angles, data2, alpha=0.25)                         #填充
plt.polar(angles, data3, 'o-', linewidth=1)                 #极坐标系
plt.fill(angles, data3, alpha=0.25)                         #填充

#设置网格、标签
plt.thetagrids(angles*180/np.pi,labels,fontproperties=proptease)
plt.ylim(0,10)                                              #polar 的极值设置为 ylim
#设置标签
plt.legend(['data 1', 'data 2', 'data 3'],loc="lower right",fontsize=
10,bbox_to_anchor=(1.45,0.05),borderaxespad=0.2,prop=proptease)
plt.title('雷达图示例',fontproperties=proptease)  #标题,并设定字号
```

运行结果如图 7-28 所示。

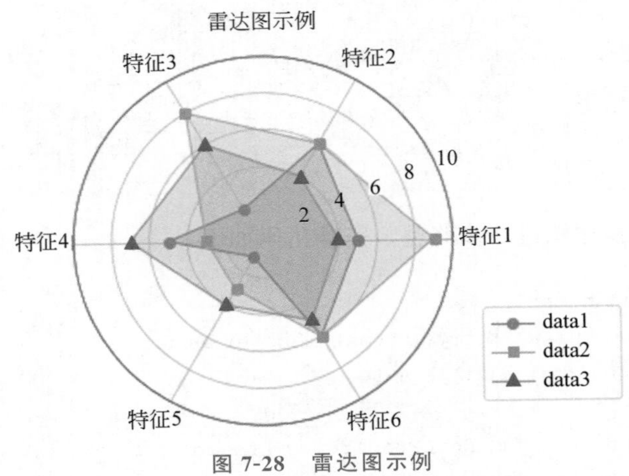

图 7-28　雷达图示例

7.4.8　矩阵图

矩阵图通过可视化的方式呈现矩阵数据,可以用于展示三维信息。

扩展库 matplotlib.pyplot 中的 imshow()函数可以根据给定的数据绘制矩阵图,其语

法格式如下。

```
plt.imshow(X,cmap)
```

X：表示用于绘图的矩阵数据，为二维数据形式。

cmap：表示用于绘图的颜色主题，以该主题中颜色的深浅表示数据的大小，可以登录网址 http://matplotlib.org/users/colormaps.html 选择心仪的颜色主题。

plt.colorbar()函数为图形添加颜色条。

```
In [29]: #准备数据
         m =np.random.rand(10, 12)
         plt.imshow(m)
         plt.colorbar()
         plt.show()
```

运行结果如图 7-29 所示。

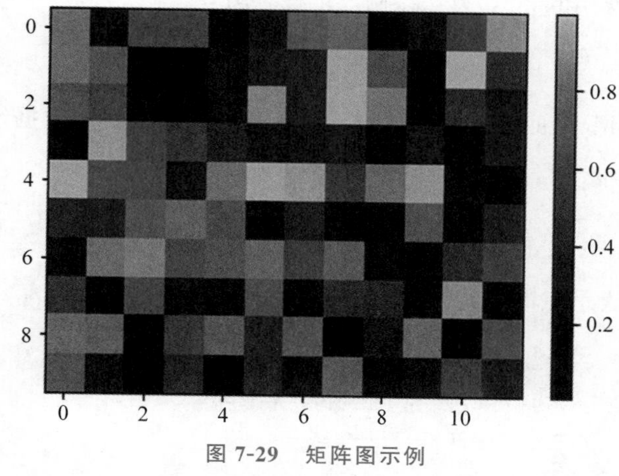

图 7-29　矩阵图示例

7.5　使用 matplotlib 绘制三维图形

使用 matplotlib 中的 pyplot 模块绘制了简单的 2D 图形，本节使用 matplotlib 中的 mplot3d 模块绘制 3D 图形。matplotlib 绘制的三维图形实际上是在二维画布上展示，所以在绘制三维图形之前，需要导入 pyplot 模块。一般情况下，基于 matplotlib 绘制三维图形通常使用 mpl_toolkits.mplot3d 模块的 Axes3D()函数。因此，绘制三维图形之前，需要导入 mplot3d 模块的 Axes3L 对象。

```
In [1]: import matplotlib.pyplot as plt
        from mpl_toolkits.mplot3d import Axes3D
```

7.5.1 3D 绘图基本步骤

1. 创建 3D 图形画布

使用 plt.figure()函数创建画布,并将此画布变量作为参数传入 Axes3D()函数,返回代表三维坐标轴的 Axes3D 对象 ax,然后通过 ax 对象绘制三维图形。

```
In [2]: fig =plt.figure()
        ax =Axes3D(fig)
```

2. 通过 ax 绘制三维图形

绘制三维图形时,至少需要指定 x、y、z 三个坐标轴的数据,然后根据图形类型指定参数来设置图形的属性,接着根据(x,y,z)三元组创建三维图形。可以使用 matplotlib 中 ax 对象的 plot()方法绘制三维曲线;使用 plot_surface()方法绘制三维曲面;使用 scatter()方法绘制三维散点图;使用 bar3d()方法绘制三维柱状图等。

7.5.2 3D 曲线

扩展库 matplotlib 中的 Axes3D.plot()方法可以根据给定的数据绘制 3D 曲线,其语法格式如下。

```
Axes3D.plot(xs,ys,zs,zdir)
```

参数 xs,ys,zs 表示点的三维坐标;参数 zdir 表示竖直轴,默认为 z。

```
In [1]: import numpy as np
        from mpl_toolkits.mplot3d import Axes3D
        import matplotlib.pyplot as plt
In [2]: #准备数据
        zline =np.linspace(0, 15, 1000)
        xline =np.sin(zline)
        yline =np.cos(zline)
In [3]: #创建 3D 图形对象
        fig =plt.figure()
        ax =Axes3D(fig)
        #绘制图形
        ax.plot(xline, yline, zline)
        ax.set_xlabel('X')
        ax.set_ylabel('Y')
        ax.set_zlabel('Z')
        plt.show()
```

运行结果如图 7-30 所示。

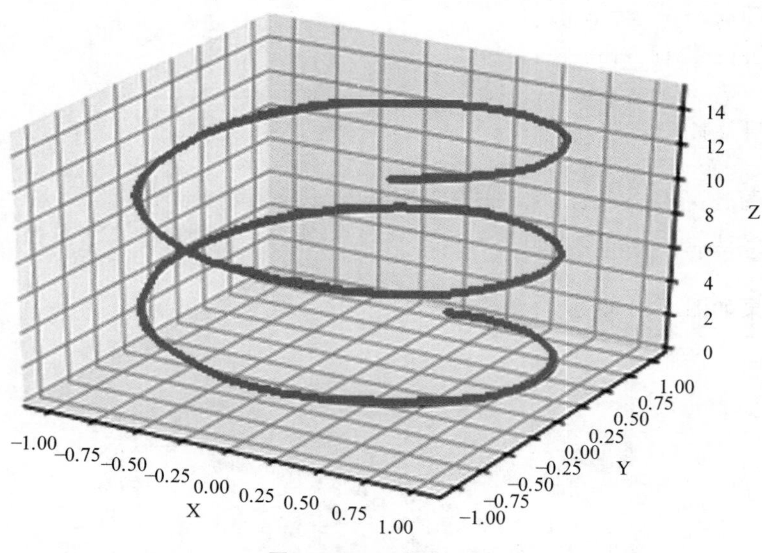

图 7-30　3D 曲线示例

7.5.3　3D 散点图

扩展库 matplotlib 中的 Axes3D.scatter()函数可以根据给定的数据绘制 3D 散点图，其语法格式如下。

```
Axes3D.scatter(xs,ys,zs,zdir,s,c,marker)
```

xs,ys,zs：表示散点符号的三维坐标。

zdir：表示竖直轴，默认为 z。

s：表示散点符号的大小。

c：表示散点符号的颜色。

marker：表示散点符号的形状。

```
In [1]: import numpy as np
        from mpl_toolkits.mplot3d import Axes3D
        import matplotlib.pyplot as plt
In [2]: #准备两组散点数据
        x1 =np.random.rand(100)
        y1 =np.random.rand(100)
        z1 =np.random.rand(100)
        x2 =np.random.rand(100)
        y2 =np.random.rand(100)
        z2 =np.random.rand(100)
```

```
In [3]: #创建 3D 图形对象
        fig =plt.figure()
        ax =Axes3D(fig)
        #绘制图形
        ax.scatter(x1, y1, z1, s=10, c='r', marker='o')
        ax.scatter(x2, y2, z2, s=80, c='g', marker='^')
        plt.show()
```

运行结果如图 7-31 所示。

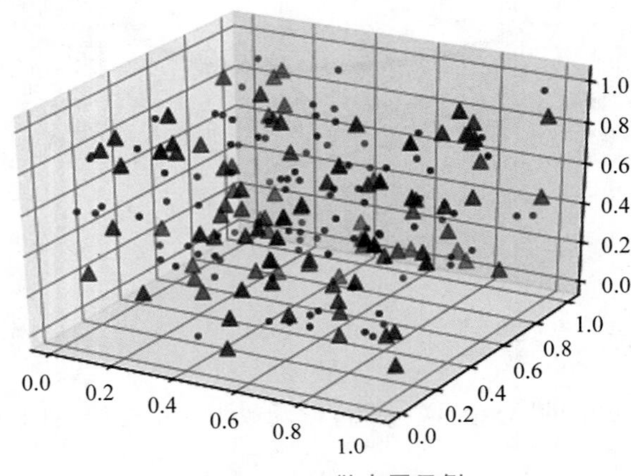

图 7-31 3D 散点图示例

7.5.4 3D 柱状图

扩展库 matplotlib 中的 Axes3D.bar()函数可以根据给定的数据绘制 3D 柱状图,其语法格式如下。

```
Axes3D.bar(left,height,zs,zdir)
```

left:表示柱子处于"左边"坐标轴的位置。

height:表示柱子的高度。

zs:表示柱子处于 z 坐标轴的位置。

zdir:表示竖直轴,默认为 z。

```
In [4]: #准备两组数据
        x =np.arange(10)
        y1 =np.random.rand(10)
        y2 =np.random.rand(10)
```

```
In [5]: #创建 3D 图像对象
        fig =plt.figure()
        ax =Axes3D(fig)
        #绘制图形
        ax.bar(x, y1, 0, zdir='y')
        ax.bar(x, y2, 1, zdir='y')
        ax.set_yticks([0, 1])
        plt.show()
```

运行结果如图 7-32 所示。

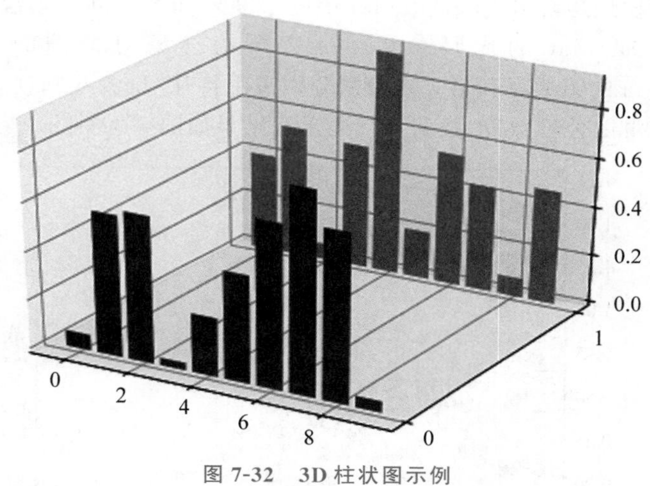

图 7-32　3D 柱状图示例

7.6　精选案例

7.6.1　约会配对数据可视化

约会配对数据集中包含 1001 行关于潜在约会对象的数据。其中前三列为样本特征，依次表示潜在约会对象每年飞行的里程数、玩游戏和视频所占的时间比以及每周消费冰淇淋的公升数；第四列是类别标签，分为“1”“2”和“3”三个类别，表示对该约会对象的喜欢程度。数据集具体情况参见 6.4.2 节，如图 6-2 所示。

本案例对约会配对数据集进行可视化数据分析，为进一步的数据处理提供依据。

1. matplotlib 绘制原始数据散点图

使用 matplotlib 绘制原始数据的散点图，代码如下。

```
1  from numpy import *
2  import operator
3  from os import listdir
4  import matplotlib
5  import matplotlib.pyplot as plt
6  fig=plt.figure()
7  plt.scatter(datingDataMat[: ,1],datingDataMat[: ,2])
8  plt.show()
```

首先,导入扩展库 matplotlib 及绘图模块 pyplot。代码第 6 行创建画布,生成 figure 对象;代码第 7 行使用矩阵 datingDataMat 中的第 2 列和第 3 列数据绘制散点图。其中生成矩阵 datingDataMat 的代码参考 6.4.2 节约会配对案例的相关代码,这里 datingDataMat 矩阵的第 2 列和第 3 列数据分别表示特征“玩游戏和视频所占的时间比”和“每周消费冰淇淋的公升数”的数值。代码运行结果如图 7-33 所示。

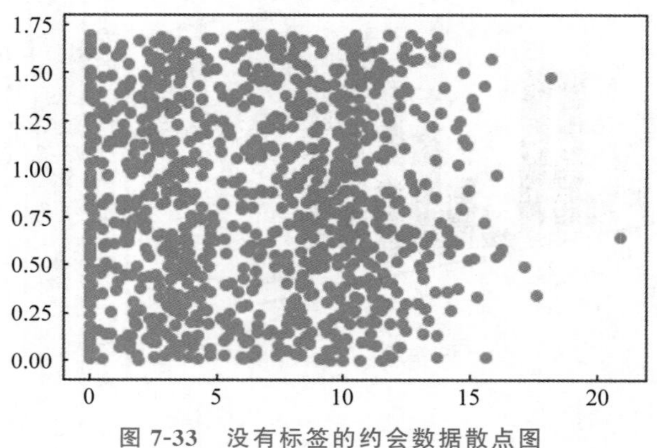

图 7-33　没有标签的约会数据散点图

使用没有类别标签的样本数据生成散点图,人们很难直接从图中看出任何有价值的用户模式信息。在绘制图形时,人们通常使用不同的颜色和符号标记不同样本点来显示分类,以便更好地理解数据中蕴含的信息。扩展库 matlpotlib 提供的 scatter()函数支持个性化标记散点图上的样本点。因此,在上述代码的 scatter()函数中加入相关参数:

```
6  fig=plt.figure()
7  plt.scatter(datingDataMat[: ,1],datingDataMat[: ,0],\
   15.0 * array(datingLabels),15.0 * array(datingLabels))
8  plt.show()
```

使用变量 datingLabels 中存储的类别标签,在散点图上绘制颜色不同、尺寸不等的散点来区分不同类别的样本点。如图 7-34 所示,利用颜色和尺寸标记了样本点的类别之后,基本可以看到样本点所属类别的区域轮廓。从矩阵 datingDataMat 第 2 列和第 3 列数据的类别特征展示结果发现,分别属于不同类别的数据交错在一起,仅使用矩阵 datingDataMat 的这两列数据进行约会对象分类显然比较困难。

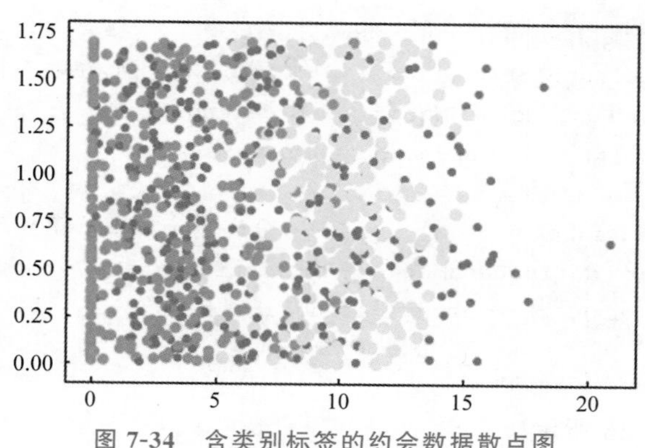

图 7-34 含类别标签的约会数据散点图

下面尝试利用矩阵的第 1 列和第 2 列数据进行类别展示，效果如图 7-35 所示。图中清晰地标记出三个不同类别的样本区域，显然，“每年飞行的里程数”特征和“玩游戏和视频所占的时间比”特征更容易区分样本点所属类别，可以有效地完成约会对象筛选任务。

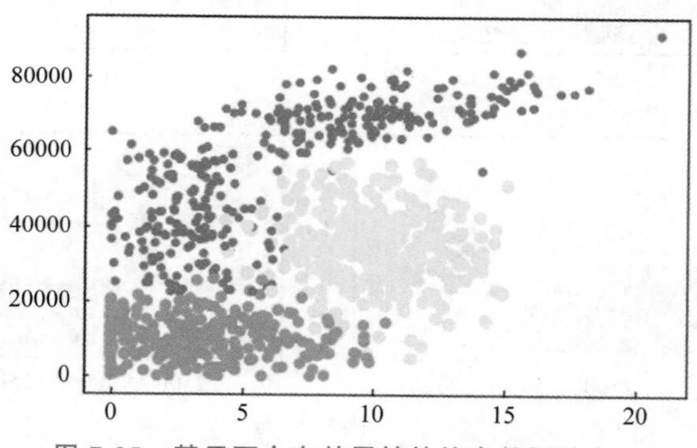

图 7-35 基于两个有效属性的约会数据散点图

利用 matplotlib.pyplot 模块将上述三个特征分别进行数据可视化，分类结果生成的子图显示在同一个图形中，代码如下。

```
import matplotlib
import matplotlib.pyplot as plt
fig=plt.figure()

ax1=fig.add_subplot(221)              #分成 1 行 1 列，在第 1 个区域画图
ax1.scatter(datingDataMat[:,1],datingDataMat[:,2])

ax2=fig.add_subplot(222)              #分成 1 行 1 列，在第 2 个区域画图
ax2.scatter(datingDataMat[:,1],datingDataMat[:,2],10.0*array(datingLabels),15.0*array(datingLabels))
```

```

ax3=fig.add_subplot(223)                #分成 1 行 1 列,在第 3 个区域画图
ax3.scatter (datingDataMat[: , 0], datingDataMat[: , 1], 10.0 * array
(datingLabels),15.0 * array(datingLabels))

ax4=fig.add_subplot(224)                #分成 1 行 1 列,在第 4 个区域画图
ax4.scatter (datingDataMat[: , 0], datingDataMat[: , 2], 10.0 * array
(datingLabels),15.0 * array(datingLabels))
plt.show()
```

运行结果如图 7-36 所示。

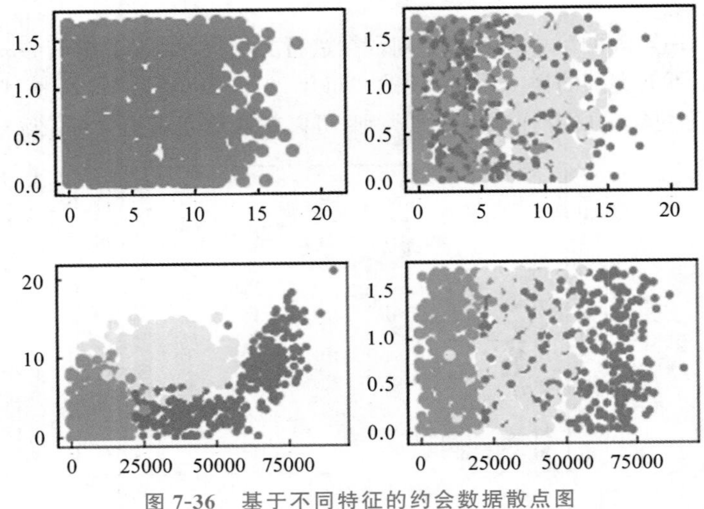

图 7-36　基于不同特征的约会数据散点图

显然,基于特征 2 和特征 3 的分类效果很差,基于特征 1 和特征 2 的分类效果最好。因此,可以选取特征 1 和特征 2 作为分类依据进行约会对象初步筛选。下面为子图添加修饰标签和图例等,使图形更容易理解。将生成结果保存到指定目录。

```
fig=plt.figure()
ax=fig.add_subplot(111)                 #分成 1 行 1 列,在第 1 个区域画图
colors={45: 'purple: in large doses',30: 'yellow: in small doses',15: '
    green: not at all'}
for key in colors.keys():
    ax.scatter(datingDataMat[: , 0],datingDataMat[: , 1],15.0 * array
    (datingLabels),15.0 * array(datingLabels),label=colors[key])
plt.xlabel(" flight miles achieved each year")
plt.ylabel("hours payed for games and video")
plt.title("visualization results of dating dataset")
plt.grid()
```

```
plt.legend(fontsize=10)                                    #标签位置
plt.savefig("work/feature12.png")
plt.show()
```

运行代码，可视化结果如图 7-37 所示。

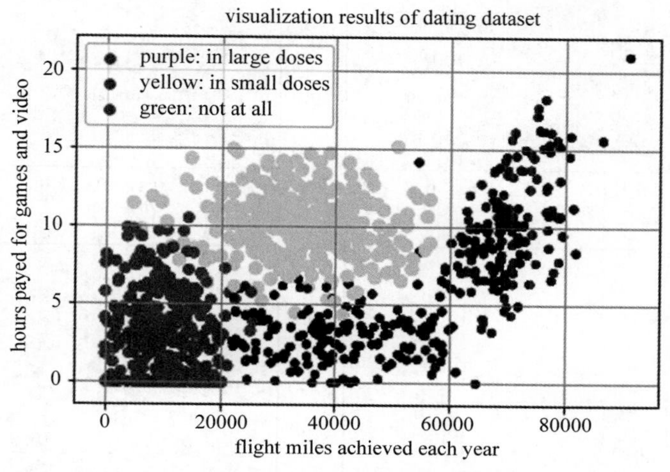

图 7-37　基于不同特征的约会数据散点图

2. matplotlib 绘制归一化数据的散点图

利用 autoNorm()函数对原始特征数据进行归一化处理，得到取值在[0,1]区间的特征值。下面利用 matplotlib 绘制散点图，分析归一化数据与原始数据在可视化图形中的区别和联系。

```
fig, subplot_arr =plt.subplots(2, 2, figsize=(8, 8))

subplot_arr[0, 0].scatter(normMat[: ,1],datingDataMat[: ,2])
subplot_arr[0, 1].scatter(normMat[: ,1],datingDataMat[: ,2],10.0*
    array(datingLabels),15.0*array(datingLabels))
subplot_arr[1, 0].scatter(normMat[: ,0],datingDataMat[: ,1],10.0*
    array(datingLabels),15.0*array(datingLabels))
subplot_arr[1, 1].scatter(normMat[: ,0],datingDataMat[: ,2],10.0*
    array(datingLabels),15.0*array(datingLabels))

plt.show()
```

这段代码同样实现了在一幅图中绘制四个子图的任务，运行结果如图 7-38 所示。显然，图 7-37 与图 7-38 的可视化结果基本相同，区别在于图 7-38 中四个子图坐标轴的刻度完全相同，这正是数值归一化后的效果。至此，本案例完成了约会配对数据的可视化

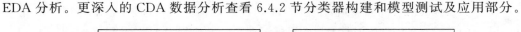

EDA 分析。更深入的 CDA 数据分析查看 6.4.2 节分类器构建和模型测试及应用部分。

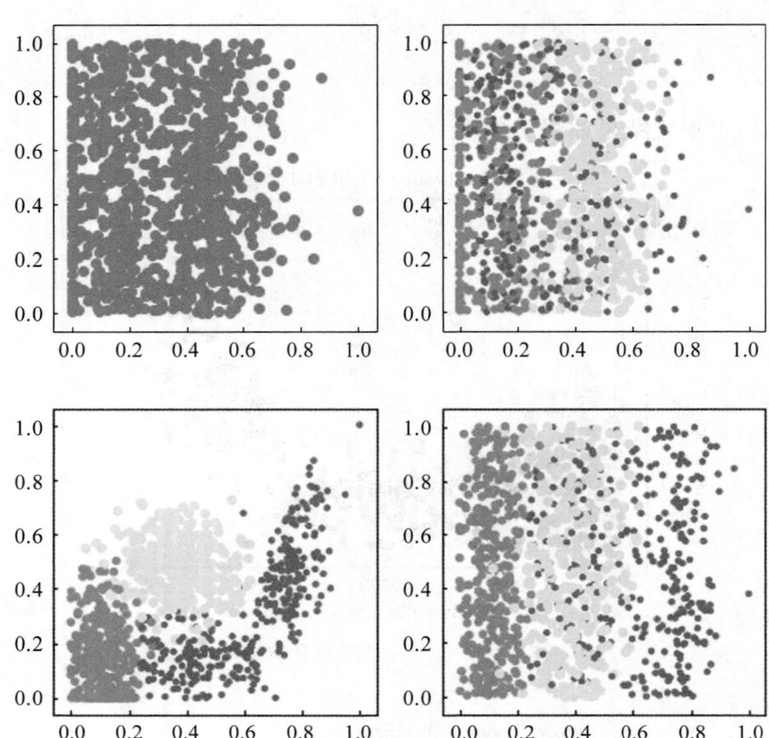

图 7-38 基于不同特征的归一化数据散点图

7.6.2 《平凡的荣耀》收视趋势可视化分析

本案例使用 Python 爬虫获取百度百科中电视剧《平凡的荣耀》演员信息、电视收视率信息等,分别保存在三个 JSON 文件中,并根据 JSON 文件内容进行数据可视化分析。

1. 数据集介绍

登录网址"https://baike.baidu.com/item/平凡的荣耀",爬取百度百科中《平凡的荣耀》电视剧每个演员的个人信息链接网址,将获取的页面数据保存在"work/actors.json"文件中,截取部分数据如图 7-39 所示;根据 actors.json 文件中每个演员的个人信息网址,爬取每个演员的百度百科详细资料,将姓名、出生年份、星座、血型、身高、体重等个人信息保存在"work/ actor_infos.json"文件中,截取部分数据如图 7-40 所示;爬取百度百科中《平凡的荣耀》收视情况,获取在东方卫视和浙江卫视的播放时间及收视率,将解析后的数据保存在"work/ viewing_infos.json"文件中,截取部分数据如图 7-41 所示。

本案例根据这三个数据文件的内容对电视剧《平凡的荣耀》收视趋势等数据进行可视化分析。

Notebook 终端-1 × actors.json × actor_infos.json ×
"root" : [10 items
0 : { 2 items
"name" : string "赵又廷"
"link" : string "https://baike.baidu.com/item/%E8%B5%B5%E5%8F%88%E5%BB%B7/779559"
}
1 : { 2 items
"name" : string "白敬亭"
"link" : string "https://baike.baidu.com/item/%E7%99%BD%E6%95%AC%E4%BA%AD/14681311"
}

图 7-39 文件 actors.json 中部分数据截图

Notebook 终端-1 × actors.json × actor_infos.json ×
"root" : [10 items
0 : { 6 items
"name" : string "赵又廷"
"birth_day" : string "1984"
"constellation" : string " 天秤座 "
"blood_type" : string " AB型 "
"height" : string "180 "
"weight" : string "68 kg"
}

图 7-40 actor_infos.json 文件内容截图

Notebook 终端-1 × actor_infos.json × viewing_infos.json ×
"root" : [24 items
0 : { 7 items
"broadcastDate" : string "2020.9.4"
"dongfang_rating" : string "1.203"
"dongfang_rating_share" : string "4.28"
"dongfang_ranking" : string "6"
"zhejiang_rating" : string "1.361"
"zhejiang_rating_share" : string "4.84"
"zhejiang_ranking" : string "4"
}

图 7-41 viewing_infos.json 文件内容截图

2. 绘制东方卫视收视率变化趋势

使用扩展库 matplotlib 相关函数绘制电视剧《平凡的荣耀》在东方卫视播出期间的收视率变化趋势折线图。代码如下。

```
1  import matplotlib.pyplot as plt
2  import json
3  from matplotlib.font_manager import FontProperties
4  %matplotlib inline #显示 matplotlib 生成的图形
5
6  with open('work/viewing_infos.json', 'r', encoding='UTF-8') as file:
7          json_array =json.loads(file.read())
8  #指定默认字体
9  font=FontProperties(fname="/home/aistudio/work/simhei.ttf",size=20)
10 plt.figure(figsize=(15,8))
11 plt.title ("《平凡的荣耀》东方卫视收视率变化趋势", fontsize = 20,
   fontproperties=font)
12 plt.xlabel("播出日期",fontsize=20,fontproperties=font)
13 plt.ylabel("收视率%",fontsize=20,fontproperties=font)
14 plt.xticks(rotation=45,fontsize=20)
15 plt.yticks(fontsize=20)
16 plt.plot(broadcastDate_list,dongfang_rating_list)
17 plt.grid()
18
19 maxrating=max(dongfang_rating_list)          #绘制单日最高收视率标记
20 bestnumber = broadcastDate _ list [ dongfang _ rating _ list. index
21 (maxrating)]
22 plt.scatter([bestnumber],[maxrating],marker='*',color='red',s=120)
23 plt.annotate(xy=(bestnumber,maxrating),xytext=(bestnumber,maxrating), s=
24 str(maxrating))
25 plt.savefig('/home/aistudio/work/view_dongfang.jpg')
26 plt.show()
```

代码 1～4 行：导入扩展库 matplotlib 及其绘图模块 pyplot；导入标准库 json 以便读取 JSON 数据文件；导入 matplotlib 的 font_manager 工具库，用于解决中文字体显示问题；代码第 4 行使用魔术命令保证正确显示 matplotlib 生成的图形。

代码 6～7 行：with 语句中使用 json.loads()函数读取数据文件 viewing_infos.json，采用 UTF-8 编码方式确保正确读取中文字符。

代码 8～9 行：调用 font_manager 工具的 FontProperties()函数设置中文字体显示为“黑体”，后面的绘图语句可以设置参数“fontproperties＝font”在图形中用“黑体”显示中文字体。

代码 10～17 行：绘制《平凡的荣耀》东方卫视收视率折线图。首先创建画布，然后绘制标题、坐标轴标签、刻度标签，接着使用 matplotlib 的 plot()函数以播放时间为 x 轴、东方卫视收视率为 y 轴绘制折线图，并绘制网格线。

代码 19～23 行：统计收视率最高的日期和收视数据，并绘制特别标记点。首先统计收视率最高的数值，获取该数值对应的索引即收视率最高的日期。以日期为 x 轴，收视率最高的数值为 y 轴在图形上绘制这个点的特殊标记，最后使用 annotate()函数在该点旁边标记当时的收视率数值。

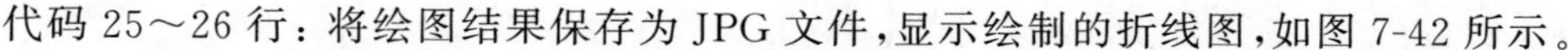

代码 25～26 行：将绘图结果保存为 JPG 文件，显示绘制的折线图，如图 7-42 所示。

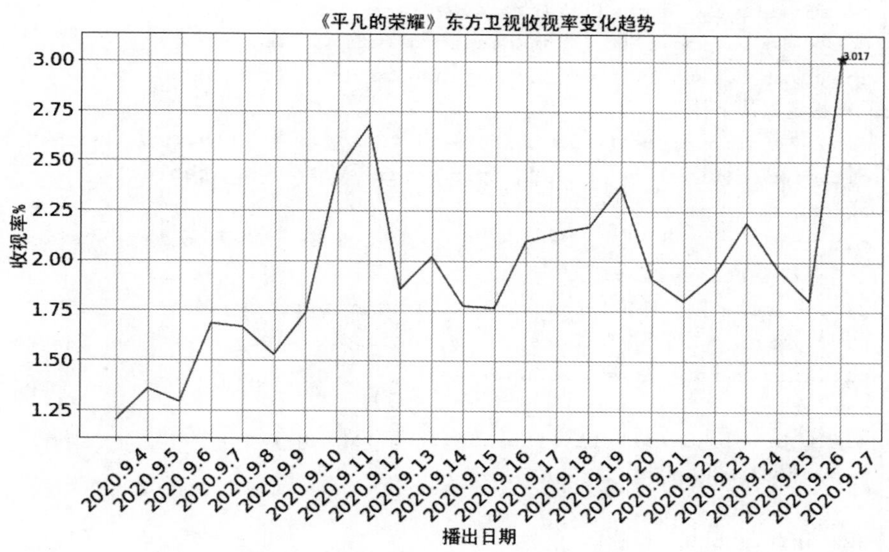

图 7-42　《平凡的荣耀》东方卫视收视率变化趋势

3. 东方卫视和浙江卫视收视率变化趋势对比

方法一：利用 plt.figure()函数和 plt.subplot()函数绘制多个子图，可视化分析东方卫视和浙江卫视收视率的变化趋势。

```
import matplotlib.pyplot as plt
import json
from matplotlib.font_manager import FontProperties

broadcastDate_list=[]
zhejiang_rating_list=[]
dongfang_rating_list=[]
with open('work/viewing_infos.json', 'r', encoding='UTF-8') as file:
        json_array =json.loads(file.read())
for view in json_array:
    if 'broadcastDate'in dict(view).keys():
        broadcastDate =view['broadcastDate']
        broadcastDate_list.append(broadcastDate)
    if 'dongfang_rating'in dict(view).keys():
        dongfang_rating =float(view['dongfang_rating'][0: 6])
        dongfang_rating_list .append(dongfang_rating)
    if 'zhejiang_rating'in dict(view).keys():
        zhejiang_rating =float(view['zhejiang_rating'][0: 6])
```

```
    zhejiang_rating_list .append(zhejiang_rating)
broadcastDate_list =list(broadcastDate_list)
dongfang_rating_list =list(dongfang_rating_list )
zhejiang_rating_list =list(zhejiang_rating_list)
 #指定默认字体
font =FontProperties(fname="/home/aistudio/work/simhei.ttf", size=16)
plt.figure(figsize=(20,20), dpi=40 ,facecolor='aliceblue')
ax1 =plt.subplot(221)
plt.title ("《平凡的荣耀》东方卫视收视率变化趋势", fontsize = 20,
fontproperties=font)
plt.xlabel("播出日期",fontsize=20,fontproperties=font)
plt.ylabel("收视率%",fontsize=20,fontproperties=font)
plt.xticks(rotation=45,fontsize=20)
plt.yticks(fontsize=20)
plt.plot(broadcastDate_list,dongfang_rating_list)
plt.grid()

ax2 =plt.subplot(222)
plt.title ("《平凡的荣耀》浙江卫视收视率变化趋势", fontsize = 20,
fontproperties=font)
plt.xlabel("播出日期",fontsize=20,fontproperties=font)
plt.ylabel("收视率%",fontsize=20,fontproperties=font)
plt.xticks(rotation=45,fontsize=20)
plt.yticks(fontsize=20)
plt.plot(broadcastDate_list,zhejiang_rating_list)
plt.grid()

ax3 =plt.subplot(223)
plt.plot(broadcastDate_list,dongfang_rating_list,label="东方卫视收视率")
plt.plot(broadcastDate_list,zhejiang_rating_list,label="浙江卫视收视率")
plt.legend(prop=font)
maxrating=max(dongfang_rating_list)
bestnumber=broadcastDate_list[dongfang_rating_list.index(maxrating)]
plt.scatter([bestnumber],[maxrating],marker='*',color='red',s=120)
plt.grid()

ax4 =plt.subplot(224)
plt.bar(broadcastDate_list, dongfang_rating_list, label="东方卫视收视
率", align='edge',width=0.4)
plt.bar(broadcastDate_list, zhejiang_rating_list, label="浙江卫视收视
率", align='edge',width=-0.4)
plt.legend(prop=font,loc="upper left")
plt.grid()
plt.show()
```

代码 5～22 行是准备数据部分：变量 json_array 保存了从 viewing_infos.json 文件读入的收视率数据，其中每天的收视情况是一个字典元素，所有字典元素构成收视率列表；遍历 json_array 列表中的每一个元素，通过字典的键 broadcastDate、dongfang_rating 和 zhejiang_rating 分别获取收视日期以及当天东方卫视、浙江卫视的收视率数据，分别保存在列表变量 broadcastDate_list、dongfang_rating _list 和 zhejiang_rating_list 中，用于可视化数据分析。

代码 23～34 行用于绘制第一个子图：指定默认中文字体并创建画布，依据列表变量 broadcastDate_list 和 dongfang_rating _list 的数据绘制东方卫视收视率变化趋势折线图。

代码 36～44 行绘制第二个子图：依据变量 broadcastDate_list 和 zhejiang_rating_list 的数据绘制浙江卫视收视率变化趋势折线图。

同理，代码 46～53 行和 55～61 行分别绘制第三个和第四个子图：依据变量 broadcastDate_list、dongfang_rating _list 和 zhejiang_rating_list 中的数据可视化东方卫视和浙江卫视收视率变化趋势，分别以折线图和柱状图的形式呈现，如图 7-43 所示。

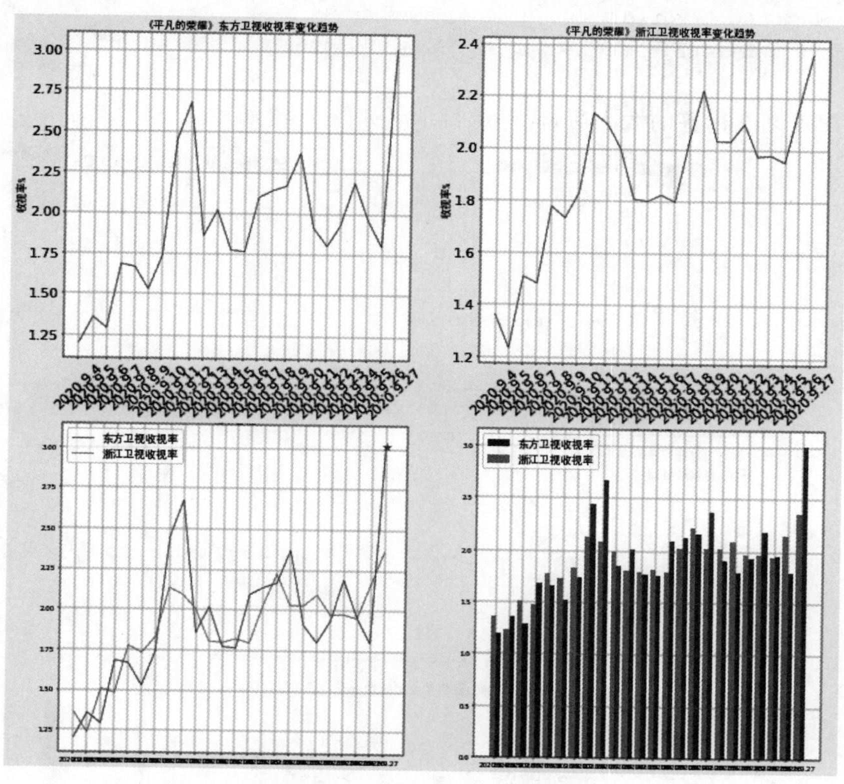

图 7-43　东方卫视、浙江卫视收视率对比

方法二：本案例也可以使用 plt.subplot2grid()函数绘制不规则子图进行收视率数据可视化，其语法形式如下。

```
subplot2grid(shape,loc,rowspan=1,colspan=1,fig=None,**kwargs)
```

shape：放置子图的网格行列数，形如(rows,cols)的元组，其中，rows 代表网格的行数，cols 代表网格的列数，rows 和 cols 均为整型数据。

loc：表示子图的位置，形如(row,col)的元组由两个整数元素组成，row 和 col 分别表示子图的行索引和列索引。

rowspan：整型数据，指定子区域向下跨越的行数，默认为 1。

colspan：整型数据，指定子区域向右跨越的列数，默认为 1。

fig：放置的子图，默认为当前图形或图像。

**kwargs：附加传递的关键字参数。

下面使用 subplot2grid() 函数创建子区域，只需分别将上述代码中第 26、36、46、55 行依次替换为：

```
ax1 =plt.subplot2grid((3,2),(0,0))
ax2 =plt.subplot2grid((3,2),(0,1))
ax3 =plt.subplot2grid((3,2),(1,0),colspan=2)
ax4 =plt.subplot2grid((3,2),(2,0),colspan=2)
```

重新配置刻度标签的大小后，代码运行结果如图 7-44 所示。

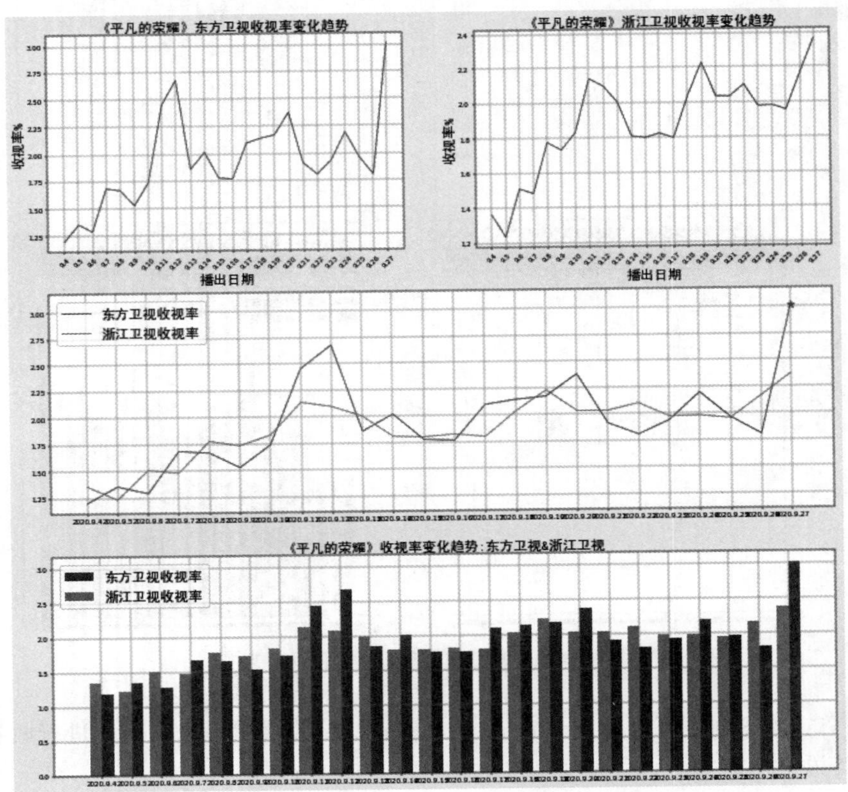

图 7-44 利用 plt.subplot2grid()方法绘制不规则子图

如图 7-43 和图 7-44 所示的运行结果显示：电视剧《平凡的荣耀》在浙江卫视的收视率相对平稳，没有大的起伏；该电视剧在东方卫视的收视率有一定起伏，出现过两次大的峰值。图中显示，在这两个峰值时间点之前收视率有较明显下跌趋势，可能是电视台因此进行了成功的宣传活动，导致收视率骤然剧增，形成峰值。

4.《平凡的荣耀》演员数据可视化

使用 bar()函数绘制柱状图可视化演员的年龄数据，使用 pie()函数绘制饼图对演员的体重数据进行可视化分析。

```
1  with open('work/actor_infos.json', 'r', encoding='UTF-8') as file:
2          json_array =json.loads(file.read())
3
4  #绘制演员年龄分布柱状图,x 轴为年龄,y 轴为该年龄的演员数量
5  birth_days =[]
6  for star in json_array:
7      if 'birth_day'in dict(star).keys():
8          birth_day =star['birth_day']
9          if len(birth_day) ==4:
10             birth_days.append(birth_day)
11 birth_days.sort()
12
13 birth_days_list =[]
14 count_list =[]
15 for birth_day in birth_days:
16     if birth_day not in birth_days_list:
17         count =birth_days.count(birth_day)
18         birth_days_list.append(birth_day)
19         count_list.append(count)
20 #设置显示中文
21 font =FontProperties(fname="/home/aistudio/work/simhei.ttf", size=20)
22 plt.figure(figsize=(15,8))
23 plt.bar(birth_days_list, count_list,width=0.3,color=['r','g','b','c',
24 'darkviolet','turquoise','m','gold'])
25 #这里是调节横坐标的倾斜度,rotation 是度数,以及设置刻度字体大小
26 plt.xticks(rotation=45,fontsize=20,fontproperties=font)
27 plt.yticks(fontsize=20,fontproperties=font)
28
29 plt.legend()
30 plt.title('''《平凡的荣耀》演员年龄分布''',fontsize =24,fontproperties=font)
31 plt.savefig('/home/aistudio/work/bar_result01.jpg')
32 plt.show()
```

代码 5～11 行获取演员出生年份信息：列表变量 json_array 保存了 actor_infos.json

文件的演员数据,其中每个字典元素记录一个演员的基本信息。遍历 json_array 列表,通过字典的键 birth_day 获取演员出生年份信息,保存在列表变量 birth_days 中,并按照出生年份升序排列。需要注意列表变量 birth_days 中的元素含有重复值。

代码 13～19 行获取柱状图 x 轴、y 轴的统计数据:遍历列表变量 birth_days,并对其中保存的所有演员按照出生年份进行计数统计,统计结果保存在列表变量 count_list 中,无重复值的出生年份保存在变量 birth_days_list 中。

代码 23～24 行绘制柱状图:列表变量 birth_days_list 中的出生年份作为 x 轴,出生年份计数统计结果作为 y 轴,绘制柱状图,每根柱子的颜色不同。

运行结果如图 7-45 所示。

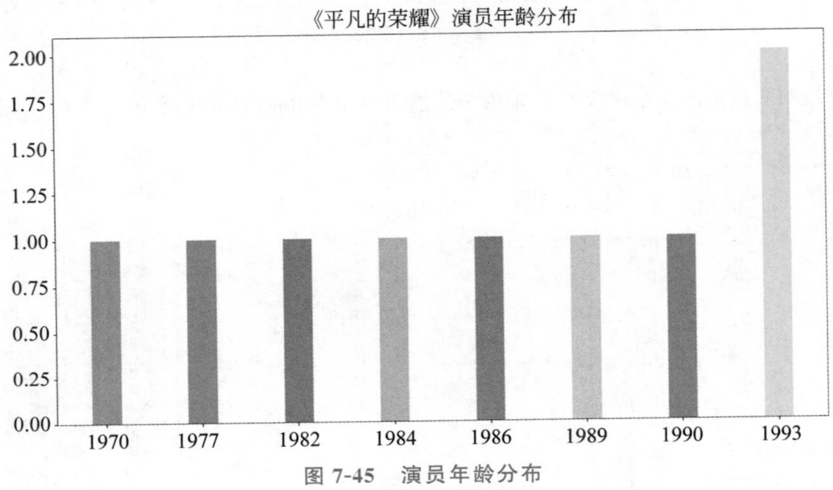

图 7-45 演员年龄分布

```
with open('work/actor_infos.json', 'r', encoding='UTF-8') as file:
        json_array =json.loads(file.read())

#绘制选手体重分布饼状图
weights =counts =[]

for star in json_array:
    if 'weight'in dict(star).keys():
        weight =float(star['weight'][0: 2])
        weights.append(weight)

size_list =count_list =[]
size1 =size2 =size3 =size4 =0
for weight in weights:
    if weight <=48:
        size1 +=1
    elif 48 <weight <=55:
        size2 +=1
```

```
19      elif 55 <weight <=67:
20          size3 +=1
21      else:
22          size4 +=1
23
24  labels ='<=48kg', '48～55kg', '55～67kg', '>67kg'
25  sizes =[size1, size2, size3, size4]
26  explode =(0.2, 0.1, 0, 0)
27  fig1, ax1 =plt.subplots()
28  ax1.pie(sizes, explode=explode, labels=labels, autopct='%1.1f%%',
29          shadow=True)
30  ax1.axis('equal')
31  plt.legend(loc='lower right')
32  plt.title('''《平凡的荣耀》演员体重分布''',fontsize =24,fontproperties=font)
33  plt.savefig('/home/aistudio/work/pie_result01.jpg')
34  plt.show()
```

代码 4～10 行获取演员体重信息：列表变量 json_array 保存了 actor_infos.json 文件的演员数据，json_array 列表中每个字典元素记录一个演员的基本信息；遍历 json_array 列表，通过字典的键 weight 获取演员体重信息，保存在列表变量 weights 中。

代码 12～22 行划分饼图各扇形区域代表的数据范围并进行数据统计：使用多分支语句将演员体重划分为四类“＜＝48kg”“48～55kg”“55～67kg”“＞67kg”，统计每个演员体重所在的范围区域。

代码 23～34 行绘制饼图：以演员体重范围的类别为元素生成列表，赋值给变量 sizes，用变量 sizes 的序列数据绘制饼图，设置扇形偏离中心的距离，扇形有标签内容，有阴影等相关属性。

运行结果如图 7-46 所示。

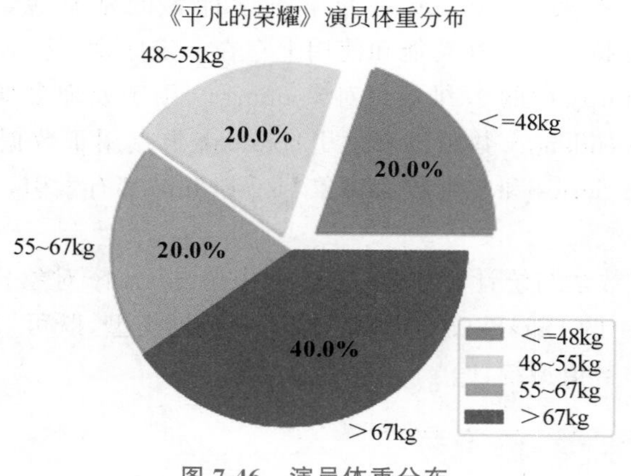

图 7-46　演员体重分布

第8章

pandas 数据分析

Python 扩展库 pandas 是一个强大的分析结构化数据的工具集，适用于数据分析和数据挖掘，同时也提供数据清洗功能。本章介绍扩展库 pandas 及其使用方法。首先介绍 pandas 的安装，然后介绍 pandas 的基本数据结构，重点介绍 pandas 数据处理的相关操作，最后以两个案例介绍扩展库 pandas 在数据分析任务中的应用。

8.1 认识 pandas

8.1.1 pandas 简介

扩展库 pandas 是基于 numpy 和 matplotlib 的数据分析模块。它提供了大量标准数据模型、高效操作大型数据集的工具以及快捷处理数据的函数和方法。扩展库 pandas 使 Python 成为强大而高效的数据分析首选语言。

pandas 库在 2008 年由 Wes McKinney 创建，最初是用于金融数据分析的工具软件，经过多年的发展与完善，目前已经被广泛地应用于大数据分析的各个领域。

Python 扩展库 numpy 是用于科学计算的基础包，扩展库 pandas 需要 numpy 的支持。二者在功能和使用上存在一定区别。

(1) numpy 中的 N 维数组对象 ndarray 用于处理多维数值型数组，重点用于数值运算，ndarray 数组没有索引；pandas 重点用于数据分析，pandas 中的一维数组对象 Series 和多维数组对象 DataFrame 都有索引，方便进行数据查询和筛选等。

(2) 在数学与统计方法上，numpy 中的 ndarray 对象只能进行数值型统计，而 pandas 中的 DataFrame 可以容纳不同数据类型，既可以进行数值型统计，也可以进行非数值型统计。

8.1.2 pandas 的安装与导入

pandas 是 Python 第三方库，使用前需要先安装 pandas 及其依赖库，然后导入相关模块，才能使用扩展库 pandas 提供的函数和方法。

1. 安装 pandas 模块

在 Windows 命令提示符窗口，进入 Python 安装目录下的 Scripts 文件夹可以使用 pip 命令在线安装 pandas 及其依赖库，运行"pip install pandas"开始安装 pandas 模块。

安装完毕，在命令行输入"pip list"可以查看当前 Python 环境中已经安装的第三方库，如图 8-1 所示，说明已经成功安装 0.22.0 版本的 pandas 模块。

图 8-1　查看 pandas 库的安装

在 Anaconda 集成化环境中，用户可以直接导入 numpy、pandas 等模块而无须额外安装，因为它们已经默认安装到 Anaconda 环境中。

2. 导入 pandas 模块

扩展库 pandas 的使用基础是 numpy。导入扩展库 pandas 之前，一般先导入 numpy 模块。

```
In [1]: import numpy as np
        import pandas as pd
```

在后续的代码中，使用别名 pd 代替库名 pandas 调用库函数。

安装 pandas 之后，使用 import 命令导入 pandas 模块时可能显示模块缺失错误。此时需要安装其他关联模块，例如 numpy、matplotlib、openpyxl、setuptools、six 等，同样使用 pip 命令在线安装。

导入 pandas 模块时也可能出现版本匹配问题。如果关联模块的版本太低，需要升级关联的模块。例如，若是 matplotlib 版本太低，在命令行使用"pip install -U matplotlib"升级到最新的 matplotlib，升级成功后，再导入 pandas 模块；如果关联模块的版本太高，需要卸载这个包之后重新安装满足 pandas 要求的版本。例如，若是 numpy 版本太高，首先在命令行使用"pip uninstall numpy"命令卸载 numpy，然后使用"pip install numpy==[版本号]"命令重新安装正确版本的 numpy，安装完毕，再导入 numpy 和 pandas 模块，才能使用 pandas 库函数和方法等。

8.2　pandas 常用数据结构

扩展库 pandas 提供了两种常用数据结构——Series 和 DataFrame，分别适用于一维数据和多维数据，它们是在 numpy 数组对象 ndarray 的基础上加入索引形成的高级数据结构。

8.2.1　数据结构 Series

Series 是 pandas 提供的一维数组，由值和索引两部分构成，类似于字典与 numpy 一维数据的结合。Series对象的值可以是不同类型的数据,如布尔型、字符串、数字类型等。创建Series对象时,可以指定Series对象的索引,也可以自动生成索引。Series对象默认索引是从0开始的非负整数。

1. 创建Series对象

使用pandas的Series方法创建一个Series对象,语法格式及主要参数如下。

```
pd.Series(data=None,index=None,dtype=None,name=None,copy=False)
```

data:可以是列表、元组、字典、numpy数组等类型的数据,用于创建一个Series对象。

index:指定Series对象的索引。如果创建Series对象时没有指定索引,默认生成的索引是从0到N－1(N是值的长度)之间的数值。

name:用于给Series对象命名,默认值为None。

dtype:为Series对象的值指定数据类型,默认值为None。

通过传递列表、元组、字典、numpy一维数组等数据形式可以创建Series对象,生成的Series对象以数据在右、索引在左的形式显示。

```
In [2]: #通过列表创建简单的Series对象
        ser_obj1=pd.Series([1,2,-3,4])
        ser_obj1
out[2]: 0    1
        1    2
        2   -3
        3    4
        dtype: int64
In [3]: #通过元组创建Series对象
        ser_obj2=pd.Series((1,2,3),name="元组")
        #不指定index,则默认index为[0,1,len(ser_obj2)-1]
        ser_obj2
out[3]: 0    1
        1    2
        2    3
        Name: 元组, dtype: int64
In [4]: #通过字典创建Series对象
        ser_obj3=pd.Series({'apple': 20,'orange': 30,'banana': 10})
        ser_obj3
out[4]: apple     20
        orange    30
        banana    10
        dtype:  int64
```

```
In [5]: #通过 numpy 一维数组创建一个 Series 对象并指定索引
        ser_obj4=pd.Series(np.random.rand(5),index=['a','b','c','d','e'])
        ser_obj4
out[5]: a    0.818702
        b    0.484853
        c    0.789832
        d    0.985408
        e    0.736960
        dtype: float64
```

如果需要传递的数据放在 Python 字典中，通过字典创建一个 Series 对象，那么 Series 对象的索引值对应字典的键。

示例中，通过 numpy 一维数组创建 Series 对象。其中，Series()函数的参数 data 是 numpy 一维数组，数组元素是一组随机数；参数 index 指定 Series 对象的索引为字符串类型的数据。需要注意，自行指定索引时，要求索引个数与数组中元素个数相等。

2. 数据类型转换

使用 Series()函数可以将 Python 基本数据类型的数据转换为一个 Series 对象。

```
In [6]: pd.Series(10, dtype=np.float64)
out[6]: 0    10.0
        dtype: int64
In [7]: pd.Series("字符串",index=range(3))          #指定 index 为[0,1,2]
out[7]: 0    字符串
        1    字符串
        2    字符串
        dtype: object
In [8]: pd.Series(True, index==list('abc'))        #指定 index 为['a','b','c']
out[8]: a    True
        b    True
        c    True
        dtype: bool
```

3. Series 对象属性

Series 对象有 name 和 index.name 属性，分别指定 Series 对象的名称和索引名称。表 8-1 中列出了 Series 对象的常用属性及说明。

表 8-1 Series 属性说明

属性名称	说明	属性名称	说明
values	数据	name	对象的名称
index	索引	index.name	索引的名称

```
In [9]: ser_obj=pd.Series(np.arange(10,20,5),index=['a','b'],name="数组")
        ser_obj
out[9]: a    10
        b    15
        Name: 数组, dtype: int64
In [10]: ser_obj.name='成员数'
         ser_obj
out[10]: a    10
         b    15
         Name: 成员数, dtype: int64
In [11]: ser_obj.index.name='分组'
         ser_obj
out[11]: 分组
         a    10
         b    15
         Name: 成员数, dtype: int64
```

一个 Series 对象的索引与值可以分别通过 index 属性和 values 属性获取。

```
In [12]: ser_obj.values
out[12]: array([10, 15])
In [13]: ser_obj.index
out[13]: Index(['a', 'b'], dtype='object')
```

4. 预览数据

pandas 的 head()方法从一个 Series 对象的头部开始预览部分数据,根据索引默认显示前五行数据,也可以指定参数值确定要显示的数据行数。类似地,tail()方法从一个 Series 对象的尾部开始预览数据,根据索引默认显示对象的后五行数据。

```
In [14]: ser_obj =pd.Series(np.random.rand(100))
         ser_obj.head()
out[14]: 0    0.894510
         1    0.439647
         2    0.002258
         3    0.963960
         4    0.874291
         dtype: float64
In [15]: ser_obj.tail(3)
out[15]: 97    0.111136
         98    0.510579
         99    0.223315
         dtype: float64
```

5. 通过索引获取数据

一个 Series 对象的值，可以通过索引名(字符串)或者索引位置(整数)获取。

```
In [16]: #通过索引名获取数据
         ser_obj =pd.Series(np.random.rand(3),index=['a', 'b', 'c'])
         ser_obj['b']
out[16]: 0.6716775560466389
In [17]: #通过索引位置获取数据
         ser_obj[0]
out[17]: 0.512923727820639
```

也可以通过 Series 对象的 loc 属性获取索引名对应的数据。

```
In [18]: ser_obj.loc['b']
out[18]: 0.07830065062086122
```

还可以使用 Series 对象的 iloc 属性获取索引位置上的数据。

```
In [19]: ser_obj.iloc[0]
out[19]: 0.512923727820639
```

使用成员测试运算符 in 测试一个数据是否为一个 Series 对象的数据成员。

```
In [20]: 'd'in ser_obj
out[20]: False
```

8.2.2　数据结构 DataFrame

DataFrame 是由多种类型的列数据构成的有标签二维数组，类似于 Excel 表格、SQL 数据表，或者是一个 Series 对象的字典。DataFrame 是 pandas 最常用的数据结构之一，每个 DataFrame 对象由行索引(index)、列索引(columns)和值(values)三部分组成。创建一个 DataFrame 对象的语法格式如下。

```
pd.DataFrame(data=None,index=None,columns=None,dtype=None,copy=False)
```

其中，参数与创建 Series 对象的参数含义类似，特别地，columns 表示列名。

DataFrame 对象的属性说明如表 8-2 所示。

1. 创建 DataFrame 对象

DataFrame 是最常用的 pandas 对象，支持多种类型的输入数据，包括列表、字典或 Series 对象构成的字典；一维或二维的 ndarray 数组；一个 Series 对象或其他 DataFrame 对象等。

表 8-2 DataFrame 属性说明

属性名称	说　明	属性名称	说　明
values	数据，值	size	元素个数
index	行索引	ndim	维度数
columns	列名，列索引	shape	数据行列值
dtype	类型		

方法一：使用 DataFrame ()函数将一个 ndarray 数组转换为一个 DataFrame 对象。

```
In [21]: array =np.random.randn(5, 4)
         df_obj1 =pd.DataFrame(array)                    #传入等长列表构建 DataFrame
         df_obj1
```

运行结果如图 8-2 所示。创建 DataFrame 对象时，可以通过参数 index 和 columns 分别指定行索引和列索引。这里没有明确给出 DataFrame 对象的行索引和列索引，因此使用默认值，即从 0 开始的连续正整数。

方法二：通过一个值为等长列表的字典创建一个 DataFrame 对象。

```
In [22]: data={'name':['Tom','Lily','Lucy','Bob'],
               'sex':['male','female','female','male'], 'age':['18','19','
               17','20']}
         df_obj2=pd.DataFrame(data)
         df_obj2
```

运行结果如图 8-3 所示。通过字典创建 DataFrame 对象时，默认使用字典中的键作为 DataFrame 对象的列索引，默认行索引为一个取值范围在 0～N－1(N 为行数)的整数序列。

	0	1	2	3
0	-0.452927	2.411069	-1.012676	-0.641516
1	-1.169478	0.920949	0.082822	0.607841
2	0.431113	0.085504	-1.921618	0.548673
3	0.616325	-0.633493	0.538299	-0.083153
4	1.078383	1.265495	-1.076828	-0.703157

图 8-2 ndarray 数组转换为 DataFrame 对象

	name	sex	age
0	Tom	male	18
1	Lily	female	19
2	Lucy	female	17
3	Bob	male	20

图 8-3 字典转换为 DataFrame 对象

也可以使用参数 columns 指定列索引。

```
In [23]: df_obj=pd.DataFrame(data,columns=['name','age','sex','class'])
         print(df_obj)
out[23]:   name  age    sex    class
        0   Tom   18    male    NaN
        1  Lily   19  female    NaN
        2  Lucy   17  female    NaN
        3   Bob   20    male    NaN
```

创建的 DataFrame 对象中，数据按照指定顺序排列，未定义的数据标记为 NaN。

方法三：通过值为 Series 对象的字典创建一个 DataFrame 对象。

```
In [24]: d ={'one': pd.Series([1., 2., 3.], index=['a', 'b', 'c']),
         'two': pd.Series([3., 6., 9.], index=['b', 'c', 'd'])}
         df =pd.DataFrame(d)
         print(df)
out[24]:   one  two
        a  1.0  NaN
        b  2.0  3.0
        c  3.0  6.0
        d  NaN  9.0
```

创建的 DataFrame 对象中，每个 Series 对象作为一列。如果未通过参数 index 指定行索引，那么 DataFrame 对象的行索引为所有 Series 对象 index 属性的并集；若通过参数 index 指定了行索引，DataFrame 对象的行索引会与给定索引相匹配，不能匹配的索引取值被标记为 NaN。

方法四：通过元素为字典的列表创建一个 DataFrame 对象。

```
In [25]: data2 =[{'a': 1, 'b': 2}, {'a': 5, 'b': 10, 'c': 20}]
         print(pd.DataFrame(data2))
out[25]:  a   b    c
        0 1   2   NaN
        1 5  10  20.0
```

创建的 DataFrame 对象中，每一个字典成为一行，所有字典的键并集作为 DataFrame 对象的列索引。若字典中的键值不存在，DataFrame 对象中相应的值标记为 NaN。若未通过参数 index 指定行索引，DataFrame 对象的行索引为默认值。

方法五：通过一个 Series 对象创建一个 DataFrame 对象。

```
In [26]: ser=pd.Series([1., 2., 3.], index=['a', 'b', 'c'], name='ser1')
         print(pd.DataFrame(ser))
```

```
out[26]:    ser1
         a   1.0
         b   2.0
         c   3.0
```

创建的 DataFrame 对象中，一个 Series 对象作为一列，通过参数 name 指定 DataFrame 对象的列索引。

2. 获取行、列、值

通过 index、columns 和 values 属性访问 DataFrame 对象的行索引、列索引和值。

```
In [27]: df_obj2.columns           #获取列索引
out[27]: Index(['name', 'sex', 'age'], dtype='object')
In [28]: df_obj2.index             #获取行索引
out[28]: RangeIndex(start=0, stop=4, step=1)
In [29]: df_obj2.values            #获取值
out[29]: array([['Tom', 'male', '18'],
                ['Lily', 'female', '19'],
                ['Lucy', 'female', '17'],
                ['Bob', 'male', '20']], dtype=object)
```

3. 预览数据

通过 head()方法和 tail()方法分别从 DataFrame 对象的头部和尾部开始预览指定行数的数据，默认值为 5。

```
In [30]: df_obj2.head(3)           #预览前三行数据
In [30]: df_obj2.tail(3)           #预览后三行数据
```

运行结果如图 8-4 和图 8-5 所示。

	name	sex	age
0	Tom	male	18
1	Lily	female	19
2	Lucy	female	17

图 8-4 head(3)方法

	name	sex	age
1	Lily	female	19
2	Lucy	female	17
3	Bob	male	20

图 8-5 tail(3)方法

4. 通过索引获取数据

DataFrame 对象是一种类似表格的数据结构，可以基于列索引或者基于行索引获取 DataFrame 对象的值，也可以通过索引名（字符串）或者索引位置（整数）获取 DataFrame 对象的值。

```
In [32]: df_obj2['name']
out[32]: 0    Tom
         1    Lily
         2    Lucy
         3    Bob
         Name: name, dtype: object
In [33]: df_obj2['name'][1]
out[33]: 'Lily'
In [34]: df_obj2.name
out[34]: 0    Tom
         1    Lily
         2    Lucy
         3    Bob
         Name: name, dtype: object
In [35]: type(df_obj2['name'])
out[35]: pandas.core.Series.Series
```

DataFrame 对象可以被视为由很多数据类型不一样的 Series 列组成的二维表格。从每一行看，DataFrame 对象可以看作由一行行的 Series 对象上下堆积而成，每个 Series 的索引就是列索引；从每一列看，DataFrame 对象可以看作一列列的 Series 对象左右堆积而成，每个 Series 的索引就是行索引。这里，通过列索引“name”获取 DataFrame 对象中这一列的数据，所以其数据类型为 Series 对象。

也可以通过 DataFrame 对象的 loc 属性基于行索引的索引名获取对应的数据。

```
In [36]: df_obj2.loc[1]                #通过 loc 属性基于行索引的索引名获取数据。
out[36]: name    Lily
         sex   female
         age       19
         Name: 1, dtype: object
In [37]: df_obj2.loc[1,'name']
out[37]: 'Lily'
```

还可以通过 DataFrame 对象的 iloc 属性获取索引位置上的数据。

```
In [38]: print(df_obj2.iloc[0: 2])     #通过 iloc 属性基于行索引的索引位置获取数据
out[38]:    name   sex    age
        0   Tom    male   18
        1  Lily  female   19
```

需要注意的是,使用 iloc 属性按照索引位置进行切片操作时,按照索引位置的左闭右开区间获取数据,其余情况都是按照左右闭合区间获取数据。

5. 增加列数据

可以通过 df['new_column']=values 形式为 DataFrame 对象增加一列数据,这里“values”可以为 Series 对象、列表或 ndarray 对象等。

```
In [39]: df_obj2['year'] =pd.Timestamp('20210101')                    #增加列数据
         print(df_obj2)
out[39]:  name   sex    age     year
       0   Tom    male   18   2021-01-01
       1  Lily  female   19   2021-01-01
       2  Lucy  female   17   2021-01-01
       3   Bob    male   20   2021-01-01
```

也可以使用 df[['col']]=values 形式新增一列数据,或者使用 df[['col1','col2',…]]=values 形式新增多列数据,其中,“values”必须为 DataFrame 对象;当“values”为 Series 或者 DataFrame 对象时,需要注意索引问题,即保证等号右边对象的索引与左边对象的索引一致,否则结果对象中只会保存一致的索引对应的值,不存在的赋值为 NaN。

```
In [40]: df_obj2[['姓名','性别','年龄',"年份"]] =df_obj2
         df_obj2
out[40]:  name   sex    age     year       姓名   性别    年龄     年份
       0   Tom    male   18   2021-01-01   Tom   male    18   2021-01-01
       1  Lily  female   19   2021-01-01  Lily  female   19   2021-01-01
       2  Lucy  female   17   2021-01-01  Lucy  female   17   2021-01-01
       3   Bob    male   20   2021-01-01   Bob   male    20   2021-01-01
```

6. 删除行或列

可以使用 drop()方法删除 DataFrame 对象的一行或一列,格式如下。

```
DataFrame.drop(labels=None, axis=0, index=None, columns=None, inplace=
False)
```

labels:指定要删除的行或列的索引,一般为索引名或索引位置组成的列表。
axis:默认值为 0,表示删除行,如果删除列,需要指定 axis=1。

index：直接指定要删除的行，一般为行索引列表。

columns：直接指定要删除的列，一般为列索引列表。

inplace：默认值为 False，表示该删除操作不改变原数据，返回一个执行删除操作后的 DataFrame 对象；若 inplace=True，则直接在原数据上进行删除操作，删除后没有返回值。

因此，删除行有两种方式：参数 labels 指定要删除的行索引列表，并且参数 axis 取值为 0；或者参数 index 直接指定要删除的行索引。删除列也有两种方式：参数 labels 指定要删除的列索引列表，并且参数 axis 取值为 1；或者参数 columns 直接指定要删除的列索引。

```
In [41]: df_obj2
In [42]: df_obj2.drop(columns=['year'])
```

运行结果分别如图 8-6 和图 8-7 所示。

	name	sex	age	year
0	Tom	male	18	2021-01-01
1	Lily	female	19	2021-01-01
2	Lucy	female	17	2021-01-01
3	Bob	male	20	2021-01-01

图 8-6　原始 DataFrame 对象

	name	sex	age
0	Tom	male	18
1	Lily	female	19
2	Lucy	female	17
3	Bob	male	20

图 8-7　删除列“year”

7. 修改数据

修改 DataFrame 中的数据，实际上是将这部分数据提取出来，重新赋值为新数据。需要注意的是，数据修改直接针对 DataFrame 对象的原数据操作，操作无法撤销，修改数据之前需要确认或对数据进行备份。

```
In [43]: df_obj2.loc[0,'age']=25          #先用 loc 找到要更改的值,再通过赋值更改值
         df_obj2.iloc[0,2]=25             #iloc: 用索引位置查找要更改的值
         df_obj2
```

运行结果如图 8-8 所示。

8.2.3　Index 对象

利用 Python 扩展库 pandas 中的索引，使用者可以便捷地获取数据集的子集，进行分

	name	sex	age
0	Tom	male	25
1	Lily	female	19
2	Lucy	female	17
3	Bob	male	20

图 8-8　修改数据

片、分块等操作。Series 对象和 DataFrame 对象的索引是 Index 对象,Series 对象中的 index 属性、DataFrame 对象中的 index 属性和 columns 属性都是 Index 对象。创建 Series 对象和 DataFrame 对象时用到的数组、字典或其他序列类型的索引名也都会转换为 Index 对象。Index 对象负责管理索引名和其他元素,具有不可更改、有序及可切片等特征。

```
In [44]: ind=pd.Index(np.arange(1,5))          #创建 index 对象
         ind
Out[44]: Int64Index([1, 2, 3, 4], dtype='int64')
In [45]: ind[1]=5
out[45]: ------TypeError    Traceback (most recent call last) <iPython-input
-23-96c4b33b82ac>in <module>
---->1 ind[1]=5
...
TypeError: Index does not support mutable operations
```

Index 对象有多种类型,常见的有 Index、Int64Index、MultiIndex、DatetimeIndex 和 PeriodIndex 等。Index 可以看作其他类型的父类,表示为一个 Python 对象的 numpy 数组;Int64Index 是针对整数的索引;MultiIndex 是多层索引;DatetimeIndex 存储时间戳;PeriodIndex 针对时间间隔数据。

```
In [46]: ser_obj =pd.Series(range(10, 20, 4))
         ser_obj
out[46]: 0    10
         1    14
         2    18
         dtype: int64
In [47]: ser_obj.index
out[47]: RangeIndex(start=0, stop=3, step=1)
In [48]: ser_obj.index[2]       #查看位置为 2 的 index 值
out[48]: 2
```

```
In [49]: dates=pd.date_range("7/1/2021",periods=4)
         df=pd.DataFrame(np.random.randn(4,4),index=dates, columns=['A','B
         ','C','D'])
         print(df)
Out[49]:                    A         B         C         D
         2021-07-01  1.179464  0.637722 -1.008874  0.354879
         2021-07-02 -0.780174  2.363197  1.066195 -0.287735
         2021-07-03 -1.359988 -1.340478  2.057080 -0.177843
         2021-07-04 -1.044372 -1.169222  1.452768 -0.436428
In [50]: type(df.index)
Out[50]: pandas.core.indexes.datetimes.DatetimeIndex
In [51]: type(df.columns)
out[51]: pandas.core.indexes.base.Index
```

关于 Index 对象，pandas 提供了多种基本操作，包括元素的增加和删除，两个 Index 对象的连接以及集合操作，其共同特点是不改变原有的 Index 对象。

```
In [52]: ind=pd.Index(np.arange(1,5))   #创建 index 对象
         ind
out[52]: Int64Index([1, 2, 3, 4], dtype='int64')
In [53]: ind[1: 3]                       #index 对象的切片操作
out[53]: Int64Index([2, 3], dtype='int64')
In [54]: ind.insert(1,5)                 #将元素 5 插入索引 1 处,返回新的 Index 对象
out[54]: Int64Index([1, 5, 2, 3, 4], dtype='int64')
In [55]: ind.drop(2)                     #删除传入的元素 2,返回新的 Index 对象
out[55]: Int64Index([1, 3, 4], dtype='int64')
```

可以使用 reset_index()方法重置索引，格式如下。

```
DataFrame.reset_index(level=None, drop=False, inplace=False)
```

level：表示索引的级别，默认情况下，移除所有的索引。

drop：指定移除的索引是否删除，默认值为 False，表示移除的索引插入到数据中作为新列；当 drop 设置为 True，表示丢弃原来的索引列。

inplace：指定是否将数据库原地替换。

```
In [56]: ser_obj
out[56]: 0    10
         1    14
         2    18
         dtype: int64
In [57]: print(ser_obj.reset_index())          #使用 reset_index()重置索引
```

```
out[57]: index   0
      0    0    10
      1    1    14
      2    2    18
In [58]: ser_obj.reset_index(drop=True)
         #参数 drop 表示丢弃原来的索引列
out[58]: 0    10
         1    14
         2    18
         dtype: int64
```

8.3 索引操作

扩展库 pandas 的一个特点是可以通过索引获取 pandas 对象的值。通过索引操作,可以获取单个数据,也可以获取连续数据。

关于 pandas 对象的索引操作,主要关注两个方面:访问方式和接收参数的类型。索引的访问方式可以分为四种:loc 属性、iloc 属性、类似字典的访问方式以及使用标识符“.”访问。

8.3.1 Series 的索引操作

1. 索引的访问

可以使用 obj['label']或者 obj[pos]的形式获取单个数据,其中,label 表示 Series 对象的索引名,通常为字符串;pos 表示 Series 对象的索引位置,一般为 0 或正整数。

```
In [59]: ser_obj =pd.Series(range(4), index=['a', 'b', 'c', 'd'])
         ser_obj
Out[59]: a    0
         b    1
         c    2
         d    3
         dtype: int64
In [60]: ser_obj['b']          #结果等同 ser_obj.b 或 ser_obj.loc['b'],b 是索引名
Out[60]: 1
In [61]: ser_obj[1]            #结果等同 ser_obj.iloc[1],1 是索引位置
Out[61]: 1
```

2. 切片操作

切片操作用于获取连续数据,可以通过指定索引的开始位置和结束位置获取该区间内的数据,可以传入索引名或者索引位置,使用 ser_obj['label1': 'label2']或者 ser_obj [pos1：pos2]的形式获取位置连续的数据。这里 label1 和 label2 分别表示开始位置和结束位置的索引名；pos1 和 pos2 分别表示操作开始和结束的索引位置。

```
In [62]: ser_obj[1: 3]          #获取索引为 1、2 的数据
Out[62]: b    1
         c    2
         dtype: int64
In [63]: ser_obj['b': 'd']      #获取索引为'b'、'd'之间的数据
Out[63]: b    1
         c    2
         d    3
         dtype: int64
```

需要注意的是，按索引名进行切片操作时，返回结果包含结束位置的数据。

3. 不连续索引

可以使用 ser_obj[['label1",'label2",…,'labeln']] 的形式传入索引名列表获取不连续位置上的数据，也可以使用 ser_obj[[pos1, pos2,…,posn]] 的形式传入索引位置列表获取不连续的数据。这里的 labeln 和 posn 分别表示索引名和索引位置，其中 n 为正整数。

```
In [64]: ser_obj[[0, 1, 3]]
Out[64]: a    0
         b    1
         d    3
         dtype: int64
In [65]: ser_obj[['b', 'd']]
Out[65]: b    1
         d    3
         dtype: int64
```

8.3.2 DataFrame 的索引操作

首先创建一个 DataFrame 对象，然后可以通过索引获取 DataFrame 对象相应位置的数据。

```
In [66]: country1 =pd.Series({'Name': '中国', 'Language': 'Chinese', 'Area': '
                   9.597M km2', 'Happiness Rank': 79})
         country2 =pd.Series({'Name': '美国', 'Language': 'English (US)',
                   'Area': '9.834M km2', 'Happiness Rank': 14})
         country3 =pd.Series({'Name': '澳大利亚','Language': 'English(AU)', '
                   Area': '7.692M km2', Happiness Rank': 9})
         df =pd.DataFrame([country1, country2, country3], index=['CH', 'US', '
         AU'])
         print(df)
```

```
Out[66]:  Name       Language       Area     Happiness  Rank
     CH   中国       Chinese     9.597M km2              79
     US   美国    English (US)   9.834M km2              14
     AU 澳大利亚  English (AU)   7.692M km2               9
```

1. 列索引

一个 Series 对象可以被视为一个字典,而一个 DataFrame 对象可以看作每个元素是 Series 的字典,所以可以使用类似访问字典的方式访问 Series 对象和 DataFrame 对象。

```
In [67]: df['Area']                  #获取'Area'列数据
Out[67]:CH     9.597M km2
        US     9.834M km2
        AU     7.692M km2
        Name: Area, dtype: object
In [68]: type(df['Area'])
Out[68]: pandas.core.Series.Series
```

需要注意的是,类似访问字典的方式只能使用列索引获取 DataFrame 对象的列数据。

2. 不连续索引

可以使用类似访问字典的方式传入 DataFrame 对象中的不连续索引,获取相应位置的数据。语法格式为:df_obj[['label1', 'label2']],其中,labeln 表示索引名。

```
In [69]: print(df[['Area', 'Name']])            #获取'Area'、'Name'列数据
Out[69]:       Area        Name
       CH   9.597M km2     中国
       US   9.834M km2     美国
       AU   7.692M km2   澳大利亚
```

3. 行索引

使用索引获取 DataFrame 对象的行数据,主要通过 loc 属性或 iloc 属性实现。

```
In [70]: df.loc['CH']              #获取'CH'行数据,loc 属性传入索引名
Out[70]: Area                        9.597M km2
         Happiness Rank                      79
         Language                       Chinese
         Name                              中国
         Name:                CH, dtype: object
In [71]: df.iloc[1]                #获取第 1 行数据,iloc 属性传入索引位置
```

```
Out[71]: Area                   9.834M km2
         Happiness Rank                 14
         Language             English (US)
         Name                           美国
         Name:           US, dtype: object
```

获取 DataFrame 对象中指定行索引和列索引的单个数据。

```
In [72]: print(df.loc['CH']['Area'])
         print(df.iloc[0]['Area'])
         print(df['Area']['CH'])
         print(df['Area'].loc['CH'])
         print(df['Area'].iloc[0])
out[72]: 9.597M km2
         9.597M km2
         9.597M km2
         9.597M km2
         9.597M km2
```

4. 布尔索引

扩展库 pandas 中 DataFrame 对象的布尔索引与扩展库 numpy 中布尔值索引在功能上类似，即使用布尔数组作为索引获取满足指定条件的数据。

```
In [73]: df['Language'].str.contains('English')        #找出说英语的国家
out[73]: CH False
         US    True
         AU    True
         Name: Language, dtype: bool
In [74]: print(df[df['Happiness Rank'] <=20])          #找出排名前 20 的国家
out[74]:    Name     Language       Area      Happiness Rank
      US    美国    English (US)  9.834M km2      14
      AU  澳大利亚  English (AU)  7.692M km2       9
```

8.4 算术运算与常见应用

8.4.1 运算与对齐

扩展库 pandas 支持不同索引的对象之间进行算术运算。如果参与算术运算的两个 pandas 对象存在不同的索引，那么运算结果的索引就是各自索引的并集。

1. Series 的加法运算

两个 Series 对象相加，会自动进行数据对齐操作，相同索引对应的值会相加，而不同索引对应的值用 NaN 填充。Series 对象间的算术运算,不要求 Series 对象的大小一致。

```
In [1]: import numpy as np
        import pandas as pd
        obj1=pd.Series(range(12,20,3),index=range(3))
        obj1
Out[1]: 0    12
        1    15
        2    18
        dtype: int64
In [2]: obj2=pd.Series(range(20,25,2),index=range(1,4))
        obj2
out[2]: 1    20
        2    22
        3    24
        dtype: int64
In [3]: obj1+obj2
out[3]: 0    NaN
        1    35.0
        2    40.0
        3    NaN
        dtype: float64
```

2. DataFrame 的加法运算

Series 对象之间的运算,可以通过索引获取对应的值;而 DataFrame 对象需要从行、列两个维度获取对应的值进行运算。

两个 DataFrame 对象之间进行算术运算时,行索引和列索引一起进行对齐操作。运算结果的行索引是两者行索引的并集,运算结果的列索引是两者列索引的并集;而行列对应的数值是两个 DataFrame 对象中相同行索引和相同列索引共同定位到的那个数值相加。如果两个 DataFrame 对象的行索引或者列索引不相同,则对应数值用 NaN 填充。

```
In [4]: df1=pd.DataFrame(np.ones((3,3)),columns=['a','b','d'])
        df2=pd.DataFrame(np.ones((3,3)),columns=['a','b','c'])
        df1+df2
```

DataFrame 对象 df1 和 df2 分别如图 8-9 和图 8-10 所示,运算结果如图 8-11 所示。

	a	b	d
0	1.0	1.0	1.0
1	1.0	1.0	1.0
2	1.0	1.0	1.0

图 8-9　对象 df1

	a	b	c
0	1.0	1.0	1.0
1	1.0	1.0	1.0
2	1.0	1.0	1.0

图 8-10　对象 df2

	a	b	c	d
0	2.0	2.0	NaN	NaN
1	2.0	2.0	NaN	NaN
2	2.0	2.0	NaN	NaN

图 8-11　对象 df+df2 运算结果

3. DataFrame 和 Series 间的运算

DataFrame 对象和 Series 对象之间的算术运算，类似于扩展库 numpy 中不同维度数组间的操作。默认情况下，Series 对象的索引与 DataFrame 对象的列索引进行对齐操作，并在行上进行广播，实现算术运算。

```
In [5]: frame =pd.DataFrame(np.arange(12).reshape((3,4)),columns=['one','
two','three','four'], index=list("bde"))
        Series =frame.iloc[0]
        frame-Series
```

运行结果如图 8-12 所示。

如果一个索引值在 DataFrame 对象的列索引或 Series 的索引中都不存在，则对象会重建索引，运算结果的列索引是 DataFrame 列索引与 Series 索引的并集，相同索引对应的值会相加，而不同索引对应的值用 NaN 填充。

```
In [6]: obj4=pd.Series([1,2,3],index=['two','four','six'])
        frame+obj4
```

运行结果如图 8-13 所示。

	one	two	three	four
b	0	0	0	0
d	4	4	4	4
e	8	8	8	8

图 8-12　默认广播到行

	four	one	six	three	two
b	5.0	NaN	NaN	NaN	2.0
d	9.0	NaN	NaN	NaN	6.0
e	13.0	NaN	NaN	NaN	10.0

图 8-13　索引值不存在

如果将 Series 对象的索引与 DataFrame 对象的行索引匹配，并对列进行广播，必须使用算术方法(如 sub、add、mul 和 div 等)中的一种,并且需要指定轴标记,即设置参数 axis 为"axis=0"或"axis='index'",表示对齐 DataFrame 对象的行索引。

```
In [7]: Series3=frame['one']
        Series3
out[7]: b    0
        d    4
        e    8
        Name: one, dtype: int64
In [8]: frame.sub(Series3,axis='index')
```

运行结果如图 8-14 所示。

	one	two	three	four
b	0	1	2	3
d	0	1	2	3
e	0	1	2	3

图 8-14 广播到列

8.4.2 常见应用

1. 通用函数应用

扩展库 numpy 提供的通用函数也可以用于 pandas 对象的操作。

```
In [9]: frame =pd.DataFrame(np.arange(12).reshape((3,4)),columns=['one','
two','three','four'], index=list("bde"))
        Series =frame.iloc[0]
        print(np.add(frame,Series))
out[9]:  one  two  three  four
     b    0    2     4     6
     d    4    6     8    10
     e    8   10    12    14
```

2. map 方法应用

map()方法根据提供的函数对指定序列做映射,可以将自定义函数作用于 Series 对象的每个元素。

```
In [10]: ser=pd.Series(range(10))          #实现列表数据开根号
         ser.map(np.sqrt)
out[10]: 0    0.000000
         1    1.000000
         2    1.414214
         dtype: float644  2.000000
In [11]: def func(x):                       #自定义函数
             x1=x * * 3
             x2=x1 * 2+1
         return x2
         ser.map(func)
out[11]:  0    1
          1    3
          2    17
          dtype: int64
```

3. apply 方法应用

apply()方法将定义好的函数应用于 DataFrame 对象中一行或一列形成的一维数组。

```
In [12]: df1=pd.DataFrame(np.random.randn(3,3),columns=['a','b','c'])
         index=['app','win','mac']
         print(df1)
         df1.apply(np.mean)
out[12]:          a          b          c
          0  0.639518  -0.761627  -0.684782
          1  1.003486   0.626410   0.035824
          2  1.354875   0.470173  -0.760121
          a   0.999293
          b   0.111652
          c  -0.469693
          dtype: float64
```

4. applymap 方法应用

applymap()方法将定义好的函数应用于 DataFrame 对象的每个数据。

```
In [13]: print(df1.applymap(np.sqrt))
out[13]:           a          b          c
          0        NaN        NaN  0.538748
          1        NaN   1.277983        NaN
          2   0.638664        NaN  0.827804
```

8.4.3 排序

扩展库 pandas 支持按索引排序的方法和按值排序的方法。

1. 索引排序

Series 对象和 DataFrame 对象可以使用 sort_index()方法对索引进行排序。对 Series 对象排序时,默认为升序排列。通过设置参数 ascending=False 可以指定按照降序排列。

```
In [14]: obj=pd.Series(range(3),index=['d','a','b'])
         obj.sort_index()
out[14]: a    1
         b    2
         d    0
         dtype: int64
```

对 DataFrame 对象排序时,可以通过参数 axis 指定按照行索引或者列索引排序,也可以通过参数 ascending 指定升序还是降序排列。sort_index()方法默认对行索引升序排列。通过设置参数 axis 为 1,参数 ascending=False 可以指定按照列索引降序排序。

```
In [15]: df=pd.DataFrame(np.arange(12).reshape(3,4),index=['three','one','
two'],columns=['d','a','b','c'])
         print(df)
out[15]:          d  a  b
          three   0  1  2
           one    4  5  6
           two    8  9  10
In [16]: print(df.sort_index())                              #按行索引升序排序
out[16]:          d  a   b
          one     4  5   6
          three   0  1   2
          two     8  9  10
In [17]: print(df.sort_index(axis=1,ascending=False))        #按列索引降序排序
out[17]:          d   c   b
          three   0   3   2
          one     4   7   6
          two     8  11  10
```

2. 值排序

Series 对象与 DataFrame 对象可以使用 sort_values(by,ascending)方法对值进行排序。其中,参数 by 可以是一个列索引名,指定依据哪一列进行排序;也可以是一个列索引元素的列表,用于指定依据哪些列索引名排序。参数 ascending=True 表示升序排列,ascending=False 表示降序排列。

```
In [18]: print(df.sort_values(by=['b','c'],ascending=False))
out[18]:          d  a   b   c
         two     8  9  10  11
         one     4  5   6   7
         three   0  1   2   3
```

8.4.4 描述性统计与计算

扩展库 pandas 提供了许多常用的数学和统计学方法，其中大部分属于约简或汇总统计，用于从 Series 对象中提取单个值，或者从 DataFrame 对象的行或列中提取一个 Series 对象。常用的描述性统计方法及其说明如表 8-3 所示。

表 8-3　pandas 中常用的描述性统计量

方法名称	说　明
count	数据个数(非空数据)
min	最小值
max	最大值
sum	求和
median	中位数
ptp	极差
var	方差
sem	标准误差
skew	样本偏度
describe	描述统计集合
quantile	输出指定位置的百分位数，默认是中位数
mean	均值
mad	平均绝对离差
std	标准差
cov	协方差
mode	众数
kurt	样本峰度

describe()方法返回 Series 对象或者 DataFrame 对象的统计摘要，一次性返回多个统计量，包括平均值、标准差、最大值、最小值等，用于快速查看每列数据的统计信息。其中，count 返回每列中非空数据的个数；mean 返回每列数据的均值；std 表示每列数据的标准差；min 和 max 分别为每列数据的最小值和最大值；25% 表示第 1 四分位数，即第 25 百分位数；50% 表示第 2 四分位数，即第 50 百分位数；75% 表示第 3 四分位数，即第 75 百分位数。

```
In [19]: data =pd.read_csv('work/2016_happiness.csv')
         data.head()
```

运行结果如图 8-15 所示。

	Country	Region	Happiness Rank	Happiness Score	Lower Confidence Interval	Upper Confidence Interval	Economy (GDP per Capita)	Family	Health (Life Expectancy)	Freedom	Trust (Government Corruption)	Generosity	Dystopia Residual
0	Denmark	Western Europe	1	7.526	7.460	7.592	1.44178	1.16374	0.79504	0.57941	0.44453	0.36171	2.73939
1	Switzerland	Western Europe	2	7.509	7.428	7.590	1.52733	1.14524	0.86303	0.58557	0.41203	0.28083	2.69463
2	Iceland	Western Europe	3	7.501	7.333	7.669	1.42666	1.18326	0.86733	0.56624	0.14975	0.47678	2.83137
3	Norway	Western Europe	4	7.498	7.421	7.575	1.57744	1.12690	0.79579	0.59609	0.35776	0.37895	2.66465
4	Finland	Western Europe	5	7.413	7.351	7.475	1.40598	1.13464	0.81091	0.57104	0.41004	0.25492	2.82596

图 8-15　预览数据文件 2016_happiness.csv

```
In [20]: data.describe()
```

运行结果如图 8-16 所示。

	Happiness Rank	Happiness Score	Lower Confidence Interval	Upper Confidence Interval	Economy (GDP per Capita)	Family	Health (Life Expectancy)	Freedom	Trust (Government Corruption)	Generosity	Dystopia Residual
count	157.000000	157.000000	157.000000	157.000000	157.000000	157.000000	157.000000	157.000000	157.000000	157.000000	157.000000
mean	78.980892	5.382185	5.282395	5.481975	0.953880	0.793621	0.557619	0.370994	0.137624	0.242635	2.325807
std	45.466030	1.141674	1.148043	1.136493	0.412595	0.266706	0.229349	0.145507	0.111038	0.133756	0.542220
min	1.000000	2.905000	2.732000	3.078000	0.000000	0.000000	0.000000	0.000000	0.000000	0.000000	0.817890
25%	40.000000	4.404000	4.327000	4.465000	0.670240	0.641840	0.382910	0.257480	0.061260	0.154570	2.031710
50%	79.000000	5.314000	5.237000	5.419000	1.027800	0.841420	0.596590	0.397470	0.105470	0.222450	2.290740
75%	118.000000	6.269000	6.154000	6.434000	1.279640	1.021520	0.729930	0.484530	0.175540	0.311850	2.664650
max	157.000000	7.526000	7.460000	7.669000	1.824270	1.183260	0.952770	0.608480	0.505210	0.819710	3.837720

图 8-16　describe()方法

扩展库 pandas 的强大之处在于可以处理缺失的数据,如果在统计中出现了缺失数据,可以不对这些数据进行统计。

```
In [21]: data1=pd.read_csv('work/log.csv')
         data1.head()
```

运行结果如图 8-17 所示。

	time	user	video	playback position	paused	volume
0	1469974424	cheryl	intro.html	5	False	10.0
1	1469974454	cheryl	intro.html	6	NaN	NaN
2	1469974544	cheryl	intro.html	9	NaN	NaN
3	1469974574	cheryl	intro.html	10	NaN	NaN
4	1469977514	bob	intro.html	1	NaN	NaN

图 8-17　预览数据文件 log.csv

```
In [22]: data1.sum()
out[22]: time                                                48509194942
         user      cherylcherylcherylcherylbobbobbobbobcherylcher...
         video     intro.htmlintro.htmlintro.htmlintro.htmlintro....
         playback position                                       429
         paused                                                    1
         volume                                                   35
         dtype: object
In [23]: data1.mean()
out[23]: time                                           1.469976e+09
         playback position                              1.300000e+01
         paused                                         3.333333e-01
         volume                                         8.750000e+00
         dtype: float64
In [24]: data1.median()
out[24]: time                                           1.469975e+09
         playback position                              1.000000e+01
         paused                                         0.000000e+00
         volume                                         1.000000e+01
         dtype: float64
In [25]: data1.count()
out[25]: time                                         33
         user                                         33
         video                                        33
         playback position                            33
         paused                                       3
         volume                                       4
         dtype: int64
```

max()方法和 min()方法分别求最大值和最小值；idxmax()方法和 idmin()方法分别返回最大值对应的索引和最小值对应的索引；mad()方法用来求平均绝对误差，是描述各个变量值之间差异程度的数值之一；var()方法用于求方差，std()方法用于求标准差，这两种方法可以描述变量的离散程度；cumsum()方法用于求累加和。

8.5　数据清洗

数据清洗是数据分析的关键步骤，它直接影响数据分析、处理及建模的质量。数据处理之前，需要明确几个问题：数据是否需要修改？哪些数据需要修改？数据应该如何调整才能适应接下来的分析和挖掘？在实际项目开发过程中，数据清洗实际上是一个迭代的过程。数据清洗涉及的常见操作有：处理缺失数据、处理重复数据和处理无效数据等。处理缺失值 NaN(Not a Number)的常用方法及其描述如表 8-4 所示。

表 8-4 处理缺失值的常用方法

方法名	描述
dropna	根据每个标签的值是否为缺失数据来筛选轴标签,并根据允许丢失的数据量来确定阈值
fillna	用某些值填充缺失的数据或使用插值方法(如'ffill'或'bfill')
isnull	返回布尔值,表明哪些值是缺失值
notnull	对 isnull()方法的返回值求反

8.5.1 处理缺失数据

对实际应用中的数据进行分析时,经常发现数据中存在缺失值的现象。在数据处理之前,应注意检查是否存在缺失的数据。可以删除缺失值或将其替换为特定值,以减少对数据分析结果的影响。

1. 判断是否存在缺失值

扩展库 pandas 中对象的描述性统计信息在默认情况下是排除缺失值的。对于数值型数据,pandas 使用浮点值 NaN(Not a Number)表示缺失值。此外,扩展库 pandas 支持使用 isnull()方法判断指定数据是否为缺失值,如果返回值是 True 表示该数据缺失,否则返回 False。

```
In [26]: #读取文件"data/log.csv"
         filepath ='data/log.csv'
         log_data =pd.read_csv(filepath)
         log_data.head()                  #查看前五行数据
```

运行结果如图 8-18 所示。

	time	user	video	playback position	paused	volume
0	1469974424	cheryl	intro.html	5	False	10.0
1	1469974454	cheryl	intro.html	6	NaN	NaN
2	1469974544	cheryl	intro.html	9	NaN	NaN
3	1469974574	cheryl	intro.html	10	NaN	NaN
4	1469977514	bob	intro.html	1	NaN	NaN

图 8-18 log 数据预览前五行数据

```
In [27]: print(log_data.isnull().head(3))
out[27]:     time   user   video  playback  position  paused  volume
          0  False  False  False              False    False   False
          1  False  False  False              False    True    True
          2  False  False  False              False    True    True
```

any()方法用于判断给定范围内的数据是否有一个为缺失值，如果有就返回 True，否则返回 False。isnull()可以与 any()结合使用，用于判断某行或某列数据是否包含缺失值，存在缺失值返回 True，反之返回 False。

```
In [28]: log_data.isnull().any()                      #每列是否存在缺失值
out[28]: time                       False
         user                       False
         video                      False
         playback position          False
         paused                      True
         volume                      True
         dtype: bool
In [29]: log_data.isnull().any(axis=1)                #每行是否存在缺失值
out[29]: 0        False
         1        True
         2        True
         3        True
           … … … …
         32       True
         dtype:   bool
```

2. 丢弃缺失值

扩展库 pandas 支持使用 dropna()方法丢弃带有缺失值的数据行。语法格式如下。

```
dropna(axis=0, how='any', thresh=None, subset=None, inplace=False)
```

how='any'时表示只要某行包含缺失值就丢弃，how='all'时表示某行数据全部是缺失值才丢弃。thresh 指定保留至少包含几个非缺失值的数据行。subset 指定在判断缺失值时只考虑哪些列。inplace=False 表示需要一个新对象而不对原来的对象做任何修改；如果 inplace=True，表示在原始数据上进行操作。

```
In [30]: log_data.dropna()
```

运行结果如图 8-19 所示。

	time	user	video	playback position	paused	volume
0	1469974424	cheryl	intro.html	5	False	10.0
13	1469974424	sue	advanced.html	23	False	10.0
24	1469977424	bob	intro.html	1	True	10.0

图 8-19 dropna()丢弃缺失值

```
In [31]: log_data.dropna(subset=['volume'])
```

运行结果如图 8-20 所示。

	time	user	video	playback position	paused	volume
0	1469974424	cheryl	intro.html	5	False	10.0
13	1469974424	sue	advanced.html	23	False	10.0
16	1469974654	sue	advanced.html	28	NaN	5.0
24	1469977424	bob	intro.html	1	True	10.0

图 8-20 带参数的 dropna()方法

3. 填充缺失值

扩展库 pandas 支持使用 fillna()方法填充缺失值。语法格式如下。

```
fillna(value=None, method=None, axis=None, inplace=False , limit=None,
downcast=None)
```

value：指定要替换的值，该值可以是常数、字典、Series 对象或 DataFrame 对象。

method：指定填充缺失值的方式，值为'pad'或'ffill'表示使用扫描过程中遇到的最后一个有效值填充前面遇到的缺失值，直至遇到下一个有效值，可称向前填充法；值为'backfill'或'bfill'表示使用扫描过程中缺失值之后遇到的第一个有效值填充前面遇到的所有连续缺失值，可称向后填充法。

limit：指定设置了参数 method 时最多填充多少个连续的缺失值。

此外，也可以使用 ffill()方法按照向前填充法填充缺失值，或使用 bfill()方法按照向后填充法填充缺失值。这两种方法涉及数据填充的方向，应注意给定数据的排列顺序。

```
In [32]: log_data.fillna(1000)
```

运行结果部分数据如图 8-21 所示。

	time	user	video	playback position	paused	volume
0	1469974424	cheryl	intro.html	5	False	10.0
1	1469974454	cheryl	intro.html	6	1000	1000.0
2	1469974544	cheryl	intro.html	9	1000	1000.0
3	1469974574	cheryl	intro.html	10	1000	1000.0

图 8-21　fillna()部分运行结果

```
In [33]: s_log_data =log_data.sort_values(by=['time','user'])          #数据排序
         s_log_data.ffill()
```

运行结果部分数据如图 8-22 所示。

	time	user	video	playback position	paused	volume
0	1469974424	cheryl	intro.html	5	False	10.0
13	1469974424	sue	advanced.html	23	False	10.0
1	1469974454	cheryl	intro.html	6	False	10.0
11	1469974454	sue	advanced.html	24	False	10.0

图 8-22　ffill()方法部分运行结果

```
In [34]: s_log_data.bfill()
```

运行结果部分数据如图 8-23 所示。

	time	user	video	playback position	paused	volume
0	1469974424	cheryl	intro.html	5	False	10.0
13	1469974424	sue	advanced.html	23	False	10.0
1	1469974454	cheryl	intro.html	6	True	5.0
11	1469974454	sue	advanced.html	24	True	5.0

图 8-23 bfill()方法部分运行结果

8.5.2 处理重复数据

1. 判断是否存在重复值

记录失误等原因可能导致数据中存在重复值。可以使用 DataFrame 对象的 duplicated()方法判断数据中是否存在重复值,语法格式如下：

```
duplicated(subset=None, keep='first')
```

subset 用于指定判断不同行的数据是否重复时依据的列名称,默认使用整行所有列的数据进行比较。keep='first'表示重复数据第一次出现则标记为 False,keep='last'表示重复数据最后一次出现则标记为 False,keep=False 表示将所有重复数据标记为 True。

```
In [35]: data =pd.DataFrame({'age': [20, 21, 18, 20, 20], 'gender': ['M', 'M', 'M
', 'F','F'], 'surname': ['Liu', 'Li', 'Chen', 'Liu','Liu']})
         print(data)
out[35]:      age  gender  surname
          0   20     M        Liu
          1   21     M         Li
          2   18     M       Chen
          3   20     F        Liu
          4   20     F        Liu
In [36]: data.duplicated()           #判断是否存在重复数据
out[36]: 0    False
         1    False
         2    False
         3    False
         4    True
         dtype: bool
```

```
In [37]: #指定'age','surname'列重复时去重
         data.duplicated(subset=['age', 'surname'])
out[37]: 0    False
         1    False
         2    False
         3    True
         4    True
         dtype: bool
```

2. 删除重复值

扩展库 pandas 支持使用 drop_duplicates()方法删除重复数据，语法格式如下。

```
drop_duplicates(subset=None,keep='first',inplace=Flase)
```

drop_duplicates()方法主要参数及其描述如表 8-5 所示。

表 8-5 drop_duplicates()方法主要参数及其描述

参数名称	描　述
subset	接收字符串或序列，指定去重依据的列，默认使用全部列进行比较
keep	接收待定字符串，用于指定保留重复数据中的第几个，默认值为'first'，表示保留第一次出现的重复值数据，'last'表示保留最后一次出现的重复值，keep =False 表示不保留重复值
inplace	接收布尔型数据，指定是否在原数据上进行操作，默认值为 False

```
In [38]: dr =data.drop_duplicated(subset=['age', 'surname'],keep='last')
         print(dr)                          #去重时保留最后出现的重复数据
out[38]:      age  gender  surname
          1   21     M          Li
          2   18     M        Chen
          4   20     F         Liu
```

8.5.3 替换数据

扩展库 pandas 支持使用 replace(to_replace)方法将查询到的数据值替换为指定的值，其中，参数 to_replace 表示需要替换的值，可以是数值、字符串、列表、字典等。

```
In [39]: print(data.replace(21, 30))                               #数值替换
out[39]:      age  gender  surname
          0   20     M         Liu
          1   30     M          Li
          2   18     M        Chen
          3   20     F         Liu
          4   20     F         Liu
```

```
In [40]: print(data.replace([20, 21, 18, 20], 18))                    #列表替换为值
out[40]:      age  gender  surname
          0   18      M        Liu
          1   18      M         Li
          2   18      M       Chen
          3   18      F        Liu
          4   18      F        Liu
In [41]: print(data.replace({'Liu': 'Chen', 'Li': 'Zhao'}))   #按字典替换
out[41]:      age  gender  surname
          0   20      M       Chen
          1   21      M       Zhao
          2   18      M       Chen
          3   20      F       Chen
          4   20      F       Chen
```

8.6 分组和聚合

对数据集进行分组,并对各组应用一个聚合函数或转换函数,通常是数据分析过程中的重要组成部分。在数据载入、合并,完成数据准备之后,通常需要分组统计或生成数据透视表。pandas 提供了灵活高效的 groupby()方法,方便用户对数据集分组并进行切片、切块和摘要等操作。

8.6.1 分组和聚合数据

扩展库 pandas 支持使用 groupby()方法根据指定的列或行对数据集分组,返回一个 GroupBy 对象,然后通过该对象根据需求调用不同的方法实现整组数据计算功能。groupby()方法实现分组聚合的过程可以分为以下三个阶段。

拆分阶段:将数据按照标准拆分成多个组。

应用阶段:将一个指定函数应用于拆分后的每一组数据,产生一个新值。

合并阶段:将各组产生的结果合并成一个新的对象。

1. 数据分组

pandas 对象支持 groupby()方法,其语法格式如下。

```
groupby(by=None, axis=0, level=None, as_index=True, sort=True, group_keys=
True, squeeze=False)
```

by 用于指定分组依据,可以是函数、字典、Series 对象、DataFrame 对象的列名等。

axis 表示进行分组的轴方向,可以是 0 或'index',1 或'columns',默认值为 0。

level 表示如果某个轴是一个 MultiIndex 对象(层级索引),则按照特定级别或多个级别分组。

as_index=False 表示用来分组的列数据不作为结果 DataFrame 对象的 index。

sort 指定是否对分组标签进行排序，默认值为 True。

使用 groupby()方法可以实现两种分组方式，返回的结果对象不同。如果仅对 DataFrame 对象中的数据进行分组，将返回一个 DataFrameGroupBy 对象；如果是对 DataFrame 对象中某一列数据进行分组，将返回一个 SeriesGroupBy 对象。

```
In [42]: obj1 =data['Country'].groupby(data['Region'])        #按列名对列分组
         print(type(obj1))
out[42]: <class 'pandas.core.groupby.generic.SeriesGroupBy'>
In [43]: obj2 =data.groupby(data['Region'])                    #按列名对数据分组
         print(type(obj2))
out[43]: <class 'pandas.core.groupby.generic.DataFrameGroupBy'>
```

可以使用 groupby('label')形式按照单列分组，也可以使用 groupby('label1','label2')形式按照多列分组，返回一个 GroupBy 对象。

```
In [44]: data.groupby('Region')                          #按单列分组
out[44]: <pandas.core.groupby.generic.DataFrameGroupBy object at 0x7f0aee73e850>
In [45]: data.groupby(['Region', 'Country'])             #按多列分组
out[45]: <pandas.core.groupby.generic.DataFrameGroupBy object at 0x7f0aedeb99d0>
```

使用 groupby()方法返回一个 GroupBy 对象，此时并未真正进行计算，只是保存了数据分组的中间结果。

2. 数据聚合

将数据分组之后，可以根据应用需求，调用不同的计算方法实现分组数据的计算功能。GroupBy 对象支持大量方法对列数据进行求和、求均值等操作，并自动忽略非数值数据，是数据分析时经常使用的操作。常用的统计方法及说明如表 8-6 所示。

表 8-6　GroupBy 对象常用的统计方法

方法名称	说　明
size()	返回每个组的大小，其中包含 NaN 值
count()	返回每个组中的数据个数，其中不包含 NaN 值
min()	返回每个组中的最小值，其中不包含 NaN 值
max()	返回每个组中的最大值，其中不包含 NaN 值
sum()	返回每个组中数据的和，其中不包含 NaN 值
median()	返回每个组中的中位数，其中不包含 NaN 值
mean()	返回每个组中的均值，其中不包含 NaN 值
std()	返回每个组中无偏估计的标准差

```
In [46]: print(obj2.mean())
out[46]:                              Happiness Rank  Happiness Score \
          Region
          Australia and New Zealand          8.500000         7.323500
          Central and Eastern Europe        78.448276         5.370690
          Eastern Asia                      67.166667         5.624167
          Latin America and Caribbean       48.333333         6.101750
          ...
In [47]: print(obj2.max())
out[47]:                                      Country  Happiness Rank \
          Region
          Australia and New Zealand          New Zealand          9
          Central and Eastern Europe          Uzbekistan        129
          Eastern Asia                            Taiwan        101
          Latin America and Caribbean          Venezuela        136
          Middle East and Northern Africa          Yemen        156
          ...
In [48]: print(obj2.size())
out[48]: Region
          Australia and New Zealand            2
          Central and Eastern Europe          29
          Eastern Asia                         6
          Latin America and Caribbean         24
          Middle East and Northern Africa     19
          North America                        2
          Southeastern Asia                    9
          Southern Asia                        7
          Sub-Saharan Africa                  38
          Western Europe                      21
          dtype: int64
In [49]: print(obj2.count())
                                                                    Happiness
out[49]:                                    Country  Happiness Rank
                                                                      Score\
          Region
          Australia and New Zealand              2              2          2
          Central and Eastern Europe            29             29         29
          Eastern Asia                           6              6          6
          Latin America and Caribbean           24             24         24
          Middle East and Northern Africa       19             19         19
          ...
```

8.6.2　自定义分组及聚合操作

1. 自定义分组

扩展库 pandas 支持自定义分组的方法。

方法一：通过参数向 groupby()方法传入自定义函数实现数据分组，该操作针对索引进行分组。

编写自定义函数，确定数据分组规则。例如，可以按照数值的分布区间，将“幸福指数”数据划分为“low”“middle”和“high”三组。

```
In [50]: #自定义分组规则
         def score_group(score):
                 if score <=4:
                   score_group ='low'
                 elif score <=6:
                   score_group ='middle'
                 else:
                   score_group ='high'
                 return score_group
```

使用自定义的分组规则进行数据分组操作，首先将列“Happiness Score”设置为索引，然后使用 groupby()方法，传入自定义函数。

```
In [51]: #方法 1: 传入自定义函数进行分组,按单列分组
         data2 =data.set_index('Happiness Score')
         data2.groupby(score_group).size()
out[51]: high      47
         low       21
         middle    89
         dtype: int64
```

方法二：根据实际需求，为 pandas 对象构造一个新列，然后使用 groupby()方法进行自定义规则的数据分组操作，最后将数据聚合结果保存在自己构造的列中。

以幸福指数数据分析为例。首先在数据中添加新列 score group，然后通过参数向 apply()方法传入自定义的分组函数，将数据对象按照自定义的分组规则划分为多个组，分组结果保存在新增的 score group 列中。

```
In [52]: #方法 2: 自己构造分组列
         data['score group']=data['Happiness Score'].apply(score_group)
         print(data.tail())
```

```
out[52]:     ...
        Trust (Government  Corruption)  Generosity  Dystopia Residual  score group
              152            0.06681      0.20180        2.10812            low
              153            0.07112      0.31268        2.14558            low
              154            0.11587      0.17517        2.13540            low
              155            0.17233      0.48397        0.81789            low
              156            0.09419      0.20290        2.10404            low
In [53]: data.groupby('score group').size()
out[53]: score   group
         high     47
         low      21
         middle   89
         dtype: int64
```

2. 自定义聚合操作

扩展库pandas支持使用agg()方法对分组后的数据进行聚合操作。从实现上看,agg()方法相当于对DataFrame对象的列数据进行分组再调用计算函数进行数据计算或统计。agg()方法简洁方便,可以将计算或统计函数以字符串的形式传入,也可以使用自定义函数,还可以传入包含多个函数的列表,同时完成多个聚合操作。

```
In [54]: print(data.groupby('Region').max())
out[54]: ...
                                        Dystopia Residual  score group
         Region
         Australia and New Zealand              2.54650        high
         Central and Eastern Europe             3.38007       middle
         Eastern Asia                           2.61523       middle
         Latin America and Caribbean            3.55906       middle
         Middle East and Northern Africa        3.40904       middle
         North America                          2.72782        high
         Southeastern Asia                      2.57960       middle
         Southern Asia                          3.18286       middle
         Sub-Saharan Africa                     3.83772       middle
         Western Europe                         2.83137       middle
In [55]: print(data.groupby('Region').agg(np.max))
out[55]: ...
                                    Dystopia Residual  score group
         Region
         Australia and New Zealand          2.54650        high
         Central and Eastern Europe         3.38007       middle
```

```
          Eastern Asia                      2.61523  middle
          Latin America and Caribbean       3.55906  middle
          Middle East and Northern Africa   3.40904  middle
          North America                     2.72782   high
          Southeastern Asia                 2.57960  middle
          Southern Asia                     3.18286  middle
          Sub-Saharan Africa                3.83772  middle
          Western Europe                    2.83137  middle
In [56]: #传入包含多个函数的列表
         print(data.groupby('Region')['Happiness Score'].agg([np.max, np.
         min, np.mean]))
out[56]:
                                            amax   amin     mean
          Region
          Australia and New Zealand         7.334  7.313  7.323500
          Central and Eastern Europe        6.596  4.217  5.370690
          Eastern Asia                      6.379  4.907  5.624167
          Latin America and Caribbean       7.087  4.028  6.101750
          Middle East and Northern Africa   7.267  3.069  5.386053
          North America                     7.404  7.104  7.254000
          Southeastern Asia                 6.739  3.907  5.338889
          Southern Asia                     5.196  3.360  4.563286
          Sub-Saharan Africa                5.648  2.905  4.136421
          Western Europe                    7.526  5.033  6.685667
In [57]: #通过字典为每个列指定不同的操作方法
         print(data.groupby('Region').agg({'Happiness Score': np.mean, '
         Happiness Rank': np.max}))
out[57]:

                                          Happiness Score  Happiness Rank
          Region
          Australia and New Zealand              7.323500               9
          Central and Eastern Europe             5.370690             129
          Eastern Asia                           5.624167             101
          Latin America and Caribbean            6.101750             136
          Middle East and Northern Africa        5.386053             156
          North America                          7.254000              13
          Southeastern Asia                      5.338889             140
          Southern Asia                          4.563286             154
          Sub-Saharan Africa                     4.136421             157
          Western Europe                         6.685667              99
In [58]: def max_min_diff(x): #传入自定义函数
             return x.max() -x.min()
         data.groupby('Region')['Happiness Rank'].agg(max_min_diff)
```

```
out[58]: Region
         Australia and New Zealand              1
         Central and Eastern Europe           102
         Eastern Asia                          67
         Latin America and Caribbean          122
         Middle East and Northern Africa      145
         North America                          7
         Southeastern Asia                    118
         Southern Asia                         70
         Sub-Saharan Africa                    91
         Western Europe                        98
         Name: Happiness Rank, dtype:      int64
```

8.6.3 透视表

透视表是一种强大的数据计算、汇总和分析工具,包括分组、统计等操作。透视表通过聚合一个或多个键,把数据分散到对应的行和列上,将只包含行和列的“扁平”表转换为包含行、列和数值的“立体”表。

DataFrame 对象支持 pivot()方法和 pivot_table()方法,用于实现透视表所需要的功能,返回新的 DataFrame 对象。pivot()方法的语法格式如下。

```
pivot(index=None, columns=None, value=None)
```

DataFrame 对象的 pivot_table()方法提供了更加强大的功能,其语法格式如下。

```
pivot_table(value=None, index=None, columns=None, aggfunc='mean', fill_
value=None, margins=False, dropna=True, marges_name='All')
```

透视表操作中各参数及其说明如表 8-7 所示。

表 8-7 透视表操作参数说明

参数名	说明
values	指定哪一列数据作为结果 DataFrame 对象的值
index	指定哪一列数据作为结果 DataFrame 对象的行索引
columns	指定哪一列数据作为结果 DataFrame 对象的列名(列索引)
aggfunc	指定数据的聚合方式,聚合函数或函数列表
fill_value	指定将透视表中的缺失值替换为何值
margins	指定是否显示边界和边界数据,即行/列小计和总计
margins_name	指定边界数据的索引名和列名
dropna	指定是否丢弃缺失值

```
In [59]: #创建 dataframe
        d ={'Name': ['Alisa','Bobby','Cathrine','Alisa','Bobby', 'Cathrine
','Alisa','Bobby','Cathrine','Alisa','Bobby','Cathrine'], 'Semester': ['
Semester 1', 'Semester 1', 'Semester 1','Semester 1', 'Semester 1', 'Semester
1', 'Semester 2','Semester 2','Semester 2', 'Semester 2','Semester 2','
Semester 2'], 'Subject': ['Mathematics', 'Mathematics', 'Mathematics', '
Science', 'Science', 'Science', 'Mathematics', 'Mathematics', 'Mathematics
', 'Science', 'Science', 'Science'], 'Score': [62,47,55,74,31,77,85,63,42,
67,89,81]}
        df =pd.DataFrame(d)
        print(df)
out[59]:          Name   Semester     Subject    Score
        0       Alisa  Semester 1  Mathematics    62
        1       Bobby  Semester 1  Mathematics    47
        2    Cathrine  Semester 1  Mathematics    55
        3       Alisa  Semester 1      Science    74
        4       Bobby  Semester 1      Science    31
        5    Cathrine  Semester 1      Science    77
        6       Alisa  Semester 2  Mathematics    85
        7       Bobby  Semester 2  Mathematics    63
        8    Cathrine  Semester 2  Mathematics    42
        9       Alisa  Semester 2      Science    67
        10      Bobby  Semester 2      Science    89
        11   Cathrine  Semester 2      Science    81
```

下面以字典 d 转换得到的 DataFrame 对象 df 为例，实现透视表操作。使用 DataFrame 对象中“Score”列数据生成透视表的值，DataFrame 对象中“Semester”列数据作为透视表的行索引，DataFrame 对象中“Subject”列数据为透视表的列名，通过相加求和的方式得到结果透视表的值。

```
In [60]: print(df.pivot_table(values='Score', index='Semester', columns='
Subject', aggfunc=np.sum))
out[60]: Subject      Mathematics  Science
         Semester
         Semester 1       164        182
         Semester 2       190        237
```

指定参数 margins=True，表示横向纵向都做求和操作并显示边界和边界数据。

```
In [61]: print(df.pivot_table(values='Score', index='Semester', columns='
Subject', margins=True, aggfunc=np.sum))
```

```
out[61]: Subject     Mathematics  Science  All
         Semester
         Semester 1      164        182    346
         Semester 2      190        237    427
         All             354        419    773
```

指定参数 aggfunc=['mean', 'max', 'min'],实现多种聚合方式的透视表。

```
In [62]: df.pivot_table(values='Score', index='Semester', columns='Subject
', aggfunc=['mean', 'max', 'min'])
```

运行结果如图 8-24 所示。

	mean		max		min	
Subject	Mathematics	Science	Mathematics	Science	Mathematics	Science
Semester						
Semester 1	54.666667	60.666667	62	77	47	31
Semester 2	63.333333	79.000000	85	89	42	67

图 8-24 指定多种聚合方式的透视表

```
In [63]: cars_df =pd.read_csv('work/cars.csv')          #加载数据
         cars_df.head()
```

运行结果如图 8-25 所示。

	YEAR	Make	Model	Size	(kW)	Unnamed: 5	TYPE	CITY (kWh/100 km)	HWY (kWh/100 km)	COMB (kWh/100 km)	CITY (Le/100 km)	HWY (Le/100 km)	COMB (Le/100 km)	(g/km)	RATING	(km)	TIME (h)
0	2012	MITSUBISHI	i-MiEV	SUBCOMPACT	49	A1	B	16.9	21.4	18.7	1.9	2.4	2.1	0	NaN	100	7
1	2012	NISSAN	LEAF	MID-SIZE	80	A1	B	19.3	23.0	21.1	2.2	2.6	2.4	0	NaN	117	7
2	2013	FORD	FOCUS ELECTRIC	COMPACT	107	A1	B	19.0	21.1	20.0	2.1	2.4	2.2	0	NaN	122	4
3	2013	MITSUBISHI	i-MiEV	SUBCOMPACT	49	A1	B	16.9	21.4	18.7	1.9	2.4	2.1	0	NaN	100	7
4	2013	NISSAN	LEAF	MID-SIZE	80	A1	B	19.3	23.0	21.1	2.2	2.6	2.4	0	NaN	117	7

图 8-25 预览数据文件 cars.csv

```
In [64]: cars_df.pivot_table(values='(kW)', index='YEAR', columns='Make')
         #比较不同年份的不同厂商的车,在电池方面的不同
```

运行结果如图 8-26 所示。

Make	BMW	CHEVROLET	FORD	KIA	MITSUBISHI	NISSAN	SMART	TESLA
YEAR								
2012	NaN	NaN	NaN	NaN	49.0	80.0	NaN	NaN
2013	NaN	NaN	107.0	NaN	49.0	80.0	35.0	280.000000
2014	NaN	104.0	107.0	NaN	49.0	80.0	35.0	268.333333
2015	125.0	104.0	107.0	81.0	49.0	80.0	35.0	320.666667
2016	125.0	104.0	107.0	81.0	49.0	80.0	35.0	409.700000

图 8-26　cars.csv 结果透视表

8.7　数据规整

实际应用中，数据可能分布在多个文件或数据库中，存储形式不利于数据分析，这时，数据规整成为数据分析前的必要操作。本节介绍聚合、合并以及重塑数据的方法。

8.7.1　层级索引

1. 认识层级索引

常见的数据形式是每行或每列数据只有一个索引，通过这个索引可以获取对应的数据。层级索引是 pandas 的重要特性，它允许数据在一个轴上拥有两个或两个以上索引级别。层级索引提供了一种以低维度形式处理高维度数据的方法。

```
In [1]: import numpy as np
        import pandas as pd
        ser_obj =pd.Series(np.random.randn(6), index=[['a', 'a', 'b', 'b', 'c
        ', 'c'], [0, 1, 2, 3, 0, 1,]])
        print(ser_obj)
out[1]: a  0  -1.473048
           1  -0.065556
        b  2   0.356848
           3   0.849025
        c  0   0.461706
           1  -0.096793
        dtype: float64
In [2]: print(type(ser_obj))
out[2]: <class 'pandas.core.Series.Series'>
In [3]: print(ser_obj.index)
```

```
out[3]: MultiIndex ([('a', 0),
                     ('a', 1),
                     ('b', 2),
                     ('b', 3),
                     ('c', 0),
                     ('c', 1)],
                    )
```

创建一个 Series 对象 ser_obj,输入的索引 index 是由两个列表元素组成的列表。输出该 Series 对象的索引类型,返回一个 MultiIndex 对象,即层级索引的索引对象,其中,外层索引是输入参数 index 中的第一个列表元素,内层索引是输入参数 index 中的第二个列表元素。

2. 设置层级索引

层级索引能够将 DataFrame 对象转换为 Series 数据结构,也可以将超过二维的数据结构转换为等价的 DataFrame 对象,达到类似数据降维的效果。

```
In [4]: filepath ='2016_happiness.csv'                                    #文件路径
        data =pd.read_csv(filepath, usecols=['Country', 'Region', 'Happiness
        Rank', 'Happiness Score'])
        print(data.head(3))                                               #数据预览
out[4]:    Country         Region       Happiness Rank  Happiness Score
      0    Denmark     Western Europe          1              7.526
      1  Switzerland   Western Europe          2              7.509
      2    Iceland     Western Europe          3              7.501
```

扩展库 pandas 支持使用 set_index(['a', 'b'], inplace=True)方法设置多个索引列,其中,a 表示外层索引,b 表示内层索引。

```
In [5]: #设置'Region'为外层索引, 'Country'为内层索引
        data.set_index(['Region', 'Country'], inplace=True)
        data
```

运行结果如图 8-27 所示。

3. 获取数据子集

对于含有层级索引的 pandas 对象,可以通过不同级别的索引获取数据子集,即可以直接利用外层索引获取数据子集,也可以通过内层索引获取数据子集,还在列表中传入两个元素,前者表示要选取的外层索引,后者表示要选取的内层索引,通过两级索引获取数据子集。

		Happiness Rank	Happiness Score
Region	Country		
Western Europe	Denmark	1	7.526
	Switzerland	2	7.509
	Iceland	3	7.501
	Norway	4	7.498
	Finland	5	7.413
...	...	...	...
Sub-Saharan Africa	Benin	153	3.484
Southern Asia	Afghanistan	154	3.360
Sub-Saharan Africa	Togo	155	3.303
Middle East and Northern Africa	Syria	156	3.069

图 8-27　层级索引

```
In [6]: ser_obj['b']                #运行结果等同 ser_obj.loc['b']
out[6]: 2    0.356848
        3    0.849025
        dtype: float64
In [7]: ser_obj[: ,1]
out[7]: a    -0.065556
        c    -0.096793
        dtype: float64
In [8]: ser_obj['b',3]              #运行结果等同 ser_obj.loc['b',3]
out[8]: 0.849024503534031
```

如果根据外层索引获取数据子集，也可以使用 loc['outer_index']形式；如果根据内层索引获取数据子集，也可以使用 loc['out_index', 'inner_index']形式。

```
In [9]: print(data.loc['Southern Asia'])                          #外层选取
out[9]:            Happiness Rank  Happiness Score
     Country
     Bhutan            84             5.196
     Pakistan          92             5.132
     Nepal            107             4.793
```

```
            Bangladesh   110  4.643
            Sri Lanka    117  4.415
            India        118  4.404
            Afghanistan  154  3.360
In [10]: data.loc['Australia and New Zealand', 'New Zealand']#内层选取
out[10]: Happiness Rank     8.000
         Happiness Score    7.334
         Name: (Australia and New Zealand, New Zealand), dtype: float64
```

4. 交换层级顺序

对于含有层级索引的 pandas 对象,可以使用 swaplevel()方法交换内层索引与外层索引的顺序。

```
In [11]: print(data.swaplevel())
out[11]:                                                   Happiness Rank  Happiness Score
            Country      Region
            Denmark      Western Europe                          1             7.526
            Switzerland  Western Europe                          2             7.509
            Iceland      Western Europe                          3             7.501
            Norway       Western Europe                          4             7.498
            Finland      Western Europe                          5             7.413
            ...          ...                                   ...
            Benin        Sub-Saharan Africa                    153             3.484
            Afghanistan  Southern Asia                         154             3.360
            Togo         Sub-Saharan Africa                    155             3.303
            Syria        Middle East and Northern Africa       156             3.069
            Burundi      Sub-Saharan Africa                    157             2.905
            [157 rows x 2 columns]
```

5. 层级索引排序

对于含有层级索引的 pandas 对象,可以使用 sort_index(level=None)方法按索引排序,其中,参数 level 指定按照哪一级索引进行排序。

```
In [12]: print(data.sort_index(level=1))
out[12]:                                    Happiness Rank  Happiness  Score
            Region                           Country
            Southern Asia                    Afghanistan        154      3.360
            Central and Eastern Europe       Albania            109      4.655
            Middle East and Northern Africa  Algeria             38      6.355
```

```
Sub-Saharan Africa                     Angola      141    3.866
Latin America and Caribbean            Argentina    26    6.650
...                                    ...         ...
                                       Venezuela    44    6.084
Southeastern Asia                      Vietnam      96    5.061
Middle East and Northern Africa Yemen  147        3.724
Sub-Saharan Africa                     Zambia      106    4.795
                                       Zimbabwe    131    4.193
[157 rows x 2 columns]
```

8.7.2　数据合并

扩展库 pandas 支持使用 concat()函数按照指定的轴方向对多个 pandas 对象进行数据合并，常用于多个 DataFrame 对象的数据合并。语法格式及常用参数如下。

```
pd.concat(objs, axis=0, join='outer', join_axes=None, keys=None, levels=
None, names=None, ignore_index=False, verify_integrity=False, copy=True)
```

objs：表示需要连接的多个 pandas 对象，可以是 Series 对象，DataFrame 或 Panel 对象构成的列表或字典。

axis：指定需要连接的轴方向，默认 axis=0 表示按行进行纵向合并和扩展，axis=1 表示按列进行横向合并和扩展。

join：指定连接方式，默认值为 outer，表示按照外连接（并集）方式合并数据；如果 join='inner'，表示按照内连接（交集）方式合并数据。

```
In [13]: #创建 dataframe
         df1 =pd.DataFrame({'A': ['A0', 'A1', 'A2', 'A3'],
                            'B': ['B0', 'B1', 'B2', 'B3'],
                            'C': ['C0', 'C1', 'C2', 'C3'],
                            'D': ['D0', 'D1', 'D2', 'D3']},
                            index=[0, 1, 2, 3])
         df2 =pd.DataFrame({'A': ['A4', 'A5', 'A6', 'A7'],
                            'B': ['B4', 'B5', 'B6', 'B7'],
                            'C': ['C4', 'C5', 'C6', 'C7'],
                            'D': ['D4', 'D5', 'D6', 'D7']},
                            index=[4, 5, 6, 7])
         df3 =pd.DataFrame({'C': ['A8', 'A9', 'A10', 'A11'],
                            'D': ['B8', 'B9', 'B10', 'B11'],
                            'E': ['C8', 'C9', 'C10', 'C11'],
                            'F': ['D8', 'D9', 'D10', 'D11']},
                            index=[0, 1, 2, 3])
         print(df1)
```

```
out[13]:      A   B   C   D
          0  A0  B0  C0  D0
          1  A1  B1  C1  D1
          2  A2  B2  C2  D2
          3  A3  B3  C3  D3
In [14]: print(df2)
out[14]:      A   B   C   D
          4  A4  B4  C4  D4
          5  A5  B5  C5  D5
          6  A6  B6  C6  D6
          7  A7  B7  C7  D7
In [15]: print(df3)
out[15]:       C    D    E    F
          0   A8   B8   C8   D8
          1   A9   B9   C9   D9
          2  A10  B10  C10  D10
          3  A11  B11  C11  D11
```

1. 纵向合并

使用 concat()函数进行数据合并,参数 axis 默认值为 0,表示按行进行纵向合并和扩展。

```
In [16]: print(pd.concat([df1, df2], axis=0))              #列名相同
out[16]:      A   B   C   D
          0  A0  B0  C0  D0
          1  A1  B1  C1  D1
          2  A2  B2  C2  D2
          3  A3  B3  C3  D3
          4  A4  B4  C4  D4
          5  A5  B5  C5  D5
          6  A6  B6  C6  D6
          7  A7  B7  C7  D7
In [17]: print(pd.concat([df1, df3], axis=0))              #列名不同
out[17]:       A    B    C    D    E    F
          0   A0   B0   C0   D0  NaN  NaN
          1   A1   B1   C1   D1  NaN  NaN
          2   A2   B2   C2   D2  NaN  NaN
          3   A3   B3   C3   D3  NaN  NaN
          0  NaN  NaN   A8   B8   C8   D8
          1  NaN  NaN   A9   B9   C9   D9
          2  NaN  NaN  A10  B10  C10  D10
          3  NaN  NaN  A11  B11  C11  D11
```

2. 横向合并

使用 concat()函数进行数据合并，axis=1 表示按列进行横向合并和扩展。

```
In [18]: print(pd.concat([df1, df3], axis=1))          #index 相同
out[18]:      A   B   C   D   C    D    E    F
          0  A0  B0  C0  D0  A8   B8   C8   D8
          1  A1  B1  C1  D1  A9   B9   C9   D9
          2  A2  B2  C2  D2  A10  B10  C10  D10
          3  A3  B3  C3  D3  A11  B11  C11  D11
In [19]: print(pd.concat([df1, df2], axis=1))          #index 不同
out[19]:    A    B    C    D    A    B    C    D
        0   A0   B0   C0   D0   NaN  NaN  NaN  NaN
        1   A1   B1   C1   D1   NaN  NaN  NaN  NaN
        2   A2   B2   C2   D2   NaN  NaN  NaN  NaN
        3   A3   B3   C3   D3   NaN  NaN  NaN  NaN
        4   NaN  NaN  NaN  NaN  A4   B4   C4   D4
        5   NaN  NaN  NaN  NaN  A5   B5   C5   D5
        6   NaN  NaN  NaN  NaN  A6   B6   C6   D6
        7   NaN  NaN  NaN  NaN  A7   B7   C7   D7
```

8.7.3 数据连接

扩展库 pandas 提供了一个与数据表连接操作类似的 merge()函数。该函数可以根据单个或多个键将不同 DataFrame 对象的行连接起来，语法格式如下。

```
pd.merge(left, right, how='inner', on=None, left_on=None, right_on=None,
left_index=False, right_index=False, sort=False, suffixes=('_x', '_y'))
```

merge()方法的主要参数说明如表 8-8 所示。

表 8-8　merge()方法参数说明

参数名	说明
left	连接操作中左侧的 DataFrame 对象或 Series 对象
right	连接操作中右侧的 DataFrame 对象或 Series 对象
how	数据连接方式，可以是'inner'、'outer'、'left'或'right'，默认为'inner'
on	用于数据连接的列名，两个待连接的 DataFrame 对象都有的列名
left_on	表示左侧 DataFrame 对象的列名用作数据连接的键
right_on	表示右侧 DataFrame 对象的列名用作数据连接的键
left_index	使用左侧的行索引作为连接键，若为 MultiIndex，则是多个键

续表

参数名	说明
right_index	使用右侧的行索引作为连接键,若为 MultiIndex,则是多个键
sort	指定是否对合并后的数据进行排序,默认值为 False
suffixes	重叠情况下,添加为列名后缀的字符串元组,默认('_x', '_y')

```
In [20]: #创建 dataframe
         staff_df =pd.DataFrame([{'姓名': '张三', '部门': '研发部'},
                                {'姓名': '李四', '部门': '财务部'},
                                {'姓名': '赵六', '部门': '市场部'}])
         student_df =pd.DataFrame([{'姓名': '张三', '专业': '计算机'},
                                  {'姓名': '李四', '专业': '会计'},
                                  {'姓名': '王五', '专业': '市场营销'}])
         print(staff_df)
out[20]:     姓名    部门
          0  张三  研发部
          1  李四  财务部
          2  赵六  市场部
In [21]: print(student_df)
out[21]:     姓名     专业
          0  张三   计算机
          1  李四     会计
          2  王五  市场营销
```

1. 连接操作

扩展库 pandas 中的 merge()函数可以根据共同列名(或者列索引)对行进行连接,实现数据库的连接操作,包括外连接、内连接、左连接和右连接等。

```
In [22]: print(pd.merge(staff_df, student_df, how='outer', on='姓名'))
         #外连接, 或者 staff_df.merge(student_df, how='outer', on='姓名')
out[22]:     姓名    部门      专业
          0  张三  研发部    计算机
          1  李四  财务部      会计
          2  赵六  市场部      NaN
          3  王五    NaN   市场营销
In [23]: print(pd.merge(staff_df, student_df, how='inner', on='姓名'))
out[23]:     姓名    部门    专业
          0  张三  研发部  计算机
          1  李四  财务部    会计
```

```
In [24]: print(pd.merge(staff_df, student_df, how='left', on='姓名'))
        #左连接,或者 staff_df.merge(student_df, how='left', on='姓名')
out[24]:    姓名   部门   专业
         0  张三  研发部  计算机
         1  李四  财务部   会计
         2  赵六  市场部   NaN
In [25]: print(pd.merge(staff_df, student_df, how='right', on='姓名'))
        #右连接,或者 staff_df.merge(student_df, how='right', on='姓名')
out[25]:    姓名   部门    专业
         0  张三  研发部   计算机
         1  李四  财务部    会计
         2  王五   NaN   市场营销
In [26]: #添加新的数据列
        staff_df['地址'] =['天津', '北京', '上海']
        student_df['地址'] =['天津', '上海', '广州']
        print(staff_df)
out[26]:    姓名   部门   地址
         0  张三  研发部  天津
         1  李四  财务部  北京
         2  赵六  市场部  上海
In [27]: print(student_df)
out[27]:    姓名    专业   地址
         0  张三   计算机   天津
         1  李四    会计   上海
         2  王五  市场营销  广州
```

如果两个 DataFrame 对象含有相同的列名(不是要合并的列)时,merge()函数会自动为输出结果中重叠的列名添加后缀以示区别。

```
In [28]: print(pd.merge(staff_df, student_df, how='left', left_on='姓名',
        right_on='姓名'))                                   #处理重复列名
out[28]:    姓名   部门  地址_x   专业   地址_y
         0  张三  研发部  天津   计算机   天津
         1  李四  财务部  北京    会计    上海
         2  赵六  市场部  上海    NaN    NaN
```

2. 按索引连接

实际应用中,用于数据连接的键也许是 DataFrame 对象的行索引。在这种情况下,可以通过参数 left_index=True 或 right_index=True 指定将行索引用作数据连接的键。

```
In [29]: staff_df.set_index('姓名', inplace=True)                #设置"姓名"为索引
         student_df.set_index('姓名', inplace=True)
         print(staff_df)
out[29]:         部门    地址
           姓名
           张三  研发部  天津
           李四  财务部  北京
           赵六  市场部  上海
In [30]: print(student_df)
out[30]:          专业     地址
           姓名
           张三   计算机    天津
           李四    会计     上海
           王五  市场营销   广州
In [31]: print(pd.merge(staff_df, student_df, how='left', left_index=True,
right_index=True))
out[31]:         部门    地址_x   专业    地址_y
           姓名
           张三  研发部   天津   计算机   天津
           李四  财务部   北京    会计    上海
           赵六  市场部   上海    NaN     NaN
```

使用 merge()方法,可以达到同样的数据合并效果。

```
In [32]: print(staff_df.merge(student_df, how='left', left_index=True, right
         _index=True))
out[32]:         部门    地址_x   专业    地址_y
           姓名
           张三  研发部   天津   计算机   天津
           李四  财务部   北京    会计    上海
           赵六  市场部   上海    NaN     NaN
```

一般来说,扩展库 pandas 中的数据合并功能主要通过 concat()函数、merge()和 join()等方法实现。其中,concat()函数可以根据索引进行轴方向上的拼接或堆叠,只能取行或列的交集或并集;merge()方法可以根据共同的列名或者行索引进行合并,可以取内连接、左连接、右连接和外连接等,实现的是数据库的连接操作;join()方法的功能跟 merge()方法类似。

8.7.4 数据重构

DataFrame 对象提供了用于数据重构的 stack()方法和 unstack()方法。其中,stack()方法将列索引旋转为行索引,得到层级索引,也可以将 DataFrame 对象转换为 Series 对象;

unstack()方法将层级索引展开，也可以将 Series 对象转换为 DataFrame 对象，默认操作内层索引。其中，可以使用参数 level 指定索引的层级，默认为 −1，表示最里面的一层索引，层级索引对应的 level 从外到内依次表示为 0、1、2 等。

```
In [33]: #创建 dataframe
         header =pd.MultiIndex.from_product([['Semester1','Semester2'],['
         Maths','Science']])
         d =[[12,45,67,56],[78,89,45,67],[45,67,89,90],[67,44,56,55]]
         df = pd.DataFrame(d, index=['Alisa','Bobby','Cathrine','Jack'],
         columns=header)
         print(df)
out[33]:         Semester1        Semester2
            Maths   Science   Maths   Science
  Alisa       12       45       67       56
  Bobby       78       89       45       67
  Cathrine    45       67       89       90
  Jack        67       44       56       55
```

1. stack()方法

DataFrame 对象的 stack()方法默认将内层列索引转换为内层行索引，即参数 level= −1。

```
In [34]: print(df.stack())
out[34]:                          Semester1  Semester2
           Alisa     Maths          12          67
                     Science        45          56
           Bobby     Maths          78          45
                     Science        89          67
           Cathrine  Maths          45          89
                     Science        67          90
           Jack      Maths          67          56
                     Science        44          55
In [35]: print(df.stack(level=0))              #level 参数
out[35]:                            Maths   Science
           Alisa     Semester1      12        45
                     Semester2      67        56
           Bobby     Semester1      78        89
                     Semester2      45        67
           Cathrine  Semester1      45        67
                     Semester2      89        90
           Jack      Semester1      67        44
                     Semester2      56        55
In [36]: stacked_df=df.stack(level=1)
         print(stacked_df)
```

```
out[36]:                    Semester1  Semester2
         Alisa     Maths        12         67
                   Science      45         56
         Bobby     Maths        78         45
                   Science      89         67
         Cathrine  Maths        45         89
                   Science      67         90
         Jack      Maths        67         56
                   Science      44         55
```

2. unstack()方法

DataFrame 对象的 unstack()方法可以看作 stack()方法的逆操作,将行索引转换为列索引,从而将层级索引展开。

```
In [37]: print(stacked_df.unstack())
out[37]:           Semester1          Semester2
                Maths   Science    Maths   Science
         Alisa    12       45        67       56
         Bobby    78       89        45       67
      Cathrine    45       67        89       90
          Jack    67       44        56       55
In [38]: print(stacked_df.unstack(level=0))
out[38]:              Semester1                         Semester2
          Alisa  Bobby  Cathrine  Jack  Alisa  Bobby  Cathrine  Jack
 Maths     12     78      45       67     67     45      89      56
Science    45     89      67       44     56     67      90      55
In [39]: print(stacked_df.unstack(level=1))
out[39]:               Semester1        Semester2
                Maths   Science    Maths   Science
         Alisa    12       45        67       56
         Bobby    78       89        45       67
      Cathrine    45       67        89       90
          Jack    67       44        56       55
```

8.8 精选案例

8.8.1 全球食品数据分析

任务描述:本案例使用 pandas 库提供的方法和函数分析各国食品中添加剂的种类和数目。涉及的知识点包括:pandas 读取 CSV 文件、缺失值处理、数据去重、数据排序、pandas 的统计方法、统计结果保存等。

本案例数据分析的主要步骤包括：首先，读取 CSV 数据文件；接着，进行数据清洗，包括缺失值处理和数据去重等，为数据分析做准备；然后，对预处理后的数据进行统计分析，包括获取国家列表、对各个国家食品中的添加剂进行统计等；最后，将统计结果保存至 CSV 文件。

1. 数据集简介

本案例提供的全球食品数据集中，每一行记录了不同时间点全球某个国家的食品信息，包括食品添加剂、佐料等，保存为一个 CSV 文件。数据集由 65 503 行 159 列组成，文件大小为 157MB 左右，包含 code、网站 URL、创建者、创建日期、产品名称等字段，如图 8-28 所示。

	A	B	C	D	AD	AE	AF	AG	AH	AI	AP	AQ	AR	
1	code	url	creator	created_t	purchase_p	stores	countries	countries_tags	countries_en	ingredient	no_nutrim	additives_n	additives	add
2	12866	http://wo	date-limit	1.45E+09			en:FR	en:france	France					
3	24600	http://wo	date-limit	1.43E+09			France	en:france	France					
4	36252	http://wo	tacinte	1.42E+09	Roissy,France		France	en:france	France					
5	39259	http://wo	tacinte	1.42E+09	Roissy,France		France	en:france	France					
6	39529	http://wo	teolemon	1.42E+09			France	en:france	France					
7	1071894	http://wo	bcatelin	1.41E+09	Brent,UK	Waitrose	United Kingdon	en:united-kingdo	United Kingd	Wheat		0	[wheat -> en:whe	
8	5200016	http://wo	sigoise	1.44E+09			France	en:france	France	lentilles vertes		0	[lentilles-vertes ->	
9	7020254	http://wo	teolemon	1.42E+09			France	en:france	France					
10	10090206	http://wo	sebleouf	1.37E+09	Lyon,Franc	Alice D茅lice	France	en:france	France	Th茅 noir de Chine, :		0	[the-noir-de-chin	
11	20364373	http://wo	openfood	1.39E+09			en:ES	en:spain	Spain					
12	27533024	http://wo	tacinte	1.42E+09	Liverpool,U	Asda	Royaume-Uni	en:united-kingdo	United Kingd	Demerara Sugar, Sul		5	[demerara-sug	en:

FoodFacts

图 8-28 全球食品数据集

与本案例任务相关的列有“country”“countries_tags”“countries_en”，其中，本案例重点关注“countries_en”和“additives_n”两列，分别表示“国家名称”和“添加剂数量”。

使用简单的 Python 语句，可以遍历所有国家，读取每个国家对应的添加剂字段，然后相加求和或求均值即可完成任务。这里，采用 pandas 数据分析的思路实现本案例目标。

2. 数据准备

数据准备阶段包括读取数据和数据清洗。源代码如下：

```
1   import pandas as pd
2   filename='/home/aistudio/data/data98023/FoodFacts.csv'
3   data =pd.read_csv(filename, usecols=['countries_en', 'additives_n'])
4   #数据清洗，去除缺失数据
5   data =data.dropna()              #或者 data.dropna(inplace=True)
```

代码第 1 行：本案例将运用大量的 pandas 库函数和方法进行操作，因此使用“import pandas as pd”命令导入 pandas 模块，在程序中使用简洁的别名“pd”代替库名进行操作。

代码 2～3 行：使用 pandas 模块中的 read_csv()函数读取指定路径下的数据文件，返回一个 DataFrame 对象，赋值给变量 data。为 read_csv()函数设定参数 usecols＝['countries_en', 'additives_n']，表示仅读取数据文件中的国家名称“countries_en”和添加剂数目“additives_n”字段，减少内存占用。

代码第 5 行：如图 8-28 所示，原始数据中包含着大量缺失值，需要对数据预处理之后才能使用。因此，加载数据后，首先使用 dropna()方法进行数据清洗，删除数据中的缺失值。

3. 获取国家列表

在统计每个国家使用食品添加剂的数量之前，需要生成国家列表。自定义函数 get_countries()用于获取各个国家名称，返回不同国家的个数。源代码如下。

```
1  def get_countries(countries_ser):
2      proc_countries_ser =countries_ser.str.lower()      #转换为小写
3      proc_countries_ser =proc_countries_ser[~proc_countries_ser.str.
4      contains(',')]                                      #去掉包含','的数据
5      countries =proc_countries_ser.unique()              #获取数据的唯一值
6      print('共有{}个不同的国家'.format(len(countries)))
7      return countries
```

代码第 1 行：自定义函数 get_countries()接收 Series 对象 countries_en 作为实参，其中存储了完成数据清洗后的 countries_en 列数据。

如图 8-28 所示，countries_en 列数据中存在多种问题，需要进行数据预处理。代码第 2～5 行分别处理三种情况。首先，countries_en 列数据中存在大量重复值，而生成的国家名称数组中每个国家只需要记录一次，因此需要进行数据去重。其次，countries_en 列数据中存在多个逗号连接国家名称组成一个数据的情况(如“Albania，Belgium，France”)，需要将这些错误数据记录删除。最后，countries_en 列数据中可能存在大小写混杂的情况，在国家名称统计时应该归为国家名称相同的重复数据。

代码第 2 行：使用 pandas 对象的 str 属性将 Series 对象 countries_en 转换为字符串向量，通过 lower()方法将该列字符串数据全部转换为小写形式。

代码第 3 行：使用布尔索引获取不包含逗号的数据，同时去掉包含逗号的记录。具体做法是，对于转换为小写的字符串向量 proc_countries_ser.str，使用 contains(',')方法判断每一个数据是否包含逗号，返回布尔值的 Series 对象；通过运算符“～”按位取反生成的 Series 对象中，包含逗号的布尔值标记为 False，否则记为 True；如此生成的布尔条件作为索引，用于过滤数据，获取满足条件的记录。所以变量 proc_countries_ser 存储的是不包含逗号的小写字母组成的国家名称。

代码第 5～7 行：使用 unique()方法返回 countries_en 列数据中的唯一值，得到国家名称唯一值组成的 numpy 数组；统计输出国家个数；返回值 countries 为存放国家名称唯一值的 numpy 数组。

4. 获取不同国家食品添加剂的种类个数

生成国家列表之后，自定义函数 get_additives_count()统计每个国家使用食品添加剂的种类数量。源代码如下。

```
1  def get_additives_count(countries, data):
2      count_list =[]                                    #记录每个国家的统计值
3      for country in countries:                         #遍历国家,过滤对应的数据
4          filtered_data= data[data['countries_en'].str.contains
5  (country, case=False)]
6          count =filtered_data['additives_n'].mean()
7          count_list.append(count)
8      result_df =pd.DataFrame()                         #构建 DataFrame 记录结果
9      result_df['country'] =countries
10     result_df['count'] =count_list
11     result_df.sort_values('count', ascending=False, inplace=True)
12     print('结果预览:')
13     print(result_df.head())                           #预览结果
14     return result_df
```

代码第 1 行:自定义函数接收两个实参,分别是存放国家名称唯一值的 numpy 数组 countries 和存放原始数据的 DataFrame 对象 data。

代码 2~7 行:使用 for 循环遍历国家名称 countries,在原始数据中找到每个国家名称对应的列数据 countries_en 及食品添加剂 additives_n 列数据,为每一个国家名称统计其使用食品添加剂的种类个数。代码第 4 行针对国家名称字符串向量 data['countries_en'].str 使用 contains()方法过滤出 countries_en 列中包含当前国家的记录,存入 filtered_data 变量中。因为 countries 数组保存了国家名称的小写形式,而原始数据 data 中的国家名称列数据是没有经过处理的大小写混杂形式,所以在判断"国家名称"字符串是否包含当前"国家"子字符串的时候,指定参数 case=False 表示使用大小写不敏感的数据比较操作。考虑到原始数据是不同时间点的数据记录,代码第 6 行对同一国家不同时间的食品添加剂 additives_n 列数值取均值作为统计结果,减少统计误差。使用 append()方法将每个国家名称对应的食品添加剂统计结果添加到 count_list 列表中。

代码 8~11 行:构造 DataFrame 对象,存储统计结果。首先创建一个新的 DataFrame 对象 result_df,然后将国家名称 countries 和各国食品添加剂种类均值 count_list 依次添加至 DataFrame 对象生成两列数据。接着使用 DataFrame 对象的 sort_values()方法对 count 列的统计值按照降序排列,通过指定参数 inplace=True 将排序后的统计结果保存在原来的 DataFrame 对象 result_df 中。

代码第 14 行:返回排序后的统计结果。

5. 主函数及调用

```
def main():
    filename='/home/aistudio/data/data98023/FoodFacts.csv'
    data =pd.read_csv(filename, usecols=['countries_en', 'additives_n
'])                                                      #读取数据
```

```
5        #分析各国家食品添加剂种类个数
6        data =data.dropna()                                      #1 数据清洗,去除缺失数据
7        countries =get_countries(data['countries_en'])    #2 获取国家列表
8        #3 获取不同国家食品添加剂的种类个数
9        results_df =get_additives_count(countries, data)
10       #4 保存统计结果
11       results_df.to_csv('./country_additives.csv', index=False)
12   if __name__ =='__main__':
13       main()
14
```

代码 1～12 行：读取数据文件之后,“各国家食品添加剂种类个数”数据分析分为四个步骤：数据清洗、获取国家列表、获取统计结果和保存统计结果。

代码 13～14 行：这是 Python 的 main()函数入口。

程序运行结果如下。

```
out[1]: 共有 84 个不同的国家
        结果预览:
                  country    count
        31           togo  8.000000
        67          qatar  4.400000
        74          chile  3.500000
        65        algeria  2.857143
        75    new zealand  2.660714
```

8.8.2 互联网电影资料库分析

任务描述：本案例基于互联网电影资料数据库进行数据分析,主要任务之一是基于不同分组规则统计并查看票房收入,包括：按照导演进行分组并查看总票房,按照男演员进行分组并查看总票房,按照导演与演员的搭配分组并查看总票房;主要任务之二是基于电影类型的数据分析,查看不同类型电影的受欢迎程度。本案例任务一主要使用扩展库 pandas 中 DataFrame 对象的 groupby()方法完成,任务二涉及数据重构的相关方法。

本案例的数据分析过程主要分为三个步骤。第一步是数据清洗,对电影资料数据库进行缺失值处理,去除存在的缺失值或对缺失值进行数值填充,主要使用 isnull()方法和 dropna()方法实现;第二步按照统计需求对不同列进行分组聚合操作,主要使用 groupby()方法和 sum()方法完成数据统计;最后一步将数据按照电影类型划分,实现基于电影类型的数据分析。

1. 数据集简介

本案例提供的互联网电影资料库数据集包含关于美国电影的相关属性,如电影类型、导演、男主角、女主角、电影评分以及票房收入情况等,保存为一个 CSV 文件。数据集由

5043 行 28 列组成，文件大小为 1.42MB 左右，如图 8-29 所示。显然，数据集中包含缺失值，数据分析前需要进行数据清洗。

	A	B	C	D	E	F	G	H	I	J	K	L	M	N
1	color	director_n	num_critic	duration	director_fa	actor_3_fa	actor_2_na	actor_1_fa	gross	genres	actor_1_na	movie_title	num_vote	cast_tota
2	Color	James Car	723	178	0	855	Joel David	1000	7.61E+08	Action|Adventure|Fantasy|Sci-Fi	CCH Pour	Avatar聽	886204	483
3	Color	Gore Verb	302	169	563	1000	Orlando B	40000	3.09E+08	Action|Adventure|Fantasy	Johnny De	Pirates of	471220	4835
4	Color	Sam Mend	602	148	0	161	Rory Kinn	11000	2E+08	Action|Adventure|Thriller	Christoph	Spectre聽	275868	1170
5	Color	Christoph	813	164	22000	23000	Christian I	27000	4.48E+08	Action|Thriller	Tom Hard	The Dark I	1144337	10675
6		Doug Walker			131		Rob Walke	131		Documentary	Doug Wal	Star Wars:	8	14
7	Color	Andrew St	462	132	475	530	Samantha	640	73058679	Action|Adventure|Sci-Fi	Daryl Saba	John Carte	212204	187
8	Color	Sam Raim	392	156	0	4000	James Fra	24000	3.37E+08	Action|Adventure|Romance	J.K. Simmo	Spider-Ma	383056	4605
9	Color	Nathan Gi	324	100	15	284	Donna Mu	799	2.01E+08	Adventure|Animation|Comedy|Family|Fa	Brad Garre	Tangled聽	294810	203
10	Color	Joss Whec	635	141	0	19000	Robert Do	26000	4.59E+08	Action|Adventure|Sci-Fi	Chris Hem	Avengers:	462669	9200
11	Color	David Yate	375	153	282	10000	Daniel Rad	25000	3.02E+08	Adventure|Family|Fantasy|Mystery	Alan Rickr	Harry Pott	321795	5875
12	Color	Zack Snyd	673	183	0	2000	Lauren Co	15000	3.3E+08	Action|Adventure|Sci-Fi	Henry Cav	Batman v	371639	2445

movie_metadata

图 8-29　互联网电影资料库数据集

数据集中电影类型属性显示，每部电影可能属于多种类型。例如，数据集中第一部电影《阿凡达》genres 属性值为“Action|Adventure|Fantasy|Sci-Fi”，表示该电影既是动作片和冒险片，又是幻想片和科幻片。因此，在电影类型数据分析之前，需要将每种电影类型转换为一行，通过数据重构操作实现。

2. 导入 pandas 库

本案例主要使用 pandas 库函数及相关方法，因此首先导入 pandas 模块。

```
In [1]: import pandas as pd
```

3. 加载并查看数据

读取数据文件，使用自定义函数 inspect_data()查看加载的数据基本信息。源代码如下。

```
1  dataset_path = 'work/movie_metadata.csv'
2  df_data =pd.read_csv(dataset_path)
3  def inspect_data(df_data):
4      print('数据集基本信息：')
5      print(df_data.info(verbose=False))
6
7      print('数据集有{}行,{}列'.format(df_data.shape[0], df_data.shape[1]))
8      print('数据预览：')
9      print(df_data.head())
```

代码 1～2 行：定义数据文件路径字符串，使用扩展库 pandas 提供的 read_csv()函数从该路径加载电影资料数据文件，保存为 DataFrame 对象 df_data。

代码第 3 行：自定义数据查看函数 inspect_data()，通过实参接收待处理的数据文件。

代码第 5 行：使用 info()方法查看数据集的基本信息。通过设置参数 verbose＝False 输出 DataFrame 对象的简短摘要。内容如下。

```
out[1]: 数据集基本信息:
        <class 'pandas.core.frame.DataFrame'>
        RangeIndex: 5043 entries, 0 to 5042
        Columns: 28 entries, color to movie_facebook_likes
        dtypes: float64(13), int64(3), object(12)
        memory usage: 1.1+MB
        None
```

代码 7~9 行：使用 DataFrame 对象的 shape 属性查看数据集信息，使用 head()方法预览数据。其中，DataFrame 对象的 shape 属性返回数据的行数和列数，df_data.shape[0]返回 DataFrame 对象 df_data 的行数，df_data.shape[1]返回列数。head()方法默认预览前五行数据。

```
out[2]: 数据集有 5043 行,28 列
        数据预览:
           color    director_name      num_critic_for_reviews  duration  ... \
        0  Color    James Cameron                       723.0     178.0  ...
        1  Color    Gore Verbinski                      302.0     169.0  ...
        2  Color    Sam Mendes                          602.0     148.0  ...
        3  Color  Christopher Nolan                     813.0     164.0  ...
        4   NaN     Doug Walker                           NaN       NaN  ...
        [5 rows x 28 columns]
```

4. 处理缺失数据

自定义函数 process_missing_data()用于判断数据中是否存在缺失值，根据需求可以选择一种处理缺失数据的方式。源代码如下。

```
1  def process_missing_data(df_data, method='drop'):
2      if df_data.isnull().values.any():                    #存在缺失数据
3          if method == 'drop':
4              df_data = df_data.dropna()                   #过滤
5          elif method == 'fill':
6              df_data = df_data.fillna(0.)                 #填充
7      return df_data.reset_index(drop=True)
```

代码第 1 行：函数形参 df_data 可以接收 DataFrame 对象，默认值参数 method='drop'表示默认情况下采取丢弃缺失数据的处理方式。

代码第 2 行：判断 DataFrame 对象中是否存在缺失值。使用 df_data.isnull()方法得到布尔值的 DataFrame 对象；通过 values 属性获取 DataFrame 对象的值，生成 numpy 数组；采用 any()方法得到一个布尔值，若结果为 True 表示 DataFrame 对象的值中至少有一个数据是缺失的，否则表示数据集中不存在缺失数据。

代码 3~6 行：处理缺失数据。对于缺失值，可以选择默认方式处理，dropna()方法

默认丢弃含有缺失值的行；如果参数 method 接收的是“fill”字符串，那么 fillna(0.)方法表示在数据缺失位置填充浮点数 0。

代码第 7 行：重置索引并返回处理缺失值后的 DataFrame 对象。实际上，丢弃缺失值之后，数据集从 5043 行变为 3756 行，DataFrame 对象中的索引位置不再连续。因此使用 reset_index()方法重置索引，使用新的整型索引；设置参数 drop=True 删除原索引。函数返回不含有缺失值的 DataFrame 对象。

5. 统计查看票房收入

自定义函数 analyse_gross()用于分组统计票房收入并保存统计结果。源代码如下。

```
1  def analyse_gross(df_data, groupby_columns, csvfile_path):
2      grouped_data =df_data.groupby(groupby_columns, as_index=False)['
3  gross'].sum()
4      sorted_grouped_data = grouped_data.sort_values(by='gross',
5  ascending=False)
6      sorted_grouped_data.to_csv(csvfile_path, index=False)
```

代码第 1 行：函数接收三个参数。df_data 传入处理后的数据集；groupby_columns 传入分组依据，按照指定的列进行分组操作；csvfile_path 传入保存统计结果的文件名及路径。

代码 2～3 行：分组统计票房收入。使用 groupby()方法对 DataFrame 对象 df_data 进行分组，分组依据是传入的 groupby_columns 列表，若列表元素只是一个列名，表示按照这一列进行分组；若列表由多个元素组成，表示按照多列进行分组操作。参数 as_index=False 表示分组完成后，用于分组的列数据无须作为结果 DataFrame 对象的索引。最后，使用 sum()方法对保存分组结果的 DataFrameGroupBy 对象进行聚合操作，完成票房列 gross 数据求和。

代码 4～5 行：票房收入统计结果排序。使用 sort_values()方法，将票房列 gross 数据统计结果降序排列。

代码第 6 行：将排序后的统计结果保存到指定的数据文件。

6. 基于电影类型的数据分析

自定义函数 get_genres_data()实现基于电影类型的受欢迎程度数据分析。源代码如下。

```
def get_genres_data(df_data):
    genre_df =df_data['genres'].str.split('|', expand=True)
                                                      #按类型分割列
    n_cols =genre_df.shape[1]                         #设置新的列名

```

```
5       genre_cols =['genre_{}'.format(i) for i in range(n_cols)]
6       genre_df.columns =genre_cols
7
8       use_cols =['movie_title'] +genre_cols                     #合并 DataFrame
9       concat_df =pd.concat([df_data, genre_df], axis=1)[use_cols].set_
10  index('movie_title')
11      stacked_df =concat_df.stack().to_frame()
12      stacked_df.columns =['genres']
13      return stacked_df
```

代码第 1 行：函数接收数据清洗后的电影名称 movie_title 和电影类型 genres 两列数据。

代码第 2 行：字符串数据重构。由于电影类型列 genres 的数据为符号“|”连接多种电影类型构成的字符串，所以使用 split()方法对字符串向量 df_data['genres'].str 依据符号“|”分隔，指定参数 expand＝True 使得拆分字符串之后得到的每种电影类型成为 DataFrame 对象 genre_df 的一列，分隔后每列的列名依次默认为从 0 开始的整数。结果如图 8-30 所示。

	0	1	2	3	4	5	6	7
0	Action	Adventure	Fantasy	Sci-Fi	None	None	None	None
1	Action	Adventure	Fantasy	None	None	None	None	None
2	Action	Adventure	Thriller	None	None	None	None	None
3	Action	Thriller	None	None	None	None	None	None
5	Action	Adventure	Sci-Fi	None	None	None	None	None
...	...	...	...	...	...	...	...	...

图 8-30　字符串数据重构

代码 4～6 行：为数据重构产生的列设置新的列名。首先获取 DataFrame 对象 genre_df 的列数；然后利用列表推导式为 DataFrame 对象 genre_df 中的第 i 列产生新列名“genre_i”，其中，0≤i≤genre_df.shape[1]－1；最后将新列名赋值给对象 genre_df 的列索引，完成新列名的设置。

代码 8～10 行：DataFrame 对象的数据合并。首先确定数据分析中关注的列，包括 movie_title 列及新产生的多个电影类型列，以这些列名作为字符串元素构建列表变量 use_cols；然后使用 concat()函数将两个 DataFrame 对象 df_data 和 genre_df 按列进行横向合并，在数据合并后选择本任务关注列，即 use_cols 列表元素字符串对应的列，生成新的 DataFrame 对象；最后使用 set_index()方法为新对象设置索引“movie_title”，将完成数据合并和索引设置的 DataFrame 对象赋值给变量 concat_df。

代码 11～13 行：DataFrame 对象数据重构。使用 stack()方法将 DataFrame 对象

concat_df 的内层列索引转换为内层行索引，得到 Series 对象，再使用 to_frame()方法转换为 DataFrame 对象，并为此对象设置列索引为 genres。返回数据重构的 DataFrame 对象 stacked_df，其中包含 11 236 行 1 列电影类型数据。数据重构结果如图 8-31 所示。

		genres
movie_title		
Avatar	genre_0	Action
	genre_1	Adventure
	genre_2	Fantasy
	genre_3	Sci-Fi
Pirates of the Caribbean: At World's End	genre_0	Action
...	...	...

图 8-31　重构的电影类型数据

7. 配置、主函数及调用

```
pd.set_option('display.max_columns', 10)                    #设置显示的最多列数
dataset_path = 'work/movie_metadata.csv'
def main():
    df_data =pd.read_csv(dataset_path)                      #加载数据
    inspect_data(df_data)                                   #查看数据
    df_data =process_missing_data(df_data)                  #处理缺失数据
    #任务 1: 使用分组统计查看票房收入
    #导演 vs 票房总收入
    analyse_gross(df_data, ['director_name'], 'data/director_gross.csv')
    #主演 vs 票房总收入
    analyse_gross(df_data, ['actor_1_name'], 'data/actor_gross.csv')
    #导演+主演 vs 票房收入
    analyse_gross(df_data, ['director_name', 'actor_1_name'], 'data/director_actor_gross.csv')
    #任务 2: 基于电影类型的数据分析
    df_genres =get_genres_data(df_data[['movie_title', 'genres']])
    genres_count = df_genres.groupby('genres').size().sort_values(ascending=False)
    genres_count.to_csv('data/genres_stats.csv')
```

```
20
21 if __name__=='__main__':
22     main()
```

代码第 1 行：配置命令，用于设置数据在命令行界面的显示方式，这里参数值设置为 10，表示每行最多显示 10 列数据。

代码 7～14 行：使用分组统计查看票房收入情况，包括基于导演分组的票房收入统计、基于主演分组的票房收入统计以及基于导演与主演组合分组的票房收入统计。将统计结果分别保存至指定的数据文件 director_gross.csv、actor_gross.csv 和 director_actor_gross.csv。

代码 15～19 行：基于电影类型的数据分析。代码第 17 行将完成电影类型数据重构的 DataFrame 对象 df_genres 根据新的电影类型列 genres 进行分组，通过 size()方法返回每种电影类型的个数，使用 sort_values()方法对电影类型数目降序排列，将统计结果保存至指定的数据文件。

8. 数据分析结果可视化

使用扩展库 matplotlib 相关函数对数据文件 director_actor_gross.csv 的统计结果可视化，为将来的电影制作及票房收入预测提供依据。

```
In [2]: df_data=pd.read_csv('data/director_actor_gross.csv')
        df_data.plot()
        plt.xlabel("director_name")
        plt.ylabel("actor_1_name")
        plt.show()
```

从图 8-32 所示运行结果可以看出，导演主演组合与电影的票房收入存在明显的关联关系。结合图 8-33 所示数据文件 director_actor_gross.csv 的内容，可以认为，导演 Joss Whedon 与主演 Chris Hemsworth 的搭配组合对电影票房收入有着显著的积极影响。

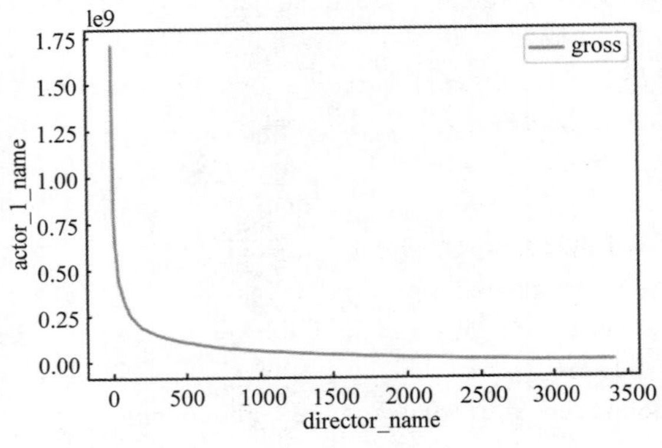

图 8-32　导演主演组合与电影票房收入

	A	B	C
1	director_name	actor_1_name	gross
2	Joss Whedon	Chris Hemsworth	1705550693
3	Sam Raimi	J.K. Simmons	1485313269
4	Gore Verbinski	Johnny Depp	1250322569
5	George Lucas	Natalie Portman	1165482815
6	Tim Burton	Johnny Depp	1070125938
7	Francis Lawrence	Jennifer Lawrence	1043415508
8	Steven Spielberg	Harrison Ford	936427645
9	Christopher Nolan	Christian Bale	791742578
10	James Cameron	CCH Pounder	760505847
11	Michael Bay	Glenn Morshower	754435468
12	Barry Sonnenfeld	Will Smith	733332680

director_actor_gross

图 8-33　数据文件 director_actor_gross.csv

对数据文件 director_actor_gross.csv 的统计结果可视化：

```
In [3]: df_data =pd.read_csv('data/genres_stats.csv')
        fig,axes =plt.subplots(nrows=2, ncols=2,figsize=(20,10))
        df_data.plot(ax=axes[0,0])
        df_data.plot(ax=axes[0,1])
        df_data.plot(kind='bar',ax=axes[1, 0])
        df_data.plot(kind='bar',ax=axes[1, 1])
        plt.show()
```

如图 8-34 所示运行结果可以看出，电影类型与票房收入存在一定的关联关系。图 8-35 数据文件 genres_stats.csv 的内容显示，剧情片(Drama)和喜剧片(Comedy)更容易获得较高的票房收入。结合导演主演组合与电影票房收入统计结果，可以大胆猜测，导演 Joss Whedon 与主演 Chris Hemsworth 搭配拍摄的剧情片或喜剧片大概率能获得人们的喜爱，赢得良好的票房收入。

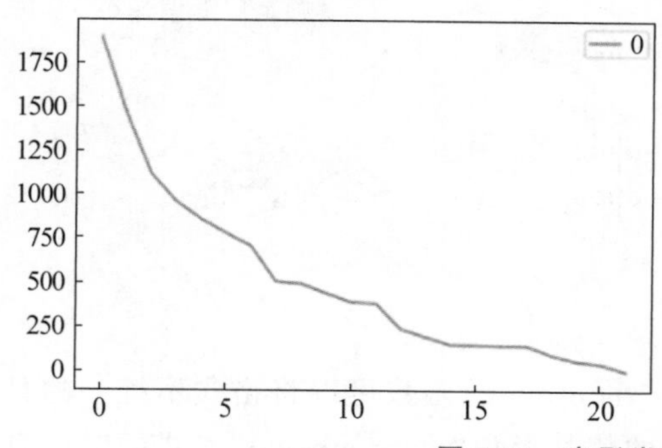

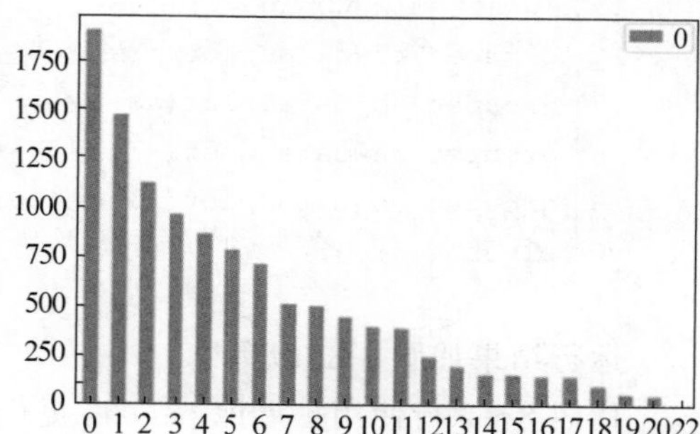

图 8-34　电影类型与电影票房收入关系

8.8.3　美国总统大选数据可视化分析

第 6 章介绍了使用 numpy 数组对美国总统大选数据进行统计分析的过程。在统计分析之前，需要完成烦琐的数据预处理，这也是扩展库 numpy 用于数据分析的缺陷。本

	A	B
1	genres	0
2	Drama	1893
3	Comedy	1461
4	Thriller	1117
5	Action	959
6	Romance	859
7	Adventure	781
8	Crime	709
9	Fantasy	507
10	Sci-Fi	496
11	Family	442

图 8-35 genres_stats.csv 文件

案例使用扩展库 pandas 提供的函数和相关方法实现美国总统大选数据可视化分析。

```
1  import datetime
2  import pandas as pd
3  import matplotlib.pyplot as plt
4
5  df_data = pd.read_csv('/home/aistudio/data/data76670/presidential_
6  polls.csv')                                          #加载数据
7  ##step 1 标准化数据
8  df_data['enddate']=pd.to_datetime(df_data['enddate'])
9  df_data["enddate"]=df_data["enddate"].dt.to_period("M")
10 ##step 2 数据可视化
11 fig,axes =plt.subplots(nrows=2, ncols=2,figsize=(15,10))
12 grouped_rawdata =df_data.groupby(df_data["enddate"])['rawpoll_clinton
13 ','rawpoll_trump'].sum()                             #原始数据趋势展示
14 grouped_adjdata =df_data.groupby(df_data["enddate"])['adjpoll_clinton
15 ','adjpoll_trump'].sum()                             #调整后数据显示
16 grouped_rawdata.plot(ax=axes[0,0])
17 grouped_adjdata.plot(ax=axes[0,1])
18 grouped_rawdata.plot(kind='bar',ax=axes[1, 0])
19 grouped_adjdata.plot(kind='bar',ax=axes[1, 1])
20 plt.show()
```

运行结果如图 8-36 所示。

代码 8～9 行使用扩展库 pandas 提供的 to_datetime()函数可以将格式不统一的日期字符串转换为 Series 对象，其中，Series 对象的值是形如"yyyy-mm-dd"格式的时间日期型数据，然后使用 to_period("M")方法将时刻向量 df_data["enddate"].dt 转换成形如"yyyy-mm"的日期数据。

从图 8-36 可以看出，基于原始数据的选票统计信息中，克林顿(Clinton)获得的选票数量与川普(Trump)旗鼓相当，有些时间段克林顿获得的选票数量比川普还略胜一筹。然而，在调整后的选票数量对比中发现，克林顿的选票优势逐渐下降，有些时间段比川普

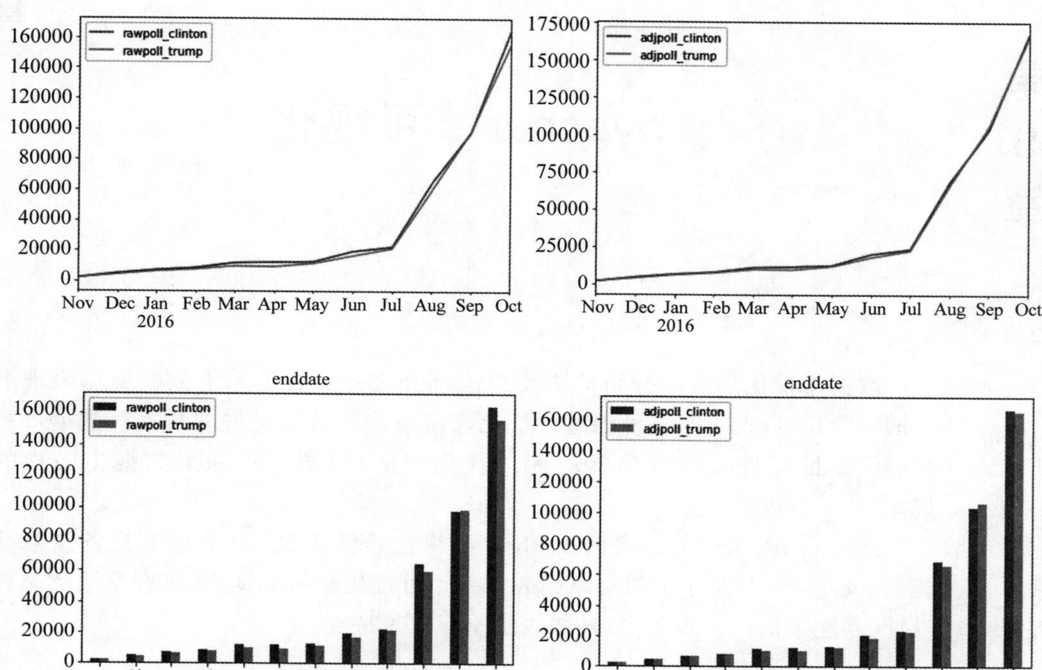

图 8-36　美国总统大选数据可视化

获得的选票数量稍逊一筹。这也许就是部分民众对川普 2016 年当选美国总统颇有微词的可能原因之一吧。

显然，由于扩展库 pandas 提供了大量用于数据清洗和数据分析的函数和方法，使得数据分析工作快捷而有效。对比发现，数值计算工具 numpy 更擅长科学计算应用，而基于 numpy 的数据分析工具 pandas 更擅长简洁而有效的专业化数据分析工作。

第9章 pyecharts 可视化

数据可视化是数据分析的重要组成部分之一。它是关于数据视觉表现形式的科学技术研究，是一种通过可视化表示来传达数据见解的技术。数据可视化的主要目标是将数据集提取为可视化图形，以便轻松探索数据中隐含的规律。

matplotlib 是一种经典的 Python 可视化绘图工具，但是它不具备交互功能。pyecharts 是基于 ECharts 图表的一个可视化绘图工具库，具有简洁的 API 设计、高度灵活的配置项、多种图表绘制形式等特点。

9.1 认识 pyecharts

Python 是一门富有表达力的语言，很适合用于数据分析和处理。ECharts (Enterprise Charts)是百度开源的一个数据可视化工具，凭借其良好的交互性、精巧的图表设计，得到了众多开发者的认可。pyecharts 则是一款 Python 与 ECharts 相结合的强大的数据可视化工具，具有良好的图表交互功能。

9.1.1 pyecharts 简介

pyecharts 具有简洁的 API 设计，使用流畅，支持链式调用，基于 Web 浏览器进行图表显示；可以绘制三十多种常见图表，包括折线图、柱状图、饼图、漏斗图、地图及极坐标图等；囊括多达四百多种地图文件，为地理数据可视化提供强有力的支持；支持主流 Notebook 环境，包括 Jupyter Notebook 和 JupyterLab 等；可以轻松集成到现有的 Python Web 框架，如 Flask、Sanic 和 Django 等主流 Web 框架；此外，pyecharts 绘图使用代码量比较少，具有高度灵活的配置项，绘制的图表美观生动；pyecharts 具有详细的文档和示例，可以帮助开发者轻松入门并更快地进行项目开发。

Python 中实现数据可视化的工具有多种，其中，matplotlib 最为基础。同为 Python 数据可视化工具，pyecharts 与 matplotlib 各具优势。

第一，matplotlib 是 Python 原生支持的第三方库，在安装 Anaconda 环境时，matplotlib 已经默认安装到 Anaconda 环境中。而 pyecharts 是 Python 语言与 ECharts 的融合，是一个用于生成 ECharts 图表的第三方库。在 Anaconda

集成化开发环境中，首先需要使用 Python 第三方库安装命令安装 pyecharts，然后导入相关模块，才能使用 pyecharts 库函数和方法。

第二，在默认状态下，使用 Python 扩展库 matplotlib 无法在图表中显示中文。实际上，matplotlib 本身是支持 Unicode 的，只是默认状态下 matplotlib 使用自带的字体，而其中没有中文字体。通过 matplotlib 中的字体管理器 matplotlib.Font_manager，可以指定一个 ttf 字体文件作为图表使用的字体，这是通常 matplotlib 绘制图表时显示中文字体的方法。作为百度开发的数据可视化工具，pyecharts 在支持中文显示方面具有明显优势。

第三，matplotlib 一般绘制静态图表，可视化效果良好；pyecharts 可以制作交互式图表，可视化效果更为友好。尤其在展示空间地图上的数据时，使用 pyecharts 自带地图包，可以即插即用，很方便地生成城市分布状况图表。

第四，在绘制相同图表所需的代码量方面，pyecharts 比 matplotlib 所需代码量更少一些。

第五，matplotlib 包含丰富的数学模型，主要适用于科学模型、金融模型、数据分析的量化展示，偏向数据工程展示和科学论文图表制作等。pyecharts 的优势在于地理 geo 库以及直接生成 HTML 代码的能力，主要根据实时变化的数据在线生成前端页面，与基本的 matplotlib 绘图相比，更适合项目开发和商业报告等。

9.1.2　pyecharts 使用

作为百度开源的数据可视化工具，pyecharts 提供了详细的中文文档和图表示例，帮助初学者快速入门和使用。pyecharts 官方使用文档（网址：http://pyecharts.org/）包含 pyecharts 配置项、图表 API 基本使用以及图表示例的具体使用方法。同时，pyecharts 官方示例项目网站（网址：https://gallery.pyecharts.org/）提供各种图表示例项目的源代码。pyecharts 源码网站（网址：https://github.com/pyecharts/pyecharts）开源了 Python 编写的 pyecharts 各模块的源代码，以备用户查看 pyecharts 图表及其重要配置的源码实现。

在使用 pyecharts 之前，需要安装相关的类库。在命令提示符窗口，使用 pip install pyecharts 命令直接在线安装。

首先介绍一个 pyecharts 图表示例的下载和使用。登录网站 https://gallery.pyecharts.org/，单击 GitHub 按钮进入 pyecharts 源码网站，在屏幕右侧 Code 下拉菜单中选择 Download ZIP 将源码压缩包下载到本地并解压。这里以绘制简单柱状图相关的 Bar_base 类库为例介绍。

在 pyecharts 源码网站的 Bar 文件夹下，可以看到与基本柱状图绘制相关的 Bar_base 类库包含三个文件：bar_base.html、bar_base.md 和 bar_base.py 文件，分别表示可视化结果、包含可视化源码的说明性文档和用于数据可视化的 Python 源代码。将 Python 源代码复制到 Jupyter Notebook 环境并运行，生成如 HTML 文件所示的数据可视化结果。

如图 9-1 所示，图表主要由标题（title）、坐标轴（axis）、数据列（data/values）、提示框（tooltip）和图例（legend）等必要元素构成。图表的标题可以包含主标题和副标题两部分，用来表示图表的名称；一般情况下，坐标轴包含 X 轴和 Y 轴，X 轴表示类别，Y 轴表示一组或多组数据；数据列是指在一个图表上显示的一个或多个数据系列；当显示多组数据时，可以选用不同形状、颜色或文字标识不同的数据列，这时图例用于区分不同形状、颜色与所属数据列的对应关系。此外，单击某个图例，其对应的数据图形将被隐藏或者显示；当鼠标悬停在某个数据列时，出现的提示框内会显示该列数据的详细情况。

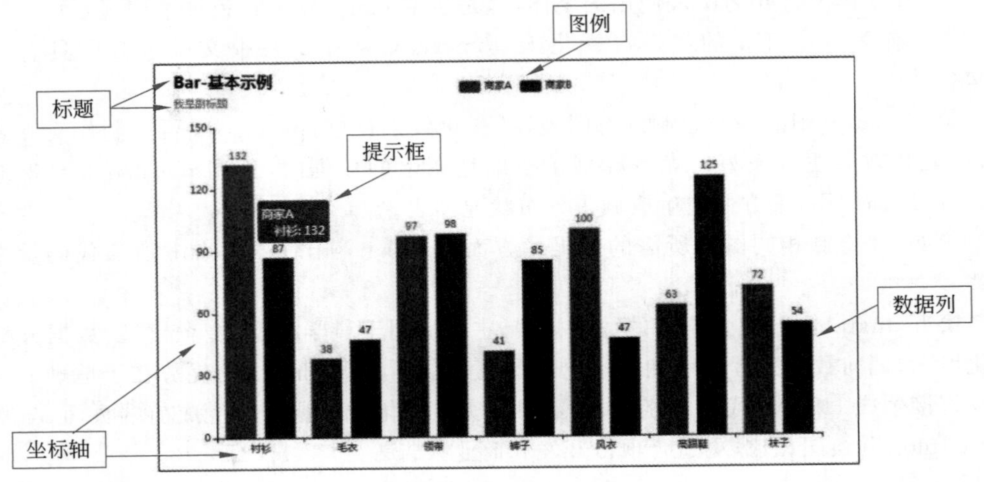

图 9-1 图表构成要素

9.1.3 pyecharts 数据格式

pyecharts 支持 Python 基本数据类型，但是不能直接接收 numpy 和 pandas 数据格式的对象，需要将它们转换为列表类型才能使用。本质上说，pyecharts 只是为 ECharts 作了一个 Python 接口，ECharts 的配置项将 Python 中字典类型序列化为 JSON 格式，因此 pyecharts 支持的数据格式取决于 JSON 支持的数据类型，也就是说，pyecharts 仅支持表 9-1 左列所示的 Python 基本数据类型。将数据传入 pyecharts 时，需要自行将数据格式转换成 Python 原生的数据类型才能用于绘制 pyecharts 图形。由于 numpy 和 pandas 不能直接转换为 JSON 支持的数组(array)类型，需要将 Python 中 numpy 和 pandas 格式的数据转换为列表 list 类型，才能对应为 JSON 支持的数组 array 数据类型。

表 9-1 Python 与 JSON 数据类型对应关系

Python 数据类型	JSON 数据类型
整型 int、浮点型 float	数值 number
字符串 str	字符串 string
布尔类型 bool	布尔类型 boolean
字典 dict	对象 object
列表 list	数组 array

通常使用列表推导式将 numpy 数组转换为列表类型，也可以使用 tolist()方法将 Series 对象转换成列表，还可以对 DataFrame 对象的属性 values 使用 tolist()方法将其转换成列表。需要注意的是，使用 pyecharts 绘制图形的代码中，如果存在数据类型不正确导致的语法错误，那么代码运行结果既不会输出错误信息，也不会展示任何图形结果。这也是需要初学者格外注意的问题。

9.1.4 pyecharts 图表分类

目前 pyecharts 包含三十多种图表。例如，单图表类型有直角坐标系下的柱状图、折线图、散点图和 K 线图，还有饼图、雷达图、和弦图、力导布局图、地图、仪表盘图、漏斗图及其组合和拓展图等。

一般来说，pyecharts 中的图表大致可以分为比较类、关系描述类、分布类和组合类四种。其中，比较类图表关注数据序列的排名、对比，可以细分为项目比较和三个及以上时间比较；关系描述类图表关注变量之间的关系，可以细分为两个变量间的关系描述和三个及以上变量关系的描述；分布类图表关注数据的频率，细分为单个变量的分布和两个及以上变量的分布；组合类图表关注占总体的百分比，细分为静态组合及随时间推移的组合，可以将各种图表组合起来完成复杂图表的绘制。用户可以根据任务目标选择合适的图表展示给定的数据。

9.2 pyecharts 绘图基础

首先导入第三方库 pyecharts 及其子模块以引入可视化图表的相应对象，然后通过调用对象的相关方法绘制 pyecharts 图形。这里以基本柱状图绘制为例。

```
In [1]: from pyecharts.charts import Bar
```

9.2.1 Faker 数据构造器

Faker 是 pyecharts 提供的数据构造器，主要用来创建伪数据。导入 pyecharts.faker 子模块的 Faker 对象之后，无须手动生成或者手写随机数来生成数据，只需要调用 Faker 对象的方法，即可完成数据生成。

```
In [2]: from pyecharts.faker import Faker
```

登录 Faker 源码网址 https://github.com/pyecharts/pyecharts/blob/master/pyecharts/faker.py，可以看到在创建的类"_Faker"中包含构造的数据，如图 9-2 所示。用户调用 Faker 对象的相应方法，可以得到一类对应的数据。每类数据构成一个列表，其中包含七个属于同一类的列表元素。例如，Faker.value 随机生成包含七个元素的列表，每个元素属于[20,150)区间。

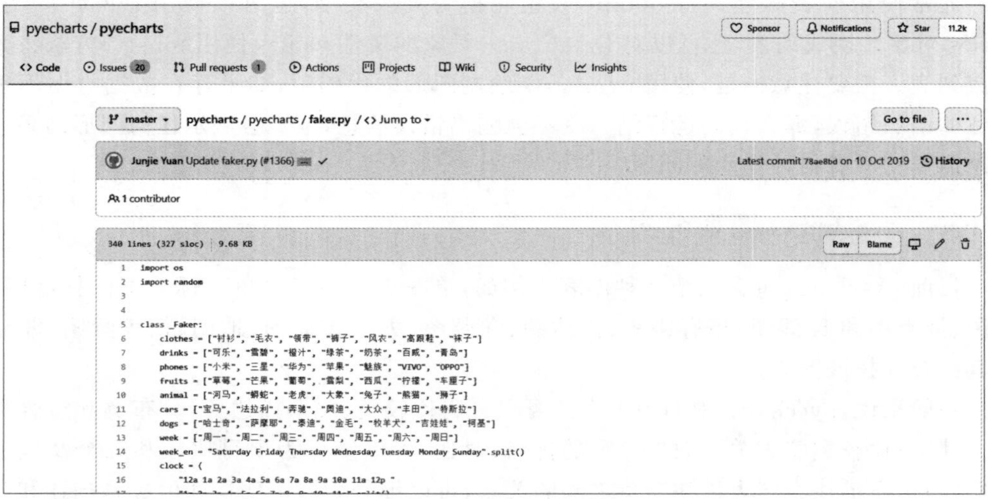

图 9-2 Faker 源码网址

```
In [3]: Faker.clothes
Out[3]: ['衬衫', '毛衣', '领带', '裤子', '风衣', '高跟鞋', '袜子']
In [4]: Faker.values
Out[4]: <function pyecharts.faker._Faker.values(start: int = 20, end: int =
150) ->list>
In [5]: Faker.values()
Out[5]: [25, 79, 77, 119, 121, 81, 31]
In [6]: Faker.choose()                          #随机返回一类数据
Out[6]: ['小米', '三星', '华为', '苹果', '魅族', 'VIVO', 'OPPO']
```

9.2.2 pyecharts 数据可视化

基于 pyecharts 的数据可视化通常有两种方式：普通调用和链式调用。

1. 普通调用

普通调用方式下首先生成对象，然后调用对象的方法绘制 pyecharts 图形。常用方法及说明如表 9-2 所示。

表 9-2 Bar 函数的常用方法及其说明

方 法	使用说明
add_xaxis	加入 X 轴参数
add_yaxis	加入 Y 轴参数，也可以在全局配置中设置
set_global_opts	设置全局配置项
set_Series_opts	设置系列配置项

续表

方 法	使用说明
render_notebook	在 Notebook 环境显示可视化结果
render	将可视化结果保存至指定路径下的 HTML 文件

根据构造的数据绘制柱状图，代码如下。

```
In [7]: bar1 =Bar()                    #普通调用
        bar1.add_xaxis(Faker.clothes)
        bar1.add_yaxis('商家 A', [132, 38, 97, 41, 100, 63, 72])
        bar1.add_yaxis('商家 B', [87, 47, 98, 85, 47, 125, 54])
        bar1.render_notebook()
```

运行结果如图 9-3 所示。

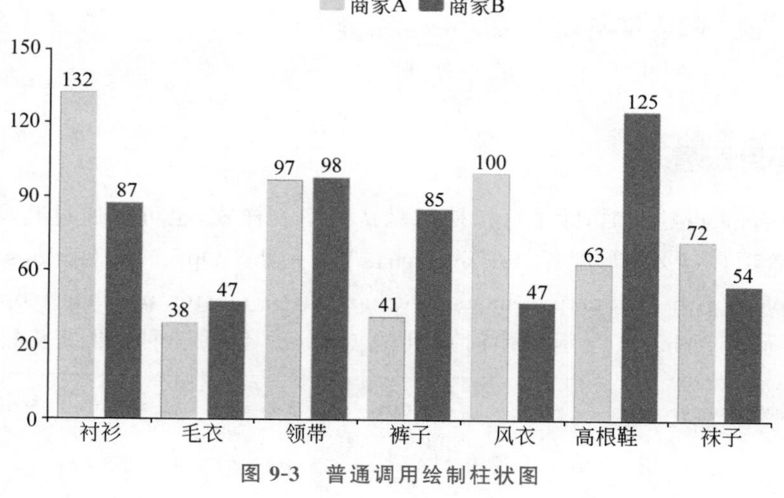

图 9-3 普通调用绘制柱状图

2. 链式调用

链式调用 pyecharts 绘制图形时，所需的方法按照调用顺序连接起来，使得所有调用过程形成一条链。

```
In [8]: bar2=Bar().add_xaxis(Faker.choose).add_yaxis('商家 A', Faker. values
()).add_yaxis('商家 B', Faker.values()).set_global_opts(title_opts =opts.
TitleOpts(title="Bar-基本示例",subtitle="我是副标题"))
        bar2.render_notebook()
```

需要注意的是，为了增加代码的可读性，可以将调用的每个方法分行显示。这时，使用 pyecharts 绘制图形的链式调用过程需要放在一对圆括号中。

```
In [9]: bar 2 = (
            Bar()
            .add_xaxis(Faker.clothes)
            .add_yaxis('商家 A', [132, 38, 97, 41, 100, 63, 72])
            .add_yaxis('商家 B', [87, 47, 98, 85, 47, 125, 54])
        )
        bar2.render_notebook()
```

9.2.3 pyecharts 的渲染方式

pyecharts 绘图结果有两种渲染方式,第一种是保存为 HTML 文件,使用 render()语句实现,例如 render(path='bar.html');第二种是在 Notebook 中显示,使用 render_notebook()实现。上述绘图示例采用的是第二种渲染方式,也可以使用第一种渲染方式,命令如下。

```
In [10]: bar2.render(path='bar_base.html')
out[10]: '/home/aistudio/bar_ base.html'
```

9.2.4 常用配置项

使用 pyecharts 绘图时,除了可以使用默认的图表样式,也可以通过其灵活、强大的 Options 配置项自定义图形配置。在 pyecharts 中,一切皆 Options。Options 的源码可以在网页 https://github.com/pyecharts/pyecharts/tree/master/pyecharts/options 查阅。如图 9-4 所示,pyecharts 绘制图形时用到的 Options 包括三种,即图表配置(charts_

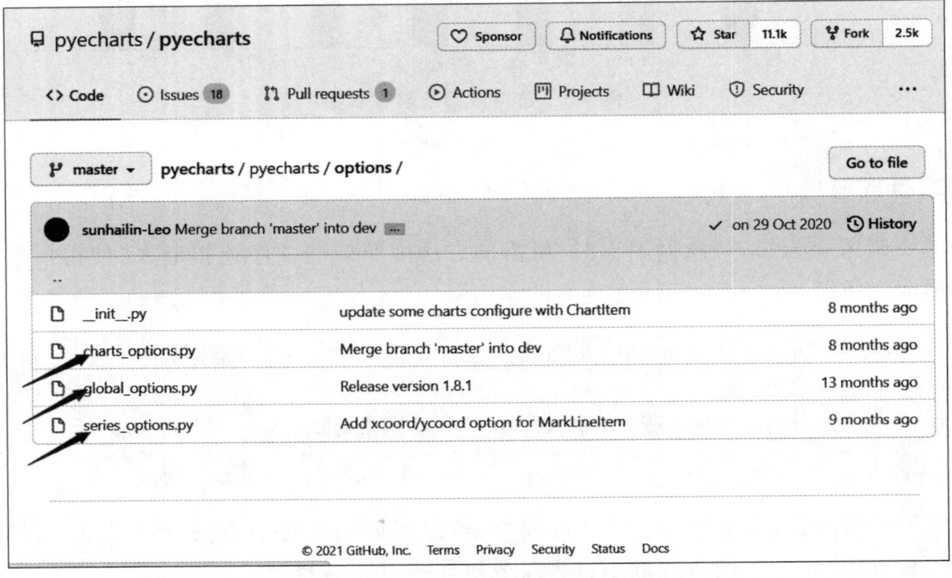

图 9-4 Options 源代码网址

options.py)、全局配置(global_options.py)和序列配置(series_options.py)。

在使用配置项之前,首先导入 pyecharts 模块的 options 类库。

```
In [1]: from pyecharts import options as opts
```

1. 使用配置项

配置项的使用通常有两种方式。以标题配置项的使用为例,一种是采用参数传递的方式:set_global_opts(title_opts = opts.TitleOpts(title = "主标题", subtitle = "副标题")),其中,set_global_opts 用于设置全局配置项,TitleOpts 是标题配置项,用于设置标题;另一种是采用字典的配置方式:set_global_opts(title_opts = {"text":"主标题","subtext":"副标题"})。

```
In [2]: (Bar() #参数传递的方式
        .add_xaxis(Faker.clothes)
        .add_yaxis('商家 A', [132, 38, 97, 41, 100, 63, 72])
        .add_yaxis('商家 B', [87, 47, 98, 85, 47, 125, 54])
        .set_global_opts(title_opts=opts.TitleOpts(title='某商场销售情况',
        subtitle='副标题'))
        ).render_notebook()
```

其中,标题配置部分可以替换为:set_global_opts(title_opts={'text':'某商场销售情况','subtext':'副标题'})。代码运行结果如图 9-5 所示。由于参数传递的方式更加直观,一般推荐使用参数传递的方式使用配置项。

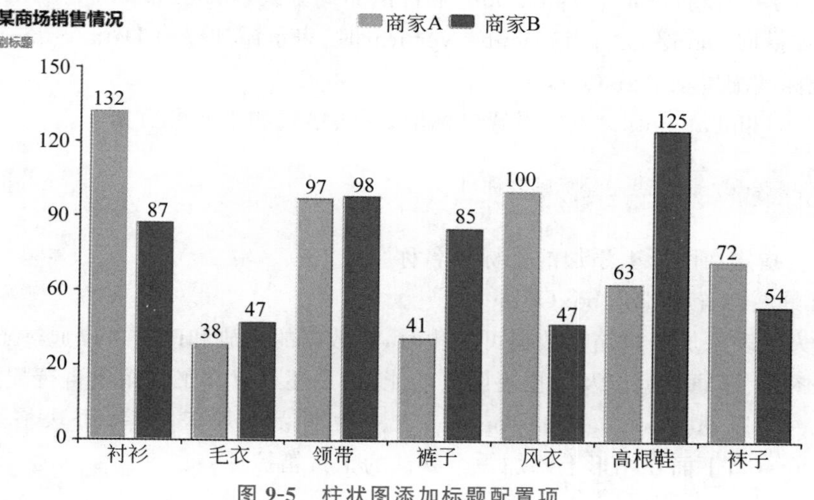

图 9-5　柱状图添加标题配置项

2. 常用的全局配置项

除了标题配置项,常用的全局配置项还有动画配置项 AnimationOpts、区域缩放配置项 DataZoomOpts、坐标轴配置项 AxisOpts、工具箱配置项 ToolboxOpts 等。

1) 动画配置项 AnimationOpts

通过 InitOpts()方法设置动画配置项 AnimationOpts,语法格式和主要参数如下。

```
opts.InitOpts(animation_opts=opts.AnimationOpts(animation_delay=2000,
animation_easing='elasticOut'))
```

animation_delay:表示初始动画的延迟,默认值为 0,可以通过每个数据返回不同的延迟时间,实现更具戏剧化的初始动画效果。

animation_easing:表示初始动画的缓动效果。

设置了上述动画效果之后运行代码,pyecharts 图形将延迟 2s 之后再跳出。

2) 区域缩放配置项 DataZoomOpts

当显示大量数据时,在图形上为用户提供一个交互式 DataZoom 插件,拖动该插件可以改变浏览区间,便于用户观察自己感兴趣的数据子区间。通过 set_global_opts()方法设置 DataZoomOpts,语法格式和主要参数如下。

```
datazoom_opts=opts.DataZoomOpts(type_="slider",orient='horizontal')
```

type_:默认 type_ = "slider",表示在图形 X 轴上添加一个 DataZoom 插件,拖动该插件可以放大或缩小 X 轴的浏览区间,便于用户查看自己关注的 X 轴区域;当 type_= 'inside'时,将鼠标放置在图形上,可以使用鼠标的滑轮控制数据区间的缩放。

orient:用于设置图形上 DataZoom 插件的布局方式,默认 Forient='horizontal',表示为图形添加横向 DataZoom;当 orient='vertical'时,表示添加纵向 DataZoom。

3) 坐标轴配置项 AxisOpts

通过 set_global_opts()方法设置坐标轴,语法格式和主要参数如下。

```
opts.AxisOpts(name='坐标轴名称')
```

name:指定在图形上添加的坐标轴名称。

4) 工具箱配置项 ToolboxOpts

可以为图表添加工具箱。数据可视化时,对数据的缩放和改造可以通过工具箱完成,实现下载图片、还原数据以及数据视图等功能,用户还可以在工具箱内自行配置和添加需要的功能。可以通过 set_global_opts()方法为图表添加工具箱,语法格式为:opts.ToolboxOpts(),下面在图形上添加一个默认的工具箱控件。

```
In [3]: (Bar(init_opts=opts.InitOpts(animation_opts=opts.AnimationOpts
(animation_delay=2000, animation_easing='elasticOut')))      #动画配置项
```

```
.add_xaxis(Faker.choose())
.add_yaxis('商家 A', [132, 38, 97, 41, 100, 63, 72])
.add_yaxis('商家 B', [87, 47, 98, 85, 47, 125, 54])
.set_global_opts(title_opts=opts.TitleOpts(title='主标题', subtitle='副标题
')),                                                            #标题配置项
#datazoom_opts=opts.DataZoomOpts(),                             #默认为 slide
#datazoom_opts=opts.DataZoomOpts(type_='inside'),               #使用 inside
#datazoom_opts=[opts.DataZoomOpts(), opts.DataZoomOpts(type_='inside')]
                                                            #同时使用 slide 和 inside
datazoom_opts=opts.DataZoomOpts(orient='vertical'),             #纵向 datazoom
xaxis_opts=opts.AxisOpts(name='商品种类'),                       #X 坐标轴配置项
yaxis_opts=opts.AxisOpts(name='销量'),                           #Y 坐标轴配置项
toolbox_opts=opts.ToolboxOpts(),                                #坐标轴配置项
).render_notebook()
```

代码运行结果及全局配置项说明如图 9-6 所示。

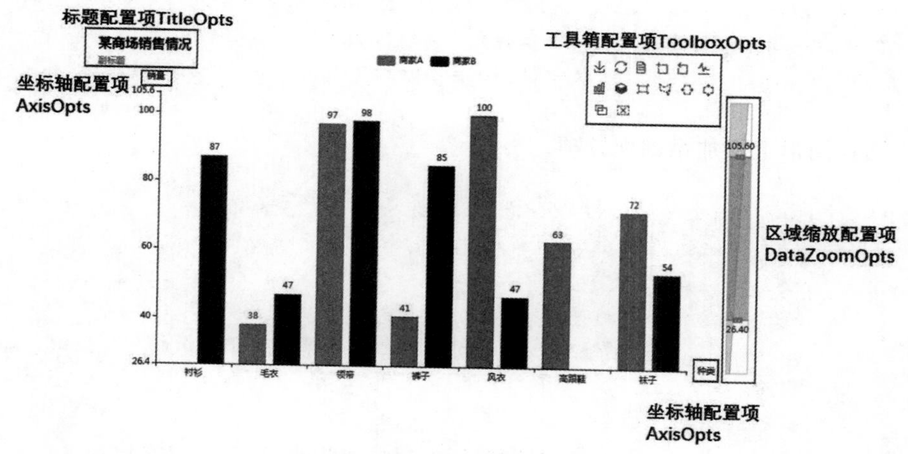

图 9-6　常用的全局配置项

3. 常用的系列配置项

常用的系列配置项有标签配置项 LabelOpts、标记线配置项 MarkLineOpts 和标记点配置项 MarkPointOpts 等。

1）标签配置项 LabelOpts

用于设置坐标轴标签显示的位置、文字字体和标签旋转等。通过 set_Series_opts()方法设置标签配置项，语法格式及主要参数如下。

```
opts.LabelOpts( is_show=True, font_size=20)
```

is_show：默认值为 True，表示显示标签；当数据量很大或主要关注数据变化趋势时，

可以设置 is_show=False,表示不显示标签。

font_size:用于指定标签字体的大小。

2) 标记线配置项 MarkLineOpts

通过设置关键数据线提供相关提醒,标记线也是展示数据统计值的有效方式。通过 set_Series_opts()方法可以设置一个或一组标记线。语法格式如下。

```
opts.MarkLineOpts(data=[opts.MarkLineItem(type_='min', name='最小值'),
          opts.MarkLineItem(type_='max', name='最大值'),
          opts.MarkLineItem(type_='average', name='平均值'),
          opts.MarkLineItem(y=50, name='自定义标记线')]))
```

标记线配置项 MarkLineOpts 的参数数据类型为列表,可以用于设置一组标记线,其中每个列表元素用于设置一条标记线。

3) 标记点配置项 MarkPointOpts

类似地,通过 set_Series_opts()方法可以设置一个或一组关键点。语法格式如下。

```
opts.MarkPointOpts( data=[opts.MarkPointItem(type_='min', name='最小值'),
          opts.MarkPointItem(type_='max', name='最大值'),
          opts.MarkPointItem(type_='average', name='平均值'),]))
```

下面在图形上添加系列配置项。

```
In [4]: (Bar().add_xaxis(Faker.clothes)
        .add_yaxis('商家 A', [132, 38, 97, 41, 100, 63, 72])
        .add_yaxis('商家 B', [87, 47, 98, 85, 47, 125, 54])
        .set_global_opts(
            title_opts=opts.TitleOpts(title='某商场销售情况', subtitle='副标
        题'),)
        .set_Series_opts(
              label_opts=opts.LabelOpts(is_show=True,font_size=20),
              markline_opts=opts.MarkLineOpts( #标记线配置项,设置多组标记线
                data=[opts.MarkLineItem(type_='max', name='最大值'),
                    #opts.MarkLineItem(type_='min', name='最小值'),
                    opts.MarkLineItem(type_='average', name='平均值'),
                    opts.MarkLineItem(y=50, name='自定义标记线')],
              markpoint_opts=opts.MarkPointOpts( #标记点配置项,设置多个标记点
                data=[opts.MarkPointItem(type_='min', name='最小值'),
                    #opts.MarkPointItem(type_='max', name='最大值'),
                    opts.MarkPointItem(type_='average', name='平均值'),]))
        ).render_notebook()
```

代码运行结果及常用的系列配置项说明如图 9-7 所示。

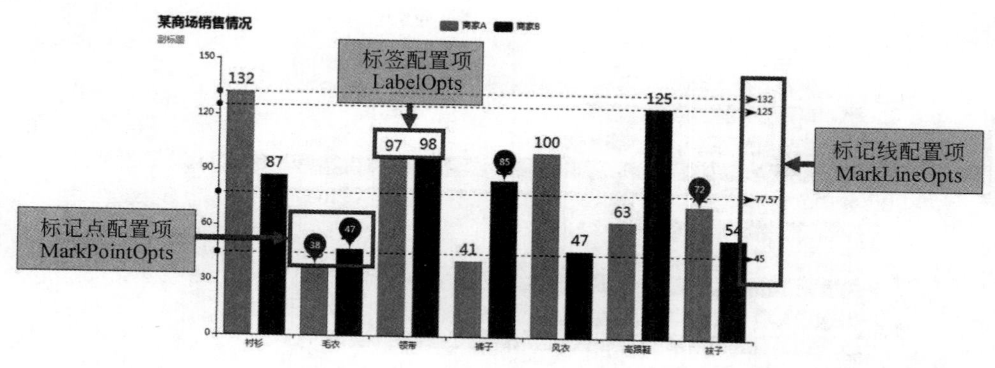

图 9-7　常用的系列配置项

这里只介绍了几个常用的全局配置项和系列配置项，更多 pyecharts 配置项的使用及其参数详细说明可以登录 pyecharts 官方使用文档网站（网址：http://pyecharts.org/）查阅。

9.3　项目对比可视化

9.3.1　柱状图和条形图

柱状图是最常见的图表类型之一，通常用于描述各类别之间的关系。通过水平或垂直柱子的高度显示不同数值。坐标轴中横轴一般为类别结果，纵轴一般为数值刻度。柱状图适用于多个分类间数值大小或范围的对比，不适合表示趋势或者太多类别的数据。

条形图可以称为横向柱状图，一般数据类别较多或类别名称过长时使用条形图表示。绘制 pyecharts 条形图，首先导入 pyecharts.charts 模块的 Bar 对象，然后调用 reversal_axis()方法翻转柱状图的 X 轴和 Y 轴，接着使用 set_Series_opts()方法将标签设置为显示在柱子右侧，示例如下。

```
In [1]: from pyecharts.charts import Bar
        bar3 = (Bar().add_xaxis(Faker.clothes)                    #翻转 X 轴和 Y 轴
           .add_yaxis('商家 A', [132, 38, 97, 41, 100, 63, 72])
           .add_yaxis('商家 B', [87, 47, 98, 85, 47, 125, 54])
           .set_Series_opts(label_opts=opts.LabelOpts(position='right'))
           .reversal_axis() )
        bar3.render_notebook()
```

代码运行结果如图 9-8 所示。

9.3.2　堆叠柱状图

与并排显示分类的分组柱状图不同，堆叠柱状图将每个柱子分割以显示相同类型下各数据的大小。堆叠柱状图是柱状图的扩展，可以展示每一个分类的总量，以及该分类包含的每个小分类的大小及占比。它非常适合处理部分与整体的关系，既可以对比不同类

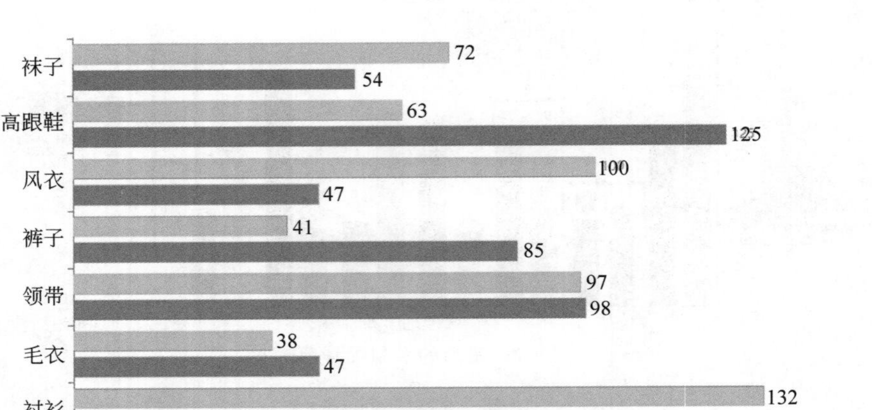

图 9-8 绘制条形图

别的数据,又可以对比同类中不同组的数据大小。使用 add_yaxis(stack='stack1')方法可以绘制堆叠柱状图。如果多个 add_yaxis()方法的参数 stack 取值相同,分组中相同类别的数据全部堆叠在同一根柱子上,也可以设置不同的 stack 取值选择将不同类别的数据堆叠在同一根柱子上。

```
In [2]: stacked_bar2 =(Bar().add_xaxis(Faker.clothes)                    #部分堆叠
        .add_yaxis('商家 A', [132,38,97,41,100,63,72], stack='stack1')
        .add_yaxis('商家 B', [87,47,98,85,47,125,54], stack='stack2')
        .add_yaxis('商家 C', [104,20,83,109,142,76,52],stack='stack2')
        .set_Series_opts(label_opts=opts.LabelOpts(is_show=False)))
        stacked_bar2.render_notebook()
```

代码运行结果如图 9-9 所示。通过设置不同的 stack 值将数据堆叠在一根柱子上,比如对商家 A 设置 stack='stack1',对商家 B 和商家 C 设置 stack='stack2',因此商家 B 和商家 C 的数据堆叠在同一根柱子上。如果所有的 stack 取值相同,那么分组中全部类别的数据都堆叠在同一根柱子上。

9.3.3 漏斗图

漏斗图因图形像一个漏斗而得名,图形从上到下具有逻辑顺序关系。漏斗图适用于业务流程比较规范、周期长、环节多的单流程单向分析,常用于用户行为的转化率分析,例如,用漏斗图分析用户购买流程中各个环节的转化率等。

漏斗图中,用梯形面积表示某个环节的业务量,以及与上一个环节之间的差异,描述随着业务流程的推进,业务目标的完成情况。通过漏斗中各个环节业务数据的比较能够直观地发现和说明问题所在的环节,进而做出决策。

绘制 pyecharts 漏斗图,首先导入 pyecharts.charts 模块的 Funnel 对象,然后调用

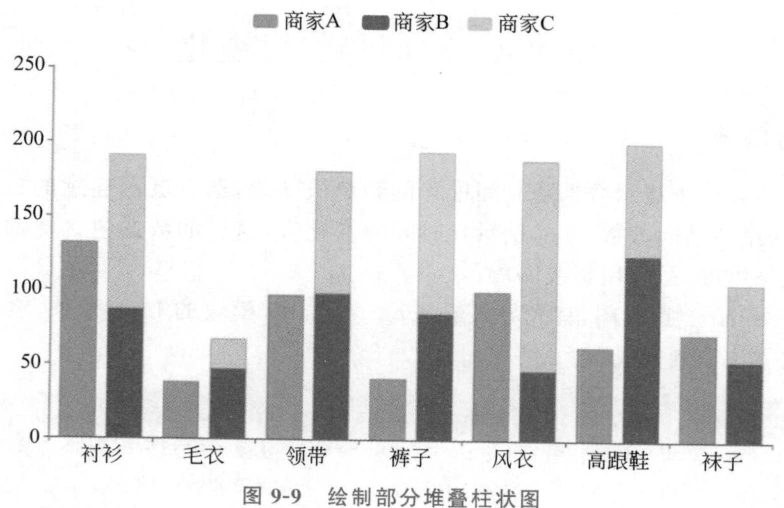

图 9-9 绘制部分堆叠柱状图

Funnel 对象的相关方法绘制漏斗图。

```
In [3]: x_data =["单击", "访问", "咨询", "订单", "展现"]      #准备数据
        y_data =[90, 50, 30, 10, 100]
        for z in zip(x_data, y_data):
            print(list(z),end='\t')
out[3]: ['单击', 90]['访问', 50]['咨询', 30]['订单', 10]['展现', 100]
In [4]: [list(z) for z in zip(x_data, y_data)]
out[4]: [['单击', 90], ['访问', 50], ['咨询', 30], ['订单', 10], ['展现', 100]]
In [5]: from pyecharts.charts import Funnel                   #导入创建漏斗图的对象
        (Funnel().add(Series_name="",data_pair=[list(z) for z in zip(x_data,
        y_data)],)
        .set_global_opts(title_opts=opts.TitleOpts(title="漏斗图"))
        ).render_notebook()
```

代码运行结果如图 9-10 所示。

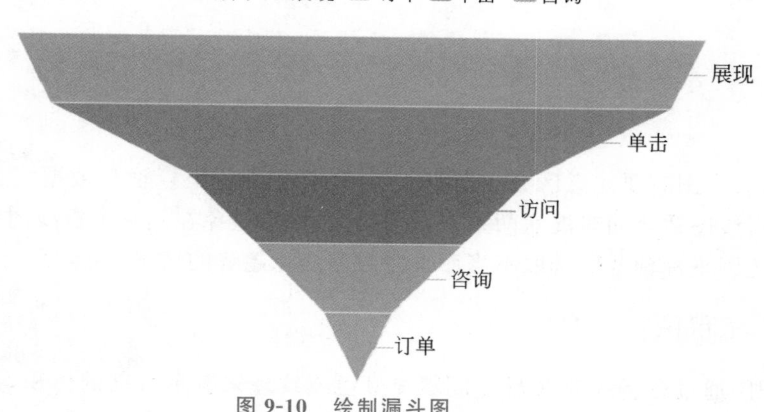

图 9-10 绘制漏斗图

9.4 时间趋势可视化

9.4.1 折线图

折线图主要用于展示数据随时间推移的趋势或变化,适合展示连续的二维数据。例如,记录某网站的访问人数、商品销量随时间的变化等,这样的数据包含横轴的时间维度和纵轴的数据维度,适合用折线图展示。

绘制 pyecharts 折线图,首先导入 pyecharts.charts 模块的 Line 对象,然后调用 Line 对象的相关方法绘制折线图。

```
In [1]: from pyecharts import options as opts
        from pyecharts.charts import Line        #导入绘制折线图的对象
        (Line().add_xaxis(Faker.choose())        #绘制折线图
            .add_yaxis('商家A', [129, 82, 69, 70, 78, 112, 139])
            .add_yaxis('商家B', [93, 44, 82, 144, 72, 85, 92])
            .set_global_opts(title_opts=opts.TitleOpts(title='本周销量'))
        ).render_notebook()
```

代码运行结果如图 9-11 所示。

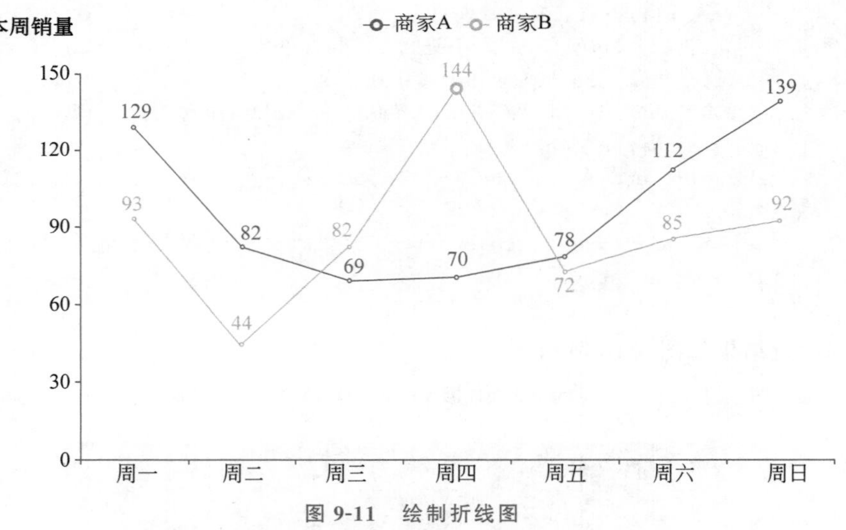

图 9-11 绘制折线图

使用折线图时要注意区分数据线和坐标轴线,避免坐标轴与数据线重叠或非常接近的情况;折线图适合同时展示两条或三条折线,尽量避免在同一个折线图中绘制四条以上折线;避免因坐标轴范围选取不当而歪曲数据变化趋势的情况。

9.4.2 面积图

面积图通过在折线与 X 轴之间填充颜色或纹理来表示数据的体积,以便引起用户对总值趋势的关注。与折线图类似，面积图上适合显示两到三组数据。面积图主要用于展示趋势的大小，而不是确切的单个数据值。

绘制 pyecharts 面积图，首先导入 pyecharts.charts 模块的 Line 对象，然后在 Line 对象的 add_yaxis()方法中添加 AreaStyleOpts 配置项，可以设置参数 opacity 指定图形的透明度。

```
In [2]: (Line().add_xaxis(Faker.week)                                    #绘制面积图
        .add_yaxis('商家 A', [129, 82, 69, 70, 78, 112, 139], areastyle_opts
    =opts.AreaStyleOpts(opacity=0.5))
        .add_yaxis('商家 B', [93, 44, 82, 144, 72, 85, 92], areastyle_opts=
    opts.AreaStyleOpts(opacity=0.5))                                   #图形透明度 50%
        .set_global_opts(title_opts=opts.TitleOpts(title='本周销量'))
    ).render_notebook()
```

代码运行结果如图 9-12 所示。

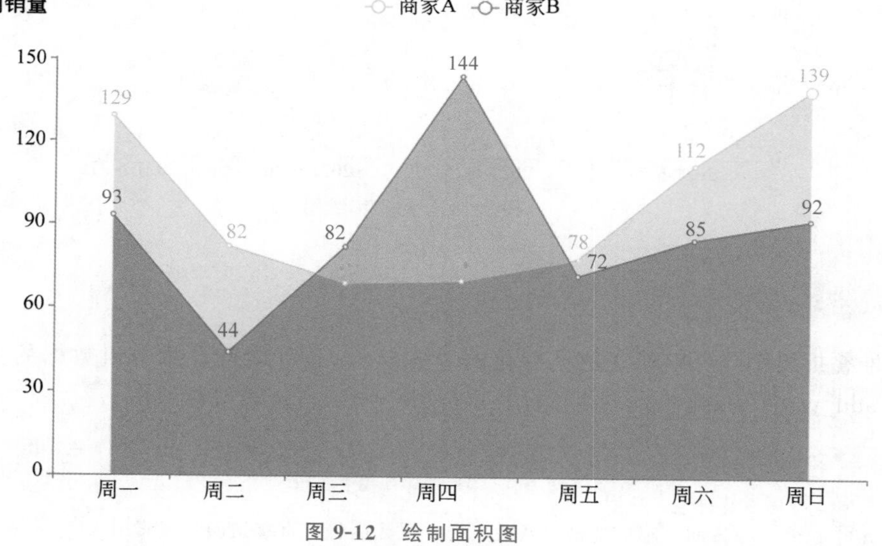

图 9-12 绘制面积图

9.4.3 K 线图

K 线图又称蜡烛图，广泛用于金融领域展示股票交易数据。K 线图通常用于展示某时间段内股票价格的四个统计值，包括开盘价、收盘价、最低价和最高价，用图形化方式描述股票价格、金融资产的涨跌变化状况。

绘制 pyecharts K 线图，首先导入 pyecharts.charts 模块的 Candlestick 对象，然后调用 Candlestick 对象的相关方法绘制 K 线图。

```
In [3]: from pyecharts.charts import Candlestick
        x_data =["2021-6-24", "2021-6-25", "2021-6-26", "2021-6-27"]
        y_data =[[20, 30, 10, 35], [40, 35, 30, 55], [33, 38, 33, 40], [40, 40, 32,
        42]] #注意列表元素顺序为开盘价、收盘价、最低价和最高价
        (Candlestick().add_xaxis(x_data).add_yaxis(Series_name='', y_axis=y
        _data)
        ).render_notebook()
```

代码运行结果如图 9-13 所示。

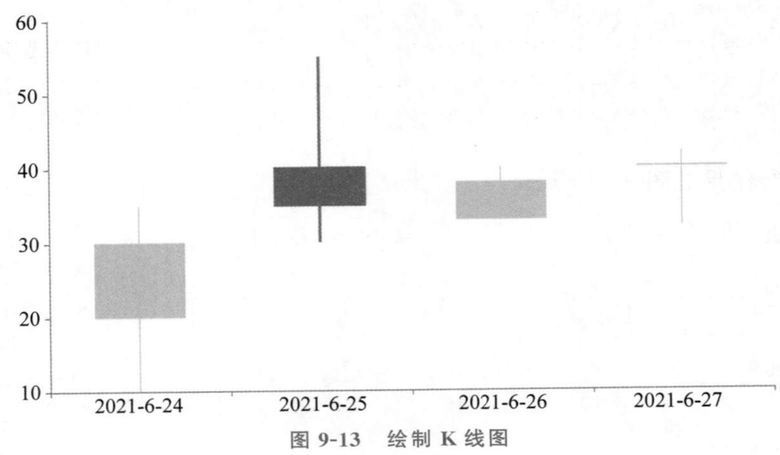

图 9-13 绘制 K 线图

9.4.4 堆叠折线图

堆叠折线图既可以观察数据变化的总体趋势,又可以查看每一组数据的大小对比。使用 add_yaxis(stack='stack1')方法可以绘制 pyecharts 堆叠折线图。

```
In [4]: pv_data =pd.read_csv('work/pv_data.csv')
        print(pv_data)
out[4]:      日期  邮件营销   联盟广告   视频广告   直接访问   搜索引擎
          0  周一    120      220      150      320      820
          1  周二    132      182      232      332      932
          2  周三    101      191      201      301      901
          3  周四    134      234      154      334      934
          4  周五     90      290      190      390     1290
          5  周六    230      330      330      330     1330
          6  周日    210      310      410      320     1320
In [5]: (Line().add_xaxis(xaxis_data=pv_data['日期'].tolist())
         .add_yaxis(Series_name='邮件营销', stack='stack1',
             y_axis=pv_data['邮件营销'].tolist(),
             label_opts=opts.LabelOpts(is_show=False),)
```

```
    .add_yaxis(Series_name='联盟广告', stack='stack1',
        y_axis=pv_data['联盟广告'].tolist(),
        label_opts=opts.LabelOpts(is_show=False),)
    .add_yaxis(Series_name='视频广告',stack='stack1',
        y_axis=pv_data['视频广告'].tolist(),
        label_opts=opts.LabelOpts(is_show=False), )
    .add_yaxis(Series_name='直接访问',stack='stack1',
        y_axis=pv_data['直接访问'].tolist(),
        label_opts=opts.LabelOpts(is_show=False),)
    .add_yaxis(Series_name='搜索引擎',stack='stack1',
        y_axis=pv_data['搜索引擎'].tolist(),
        label_opts=opts.LabelOpts(is_show=False),)
    .set_global_opts(title_opts=opts.TitleOpts(title='堆叠折线图'),
        tooltip_opts=opts.TooltipOpts(trigger="axis"),
        yaxis_opts=opts.AxisOpts(
            splitline_opts=opts.SplitLineOpts(is_show=True), ),
    xaxis_opts=opts.AxisOpts(
            type_="category", boundary_gap=False),)
    ).render_notebook()
```

代码运行结果如图 9-14 所示。

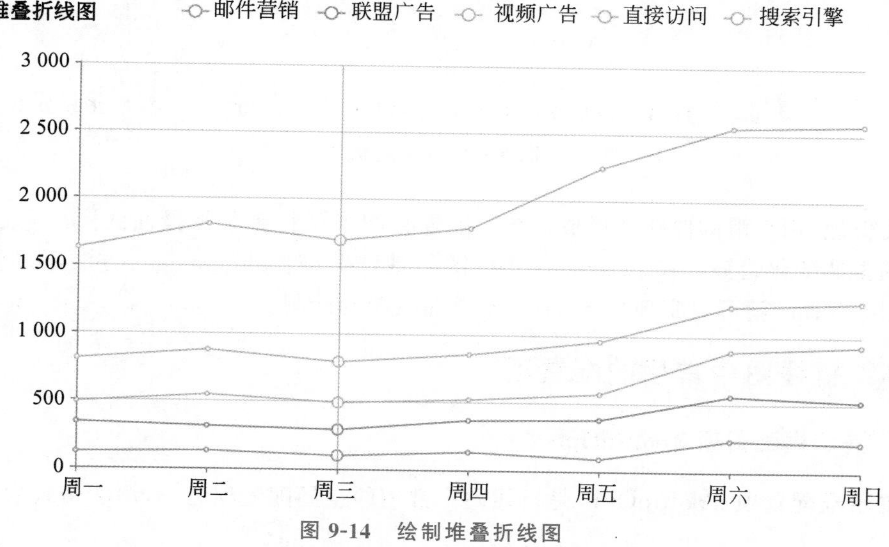

图 9-14　绘制堆叠折线图

类似地，在 Line 对象的 add_yaxis()方法中添加 AreaStyleOpts 配置项，可以绘制 pyecharts 堆叠面积图。

9.4.5　阶梯图

阶梯图以一种阶跃的方式表达数值变化。一般地，折线图的绘制是将点相连形成线，而阶梯图的绘制是在连接下一数据点时先跳跃到该点的水平线再连接，所以呈现出阶梯形状。阶梯图通常用于描绘用电量、用水量的数值变化情况。

绘制 pyecharts 阶梯图，只需在折线图的基础上，向 add_yaxis()方法添加参数“is_step＝True”即可。

```
In [6]: (Line().add_xaxis(Faker.days_attrs)
            .add_yaxis('', Faker.days_values, is_step=True)
            .set_global_opts(title_opts=opts.TitleOpts(title='阶梯图'))
        ).render_notebook()
```

代码运行结果如图 9-15 所示。

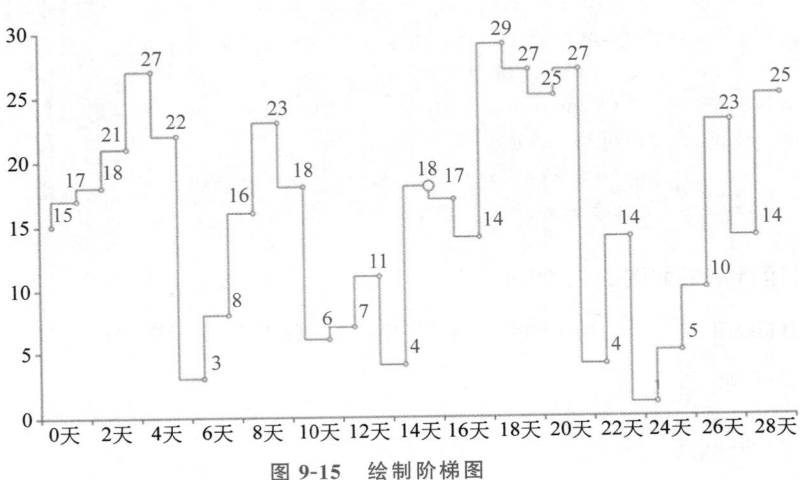

图 9-15　绘制阶梯图

类似地，用平滑的曲线将形成折线的点连接起来就得到了平滑曲线图。它适合展示数值的整体变化趋势。在 pyecharts 折线图的基础上，向 add_yaxis()方法添加参数“is_smooth＝True”就可以实现 pyecharts 平滑曲线图的绘制。

9.4.6　折线图中常用的配置项

1. 提示框配置项 TooltipOpts

提示框配置项 TooltipOpts 是折线图中常用的全局配置项之一，语法格式为：

```
opts.TooltipOpts(trigger='item')
```

trigger 用于指定触发类型，默认值 trigger＝'item'表示通过数据项图形触发提示框，例如，在折线图中需要将鼠标悬停在数据点上才显示提示框，这种触发方式主要在散点图、饼图等无类目轴的图表中使用；trigger＝ 'axis'表示通过坐标轴触发提示框，主要在柱状图、折线图等包含类目轴的图表中使用，在提示框中同时显示一组数据的值；当 trigger＝ 'none'时表示不会触发提示框。

2. 视觉映射配置项 VisualMapOpts

视觉映射配置项 VisualMapOpts 用于在图形上提供视觉映射器，根据颜色标尺将数据用不同颜色显示出来。这样除了根据图形上的坐标标记数据大小之外，同时可以根据图形上的颜色表示数据大小。例如，在热力图上通常添加视觉映射器，使用不同颜色表示数据大小。视觉映射配置项 VisualMapOpts 的语法格式及参数示例如下。

```
opts.VisualMapOpts(pos_top="10", pos_right="10", is_piecewise=True)
```

pos_top：表示 VisualMap 组件离容器上侧的距离，参数取值可以是具体像素值，也可以是相当于容器高度的百分比。

pos_right：表示 VisualMap 组件离容器右侧的距离。

is_piecewise：表示是否设置为分段型颜色标尺；当 is_piecewise＝True 时表示添加分段型颜色标尺，常用于折线图。

3. 折线样式配置项 LineStyleOpts 和 ItemStyleOpts

折线样式配置项 LineStyleOpts 主要用于设置折线的样式，语法格式及参数示例如下。

```
opts. LineStyleOpts(color="yellow", width=4, type_="dashed")
```

color、width 和 type_分别用于指定折线的颜色、宽度和线型。

```
opts. ItemStyleOpts(border_width=3, border_color="yellow", color="dashed")
```

border_width、border_color 和 color 分别用于指定折线图上数据点的边框宽度、边框颜色以及数据点的颜色。

```
In [7]: import pandas as pd
        aqi_data=pd.read_csv( "work/city_aqi.csv")
        (Line().add_xaxis(aqi_data['日期'].tolist())
        .add_yaxis('', aqi_data['AQI'].tolist(), is_smooth=True,
            is_symbol_show=False, symbol='triangle', symbol_size=20,
            linestyle_opts=opts. LineStyleOpts(width=4, type_="dashed"),
            itemstyle_opts=opts.ItemStyleOpts(
                border_width=3, border_color="yellow"),)
        .set_global_opts(title_opts=opts.TitleOpts(title='空气质量指数'),
            tooltip_opts=opts.TooltipOpts(trigger='axis'),
            visualmap_opts=opts.VisualMapOpts(pos_top="10",
                pos_right="10", is_piecewise=True,
```

```
            pieces=[{"min": 0, "max": 50, "color": "#096"},
                    {"min": 50, "max": 100, "color": "#ffde33"},
                    {"min": 100, "max": 150, "color": "#ff9933"},
                    {"min": 150, "max": 200, "color": "#cc0033"},
                    {"min": 200, "max": 300, "color": "#660099"},
                    {"min": 300, "color": "#7e0023"},],
                    out_of_range={"color": "#999"}, ), )
    ).render_notebook()
```

代码运行结果及配置项说明如图 9-16 所示。

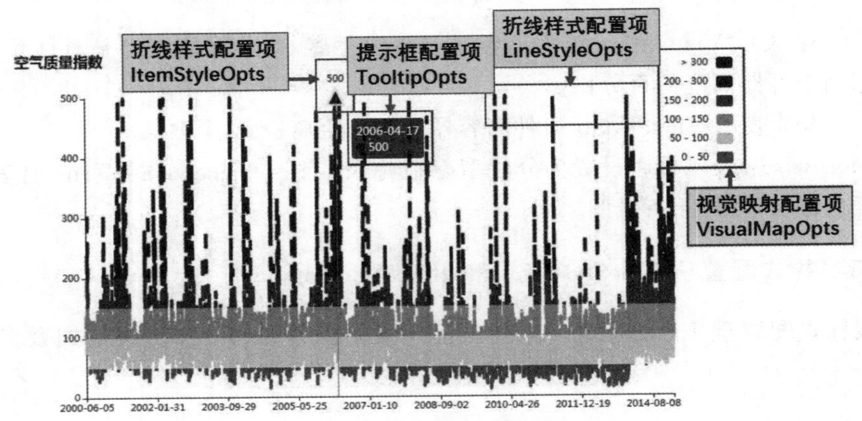

图 9-16　折线图常用的配置项

9.5　数据关系可视化

9.5.1　散点图

散点图通常用于展示 X 轴和 Y 轴两个变量之间的关系,适合不考虑时间因素的情况下大量数据点的刻画,对于查找异常值或理解数据分布的应用效果明显。散点图有助于查看两个变量之间的相关性,因变量随着自变量的增大而增大被认为正相关,因变量随着自变量的增大而减小则为负相关。

绘制 pyecharts 散点图,首先导入 pyecharts.charts 模块的 Scatter 对象,然后调用 Scatter 对象的相关方法绘制散点图。

```
In [1]: from pyecharts import options as opts
        from pyecharts.charts import scatter
        from pyecharts.faker import Faker
        data =[[10.0, 8.04],[8.0, 6.95],[13.0, 7.58],[9.0, 8.81],
               [11.0, 8.33], [14.0, 9.96],[6.0, 7.24],[4.0, 4.26],
               [12.0, 10.84],[7.0, 4.82],[5.0, 5.68],]                #准备数据
```

```
x_data =[d[0] for d in data]
y_data =[d[1] for d in data]
(Scatter().add_xaxis(x_data).add_yaxis('',y_data,symbol_size=30)
.set_global_opts(title_opts=opts.TitleOpts(title='基本散点图'),
    xaxis_opts=opts.AxisOpts(type_="value"),)
).render_notebook()
```

代码运行结果如图 9-17 所示。需要注意的是,pyecharts 图形中坐标轴上的数据被默认为类别数据,而非数值型数据。这里代码中坐标轴配置项 AxisOpts(type_="value")将坐标轴设置为数值型数据。

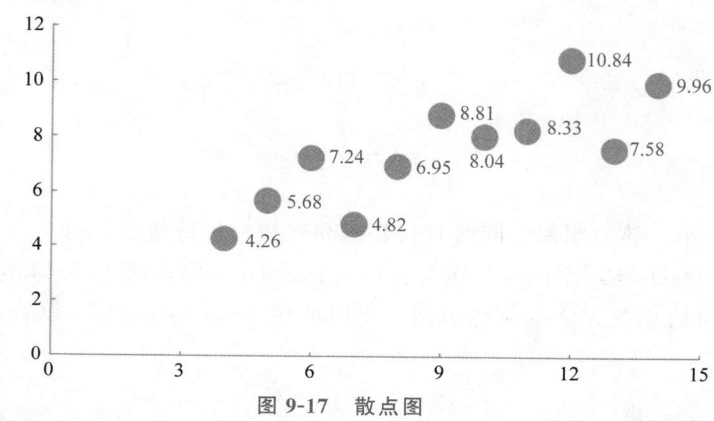

图 9-17　散点图

9.5.2　气泡图

在散点图用于展示二维数据的基础上,气泡图使用点的大小或颜色表示第三个维度的数据。视觉映射配置项 VisuslMapOps 使用参数 type_设置气泡颜色或大小,绘制 pyecharts 气泡图。

```
In [2]: (Scatter().add_xaxis(Faker.choose())
        .add_yaxis("组 A", Faker.values())
        .add_yaxis("组 B", Faker.values())
        .set_global_opts(title_opts=opts.TitleOpts(title="多组气泡图"),
            visualmap_opts= opts.VisualMapOpts(type_="size", max_=150,
    min_=20),)
    ).render_notebook()
```

代码运行结果如图 9-18 所示。

9.5.3　热力图

除了通过坐标轴展示二维数据之外,热力图可以使用颜色来展示第三维信息,并为每一个矩形色块加上颜色编码。其中,坐标轴上的两维数据表示矩形色块的位置,第三维数

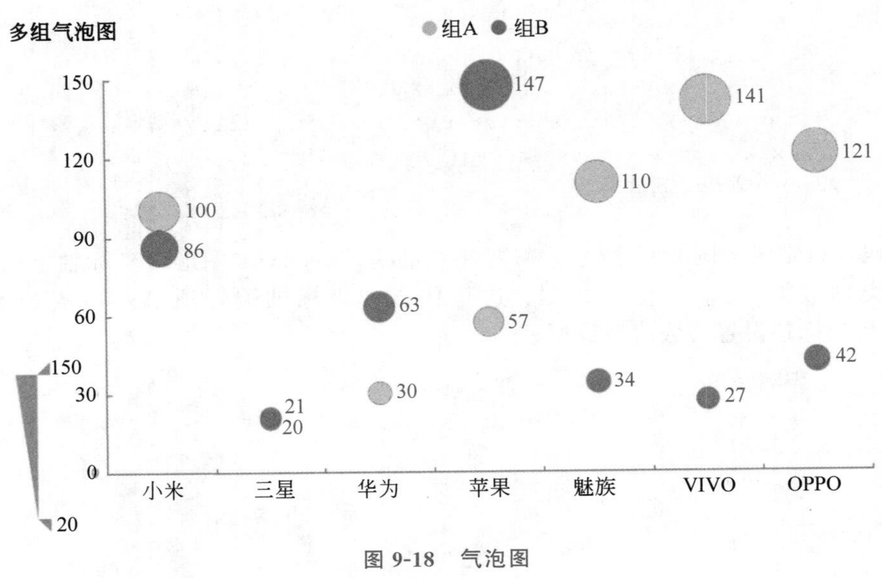

图 9-18 气泡图

据代表数值大小。热力图便于同时对行数据和列数据进行数值比对。

绘制 pyecharts 热力图,首先导入 pyecharts.charts 模块的 HeatMap 对象,然后调用 HeatMap 对象的相关方法绘制热力图。可以使用 VisualMapOpts 设置视觉映射器的数据范围。

```
In [3]: import random                                   #生成二维数据
        value =[[i, j, random.randint(0, 50)]
                for i in range(24) for j in range(7)]
        from pyecharts.charts import HeatMap
        (HeatMap().add_xaxis(Faker.clock).add_yaxis('',Faker.week,value,
             label_opts=opts.LabelOpts(is_show=True, position="inside"))
          .set_global_opts(
             title_opts=opts.TitleOpts(title="热力图"),
             visualmap_opts=opts.VisualMapOpts(min_=0, max_=50))
        ).render_notebook()
```

代码运行结果如图 9-19 所示。

9.5.4 其他相关图表

1. 特效散点图

为 pyecharts 图形上的散点添加动态涟漪效果,就形成了特效散点图,也称为涟漪散点图。首先导入 pyecharts.charts 模块的 EffectScatter 对象,然后调用 EffectScatter 对象的相关方法绘制特效散点图。如果希望自己设置散点的动态特效,可以通过 SymbolType 对象设置散点的形状。

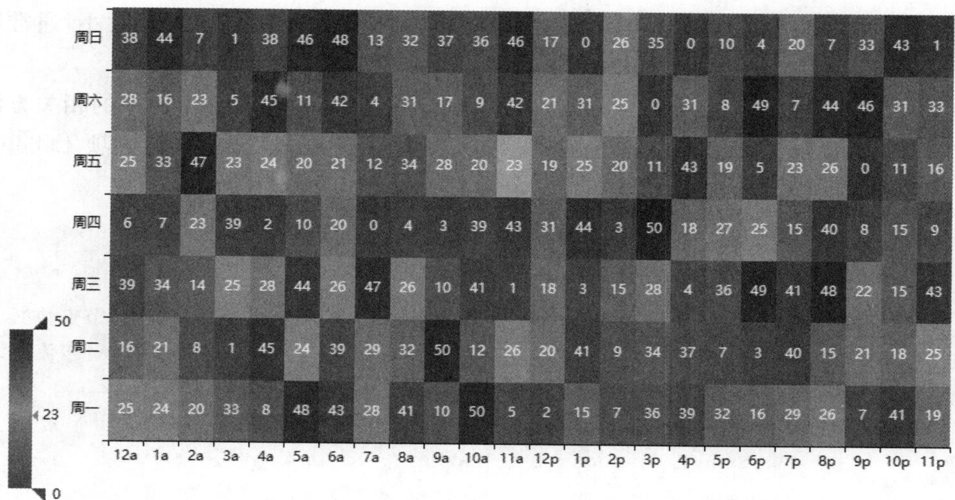

图 9-19　热力图

```
In [4]: from pyecharts.charts import EffectScatter
        from pyecharts.globals import SymbolType
        (EffectScatter().add_xaxis(Faker.choose())
            .add_yaxis("", Faker.values(), symbol=SymbolType.ARROW)
            .set_global_opts(title_opts=opts.TitleOpts(title='特效散点图'))
).render_notebook()
```

代码运行结果如图 9-20 所示。

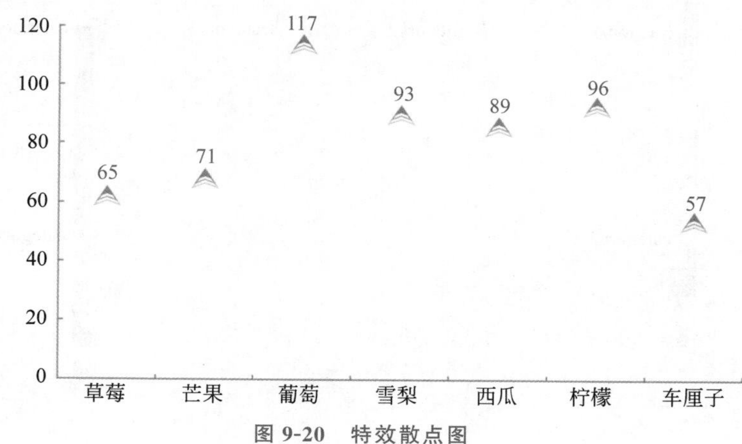

图 9-20　特效散点图

2. 桑基图

桑基图是一种特定类型的流图，图中延伸的分支宽度表示数据流量的大小，通常用于描述一组数值到另一组数值的流向关系，同时展示数据流量的大小。

首先导入 pyecharts.charts 模块的 Sankey 对象，然后调用 Sankey 对象的相关方法绘制桑基图。可以通过配置项 LineStyleOpts 设置数据流的样式，通过配置项 LabelOpts 设置节点标签的样式和显示位置等。

```
In [5]: nodes =[ {"name": "category1"}, {"name": "category2"},
            {"name": "category3"}, {"name": "category4"},
            {"name": "category5"}, {"name": "category6"},]    #准备节点数据
        links =[                                              #准备链接流向数据
            {"source": "category1", "target": "category2", "value": 10},
            {"source": "category2", "target": "category3", "value": 15},
            {"source": "category3", "target": "category4", "value": 20},
            {"source": "category5", "target": "category6", "value": 25},]
In [6]: from pyecharts.charts import Sankey
        (Sankey().add("sankey", nodes, links,
            linestyle_opt=opts.LineStyleOpts(opacity=0.2,curve=0.5,color="
        source"),
            label_opts=opts.LabelOpts(position="right"), )
            .set_global_opts(title_opts=opts.TitleOpts(title="桑基图"))
).render_notebook()
```

代码运行结果如图 9-21 所示。

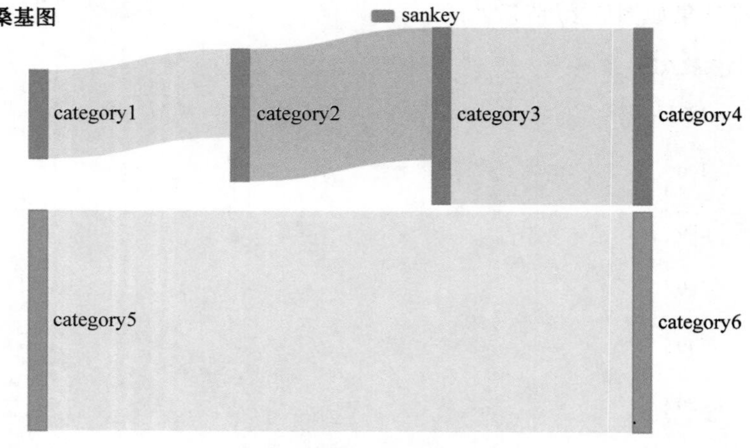

图 9-21　桑基图

3. 树状图

树状图利用图形间的分叉描述集合关系、层次关系或从属关系，例如企业的组织结构等。首先导入 pyecharts.charts 模块的 Tree 对象，然后调用 Tree 对象的相关方法绘制树状图。

```
In [7]: #数据准备
          tree_data =[{"name": "A", "children": [{"name": "B"}, {"name": "C", "
        children": [ {"name": "E"}, {"name": "F"}, ] }, { "name": "D", "
        children": [ {"name": "G"} ], }, ], }]
In [8]: from pyecharts.charts import Tree
        ( Tree().add("", tree_data)
            .set_global_opts(title_opts=opts.TitleOpts(title="树状图"))
        ).render_notebook()
```

代码运行结果如图 9-22 所示。

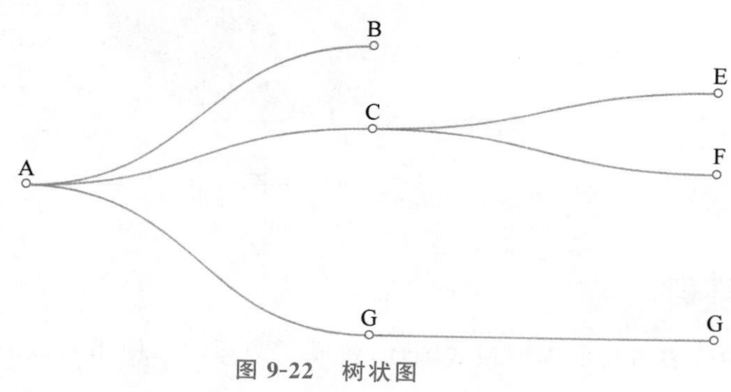

图 9-22　树状图

9.6　成分比例可视化

9.6.1　饼图

饼图通过一个圆饼的弧度大小展示不同类别的数据相对于总量的占比情况，适合展示一维数据的比较。通常要求数值中没有零或负值。饼图不适用于多分类数据，通常一个饼图上不超过 9 个分类。

首先导入 pyecharts.charts 模块的 Pie 对象，然后调用 Pie 对象的相关方法绘制饼图。可以通过样式配置项 LabelOpts 在饼图内部添加标签，通过参数 formatter 自定义标签的样式。参数 formatter 中，取值“a”代表系列名称，“b”代表数据项名称，“c”代表数值，“d”代表占比。

```
In [9]: items =Faker.choose()
        values =Faker.values()
        pie_data =[list(z) for z in zip(items, values)]              #准备数据
        ( Pie().add("", pie_data)
            .set_global_opts(title_opts=opts.TitleOpts(title="饼图"))
            .set_Series_opts(label_opts=opts.LabelOpts(formatter="{b}占比是
        {d}%"))
        ).render_notebook()
```

代码运行结果如图 9-23 所示。

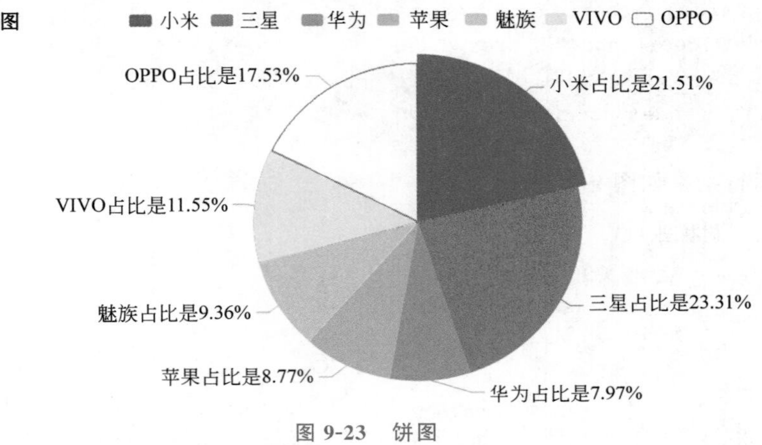

图 9-23　饼图

9.6.2　圆环图

将饼图中代表占比的扇形换成圆环,就成了圆环图。使用参数 radius 设置圆环的内径和外径,可以绘制 pyecharts 圆环图。

```
In [10]: ( Pie().add("", pie_data, radius=['50%', '60%'])
             .set_global_opts(title_opts=opts.TitleOpts(title="圆环图"))
             .set_Series_opts(label_opts=opts.LabelOpts(formatter="{b}:
             {d}%"))
         ).render_notebook()
```

代码运行结果如图 9-24 所示。

9.6.3　矩形树图

矩形树图既能展示从属关系,又能展示每个子节点数值在总量中的占比情况。矩形树图中使用矩形表示层次结构里的节点,利用矩形之间的嵌套表达父子节点之间的层次关系。从根节点开始,依据子节点数目将图形空间划分成等数量的矩形,矩形大小对应节点的属性或数值,每个矩形再根据各自的子节点数目依次递归分割,直至到达叶子节点。

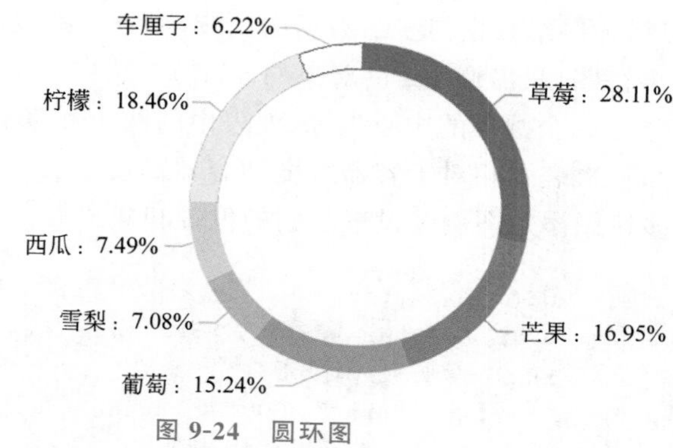

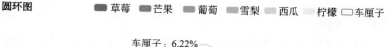

图 9-24　圆环图

首先导入 pyecharts.charts 模块的 TreeMap 对象，然后调用 TreeMap 对象的相关方法绘制矩形树图。

```
In [11]: treemap_data =[{"value": 40, "name": "类别 A"}, #生成数据
        {"value": 180, "name": "类别 B",
         "children": [ {"value": 76, "name": "类别 B 的 children",
         "children": [ {"value": 12, "name": "类别 B 的子类 A"},
                            {"value": 28, "name": "类别 B 的子类 B"},
                            {"value": 20, "name": "类别 B 的子类 C"},
                            {"value": 16, "name": "类别 B 的子类 D"},],}],},]
In [12]: from pyecharts.charts import TreeMap
        (TreeMap().add("所有数据", treemap_data)
            .set_global_opts(title_opts=opts.TitleOpts(title="矩形树图"))
        ).render_notebook()
```

代码运行结果如图 9-25 所示。

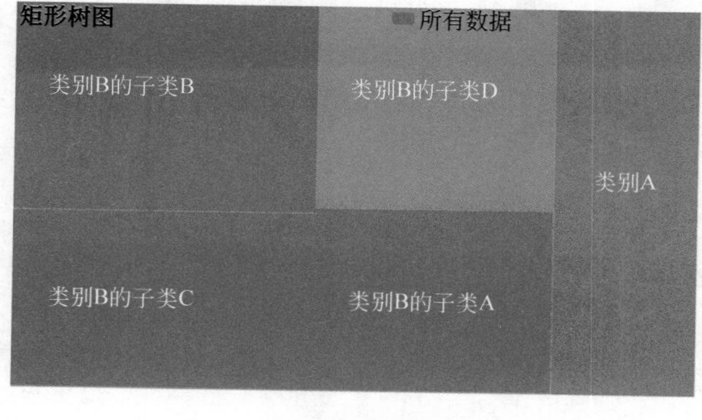

图 9-25　矩形树图

9.6.4 多饼图

多饼图可以描述一组数据与多组数据的比较,或者一组数据在不同领域的占比情况。绘制 pyecharts 多饼图,只需调用 Pie 对象的 add()方法向图形中添加多组数据即可。其中,参数 center 指定每个圆环的中心坐标,列表中的两个元素分别为横坐标和纵坐标,默认设置为百分比,依次表示相对于容器宽度和容器高度的百分比。可以通过图例配置项 LegendOpts 为多饼图添加图例并设置图例的位置和样式等。

```
In [13]: (Pie().add("", [list(z) for z in zip(["剧情", "其他"],
             [25, 75])], center=["20%", "30%"], radius=[60, 80], )
  .add("", [list(z) for z in zip(["奇幻", "其他"],
        [24, 76])], center=["55%", "30%"], radius=[60, 80],)
  .add("", [list(z) for z in zip(["爱情", "其他"], [14, 86])],
        center=["20%", "70%"],radius=[60, 80],)
  .add("", [list(z) for z in zip(["惊悚", "其他"], [11, 89])],
        center=["55%", "70%"], radius=[60, 80],)
  .set_global_opts(
        title_opts=opts.TitleOpts(title="Pie-多饼图基本示例"),
        legend_opts=opts.LegendOpts(
            pos_top="20%", pos_left="80%", orient="vertical"), )
  .set_Series_opts(label_opts=opts.LabelOpts(formatter="{b}: {d}%"))
).render_notebook()
```

代码运行结果如图 9-26 所示。

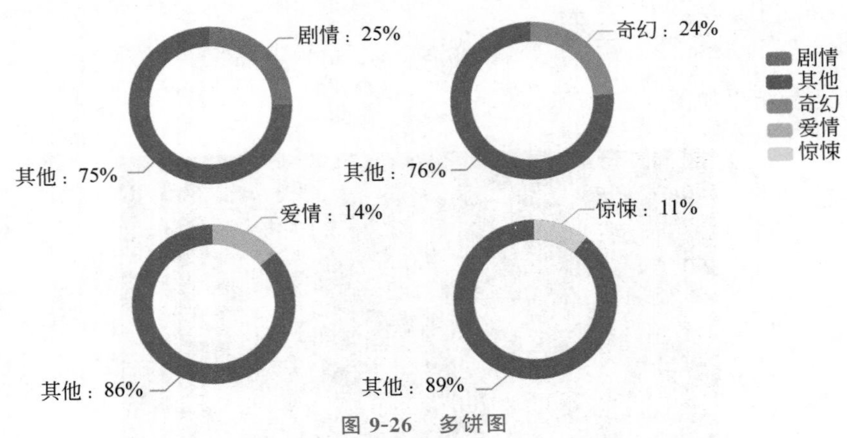

图 9-26 多饼图

9.6.5 玫瑰图

以圆环图为基础的玫瑰图利用圆弧半径的长短表示数据大小。使用参数 rosetype 设置扇形圆心角和半径,可以绘制 pyecharts 玫瑰图。当 rosetype="area"时,表示使用扇形圆心角展示数据的百分比，半径展示数据大小；当 rosetype＝"radius"时，表示所有扇形圆心角相同，仅使用半径展示数据大小。

```
In [14]: (Pie().add("", pie_data, radius=["30%", "75%"],
rosetype="area",)
.set_global_opts(title_opts=opts.TitleOpts(title="玫瑰图"))
.set_Series_opts(label_opts=opts.LabelOpts(formatter="{b}: {c}"))
).render_notebook()
```

代码运行结果如图 9-27 所示。

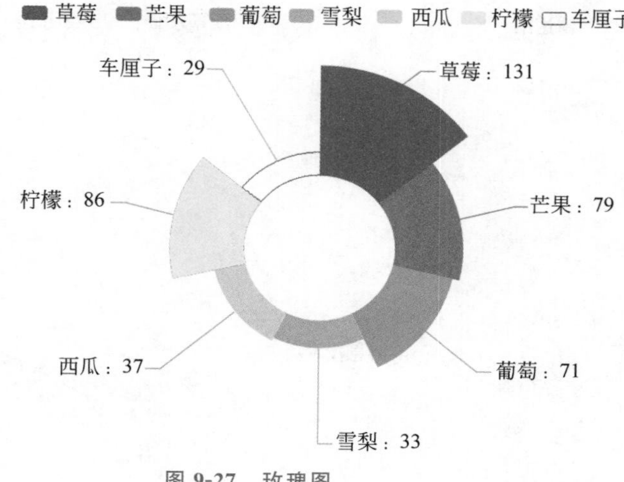

图 9-27 玫瑰图

9.6.6 雷达图

雷达图适用于展示四维以上的多维度数据，其中每条轴线表示不同的维度。

绘制 pyecharts 雷达图之前，首先需要设置 schema，为的是在图形绘制中使用 schema 为组成雷达图的多个坐标轴统一度量范围。然后导入 pyecharts.charts 模块的 Radar 对象，调用 Radar 对象的相关方法绘制雷达图。可以使用样式配置项 LineStyleOpts 改变雷达图中线条的颜色和样式。

```
In [15]: v1 =[[4300, 10000, 28000, 35000, 50000, 19000]]          #数据准备
         v2 =[[5000, 14000, 28000, 31000, 42000, 21000]]
         schema =[                                                 #定义 schema
             opts.RadarIndicatorItem(name="销售", max_=6500),
             opts.RadarIndicatorItem(name="管理", max_=16000),
             opts.RadarIndicatorItem(name="信息技术", max_=30000),
             opts.RadarIndicatorItem(name="客服", max_=38000),
             opts.RadarIndicatorItem(name="研发", max_=52000),
             opts.RadarIndicatorItem(name="市场", max_=25000),]
```

```
In [16]: from pyecharts.charts import Radar
         (Radar().add_schema(schema).add(Series_name="预算分配",
             data=v1, linestyle_opts=opts.LineStyleOpts(color="#CD0000"),)
         .add(Series_name="实际开销", data=v2,
              linestyle_opts=opts.LineStyleOpts(color="#5CACEE"), )
         .set_Series_opts(label_opts=opts.LabelOpts(is_show=False))
         .set_global_opts(title_opts=opts.TitleOpts(title="雷达图"))
         ).render_notebook()
```

代码运行结果如图 9-28 所示。

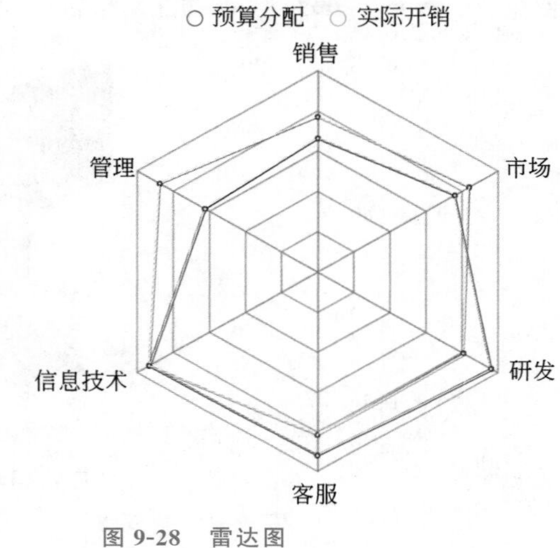

图 9-28 雷达图

9.7 统计分布及 3D 可视化

9.7.1 箱线图

箱线图(Box-plot)又称盒须图、盒式图或箱型图,使用最小值、下四分位数、中位数、上四分位数、最大值这五个统计值概括变量的分布情况,适用于查看数据中是否存在异常值,观察数据分布的集中趋势和离散程度,是否对称,是否偏斜等。

首先导入 pyecharts.charts 模块的 Boxplot 对象,然后调用 Boxplot 对象的相关方法绘制箱线图。

```
In [17]: boxplot =Boxplot()
         boxplot_data =boxplot.prepare_data([[810, 720, 600, 1020, 530, 810,
         650, 780, 590, 830]])                       #使用 prepare_data 计算关键值
         print(boxplot_data)
```

```
out[17]: [[530, 597.5, 750.0, 815.0, 1020]]
In [18]: v1 =[[830, 740, 790, 1070, 810, 750, 950, 910, 980, 880],
         [810, 720, 600, 1020, 530, 810, 650, 780, 590, 830], ]          #上午数据
         v2 =[[ 810, 610, 780, 680, 790, 660, 750, 960, 770, 920],
         [ 840, 720, 820, 760, 810, 590, 820, 850, 680, 870],]           #下午数据
In [19]: (Boxplot().add_xaxis(["A组", "B组"])
            .add_yaxis("上午", b.prepare_data(v1))
            .add_yaxis("下午", b.prepare_data(v2))
            .set_global_opts(title_opts=opts.TitleOpts(title="箱线图"))
         ).render_notebook()
```

代码运行结果如图 9-29 所示。

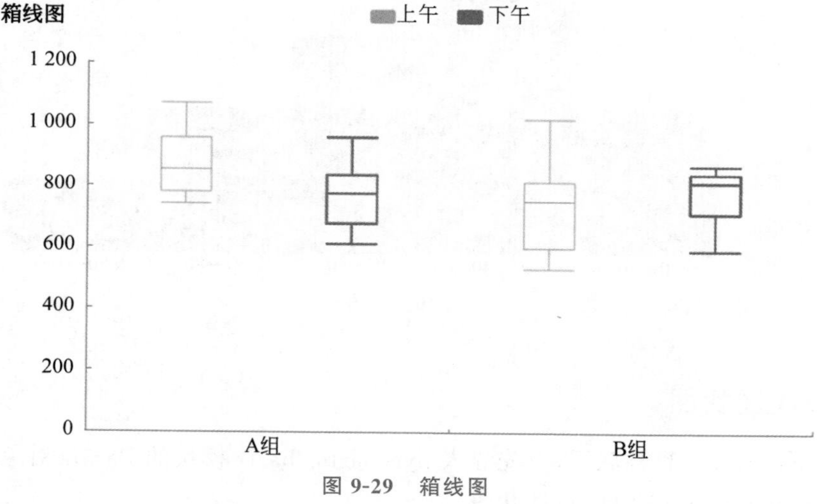

图 9-29　箱线图

9.7.2　直方图

直方图在形状上类似柱状图,图形中每个矩形的高对应数据的频率或数量,能够显示各组数据频率或数量分布情况,便于查看各组数据频率或数量的差别。

使用 pyecharts 绘制直方图,首先调用 numpy 库函数计算数据分组及每个分组的统计值,然后调用 Bar 对象的相关方法将计算结果用柱状图显示出来。

```
In [20]: import numpy as np
         a =np.array([52, 67, 35, 6, 59, 93, 54, 31, 27, 21, 75, 39, 19])
         hist, bins =np.histogram(a, bins =[0, 20, 40, 60, 80, 100])
         print('统计值: ', hist)
         print('分组: ', bins)
out[20]: 统计值: [2 5 3 2 1]
         分组: [ 0 20 40 60 80 100]
```

```
In [21]: from pyecharts.charts import Bar
         (Bar().add_xaxis(['0-20', '20-40', '40-60', '60-80', '80-100'])
             .add_yaxis('', hist.tolist(), category_gap=0.2) #设置柱子间距
             .set_global_opts(title_opts=opts.TitleOpts(title="直方图"))
         ).render_notebook()
```

代码运行结果如图 9-30 所示。

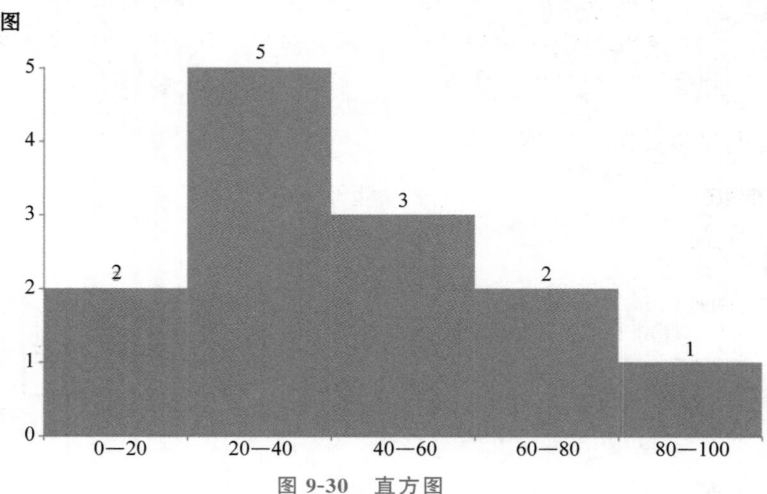

图 9-30 直方图

9.7.3 3D 柱状图

绘制 pyecharts 3D 柱状图,首先导入 pyecharts.charts 模块的 Bar3D 对象,然后调用 Bar3D 对象的相关方法绘制 3D 柱状图。

```
In [22]: import random
         bar3d_data =[(i, j, random.randint(0, 50)) for i in range(7) for j in
         range(24)]                                                  #准备数据
In [23]: from pyecharts.charts import Bar3D
         (Bar3D().add("", [[d[1], d[0], d[2]] for d in bar3d_data],
             xaxis3d_opts=opts.Axis3DOpts(Faker.clock, type_="category"),
             yaxis3d_opts=opts.Axis3DOpts(Faker.week_en, type_="category"),
             zaxis3d_opts=opts.Axis3DOpts(type_="value"),)
         .set_global_opts(visualmap_opts=opts.VisualMapOpts(max_=50),
             title_opts=opts.TitleOpts(title="3D 柱状图"),)
         ).render_notebook()
```

代码运行结果如图 9-31 所示。

类似地,导入 pyecharts.charts 模块的 Line3D 对象,可以调用 Line3D 对象的相关方法绘制 3D 折线图;导入 pyecharts.charts 模块的 Scatter 3D 对象,可以调用 Scatter 对象

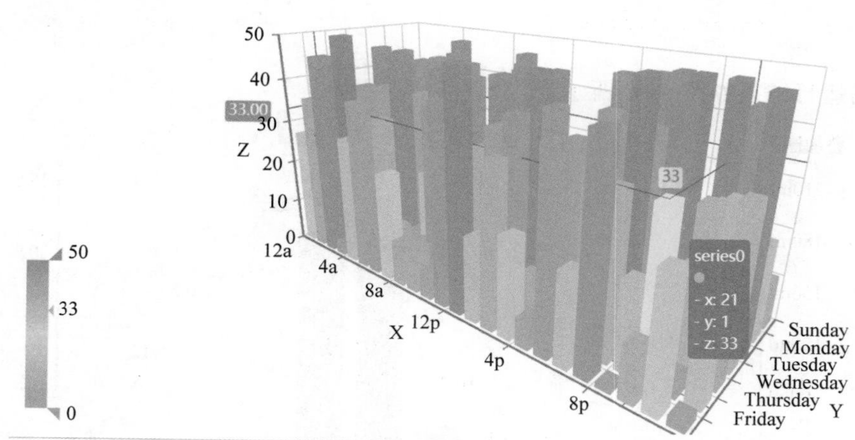

图 9-31　3D 柱状图

的相关方法绘制 3D 散点图。

9.7.4　叠加图

柱状图和折线图经常叠加出现在一张 pyecharts 图形中，成为一种特殊的数据分布图，即叠加图。在叠加图中，X 轴被共享，而各自的 Y 轴分别描述不同组别的数据，通常分居于图形两侧。可以在柱状图绘制过程中，调用 Bar 对象的 extend_axis()方法添加第二个 Y 轴，并调用标签配置项 LabelOpts 设置第二个 Y 轴的样式。在全局配置项 AxisOpts 中设置原生坐标轴的样式。在绘制叠加折线图时，参数 yaxis_index 指定折线图使用哪一个 Y 轴。由于 Bar 对象默认使用自带的原生坐标轴，索引为 0，这里设置 yaxis_index=1，表示折线图使用索引为 1 的 Y 轴，即添加的第二个 Y 轴。

```
In [24]: v1 =[2.6, 5.9, 9.0, 26.4, 28.7, 70.7, 175.6, 182.2, 48.7, 18.8,
           6.0, 2.3]                                            #准备数据：降水量
         v2 =[2.0, 2.2, 3.3, 4.5, 6.3, 10.2, 20.3, 23.4, 23.0, 16.5,12.0, 6.2]
In [25]: from pyecharts.charts import Bar, Line
         bar = (Bar().add_xaxis(Faker.months)
             .add_yaxis("降水量", v1)
             . extend _ axis ( yaxis = opts. AxisOpts (  axislabel _ opts = opts.
         LabelOpts(formatter="{value} °C"), interval=5) )
             .set_Series_opts(label_opts=opts.LabelOpts(is_show=False))
             .set_global_opts(
                 title_opts=opts.TitleOpts(title="叠加图"),
                 yaxis _opts = opts. AxisOpts (axislabel _opts = opts. LabelOpts
                 (formatter="{value} ml")),))
```

```
line = (Line().add_xaxis(Faker.months)
    .add_yaxis("平均温度", v2, yaxis_index=1))
bar.overlap(line)
bar.render_notebook()
```

代码运行结果如图 9-32 所示。

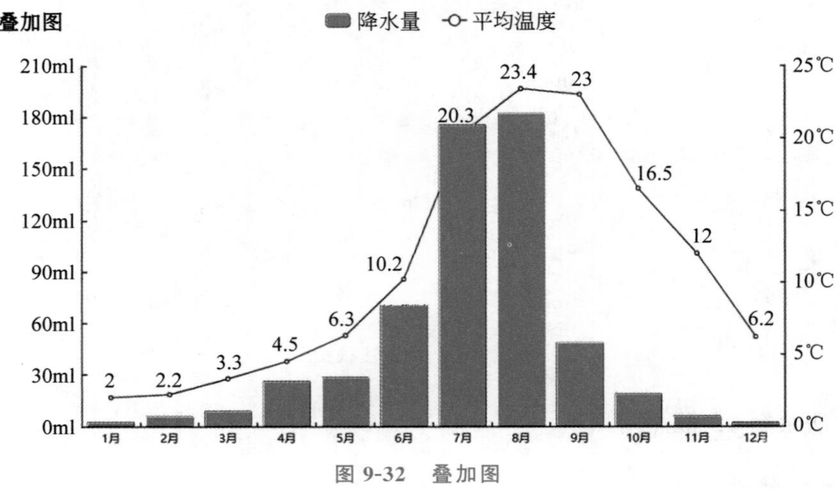

图 9-32 叠加图

9.8 文本数据可视化

词云图是一种文本数据的视觉表示,由词汇组成类似云彩的彩色图形,用于展示大量文本数据。通常以每个词的出现频率衡量该词的重要程度,并据此以大小或颜色不同的字体将词显示出来,因此形成词云图。

首先导入 pyecharts.charts 模块的 WordCloud 对象,然后调用 WordCloud 对象的相关方法绘制词云图。可以使用参数 word_size_range 设置词云图上显示的字体范围。

```
In [26]: data =[("生活资源", "999"), ("供热管理", "888"), ("供气质量", "777"), ("生活用水管理", "688"), ("一次供水问题", "588"), ("交通运输", "516"), ("城市交通", "515"), ("环境保护", "483"), ("房地产管理", "462"), ("城乡建设", "449"), ("社会保障与福利", "429"), ("社会保障", "407"), ("文体与教育管理", "406"), ("公共安全", "406"), ("公交运输管理", "386"), ("出租车运营管理", "385"), ("供热管理", "375"), ("市容环卫", "355"), ("自然资源管理", "355"), ("粉尘污染", "335"), ("噪声污染", "324"), ("土地资源管理", "304"), ("物业服务与管理", "304"), ("医疗卫生", "284"), ("粉煤灰污染", "284"), ("占道", "284"), ("供热发展", "254"), ("农村土地规划管理", "254"), ("生活噪音", "253"), ("供热单位影响", "253"), ("城市供电", "223"), ("房屋质量与安全", "223"), ("大气污染", "223"), ("房屋安全", "223"), ("文化活动", "223"),
```

```
("拆迁管理", "223"), ("公共设施", "223"), ("供气质量", "223"), ("供电管理", "
223"), ("燃气管理", "152"), ("教育管理", "152"), ("医疗纠纷", "152"), ("执法监
督", "152"), ("设备安全", "152"), ("政务建设", "152"), ("县区、开发区", "152"), ("
宏观经济", "152"), ("教育管理", "112"), ("社会保障", "112"), ("生活用水管理", "
112"), ("物业服务与管理", "112"), ("分类列表", "112"), ("农业生产", "112"), ("二次
供水问题", "112"), ("城市公共设施", "92"), ("拆迁政策咨询", "92"), ("物业服务", "
92"), ("物业管理", "92"), ("社会保障保险管理", "92"),]                    #数据准备
In [27]: from pyecharts.charts import WordCloud
        (WordCloud().add(Series_name="热点分析", data_pair=data,
                  word_size_range=[6, 66])
          .set_global_opts(title_opts=opts.TitleOpts(title="热点分析",
               title_textstyle_opts=opts.TextStyleOpts(font_size=23)),
               tooltip_opts=opts.TooltipOpts(is_show=True),)
        ).render_notebook()
```

代码运行结果如图 9-33 所示。

图 9-33　词云图

9.9　案例精选

9.9.1 电子商城销售数据分析与可视化

任务描述：本案例对电子商城乐高商品销量进行可视化数据分析，包括对商品销售区域分布、销售价格分布、销售数量及排名等进行可视化，分析乐高在淘宝电子商城的销售现状并进一步指导商品销售。

基本思路：本案例以 pandas 为主要工具进行数据整理和统计分析，使用 pyecharts 实现数据可视化。

1. 数据集简介

本案例提供的数据来自淘宝商城乐高商品销售数据集，保存为 CSV 文件。其中包含

4404 条关于乐高商品的销售记录，每条记录由 5 个属性组成，包括商品名称(good_name)、商铺名称(shop_name)、价格(price)、销量(purchase)及地理位置(location)，如图 9-34 所示。

	A	B	C	D	E	F
1	goods_name	shop_name	price	purchase_num	location	
2	乐高旗舰店官网悟空小侠系列80012孙悟	乐高官方旗舰店	1299	['867人付款']	浙江 嘉兴	
3	LEGO乐高 71043收藏版哈利波特霍格沃兹城堡玩具礼物	天猫国际进口超市	3299	['259人付款']	浙江 杭州	
4	LEGO乐高机械组布加迪42083粉丝收藏旗舰款玩具模型礼物	天猫国际进口超市	2799	['441人付款']	浙江 杭州	
5	乐高旗舰店官网3月新品76895超级赛车系列法拉利赛车积木玩具男孩	乐高官方旗舰店	199	['358人付款']	浙江 嘉兴	
6	乐高旗舰店官网3月新品得宝系列10921超级英雄实验室大颗粒益智	乐高官方旗舰店	299	['126人付款']	浙江 嘉兴	
7	兼容乐高积木拼装玩具益智坦克大人成年高难度男孩六一儿童节礼物	童趣互娱	198	['6500+人付款']	广东 深圳	
8	LEGO乐高科技机械组42115兰博基尼SLAN FKP 儿童益智拼装礼物收藏	nc_zone	2699	['85人付款']	广东 广州	
9	乐高积木女孩子冰雪奇缘艾莎魔法城堡公主别墅拼装益智玩具6-12岁	草莓牛奶加冰	168	['2103人付款']	广东 广州	
10	兼容乐高我的世界积木男孩子益智拼装玩具儿童智力动脑六一节礼物	themusicman	86	['7000+人付款']	广东 汕头	
11	LEGO乐高42115 2020科技旗舰款 兰博基尼SIAN FKP37闪电玩具礼物	ljzgemdale	2688	['11人付款']	广东 深圳	
12	乐高 lego 80012 孙悟空 西游记机甲 齐天大圣 悟空小侠 包邮	白夜叉chengxiaobin	999	['301人付款']	北京	

乐高淘宝数据

图 9-34 淘宝乐高销售数据

2. 导入模块

本案例使用 pandas 模块提供的方法读取 CSV 数据文件，因此导入扩展库 pandas 及其基础库 numpy；绘制 pyecharts 图形进行可视化数据分析，因此导入 pyecharts 及其子模块。

```
In [1]: import pandas as pd
        import numpy as np
        from pyecharts.charts import Bar,Line,Map,Page,Pie
        from pyecharts import options as opts
        from pyecharts.globals import SymbolType
```

3. 数据预处理

读入数据文件，检查并处理数据集中可能存在的拼写错误、数据不一致和空值等问题，生成销量和销售额列数据。

```
df=pd.read_csv('work/乐高淘宝数据.csv')                                  #读入数据
df.info()
df.drop_duplicates(inplace=True)
#删除购买人数为空的记录
df =df[df['purchase_num'].str.contains('人付款')]
df =df.reset_index(drop=True)                                          #重置索引
df.info()
#purchase_num 处理
df['purchase_num'] =df['purchase_num'].str.extract('(\d+)').astype('int')
df['sales_volume'] =df['price'] * df['purchase_num']                   #计算销售额
df['province'] =df['location'].str.split(' ').str[0]                  #location
df.head()
```

代码 1、2 行数据查看：调用 pandas 模块的 read_csv()函数读入 CSV 数据文件，保存为 DataFrame 对象；使用 info()方法查看数据文件的基本信息，运行结果如下。

```
out[1]: <class 'pandas.core.frame.DataFrame'>
        RangeIndex: 4404 entries, 0 to 4403
        Data columns (total 5 columns):
         #    Column        Non-Null Count     Dtype
        ---   ------        --------------     -----
         0    goods_name    4404 non-null      object
         1    shop_name     4404 non-null      object
         2    price         4404 non-null      float64
         3    purchase_num  4404 non-null      object
         4    location      4404 non-null      object
        dtypes: float64(1), object(4)
        memory usage: 172.2+KB
```

根据运行结果可知，数据完整度良好，不存在缺失值。

代码 3～7 行数据清洗：对于可能存在的重复数据，使用 drop_duplicates()方法去除完全重复的行；使用字符串向量的 contains()方法过滤出包含"人付款"的 purchase_num 列数据并重置索引，从而删除了数据文件中未付款的销售记录，结果如下。

```
out[2]: <class 'pandas.core.frame.DataFrame'>
        RangeIndex: 3411 entries, 0 to 3410
        Data columns (total 5 columns):
         #    Column        Non-Null Count     Dtype
        ---   ------        --------------     -----
         0    goods_name    3411 non-null      object
         1    shop_name     3411 non-null      object
         2    price         3411 non-null      float64
         3    purchase_num  3411 non-null      object
         4    location      3411 non-null      object
        dtypes: float64(1), object(4)
        memory usage: 133.4+KB
```

代码 8～9 行处理 purchase_num 列数据：正则表达式"\d+"用于匹配一个或更多连续的数字，代码第 9 行针对字符串向量 df['purchase_num'].str 使用 extract()方法抽取出数字字符串，使用 astype()方法转换为整型的销量数据。

代码第 10 行生成 sales_volume 列数据：计算价格 price 列数据与销量 purchase_num 列数据的乘积，得到商品的销售额，生成 sales_volume 列数据。

代码第 11 行生成 province 列数据：location 列的每个数据都为空格连接的省、市两部分组成的字符串，因此针对字符串向量 df['location'].str 使用 split(' ')方法分隔字符串，提取省份子串，生成 province 列数据。

经过数据预处理,DataFrame 对象 df 中前五行数据如图 9-35 所示。

	goods_name	shop_name	price	purchase_num	location	sales_volume	province
0	乐高旗舰店官网悟空小侠系列80012孙悟	乐高官方旗舰店	1299.0	867	浙江 嘉兴	1126233.0	浙江
1	LEGO乐高 71043收藏版哈利波特霍格沃兹城堡玩具礼物	天猫国际进口超市	3299.0	259	浙江 杭州	854441.0	浙江
2	LEGO乐高机械组布加迪42083粉丝收藏旗舰款玩具模型礼物	天猫国际进口超市	2799.0	441	浙江 杭州	1234359.0	浙江
3	乐高旗舰店官网3月新品76895超级赛车系列法拉利赛车积木玩具男孩	乐高官方旗舰店	199.0	358	浙江 嘉兴	71242.0	浙江
4	乐高旗舰店官网3月新品得宝系列10921超级英雄实验室大颗粒益智	乐高官方旗舰店	299.0	126	浙江 嘉兴	37674.0	浙江

图 9-35 商品销量数据预处理结果预览

4. 商品销量前十名店铺

```
1  shop_top10 =df.groupby('shop_name')['purchase_num'].sum().sort_values
2  (ascending=False).head(10)
3  bar1 =Bar() #柱状图
4  bar1.add_xaxis(shop_top10.index.tolist())
5  bar1.add_yaxis('', shop_top10.values.tolist())
6  bar1.set_global_opts(
7    title_opts=opts.TitleOpts(title='商品销量 Top10 店铺'),
8    xaxis_opts=opts.AxisOpts(axislabel_opts=opts.LabelOpts(rotate=-15)),
9    visualmap_opts=opts.VisualMapOpts(max_=28669) )
10 bar1.render_notebook()
```

代码 1～2 行数据分组聚合操作：按商铺 shop_name 列分组,统计各商铺销量总和,然后按照商铺销量总和的降序排列,获取销量前十名的商铺。

代码 3～10 行绘制 pyecharts 柱状图：使用 add_xaxis()方法添加 X 轴数据为前十名店铺名称,add_yaxis()方法添加 Y 轴数据为店铺的商品销量;使用标题配置项 title_opts 设置柱状图标题为“商品销量 Top10 店铺”,标签配置项 LabelOpts 设置 X 轴文本标签顺时针旋转 15°,视觉映射配置项 VisualMapOpts 设置视觉映射器显示的最大值为 28 669。

运行效果如图 9-36 所示,乐高官方旗舰店的销售总量最大且优势明显,以四倍于第二名的销量独占鳌头;排名第二的是天猫超市,其余的都是第三方卖家。

5. 各地区店铺销售种类前十名

```
province_top10 =df.province.value_counts()[: 10]
bar2 =Bar()
bar2.add_xaxis(province_top10.index.tolist())
bar2.add_yaxis('',province_top10.values.tolist())
bar2.set_global_opts(
    title_opts =opts.TitleOpts(title ='各地区销售种类排名 Top10'),
```

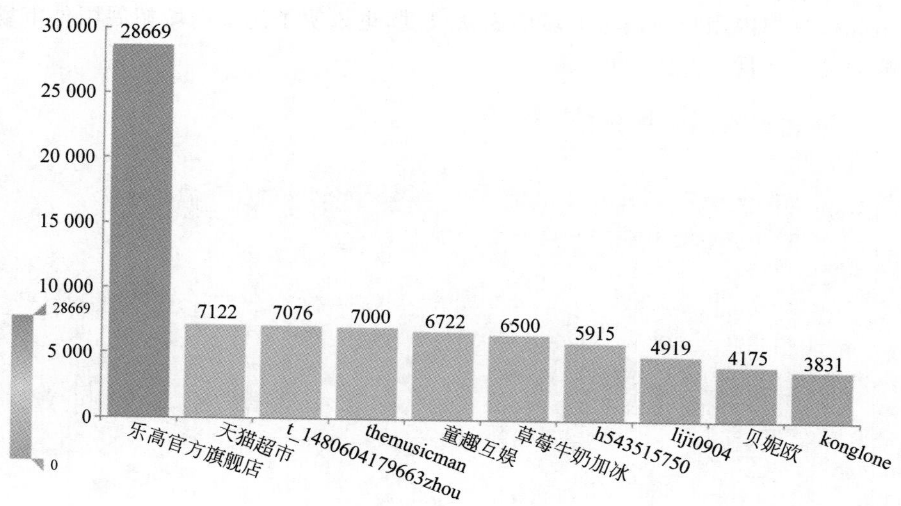

图 9-36 商品销量 Top10 店铺

```
7        visualmap_opts =opts.VisualMapOpts(max_=1000))
8    bar2.render_notebook()
```

代码第 1 行：获取商品销售地区数据 df.province，对该 Series 对象的每个值进行计数并且排序，得到各地区店铺销售种类排行榜的前十名。

代码第 2～8 行：调用 Bar 对象的相关方法绘制 pyecharts 柱状图，对各地区店铺销售种类排行榜的前十名进行可视化展示。使用标题配置项 title_opt 设置柱状图标题，使用视觉映射配置项 VisualMapOpts 在图形上添加视觉映射器，并设置最大显示数值为 1000。

代码运行结果如图 9-37 所示。广东地区在各地区店铺销售种类总数量中排名第一，

各地区销售种类排名Top10

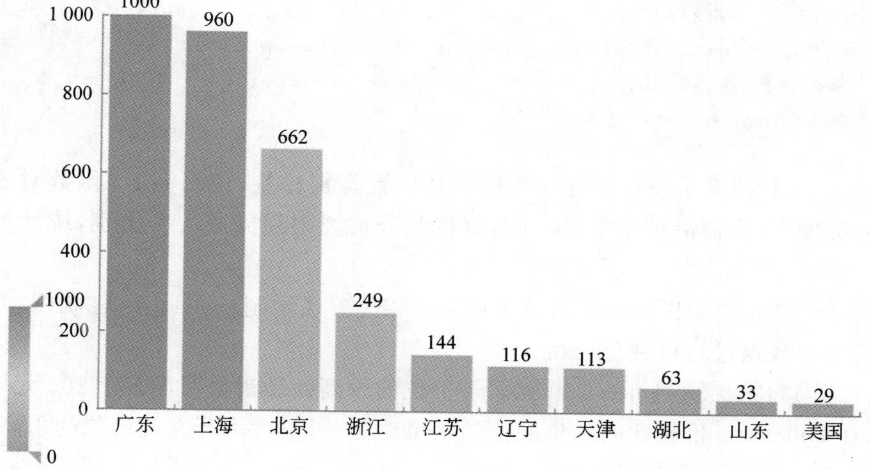

图 9-37 各地区销售种类排名 Top10

紧随其后的是上海。在各地区销售种类前十名的排行榜中，中国占据了前九名，第十名为美国。由此可见国内用户对淘宝商城的高认可度，也说明了淘宝商城拓展国外市场，扩大国际影响力的必要性。

6. 国内各省份商品销量分布

```
1   province_num =df.groupby('province')['purchase_num'].sum()
2       .sort_values(ascending=False)
3   map1 =Map()
4   map1.add ("",[list (z) for z in zip (province _num. index. tolist (),
5       province_num.values.tolist())], maptype='china')
6   map1.set_global_opts(
7       title_opts =opts.TitleOpts(title='国内各省份乐高销量分布图'),
8       visualmap_opts =opts.VisualMapOpts(max_=172277))
9   map1.render_notebook()
```

代码 1～2 行数据分组聚合操作：按地区 province 列分组，统计各地区销量总和，然后按照地区销量总和的降序排列，获取销量前十名的地区。

7. 不同价格区间的商品数量分布

```
1   cut_bins =[0,50,100,200,300,500,1000,8888]
2   cut_labels =['0～50 元', '50～100 元', '100～200 元', '200～300 元', '300～
3   500 元', '500～1000 元', '1000 元以上']
4   price_cut =pd.cut(df['price'],bins=cut_bins,labels=cut_labels)
5   price_num =price_cut.value_counts()
6   bar3 =Bar()
7   bar3.add_xaxis(['0～50 元', '50～100 元', '100～200 元', '200～300 元', '
8   300～500 元', '500～1000 元', '1000 元以上'])
9   bar3.add_yaxis('', [895, 486, 701, 288, 370, 411, 260])
10  bar3.set_global_opts(title_opts=opts.TitleOpts(title='不同价格区间的
11  商品数量'), visualmap_opts=opts.VisualMapOpts(max_=900))
12  bar3.render_notebook()
```

代码 1～5 行准备数据：设置分类规则并设置类别标签，使用 cut()函数对 Series 对象进行分类操作，将商品价格 price 列数据按照分类规则划分成七个类别，统计各类数据的数目。

代码 6～12 行绘制图形：调用 Bar 对象的相关方法绘制 pyecharts 柱状图，对乐高商品的价格分布数据进行可视化分析。

运行结果如图 9-38 所示。200 元以下价位的乐高商品销量明显多于 200 元以上价位的商品；在 200～300 价格区间的乐高商品销量略低，可以考虑开发此价位的乐高商品，进一步开拓市场，提高商品销量。

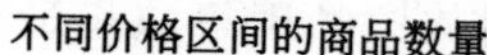

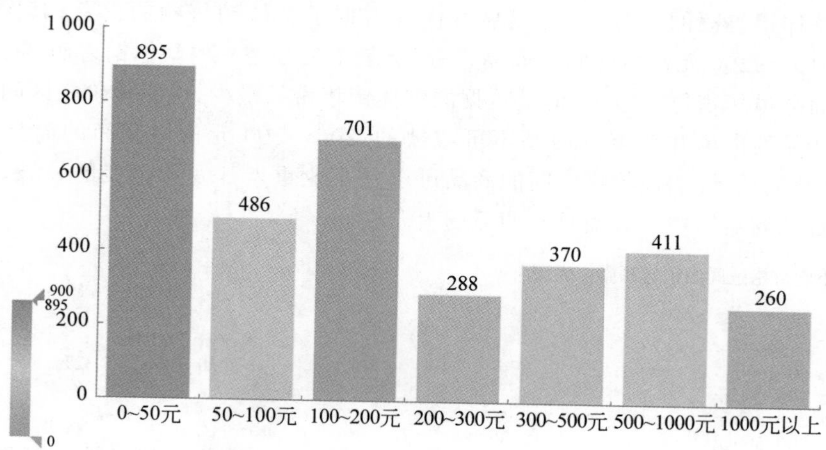

图 9-38　不同价格区间的商品数量

8. 不同价格区间的销售额占比

```
1  df['price_cut'] =price_cut
2  cut_purchase =df.groupby('price_cut')['sales_volume'].sum()
3  data_pair =[list (z) for z in zip (cut _purchase. index. tolist (), cut _
4  purchase.values.tolist())]
5  pie1 =Pie()                                           #绘制饼图
6  pie1.add('', data_pair, radius=['35%', '60%'])
7  pie1.set_global_opts(
8     title_opts=opts.TitleOpts(title='不同价格区间的销售额整体表现'),
9     legend_opts=opts.LegendOpts(orient='vertical', pos_top='15%', pos_
10    left='2%'))
11 pie1.set_Series_opts(label_opts=opts.LabelOpts(formatter="{b}: {d}%"))
12 pie1.set_colors(['#EF9050', '#3B7BA9', '#6FB27C', '#FFAF34', '#D8BFD8',
13 '#00BFFF', '#7FFFAA'])
14 pie1.render_notebook()
```

代码 1～4 行准备数据：生成价格类别 price_cut 列数据，按照该类别数据对商品销售额 sales_volume 列数据进行分组，统计不同价格区间的销售额总量，存放于变量 cut_purchase。使用 zip()函数将 Series 对象 cut_purchase 的索引 price_cut 和值 sales_volume 打包为元组元素构成的列表并返回，为 pyecharts 圆环图绘制准备数据。

代码 4～14 行绘制图形：调用 Pie 对象的相关方法绘制圆环图。使用标题配置项 TitleOpts 设置圆环图的标题；使用图例配置项 LegendOpts 设置图例的位置和布局，其中，参数 orient 表示生成垂直布局的图例；标签配置项 LabelOpts 设置圆环图标签的样式。

运行效果如图 9-39 所示。虽然 1000 元以上价格区间的商品销售数量最少,但是它们贡献了整体销售额的三分之一,以显著优势占据了整体销售额的榜首;其次是 500～1000 元和 100～200 元价格区间的商品,一起贡献了三分之一的整体销售额;50 元以下价格区间的商品虽然销售量最多,但是占据的整体销售份额最少,说明该价格区间的商品可能在提高产品的市场知名度方面是不可或缺的;200～300 元价格区间的商品销售数量少,销售总额也低,说明该价格区间的商品可以是企业重点开发和拓展的领域,在提高商品销售数量和商品销售额方面具有明显的上升空间。

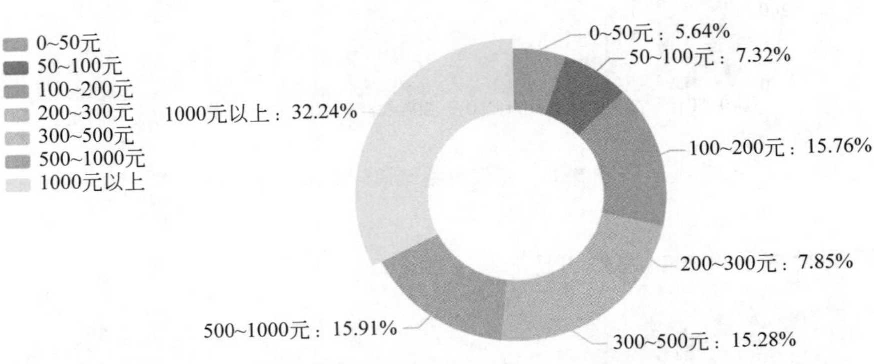

图 9-39 不同价格区间的销售额整体表现

9.9.2 电商用户行为数据可视化

任务描述：本案例分析用户的购物行为数据,探索用户购物行为规律,以便与营销策略相结合,实现精准的个性化营销,提高销售额。本案例旨在可视化分析用户购物行为并可视化展示数据分析结果。

基本思路：用户的购物过程一般会经历单击、收藏、加入购物车、支付四个步骤,这也是电商的基础环节。本案例主要从用户、商品、行为三个维度对购物行为数据进行分析,包括从用户维度查看随时间变化的用户购物行为,比如每天、每小时某用户的购买次数分布,或者查看所有用户在某时间段的购买次数;从商品维度查看高单击量商品的类别,分析受欢迎的商品类别;从行为维度查看哪些环节可能存在用户流失风险,哪些是有价值的用户。

1. 数据集简介

本案例数据集包含 1000 万条用户购物数据,每条记录由 6 个字段组成,包含 2018 年 11 月 18 日至 2018 年 12 月 18 日的用户购物行为数据,保存为 CSV 数据文件 projct_dataset.csv,文件大小超过 500MB,无法直接用 Excel 打开文件进行数据预览。对于这种数据量比较大的情况,可以使用数据库进行数据管理,也可以编写代码将数据读到内存中进一步处理。本案例采用后一种方式读取数据。

数据文件中包含 6 个字段，如图 9-40 所示。用户 ID(user_id)字段是经过脱敏处理的用户唯一标识，表示完成一次购物行为的用户；商品 ID(item_id)字段是经过脱敏处理商品唯一标识；用户行为类型(behavior_type)字段包含单击、收藏、加入购物车和支付四种行为，分别用数字 1、2、3、4 表示用户与商品之间产生的不同购物行为；地理位置(user_geohash)字段记录发生购买行为的地理位置；品类(IDitem_category)字段描述商品所属的类别；时间(time)字段表示用户发生购买行为的时间，具体到小时。

	user_id	item_id	behavior_type	user_geohash	item_category	time
0	98047837	232431562	1	NaN	4245	2018-12-06 02
1	97726136	383583590	1	NaN	5894	2018-12-09 20
2	98607707	64749712	1	NaN	2883	2018-12-18 11
3	98662432	320593836	1	96nn52n	6562	2018-12-06 10
4	98145908	290208520	1	NaN	13926	2018-12-16 21

图 9-40　电商用户行为数据预览

2. 导入模块

本案例使用 pandas 模块提供的函数读取 CSV 数据文件，因此导入扩展库 pandas 及其基础库 numpy；绘制 pyecharts 图形进行可视化数据分析，因此导入 pyecharts 及其子模块。

```
In [1]: import pandas as pd
        import numpy as np
        from pyecharts.charts import Line, Grid, Bar, Pie, Funnel
        from pyecharts import options as opts
        from pyecharts.globals import SymbolType
```

3. 数据加载

```
data_df = pd.read_csv('/home/aistudio/data/data98284/projct_dataset.
csv')
data_df.info()                                    #数据集信息
```

使用 read_csv()函数读入电商用户行为数据文件 projct_dataset.csv，使用 info()方法输出数据集的基本信息，包括数据集记录数目、字段数目和每列数据的类型。

```
Out[1]: <class 'pandas.core.frame.DataFrame'>
        RangeIndex: 12256906 entries, 0 to 12256905
        Data columns (total 6 columns):
         #   Column         Dtype
        ---  ------         -----
         0   user_id        int64
         1   item_id        int64
         2   behavior_type  int64
         3   user_geohash   object
         4   item_category  int64
         5   time           object
        dtypes: int64(4), object(2)
        memory usage: 561.1+MB
```

4. 数据清洗

本案例数据清洗操作包括删除重复记录、删除无用列、处理缺失值等。

```
1  data_df.duplicated().sum()                              #检查重复数据
2  data_df.drop_duplicates(inplace=True)                   #删除重复记录
3  data_df.drop(columns=['user_geohash'], inplace=True)    #删除无用列
4  data_df.shape
5  data_df.isnull().sum()                                  #检查缺失值
6  data_df.head()                                          #预览清洗后的数据集
```

代码 1～2 行：使用 duplicated()方法检查是否存在重复数据，返回布尔值 True，表示存在重复数据，否则返回 False；使用 sum()方法统计重复数据，代码运行结果为 4 092 866，表示数据集中有 4 092 866 条记录存在重复数据。代码第 2 行使用 drop_duplicates()方法删除重复记录，参数 inplace＝True 表示删除重复记录后的数据更新到 DataFrame 对象 data_df 中。

代码第 3～4 行：本案例任务目标与地理位置无关，因此 user_geohash 字段在本案例中属于无关数据列。为了简化计算，使用 drop()方法删除该列，参数 inplace＝True 表示保存数据修改结果至原来的 DataFrame 对象 data_df。处理完成之后使用 shape 属性查看数据的行数和列数，结果为(8164040, 5)，表示清洗后的数据为 8 164 040 行 5 列。

代码第 5 行：使用 isnull()方法检查是否存在缺失值，使用 sum()方法统计缺失值数量，结果显示每列缺失数据值为 0，表示当前数据中不存在缺失值。

完成数据清洗后，数据预览结果如图 9-41 所示。

5. 数据预处理

本案例的数据预处理操作包括添加辅助信息、更改数据类型等，目的是为数据分析准备数据。

	user_id	item_id	behavior_type	item_category	time
0	98047837	232431562	1	4245	2018-12-06 02
1	97726136	383583590	1	5894	2018-12-09 20
2	98607707	64749712	1	2883	2018-12-18 11
3	98662432	320593836	1	6562	2018-12-06 10
4	98145908	290208520	1	13926	2018-12-16 21

图 9-41　数据清洗后的预览结果

```
1  #添加行为类型描述列
2  behavior_type_dict ={1: '单击', 2: '收藏', 3: '加入购物车', 4: '支付'}
3  data_df['behavior_desc']=data_df['behavior_type'].map(behavior_type_dict)
4  #处理时间列
5  data_df[['date', 'hour']] =data_df['time'].str.split(' ', expand=True)
6  data_df['date'] =pd.to_datetime(data_df['date'])              #更改数据类型
7  data_df['hour'] =data_df['hour'].astype('int')
8  data_df =data_df.sort_values(by=['date','hour'])              #按时间排序
9  #保存清洗和预处理后的数据集
10 data_df.to_csv('./cln_proj_dataset.csv', index=False, encoding='utf-8')
```

代码第 1～3 行添加行为类型描述列：当前数据文件中 behavior_type 列以整数表示用户行为所属类别。为了便于查看用户行为具体描述信息，为 data_df 对象添加新列 behavior_desc。首先创建字典 behavior_type_dict，将数字类别和用户行为分别作为字典元素的键和值，建立二者的对应关系。使用 map()方法将定义的对应关系字典映射到列 behavior_type，生成行为类型描述列 behavior_desc。

添加操作完成后，数据预览结果如图 9-42 所示。

代码第 5 行处理时间列：考虑到 time 列的每个字符串数据都由空格连接的日期和时间两部分组成，因此针对字符串向量 data_df['time'].str 使用 split(' ')方法分隔字符串，提取日期和小时子串，分别生成 date 和 hour 列数据，参数 expand＝True 表示把 Series 对象转换为 DataFrame 类型。

代码 6～10 行更改数据类型：使用 to_datetime()方法将 date 列的字符串数据转换为日期类型，将 hour 列数据转换为整型。然后使用 sort_values()方法将数据先按照日期列 date，再按照时间列 hour 升序排列。最后将数据预处理结果保存至数据文件 cln_proj_dataset.csv。

读取并预览数据文件 cln_proj_dataset.csv 前五行，如图 9-43 所示。

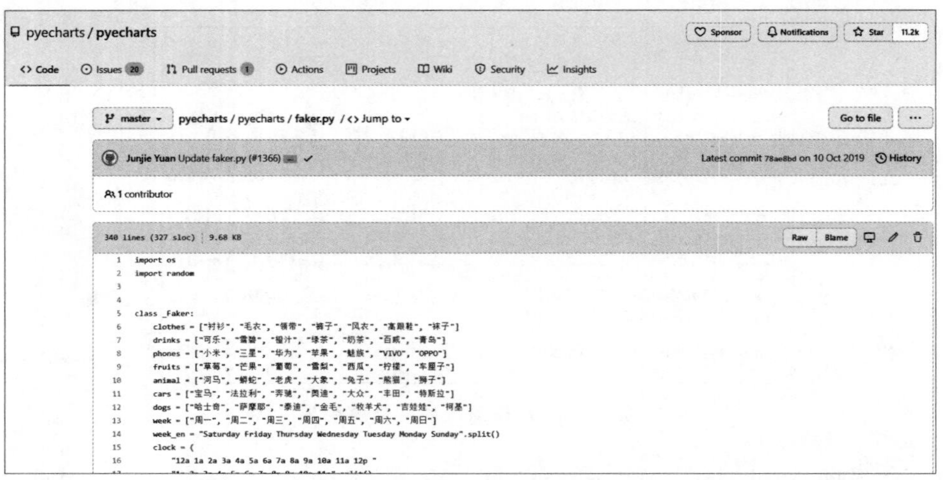

图 9-42　添加行为类型描述列

	user_id	item_id	behavior_type	item_category	time	behavior_desc	date	hour
2577	112707614	343080076	1	13230	2018-11-18 00	点击	2018-11-18	0
3000	112707614	346570272	1	5689	2018-11-18 00	点击	2018-11-18	0
5691	116101597	70407447	1	6512	2018-11-18 00	点击	2018-11-18	0
5727	116101597	327916552	1	6512	2018-11-18 00	点击	2018-11-18	0
6811	117903708	133429705	1	10725	2018-11-18 00	点击	2018-11-18	0

图 9-43　数据预处理结果预览

6. 计算日单击量并可视化

数据清洗和数据预处理之后,从用户、商品、行为三个维度进行数据分析。

```
1  data_df =pd.read_csv('./cln_proj_dataset.csv')       #加载处理后的数据集
2  data_df['date'] =pd.to_datetime(data_df['date'])
3  daily_pv =data_df[data_df['behavior_desc'] =='单击']
4          .groupby('date').count()['user_id'].reset_index()
5          .rename(columns ={'user_id': 'pv'})           #日单击量 PV
6  daily_uv =data_df[data_df['behavior_desc'] =='单击']
7          .groupby('date').nunique()['user_id'].reset_index()
8          .rename(columns={'user_id': 'uv'})            #日独立访客单击量 UV
```

代码 1~2 行:加载经过数据清洗和数据预处理的数据文件 cln_proj_dataset.csv,将列 data 的字符串数据转换为日期时间型。

代码 3~5 行:筛选行为类型描述列 behavior_desc 中用户行为取值是“单击”的数

据，使用 groupby()方法按照列 date 对数据分组，统计每天完成单击操作的用户 ID 数目，并重置索引。这是统计商品的日单击量，并将统计结果保存在重命名后的 pv 列中。

代码 6～8 行：类似地，筛选行为类型描述列 behavior_desc 中用户“单击”行为数据，使用 groupby()方法按照列 date 分组，使用 nunique()方法统计每天完成单击操作的不重复用户 ID 数目，并重置索引。这是统计商品的独立访客单击量，即一台终端作为一个访客，统计通过互联网访问、浏览并单击商品的自然人数，将统计结果保存在重命名后的 uv 列中。

下面调用 Line 对象的相关方法绘制 pyecharts 叠加图，对页面的日单击量数据可视化。

```
1  #可视化用户 ID 对页面的日单击量 PV
2  daily_pv_line = (Line(init_opts=opts.InitOpts(width='400px', height='
3  300px')).add_xaxis(xaxis_data=daily_pv['date'].tolist())
4      .add_yaxis(Series_name="日 PV", y_axis=daily_pv['pv'].tolist(),
5          is_symbol_show=True, label_opts=opts.LabelOpts(is_show=False))
6      .extend_axis(yaxis=opts.AxisOpts(name="日 UV", type_="value",
7          min_=0, max_=8000))
8      .set_global_opts(title_opts=opts.TitleOpts(title='用户日流量指标'),
9          tooltip_opts=opts.TooltipOpts(trigger='axis',
10              axis_pointer_type='line'),
11     xaxis_opts=opts.AxisOpts(type_='time', name='日期', ),
12         yaxis_opts=opts.AxisOpts(type_='value', name='日 PV')))
13 #可视化自然人对页面的日单击量 UV
14 daily_uv_line = (Line().add_xaxis(xaxis_data=daily_uv['date'].tolist())
15     .add_yaxis(Series_name="日 UV", y_axis=daily_uv['uv'].tolist(),
16         is_symbol_show=True, label_opts=opts.LabelOpts(is_show=False),
17         yaxis_index=1))
18 daily_pv_line.overlap(daily_uv_line)
19 daily_pv_line.render_notebook()
```

代码 2～5 行：使用初始化配置项 InitOpts 设置折线图的宽度和高度；使用 add_xaxis()方法将 daily_pv 对象的 date 列数据添加至 X 轴，将 pv 列数据添加至 Y 轴；参数 is_symbol_show＝True 表示不显示折线图上的点标记；标签配置项 LabelOpts 指定不显示标签。

代码 6～7 行：在 pyecharts 折线图的基础上，使用 extend_axis()方法扩展坐标轴，将 daily_uv 对象的 uv 列数据添加至第二个 Y 轴，设置第二个 Y 轴取值范围为[0,8000]。

代码 8～12 行：使用标题配置项 TitleOpts 设置图形标题名称；使用提示框配置项 TooltipOpts 设置参数 trigger＝'axis'表示在折线图上通过坐标轴触发提示框，参数 axis_pointer_type＝'line'表示设置直线提示框；坐标轴配置项 AxisOpts 设置 X 轴名称为“日期”，显示连续的时间数据，Y 轴名称为“日 PV”，显示连续的数值数据。

代码 14～19 行：绘制第二条折线，共享 X 轴，使用 add_yaxis()方法为 Y 轴添加 uv 列数据；参数 yaxis_index＝1 表示第二条折线图使用索引为 1 的 Y 轴，即添加的第二个 Y 轴。使用 overlap()方法表示将两条折线叠加，生成叠加图并显示，如图 9-44 所示。

观察发现，2018 年 11 月 18 日至 12 月 18 日时间段，该页面的日单击量和用户流量数据呈整体缓慢攀升趋势，并在双十二期间达到峰值，显然双十二促销活动对页面单击量

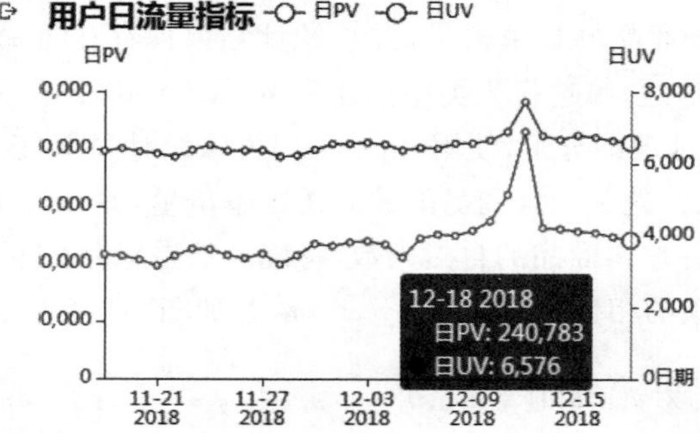

图 9-44　页面日单击量和用户流量叠加图

和用户流量的促进效果明显。

7. 计算小时单击量并可视化

类似地，可以计算用户 ID 的小时单击量和独立访客的小时单击量并绘制双折线叠加图。

```
hourly_pv =data_df[data_df['behavior_desc'] =='单击']
        .groupby('hour').count()['user_id'].reset_index()
        .rename(columns={'user_id': 'pv'})        #用户 ID 的小时单击量 PV
hourly_uv =data_df[data_df['behavior_desc'] =='单击']
        .groupby('hour').nunique()['user_id'].reset_index()
        .rename(columns={'user_id': 'uv'})        #独立访客的小时单击量 UV
#可视化用户 ID 对页面的小时单击量 PV
hourly_pv_line = (Line(init_opts=opts.InitOpts(width='400px', height='
300px')).add_xaxis(xaxis_data=hourly_pv['hour'])
    .add_yaxis(Series_name="小时 PV", y_axis=hourly_pv['pv'].tolist(),
        is_symbol_show=True,label_opts=opts.LabelOpts(is_show=False),)
    .extend_axis(yaxis=opts.AxisOpts(name="小时 UV", type_="value",
        min_=0, max_=10000))
    .set_global_opts(title_opts=opts.TitleOpts(title='用户小时流量'),
        tooltip_opts=opts.TooltipOpts(trigger='axis',
            axis_pointer_type='line'),
        yaxis_opts=opts.AxisOpts(type_='value', name='小时 PV')))
#可视化独立访客对页面的小时单击量 UV
hourly_uv_line =(Line().add_xaxis(xaxis_data=hourly_uv['hour'].tolist())
    .add_yaxis(Series_name="小时 UV", y_axis=hourly_uv['uv'].tolist(),
        is_symbol_show=True, label_opts=opts.LabelOpts(is_show=False),
        yaxis_index=1))
hourly_pv_line.overlap(hourly_uv_line)
hourly_pv_line.render_notebook()
```

按照 data_df 对象的列 hour 进行数据分组聚合操作，绘制 pyecharts 折线叠加图，结果如图 9-45 所示。当日 23 点到次日 5 点的页面访问量和用户流量呈现直线下降趋势，该时间段是绝大多数用户的睡眠时间；早上 5～10 点，页面访问量和用户流量稳步上升；10～18 点，统计数据进入相对稳定时段；18～22 点页面访问量呈现较明显的提升，并在 21～22 点达到峰值。用户流量呈现的趋势类似，但相对不够明显。从可视化结果中大致可以推断每天的 18～22 点为用户比较活跃时段，5～18 点为用户一般活跃时段，23～5 点为用户不活跃时段。

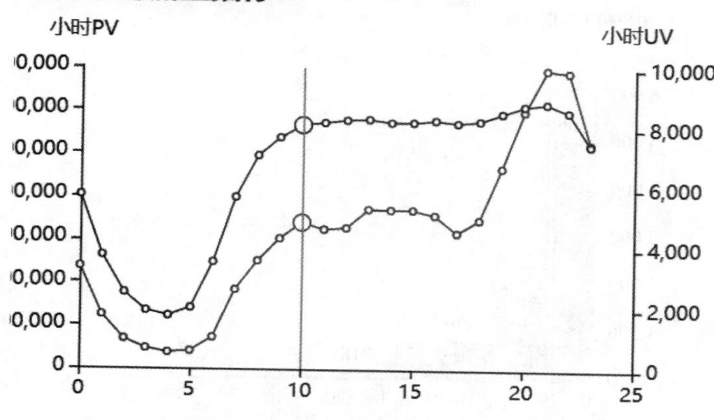

图 9-45　页面小时单击量和用户流量叠加图

8. 用户购买次数分布

```
1   user_buy_time =data_df[data_df['behavior_desc'] =='支付']
2       .groupby('user_id').size()                    #用户购买次数
3   buy_hist, bins =np.histogram(user_buy_time.values, bins=10,
4       range=[0, 100])
5   buy_time_category =[str(int(a)) +'-'+str(int(b))
6       for a, b in zip(bins[: -1], bins[1: ])]
7   #绘制直方图
8   buy_hist_bar =(Bar(init_opts=opts.InitOpts(width='400px', height='
9   300px')).add_xaxis(buy_time_category).add_yaxis(Series_name="",
10          y_axis=buy_hist.tolist(), category_gap=0.2)
11      .set_global_opts(title_opts=opts.TitleOpts(
12          title='用户购买次数分布',),))
13  buy_hist_bar.render_notebook()
```

代码 1～2 行：筛选行为类型描述列 behavior_desc 中用户“支付”行为数据，使用 groupby()方法按照列 user_id 对数据分组，统计用户购买次数并保存统计结果至变量 user_buy_time。

代码 3～6 行：使用 numpy 库函数 histogram()对用户购买次数数据分组，将[0，100]区间的数据分成 10 组，统计每个分组的数据个数。统计结果保存至变量 buy_hist，组分界点保存至变量 bins。利用 zip()函数生成上下分界点组成的元组元素，通过列表推导式形成表示分组区间的字符串列表，形如['0—10', '10—20', '20—30', '30—40', '40—50', '50—60', '60—70', '70—80', '80—90', '90—100']。至此完成绘制 pyecharts 直方图的数据准备。

代码 8～13 行：调用 Bar 对象的相关方法绘制 pyecharts 直方图，结果如图 9-46 所示。显然，购买次数在 20 次以内，尤其是 10 次以内的用户比例非常大，可以考虑重点关注这些购买力较强的用户，了解其购买需求和行为规律，制定精准营销计划。

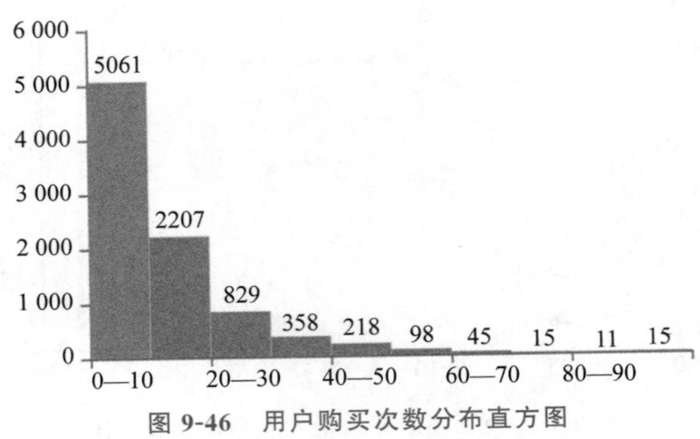

图 9-46　用户购买次数分布直方图

9. 热门商品和类别分析

从商品视角查看热门商品及其类别，并进行数据可视化分析。

```
#单击量排名前 10 的商品种类
top_item_categories =data_df.groupby('item_category')['user_id']
    .count().sort_values(ascending=False).head(10)
    top_item_categories.name ='Count'
    top_item_cat_df =top_item_categories.to_frame().reset_index()
    top_cat_pie =(Pie(init_opts=opts.InitOpts(width='400px'))      #绘制饼图
    .add("", top_item_cat_df.values.tolist())
    .set_global_opts(title_opts=opts.TitleOpts(title="Top10 商品类
别"),legend_opts=opts.LegendOpts(is_show=False), )
    .set_Series_opts(label_opts=opts.LabelOpts(formatter="{d}%")))
top_cat_pie.render_notebook()
```

本案例假设单击量居于前十名的商品为热门商品。首先计算单击量前十名的商品类别。使用 groupby()方法按照列 item_category 进行数据分组，统计各商品类别的用户 ID 数目，降序排列后保存至 Series 对象 top_item_categories；然后指定统计结果所在的列名为 Count，将保存统计结果的 Series 对象转换为 DataFrame 对象，重置索引；最后，调用 Pie 对象的相关方法绘制饼图，其中初始化配置项 InitOpts(width='400px')指定饼图宽度为 400px。

运行结果如图 9-47 所示。

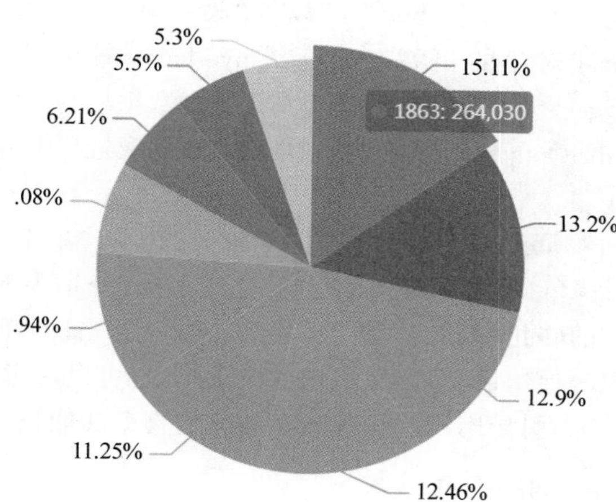

图 9-47　Top10 商品种类饼图

10. 用户行为漏斗分析

用户购买商品的过程通常包括单击、收藏、加入购物车及支付四个步骤。统计商品购买过程各步骤的记录数可以获得从单击到支付各个环节的转化率，进一步分析在各个环节造成用户流失的可能因素。

```
behavior_count =data_df.groupby('behavior_desc').size()
ppv =behavior_count['单击']
favor =behavior_count['收藏']
cart =behavior_count['加入购物车']
buy =behavior_count['支付']
behabior_category =['单击', '收藏/加入购物车', '支付']
rates =[1 * 100, (favor +cart) / pv * 100, buy / pv * 100]
format_rates =[round(r, 2) for r in rates]
#可视化用户转化漏斗
funnel =(Funnel(init_opts=opts.InitOpts(width='400px'))
    .add(Series_name='用户行为',
        data_pair=[i for i in zip(behabior_category, format_rates)],
        tooltip_opts=opts.TooltipOpts(trigger='item',
            formatter='{b}: {c}%', is_show=True),
        label_opts=opts.LabelOpts(is_show=True, position='outside'),)
    .set_global_opts(title_opts=opts.TitleOpts(title='用户行为漏斗图
'),legend_opts=opts.LegendOpts(is_show=False)))
funnel.render_notebook()
```

首先按照 behavior_desc 列进行数据分类,分别统计单击、收藏、加入购物车和支付四个环节的记录数量;然后计算“单击→收藏”的转化率“favor/pv”“单击→购物车”的转化率“cart/pv”“单击→支付”的转化率“buy/pv”以及“收藏→支付”的转化率“buy/(favor + cart)”;最后调用 Funnel 对象的相关方法绘制 pyecharts 漏斗图。其中,提示框配置项 TooltipOpts 的参数 trigger='item'表示鼠标单击图形上的数据项会触发提示框,并指定提示框的样式;标签配置项 LabelOpts 指定标签显示的位置;图例配置项 LegendOpts 设置为不显示图例。

运行结果如图 9-48 所示。用户总体转化率较低,其中,“单击→支付”的转化率仅有 1.48%,而“单击→收藏”和“单击→购物车”的转化率稍高,分别为 3%和 4%;与单击转化率相比,“收藏→支付”的转化率有较大提升,达到 19.27%。针对单击转化率总体偏低的问题,可以考虑组织限时促销活动,促使用户尽快下单,也可以考虑拓展站外流量来源,增加单击量;在功能设计上,引导用户关注收藏和加入购物车功能,有助于提高转化率。

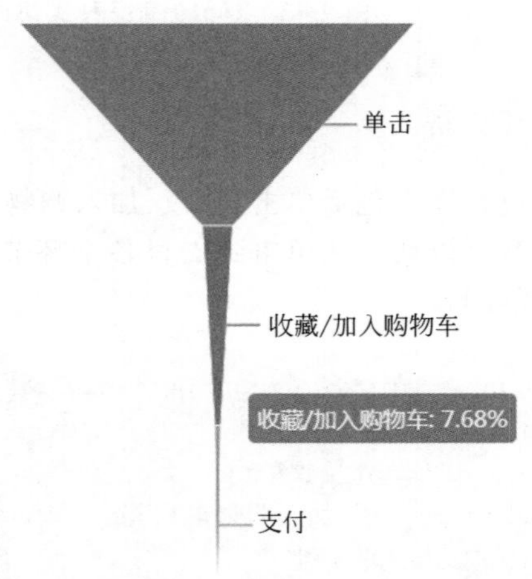

图 9-48 用户行为漏斗图

11. 用户价值分类

根据用户行为类型对用户 ID 数据进行分组,识别需要深度挖掘的用户。

```
#构造 R 值
last_time =data_df[data_df['behavior_desc'] =='支付']
    .groupby('user_id').max()['date']
recency =(data_df['date'].max() -last_time).dt.days.copy()
median_recency =recency.median()
recency[recency <=median_recency] =1
recency[recency >median_recency] =0
```

```
8   recency.name = 'R'
9   #构建 F 值
10  frequency = data_df[data_df['behavior_desc'] == '支付']
11      .groupby('user_id')['item_id'].size()
12  median_freq = frequency.median()
13  frequency[frequency <= median_freq] = 0
14  frequency[frequency > median_freq] = 1
15  frequency.name = 'F'
16  #合并 R、F 值
17  rfm = pd.merge(recency, frequency, on='user_id', how='inner')
18  rfm = rfm[['R', 'F']].astype('str')
19  rfm['RF'] = rfm['R'] + rfm['F']
20  user_tag_dict = {'11': '重要价值客户', '10': '重要发展客户',
21      '01': '重要保持客户', '00': '重要挽留客户'}
22  rfm['user_tag'] = rfm['RF'].map(user_tag_dict)
23  user_tag_count = rfm.groupby('user_tag').size()        #分类统计用户数量
24  #可视化分类统计结果
25  user_tag_pie = (Pie(init_opts=opts.InitOpts(width='400px'))
26      .set_global_opts(legend_opts=opts.LegendOpts(is_show=True))
27  .add(Series_name='购买次数占比',
28      data_pair=[list(z) for z in zip(user_tag_count.index.tolist(),
29  user_tag_count.values.tolist())], radius=['30%', '70%'],
30      label_opts=opts.LabelOpts(is_show=True, position='outside'),)
31      .set_Series_opts(tooltip_opts=opts.TooltipOpts(trigger='item',
32          formatter='{b}: {d}%')))
33  user_tag_pie.render_notebook()
```

本案例使用 RFM 模型衡量客户价值和客户创利能力，通过用户的近期购买行为(Recency)、购买的总体频率(Frequency)以及花了多少钱(Monetary)三项指标描述用户的价值状况。

代码 1～8 行构造 R 值：筛选行为类型描述列 behavior_desc 中用户“支付”行为数据，使用 groupby()方法按照列 item_id 对数据分组，统计支付日期的最大值；进而计算每个用户当前日期与最后一次购买商品相距的天数，保存至变量 recency，代表用户近期购买行为；接着计算其中位数并保存至变量 median_recency。若当前用户近期购买行为大于中位数则置为 1，否则置为 0。如此构造出代表用户近期购买行为的 R 值。

代码 9～15 行构造 F 值：筛选行为类型描述列 behavior_desc 中用户“支付”行为数据，使用 groupby()方法按照列 user_id 对数据分组，统计购买商品的频率；计算用户购买商品频率的中位数，若当前用户的购买频率大于中位数则置为 1，否则置为 0。如此构造出代表用户购买频率的 F 值。

代码 16～23 行合并 R 和 F 值：user_id 列作为索引，使用 merge()函数，以内连接的方式将代表 R 值的列 recency 与代表 F 值的列 frequency 横向合并，其中标识类别的整型列数据均转换为字符串,通过字符串连接操作生成一个新列 RF。创建字典变量 user_tag_dict 存放分类规则对应关系,其中,元素的键为 R 和 F 值连接后的类别字符串,元素的值为用户价值字符串。使用 map()方法将定义的对应关系字典映射到列 RF,生成用户价值列 user_tag。分组统计每个价值类别中的用户数目。

代码 25～33 行绘制圆环图:调用 Pie 对象的相关方法绘制 pyecharts 圆环图。使用图例配置项 LegendOpts 设置为在圆环图上显示图例;使用标签配置项 LabelOpts 设置为将标签显示在圆环图的外侧;使用提示框配置项 TooltipOpts 设置提示文本为“数据项名称:占比%”的形式。

运行结果如图 9-49 所示。重要价值客户占比大于总量的三分之一,这是最优质的用户群体,应重点关注,既要保持其粘性,又要继续引导消费,可以为这类用户提供 VIP 服务;重要发展客户群体占比大约四分之一,他们近期有消费但频次不高,可以考虑采用促销活动提醒和优惠券发放策略提高其消费次数;大约 15.6%的重要保持客户消费频次高但有一段时间没有消费,可以考虑 APP 消息推送和站外广告营销等策略吸引他们的注意力,重新唤醒并促进其复购意愿;近 40%的重要挽留客户近期没有消费且频次不高,存在较大的客户流失风险,可以考虑采用持续推送活动和优惠信息加以挽留,同时需要进一步研究他们的浏览兴趣和购物需求,采取有效的运营策略,减少和避免出现客户流失现象。

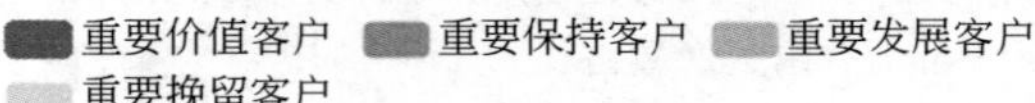

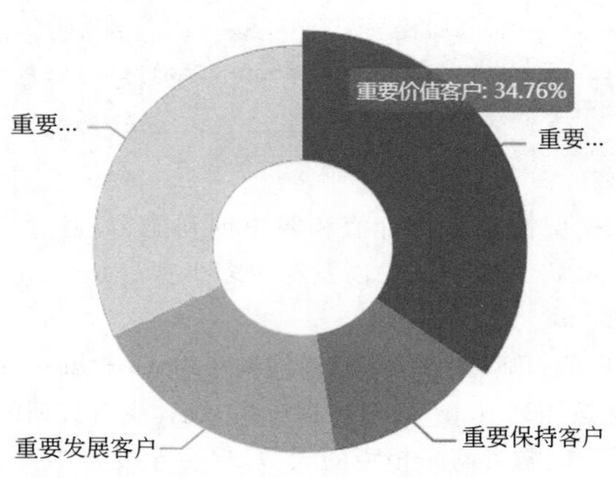

图 9-49 用户价值分析圆环图

第10章 机器学习库 sklearn

机器学习(Machine Learning)是一门综合性的多领域交叉学科,是实现人工智能(Artificial Intelligence)的基础方法之一,广泛应用于经济、教育及社会生活等各行各业。

Python 提供了开源的机器学习工具包 scikit-learn,涵盖了几乎所有主流的机器学习算法,只需要简单调用就可以使用,为机器学习算法的使用提供了便利。

10.1 机器学习简介

机器学习研究计算机如何模拟或实现人类的学习行为,以获取新的知识或技能,重新组织已有的知识结构并不断改善自身的性能。它是一门综合性非常强的多领域交叉学科,涉及线性代数、概率论、统计学、逼近论和高等数学等学科。目前机器学习的应用非常广泛,包括数据分析与挖掘、计算机视觉、自然语言处理以及生物信息学等。

机器学习算法的分类方式有很多种,按照学习任务可以将机器学习算法分为分类、聚类和回归;按照学习方式可以分为有监督学习(Supervised Learning)、无监督学习(Unsupervised Learning)和半监督学习(Semi-supervised Learning)等。

有监督学习算法是从有类别标签的训练数据集中学习出一个函数的机器学习算法。它对一组数据中每个样本的若干特征与类别标签之间的关联性进行建模,通过对大量已知样本的训练和学习确定模型参数;当未知标签的新数据到来时,可以根据这个模型预测未知标签数据的类别。分类(Classification)与回归(Regression)都属于经典的有监督学习算法。在分类任务中,类别标签是离散值。通过对已知类别的数据进行训练和学习,找到同类的特征和规律,然后对未分类数据使用这些规律,用于预测未分类数据所属的类别。在回归任务中,需要预测的类别标签是连续值。常用的有监督学习算法有决策树(Decision Tree)、支持向量机(Support Vector Machines,SVM)、逻辑回归(Logistic Regression)、线性回归(Linear Regression)、朴素贝叶斯(Naive Bayes)、K-近邻(K-nearest Neighbor,KNN)等。

无监督学习算法根据无类别标签或类别标签未知的训练样本解决模式识别中的各种问题。由于样本数据的类别未知,无监督学习算法根据样本间的相似性发现样本集中的相似样本组合,或者确定数据的分布,或者将数据从高维空间投影到低维空间。聚类(Clustering)和降维(Dimensionality Reduction)是典型的无监督学习算法。聚类任务根据计算出的相似度将数据分成不同的组别,而降维任务可以减少与任务目标无关的特征数据并提高数据分析效率。常用的无监督学习算法包括 K-Means 聚类、主成分分析(Principal Component Analysis,PCA)和拉普拉斯特征映射算法等。

半监督学习是有监督学习与无监督学习相结合的学习方法。该方法使用大量的无标签数据和一部分有标签数据共同进行模式识别,通常用于类别标签不完整的学习任务。

10.2 机器学习工具 sklearn

Python 扩展库 scikit-learn 简称 sklearn,是使用广泛的数据分析和机器学习库。它提供了用于模型选择和评估、数据转换、数据加载和模型持久化的工具,也包含 SVM、随机森林、K-Means 等多种有监督和无监督的机器学习算法,可用于分类、聚类、预测和其他常见任务。

sklearn 是基于 numpy、scipy 和 matplotlib 等扩展库的 Python 开源库,可以在 Scripts 文件夹下打开命令提示符窗口,安装这些依赖库之后,再使用命令 pip install scikit-learn 或者 pip install sklearn 在线安装。如果使用 Anaconda3 集成开发环境,也可以在命令窗口下的 Anaconda Prompt 目录,使用 conda 命令安装、卸载或升级扩展库。安装 scikit-learn 的其他方法参见 scikit-learn 中文社区(网址为 http://scikit-learn.org.cn)。

成功安装了 sklearn 及其依赖库,导入相关的模块,就可以使用扩展库 sklearn 提供的数据集、工具和算法开始数据分析和机器学习任务。

10.2.1 sklearn 常用模块

扩展库 scikit-learn 提供的功能模块主要包括六大类,即分类(Classification)、回归(Regression)、聚类(Clustering)、数据降维(Dimensionality Reduction)、模型选择(Model Selection)和数据预处理(Preprocessing)。其中,sklearn 中常用的机器学习模块如表 10-1 所示。

表 10-1 sklearn 的常用模块和算法

类 型	应 用	算 法
分类	异常检测、图像识别等	KNN、SVM 等
回归	价格预测、趋势预测等	线性回归、SVR 等
聚类	图像分割、群体划分等	K-Means、谱聚类等
降维	可视化	PCA、NMF 等

1. 分类

分类算法使用一批已知类别标签的样本训练一个分类模型，使其能够对未知的样本进行分类。分类算法属于有监督学习算法，它首先通过分析属性描述的数据记录来构造一个分类模型，用于描述给定的数据集或概念集，然后使用训练好的模型对新数据进行类别划分，主要涉及分类规则的准确性、过拟合、矛盾划分的取舍等问题，常用于垃圾邮件检测、图像识别、人脸识别、信用卡申请人风险评估等。

传统的分类算法包括支持向量机、K-最近邻算法、逻辑回归（LR）、随机森林（RF）及决策树等。

2. 回归

回归分析建立模型研究自变量和因变量之间的显著关系和影响强度，预测数值型数据的目标值，在管理、经济、社会学、医学、生物学等领域得到广泛应用。常用的回归方法包括支持向量回归、脊回归、Lasso 回归、弹性网络、最小角回归及贝叶斯回归等。

回归是一种预测性的建模技术，其原理是利用属性的历史数据预测未来趋势。首先假设一些已知类型的函数可以拟合目标数据，然后利用某种误差分析确定一个与目标数据拟合程度最好的函数。分类与回归的区别是预测值的数据类型不同，分类是采用离散值进行预测，而回归是采用连续值进行预测。

3. 聚类

聚类模型自动识别具有相似属性的给定对象，将其划分至不同集合。聚类的输入是一组未被标记的数据，根据样本特征的距离或相似度进行划分。划分原则是保持最大的组内相似性和最小的组间相似性。因此，聚类属于无监督学习，常用于顾客细分、实验结果分组等场景。经典的聚类方法包括 K-均值聚类、谱聚类、均值偏移、分层聚类和基于密度的聚类等。

聚类算法适用于客户分群以便进行精准营销等实际应用。分类与聚类的区别是样本集中是否提供类别标签，分类算法的输入值是带有类别标签的训练样本，而聚类的输入是一组没有给定类别标签的样本数据，根据样本特征的距离或相似度进行划分。其划分的原则是保证同组数据的相似度高，不同组数据的相似度低。

4. 数据降维

在机器学习任务中，面对一个具有上千特征的数据集，模型训练将是一个巨大的挑战。在高维数据中筛选出有用的变量，可以减小计算复杂度并提高模型的训练效率和准确率，这就是数据降维。数据降维通常采用某种映射方法，将原高维空间中的数据点映射到低维空间中，从而减少与任务无关的随机变量个数，常用于可视化处理、效率提升的应用场景。常用的数据降维算法有主成分分析（PCA）、非负矩阵分解（NMF）等。

5. 模型选择

根据一组不同复杂度的模型表现,从某个模型空间中挑选最好的模型是模型选择的主要任务。模型选择是给定参数,并进行比较、验证和选择,找到最佳复杂度模型的方法。其主要思想是通过训练数据来估计期望的测试误差,从而在不同复杂度的模型中进行选择。模型选择的目的是通过参数调整来提升精度,sklearn 模块已实现的模型选择方法包括网格搜索、交叉验证和各种针对预测误差评估的度量函数。

6. 数据预处理

现实世界的数据极易受到噪声、缺失值和不一致数据的侵扰,低质量的数据无法直接进行分析和处理,或导致分析结果差强人意。在数据分析和处理之前进行数据预处理是提高数据质量的有效方法,主要包括数据清理、数据集成、数据规约和数据变换等。其中,数据清理用于清除数据噪声并纠正不一致;数据集成可以将多个数据源合并成一致的数据集存储起来;数据规约通过聚集、删除冗余特征或聚类等方法降低数据规模;数据变换实现数据的规范化。

10.2.2 sklearn 使用流程

机器学习库 sklearn 的使用一般分为准备数据集、选择模型、训练模型和测试模型四个阶段。准备数据集涉及数据加载及数据预处理过程;选择模型需要根据不同任务选取合适的模型,建立模型评估对象;训练模型就是将数据集送入模型,根据经验设定模型参数;测试模型就是根据评价指标评估模型以便进一步模型优化。

以常用的鸢尾花数据集为例简述扩展库 scikit-learn 的使用流程。数据集中每一行代表一个样本,每一列称为样本的特征或属性。特征用来描述样本,特征越多表示描述这个样本的信息越完备。这里根据鸢尾花的特征预测某一朵花的类别,其本质是一个分类问题,可以选择 KNN 算法构建模型。首先加载鸢尾花数据集并获取特征及标签数据,然后选择 KNN 算法构建模型,接着训练模型,最后测试模型。

```
In [1]: #引入包
        import pandas as pd
        import numpy as np
        #准备数据集
        iris_data =pd.read_csv('iris.csv')
        #获取特征
        X =iris_data[['sepal_length', 'sepal_width', 'petal_length', 'petal_
        width']].values
        print(X.shape)
out[1]: (150, 4)
In [2]: y =iris_data['label'].values                          #获取标签
        print(y.shape)
```

```
out[2]: (150,)
In [3 ]: from sklearn.neighbors import KNeighborsClassifier      #选择模型
         knn_model =KNeighborsClassifier()
         knn_model.fit(X, y) #训练模型
         knn_model.predict([[5.1, 3.5, 1.4, 0.2]]) #测试模型,选择第一个样本
out[3]: array([1])
In [4]: knn_model.predict([[5.9, 3.0, 5.1, 1.8]]) #选择最后一个样本
out[4]: array([3], dtype=int64)
```

10.3　数据集准备及划分

10.3.1　sklearn 常用数据集

机器学习过程离不开数据。扩展库 sklearn 自身内置了少量数据集，供人们学习使用。表 10-2 列出了 scikit-learn 提供的常用数据集，用户也可以登录官网（网址：http://scikit-learn.org/stable/modules/classes.html # module-sklearn.dataset）查看 sklearn 提供的全部数据集列表。

表 10-2　scikit-learn 提供的常用数据集

数据集名称	调用方式	适用算法	数据规模
鸢尾花数据集	load_iris()	分类	150×4
手写数字数据集	load_digits()	分类或降维	5620×64
波士顿房价数据集	load_boston()	回归	506×13
糖尿病数据集	load_diabetes()	回归	442×10
Olivetti 脸部图像数据集	fetch_olivetti_faces()	降维	400×64×64
路透社新闻语料数据集	fetch_rcv1()	分类	804 414×47 236

扩展库 sklearn 提供的数据集都在 sklearn.dataset 模块中，主要提供了导入、在线下载及本地生成数据集的方法，可以通过 dir 或 help 命令查看。对于不同类型的内置数据集，sklearn 提供三种数据集接口，即 dataset.load_＜dataset_name＞、datasets. fetch_＜dataset_name＞和 make_＜dataset_name＞。

1. dataset.load_数据集接口

scikit-learn 内置的一些小型标准数据集是安装 sklearn 扩展库时打包下载到本地的，不需要从外部网站下载任何文件，直接加载就可以使用。例如，可以分别使用命令 load_iris() 和 load_boston()加载入门训练使用最多的鸢尾花数据集和波士顿房价数据集，加载数据集的可选参数 return_X_y 默认值为 False，表示以字典形式返回包括数据 data 和标签 target 在内的全部数据；若 return_X_y＝True，则以元组形式（data，target）返回数据。

```
In [1]: from sklearn.datasets import load_iris
        data =load_iris(return_X_y=True)
        type(data)
out[1]: tuple
```

使用扩展库 sklearn 中 dataset.load_数据集接口加载内置的小型标准数据集，默认获取的数据集类似字典类型，可以按照字典的方式使用。通过 keys()方法查看数据集的元素，包括 data 数据、target 标签、target_names 标签名、feature_names 特征名、DESCR 数据集描述等。

```
In [1]: from sklearn.datasets import load_iris
        data =load_iris()
        print(dir(data))                                #查看 data 的属性或方法
Out[1]: ['DESCR', 'data', 'feature_names', 'filename', 'target', 'target_names']
In [2]: print(data.DESCR)                               #查看数据集的描述
out[2]: ... _iris_dataset:
        …

          : Summary Statistics:
                             Min   Max   Mean   SD    Class   Correlation
          sepal length:      4.3   7.9   5.84   0.83   0.7826
           sepal width:      2.0   4.4   3.05   0.43  -0.4194
          petal length:      1.0   6.9   3.76   1.76   0.9490    (high!)
           petal width:      0.1   2.5   1.20   0.76   0.9565    (high!)
        …
```

Fisher 在 1936 年整理的鸢尾花数据集是一个经典的多分类数据集，包含 150 个样本数据，共分为三类，每类 50 个样本，每个样本有 4 个特征，记录了鸢尾花的特征数据及其所属的类别(label)。特征数据包括萼片长度(sepal_length)、萼片宽度(sepal_width)、花瓣长度(petal_length)和花瓣宽度(petal_width)，数据取值都为正浮点数，单位是 cm。数据集的最后一列是类别标签，鸢尾花所属类别共分为三类：Iris Setosa(山鸢尾)、Iris Versicolour(杂色鸢尾)和 Iris Virginica(弗吉尼亚鸢尾)。

```
In [3]: print(data.feature_names)                   #查看数据的特征名
out[3]: ['sepal length (cm)', 'sepal width (cm)', 'petal length (cm)', 'petal
width (cm)']
In [4]: print(data.target_names)                    #查看数据的分类名
out[4]: ['setosa' 'versicolor' 'virginica']
In [5]: print(data.target)
out[5]: [0 0 0 0 0 0 0 0 0 0 0 0 0 0 0 0 0 0 0 0 0 0 0 0 0 0 0 0 0 0 0 0 0 0 0 0 0 0 0 0 0 0 0 0
0 0 0 0 0 0 1 1 1 1 1 1 1 1 1 1 1 1 1 1 1 1 1 1 1 1 1 1 1 1 1 1 1 1 1 1 1 1 1 1 1 1 1 1 1 1 1 1
1 1 1 1 1 1 1 1 2 2 2 2 2 2 2 2 2 2 2 2 2 2 2 2 2 2 2 2 2 2 2 2 2 2 2 2 2 2 2 2 2 2 2 2 2 2 2 2
2 2 2 2 2 2 2 2]
```

```
In [6]: print(data.target[[1,10, 100]]) #查看第 2、11、101 个样本的目标值
out[6]: [0 0 2]
```

鸢尾花数据集(iris)通常用于学习 sklearn 的常用分类算法,数据简单直观,不管是直接套用算法接口,还是降维,都可以作为熟悉算法的小数据集使用。

2. datasets.fetch_的数据集接口

扩展库 scikit-learn 提供了加载较大数据集的工具。用户可以从网络上下载 scikit-learn 提供的大规模数据集,通过数据集接口 datasets.fetch_<dataset_name>()加载;也可以通过 datasets.get_data_home()函数获取大规模数据集的完整目录;使用完毕,用户可以调用 clear_data_home(data_home=None)函数删除所有下载的数据。

以 20newsgroups 数据集为例。扩展库 sklearn 提供了两种加载 20newsgroups 数据集的方式。第一种是使用 sklearn.datasets.fetch_20newsgroups()函数,返回一个能够被文本特征提取器接受的原始文本列表;第二种是使用 sklearn. datasets. fetch_20newsgroups_vectorized()函数,返回一个已提取特征的文本序列,即不需要使用特征提取器。使用 datasets.fetch_20newsgroups()函数加载机器学习标准数据集 20newsgroup,语法格式如下。

```
  fetch_20newsgroups(data_home=None, subset='train', categories=None,
shuffle=True, random_state=42, remove=(), download_if_missing=True)
```

data_home:设置数据集的下载路径,默认所有 scikit_learn 机器学习数据都存储在"~/scikit_learn_data/"子文件夹中,也可以修改环境变量 SCIKIT_LEARN_DATA 指定自己的默认目录。

subset:选择要加载的数据集,可以是字符串'train'、'test'或'all',分别表示加载数据集中的训练数据、测试数据和所有数据。

categories:指定选取哪一类数据集,一般为表示新闻类别的列表类型,默认 20 类。

shuffle:指定是否将数据随机排序,可以是布尔值 True 或 False。

random_state:用于设置随机数生成器或种子整数。

remove=():表示去除部分文本。

download_if_missing=True:表示如果没有下载过,可以重新下载数据集。

```
In [1]: from sklearn.datasets import fetch_20newsgroups
        newsgroups_train =fetch_20newsgroups(subset='train')
out[1]: Downloading 20news dataset. This may take a few minutes.
Downloading dataset from https://ndownloader.figshare.com/files/5975967 (14
MB)
In [2]: print(list(newsgroups_train.target_names))
```

```
out[2]: ['alt.atheism', 'comp.graphics', 'comp.os.ms-windows.misc', 'comp.
sys.ibm.pc.hardware', 'comp.sys.mac.hardware', 'comp.windows.x', 'misc.
forsale', 'rec.autos', 'rec.motorcycles', 'rec.sport.baseball', 'rec.sport.
hockey', 'sci.crypt', 'sci.electronics', 'sci.med', 'sci.space', 'soc.
religion.christian', 'talk.politics.guns', 'talk.politics.mideast', 'talk.
politics.misc', 'talk.religion.misc']
In [3]: newsgroups_train.filenames.shape   #真实数据在 filenames 和 target 中
Out[3]: (11314,)
In [4]: newsgroups_train.target.shape
Out[4]: (11314,)
In [5]: newsgroups_train.target[: 10]        #target 属性就是类别的整数索引
Out[5]: array([ 7, 4, 4, 1, 14, 16, 13, 3, 2, 4])
```

数据集 20newsgroups 是用于文本分类、文本挖掘和信息检索研究的国际标准数据集之一，收集了 18828 个新闻组文档，来自 20 个不同的新闻组。一些新闻组的主题特别相似，还有一些却完全不相关。数据集 20newsgroups 被分为两个子集，一个用于训练或者开发，另一个用于测试或性能评估，训练集和测试集的划分是基于某个特定日期前后发布的消息。

```
In [6]: cats =['alt.atheism', 'sci.space']        #设置类别列表,只加载一部分类别
        newsgroups_train = fetch_20newsgroups(subset='train', categories=
       cats)
        list(newsgroups_train.target_names)
Out[6]: ['alt.atheism', 'sci.space']
In [7]: newsgroups_train.filenames.shape
Out[7]: (1073,)
In [8]: newsgroups_train.target.shape
Out[8]: (1073,)
In [9]: newsgroups_train.target[: 10]
Out[9]: array([0, 1, 1, 1, 0, 1, 1, 0, 0, 0])
```

3. datasets.make_数据集接口

扩展库 scikit-learn 包括各种随机样本的生成器，用于建立可控制大小和复杂性的人工数据集。scikit-learn.datasets 模块提供了生成随机数据的 API。与 numpy 相比，该接口可以生成适合特定机器学习模型的数据，用于分类、回归、聚类、流形学习或者因子分解等任务。

1）生成分类模型随机数据

可以使用 sklearn.datasets.make_classification()函数生成分类模型随机数据，主要参数如下。

n_samples：指定生成的样本数量，整数类型，默认值为 100。

n_features：指定生成的样本特征总数，取值为 n_informative、n_redundant 和 n_

repeated 特征值之和，整数类型，默认值为 20。

n_informative：指定多信息特征的个数。

n_redundant：表示冗余信息，n_informative 特征的随机线性组合。

n_repeated：表示重复信息，随机提取 n_informative 和 n_redundant 特征。

n_classes：指定分类类别，整数类型，默认值为 2。

n_clusters_per_class：表示某一个类别是由几个 cluster 构成的。

random_state：指定随机数生成器使用的种子，整数类型。

```
In [1]: import numpy as np
        import matplotlib.pyplot as plt
        from sklearn.datasets.samples_generator import make_classification
        X1, Y1 =make_classification(n_samples= 400, n_features= 2,
                n_redundant= 0, n_clusters_per_class= 1, n_classes= 3)
        plt.scatter(X1[: , 0], X1[: , 1], marker= 'o', c= Y1)
        plt.show()
```

运行结果如图 10-1 所示。使用 make_classification()函数生成三元分类模型数据，关键参数包括生成样本数 n_samples、样本特征数 n_features、冗余特征数 n_redundant 和输出的类别数 n_classes。其中，变量 X1 为样本特征，Y1 为样本类别输出，共生成 400 个样本，每个样本包含 2 个特征，输出 3 个类别，没有冗余特征，每个类别构成一个簇。

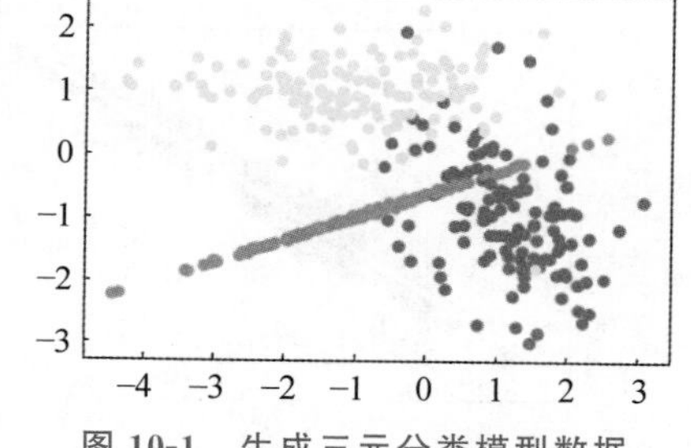

图 10-1 生成三元分类模型数据

2）生成回归模型随机数据

可以使用 sklearn.datasets.make_ regression()函数生成回归模型数据，主要参数除了生成样本数 n_samples、样本特征数 n_features 和指定随机数生成器种子 random_state，还有样本随机噪声 noise 和指定是否返回回归系数的 coef 参数。

```
In [1]: import numpy as np
        import matplotlib.pyplot as plt
        from sklearn.datasets.samples_generator import make_regression
        X, y, coef =make_regression(n_samples= 1000, n_features= 1,noise= 10,
        coef= True)
        plt.scatter(X, y, color= 'purple')
        plt.plot(X, X * coef, color= 'blue',linewidth= 3)
        plt.show()
```

运行结果如图 10-2 所示。使用 make_regression()函数生成回归模型随机数据，X 为样本特征，y 为样本输出，coef 为回归系数，共生成 1000 个样本，其中每个样本包含 1 个特征。

3) 生成聚类模型随机数据

使用 sklearn.datasets. make_blobs()函数生成聚类模型随机数据,关键参数除了生成样本数 n_samples 和样本特征数 n_features,还有指定簇中心个数或者自定义簇中心的参数 centers 和指定簇数据方差的参数 cluster_std。

```
In [1]: import numpy as np
        import matplotlib.pyplot as plt
        from sklearn.datasets.samples_generator import make_blobs
        X, y =make_blobs(n_samples=1000, n_features=2, centers=[[-1,-1], [1,
        1], [2,2]], cluster_std=[0.4, 0.5, 0.2])
        plt.scatter(X[: , 0], X[: , 1], marker='o', c=y)
        plt.show()
```

运行结果如图 10-3 所示。使用 make_blobs ()函数生成聚类模型随机数据,可以为中心和各簇的标准偏差提供更好的控制,其中,X 为样本特征,y 为样本簇类别,共生成 1000 个样本,每个样本包含 2 个特征,生成 3 个簇,簇中心在[−1,−1]、[1,1]和[2,2],簇方差分别为[0.4, 0.5, 0.2]。

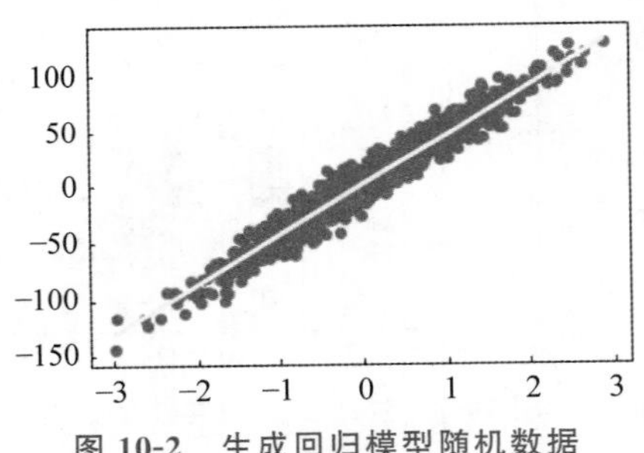

图 10-2 生成回归模型随机数据

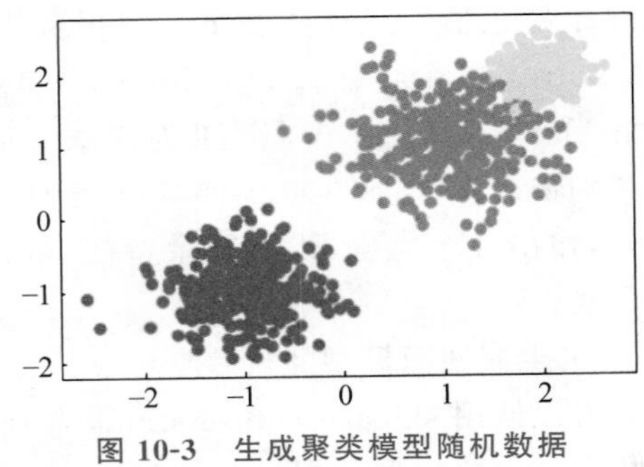

图 10-3 生成聚类模型随机数据

10.3.2 数据集划分

数据集准备阶段,可以将送入模型的数据分为样本特征矩阵 X 和标签 y 两部分。其中,样本特征 X 可以表示为一个 numpy 二维数组,数组的行数代表样本个数,列数表示样本特征数;标签 y 是每个样本对应的类别,表示为一维数组,元素个数与样本个数相等。

现实应用中,待预测的样本是从未见过的。为了测试模型的性能,需要通过实验对模型的泛化误差进行评估,进而做出选择,所以需要一个“测试集”来测试模型对新样本的判别能力。因此,在机器学习任务中将数据集划分为训练集和测试集两部分,人为地将一小部分数据划分为测试数据以供测试模型的性能。具体地说,首先在训练集上训练模型,输入训练数据的特征矩阵 X 和标签 y;然后在测试集上测试模型,输入测试数据的特征;最后根据输出的预测标签和真实标签进行比较,评估模型的性能。

扩展库 sklearn 提供了用于划分测试集和训练集的 train_test_split()函数,返回划分好的训练集、测试集样本和标签。语法格式如下。

```
X_train,X_test,y_train,y_test=train_test_split(X,y,test_size=1/4,random_
state)
```

X：表示原始数据集样本及其所有特征。

y：表示所有样本的类别标签。

test_size：设置测试集样本占比或数量，如果是浮点数，为 0～1，表示样本占比；如果是整数，表示样本数量；如果是 None，则 test size 参数值自动设置为 0.25。

random_state：指定随机数生成器的种子，以保证重复实验时，得到相同的随机数。

```
In [1]: from sklearn.model_selection import train_test_split
        X_train, X_test, y_train, y_test =train_test_split(X, y, test_size=1/
        4, random_state=10)
        print('原数据集的样本个数：', X.shape[0])
        print('训练集的样本个数：', X_train.shape[0])
        print('测试集的样本个数：', X_test.shape[0])
out[1]: 原数据集的样本个数：150
        训练集的样本个数：112
        测试集的样本个数：38
In [2]: #选择 K-近邻距离算法
        from sklearn.neighbors import KNeighborsClassifier
        knn_model =KNeighborsClassifier()
In [3]: #在训练集上进行训练
        knn_model.fit(X_train, y_train)
out[3]: KNeighborsClassifier(algorithm='auto', leaf_size=30, metric='
        minkowski',metric_params=None, n_jobs=None, n_neighbors=5, p=2,
        weights='uniform')
In [4]: #在测试集上测试模型
        y_pred =knn_model.predict(X_test)
In [5]: #输出测试集真实值和预测值
        print('真实值：', y_test)
        print('预测值：', y_pred)
out[5]: 真实值：[2 3 1 2 1 2 2 2 1 2 2 3 2 1 1 3 2 1 1 1 3 3 3 1 2 1 2 2 2 3 2 2 3 3 3 1 3 3]
        预测值：[2 3 1 2 1 2 3 2 1 2 2 3 2 1 1 3 2 1 1 1 3 3 3 1 2 1 2 2 2 3 2 2 3 3 3 1 3 3]
In [6]: #模型准确率
        from sklearn.metrics import accuracy_score
        acc =accuracy_score(y_test, y_pred)
        print('准确率：', acc)
out[6]: 准确率：0.9736842105263158
```

10.4 模型选择及处理

不同模型适用于处理不同规模的数据,解决不同类型的问题,目前不存在适用于解决机器学习领域所有问题的通用模型和算法。在实际应用中,用户需要对问题类型和数据规模进行深入分析,从数据量大小、特征维度多少以及给定的任务要求等多方面综合考量,选择适合的机器学习模型和算法。scikit-learn 官方在线文档提供了机器学习算法选择路径图作为模型选择的参考,网址为 https://scikit-learn.org/stable/tutorial/machine_learning_map/index.html,如图 10-4 所示,用户可以根据实际情况进行调整。

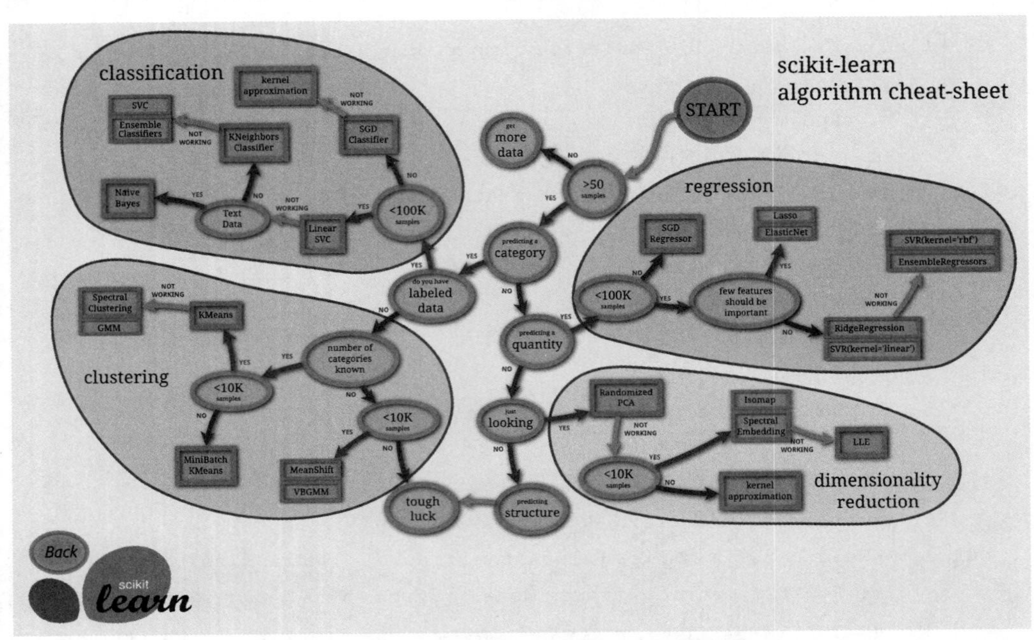

图 10-4 sklearn 官网提供的算法选择路径图

根据路径图选择机器学习算法时,首先查看数据样本个数是否大于 50,如果样本量不足 50 个,会导致模型过拟合等多种问题,因此需要再收集更多的数据参与模型训练;如果样本量大于 50 个,那么查看需要解决的是否是一个类别预测问题;如果是,进一步查看给定数据集中的样本是否包含类别标签;若数据已标记,则进入分类算法选择模块,否则进入聚类算法选择模块。如果需要解决的不是类别预测问题则查看是否属于数量预测问题,如果是,那么进入回归算法选择模块。

10.4.1 分类

分类模型的使用包括两个阶段,其中,学习阶段的任务是构建分类模型,分类阶段的任务是使用模型预测给定数据的类别标签。常用的分类模型有决策树、K-近邻、支持向量机、朴素贝叶斯等。

1. KNN 算法

K-近邻(K-Nearest Neighbor Classification,KNN)属于有监督学习算法。所谓 K 是指 K 个最邻近的样本。在特征空间中,如果一个样本附近的 K 个最邻近样本大多数属于某一个类别,则该样本也属于这个类别。KNN 算法一般应用于字符识别、文本分类、图像识别等领域,既可以用于解决分类问题又可以用于解决回归问题。

KNN 算法根据距离函数计算待分类样本 x 和其他每个训练样本的距离,选择与待分类样本距离最小的 K 个样本作为样本 x 的 K 个最近邻,最后以 x 的 K 个最近邻中大多数样本所属的类别作为样本 x 的类别。如何度量样本之间的距离是 KNN 算法的关键。常见的距离度量方法包括闵可夫斯基距离(当参数 p=2 时为欧几里得距离,参数 p=1 时为曼哈顿距离)、余弦相似度、皮尔逊相关系数、汉明距离、杰卡德相似系数等。对于每一个待分类样本,都要计算它到全部已知样本的距离,因此 KNN 算法的计算量较大。

扩展库 sklearn.neighbors 提供了实现 K-近邻分类算法的 KNeighborsClassifier()函数,语法格式如下。

```
sklearn.neighbors.KNeighborsClassifier(self, n_neighbors=5, weights=
'uniform',algorithm='auto', leaf_size=30, p=2, metric='minkowski', metric_
params=None, n_jobs=1, **kwargs)
```

常用参数说明如表 10-3 所示。

表 10-3　KNeighborsClassifier()函数常用参数说明

参数名称	说　明
n_neighbors	对应于算法中的 K 值
weights	预测时使用的权重函数,取值可以为'uniform'、'distance'和'callable'。取值'nuiform'表示统一权重,即邻域内所有样本使用同一权重;取值'distance'表示权重为两点间距离的倒数;取值'callable'表示自定义函数,接收距离数组,返回一组维度相同的权重
algorithm	指定合适的 K-近邻搜索算法。取值可以为'ball_tree'、'kd_tree'、'brute'和'auto'。取值'brute'表示计算未知样本与空间中所有样本的距离;取值'ball_tree'表示构建球树加速寻找最近邻样本;'kd_tree'构建二叉树加速寻找最近邻样本;'auto'自动选择合适算法
leaf_size	BallTree 和 KDTree 算法的叶子大小
metric	距离度量公式。默认采用闵可夫斯基距离,也就是 p=2 的欧氏距离
p	闵可夫斯基距离计算参数,默认值为 2,使用欧式距离公式进行距离度量;也可以设置为 1,使用曼哈顿距离公式进行距离度量

```
In [1]: import pandas as pd
        import numpy as np
        from sklearn.model_selection import train_test_split
        from sklearn.neighbors import KNeighborsClassifier
```

```
    movie_data=pd.read_csv('work/movie_data.csv')      #准备数据集
    X =movie_data.iloc[: , 2: -2].values                #获取特征
    y =movie_data['电影类型'].values                     #获取标签
    knn_model =KNeighborsClassifier()                   #测试样本:唐人街探案
    knn_model.fit(X, y)                                 #训练模型
    knn_model.predict([[23, 3, 17]])                    #预测
out[1]: array(['喜剧片'], dtype=object)
```

2. SVM 算法

支持向量机(Support Vector Machine,SVM)是一种有监督学习算法,既可以对线性数据分类,又可以对非线性数据回归,广泛应用于统计分类和回归分析任务。

支持向量机通过寻找将样本点分隔开的最优决策超平面来实现分类或预测任务。支持向量机的关键是找到决定分隔超平面的支持向量样本点,使得分类间隔最大化。在二维平面上相当于寻找两条分隔样本点的平行直线,在保证不出现错分样本的前提下,使得平行线间的距离最大。这两条平行线之间的垂直距离就是最优决策超平面对应的分类间隔,位于平行线上的样本点在坐标系中对应的向量就是支持向量。如果样本在二维平面上是线性不可分的,可以将所有样本映射到一个更高维空间,尝试在更高维空间寻找一个最大间隔超平面。在分隔数据的超平面两边建立两个互相平行的超平面,分隔超平面使得两个平行超平面的距离最大化,决定平行超平面的样本点就是要寻找的支持向量样本点。平行超平面间的距离越大,分类器的总误差越小。

扩展库 sklearn.svm 提供了实现支持向量机分类器的 SVC()函数,语法格式如下。

```
 sklearn.svm.SVC(self,C=1.0,kernel='rbf',degree=3,gamma='auto',coef0=0.0,
 shrinking=True,probability=Flase,tol=0.001,cache_size=200,class_weight=
None,verbose=False,max_iter=1,decision_function_shape='ovr',random_state=
None)、
```

常用参数说明如表 10-4 所示。

表 10-4　SVC()函数常用参数

参数名称	说　明
C	设置惩罚项系数,默认为 1.0。C 值越大,对误分类的惩罚越大,训练样本的准确率越高;C 值越小,对误分类的容忍度越高,泛化能力越强。对带有噪声的训练样本可采用后者,将误分类的训练样本作为噪声
kernel	设置核函数类型,默认为'rbf',取值可以是'linear'、'poly'、'rbf'、'sigmoid'、'precomputed'或可调用对象;取值'linear'表示样本是线性可分的
degree	只用于 kernel='poly'时,设置多项式核函数的度,默认为 3
gamma	设置 kernel 值为'poly''rbf'和'sigmoid'时的核函数系数。默认为'auto',表示值为样本特征数的倒数,即选择 1/n_features 作为系数
coef0	设置核函数的常数项,只对'poly'和'sigmoid'核函数有效

续表

参数名称	说　明
probability	是否启用概率估计。必须在调用 fit()之前启用，并且会使 fit()方法速度变慢
tol	设置 SVM 停止训练的误差精度，默认为 1e-3
max_iter	设置最大迭代次数，-1 表示无限制
decision_function_shape	设置决策函数的形状，取值可以是'ov'或'ovo'，分别表示决策函数形状为(n_samples,n_classes)或(n_samples,n_classes * (n_classes－1)/2)

```
In [1]: import numpy as np
        def plot_hyperplane(clf, X, y, h=0.02, draw_sv=True,
                            title='hyperplan'):
            x_min, x_max =X[: , 0].min() -1, X[: , 0].max() +1
            y_min, y_max =X[: , 1].min() -1, X[: , 1].max() +1
            xx, yy =np.meshgrid(np.arange(x_min, x_max, h),
                                np.arange(y_min, y_max, h))   #创建网格
            plt.title(title)
            plt.xlim(xx.min(), xx.max())
            plt.ylim(yy.min(), yy.max())
            plt.xticks(())
            plt.yticks(())
            Z =clf.predict(np.c_[xx.ravel(), yy.ravel()])
            Z =Z.reshape(xx.shape)                           #显示不同颜色的点
            plt.contourf(xx, yy, Z, cmap='hot', alpha=0.5)
            markers =['o', 's', '^']
            colors =['b', 'r', 'c']
            labels =np.unique(y)
            for label in labels:
                plt.scatter(X[y==label][: , 0], X[y==label][: , 1],
                            c=colors[label], marker=markers[label], s=20)
            if draw_sv:
                sv =clf.support_vectors_
                plt.scatter(sv[: , 0],sv[: , 1],c='black',marker='x',s=15)
        from matplotlib import pyplot as plt
        from sklearn import svm
        from sklearn.datasets import make_blobs
        X, y =make_blobs(n_samples=100, centers=2, random_state=0,
                         cluster_std=0.3)
        clf =svm.SVC(C =1.0, kernel='linear')
        clf.fit(X,y)
        print(clf.score(X,y))
        plt.figure(figsize=(10,3), dpi=100)
        plot_hyperplane(clf,X,y,h=0.01,title='Maximiin Margin Hyperplan')
out[1]: 1.0
```

运行结果如图 10-5 所示。该示例使用 np.meshgrid()函数生成一个网格点坐标矩阵,预测坐标矩阵中每个点的类别;使用 matplotlib.pyplot 模块提供的 contourf()函数绘制等高线;在 scatter()函数中设置参数为不同类别的样本点填充不同颜色;使用 make_blobs()函数生成数据集,其中,n_features=2 表示每一个样本有两个特征值,n_samples=100 表明样本个数,centers=3 指定聚类中心点个数,可以理解为类别标签的种类数,cluster_std=[0.8, 2, 5]指定每个类别的方差。

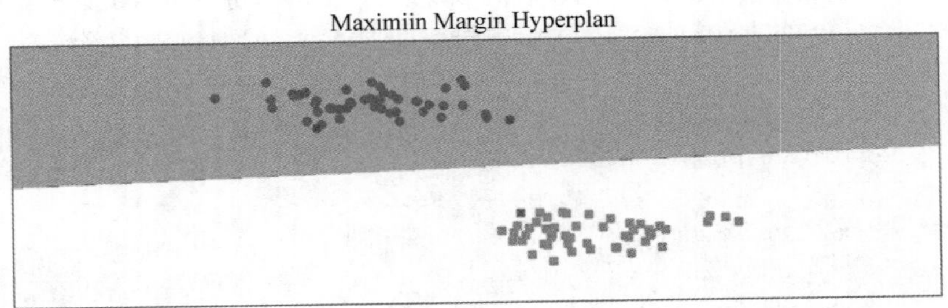

图 10-5 SVM 结果图

3. 决策树

决策树(Decision Tree)是一种有监督的归纳学习算法。它从一系列包含特征和标签的数据中总结出决策规则,并用类似流程图的树结构呈现规则,形成分类器和预测模型,对未知类别的数据进行分类、预测、数据预处理和数据挖掘等。

机器学习中的决策树代表对象属性与对象值之间的一种映射关系。树中每个节点表示某个对象,每个分叉路径代表某个可能的属性值,而每个叶节点表示从根节点到该叶节点的路径上对应的对象值。一般地说,决策树仅有单一输出,可以根据属性的取值对一个未知实例集进行分类。使用决策树对实例进行分类时,由树根开始逐渐测试该对象的属性值,并且顺着分支向下走,直至到达某个叶节点,此叶节点代表的类即为该对象的类别标签。

构造决策树的核心问题是在每一步如何选择恰当的属性来划分样本。ID3(Iterative Dichotomiser)以信息增益为准则来选择最优属性进行样本集划分,C4.5 选择信息增益率最高的属性作为最优划分属性,CART 以基尼系数最小的属性作为最优划分属性。

扩展库 sklearn.tree 提供了实现决策树模型的 DecisionTreeClassifier()函数,语法格式为:

```
sklearn.tree.DecisionTreeClassifier(criterion='gini', splitter='best', max_depth=None, min_samples_split=2, min_samples_leaf=1, min_weight_fraction_leaf=0.0, max_features=None, random_state=None, max_leaf_nodes=None, min_impurity_decrease=0.0, min_impurity_split=None, class_weight=None, presort=False)
```

常用参数说明如表 10-5 所示。

表 10-5　DecisionTreeClassifier()函数常用参数

参数名称	说　明
cirterion	指定不纯度的计算方法，取值为'gini'或'entropy'，分别表示基尼系数和信息熵
splitter	指定在每个节点选择划分的策略。默认值'best'表示在所有特征中找最好的切分点，适合样本量不大的情况；值'random'表示在部分特征中选择，适合样本量非常大的情况
max_depth	设置决策树的最大深度，超过指定深度的树枝需要剪掉，是使用最广泛的剪枝参数。深度越大，越容易过拟合
min_samples_split	指定分裂节点要求的最小样本数。当样本数量可能小于此值时，节点将不再进一步划分
min_samples_leaf	指定叶子节点要求的最小样本数。如果分枝后留下的叶子节点数量小于此值，则会和兄弟节点一起被剪枝。样本量达到 10W，推荐使用该值
max_features	指定分枝时考虑的特征个数，默认值'None'，表示考虑所有特征
random_state	设置决策树分枝中随机模式的参数，决定特征选择的随机性
max_leaf_nodes	通过限制最大叶子节点数，可以防止过拟合，默认值'None'表示不限制最大叶子节点数
min_impurity_decrease	指定节点分裂时不纯度减少值，若大于或等于该值，则分裂
min_impurity_split	用于限制决策树的增长，如果某节点的不纯度小于该阈值，那么此节点不再生成子节点，即为叶子节点
presort	设置是否对数据预排序来加速训练过程

```
In [1]: import pandas as pd
        from sklearn import tree
        from sklearn.datasets import load_wine
        from sklearn.model_selection import train_test_split
        wine=load_wine()        #加载红酒数据集
        wine.data.shape
out[1]: (178, 13)
In [2]: pd.concat([pd.DataFrame(wine.data),pd.DataFrame(wine.target)],axis
        =1)
        #创建 DataFrame 对象,保存包含特征和标签的红酒数据集
In [2]: X_train,X_test,y_train,y_test=train_test_split(wine.data,wine.
              target,test_size=0.3)                  #划分数据集
In [3]: #构造决策树模型,设置信息熵计算节点不纯度,决策树最大深度为 3
        clf=tree.DecisionTreeClassifier(criterion="entropy", max_depth=3,
             random_state=30 )
        clf=clf.fit(X_train,y_train)
        score=clf.score(X_test,y_test)
        score
```

```
out[3]: 0.9814814814814815
In [4]: import graphviz #可视化决策树
        feature_name=['酒精', '苹果酸', '灰', '灰的碱性', '镁', '总酚', '类黄酮',
        '非黄烷类酚类', '花青素', '颜色强度', '色调', '稀释葡萄酒的 0280/0D315', '
        脯氨酸']
        dot_data=tree.export_graphviz(clf, feature_names=feature_name,
                 class_names=['1','2','3'],filled=True,rounded=True,
                 special_characters=True)
        graph=graphviz.Source(dot_data)
        graph.render('wine_tree')
```

代码运行结果保存至 dot 文件,本示例安装并使用 Graphviz 绘图工具将 dot 文件内容可视化,结果保存为 wine_tree.pdf 文件,如图 10-6 所示。

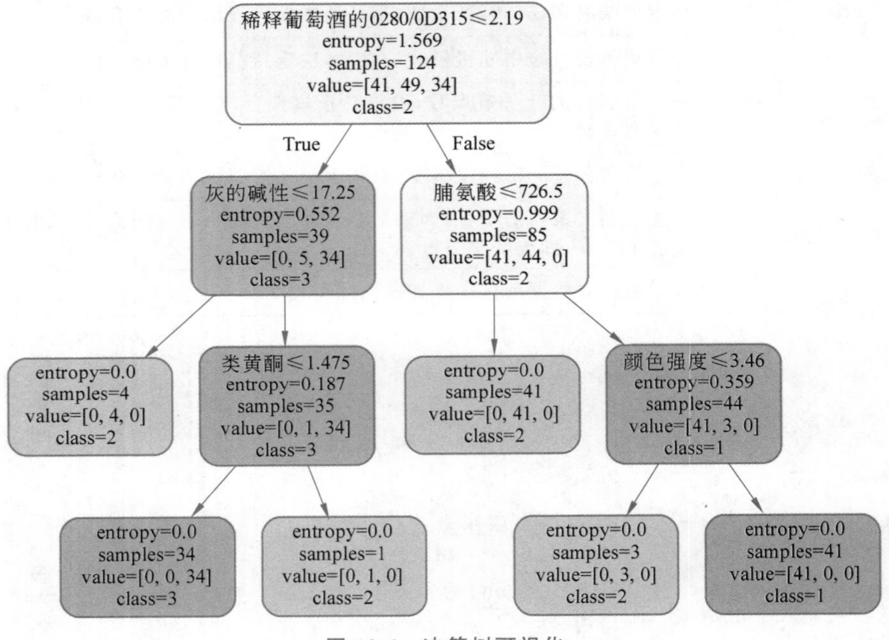

图 10-6 决策树可视化

4. 逻辑回归

逻辑回归实际上是一个用于分类的线性模型。逻辑回归的因变量既可以是二分类的,也可以是多分类的,但是二分类的情况更为常用。通常利用已知自变量来预测一个离散型因变量的值,也就是通过拟合一个逻辑回归函数来预测一个事件发生的概率。所以预测结果是一个[0,1]区间的概率值。逻辑回归模型常用于数据挖掘、疾病自动诊断、经济预测等领域。

扩展库 sklearn.linear_model 提供了实现逻辑回归算法的 LogisticRegression()函数。其语法格式如下。

```
sklearn.linear.LogisticRegression(self, penalty='l2', dual=False, tol=0.0001,C=1.0, fit_intercept=True, intercept_scaling=1, class_weight=None, random_state=None, solver='liblinear', max_iter=100, multi_class='ovr', verbose=0,warm_start=False,n_jobs=1)
```

其中常用参数如表 10-6 所示。

表 10-6 LogisticRegression()函数常用参数

参数名称	说明
penalty	用于指定惩罚项的范数，可选值为"l1"和"l2"，分别对应 L1 正则化和 L2 正则化，默认是 L2 正则化。'newton-cg'、'sag'和'lbfgs'优化算法只支持 L2 范数
c	正则化系数的倒数，是正浮点数，默认值 1.0，数值越小表示正则化越强
solver	用于选择优化算法，可选值为'newton-cg'、'lbfgs'、'liblinear'、'sag'或'saga'，默认值'liblinear'。该参数决定了逻辑回归损失函数的优化方法
multi_class	用于选择分类方式，可选值为'ovr'或'multinomial'，默认值'ovr'
n_jobs	指定在类上并行使用的 CPU 核数。整型，默认值 1 表示用 CPU 的一个内核运行程序；值为－1 表示用所有 CPU 的内核运行程序

```
In [1]: from sklearn.linear_model import LogisticRegression
        from sklearn.model_selection import train_test_split
        #复习情况(时长,效率)
        X=[(0,0),(2,0.8),(3,0.5),(3,0.9),(4,0.9),(5,0.4),(6,0.4),(6,0.8),(6,0.7),(7,0.3),(7.5,0.8),(7,0.9),(8,0.1),(8,0.1),(8,0.8),(3,0.9),(7,0.5),(7,0.2),(4,0.5),(4,0.7)]
        y=[0,0,0,1,1,1,1,0,1,1,0,1,1,0,1,0,1,0,0,1]          #0为不及格,1为及格
In [2]: X_train,X_test,y_train,y_test=train_test_split(X,y,test_size=0.3,random_state=3)
        reg=LogisticRegression()
        reg.fit(X_train,y_train)
out[2]: LogisticRegression(C=1.0, class_weight=None, dual=False, fit_intercept=True, intercept_scaling=1, l1_ratio=None, max_iter=100, multi_class='auto', n_jobs=None, penalty='l2', random_state=None, solver='lbfgs', tol=0.0001, verbose=0, warm_start=False)
In [3]: score=reg.score(X_test,y_test)
        learning=[(8,0.9)]
        result=reg.predict_proba(learning)
        msg='''模型得分:{0} 复习时长:{1[0]},效率:{1[1]} 不及格概率:{2[0]}
        及格概率:{2[1]} 综合判断:{3}'''.format(score, learning[0], result[0],
        '不及格'if result[0][0]>0.5 else '及格')
        print(msg)
out[3]: 模型得分:0.9074074074074074 复习时长:8,效率:0.9
        不及格概率:0.297937563144831 及格概率:0.702062436855169
        综合判断:及格
```

10.4.2 聚类

将一群物理的或抽象的对象,根据它们的相似程度,划分为若干组,其中相似的对象构成一组,这一过程称为聚类。聚类(Clustering)是根据物以类聚的原理,对未知类别标签的数据对象分组,使得组与组之间的相似度尽可能小,而组内数据之间的相似度较大。与分类算法不同,聚类的输入数据没有类别标签,产生的聚类结果中类别标签也是未知的。聚类没有预测功能,属于非监督学习算法。

1. K-Means 算法

K-Means(K 均值)算法是最著名的划分聚类算法,在数据预处理时使用较多,常用来精简和压缩数据。K-Means 聚类算法的基本思想是,首先在样本空间中随机选取 K 个样本点作为初始聚类中心,然后分别计算其余样本到所有聚类中心的距离,把样本归到离它最近的那个聚类中心所在的类。通过求各个类中样本的均值或使用其他方法确定新的聚类中心;重复上述过程,直到样本不会被重新分配类别或者聚类中心不再发生变化为止。

K-Means 算法的关键在于类别个数 K 值的确定以及初始聚类中心和距离计算公式的选择。该算法擅长处理球状分布的数据,当类和类之间的区别比较明显时,K 均值的效果比较好。缺点是 K 均值对噪声数据和孤立点数据敏感,数据量巨大时算法的时间开销太大。

扩展库 sklearn.cluser 的 KMeans()函数用于实现 K-Means 算法,其语法格式如下。

```
sklearn.cluster.KMeans(self,n_clusters=8,init='K-means++',n_init=10,max_
iter=300,tol=0.0001,precompute_distances='auto',verbose=0,random_state=
None,copy_x=True,n_jobs=1,algorithm='auto')
```

KMeans()函数的常用参数说明如表 10-7 所示。

表 10-7 KMeans()函数常用参数

参数名称	说明
n_clusters	指定生成的聚类个数,对应算法的 K 值,整型,默认值为 8
init	设置初始化聚类中心的方法,可选值为'k-means++'、'random'或者 ndarray 对象。默认值'k-means++'表示选择相距尽可能远的初始聚类中心以加速算法收敛;'random'表示从训练数据随机选取初始聚类中心;若传递的是一个 ndarray 对象,则以(n_clusters, n_features)的形式显式设置初始聚类中心
n_init	设置使用不同初始聚类中心运行算法的次数,最终结果为 n_init 次连续运行得到的最优输出,接收整型数据,默认值为 10
max_iter	单次执行 K-Means 算法的最大迭代次数,整型,默认值为 300
precompute_distances	设置预计算距离的方式,这个参数会权衡算法的空间和时间复杂度,值 True 总是预计算距离;值 auto 默认在样本数乘以聚类数大于 1200 万时则不预计算距离;值 False 表示永不预计算距离
algorithm	设置 K-Means 算法实现方式,值'elkan'表示使用三角不等式获得更高性能;值'full'表示使用期望值最大化算法;值'auto'表示密集数据自动选择'elkan',稀疏数据自动选择'full'

```
In [1]: import numpy as np
        from sklearn.cluster import KMeans
        from PIL import Image
        import matplotlib.pyplot as plt
        #读取图像像素颜色值并转换为二维数组
        imorign=Image.open('work/颜色压缩测试图像.jpg')
        dataorigin=np.array(imorign)
        data=dataorigin.reshape(-1,3)
        #使用 KMeans 聚类算法将所有像素的颜色值划分为 4 类
        clf=KMeans(n_clusters=4)
        clf.fit(data)
        temp=clf.labels_
        datanew=clf.cluster_centers_[temp]
        datanew.shape=dataorigin.shape
        plt.imshow(datanew/255)
        plt.imsave('结果图.jpg',datanew/255)
```

使用 K-Means 聚类算法压缩前后的图像对比如图 10-7 和图 10-8 所示。

图 10-7　颜色压缩前图像

图 10-8　颜色压缩后图像

2. 层次聚类算法

层次聚类(Hierarchical Clustering)算法递归地对数据对象进行合并和分裂,直到满足终止条件为止。根据层次的分解方式,分为"自底向上"和"自顶向下"两种方案。"自底向上"的方案又称为合并法。首先将每个对象作为一个簇,相继合并邻近的原子簇,每次合并之后,聚类总数减一,直至所有簇合并成一个或者满足终止条件为止,如 AGNES 算法。"自顶向下"的方案又称为分裂法。首先将所有对象置于同一个簇中,每次迭代之后一个簇被细分为越来越小的簇,直到每个对象自成一簇或者满足终止条件为止,如 DIANA 算法。

层次聚类算法适用于任意形状的聚类,对样本的输入顺序不敏感,并且可以得到不同粒度的多层次聚类结构。其缺点是算法的时间复杂度大,且层次聚类过程不可逆。

扩展库 sklearn.cluster 提供了实现层次聚类的 AgglomerativeClustering()函数,语法格式如下。

```
sklearn. cluster. AgglomerativeClustering (self, n _ clusters = 2, affinity =
'euclidean',memory = None, connectivity = None, computer _ full _ tree = ' auto ',
linkage= 'ward',pooling_func=<function mean at 0x000028EBB2F7EA0>)
```

n_clusters 指定最终的聚类数目;affinity 指定样本距离计算方法,可选值为'euclidean'、'l1'、'l2'、'manhattan'、'cosine'或'precomputed',当 linkage='ward'时,affinity 取值只能为'euclidean';linkage 指定样本点的合并标准,即在簇合并时,计算两簇之间距离的方式,可选值'ward' 'complete'和'average'分别表示使得两个簇的方差最小、两个簇中所有点之间距离的最大值、两个簇中每个点与其他所有点之间距离的平均值。

```
In [1]: from sklearn.datasets.samples_generator import make_blobs
        from sklearn.cluster import AgglomerativeClustering
        import numpy as np
        import matplotlib.pyplot as plt
        from itertools import cycle                  #Python 自带的迭代器模块
        centers=[[1,1],[-1,-1],[1,-1]]               #产生的数据个数
        X,lables_true=make_blobs(n_samples=3000,centers=centers,cluster_
        std=0.6,random_state=0)                      #生成数据
        #设置分层聚类函数
        ac=AgglomerativeClustering(linkage='complete',n_clusters=3)
        #训练数据
        ac.fit(X)
        labels=ac.labels_
        plt.figure(1)
        plt.clf()
        colors=cycle('bgrcmykbgrcmykbgcmykbgrcmyk')
        for k,col in zip(range(3),colors):
            my_members=labels==k
            plt.plot(X[my_members,0],X[my_members,1],col+'.')
        plt.title('Estimated number of clusters: 3')
        plt.show()
```

运行结果如图 10-9 所示。

3. DBSCAN 算法

DBSCAN(Density-Based Spatial Clustering of Applications with Noise)是一种基于密度的空间聚类算法。与划分聚类和层次聚类方法不同,DBSCAN 算法将簇定义为所有密度可达对象的集合,将处于高密度区域的对象称为核心对象,基于聚类内部任意核心对象不断扩展生成聚类。DBSCAN 聚类是一个不断生长的过程。首先任意选择一个没有

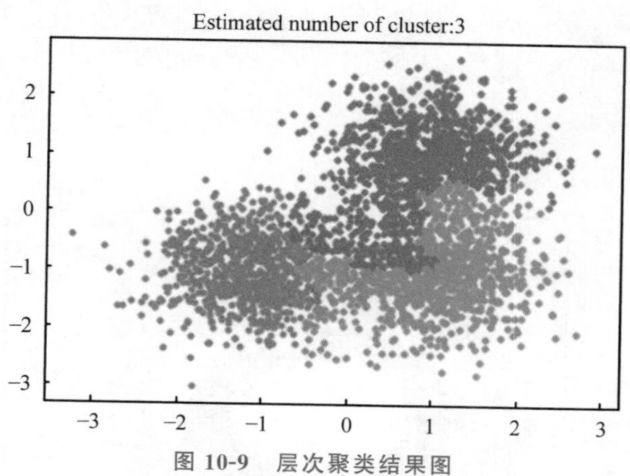

图 10-9 层次聚类结果图

类别的核心对象作为种子，然后找到所有这个核心对象能够密度可达的样本集合，即为一个聚类簇；接着继续选择另一个没有类别的核心对象去寻找密度可达的样本集合，得到另一个聚类簇……直到所有核心对象都有类别为止。

DBSCAN 算法的优点是不需要预先指定最终聚类的数目，聚类的形状可以是任意的，而且对噪声不敏感，能找出数据中的噪声。其缺点是如果样本集较大，那么聚类收敛时间较长，并且 DBSCAN 算法不适合数据集中密度差异很大的情形。

扩展库 sklearn.cluster 提供了实现 DBSCAN 聚类的 DBSCAN()函数，语法格式为：

```
sklearn.cluster.DBSCAN(self,eps=0.5,min_samples=5,metric='euclidean',
metric_params=None,algorithm='auto',leaf_size=30,p=None,n_jobs=1)
```

eps 设置邻域内样本之间的最大距离，如果两个样本的距离不大于 eps，则被认为属于同一个邻域，默认值是 0.5，eps 值越大，每个簇覆盖的样本数越多。min_samples 用于设置核心样本的邻域内样本数量的阈值，默认值是 5；一个样本的 eps 邻域内样本数量超过 min_samples，则认为该样本为核心样本；min_samples 的值越大，核心样本越少，噪声越多。metric 用于设置样本之间距离的计算方式，DBSCAN 默认使用 p＝2 的闵可夫斯基距离，即欧式距离。

```
In [1]: import numpy as np
        import matplotlib.pyplot as plt
        from sklearn import datasets
        from sklearn.cluster import DBSCAN
        X1, y1=datasets.make_circles(n_samples=5000, factor=.6,noise=.05)
        X2, y2 =datasets.make_blobs(n_samples=1000, n_features=2, centers=
      [[1.2,1.2]], cluster_std=[[.1]], random_state=9)
        X =np.concatenate((X1, X2))
```

```
y_pred = DBSCAN(eps = 0.1, min_samples = 10).fit_predict(X)
plt.scatter(X[: , 0], X[: , 1], c=y_pred)
plt.show()
```

运行结果如图 10-10 所示。

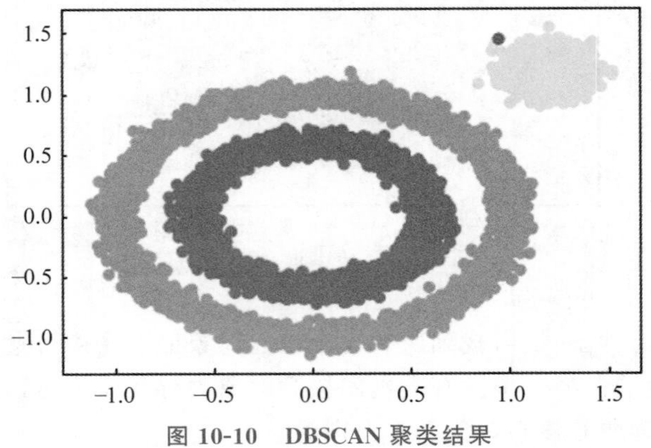

图 10-10　DBSCAN 聚类结果

10.4.3 回归

回归分析是一种预测性的建模技术,它研究因变量(目标变量)和自变量(预测变量)之间的关系,表征自变量对因变量影响的程度。这种技术通常用于预测分析、时间序列模型以及发现变量之间的因果关系,包括自变量和因变量之间的显著关系,多个自变量对一个因变量的影响强度等。

1. 线性回归

线性回归通常是预测模型的首选技术之一。线性回归使用最佳的拟合直线(即回归线)在因变量和一个或多个自变量之间建立关系,其中,因变量是连续的,自变量可以是连续的也可以是离散的,回归线是线性的。

简单线性回归模型可以表示为 Y=a+b * X+e,其中,a 表示截距,b 表示直线的斜率,e 是误差项。该模型可以根据给定的预测变量来预测目标变量的值。在大多数回归问题中,参数 a、b 的值以及误差的方差是未知的,需要通过样本数据进行评估。通常情况下,使用最小二乘法估计回归方程中的回归系数 b,使用残差来衡量模型与样本点的拟合度,这里回归方程即回归模型拟合,残差定义为因变量的实际值与模型预测值之间的差异。

线性回归模型的使用要点:该模型对异常值非常敏感;使用线性回归模型的自变量与因变量之间必须要有线性关系;在多个自变量的情况下,可以使用向前选择法、向后剔除法或逐步筛选法来选择最重要的自变量。

通常使用扩展库 sklearn.linear_model 中的 LinearRegression()函数实现线性回归模型,语法格式如下。

```
sklearn.linear_model.LinearRegression(fit_intercept=True, normalize=
'deprecated',copy_X=True, n_jobs=Nome)
```

fit_intercept：指定是否需要为模型添加截距项。默认值 True 表示训练模型需要加一个截距项；若参数值为 False，表示模型无须添加截距项。

normalize：当 fit_intercept 设置为 False 时，normalize 无须设置；若设置为 True，则对输入的样本数据归一化，即减去平均值，并且除以相应的 L2 范数；希望对数据进行标准化处理时，设置 normalize = False，并在训练模型之前，使用 sklearn.preprocessing.StandardScaler()进行数据处理。

```
In [1]: import numpy as np
        from sklearn import datasets , linear_model
        from sklearn.metrics import mean_squared_error , r2_score
        from sklearn.model_selection import train_test_split
        import matplotlib.pyplot asplt
        diabetes =datasets.load_diabetes()                    #1.加载糖尿病数据集
        X =diabetes.data[: ,np.newaxis ,2]
        y =diabetes.target
        X_train , X_test , y_train ,y_test =train_test_split(X,y,test_size=0.
        2,random_state=42)
        model2 =LinearRegression().fit(X_train,y_train)     #2.训练模型
        print('截距项 intercept_: %.3f'%LR.intercept_)
        print('回归系数(斜率)coef_: %.3f'%LR.coef_)
        pre =model2.predict(X)                               #3.模型预测
        plt.scatter(X_test , y_test ,color ='green')         #4.绘制结果
        plt.plot(X_test ,LR.predict(X_test) ,color='red',linewidth =3)
        plt.show()
Out[1]: 截距项 intercept_: 152.003
回归系数(斜率)coef_: 998.578
```

代码运行结果如图 10-11 所示。

2. 岭回归

在多元线性回归分析中，当自变量之间出现多重共线性现象时，使用最小二乘法估计回归系数常会放大模型误差，破坏模型的稳健性。岭回归通过在代价函数后面加上一个参数的约束项来防止过拟合，消除多重共线性问题的不良影响。

岭回归是一种用于分析共线性数据，即自变量之间存在较强线性关系数据的有偏估计回归方法，是改良的最小二乘估计法。通过放弃最小二乘法的无偏性，岭回归以损失部分信息、降低精度为代价获得更符合实际情况、更可靠的回归系数，对病态数据的拟合效果要好于最小二乘法。

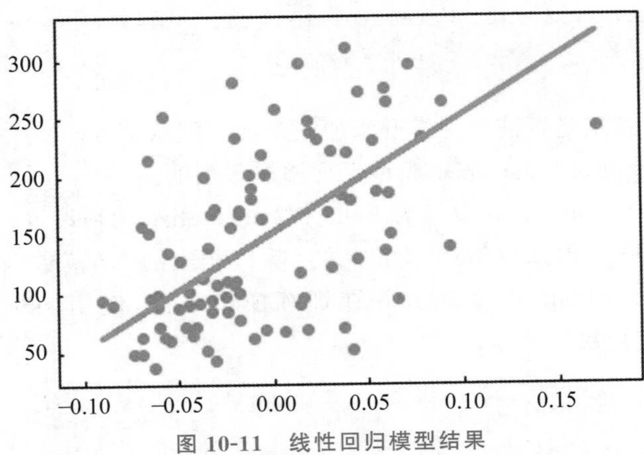

图 10-11 线性回归模型结果

扩展库 sklearn.linear_model 中的 RidgeCV()函数实现了带有内置 alpha 参数交叉验证的岭回归算法,可以在指定范围内自动搜索和确定约束项的最佳系数。

```
sklearn.linear_model.RidgeCV(alpha=(0.1, 1.0, 10.0), fit_intercept=True,
normalize='deprecated', scoring=None, cv=None, gcv_mode=None, store_cv_
values=False)
```

alpha:设置正则化强度,必须是正浮点数。正则化改善了问题的条件并减少了估计的方差。较大的值指定较强的正则化。

fit_intercept:设置是否计算模型的截距。取值为 False 表示计算中不使用截距。

max_iter:指定共轭梯度求解器的最大迭代次数。对于'sparse_cg'和'lsqr'求解器,默认值由 scipy.sparse.linalg 确定;对于'sag'求解器,默认值为 1000。

normalize:当 fit_intercept 设置为 False 时,将忽略此参数;若为真,则输入数据将在回归之前被归一化。希望数据标准化时,设置 normalize=False,并在训练模型之前,使用 preprocessing.StandardScaler()处理数据。

```
In [1]: import numpy as np
        from sklearn.linear_model import RidgeCV
        X=[[3],[7]]
        y=[1,2]
        reg=RidgeCV(alphas=np.arange(0.2,10,0.2))
        reg.fit(X,y)
out[1]: RidgeCV(alphas=array([0.2, 0.4, 0.6, 0.8, 1. , 1.2, 1.4, 1.6,1.8, 2. , 2.
        2, 2.4, 2.6,
        2.8, 3. , 3.2, 3.4, 3.6, 3.8, 4. , 4.2, 4.4, 4.6, 4.8, 5. , 5.2,
        5.4, 5.6, 5.8, 6. , 6.2, 6.4, 6.6, 6.8, 7. , 7.2, 7.4, 7.6, 7.8,
        8. , 8.2, 8.4, 8.6, 8.8, 9. , 9.2, 9.4, 9.6, 9.8]),
        cv=None, fit_intercept=True, gcv_mode=None, normalize=False,
        scoring=None, store_cv_values=False)
```

```
In [2]: print('值 intercept_: %.3f'%(reg.intercept_))
        print('权重向量 coef_: %.3f,类型: %s'%(reg.coef_,type(reg.coef_)))
out[2]: 值 intercept_: 0.280
权重向量 coef_: 0.244,类型: <class 'numpy.ndarray'>
In [3]: reg.alpha_
out[3]: 0.2
In [4]: reg.predict([[6]])
out[4]: array([1.74390244])
```

3. 多项式回归

实际应用中,使用线性模型有时无法很好地拟合数据,这时可以尝试曲线拟合。根据数学相关理论,任何曲线函数都可以使用多项式逼近,这就是多项式回归(Ploynomial Regression)的理论基础。

研究一个因变量与一个或多个自变量间多项式的回归分析方法,称为多项式回归。如果自变量只有一个,称为一元多项式回归;如果自变量有多个,称为多元多项式回归。在一元回归分析中,如果因变量与自变量的关系为非线性的,但是又找不到适当的函数曲线来拟合,则可以采用一元多项式回归。

多项式回归是线性回归模型的一种,此时回归函数关于回归系数是线性的。一般来说,需要事先判断模型的可能形式,再决定使用何种模型处理数据。通常可以绘制散点图进行大致判断。例如,如果数据的散点图有一个“弯”,可以考虑使用二次多项式回归;若有两个“弯”,则可以考虑使用三次多项式,以此类推。真实函数不一定是某个多项式,但是只要拟合得好,用适当的多项式来近似模拟真实的回归函数是可行的。

多项式回归和线性回归的思路以及优化算法是一致的。在线性回归的基础上,多项式回归在原来数据集的维度特征上增加了一些新的多项式特征,使得原始数据集的维度增加,然后基于升维后的数据集用线性回归的思路求解,得到相应的预测结果和各项的系数。作为线性回归模型的一种特例,多项式回归模型在 sklearn 机器学习库中没有定义专门的函数,用户可以使用 sklearn.linear_model.LinearRegression()函数自己定义多元线性回归的实现方式。

```
In [1]: import numpy as np
        import matplotlib.pyplot as plt
        x =np.random.uniform(-3,3,size=100)
        X =x.reshape(-1,1)
        y =0.5 * x * * 2 +x +2+np.random.normal(0,1,size=100)        #一元二次方程
        plt.scatter(x,y)
```

```
out[1]: <matplotlib.collections.PathCollection at 0x7fd3dd71fbd0>
In [2]: from sklearn.linear_model import LinearRegression
        lin_reg =LinearRegression()
        lin_reg.fit(X,y)
        y_predict =lin_reg.predict(X)
        plt.scatter(x,y)
        plt.plot(X,y_predict,color='r')
In [3]: X2 =np.hstack([X,X * * 2])
        lin_reg2 =LinearRegression()
        lin_reg2.fit(X2, y)
        y_predict2 =lin_reg2.predict(X2)
        plt.scatter(x, y)
        #由于 x 是乱的,所以应该进行排序
        plt.plot(np.sort(x), y_predict2[np.argsort(x)], color='r')
        plt.show()
```

运行两段代码,得到两次拟合结果分别如图 10-12 和图 10-13 所示。

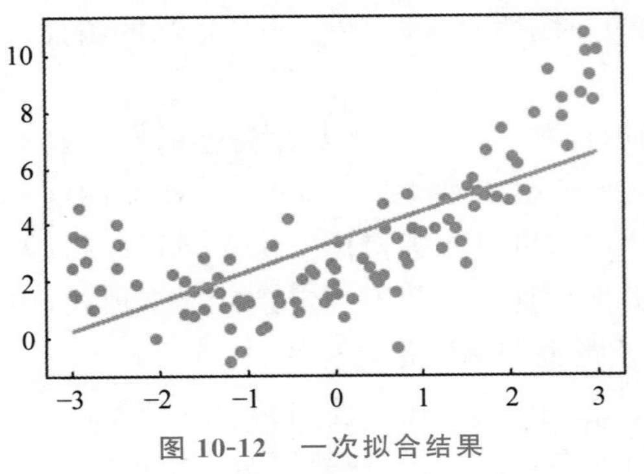

图 10-12　一次拟合结果

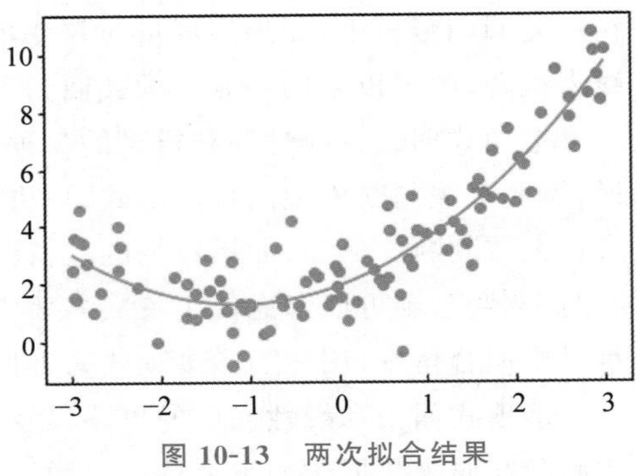

图 10-13　两次拟合结果

10.5　数据预处理及特征工程

数据预处理包括数据标准化、数据归一化、数据二值化、非线性转换、数据特征编码以及处理缺失值等。数据预处理的工具很多,除了扩展库 pandas 提供了简单的数据预处理功能,机器学习库 scikit-learn 的 preprocessing 模块也提供了多种数据预处理的类,用于数据的标准化、正则化、缺失数据的填补、类别特征的编码以及自定义数据转换等数据预处理操作。

10.5.1　数据标准化

数据标准化是对数据集中数据的一种预处理操作,它使得特征的分布满足标准正态分布,避免某些特征影响算法的学习和收敛。如果数据集中某些特征数据的方差过大,就会主导目标函数从而使模型无法正确地学习其他特征。数据标准化有助于去除数据的单位限制，将其转换为无量纲的纯数值，便于不同单位或量级的指标进行比较和加权，避免数据的偏差与跨度影响机器学习的性能。

数据标准化是许多机器学习模型训练的常见要求：如果单个特征看起来不像标准正态分布数据，即均值为 0 的高斯分布和单位方差，那么模型的性能可能会很差。将特征数据的分布调整成标准正态分布，使得特征数据的均值为 0，方差为 1 再参与模型训练，可以达到加速收敛的效果，有效提升机器学习的效率。

扩展库 sklearn 的 preprocessing 模块提供了两种数据标准化实现方式，一是调用 sklearn.preprocessing.scale()函数，二是实例化一个 sklearn.preprocessing.StandardScaler()对象。

1. 使用 scale()函数实现数据标准化

基于 sklearn.preprocessing.scale()函数的数据标准化适用于不区分训练集与测试集的一次性变换，语法格式如下。

```
scale(X, axis=0, with_mean=True, with_std=True, copy=True)[source]
```

其中，X 表示待处理的数组；axis 指定处理的维度，默认值为 0 表示处理行数据，当 axis=1 时表示处理列数据；with_mean=True 表示使均值为 0；with_std=True 表示使标准差为 1。

```
In [1]: import numpy as np
        from sklearn import preprocessing
        X =np.array([[5., -1., 2.], [2., 51., 37.], [0., 9., -10.]])
        X_scaled =preprocessing.scale(X, axis=0)
        print('scaled之后：',X_scaled)
        #scaled之后的数据零均值，单位方差
        print('均值=', X_scaled.mean(axis=0))
        print('方差=',X_scaled.std(axis=0))
out[1]: scaled之后：[[ 1.29777137 -0.91733643 -0.38451003]
        [-0.16222142 1.3908004 1.37086183]
        [-1.13554995 -0.47346396 -0.9863518 ]]
        均值=[-7.40148683e-17 -3.70074342e-17 1.11022302e-16]
        方差=[1. 1. 1.]
```

2. 使用 StandardScaler()对象实现数据标准化

基于 sklearn.preprocessing.StandardScaler()对象进行数据标准化，计算并保存训练集的平均值和标准差，以便使用相同的参数对测试数据进行变换。调用方式为：

```
ss =sklearn.preprocessing.StandardScaler(copy=True, with_mean=True, with_
std=True)
```

首先定义一个对象,其中,copy、with_mean 和 with_std 的默认值都是 True。如果 copy=False 表示用标准化的值替代原来的值;with_mean=False 表示不需要均值中心化;with_std=False 表示不需要方差单位化。

```
In [1]: from sklearn.preprocessing import StandardScaler
        data =[[5, 78], [3, 9], [1277, 5691], [43, 21]]
        scaler =StandardScaler()
        print(scaler.fit(data))            #根据已有训练数据创建一个标准化转换器
out[1]: StandardScaler(copy=True, with_mean=True, with_std=True)
In [2]: print(scaler.mean_)
out[2]: [ 332. 1449.75]
In [3]: print(scaler.transform(data))    #使用转换器转换数据 data
out[3]: [[-0.59908902 -0.56016648]
         [-0.60275318 -0.58834325]
         [ 1.73131232 1.73195267]
         [-0.52947012 -0.58344294]]
```

sklearn.preprocessing 模块提供的实用类 StandarScaler 在训练数据集上进行标准转换操作之后,把相同的转换应用到测试集中,从而对训练数据和测试数据应用相同的转换操作。以后有新的数据进来也可以直接调用,不用再重新计算一次。

10.5.2 数据归一化

数据归一化是将样本的特征值转换到同一量纲下,把数据映射到[0,1]或者[-1,1]区间内。数据归一化仅由变量的极值决定,最常见的归一化方法就是 Min-Max 归一化,将原始数据映射到[0,1]区间,消除量纲的影响。而数据标准化将特征数据转换为标准正态分布,这与整体样本分布相关,每个样本点都能对标准化产生影响。二者的相同点在于都能取消量纲不同引起的误差,都是一种线性变换,都是对向量 X 按照比例压缩再进行平移。

扩展库 sklearn 的 preprocessing 模块提供了数据归一化的实现方法,可以通过 MinMaxScaler()函数将特征数据缩放至[0,1]区间,或者使用 MaxAbsScaler()函数将特征归一化到[-1,1]区间,二者实现原理相似。

通常使用 MinMaxScaler()函数将特征归一化到[0,1]区间,目的是处理标准差相当小的特征并且保留稀疏数据中的 0 值。

```
In [1]: #特征范围归一化
        from sklearn.preprocessing import MinMaxScaler
        scaler =MinMaxScaler()
        #在训练集上进行归一化
        X_train_scaled =scaler.fit_transform(X_train)
        #在测试集上使用相同的 scaler 进行归一化
        X_test_scaled =scaler.transform(X_test)
```

```
In [2]: #可视化归一化前后的结果
        import matplotlib.pyplot as plt
        fig, axs =plt.subplots(1, 2, figsize=(8, 8))
        #归一化前
        axs[0].scatter(X_train[: , 0], X_train[: , 1])
        axs[0].set_aspect('equal')
        axs[0].set_xlabel('sepal length')
        axs[0].set_ylabel('sepal width')
        axs[0].set_title('Before scale')
        #归一化后
        axs[1].scatter(X_train_scaled[: , 0], X_train_scaled[: , 1])
        axs[1].set_aspect('equal')
        axs[1].set_xlabel('sepal length')
        axs[1].set_ylabel('sepal width')
        axs[1].set_title('After scale')
        plt.show()
```

使用扩展库 matplotlib 绘制散点图，结果如图 10-14 所示。

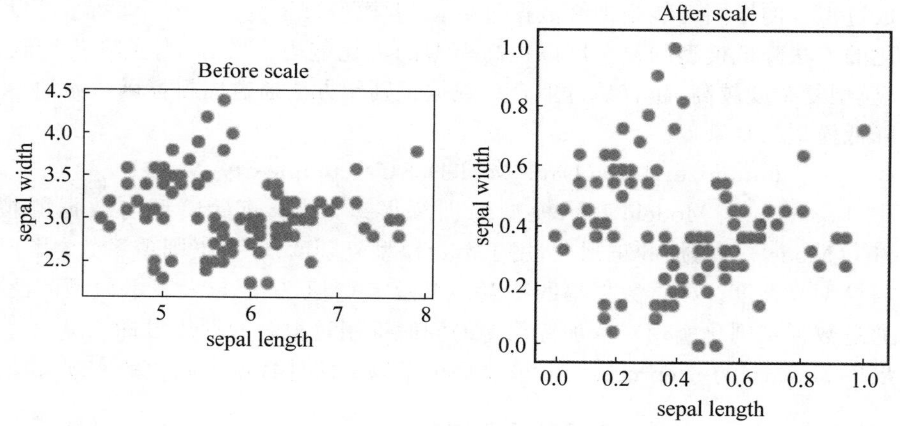

图 10-14 归一化前后散点图

MinMaxScaler()函数默认对每一列数据做归一化操作，这也是实际应用的需求。注意归一化操作需要先对训练集进行，然后再对测试集进行。在测试集上的 scaler 和训练集上的 scaler 要保持一致，不能在训练集和测试集分别使用不同的 scaler。

```
In [1]: #模型选择
        from sklearn.neighbors import KNeighborsClassifier
        #K-近邻距离算法
        knn_model =KNeighborsClassifier(n_neighbors=1)
```

```
In [2]: #训练模型,在未归一化的训练集上进行训练
        knn_model.fit(X_train, y_train)
        knn_model.score(X_test, y_test)                     #进行测试
out[2]: 0.96
In [3]: #在归一化的训练集上进行训练
        knn_model.fit(X_train_scaled, y_train)
        knn_model.score(X_test_scaled, y_test)              #进行测试
out[3]: 0.98
```

运行结果显示,经过数据归一化之后,模型的准确率有了一定提高。需要说明的是,涉及距离度量、协方差计算时不能应用数据归一化方法,因为这种线性等比例缩放无法消除量纲对方差、协方差的影响。

10.5.3 数据正则化

数据正则化是样本在向量空间模型上的一个转换,经常用在分类与聚类中。当训练数据量不足或者过度训练时,常常会导致过拟合,致使模型失去了泛化能力,表现为模型在训练数据上效果非常好,但是在测试数据或验证数据上表现很差。数据正则化就是在此时向原始模型引入额外信息,以便防止过拟合和提高模型泛化能力的一类方法。

造成过拟合的原因可能是训练数据过少,或者模型过于复杂。对于后者,可以通过数据正则化的方法降低模型的复杂度以提高模型的泛化能力。实际上,正则化控制模型的复杂度,模型复杂度越高,越容易过拟合。数据正则化方法通过向目标函数添加一个正则化项来降低模型的复杂度。

$$\text{minimize: Loss(Data}|\text{Model}) + C \times \text{complexity(Model)}$$

其中,Loss(Data|Model)表示模型的训练误差,用于衡量模型与数据的拟合度;complexity(Model)是添加的正则项,用于衡量模型复杂度;C为正则项系数,用于平衡目标函数与模型复杂度。根据数据集的特点人工指定C值,C值越大表示模型的泛化能力越强。通过数据正则化实现减少训练误差的同时抑制过拟合的训练目标。

扩展库 sklearn 的 preprocessing 模块提供了以下两种数据正则化的实现方法。

1. 使用 normalize()函数实现数据正则化

通过 normalize()函数可以对一个单向量进行数据正则化。

```
In [1]: import numpy as np
        from sklearn import preprocessing
        #创建一组特征数据,每一行表示一个样本,每一列表示一个特征
        x =np.array([[1., -1., 2.], [2., 0., 0.], [0., 1., -1.]])
        x_normalized =preprocessing.normalize(x, norm='l2')
        print(x_normalized)
out[1]: [[ 0.40824829  -0.40824829  0.81649658]
        [ 1.          0.          0.        ]
        [ 0.          0.70710678  -0.70710678]]
```

2. 使用 Normalizer 类实现数据正则化

使用类 Normalizer，通过 transform()方法可以对新数据进行向量空间上的转换，实现数据正则化。

```
In [1]: from sklearn.preprocessing import Normalizer
        #根据训练数据创建一个正则器
        normalizer =preprocessing.Normalizer().fit(x)
        normalizer
out[1]: Normalizer(copy=True, norm='l2')
In [2]: Normalizer(copy=True, norm='l2'
out[2]: Normalizer(copy=True, norm='l2')
In [3]: normalizer.transform(x)                        #对训练数据正则化
out[3]: array([[ 0.40824829, -0.40824829, 0.81649658],
               [ 1.        , 0.        , 0.        ],
               [ 0.        , 0.70710678, -0.70710678]])
In [4]: #normalizer.transform([[-78., 129., 0.]])      #对新的测试数据正则化
out[4]: array([[-0.51741934, 0.85573198, 0. ]])
```

10.5.4 数据二值化

数据二值化是指将数值型的特征数据转换成布尔类型的值。可以使用 sklearn.preprocessing 模块提供的类 Binarizer，默认根据 0 进行二值化，大于 0 的值标记为 1，小于或等于 0 的值标记为 0。也可以设置阈值参数 threshold，根据阈值将数据二值化，大于阈值的数据映射为 1，而小于或等于阈值的数据映射为 0，常用于处理连续型变量。

```
In [1]: from sklearn import preprocessing
        import numpy as np
        binarizer =preprocessing.Binarizer().fit(x)
        binarizer.transform(x)
out[1]: array([[1., 0., 1.],
               [1., 0., 0.],
               [0., 1., 0.]])
In [2]: binarizer =preprocessing.Binarizer(threshold=1.5)
        binarizer.transform(x)
out[2]: array([[0., 0., 1.],
               [1., 0., 0.],
               [0., 0., 0.]])
```

10.5.5 缺失值处理

扩展库 sklearn 中的模型假设输入的数据都是数值型的，并且是有意义的。如果数

据集中包含缺失值 NAN 或者空值的话,就无法识别与计算。一般来说,可以使用均值、中位数或众数等弥补缺失值。sklearn.preprocessing 模块提供的类 SimpleImputer 可以用于缺失值处理。

```
In [1]: import numpy as np
        from sklearn import preprocessing
        from sklearn.impute import SimpleImputer as Imputer
        imp =Imputer()
        imp.fit([[1, 2], [np.nan, 3], [7, 6]])
out[1]: SimpleImputer(add_indicator=False, copy=True, fill_value=None,
missing_values=nan, strategy='mean', verbose=0)
In [2]: x =[[np.nan, 2], [6, np.nan], [7, 6]]
        imp.transform(x)
out[2]: array([[4.        , 2.        ],
               [6.        , 3.66666667],
               [7.        , 6.        ]])
```

10.6 模型调参

机器学习模型的参数可以分为两种:第一种是模型自身的参数,可以通过训练样本学习得到,如逻辑回归的参数、神经网络的权重及偏置等;第二种是超参数,是在建立模型时用于控制算法行为的参数,这些参数不能从常规训练中获得,如 KNN 中的初始值个数 K 和 SVM 中的正则项系数 C 等。在模型训练之前,需要对超参数赋值。

模型调参就是为模型找到最好的超参数。机器学习模型的性能与超参数直接相关。超参数调优越好,得到的模型就越好。实际应用中,通常依靠经验设定超参数,也可以依据实验获得。模型训练过程中,可以从训练集中单独留出一部分样本,用于调整模型的超参数和对模型性能进行初步评估,称之为验证集。

10.6.1 交叉验证

在实际训练中,模型训练的结果对训练集的拟合程度通常很好,但是对于训练集之外的数据拟合效果可能就差强人意了。因此人们通常不会把所有的数据集都用于模型训练,而是单独留出一部分样本对训练集生成的参数进行测试,相对客观地判断这些参数对训练集之外的数据拟合程度。这种方法称为交叉验证(Cross Validation)。交叉验证的基本思想是在某种意义下将原始数据集进行分组,一部分作为训练集,另一部分作为验证集,首先用训练集进行模型训练,再利用验证集来测试训练得到的模型,以此作为评价模型的性能指标。

扩展库 sklearn 的 model_selection 子模块提供了 cross_val_score()函数对数据集进行指定次数的交叉验证,并对每次的验证效果进行评估。其语法格式为:

```
cross_val_score(estimator, X, y=None, groups=None, scoring=None, cv=None, n_
jobs=1,verose=0,fit_params=None,pre_fispatch='2 * n_jobs')
```

estimator 指定要评估的模型。

X 和 y 指定数据集及对应的标签。

scoring：指定交叉验证的评价方法，具体可用的评价指标可以登录网址 https://scikit-learn.org/stable/modules/model_evaluation.html#scoring-parameter，查看官方的详细解释。

cv 指定交叉验证折数或可迭代次数，设置为整数时表示把数据集拆分成几个部分对模型进行训练和评估，也可以设置为随机划分或逐一测试等策略。例如，当 cv=5 时表示采用 5 折交叉验证策略，其中训练集的 1/5 作为验证数据，4/5 作为训练数据，循环进行了 5 次训练后得到 5 个评价指标，将这 5 个评价指标的均值作为模型的评价指标。

该函数返回浮点型元素的数组，数组中的浮点型元素表示每次的评价结果。实际应用中往往将 K 次评价指标的平均值作为模型最终的评测结果。

```
In [1]: from sklearn.neighbors import KNeighborsClassifier          #建立模型
        knn_model =KNeighborsClassifier()                          #K近邻距离算法
        from sklearn.model_selection import cross_val_score        #交叉验证
        #K-近邻算法
        k_list =[1, 3, 5, 7, 9]
        for k in k_list:
            knn_model =KNeighborsClassifier(n_neighbors=k)
            val_scores =cross_val_score(knn_model,X_train,y_train, cv=3)
            val_score =val_scores.mean()
            print('k={}, acc={}'.format(k, val_score))
out[1]: k=1, acc=0.9402852049910874
        k=3, acc=0.960190136660725
        k=5, acc=0.960190136660725
        k=7, acc=0.9500891265597149
        k=9, acc=0.9500891265597149
In [2]: #选择最优参数,重新训练模型
        best_knn =KNeighborsClassifier(n_neighbors=3)
        best_knn.fit(X_train, y_train)
out[2]: KNeighborsClassifier(algorithm='auto', leaf_size=30, metric='
        minkowski',metric_params=None, n_jobs=1, n_neighbors=3, p=2,weights
        ='unifor')
In [3]: print(best_knn.score(X_test, y_test))                      #测试模型
out[3]: 0.96
```

10.6.2 网格搜索

网格搜索（GridSearchCV）是一种自动调整参数的方法，只要把参数输入进去，就能给出最优化的结果和参数。这个方法适用于小数据集和需要调试多个超参数的情况，是一种指定参数值的穷举搜索方法。首先将各个参数可能的取值排列组合，通过循环遍历尝试每一种可能，列出所有可能的参数组合以生成“网格”；然后将每个参数组合用于模型训练，并使用交叉验证对模型表现进行评估；在拟合函数尝试了所有的参数组合之后，返回一个合适的模型，并自动调整至最佳参数组合。

扩展库 sklearn 的 model_selection 模块中 GridSearchCV 类用于网格搜索调参，通过模型训练求出最佳参数。其语法格式如下。

```
sklearn.model_selection.GridSearchCV(estimator, param_grid, scoring=None,
cv=None, fit_params=None, n_jobs=1, iid=True, refit=True, verbose=0, pre_
dispatch='2*n_jobs', error_score='raise', return_train_score='warn')
```

estimator：指定待选择参数的模型。

param_grid：指定需要测试的参数，为字典或列表类型，其中每个元素是超参数。

scoring：指定模型评价标准，取值为字符串函数名或者可调用对象，如果取默认值 None，表示使用 estimator 的误差估计函数。

cv：指定交叉验证的划分策略，取值可以为整数，用于指定交叉验证折数或可迭代次数；取值为 None 表示默认使用 3 折交叉验证。

refit：默认值为 True，表示用交叉验证训练集得到的最佳参数对所有可用的训练集与测试集自动重新训练，作为最终用于性能评估的最佳模型参数，即在搜索参数结束后，用得到的最佳参数再学习一遍全部数据集。

此外，GridSearchCV 对象提供了许多有用的属性和方法。例如，可以调用 GridSearchCV 对象的属性 best_params_查看最佳结果的超参数，调用属性 best_score_查看最佳结果的评价得分。

```
In [1]: from sklearn.model_selection import GridSearchCV
        params ={'n_neighbors': [1, 3, 5, 7, 9]}
        knn =KNeighborsClassifier()
        clf =GridSearchCV(knn, params, cv=3)
        clf.fit(X_train, y_train)
out[1]: GridSearchCV(cv=3, error_score=nan, estimator=KNeighborsClassifier
        (algorithm='auto', leaf_size=30, metric='minkowski', metric_params=
        None, n_jobs=None, n_neighbors=5, p=2, weights='uniform'), iid='
        deprecated', n_jobs=None, param_grid={'n_neighbors': [1, 3, 5, 7, 9]},
        pre_dispatch='2*n_jobs', refit=True, return_train_score=False,
        scoring=None, verbose=0)
```

```
In [2]: clf.best_params_                                    #最优参数
out[2]: {'n_neighbors': 3}
In [3]: #最优模型,GridSearchCV默认使用最优参数自动重新训练,不需要手工操作
        best_model =clf.best_estimator_
        print(best_model.score(X_test, y_test)) #测试模型
out[3]: 0.96
```

10.7　模型测试及评价

测试是检验被测对象是否符合预期目标的过程。具体任务的预期目标不同,对应的评价指标也各不相同。模型测试通过一组带标签数据检验模型的训练结果是否符合预期效果,从而评估模型的好坏。一般来说,模型训练完成后,会用测试集验证模型,通过评价指标来评估模型性能的好坏。其中,准确率是最常用的模型评价指标之一,但是某些任务中预测的准确率越高,模型不一定就越好。例如,在一个包含 1000 个样本的不均衡数据集中,有 999 个正样本,1 个负样本,如果简单粗暴地全部预测为正样本,虽然准确率达到 99.9%,但是无法说明这个模型的性能很好。因此,在实际应用中,通常会使用多个指标综合评估模型的性能。

10.7.1　分类模型评价指标

1. 混淆矩阵

混淆矩阵(Confusion Matrix)也称误差矩阵,是特别用于监督学习的一种可视化工具,主要用于比较分类结果和实际测量值,是表示精度评价的一种标准格式,也可用于多分类模型的评价,提供具体分类结果的精度。

混淆矩阵的每一列代表预测类别,每一列的总和表示预测为该类别的数据数目;每一行代表数据的真实类别,每一行的数据总和表示该类别的真实数据数目。每一列中的数值表示真实数据被预测为该类的数目,如图 10-15 所示。

项目	预测值=1	预测值=0
真实值=1	TP	FN
真实值=0	FP	TN

图 10-15　混淆矩阵表示

真正例(True Positive,TP):预测值是 1,真实值是 1,被模型预测为正的正样本数。

假正例(False Negative,FP):预测值是 1,真实值是 0,被模型预测为正的负样本数。

真反例(True Negative,TN):预测值是 0,真实值是 0,被模型预测为负的负样本数。

假反例(False Positive,FN):预测值是 0,真实值是 1,被模型预测为负的正样本数。

真正率(True Positive Rate,TPR):TPR=TP/(TP+FN),被预测为正的正样本数/实际正样本数。

假正率(False Positive Rate,FPR):FPR=FP/(FP+TN),被预测为正的负样本数/实际负样本数。

假负率(False Negative Rate,FNR)：FNR＝FN/(TP＋FN),被预测为负的正样本数/实际正样本数。

真负率(True Negative Rate,TNR)：TNR＝TN/(TN＋FP),被预测为负的负样本数/实际负样本数。

扩展库 sklearn 混淆矩阵函数 sklearn.metrics.confusion_matrix()可以计算混淆矩阵,用于评估分类的准确性,其语法格式如下。

```
sklearn.metrics.confusion_matrix(y_true, y_pred, labels=None, sample_weight
=None)
```

其中,y_true 和 y_pred 分别表示样本的真实分类结果和预测分类结果;labels 表示矩阵的索引标签列表;sample_weight 表示样本权重。

2. 准确率

准确率(Accuracy)是最常用的分类性能指标。可以通过公式 Accuracy＝(TP＋TN)/(TP＋FN＋FP＋TN)计算分类模型的准确率。

扩展库 sklearn 的分类准确率函数 sklearn.metrics.accuracy_score()可以计算分类准确率得分,表示预测正确的结果占总样本的百分比,语法格式为：

```
sklearn.metrics.accuracy_score(y_true, y_pred, normalize=True, sample_
weight=None)
```

其中,normalize 默认值为 True,返回正确分类的比例;如果 normalize＝False,则返回正确分类的样本数。

3. 精确率

区别于准确率,精确率(Precision)是对预测结果而言,只针对预测正确的正样本,而不是针对所有预测正确的样本,表现为预测出的正样本里面有多少是正确的正样本。可以通过公式 Precision＝TP/(TP＋FP) 计算精确率,即正确预测的正例数/预测正例总数,也可以理解为查准率。

扩展库 sklearn 的分类精确率函数 sklearn.metrics.precision_score()可以计算分类精确率得分,表示所有被预测为正的样本中实际为正样本的百分比,语法格式为：

```
sklearn.metrics.precision_score(y_true, y_pred, labels=None, pos_label=1,
average='binary', sample_weight=None)
```

其中,average 指定精确率的计算方法。二分类时参数 average 默认是 binary;多分类时,可选参数有 micro、macro、weighted 和 samples。当 average＝'micro'时,先计算所有类的 TP、FP 与 FN,再计算精确率;average＝' macro'时,先分别求出每个类的精确率再取算术平均值;average＝'weighted'时,先分别求出每个类的精确率再取加权平均值。

4. 召回率

召回率(Recall)是针对样本数据集而言,实际样本中的正样本有多少被预测正确了,可以通过公式 Recall=TP/(TP+FN)计算召回率,即正确预测的正例数/实际正例总数,可以理解为查全率。

扩展库 sklearn 的分类召回率函数 sklearn.metrics.recall_score()可以计算分类召回率得分,表示实际为正的样本中被预测为正样本的百分比,语法格式为:

```
sklearn.metrics.recall_score(y_true, y_pred, labels=None, pos_label=1,
average='binary', sample_weight=None)
```

其中,y_true 和 y_pred 分别为真实标签和预测标签;average 是字符串类型,默认值是'binary',也可以取值'None'、'micro'、'macro'、'samples'或'weighted',具体含义与上述 precision_score()函数参数类似。

5. F1 值

F1 值(F1 score)是精确率和召回率的调和平均数,更接近于两个数中的较小值,所以当精确率和召回率接近时,F1 值最大。其计算公式如下。

$$F_1=2\times\frac{1}{\frac{1}{\text{Recall}}+\frac{1}{\text{Precision}}}=2\times\frac{\text{Precision}\times\text{Recall}}{\text{Precision}+\text{Recall}}$$

F1 指标综合了 Precision 与 Recall 的产出结果,是分类问题的重要衡量指标,也是很多推荐系统的评测指标。该指标取值范围为[0,1]区间,当 F1 取值为 1 时表示模型的输出结果最好;若 F1 取值为 0,表示模型的输出结果最差。

可以使用扩展库 sklearn 的函数 sklearn.metrics.f1_score()计算模型的 F1 值,语法格式如下。

```
sklearn.metrics.f1_score(y_true, y_pred, labels=None, pos_label=1, average='
binary', sample_weight=None)
```

其中,y_true 为真实标签,y_pred 为预测标签;average 是字符串,取值范围[None, 'binary' (default), 'micro', 'macro', 'samples', 'weighted'],若是二分类问题则选择参数'binary'。

6. ROC 曲线

样本不均衡情况下,常常采用 ROC 曲线与 AUC 指标评价模型的性能。对于分类问题中正负例的界定,通常会设置一个阈值,大于阈值的为正类,小于阈值为负类。如果减小阀值,更多的样本会被识别为正类,提高正类识别率的同时,会使更多负类被错误识别为正类。ROC 曲线可以直观地描述这一现象。

如图 10-16 所示,根据分类结果计算得到 ROC 空间中相应的点,连接这些点就形成了 ROC 曲线,其中,横坐标为假正率,纵坐标为真正率。一般情况下,ROC 曲线处于(0,0)和(1,1)连线的上方。ROC 曲线中点(0,1)即 FPR=0 且 TPR=1,意味着 FN=0 且 FP=0,表示所有样本都正确分类;点(1,0)即 FPR=1 且 TPR=0,意味着最差分类器,表示避开了所有正确答案;点(0,0)即 FPR=TPR=0,意味着 FP=TP=0,表示分类器把每个实例都预测为负类;点(1,1)表示分类器把每个实例都预测为正类。总之,ROC 曲线越接近左上角,该分类器的性能越好。一般地,如果 ROC 曲线光滑,那么基本可以判断没有严重的过拟合现象。

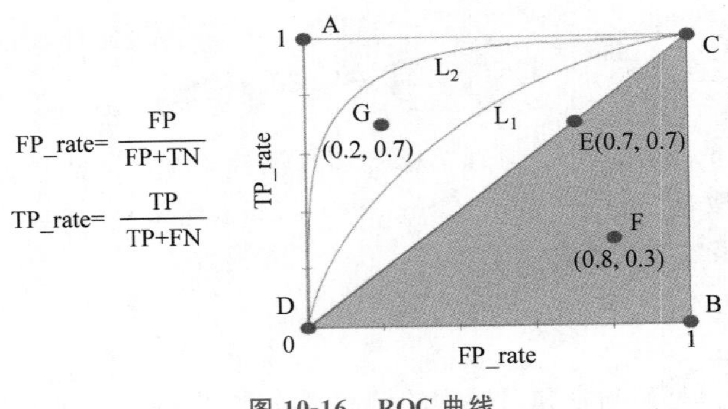

图 10-16 ROC 曲线

可以使用扩展库 sklearn 的函数 sklearn.metrics. roc_curve()计算 ROC 曲线,语法格式为:

```
sklearn.metrics.roc_curve(y_true, y_score, pos_label=None, sample_weight=
None, drop_intermediate=True)
```

y_true 表示真实结果数据,为数组数据;y_score 表示预测结果数据,可以是标签数据或概率值,为形状与 y_true 一致的数组;pos_label 设置正样本的标签,默认为 None,当标签为形如{0,1}或{-1,1}的二分类数据时取值为 1,否则将引发错误。

函数返回结果为三个数组,分别是假正率 FPR、召回率 TPR 和阈值 threshold。

7. AUC 指标

AUC(Area Under Curve)指 ROC 曲线下的面积(ROC 的积分),通常大于 0.5 且小于 1。随机挑选一个正样本和一个负样本,分类器判定正样本的值高于负样本的概率就是 AUC 值。AUC 值越大的分类器,性能越好。

可以使用扩展库 sklearn 的函数 sklearn.metrics.auc()计算 AUC 值。该函数使用梯形法则计算 ROC 曲线下面积 AUC,语法格式为:

```
sklearn.metrics.auc(x, y, reorder=False)
```

其中,x 和 y 分别为数组类型,根据数组元素(xi,yi)在坐标上的点,生成 ROC 曲线,然后计算 AUC 值。

```
In [1]: import numpy as np
        from sklearn import metrics
        y =np.array([1, 1, 2, 2])
        scores =np.array([0.1, 0.4, 0.35, 0.8])
        fpr, tpr, thresholds =metrics.roc_curve(y, scores, pos_label=2)
        print('fpr: ',fpr,'\n','tpr: ',tpr,'\n','thresholds: ',thresholds)
        print("metrics.auc(fpr,tpr): ",metrics.auc(fpr,tpr))
out[1]: fpr: [0. 0. 0.5 0.5 1. ]
        tpr: [0. 0.5 0.5 1. 1. ]
        thresholds: [1.8 0.8 0.4 0.35 0.1]
        metrics.auc(fpr,tpr): 0.75
```

扩展库 sklearn 的函数 sklearn.metrics.roc_auc_score()直接根据真实值(必须是二值)、预测值(可以是 0 或 1,也可以是概率值)计算出 AUC 值,省略了中间的 ROC 曲线计算过程。该函数根据预测分数计算 ROC 下的面积 AUC,语法格式为:

```
sklearn.metrics.roc_auc_score(y_true, y_score, average='macro', sample_
weight=None)
```

y_true:每个样本的真实类别,必须为 0 或 1 标签。

y_score:预测得分,可以是正类的估计概率或者分类器的返回值。

```
In [1]: import numpy as np
        from sklearn import metrics
        y =np.array([1, 1, 2, 2])
        scores =np.array([0.1, 0.4, 0.35, 0.8])
        fpr, tpr, thresholds =metrics.roc_curve(y, scores, pos_label=2)
        print('fpr: ',fpr,'\n','tpr: ',tpr,'\n','thresholds: ',thresholds)
out[2]: fpr: [0. 0. 0.5 0.5 1. ]
        tpr: [0. 0.5 0.5 1. 1. ]
        thresholds: [1.8 0.8 0.4 0.35 0.1]
```

AUC 是分类模型,特别是二分类模型的主要离线评测指标之一。相比于准确率、召回率、F1 等指标,AUC 指标不关注具体得分,只关注排序结果,特别适用于排序问题的效果评估,例如,推荐排序的评估。

下面对乳腺癌数据集中 569 行 31 列数据应用 KNN、线性 SVM 模型实现分类,采用网格搜索获取每个模型的最优参数,使用准确率、召回率、精确率、混淆矩阵、ROC 曲线和 AUC 值等评价指标进行模型训练效果评价。

```
In [1]: #引入包
        import pandas as pd
        import numpy as np
        import seaborn as sns
```

```
        from sklearn.model_selection import train_test_split
        #加载乳腺癌数据集,30个特征,二分类问题: 良性/恶性
        data =pd.read_csv('work/breast_cancer.csv')
        print(data.shape)
out[1]: (569, 31)
In [2]: X =data.iloc[:, : -1].values                                    #获取特征
        y =data['label'].values                                          #获取标签
        X_train, X_test, y_train, y_test =train_test_split(X, y, test_size=1/3,
        random_state=10)                                                 #划分数据集
In [3]: from sklearn.neighbors import KneighborsClassifier
        from sklearn.svm import LinearSVC
        knn_model =KneighborsClassifier()                                #K-近邻距离算法
        svm_model =LinearSVC()
        In [3]: from sklearn.model_selection import GridSearchCV   #网格搜索
        knn_params ={'n_neighbors': [1, 3, 5, 7, 9]}
        knn_clf =GridSearchCV(knn_model, knn_params, cv=3)
        knn_clf.fit(X_train, y_train)
        print('kNN最优参数', knn_clf.best_params_)
        best_knn =knn_clf.best_estimator_
out[3]: kNN最优参数 {'n_neighbors': 5}
In [4]: svm_params ={'C': [0.01, 0.1, 1, 100, 1000]}
        svm_clf =GridSearchCV(svm_model, svm_params, cv=3)
        svm_clf.fit(X_train, y_train)
        print('最优参数', svm_clf.best_params_)
        best_svm =svm_clf.best_estimator_
out[4]: SVM最优参数 {'C': 1}
In [5]: y_pred_knn =best_knn.predict(X_test)                     #测试模型
        y_pred_svm =best_svm.predict(X_test)
        from sklearn.metrics import accuracy_score               #准确率
        print('准确率: kNN: {: .3f}, SVM: {: .3f}'.format(
            accuracy_score(y_test, y_pred_knn),
            accuracy_score(y_test, y_pred_svm)))
out[5]: 准确率: kNN: 0.942, SVM: 0.947
In [6]: from sklearn.metrics import recall_score                 #召回率
        print('召回率: kNN: {: .3f}, SVM: {: .3f}'.format(
            recall_score(y_test, y_pred_knn),
            recall_score(y_test, y_pred_svm)))
out[6]: 召回率: kNN: 0.960, SVM: 0.976
```

```
In [7]: from sklearn.metrics import precision_score #精确率
        print('精确率: kNN: {: .3f}, SVM: {: .3f}'.format(
            precision_score(y_test, y_pred_knn),
            precision_score(y_test, y_pred_svm)))
out[7]: 精确率: kNN: 0.952, SVM: 0.946
In [8]: from sklearn.metrics import f1_score #F1 值
        print('F1 值: kNN: {: .3f}, SVM: {: .3f}'.format(
            f1_score(y_test, y_pred_knn),
            f1_score(y_test, y_pred_svm)))
out[8]: F1 值: kNN: 0.956, SVM: 0.961
In [9]: from sklearn.metrics import confusion_matrix #混淆矩阵
        print('混淆矩阵: ')
        print('kNN: {}'.format(confusion_matrix(y_test, y_pred_knn)))
        print('SVM: {}'.format(confusion_matrix(y_test, y_pred_svm)))
out[9]: 混淆矩阵:
        kNN: [[ 59 6]
        [ 5 120]]
        SVM: [[ 53 12]
        [ 2 123]]
In [10]: from sklearn.metrics import roc_curve
         print('ROC 曲线: ')
         print('kNN: {}'.format(roc_curve(y_test, y_pred_knn)))
         print('SVM: {}'.format(roc_curve(y_test, y_pred_svm)))
out[10]: ROC 曲线:
         kNN: array([0. , 0.09230769, 1. ]), array([0., 0.96, 1. ]), array([2, 1,
         0]))
         SVM: array([0., 0.07692308, 1. ]), array([0., 0.968, 1. ]), array([2, 1,
         0]))
In [11]: from sklearn.metrics import roc_auc_score
         print('ROC-AUC 值: ')
         print('KNN: {}'.format(roc_auc_score(y_test, y_pred_knn)))
         print('SVM: {}'.format(roc_auc_score(y_test, y_pred_knn)))
out[11]: ROC-AUC 值:
         KNN: 0.9338461538461538
         SVM: 0.9455384615384617
```

查看运行结果可知，根据准确率、召回率、精确率和 AUC 值评价指标，KNN 模型与线性 SVM 模型的分类效果并无明显差别；但在混淆矩阵中，使用 KNN 算法第一类别预测正确 59 个，第二类别预测正确 120 个；使用线性 SVM 算法第一类别预测正确 53 个，第二类别预测正确 123 个。因此，KNN 算法在预测第一类别上表现出较好的性能，线性 SVM 在预测第二类别上表现出较好的性能。

10.7.2 回归模型评价指标

1. 均方误差

均方误差(Mean Squared Error,MSE)是真实值与预测值的差值的平方然后求和平均,取值范围为[0,+∞)。当预测值与真实值完全相同时值为 0,取值越大,表示均方误差越大。该指标对应 L1 范数的期望值。

可以使用 sklearn.metrics.mean_squared_error()函数计算均方误差回归损失,语法格式为:

```
sklearn.metrics.mean_squared_error(y_true, y_pred, *, sample_weight=None,
multioutput='uniform_average', squared=True)
```

y_true 和 y_pred 分别表示真实值和预测值;sample_weight 表示样本权值;multioutput 指定多维输入输出,默认值为'uniform_average',计算所有元素的均方误差,返回为一个标量;也可设置 multioutput='raw_values',计算对应列的均方误差,返回一个与列数相等的一维数组。

```
In [1]: from sklearn.metrics import *
        y_true =[[0.5, 1],[-1, 1],[7, -6]]
        y_pred =[[0, 2],[-1, 2],[8, -5]]
        mean_squared_error(y_true, y_pred)
out[1]: 0.7083333333333334
In [2]: mean_squared_error(y_true, y_pred, squared=False)
out[2]: 0.8416254115301732
In [3]: mean_squared_error(y_true, y_pred, multioutput='raw_values')
out[3]: array([0.41666667, 1.      ])
In [4]: mean_squared_error(y_true, y_pred, multioutput=[0.3, 0.7])
out[4]: 0.825
```

2. 平均绝对误差

平均绝对误差(Mean Absolute Error,MAE)是真实值与预测值偏差的绝对值然后求和平均,表示预测值和真实值之间绝对误差的平均值。MAE 的值越小,说明模型的效果越好。该指标能更好地反映预测值误差的实际情况。

可以使用 sklearn.metrics.mean_absolute_error()函数计算平均绝对误差,语法格式为:

```
sklearn.metrics.mean_absolute_error(y_true, y_pred, *, sample_weight=None,
multioutput='uniform_average')
```

其中参数含义与上述 mean_squared_error()函数类似。

```
In [5]: y_true =[[0.5, 1], [-1, 1], [7, -6]]
        y_pred =[[0, 2], [-1, 2], [8, -5]]
        mean_absolute_error(y_true, y_pred)
out[5]: 0.75
In [6]: #multioutput='raw_values'给出每列的 MAE
        mean_absolute_error(y_true, y_pred, multioutput='raw_values')
out[6]: array([0.5, 1. ])
In [7]: #multioutput=[0.3, 0.7] 给出加了不同权重的 MAE
        mean_absolute_error(y_true, y_pred, multioutput=[0.3, 0.7])
out[7]: 0.85
```

3. 决定系数

决定系数(R2 Score)是从最小二乘(二次方差)的角度出发，计算实际值的方差有多大比重被预测值解释了，即在总变量中模型解释的百分比。决定系数又称拟合优度，表征回归模型在多大程度上解释了因变量的变化，或者说模型对真实值的拟合程度如何。R2 值越接近 1，观察点在回归直线附近越密集，模型的拟合效果越好，自变量对因变量的解释程度越高，自变量引起的变动占总变动的百分比越高。

可以使用 sklearn.metrics.r2_score()函数计算决定系数，语法格式为：

```
sklearn.metrics.r2_score(y_true, y_pred, *, sample_weight=None, multioutput
='uniform_average')
```

multioutput 参数可以接受字符串'variance_weighted'。这时根据预测值方差相应地为每个输出产生一个权重，并对所有的输出求加权平均值。如果预测值的方差具有不同刻度范围，那么该输出将会把更多的重要性分配给方差更高的变量。

```
In [1]: from sklearn.metrics import r2_score
        y_true =[3, -0.5, 2, 7]
        y_pred =[2.5, 0.0, 2, 8]
        r2_score(y_true, y_pred)
out[1]: 0.9486081370449679
In [2]: y_true =[[0.5, 1], [-1, 1], [7, -6]]
        y_pred =[[0, 2], [-1, 2], [8, -5]]
        r2_score(y_true, y_pred,multioutput='variance_weighted')
out[2]: 0.9382566585956417
In [3]: y_true =[1, 2, 3]
        y_pred =[1, 2, 3]
        r2_score(y_true, y_pred)
```

```
out[3]: 1.0
In [4]: y_true =[1, 2, 3]
        y_pred =[2, 2, 2]
        r2_score(y_true, y_pred)
out[4]: 0.0
In [5]: y_true =[1, 2, 3]
        y_pred =[3, 2, 1]
        r2_score(y_true, y_pred)
out[5]: -3.0
```

运行结果显示，一个模型的 R2 值为 0 还不如直接用平均值进行预测的效果好；而一个 R2 值为 1 的模型则可以对目标变量进行完美预测；R2 值为(0,1)区间的数值，表示该模型的目标变量中有百分之多少能够用特征来解释；也可能出现负数的 R2 值，这种情况下模型所做预测有时会比直接计算目标变量的平均值差很多。

4. 可释方差得分

假设 $\hat{y}$ 是预测值，y 是真实值，Var 是方差，那么可释方差(Explained Variance)的计算公式为：

$$\text{explained\_variance}(y,\hat{y})=1-\frac{\text{Var}\{y-\hat{y}\}}{\text{var}\{y\}}$$

可释方差得分的取值范围是[0,1]，越接近于 1 说明自变量解释因变量方差变化的效果越好，值越小说明解释效果越差；explained_variance_score＝1 表示预测值与真实值相同。

可以使用 sklearn.metrics.explained_variance_score()函数计算可释方差得分，语法格式为：

```
sklearn.metrics.explained_variance_score(y_true, y_pred, *, sample_weight=
None, multioutput='uniform_average')
```

上述四个回归模型评价函数都有一个参数 multioutput，用来指定在多目标回归问题中，若干单个目标变量的损失或得分以何种方式被平均。参数 multioutput 默认值是'uniform_average'，表示将所有预测目标值的损失以等权重的方式平均。如果输入数据是一个与输出结果形状相同的 ndarray 数组，那么数组内的数据将被视为对每个输出预测损失或得分的加权值，所以最终损失就是按照参数指定的加权方式进行计算。如果 multioutput 取值为'raw_values'，那么所有回归目标的预测损失或者预测得分都会单独返回至一个与输出结果形状相同的数组中。

```
In [1]: from sklearn.metrics import explained_variance_score
        y_true =[3, -0.5, 2, 7]
        y_pred =[2.5, 0.0, 2, 8]
        explained_variance_score(y_true, y_pred)
out[1]: 0.9571734475374732
In [2]: y_true =[[0.5, 1], [-1, 1], [7, -6]]
        y_pred =[[0, 2], [-1, 2], [8, -5]]
        explained_variance_score(y_true, y_pred, multioutput='uniform_
        average')
out[2]: 0.9838709677419355
```

同样用于计算解释回归模型的方差得分，r2_score 和 explained_variance_score 指标的差别在于是否假设残差均值为 0，当残差的均值为 0 时，二者的计算结果相同。

```
In [1]: import numpy as np
        from sklearn import metrics
        y_true =[3, -0.5, 2, 7]
        y_pred =[2.5, 0.0, 2, 8]
        print(metrics.explained_variance_score(y_true, y_pred))
        print(metrics.r2_score(y_true, y_pred))
        print('残差的均值: ',(np.array(y_true) -np.array(y_pred)).mean())
out[1]: 0.9571734475374732
        0.9486081370449679
        残差的均值: -0.25
In [2]: y_ture =[3, -0.5, 2, 7]
        y_pred =[2.5, 0.0, 2, 7]
        print('残差的均值: ',(np.array(y_true) -np.array(y_pred)).mean())
        print(metrics.explained_variance_score(y_true, y_pred))
        print(metrics.r2_score(y_true, y_pred))
out[2]: 残差的均值: 0.0
        0.9828693790149893
        0.9828693790149893
```

10.8　精选案例

10.8.1　移动用户行为数据分析

任务描述：本案例根据移动用户的 APP 行为数据对用户的年龄和性别属性进行分类预测。分别使用 K-近邻、线性 SVM 和逻辑回归模型实现用户行为数据分类，预测用户年龄和性别属性。本案例分为四个步骤，包括数据集准备、探索性数据分析、建模和调参以及模型效果比较。

1. 数据集简介

本案例数据集来自 kaggle 网站，网址为 https://www.kaggle.com/c/talkingdatamobile-user-demgraphics。数据集中包含二十多万行用户数据记录,在数据收集阶段已经被分成四类:“男性 28-”“女性 28-”“男性 29+”和“女性 29+”,每条记录包含该用户的行为属性,如:手机品牌、型号、APP 的使用情况等。

本案例提供的数据集由 3 个 CSV 文件组合而成,即 gender_age.csv、app_events.csv 和 events.csv 文件,如图 10-17~图 10-19 所示。gender_age 数据集由设备名称 decice_id、用户性别 gender、用户年龄 age 以及类别标签 group 四列组成,每个用户对应唯一的设备名称 decice_id;events 数据集记录了用户使用设备的行为数据,包括该行为的编号 event_id、发生的时间 timestamp、地理位置经纬度 longitude 与 latitude、安装的 APP 类型 deice_id;app_events.csv 文件可以看作一个关联表,包括 event_id、app_id、is-installed 和 is_active 四列,记录了发生的行为编号,安装的 APP 编号等。

	A	B	C	D
1	device_id	gender	age	group
2	-8.1E+18	M	35	M29+
3	-2.9E+18	M	35	M29+
4	-8.3E+18	M	35	M29+
5	-4.9E+18	M	30	M29+
6	2.45E+17	M	30	M29+
7	-1.3E+18	F	24	F28-
8	2.37E+17	M	36	M29+
9	-8.1E+18	M	38	M29+
10	1.77E+17	M	33	M29+
11	1.6E+18	F	36	F29+
12	9.03E+18	M	31	M29+
13	7.48E+18	F	37	F29+

图 10-17 gender_age 数据集

	A	B	C	D
1	event_id	app_id	is_installed	is_active
2	2	5.93E+18	1	1
3	2	-5.7E+18	1	0
4	2	-1.6E+18	1	0
5	2	-6.5E+17	1	1
6	2	8.69E+18	1	1
7	2	4.78E+18	1	1
8	2	-8E+18	1	0
9	2	9.11E+18	1	0
10	2	-3.7E+18	1	0
11	2	7.17E+18	1	1
12	2	4.88E+17	1	0
13	2	7.46E+18	1	0

图 10-18 app_events 数据集

1	event_id	device_id	timestamp	longitude	latitude
2	1	2.92E+16	2016/5/1 0:55	121.38	31.24
3	2	-6.4E+18	2016/5/1 0:54	103.65	30.97
4	3	-4.8E+18	2016/5/1 0:08	106.6	29.7
5	4	-6.8E+18	2016/5/1 0:06	104.27	23.28
6	5	-5.4E+18	2016/5/1 0:07	115.88	28.66
7	6	1.48E+18	2016/5/1 0:27	0	0
8	7	5.99E+18	2016/5/1 0:15	113.73	23
9	8	1.78E+18	2016/5/1 0:15	113.94	34.7
10	9	-2.1E+18	2016/5/1 0:15	0	0
11	10	-8.2E+18	2016/5/1 0:41	119.34	26.04
12	11	8.66E+18	2016/5/1 0:44	106.71	39.51
13	12	8.66E+18	2016/5/1 0:45	106.71	39.51

图 10-19 events 数据集

2. 导入模块

本案例的数据准备部分需要使用 pandas 模块的 read_csv()函数导入数据集,并生成 DataFrame 对象,最后通过 DataFrame 对象将模型比较结果可视化;探索性数据分析部分使用 matplotlib.pyplot 和 seaborn 模块的相关函数对数据可视化展示;使用 sklearn.preprocessing 模块的相关函数进行数据预处理;模型训练之前,使用 sklearn.model_selection 模块的函数划分数据集为训练集和测试集;模型调参时,使用 sklearn.model_ selection 模块提供的网格搜索方法；模型训练时，选用 sklearn 模块的多个机器学习模型进行数据分类和预测。

```
In [1]: import pandas as pd
        import matplotlib.pyplot as plt
        import seaborn as sns
        from sklearn.preprocessing import LabelEncoder, MinMaxScaler
        from sklearn.model_selection import GridSearchCV
        from sklearn.model_selection import train_test_split
        from sklearn.neighbors import KNeighborsClassifier
        from sklearn.svm import LinearSVC
        from sklearn.linear_model import LogisticRegression
```

3. 准备数据集

自定义函数 prepare_dataset()为分类模型准备数据集，源代码如下。

```
1   def prepare_dataset():
2       gender_age_df =pd.read_csv('gender_age.csv', usecols=['device_id', '
3   group'],dtype={'device_id': str})
4       events_df =pd.read_csv('/home/aistudio/data/data99729/events.csv',
5   usecols=['event_id', 'device_id'], dtype={'device_id': str})
6       app_events_df = pd.read_csv('/home/aistudio/data/data99727/app_
7   events.csv', usecols=['event_id', 'app_id'],dtype={'app_id': str})
8       #合并 events 和 app 数据集
9       device_app =app_events_df.merge(events_df, how='left', on='event_id')
10      stats_df =device_app.groupby('device_id')['event_id', 'app_id'].
11      nunique()                    #统计每台设备安装 app 的个数和行为的类型个数
12      #合并性别年龄组数据和统计数据
13      all_df =gender_age_df.merge(stats_df, how='inner', on='device_id')
14      #重命名列
15      all_df.columns =['device_id', 'group', 'n_events', 'n_apps']
16      return all_df
```

代码 2～7 行读取数据：使用 read_csv()函数读入 gender_age.csv 文件的“device_id”和“group”两列，存入 gender_age_df 数据对象中；读入 events.csv 文件的“event_id”和“device_id”两列存入 events_df 数据对象中；读入 app_events.csv 文件的“event_id”和“app_id”两列存入 app_events_df 数据对象中，读入的“device_id”和“app_id”列数据均为字符串类型。

代码 8～11 行数据融合：使用 merge()方法以共同列“event_id”为主键左连接数据集 app_events 和 events，生成 DataFrame 对象 device_app；使用 groupby()方法按照“device_id”列对 DataFrame 对象 device_app 分组，通过唯一值个数统计函数 nunique()获取每台设备安装 APP 的数目和用户行为类型的数目。

代码 12～16 行提取特征：使用 merge()方法按照共同列"device_id"以内连接方式合并 DataFrame 对象 gender_age_df 和 stats_df；为合并后生成的数据集重新设置列名，返回准备好的数据集，即 DataFrame 对象 all_df。

4. 探索性数据分析

自定义函数 analyse_data()实现数据分析功能，源代码如下。

```
1   def analyse_data(df):
2       print('处理后的数据集共有{}个样本,{}个类别'.format(df.shape[0], df['
3   group'].nunique()))
4       plt.figure(figsize=(10, 8))          #可视化数据类别分布
5       sns.countplot(data=df, x='group')
6       plt.tight_layout()
7       plt.show()
8       plt.figure(figsize=(10, 10))         #可视化样本分布
9       sns.scatterplot(data=df, x='n_events', y='n_apps', hue='group')
10      plt.show()
```

代码 2～3 行将准备好的数据集基本信息输出，代码运行结果如下。

```
out[1]: 处理后的数据集共有 23290 个样本,4 个类别
```

代码 4～7 行进行数据类别可视化：为了可视化查看每个类别中样本的数目，调用扩展库 seaborn 的 countplot()函数绘制柱状图，运行结果如图 10-20 所示。

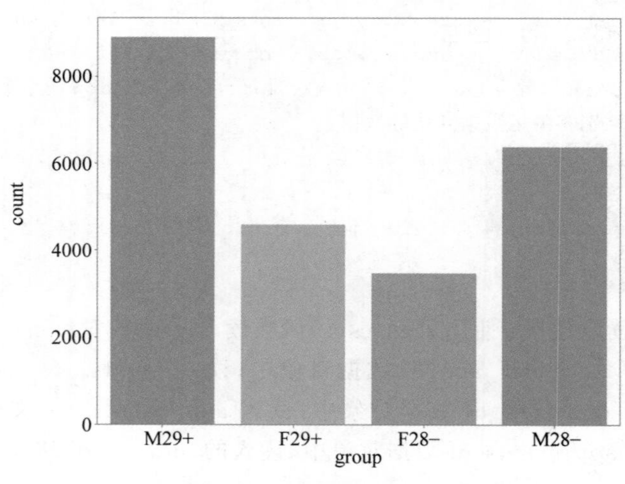

图 10-20 计数柱状图

代码 8～10 行进行样本分布可视化：调用扩展库 seaborn 的 scatterplot()函数绘制散点图，横轴为行为类别的数目，纵轴为安装的 APP 数目，参数 hue 表示按照类别 group 对样本点进行颜色标注，运行结果如图 10-21 所示。

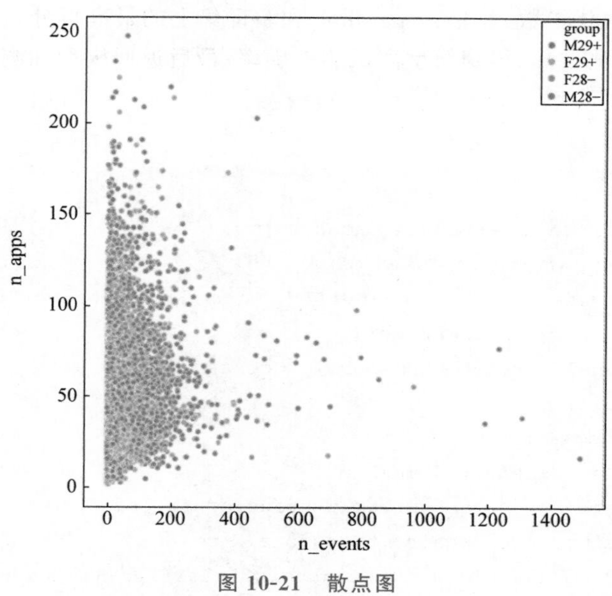

图 10-21　散点图

5. 建模及调参

自定义函数 train_test_model()用于建模及调参，返回最优分类器及其在测试集上的准确率，源代码如下。

```
1  def train_test_model(X_train, y_train, X_test, y_test, model_config, cv_
2  val=3):
3      model =model_config[0]
4      parameters =model_config[1]
5      #模型调参
6      clf =GridSearchCV(model, parameters, cv=cv_val, scoring='accuracy')
7      clf.fit(X_train, y_train)
8      print('最优参数：', clf.best_params_)
9      print('验证集最高得分：{:.3f}'.format(clf.best_score_))
10     test_acc =clf.score(X_test, y_test)
11     print('测试集准确率：{:.3f}'.format(test_acc))
12     return clf, test_acc
```

代码 1～4 行：自定义函数 train_test_model()接收参数，包括训练集特征矩阵 X_train 和类别标签 y_train、测试集特征矩阵 X_ test 和类别标签 y_test、建模与调参字典对象 model_config 以及默认网格搜索方法 GridSearchCV 采用三折交叉验证的 cv 参数。函数开始部分，分别获取字典对象 model_config 中的模型名称和关键参数，保存于变量 model 和 parameters。

代码 6～12 行：使用 sklearn 中的 GridSearchCV()函数实现网格搜索调参。接收模型名称及其候选参数，采用三折交叉验证，以准确率作为评价指标，开始网格搜索调参过程；训练模型得到最优参数 clf.best_params_和验证集上的最高得分 clf.best_score_；将得到的最优模型用于测试集，得到模型测试的准确率；最后返回模型和测试集准确率。

6. 主函数

```
def main():
    processed_df =prepare_dataset()                         #准备数据集
    analyse_data(processed_df)                              #EDA 分析
    X =processed_df[['n_events', 'n_apps']].values          #获取特征矩阵
    label_enc =LabelEncoder()                               #转换样本标签
    y =label_enc.fit_transform(processed_df['group'])
    X_train, X_test, y_train, y_test =train_test_split(X, y, test_size=1/4, random_state=10)          #分割数据集
    scaler =MinMaxScaler()                                  #特征处理
    X_train_scaled =scaler.fit_transform(X_train)
    X_test_scaled =scaler.transform(X_test)
    model_dict ={'kNN': (KNeighborsClassifier(), {'n_neighbors': [5, 10, 15]}), 'LinearSVM': (LinearSVC(), {'C': [100, 1000, 10000]}), 'LR': (LogisticRegression(), {'C': [0.01, 1, 100]})}          #建模及调参
    results_df =pd.DataFrame(columns=['Not Scaled (%)', 'Scaled (%)'], index=list(model_dict.keys()))          #保存结果
    results_df.index.name ='Model'
    for model_name, model_config in model_dict.items():
        print('训练模型：', model_name)
        print('* 特征没有归一化')
        _, acc1 =train_test_model(X_train, y_train, X_test, y_test, model_config)
        print('* 使用特征归一化')
        _, acc2 =train_test_model(X_train_scaled, y_train, X_test_scaled, y_test,model_config)
        print()
        results_df.loc[model_name] =[acc1 * 100, acc2 * 100]
    results_df.to_csv('pred_results.csv')                   #保存结果
    results_df.plot(kind='bar', figsize=(8, 4), rot=0)      #可视化结果
    plt.ylabel('Accuracy (%)')
    plt.tight_layout()
    plt.savefig('pred_results.png')
    plt.show()
if __name__ =='__main__':
    main()
```

主函数大致分为三部分，即准备数据集、特征处理、建模及调参，主要代码及相关功能描述如下：

代码 2～3 行准备数据集：调用 prepare_dataset()函数加载数据集并返回经过数据融合和特征提取的新数据集，保存为 DataFrame 对象 processed_df；调用 analyse_data()函数将处理后的数据可视化，进行探索性数据分析。

代码 4～6 行特征准备：获得 processed_df 对象的 n_events 和 n_apps 列数据，作为特征矩阵保存为 ndarray 数组对象 X；使用 sklearn 提供的 LabelEncoder()函数，将字符串类型的类别标签值编码为形如“0、1、2、3”的整型数据；使用 fit_transform()方法拟合数据，并将数据转换为标准形式。至此，特征准备部分为分类模型准备好包含特征数据和类别标签的数据集。

代码 7～11 行数据预处理及特征工程：代码第 7 行调用 train_test_split()函数，传入特征矩阵 X 和标签 y，设置随机种子以便重复实验结果，将数据集的 1/4 划分为测试集，其余 3/4 为训练集；调用 MinMaxScaler()函数对训练集和测试集数据进行最大最小值归一化处理；使用 fit_transform()方法将训练集特征转换为标准形式；使用 transform()方法实现测试集特征的标准化、降维、归一化等操作，获得标准化数据，为建模和调参做准备。

代码 12～17 行创建调参字典：创建字典 model_dict，保存用于效果比较的三个模型及其参数，即 K-近邻(KNN)模型设置了三个 K 值、线性 SVM(LinearSVC)模型设置了三个正则项系数、逻辑回归(LogisticRegression)模型设置了三个正则项系数。代码第 15 行初始化 DataFrame 对象 results_df 用于保存模型名称及相应的调参结果。

代码 18～28 行建模及调参：遍历调参字典对象 results_df，获取每个模型名称和对应参数，使用自定义函数 train_test_model()依次调用字典对象 results_df 的模型和参数，构建分类模型对模型调参；其中，代码 21 和 24 行分别使用未进行特征归一化的特征矩阵和特征归一化之后的特征矩阵参与模型构建和调参，获得测试集准确率，转换为百分比的形式保存至输出结果文件 pred_results.csv。此外，代码 21 和 24 行中单个独立下画线用作变量名，表示该变量是临时的或无关紧要的。

代码 29～33 行可视化结果：使用扩展库 pandas 中对象的 plot()方法绘制分组柱状图，参数 rot 表示旋转坐标轴文本标签的角度；调用扩展库 matplotlib 的 tight_layout()函数通过更改轴尺寸自动调整子图参数，使之填充整个图形区域；保存绘图结果至文件 pred_results.png 并显示。

程序运行结果如下，三种模型的准确率可视化结果如图 10-22 所示。

```
out[2]: 训练模型: kNN
 * 特征没有归一化
最优参数: {'n_neighbors': 15}
验证集最高得分: 0.335
测试集准确率: 0.332
 * 使用特征归一化
最优参数: {'n_neighbors': 15}
验证集最高得分: 0.328
测试集准确率: 0.348
```

```
训练模型：LinearSVM
 * 特征没有归一化
最优参数：{'C': 10000}
验证集最高得分：0.337
测试集准确率：0.379
 * 使用特征归一化
最优参数：{'C': 100}
验证集最高得分：0.380
测试集准确率：0.388

训练模型：LR
 * 特征没有归一化
最优参数：{'C': 0.01}
验证集最高得分：0.380
测试集准确率：0.388
 * 使用特征归一化
最优参数：{'C': 0.01}
验证集最高得分：0.380
测试集准确率：0.388
```

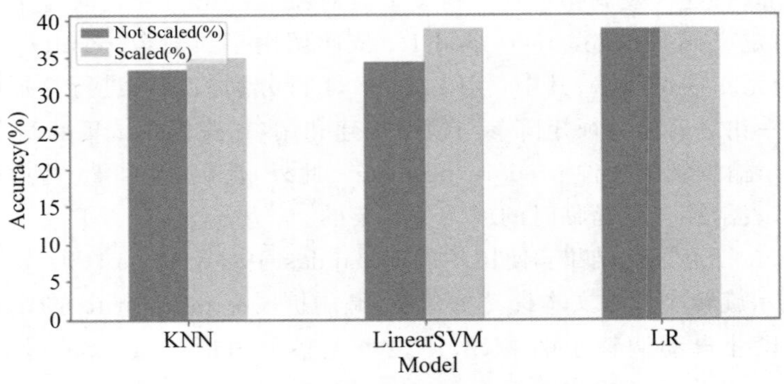

图 10-22 模型精确率指标比较

运行结果显示，使用 LinearSVM 模型对本案例的数据集分类，没有进行特征归一化的情况下，验证集和测试集的准确率都明显低于使用特征归一化之后的结果，这说明特征归一化操作在 LinearSVM 模型中发挥了积极作用；使用 LR 模型的数据集分类结果中，是否进行特征归一化对验证集和测试集的准确率几乎没有影响，说明特征归一化操作在 LR 模型中几乎没有发挥作用；使用 KNN 模型实现本案例的数据集分类，没有进行特征归一化的验证集和测试集准确率都略微低于使用特征归一化之后的结果，说明特征归一化操作在 KNN 模型中发挥的作用不大。

10.8.2 基于手机定位数据的商圈分析

任务描述：本案例根据手机用户的定位数据，将手机用户所在小区的覆盖范围进行商圈区域划分，提取不同商圈区域的人流特征和规律，识别不同商圈的类别，以便选择合适区域开展运营商的促销活动。本案例主要使用 K-Means 聚类和层次聚类模型进行商圈分析，可以分为四个步骤，包括数据准备、数据预处理、模型训练以及模型评价。

1. 数据集简介

本案例提供的数据集来源于移动基站，包含从 2014 年 1 月 1 日开始，到 2014 年 6 月 30 日终止这个时间段的手机用户定位数据。对原始数据进行预处理之后，保存到 business.xls 文件。该数据文件包含 431 条整理后的手机用户定位记录，每条记录由 5 列数据组成，分别是基站编号、工作日上班时段人均停留时间、凌晨人均停留时间、周末人均停留时间和日均人流量。

本案例对已完成数据预处理的数据，基于基站覆盖范围区域的人流特征进行商圈聚类，主要是从工作日上班时段人均停留时间、凌晨人均停留时间、周末人均停留时间和日均人流量分析基站覆盖范围区域的人流特征，便于选择合适的商业计划。

2. 数据加载和标准化

```
import pandas as pd
import xlwt
filename ='work/business_circle.xls'                          #原始数据文件
data =pd.read_excel(filename, index_col =u'基站编号')   #读取数据
data.head(3)
```

使用 pd.read_excel()函数加载完成数据预处理的 business_circle.xls 数据文件，参数 index_col 指定列索引为“基站编号”，使用 head()方法预览数据集，如图 10-23 所示。

	工作日上班时间人均停留时间	凌晨人均停留时间	周末人均停留时间	日均人流量
基站编号				
36902	78	521	602	2863
36903	144	600	521	2245
36904	95	457	468	1283

图 10-23　预览 business_circle.xls 数据文件

```
standardizedfile ='work/output/standardized.xls'          #标准化后数据保存路径
data =(data -data.min())/(data.max() -data.min())     #数据归一化
data =data.reset_index()
data.to_excel(standardizedfile, index =False)            #保存结果
```

对数据进行归一化处理,并使用 reset_index()方法对 DataFrame 对象 data 重置索引,将归一化之后的数据保存于 standardized.xls 文件。

3. 绘制聚类谱系图

在相似性统计量的基础上,遵循指定的聚类原则,通过公式计算求得各类之间较为合理的聚类方法,据此得到的聚类结构图称为聚类图,或称聚类分析谱系图。谱系图可以把无法用平面表达的多维空间的样本关系转换成二维图形表示出来,不仅可以直观地表达聚类结果,而且可以用定量的方法表达各样本之间的相似程度。

```
import matplotlib.pyplot as plt
from scipy.cluster.hierarchy import linkage,dendrogram
standardizedfile ='work/standardized.xls'                    #标准化后的数据文件
data =pd.read_excel(standardizedfile, index_col =u '基站编号')  #读取数据
#这里使用 scipy 的层次聚类函数
Z =linkage(data, method ='ward', metric ='euclidean')         #聚类谱系图
P =dendrogram(Z, 0)                                          #画聚类谱系图
plt.show()
```

读入数据归一化之后的数据文件 standardized.xls,使用数学、科学和工程计算包 scipy 中的函数 linkage()实现层次聚类,其中,参数 method 指定计算类间距离的方法,这里 method='ward'表示使用沃德方差最小化算法计算类间距离,metric='euclidean'指定采用欧氏距离度量方式;使用扩展性 scipy 的 dendrogram()函数绘制聚类谱系图,结果如图 10-24 所示。

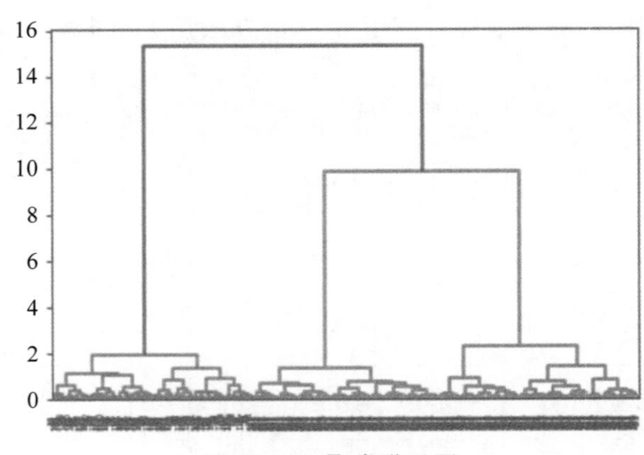

图 10-24 聚类谱系图

4. 基于聚类模型的商圈分析

如图 10-24 所示,聚类类别数取值为 3 比较合理,因此设置参数 k=3,使用层次聚类算法将数据聚集成三类。完成模型训练后,实现层次聚类的 AgglomerativeClustering()函数返回四个常用属性:labels 保存每个样本的簇(类别)标记;n_leaves_保存分层树的

叶节点数量；n_components 保存连接图中连通分量的估计值；children_保存一个 ndarray 数组，其中包含每个非叶子节点的孩子节点。

```
1  k =3                                                          #聚类数
2  data =pd.read_excel(standardizedfile, index_col =u '基站编号')   #读取数据
3  from sklearn.cluster import AgglomerativeClustering         #导入层次聚类函数
4  model =AgglomerativeClustering(n_clusters =k, linkage ='ward')
5  model.fit(data)                                              #训练模型
6  r =pd.concat([data, pd.Series(model.labels_, index =data.index)], axis =1)
7                                                  #详细输出每个样本对应的类别
8  r.columns =list(data.columns) +[u '聚类类别']                  #重命名表头
```

加载归一化数据，使用 sklearn.cluster.AgglomerativeClustering()函数实现层次聚类，设置参数 linkage = 'ward'使得两个簇的方差最小，训练模型之后，通过 model.labels_属性获得每个样本的簇标记；调用 concat()函数将归一化数据集对象与 model.labels_属性的簇标记对象按照共同的索引字段“基站编号”进行横向合并，相当于给数据集里的每个样本加上类别标签列数据；为类别标签列设置列名称为“聚类类别”。

设置聚类类别数 k=3，也可以使用 K-Means 聚类模型进行商圈区域聚类分析，只需将代码第 3 行和第 4 行改为：

```
3  from sklearn.cluster import KMeans        #导入 sklearn 的 k-mearns 聚类函数
4  model =KMeans(n_clusters=3)
```

5. 商圈数据可视化分析

依次读取聚类模型划分的三个商圈数据，绘制散点图，可视化商圈数据并简要分析。

```
#设置中文字体为黑体,中文正常显示
plt.rcParams['font.sans-serif']=['SimHei']
plt.rcParams['axes.unicode_minus']=False            #使负号正常显示
import matplotlib.font_manager as fm
#定位中文字体文件
zhfont1=fm.FontProperties(fname="/home/aistudio/work/simhei.ttf", size=15)

import matplotlib.pyplot as plt
xlabels =[u '工作日人均停留时间', u '凌晨人均停留时间', u '周末人均停留时间',
u '日均人流量']
pic_output ='work/output/type_'                     #聚类图文件名前缀
for i in range(k):                                  #逐一作图,作出不同样式
    plt.figure()
    tmp =r[r[u '聚类类别'] ==i].iloc[: ,: 4]          #提取每一类
    for j in range(len(tmp)):
```

```
16      plt.scatter(range(1, 5), tmp.iloc[j])
17      plt.xticks(range(1, 5), xlabels, rotation =20,fontproperties=zhfont1)
18      plt.title(u '商圈类别%s'%(i+1),fontproperties=zhfont1)  #从 1 开始计数
19      plt.subplots_adjust(bottom= 0.15)                     #调整底部
20      plt.savefig(u '%s%s.png'%(pic_output, i+1))           #保存图片
```

代码 1～6 行：为图形中正常显示中文字体做准备。

代码 12～20 行：依次读取每一个商圈聚类类别的手机定位数据，绘制散点图，图形 x 轴的中文文本标签旋转 20°显示；使用 subplots_adjust()函数调整图形的边距和子图的间距，参数 bottom＝0.15 指定图形底部的位置，将可视化结果保存至指定的图形文件。

使用上述代码分别针对层次聚类结果和 K-Means 聚类结果进行数据可视化，发现两种聚类模型的训练结果非常相似，导致基于手机定位数据的商圈数据分析结论完全一致。这里仅以层次模型训练结果为例，各商圈数据可视化结果分别如图 10-25～图 10-27 所示。

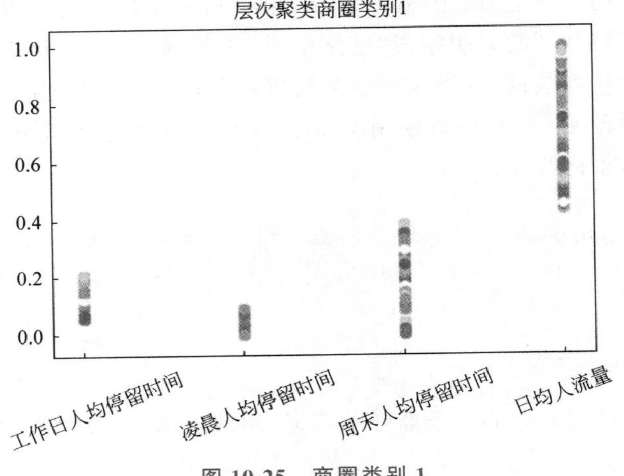

图 10-25 商圈类别 1

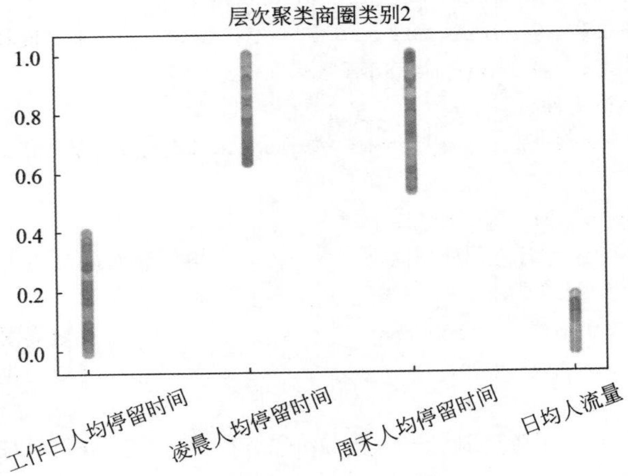

图 10-26 商圈类别 2

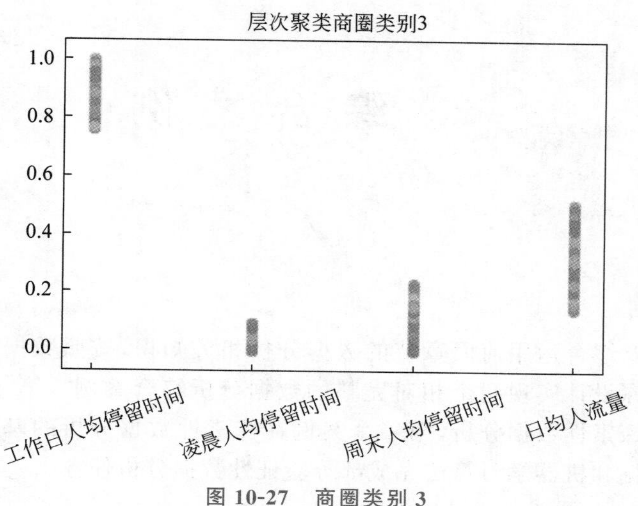

图 10-27　商圈类别 3

商圈类别 1 日均人流量较大,同时工作日人均停留时间、凌晨人均停留时间和周末人均停留时间相对较短,该类别基站覆盖的区域类似商业区。商圈类别 2 凌晨人均停留时间和周末人均停留时间相对较长,日均人流量较小,同时工作日人均停留时间较短,该类别基站覆盖的区域类似住宅区。对于商圈类别 3,工作日人均停留时间相对较长,同时凌晨人均停留时间和周末人均停留时间较短,该类别基站覆盖的区域类似白领上班族的工作区。

综上所述,商圈类别 2 的人流量较少,商圈类别 3 的人流量一般,并且白领上班族的工作区域人员流动一般集中在上、下班时间和午间吃饭时间,这两类商圈均不利于开展运营商的促销活动,商圈类别 1 的人流量大,在这样的商业区有利于开展运营商的促销活动。

第11章 综合案例

本章综合运用前面章节的数据分析相关知识，按照数据分析的基本步骤，由浅入深设计实现两个相对完整的数据分析综合案例。第一个案例侧重数据准备和探索性数据分析，第二个案例在探索性数据分析的基础上，更注重运用数据挖掘和机器学习算法完成部分验证性数据分析任务。

11.1 综艺节目选手数据爬取与探索性分析

本案例使用 Python 爬虫爬取百度百科网站关于《乘风破浪的姐姐》综艺节目嘉宾的网络数据，并进行可视化数据分析。

11.1.1 任务描述

综艺节目《乘风破浪的姐姐》呈现了当代 30 位女性的追梦历程、现实困境和平衡选择，让观众在过程中反观自己的选择与梦想，找到实现自身梦想的最好途径，发现实现自身价值的最佳选择。百度百科网站（网址 https://baike.baidu.com/item/乘风破浪的姐姐）保存了节目中 30 位选手的详细资料及相关数据。

本案例首先爬取并解析百度百科网站关于该综艺节目嘉宾的背景数据，然后使用扩展库 matplotlib 相关函数进行探索性数据分析。

本案例数据获取的流程：使用 Python 编写爬虫程序，模拟用户登录浏览器的行为，向目标站点发送数据请求，并接收来自目标站点的响应数据，最后提取其中有用的数据并保存到本地数据文件中。数据爬取过程主要包含如下步骤。

1. 发起请求

向百度百科网站发起 HTTP 请求，也就是发送一个 Request。该请求可以包含链接、请求头、超时设置等信息，等待服务器响应。

本案例使用 Python 中简单易用的扩展库 requests，通过 requests.get 函数发送一个 HTTP GET 请求，等待服务器返回响应内容。

2. 获取响应内容

如果服务器能正常响应用户请求，返回的网页内容会保存为一个 Response

对象，可以是 HTML 文件、JSON 字符串、二进制数据（图片或者视频）等，其内容包含需要获取的页面数据。

3. 解析内容

响应内容如果是 HTML 格式的数据，可以用正则表达式或者页面解析库进行解析；如果是 JSON 格式的数据，可以直接转换为 JSON 对象解析；如果是二进制数据，可以直接保存或者进一步处理。

本案例使用 Python 扩展库 BeautifulSoup 从 HTML 或 XML 文件中提取数据。BeautifulSoup 支持 Python 标准库的 HTML 解析器，还支持一些第三方解析器，如 lxml。Python 标准库的 HTML 解析器执行速度适中、文档容错能力比较强，使用方法为：BeautifulSoup(markup, "html.parser")；第三方库 lxml 的 HTML 解析器执行速度快、文档容错能力强，需要安装 C 语言库，使用方法为：BeautifulSoup(markup, "lxml")。本案例为了获得效率更高的数据解析效果，采用 lxml 作为解析器。

4. 保存数据

数据的保存形式多样，可以保存为文本，也可以保存到数据库，或者保存为特定格式的文件，本案例将获取的有效数据保存为 JSON 文件。

11.1.2　数据获取

本案例需要收集的数据包括参赛选手信息和每个选手的百度百科页面信息等。按照数据爬取的主要步骤，首先导入可能用到的标准库和扩展库。

```
In []: import json
       import re
       import requests
       import datetime
       from bs4 import BeautifulSoup
       import os
```

1. 爬取参赛选手页面数据

登录百度百科网站，爬取综艺节目《乘风破浪的姐姐》所有参赛选手的信息，返回页面数据。自定义爬取函数 crawl_wiki_data()的主要代码如下。

```
def crawl_wiki_data():
    headers ={'User-Agent': 'Mozilla/5.0 (Windows NT 10.0; WOW64) AppleWebKit/
537.36 (KHTML, like Gecko) Chrome/67.0.3396.99 Safari/537.36'}
    url='https: //baike.baidu.com/item/乘风破浪的姐姐'
```

```
5  try:
6      response =requests.get(url,headers=headers)
7      soup =BeautifulSoup(response.text,'lxml')
8      tables =soup.find_all('table')
9      crawl_table_title ="按姓氏首字母排序"
10     for table in tables:
11         #对当前节点前面的标签和字符串进行查找
12         table_titles =table.find_previous('div')
13         for title in table_titles:
14             if(crawl_table_title in title):
15                 return table
16 except Exception as e:
17         print(e)
```

代码第 2 行用于定义请求头部：服务器通过请求头部的用户代理信息(User Agent)来判断一个请求的发送者是正常的浏览器还是爬虫。为了防止被服务器的反爬虫策略禁止，这里为请求添加一个 HTTP 头部来伪装成正常的浏览器。因此将一个用户代理信息传递给 headers 字典变量。

代码第 6 行用于发送网络请求：这里使用 requests.get()函数获取目标网站百度百科中《乘风破浪的姐姐》综艺节目首页。获取网页最常用的 get()函数将请求的数据，包括请求的头部信息都放在网址 URL 中，通过浏览器发送消息给网址所在的服务器。

代码第 7 行将请求返回的响应传入解析器：创建 BeautifulSoup 对象，将需要解析的内容即 response.text 传入 lxml 解析器，这里 response.text 字符串存放了获取的目标网页源代码。

代码第 8～15 行爬取节目嘉宾数据：首先使用 find_all()方法找到所有的<table>标签，再通过 find_previous()方法找到当前节点前面的<div>标签，接着找到"按姓氏首字母排序"字符串所在的表格(<table>标签)，从而找到两季节目参赛选手的页面数据所在位置。使用 print()函数输出变量 table_titles 和 table 的页面数据，部分内容分别如图 11-1～图 11-3 所示。

图 11-1　变量 table_titles 和 table 对应的部分页面内容

```
<div class="para-title level-3" label-module="para-title">
<h3 class="title-text"><span class="title-prefix">乘风破浪的姐姐</span>第一季</h3>
</div>
<div class="para-title level-3" label-module="para-title">
<h3 class="title-text"><span class="title-prefix">乘风破浪的姐姐</span>第二季</h3>
</div>
<div class="para" label-module="para">*（按姓氏首字母排序）</div>
ok
<div class="para" label-module="para">*（按姓氏首字母排序）</div>
ok
<div class="para" label-module="para"><b>第一季</b></div>
<div class="para" label-module="para"><b>第二季</b></div>
<div class="para" label-module="para"><b>第一季</b></div>
<div class="para-title level-3" label-module="para-title">
<h3 class="title-text"><span class="title-prefix">乘风破浪的姐姐</span>第一季</h3>
</div>
<div class="para-title level-3" label-module="para-title">
<h3 class="title-text"><span class="title-prefix">乘风破浪的姐姐</span>第二季</h3>
</div>
<div class="para-title level-2" label-module="para-title">
<h2 class="title-text"><span class="title-prefix">乘风破浪的姐姐</span>获奖记录</h2>
<a class="edit-icon j-edit-link" data-edit-dl="6" href="javascript:;"><em class="cmn-icon wiki-lemma-icons wiki-lemma-icons_edit-lemma"></em>编辑</a>
</div>
<div class="para-title level-3" label-module="para-title">
<h3 class="title-text"><span class="title-prefix">乘风破浪的姐姐</span>播出平台</h3>
</div>
<div class="para-title level-3" label-module="para-title">
<h3 class="title-text"><span class="title-prefix">乘风破浪的姐姐</span>收视率</h3>
</div>
```

图 11-2　print()函数输出变量 table_titles 内容

```
<table data-sort="sortDisabled" log-set-param="table_view"><tr><td align="left" valign="top" width="195"><div class="para" label-module="para"><b><a data-l
emmaid="435383" href="/item/%E9%98%BF%E6%9C%B5/435383" target="_blank">阿朵</a></b></div><div class="para" label-module="para">中国内地女歌手、演员</div><div
class="para" label-module="para">代表作: <a data-lemmaid="67421" href="/item/%E6%B0%B4%E6%9E%9C%E5%A7%91%E5%A8%98/67421" target="_blank">水果姑娘</a>、<a dat
a-lemmaid="83244" href="/item/%E7%86%8A%E7%8C%AB%E5%A4%A7%E4%BE%A0/83244" target="_blank">熊猫大侠</a>、<a data-lemmaid="3900785" href="/item/%E4%B8%93%E5%8
8%97%E4%B8%80%E5%8F%B7/3900785" target="_blank">专列一号</a>等</div><div class="para" label-module="para"><div class="lemma-picture text-pic neweditortablei
mg" style="width:100%;height:auto;max-width:129.96575342466px;">
<a class="image-link" href="/pic/%E4%B9%98%E9%A3%8E%E7%A0%B4%E6%B5%AA%E7%9A%84%E5%A7%90%E5%A7%90/49998987/0/f7246b600c338744ebf8fa670046cef9d72a60590adc?fr
=lemma&amp;ct=single" nslog-type="9317" target="_blank" title="">
<img alt="" class="lazy-img" data-src="https://bkimg.cdn.bcebos.com/pic/f7246b600c338744ebf8fa670046cef9d72a60590adc?x-bce-process=image/resize,m_lfit,w_12
9,limit_1/format,f_auto" src="data:image/png;base64,iVBORw0KGgoAAAANSUhEUgAAAAEAAAABCAMAAAAoyzS7AAAAGXRFWHRTb2Z0d2FyZQBBZG9iZSBJbWFnZVJlYWR5ccllPAAAAAZQTFR
F9fX1AAAA0VQI3QAAAAxJREFUeNpiYAAIMAAAAgABT21Z4QAAAABJRU5ErkJggg==" style="width:100%;height:100%;max-width:129.96575342466px;max-height:220px;"/>
</a>
```

图 11-3　print()函数输出变量 table 部分内容

2. 参赛选手页面数据解析

对爬取的参赛选手页面数据进行解析，得到需要的选手信息，包括选手姓名和百度百科个人页面链接，保存到 work 目录下的 JSON 文件。为完成此功能，自定义参赛选手页面解析函数 parse_wiki_data()，主要代码如下。

```
def parse_wiki_data(table_html):
    bs =BeautifulSoup(str(table_html),'lxml')
    all_trs =bs.find_all('tr')
    stars =[]
    for tr in all_trs:
        all_tds =tr.find_all('td')              #tr 下面所有的 td

        for td in all_tds:
            #star 存储选手信息,包括选手姓名和选手个人百度百科页面链接
            star ={}
            if td.find('a'):
                #找选手名称和选手百度百科链接
```

```
13                 if td.find_next('a'):
14                     star["name"]=td.find_next('a').text
15                     star['link'] = 'https: //baike.baidu.com'+td.find_
16                     next('a').get('href')
17
18                 elif td.find_next('div'):
19                     star["name"]=td.find_next('div').find('a').text
20                     star['link'] = 'https: //baike.baidu.com'+td.find_
21                     next('div').find('a').get('href')
22                 stars.append(star)
23
24     json_data =json.loads(str(stars).replace("\'","\""))
25     with open('work/'+'stars.json', 'w', encoding='UTF-8') as f:
26         json.dump(json_data, f, ensure_ascii=False)
```

自定义函数 parse_wiki_data()接收页面爬取函数 crawl_wiki_data()的返回值“table”,其中包含所有选手的页面信息。

代码第 2～9 行：将选手页面信息字符串传入 lxml 解析器,并查找所有<tr>标签及其下面的<td>标签;然后遍历每个<tr>标签下的<td>标签。如图 11-3 所示,<td>标签包含的各级<a>标签下对应着节目参赛选手的姓名和代表作等百度百科个人页面链接。

代码第 10～23 行：如果找到了第一个<a>标签,那么将得到的文本内容即选手姓名保存为字典变量的第一个元素,键为“name”,值为该选手的姓名字符串。接下来使用 find_next()方法获取与当前元素最接近的<a>标签对应的文本内容,即选手个人页面链接信息,将其作为字典变量的第二个元素,其中键为“link”,值为该选手对应的百度百科个人页面链接网址。反之,如果第一个<a>标签下找到的是<div>标签,则继续使用 find_next()方法获取与当前元素最接近的<div>标签,找到满足条件的第一个<a>标签节点,获取对应的文本内容,生成 star 字典变量的前两个元素,即“选手姓名”键值对和“选手个人页面链接网址”键值对。代码第 22 行将 star 字典变量中保存的每位选手信息追加至列表变量 stars 中。至此,变量 stars 中包含 30 个字典元素,每个字典元素包含一位参赛选手的信息,即“选手姓名”键值对和“选手个人页面链接网址”键值对。

代码 24～26 行：将转换为字符串的 stars 变量中可能的“\'”符号统一为“\"”符号,然后通过 json.loads()函数转换为 Python 列表数据类型,最后写入 work 目录下 stars.json 文件中。至此,函数完成了参赛选手页面数据的解析。

使用 print 语句输出 json_data 变量中前两个元素的数据,如下。

```
out[1]: [{'name': '阿朵', 'link': 'https://baike.baidu.com/item/%E9%98%BF%
E6%9C%B5/435383'}, {'name': '白冰', 'link': 'https://baike.baidu.com/item/%
E7%99%BD%E5%86%B0/10967'}, …]
```

3. 爬取选手图片数据

根据给定的图片链接列表 pic_urls，下载所有选手的图片数据，并保存在以选手姓名命名的文件夹中。自定义图片数据爬取函数 down_save_pic()，主要代码如下。

```
1  def down_save_pic(name,pic_urls):
2      path ='work/'+'pics/'+name+'/'
3      if not os.path.exists(path):
4          os.makedirs(path)
5  
6      for i, pic_url in enumerate(pic_urls):
7          try:
8              pic =requests.get(pic_url, timeout=15)
9              string =str(i +1) +'.jpg'
10             with open(path+string, 'wb') as f:
11                 f.write(pic.content)
12                 #print('成功下载第%s 张图片: %s'%(str(i+1), str(pic_url)))
13         except Exception as e:
14             #print('下载第%s 张图片时失败: %s'%(str(i +1), str(pic_url)))
15             print(e)
16             continue
```

代码 2～4 行创建存放每个选手图片的文件夹：首先生成选手姓名文件夹；如果该路径下不存在指定文件夹，就使用 os.makedirs()函数依次创建指定名称的文件夹。

代码 6～12 行爬取选手图片数据：遍历图片链接列表，根据每一张目标图片的链接网址，使用 requests.get()函数发送请求，获取指定图片的链接页面；打开指定路径下已创建的 jpg 文件，写入图片链接页面上的内容，即该选手的图片数据。

代码 13～16 行进行异常处理：若图片信息读取有误，则输出相应的异常信息，并跳出本次循环，继续爬取下一个图片链接页面的内容。

4. 爬取每位参赛选手的百度百科个人页面信息

根据函数 parse_wiki_data()生成的 stars.json 文件，读取其中每位选手的百度百科个人页面网址，爬取对应的二级页面信息并保存。因此，自定义选手个人页面信息爬取函数 crawl_everyone_wiki_urls()，主要源代码如下。

```
def crawl_everyone_wiki_urls():
    with open('work/'+'stars.json', 'r', encoding='UTF-8') as file:
        json_array =json.loads(file.read())
    headers ={'User-Agent': 'Mozilla/5.0 (Windows NT 10.0; WOW64) AppleWebKit/
537.36 (KHTML, like Gecko) Chrome/67.0.3396.99 Safari/537.36'}
    star_infos =[]
```

```
    for star in json_array:
        star_info ={}
        name =star['name']
        link =star['link']
        star_info['name'] =name
        #向选手个人百度百科发送一个 HTTP GET 请求
        response =requests.get(link,headers=headers)
        #将一段文档传入 BeautifulSoup 的构造方法,就能得到一个文档的对象
        bs =BeautifulSoup(response.text,'lxml')
        #获取选手的民族、星座、血型、体重等信息
        base_info_div =bs.find('div',{'class': 'basic-info cmn-clearfix'})
        dls =base_info_div.find_all('dl')
        for dl in dls:
            dts =dl.find_all('dt')
            for dt in dts:
                if "".join(str(dt.text).split()) =='民族':
                    star_info['nation'] =dt.find_next('dd').text
                if "".join(str(dt.text).split()) =='星座':
                    star_info['constellation'] =dt.find_next('dd').text
                if "".join(str(dt.text).split()) =='血型':
                    star_info['blood_type'] =dt.find_next('dd').text
                if "".join(str(dt.text).split()) =='身高':
                    height_str =str(dt.find_next('dd').text)
                    star_info['height'] =str(height_str[0: height_str.
                    rfind('cm')]).replace("\n","")
                if "".join(str(dt.text).split()) =='体重':
                    star_info['weight'] =str(dt.find_next('dd').text).
                    replace("\n","")
                if "".join(str(dt.text).split()) =='出生日期':
                    birth_day_str =str(dt.find_next('dd').text).replace
                    ("\n","")
                if '年'in birth_day_str:
                    star_info['birth_day'] =birth_day_str[0: birth_day_
                    str.rfind('年')]
        star_infos.append(star_info)
        #从个人百度百科页面中解析得到一个链接,该链接指向选手图片列表页面
        if bs.select('.summary-pic a'):
            pic_list_url =bs.select('.summary-pic a')[0].get('href')
            pic_list_url ='https: //baike.baidu.com'+pic_list_url
        #向选手图片列表页面发送 HTTP GET 请求
        pic_list_response =requests.get(pic_list_url,headers=headers)
        #对选手图片列表页面进行解析,获取所有图片链接
        bs =BeautifulSoup(pic_list_response.text,'lxml')
```

```
50          pic_list_html=bs.select('.pic-list img ')
51          pic_urls =[]
52          for pic_html in pic_list_html:
53              pic_url =pic_html.get('src')
54              pic_urls.append(pic_url)
55          #根据图片链接列表 pic_urls, 下载所有图片,保存在以 name 命名的文件夹中
56          down_save_pic(name,pic_urls)
57          #将个人信息存储到 json 文件中
58          json_data = json.loads(str(star_infos).replace("\'","\"").
59  replace("\\xa0",""))
60          with open('work/'+'stars_info.json', 'w', encoding='UTF-8') as f:
61              json.dump(json_data, f, ensure_ascii=False)
```

代码第 2～11 行：定义请求头部，读取 stars.json 文件中所有内容的字符串，并转换为字典元素组成的列表变量 json_array，遍历列表对象 json_array 中的每个元素，获取选手姓名和个人页面信息链接网址，分别保存在字典变量 star_info 和字符串变量 link 中。

代码 16～41 行获取选手的个人文本信息：依据字典类型的 HTML 标签属性名及属性值，查找<div>标签第一次出现的位置并存放于变量 base_info_div 中，找到其子节点中的所有<dl>标签、孙子节点中的所有<dt>标签，进而找到该标签下的民族、星座、血型、体重等标签文本，获取选手的个人文本信息并保存至字典变量 star_info，追加至选手个人信息列表变量 star_infos。使用 print()函数输出 base_info_div 变量的部分内容，示例如下。

```
out[2]: <div class="basic-info cmn-clearfix">
        <dl class="basicInfo-block basicInfo-left">
        <dt class="basicInfo-item name">中文名</dt>
        <dd class="basicInfo-item value">
        符莹
        </dd>
        <dt class="basicInfo-item name">别 名</dt>
        <dd class="basicInfo-item value">
        阿朵
        </dd>
        … … … …
        <dt class="basicInfo-item name">星 座</dt>
        <dd class="basicInfo-item value">
        <a data-lemmaid="23547" href="/item/%E7%99%BD%E7%BE%8A%E5%BA%A7/
        23547" target="_blank">白羊座</a>
        </dd>
        …
```

从输出结果可以看到，每个<dt>标签下的别名、星座、血型、体重等标签文本中混杂着空格，因此代码 22～40 行在获取每个标签文本时使用“str(dt.text).split()”方法切分每个标签文本 dt.text 生成的字符串，通过“"".join()”方法去掉标签文本中无用的空格，

从而匹配到"别名""星座"等文字,生成字典变量 star_info 中对应的键值对元素,其中必要时还要去掉可能的回车换行符等。

代码 42～45 行:使用 bs.select()方法获得页面中<a>标签下"href"属性中选手图片列表页面的相对地址数据,进而生成选手图片列表页面绝对地址并存放在变量 pic_list_url 中。使用 print()函数输出"bs.select('.summary-pic a')[0]"对象的部分内容,示例如下。

```
out[3]: <a href="/pic/%E9%98%BF%E6%9C%B5/435383/1/aa18972bd40735fa08a19e-
e091510fb30f240812?fr=lemma&amp;ct=single" nslog-type="10002401" target="_
blank">
<img src="https://bkimg.cdn.bcebos.com/pic/aa18972bd40735fa08a19ee091510fb-
30f240812?x-bce-process=image/resize,m_lfit,w_268,limit_1/format,f_jpg"/>
<button class="picAlbumBtn"><em></em><span>图集</span></button>
<div>阿朵的概述图(1 张)</div>
</a>
```

代码 46～56 行:首先根据生成的绝对地址向选手图片列表页面发送 HTTP GET 请求,准备使用 lxml 解析器对选手图片列表页面进行解析;然后找到存放图片的<img>标签,通过"src"属性获取图片链接地址并追加至图片链接的列表变量 pic_urls;接着根据图片链接列表 pic_urls 依次下载所有图片,分别保存在变量 name,即以选手姓名命名的文件夹中。

代码 57～61 行保存选手个人信息:将 stars_info 变量转换为字符串类型,其中可能的"\'"符号统一为"\""符号,去掉网页中可能混杂的空白字符"\xa0",然后通过 json.loads()函数转换为 Python 列表数据类型,最后写入 work 目录下的 stars_info.json 文件。至此,函数完成了参赛选手百度百科个人页面数据解析。

5. 数据爬取主程序

在主程序中,依次调用上述四个自定义函数,完成综艺节目《乘风破浪的姐姐》参赛选手数据爬取任务。主要代码如下。

```
if __name__=='__main__':
    #爬取百度百科中《乘风破浪的姐姐》中参赛选手信息,返回 html
    html =crawl_wiki_data()
    #解析 html,得到选手信息,保存为 JSON 文件
    parse_wiki_data(html)
    #从每个选手的百度百科页面上爬取,并保存
    crawl_everyone_wiki_urls()
    print("所有信息爬取完成!")
```

在第 7 章《平凡的荣耀》数据分析案例中,使用扩展库 numpy 相关函数读写 JSON 文

件中的数据，操作步骤相对烦琐。本案例使用数据分析常用扩展库 pandas 读写 JSON 数据文件，重点讲解基于 pandas 和 matplotlib 的可视化数据分析代码实现。AI Studio 平台中同时给出了两种方式的源代码，便于读者进行代码分析、比较和验证。

1. 绘制参赛选手年龄分布柱状图

绘制参赛选手年龄分布柱状图的源代码如下。

```
1  import numpy as np
2  import json
3  import matplotlib.pyplot as plt
4  from matplotlib.font_manager import FontProperties
5  import pandas as pd
6  #显示 matplotlib 生成的图形
7  %matplotlib inline
8  
9  df =pd.read_json('work/stars_info.json',dtype ={'birth_day': str})
10 df =df[df['birth_day'].map(len) ==4]
11 grouped=df['name'].groupby(df['birth_day'])
12 s =grouped.count()
13 birth_days_list =s.index
14 count_list =s.values
15 
16 plt.figure(figsize=(15,8))
17 plt.bar(range(len(count_list)), count_list, color='r', tick_label=birth
18 _days_list, facecolor='#9999ff',edgecolor='white')
19 #设置显示中文
20 font =FontProperties(fname="/home/aistudio/work/simhei.ttf", size=20)
21 #这里是调节横坐标的倾斜度,rotation 是度数,以及设置刻度字体大小
22 plt.xticks(rotation=45,fontsize=20,fontproperties=font)
23 plt.yticks(fontsize=20,fontproperties=font)
24 plt.xlabel('出生年份',fontproperties=font)
25 plt.ylabel('选手数目',rotation='horizontal',y=1,fontproperties=font)
26 plt.title('《乘风破浪的姐姐》参赛选手', fontsize =24, fontproperties=font )
27 plt.savefig('/home/aistudio/work/bar_result02.jpg')
28 plt.show()
```

代码 1～7 行用于准备工作：为读取 JSON 文件导入 json 标准库；为显示中文标签、标题等导入 matplotlib 及其子模块 matplotlib.font_manager；为使用 pandas 库函数进行数据分析导入 pandas 及其基础库 numpy；为数据可视化导入 matplotlib 及其子模块 matplotlib.pyplot；为正确显示生成的图形加入魔术命令%matplotlib inline。

代码 9～14 行生成绘图数据：利用扩展库 pandas 中的 pd.read_json()函数读取 JSON 文件，参数为要读取的文件路径 work/stars_info.json，返回列、行形式存储的 pandas DataFrame 数据，其中，“birth_day”列为字符串类型的选手出生年份数据，部分内

容示例如下。

```
out[4]: name  nation  birth_day constellation  blood_type \
      0  阿朵    \n土家族\n     1980       \n白羊座\n        \nO 型\n
      1  白冰     \n汉族\n     1986       \n金牛座\n        \nAB 型\n
      2  陈松伶   \n汉\n       1971       \n水瓶座\n      NaN
      3  丁当     \n汉族\n     1982       \n白羊座\n        \nO 型\n
      4  黄圣依   \n汉族\n     1983       \n水瓶座\n        \nA 型\n
      5  黄龄     \n汉族\n     1987       \n水瓶座\n      NaN
      6  海陆     \n汉族\n     1984       \n天秤座\n        \nO 型\n
      7  金晨     \n回族\n     1990       \n处女座\n      NaN
      8  金莎     \n汉族\n  一说 1981 年,一说 1983        \n双鱼座\n    \nA 型\n
      9  蓝盈莹   \n畲族\n     1990       \n白羊座\n        \nO 型\n
      10 李斯丹妮  \n回族\n     1990       \n金牛座\n      NaN
      11 刘芸     \n汉族\n    1982       \n摩羯座\n        \nB 型\n
      12 孟佳    \n汉族\n  1989年2月3日(微博认证信息显示为 1990 \n水瓶座\n  \nO 型\n
      13 宁静     \n汉族\n     1972       \n金牛座\n        \nAB 型\n
```

从输出结果可以看到,行索引为 8 和 12 的选手出生年份不确定,代码第 10 行用于去掉出生年份长度不等于 4 的行数据,完成出生年份数据清洗。然后使用 groupby()方法对经过数据预处理的 DataFrame 索引列“name”按照出生年份进行分组、聚合操作,统计属于不同出生年份的选手数目并保存在 Series 数组变量 s 中,其中列索引名是出生年份,保存为变量 birth_days_list,对应每个出生年份的统计数据保存为变量 count_list。

代码 16~27 行绘制柱状图:定义画布尺寸后,依据出生年份统计结果绘制柱状图,x 轴为不同出生年份的选手数据,x 轴刻度标签为出生年份变量 birth_days_list,y 轴为出生年份统计结果;x 轴刻度标签旋转 45°,显示为中文文本;显示坐标轴标签、中文图例和中文标题;生成的图形保存在指定文件夹下的 jpg 文件中;最后显示图形数据,如图 11-4 所示。

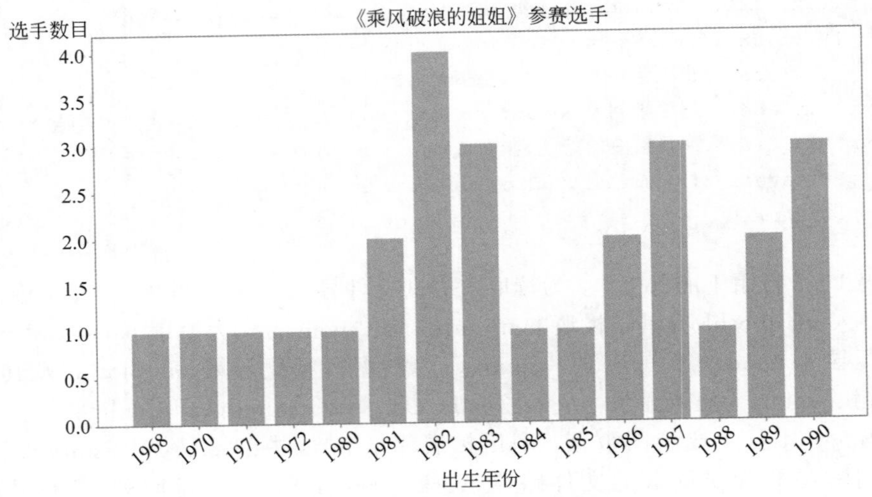

图 11-4 选手年龄分布柱状图

2. 绘制选手体重饼状图

绘制选手体重饼状图的源代码如下。

```
9  df =pd.read_json('work/stars_info.json')
10 weights=df['weight']
11 arrs =weights.values
12 
13 arrs =[x for x in arrs if not pd.isnull(x)]
14 for i in range(len(arrs)):
15     arrs[i] =float(arrs[i][0: 2])
16 arrs[10]=53.5
17 
18 #pandas.cut 用来把一组数据分割成离散的区间
19 bin=[0,45,47,50,55]
20 se1=pd.cut(arrs,bin)
21 #pandas.value_counts()可以对 Series 里面的每个值进行计数并且排序
22 sizes =pd.value_counts(se1)
23 
24 labels ='<=45kg','45~47kg', '47~50kg', '>50kg'
25 explode =( 0, 0, 0.2, 0.1)
26 fig1, ax1 =plt.subplots()
27 ax1.pie(sizes, explode=explode, labels=labels, autopct='%1.1f%%',
28         shadow=True, startangle=90)
29 ax1.axis('equal')
30 plt.savefig('/home/aistudio/work/pie_result02.jpg')
31 plt.show()
```

代码 9～11 行读取数据：读取 JSON 文件，返回 pandas DataFrame 二维数组，获取索引列“weight”对应的 Series 数据值，保存至 ndarray 数组变量 arrs。使用 print()函数输出变量 arrs 中的数据，如下。

```
out[5]: [nan '50 kg' nan '48 kg' '45 kg' '46 kg' '48 kg' '43 kg[15]' '46 kg' '49 kg'
'53 kg' '49 kg' '45 kg' '107 斤' nan '46 kg' '46 kg' '47 kg' '48 kg' '44 kg' nan '45
kg' '51 kg' '48 kg' nan '50 kg' '49 kg' '49 kg' nan '47 kg']
```

显然，变量 arrs 中包含着空值 nan、不规范数据“43 kg[15]”和格式不统一的数据“107 斤”。

代码 13～16 行用于数据预处理：代码第 13 行可以去除空值；代码 14～15 行提取选手体重前两位数据并转换为 float 类型，其中，arrs[10]元素的值“107 斤”出现数据转换错误；代码 16 行单独处理 arrs[10]元素，取值设置为该选手体重的千克数。

代码 18～22 行：指定饼图中各扇形的取值区间，使用 pandas.cut()函数把一组数据分割成离散的区间。这里将一组体重数据分割成不同的体重区间，其中，参数 bin 表示分割后的区间范围,返回一个 pandas.core.arrays.categorical.Categorical 类型的数据,存放于变量 se1,代表划分区间后体重数据中的每个值在哪个区间,使用 print()函数输出变量 se1 的内容。

```
out[6]: [(47, 50], (47, 50], (0, 45], (45, 47], (47, 50], ..., (47, 50], (47, 50],
        (47, 50], (47, 50], (45, 47]]
        Length: 24
        Categories (4, interval[int64]): [(0, 45] < (45, 47] < (47, 50] < (50, 55]]
```

接着使用 pandas.value_counts()函数对变量 se1 的每个值进行计数并且排序,返回 Series 数组数据,存放于变量 sizes,使用 print()函数输出变量 sizes 的内容。

```
out[7]: (47, 50]      10
        (45, 47]      6
        (0, 45]       5
        (50, 55]      3
        dtype: int64
```

代码 23～31 行绘制选手体重饼状图:使用 ax1.pie()方法绘制饼图,其中变量 sizes 为扇形区域的数据序列;元组变量 explode 表示每个扇形区域偏离中心的距离;元组变量 labels 表示每个扇形对应的标签内容;参数 autopct 设置扇形内显示的标签内容,表示扇形区域内的标签数据为百分数,取值保留至小数点后一位;参数 shadow 设置饼图显示阴影;参数 startangle 设置第一个扇形的起始角度为 90°,绘制圆形饼图。最后,保存绘图结果并显示,如图 11-5 所示。

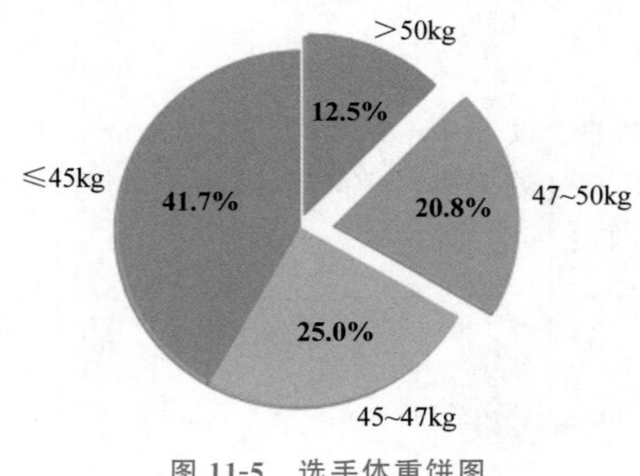

图 11-5 选手体重饼图

3. 绘制参赛选手身高体重环形图

类似地,绘制节目参赛选手身高体重环形图的源代码如下。

```
9  df2 =pd.read_json('work/stars_info.json')
10 heights=df2['height']
11 arrs2 =heights.values
12 arrs2 =[x for x in arrs2 if not pd.isnull(x)]
13 #pandas.cut 把一组数据分割成离散的区间
14 bin=[0,162,166,170,175]
15 se2=pd.cut(arrs2,bin)
16 #pandas 的 value_counts()函数可以对 Series 里面的每个值进行计数并且排序。
17 pd.value_counts(se2)
18 #设置中文默认字体
19 font =FontProperties(fname="/home/aistudio/work/simhei.ttf", size=15)
20 labels2 ='<=162cm','162～166cm','166～170cm', '>=170cm'
21 sizes2 =pd.value_counts(se2)
22 
23 fig1, ax1 =plt.subplots()
24 color1=('lemonchiffon','gold','orange','darkorange')
25 color2= (' palegreen ', ' lightgreen ', ' mediumspringgreen ', ' lime ',
26 'limegreen')
27 
28 ax1.pie(sizes2, labels=labels, autopct='%1.1f%%',radius=1.0,textprops
29 ={'color': 'black'}, colors=color1, pctdistance=0.85, startangle=60,
30 wedgeprops={'width': 0.4,'edgecolor': 'w'})
31 ax1.pie(sizes, autopct='%1.1f%%', radius=0.7, textprops={'color':
32 'black'},colors=color2, pctdistance=0.65, startangle=90, wedgeprops=
33 {'width': 0.4,'edgecolor': 'w'})
34 ax1.axis('equal')
35 plt.legend((loc="lower right", labels=labels2, fontsize=12, bbox_to_
36 anchor=(1.35,0.05),borderaxespad=0.2)
37 plt.title("节目选手身高体重环形图",fontsize =24,fontproperties=font)
38 plt.savefig('/home/aistudio/work/pie_result03.jpg')
39 plt.show()
```

代码 9～22 行：使用类似源代码获取选手身高区间统计数据，存放于变量 sizes2。

代码 23～37 行：绘制参赛选手身高体重环形图，设置不同的颜色，环形半径等参数，分别绘制两个不同色系的环形，绘图结果如图 11-6 所示。

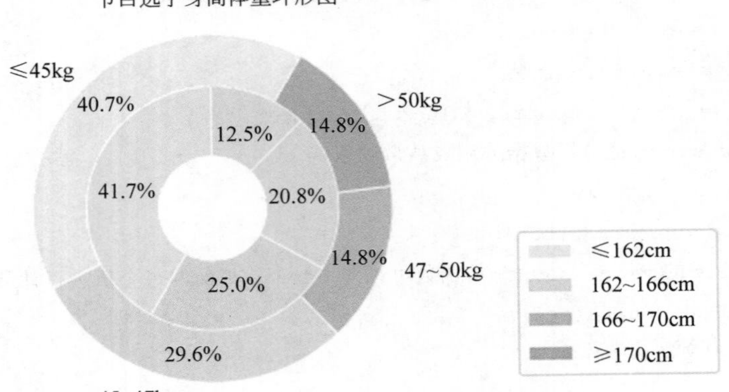

图 11-6 节目选手身高体重环形图

11.2 波士顿房价预测

本案例选取 20 世纪 70 年代中期波士顿郊区房屋价格数据集进行探索性数据分析和验证性数据分析。

11.2.1 任务描述

波士顿房价数据集包含 506 个样本,分为 404 个训练样本和 102 个测试样本。每个样本包含房屋以及房屋周围的详细信息,例如,城镇犯罪率,一氧化氮浓度,住宅平均房间数,到中心区域的加权距离以及自住房平均房价,等等。

本案例首先依据波士顿房价数据集的 13 个输入变量和输出 1 个变量,进行探索性数据分析,通过数据可视化方法探索数据结构和数据间的规律;然后利用 Python 扩展库 sklearn 提供的经典机器学习模型预测当时该地区房屋价格的中位数,这是一个回归问题;接着构建神经网络模型训练和测试波士顿房价数据集,并进行模型评价。

11.2.2 数据集介绍

在探索性数据分析阶段,本案例从百度飞桨 AI Studio 平台(网址:https://aistudio.baidu.com/aistudio/datasetoverview)下载保存波士顿房价数据集文件"housing.data"。该文件存储了 506 条美国波士顿房价数据,每条数据前 13 列为数值型数据,分别描述了指定房屋的 13 项特征,最后一列为目标房价。为了便于数据读取和处理,首先将数据文件"housing.data"另存为"boston_housing.csv",保存在 AI Studio 平台 work 文件夹下。

在验证性数据分析阶段,本案例借助数据加载器,使用 sklearn 模块下 datasets 子模块直接加载常用的波士顿房价数据集。

```
In [1]: from sklearn.datasets import load_boston
        boston =load_boston()
        print(boston.DESCR)                              #输出数据描述
out[1]: .. _boston_dataset: Boston house prices dataset
        * * Data Set Characteristics: * *
            : Number of Instances: 506
            : Number of Attributes: 13 numeric/categorical predictive. Median
            Value (attribute 14) is usually the target.
            : Attribute Information (in order):
                -CRIM  per capita crime rate by town
                -ZN  proportion of residential land zoned for lots over 25,000
                 sq.ft
        ... ... ... ...
        : Missing Attribute Values: None
        : Creator: Harrison, D. and Rubinfeld, D.L.
        ...
```

通过 DESCR 属性查看数据集文档得知，该数据集中没有缺失的属性或特征值，波士顿房价属性描述如表 11-1 所示。

表 11-1 波士顿房价属性描述

变量名	属性描述	说明
CRIM	per capita crime rate by town	城镇人均犯罪率
ZN	proportion of residential land zoned for lots over 25,000 sq.ft.	超过 25 000 平方英尺的住宅用地所占比例
INDUS	proportion of non-retail business acres per town	城镇非商业用地所占比例
CHAS	Charles River dummy variable (1 if tract bounds river; 0 otherwise)	查尔斯河虚拟变量(如果土地在河边＝1；否则为 0)
NOX	nitric oxides concentration (parts per 10 million)	环保指数：一氧化氮浓度(每 1000 万份)
RM	average number of rooms per dwelling	平均每栋住宅的房间数
AGE	proportion of owner-occupied units built prior to 1940	1940 年之前建成的所有者自住单位的比例
DIS	weighted distances to five Boston employment centres	与五个波士顿就业中心的加权距离
RAD	index of accessibility to radial highways	距离高速公路的可达性指数
TAX	full-value property-tax rate per $10,000	每 10 000 美元的全额物业税率
RTRATIO	pupil-teacher ratio by town	城镇师生比例
B	1000(Bk - 0.63)^2 where Bk is the proportion of blacks by town	$1000\times(Bk-0.63)^2$，其中，Bk 是城镇黑人的比例

续表

变量名	属 性 描 述	说 明
LSTAT	% lower status of the population	较低收入阶层的房东数目所占百分数
MEDV	Median value of owner-occupied homes in $1000's	(目标变量/类别属性)以 1000 美元计算的自有房屋房价的中位数

```
In [1]: import pandas as pd
        train =pd.DataFrame(boston.data)
        train.columns=['crim','zn','indus','chas','nox','rm','age','dis','
        rad','tax','ptratio','b','lstat']
        train.columns=['人均犯罪','用地','非商业地','河','环保指标','房间数','
        老房子比例','加权距离','交通便利','税率','教师学生比','黑人比','低收入房
        东比']
        train
```

代码运行结果如图 11-7 所示,输入数据是二维数组,每行对应一套房屋数据,每套房屋数据包括 13 个特征,每个特征有不同的取值范围:有的特征取值是比例,范围为[0,1];有的特征取值范围是[1,12];还有的特征取值范围是[0,100]。

	人均犯罪	用地	非商业地	河	环保指标	房间数	老房子比例	加权距离	交通便利	税率	教师学生比	黑人比	低收入房东比
0	0.00632	18.0	2.31	0.0	0.538	6.575	65.2	4.0900	1.0	296.0	15.3	396.90	4.98
1	0.02731	0.0	7.07	0.0	0.469	6.421	78.9	4.9671	2.0	242.0	17.8	396.90	9.14
2	0.02729	0.0	7.07	0.0	0.469	7.185	61.1	4.9671	2.0	242.0	17.8	392.83	4.03
3	0.03237	0.0	2.18	0.0	0.458	6.998	45.8	6.0622	3.0	222.0	18.7	394.63	2.94
4	0.06905	0.0	2.18	0.0	0.458	7.147	54.2	6.0622	3.0	222.0	18.7	396.90	5.33
…	…	…	…	…	…	…	…	…	…	…	…	…	…

图 11-7 波士顿房价数据示例

11.2.3 数据探索

使用 Python 命令可以简单地观察数据及其描述,查看数据间的关系,但不能直观显示数据内部的联系。下面本案例利用扩展库 matplotlib 进行数据可视化,进一步理解波士顿房价数据集的特点。

1. 描述性数据统计

使用扩展库 pandas 的 describe()方法可以展示数据的一些描述性统计信息,包括数据量、平均值、方差、中位数、四分位数和最值等,让用户对数据集有个初步的了解。

```
In[1]: from pandas import read_csv
       import numpy as np
       import json
       import matplotlib.pyplot as plt
       filename = 'work/boston_housing.csv'
       names =['CRIM','ZN','INDUS','CHAS','NOX','RM','AGE','DIS','RAD','TAX
       ','PTRATIO','LSTAT','MEDV']
       datas =read_csv(filename,names=names)
       datas.describe()
```

调用 pandas.read_csv()函数读取 CSV 数据文件“boston_housing.csv”，将返回的房价数据以 pandas DataFrame 二维数组的形式存储于变量 datas，并通过列表变量 names 为该 DataFrame 数组指定字符串列索引。代码运行结果如图 11-8 所示。

	CRIM	ZN	INDUS	CHAS	NOX	RM	AGE	DIS	RAD	TAX	PTRATIO	LSTAT	MEDV
count	506.000000	506.000000	506.000000	506.000000	506.000000	506.000000	506.000000	506.000000	506.000000	506.000000	506.000000	506.000000	452.000000
mean	13.295257	9.205158	0.140765	1.101175	15.679800	58.744660	6.173308	78.063241	339.317787	42.614980	332.791107	11.537806	23.750442
std	23.048697	7.169630	0.312765	1.646991	27.220206	33.104049	6.476435	203.542157	180.670077	87.585243	125.322456	6.064932	8.808602
min	0.000000	0.000000	0.000000	0.385000	3.561000	1.137000	1.129600	1.000000	20.200000	2.600000	0.320000	1.730000	6.300000
25%	0.000000	3.440000	0.000000	0.449000	5.961500	32.000000	2.430575	4.000000	254.000000	17.000000	364.995000	6.877500	18.500000
50%	0.000000	6.960000	0.000000	0.538000	6.322500	65.250000	3.925850	5.000000	307.000000	18.900000	390.660000	10.380000	21.950000
75%	18.100000	18.100000	0.000000	0.647000	6.949000	89.975000	6.332075	24.000000	403.000000	20.200000	395.615000	15.015000	26.600000
max	100.000000	27.740000	1.000000	7.313000	100.000000	100.000000	24.000000	666.000000	711.000000	396.900000	396.900000	34.410000	50.000000

图 11-8　波士顿房价描述性数据统计

2. 直方图(质量分布图)

首先用一系列高度不等的纵横条纹来统计数据，横坐标表示数据类型，纵坐标表示数据分布情况。使用直方图查看数据的分布情况，如图 11-9 所示。

```
In [2]: datas.hist(figsize=(10,6),bins=6,color='b',density=False)
        plt.show()
```

3. 密度图

取直方图的顶点数据，用平滑的曲线连接，生成基于直方图抽象得到的密度图，如图 11-10 所示，进一步查看数据的分布情况。

```
In [3]: datas.plot(kind='density', subplots=True, layout=(3,5), sharex=
       False,figsize=(12,9))
        plt.show()
```

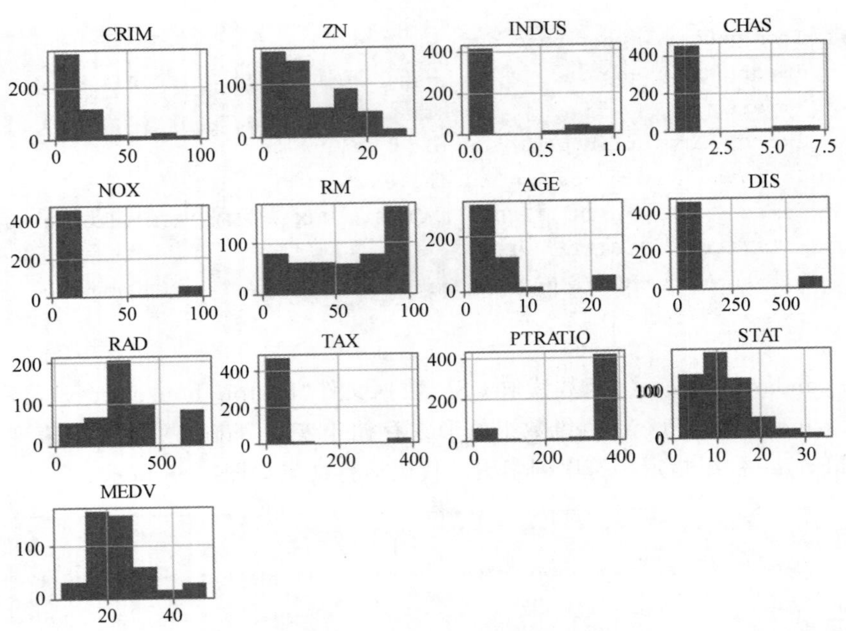

图 11-9 波士顿房价数据直方图

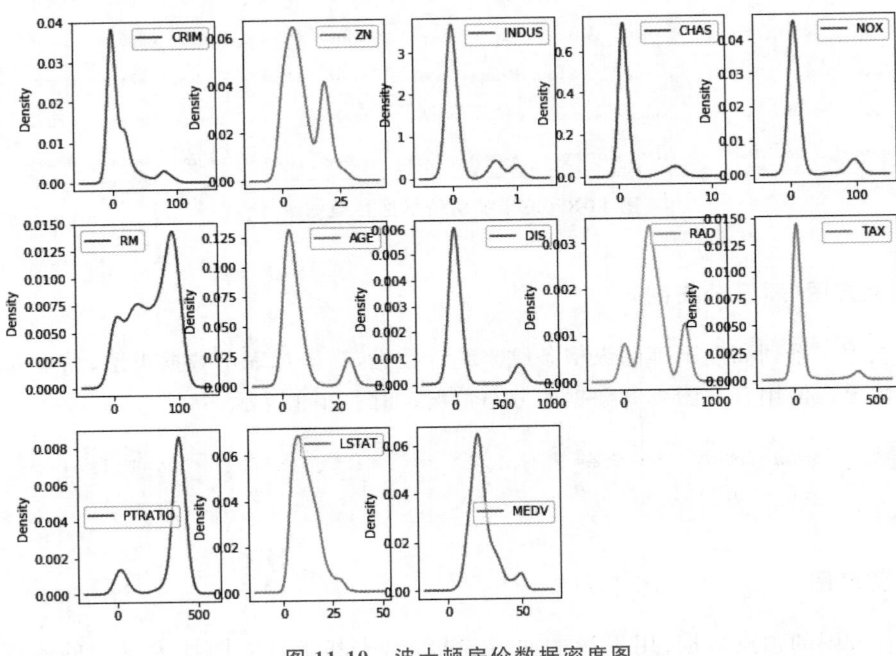

图 11-10 波士顿房价数据密度图

4. 箱线图

箱线图中,居于中间的是一条中位数(50%)线,然后分别是上下四分位数(75%、

25%)线，接着上、下各有一条边缘线。游离在上下边缘之外比中位数大 1.5 倍的是异常点。通过箱线图可以查看数据的分散情况，如图 11-11 所示。

```
In [4]: datas.plot()kind='box',subplots=True, layout=(3,5),figsize=(8,61))
        plt.show()
```

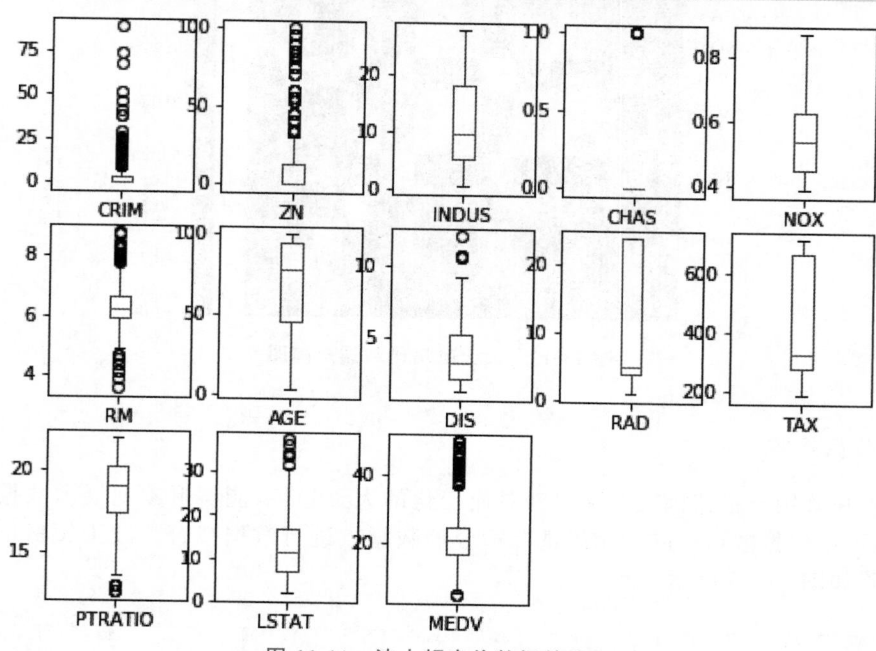

图 11-11　波士顿房价数据箱线图

5. 矩阵图

矩阵图主要表示数据不同特征间相互影响的程度。如果两个特征的数据变化方向相同，那么它们正相关；若两个属性的数据变化方向相反，则呈现负相关关系。波士顿房价数据的矩阵图如图 11-12 所示。

```
In [5]: corr =datas.corr()
        fig =plt.figure()                              #创建一个空图
        ax =fig.add_subplot(111)
        car =ax.matshow(corr,vmin=-1,vmax=1)           #绘制热力图(矩阵图)
        fig.colorbar(car)                              #为 matshow 设置渐变色
        ticks =np.arange(0,9,1)                        #生成 0-8
        ax.set_xticks(ticks)                           #生成刻度
        ax.set_yticks(ticks)
        ax.set_xticklabels(names)                      #生成刻度标签
        ax.set_yticklabels(names,rotation=60)
```

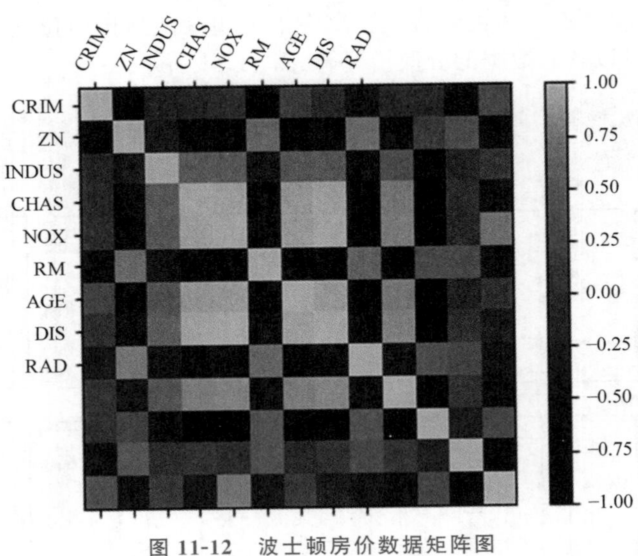

图 11-12　波士顿房价数据矩阵图

6. 散点矩阵

散点矩阵用于描述因变量随自变量而变化的大致趋势,能够形象地展示数据的线性相关性,可以依据散点矩阵的结果选择适合的数据点进行数据拟合。波士顿房价数据的散点矩阵如图 11-13 所示。

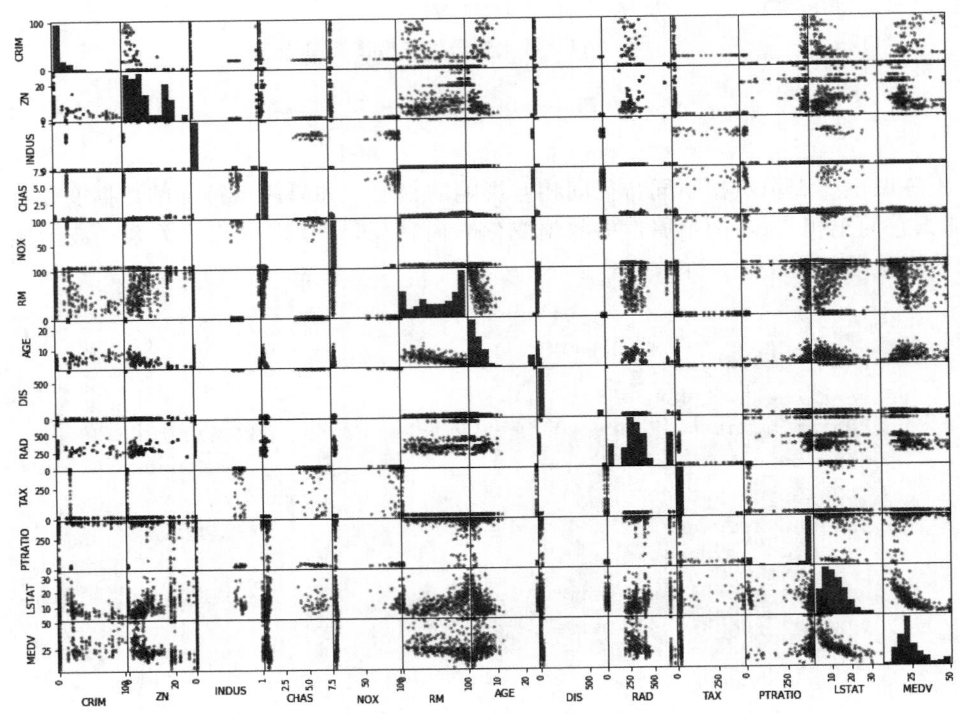

图 11-13　波士顿房价数据的散点矩阵

```
In [6]: from pandas.plotting import scatter_matrix
        scatter_matrix(datas,figsize=(16,12))    #比 corr 展示的线性相关性更形象
        plt.show()
```

11.2.4　数据预处理

数据探索的结果显示，目标房价的预测值之间差异很大，需要对特征和目标值进行归一化处理。

1. housing.data 文件内容的数据预处理

读取飞桨 AI Studio 官网下载的数据文件“housing.data”，本案例自定义数据预处理函数，将房价数据归一化处理后，划分为训练集和测试集。代码如下。

```
1   def load_data():
2       datafile ='work/housing.data'                    #从文件导入数据
3       data =np.fromfile(datafile, sep=' ')
4       #每条数据包括 14 项，其中前面 13 项是影响因素，第 14 项是房屋价格中位数
5       feature_names =[ 'CRIM', 'ZN', 'INDUS', 'CHAS', 'NOX', 'RM', 'AGE',
6   'DIS', 'RAD', 'TAX', 'PTRATIO', 'B', 'LSTAT', 'MEDV']
7       feature_num =len(feature_names)
8       #将原始数据 reshape，成为[N, 14]的形状
9       data =data.reshape([data.shape[0] // feature_num, feature_num])
10      #将原数据集拆分成训练集和测试集，80%的数据做训练，20%的数据做测试
11      ratio =0.8
12      offset =int(data.shape[0] * ratio)
13      training_data =data[: offset]
14      test_data =data[offset: ]
15      #计算训练集的最大值，最小值，平均值
16      maximums, minimums, avgs =training_data.max(axis=0), training_
17  data.min(axis=0), training_data.sum(axis=0) / training_data.shape[0]
18      #对数据进行归一化处理
19      for i in range(feature_num):
20          data[:, i] =(data[:, i]-avgs[i]) /(maximums[i]-minimums[i])
21      return training_data, test_data
22
23      #获取数据
24      training_data, test_data =load_data()
25      x =training_data[:, :-1]
26      y =training_data[:, -1:]
```

代码 2～9 行实现数据变换：首先读取房价数据文件，使用 np.fromfile()函数将文件内容转换为一维 ndarray 数组对象 data，其中包含 7084 即 506×14 个元素；然后使用

data.reshape()方法将一维数组转换成 506 行 14 列的二维数组，表示 506 行房价数据，每行包含 14 列数据，代码中 data.shape[0]对象表示二维数组 data 的行数。

代码 10～17 行划分训练集和测试集：根据变量 ratio 取值 0.8，将数据集对应的二维数组 data 中前 80%的数据划分为训练集，存储在变量 training_data 中；将 data 中后 20%的数据作为测试集，存储在变量 test_data 中；接着对训练集数据 training_data 按列操作，分别计算每个特征的最大值、最小值和平均值。

代码 18～21 行完成数据归一化处理：根据公式(6-2)，采用 min-max 归一化方法对数据集中所有数据进行归一化处理；最后返回处理好的训练集数据和测试集数据。

代码 23～26 行调用数据预处理函数：调用自定义函数 load_data()完成数据预处理，将训练集中前 13 列数据即房价特征数据存入变量 x；训练集最后一列数据即目标房价存入变量 y。

2. sklearn.datasets 模块加载的数据预处理

按照类似步骤对 sklearn 数据加载器获取的房价数据集进行数据预处理，代码如下。

```
1  #step1 数据获取
2  from sklearn.datasets import load_boston
3  boston =load_boston()
4  #step2 数据分割
5  from sklearn.model_selection import train_test_split
6  import numpy as np
7  x =boston.data
8  y =boston.target
9  x_train,x_test,y_train,y_test =train_test_split(x, y, test_size =0.
10 25, random_state=33)
11 #分析回归目标值的差异
12 print('The max target value is ', np.max(boston.target))
13 print('The min target value is ', np.min(boston.target))
14 print('The average target value is ', np.mean(boston.target))
15 #step3 数据标准化处理
16 from sklearn.preprocessing import StandardScaler
17 #分别对特征和目标的标准化器进行初始化
18 ss_x =StandardScaler()
19 ss_y =StandardScaler()
20 x_train =ss_x.fit_transform(x_train)
21 x_test =ss_x.transform(x_test)
22 y_train =ss_y.fit_transform(y_train.reshape(-1,1)) #y_train 转化为 2 维
23 y_test =ss_y.transform(y_test.reshape(-1,1))
```

代码 5～10 行划分数据集：首先获取全部数据，将特征数值和目标数值分别保存在变量 x 和变量 y 中；然后使用扩展库 sklearn 子模块 model_selection 中的 train_test_split()函数对数据随机采样，将 25%的数据用于测试，其余 75%的数据用于模型训练，得到训练集

特征值、测试集特征值、训练集目标值和测试集目标值，分别保存在变量 x_train、x_test、y_train 和 y_test 中。参数 random_state 设置随机数种子编号为 33，为的是确保重复实验时得到相同的随机数以生成相同的数据。

代码 18～23 行对训练数据和测试数据进行标准化处理：首先使用 StandardScaler()函数初始化两个标准化器，然后使用 fit_transform()方法和 transform()方法分别对训练数据和测试数据的特征值及目标值进行标准差标准化(standardscale)处理，即用数据值减去均值再除以方差。通过对每个特征维度去均值和方差归一化，使得处理后的数据符合均值为 0，标准差为 1 的标准正态分布。其中，fit_transform()方法包括 fit 和 transform 两个步骤，即先计算均值和标准差，然后进行数据转换，实现数据标准化；而 transform()方法利用 fit 数值计算步骤得到的参数(μ, σ)，直接将数据转换成标准正态分布。使用 fit_transform(x_train)方法和 transform(x_text)方法，保证了对训练集和测试集的数据处理方式相同。

数据探索结果显示目标房价的预测值之间差距很大，所以对房价的特征值和目标值进行了标准化处理。标准化处理之后的目标值发生了很大改变，用户可以使用 inverse_transform()函数还原出真实结果，并且可以采用相同方法将预测的回归值还原。

11.2.5　基于 sklearn 经典模型的房价预测

本案例采用扩展库 sklearn 中经典的机器学习模型，如线性回归、支持向量机(SVM)回归、K-近邻回归、回归树和集成回归模型等对完成数据预处理的波士顿房价数据集进行训练和测试，完成房价预测任务。

1. 基于线性回归器的房价预测

使用 LinearRegression 和 SGDRegressor 进行房价数据训练和房价预测，源代码如下。

```
1  from sklearn.linear_model import LinearRegression
2  lr =LinearRegression()                        #使用默认参数初始化
3  lr.fit(x_train, y_train.ravel())              #y_train.ravel()将目标转换为一维
4  lr_y_pred =lr.predict(x_test)
5
6  from sklearn.linear_model import SGDRegressor
7  sgdr =SGDRegressor()
8  sgdr.fit(x_train, y_train.ravel())
9  sgdr_y_pred =sgdr.predict(x_test)
```

代码第 1 和第 6 行：分别导入扩展库 sklearn.linear_model 中的线性回归器 LinearRegression 和 SGDRegressor。

代码第 2 和第 7 行：使用默认参数分别创建线性回归模型 LinearRegression 和 SGDRegressor。

代码第 3 和第 8 行：使用训练数据分别进行 LinearRegression 和 SGDRegressor 模

型的参数估计。

代码第 4 和第 9 行：使用 LinearRegression 和 SGDRegressor 模型分别对测试数据进行回归预测。

2. 基于支持向量机的房价预测

使用三种不同的核函数配置 SVM，进行波士顿房价回归预测，代码如下。

```
from sklearn.svm import SVR

#使用线性核函数进行回归预测
linear_svr =SVR(kernel='linear')
linear_svr.fit(x_train, y_train.ravel())
linear_svr_y_pred =linear_svr.predict(x_test)

#使用多项式核函数进行回归预测
poly_svr =SVR(kernel='poly')
poly_svr.fit(x_train, y_train.ravel())
poly_svr_y_pred =poly_svr.predict(x_test)

#使用径向基函数进行回归预测
rbf_svr =SVR(kernel='rbf')
rbf_svr.fit(x_train, y_train.ravel())
rbf_svr_y_pred =rbf_svr.predict(x_test)
```

首先导入扩展库 sklearn.svm 中的支持向量机回归器 SVR；然后创建支持向量机回归模型，通过设置参数 kernel 取值“linear”“poly”和“rbf”，分别表示使用“线性核函数”“多项式核函数”和“径向基核函数”进行波士顿房价回归预测；接着分别对这三个模型进行训练，分析模型参数，用训练集数据拟合回归器模型；最后对三个模型进行测试，使用 fit()方法计算得到参数并构建模型，对特征数据进行预测，获得房价预测结果。

3. 基于 K-近邻回归器的房价预测

本书第 6 章的“约会对象筛选”案例显示，K-近邻分类模型不需要训练参数。在回归任务中，K-近邻回归模型依据 K 个最接近训练样本特征的目标值，对待测样本的回归值进行预测。这是根据样本的相似程度预测回归值的方法。下面使用两种回归策略预测待测样本的回归值。

```
from sklearn.neighbors import KNeighborsRegressor

#方法 1,预测方式为平均回归 weights='uniform'
uni_knr =KNeighborsRegressor(weights='uniform')
uni_knr.fit(x_train, y_train)
uni_knr_y_pred =uni_knr.predict(x_test)
```

```

#方法 2,使用距离加权回归 weights='distance'
dis_knr =KNeighborsRegressor(weights='distance')
dis_knr.fit(x_train, y_train)
dis_knr_y_pred =dis_knr.predict(x_test)
```

导入扩展库 sklearn.neighbors 中的 K-近邻回归器 KNeighborsRegressor，初始化 K-近邻回归器后，首先调整配置，使用平均回归策略进行预测，然后采用加权平均的回归方法进行房价预测。

4. 基于回归树的房价预测

基于回归树进行房价预测时，回归树的叶子节点为连续的数值数据。依据训练数据得到回归树叶子节点的均值，进而决定最终的预测类别。

```
from sklearn.tree import DecisionTreeRegressor
dtr =DecisionTreeRegressor()
dtr.fit(x_train, y_train)
dtr_y_pred =dtr.predict(x_test)
```

导入扩展库 sklearn.tree 中的决策树回归器 DecisionTreeRegressor，初始化回归器，用波士顿房价训练数据构建回归树，使用默认配置的单一回归树对测试数据进行预测，并将预测值存储在变量 dtr_y_pred 中。

5. 基于集成回归模型的房价预测

使用三种集成回归模型对波士顿房价数据进行回归预测，代码如下。

```
from sklearn.ensemble import RandomForestRegressor
rfr =RandomForestRegressor()
rfr.fit(x_train, y_train.ravel())
rfr_y_pred =rfr.predict(x_test)

from sklearn.ensemble import ExtraTreesRegressor
etr =ExtraTreesRegressor()
etr.fit(x_train, y_train.ravel())
etr_y_pred =etr.predict(x_test)

from sklearn.ensemble import GradientBoostingRegressor
gbr =GradientBoostingRegressor()
gbr.fit(x_train, y_train.ravel())
gbr_y_pred =gbr.predict(x_test)
```

分别导入扩展库 sklearn.ensemble 中的三种集成回归模型 RandomForestRegressor、ExtraTreesRegressor 和 GradientBoostingRegressor，对美国波士顿房价训练数据进行学习，

并对测试数据进行房价预测。

11.2.6 构建网络模型进行房价预测

首先使用 Python 构建网络模型，然后训练模型，最后进行房价预测。

1. 网络模型构建

下面以“类和对象”的方式搭建网络结构并完成计算、预测和输出过程。首先基于 Network 类的定义设计模型的网络结构，代码如下。

```
class Network(object):
    def __init__(self,num_of_weights):
        np.random.seed(0)
        self.w=np.random.randn(num_of_weights,1)
        self.b=0
    def forward(self,x):
        z=np.dot(x,self.w)+self.b
        return z
    def loss(self,z,y):
        error =z -y
        cost =error * error
        cost =np.mean(cost)
        return cost

    def gradient(self, x, y):
        z =self.forward(x)
        gradient_w =(z-y) * x
        gradient_w =np.mean(gradient_w, axis=0)
        gradient_w =gradient_w[: , np.newaxis]
        gradient_b =(z-y)
        gradient_b =np.mean(gradient_b)
        return gradient_w, gradient_b

    def update(self, gradient_w, gradient_b, eta =0.01):
        self.w =self.w -eta * gradient_w
        self.b =self.b -eta * gradient_b

    def train(self, x, y, iterations=100, eta=0.01):
        losses =[]
        for i in range(iterations):
            z =self.forward(x)
            L =self.loss(z, y)
            gradient_w, gradient_b =self.gradient(x, y)
            self.update(gradient_w, gradient_b, eta)
            losses.append(L)
```

```
36            if (i+1) %10 ==0:
37                print('iter {}, loss {}'.format(i, L))
38        return losses
```

代码 2～5 行：__init__()函数进行初始化。为了保持每次运行程序时输出结果的一致性，这里设置固定的随机数种子。在 Network 类定义中，类成员变量包含参数 w 和 b。随机产生 w 的初始值，偏移量 b 的初始值为 0。

代码 6～8 行：forward()函数实现模型的前向(从输入到输出)计算过程。将样本的特征向量 x 与参数向量 w 进行矩阵相乘，并与偏移量 b 相加，实现完整的线性回归公式，返回计算结果 z 作为预测值输出。

代码 9～13 行：loss()函数计算模型损失。使用模型计算出特征向量 x 影响下的房价预测值 z，但实际上房屋特征数据对应的房价是 y。衡量预测值 z 跟真实值 y 之间的差距 error。对于回归问题，这里使用均方误差作为评价模型好坏的指标，即 cost=(y−z)×(y−z)。考虑到每个样本的损失，因此对单个样本的损失函数求和除以样本总数，即求均值。

代码 15～22 行：gradient()函数计算梯度。训练数据的关键是找到一组(w,b)，使得损失函数 loss()取最小值。一般采用梯度下降法，即沿着梯度的反方向是函数值下降最快的方向。根据梯度计算公式(11-1)，使用 numpy 矩阵操作对所有权重参数 w_j(j=0,1,…,12)操作，一次性计算出 13 个参数对应的梯度值。对于 N 个样本的情况，可以直接使用代码第 17 行计算出所有样本对梯度的贡献。显然，这里利用扩展库 numpy 的广播功能使得矩阵计算更加便捷。

$$\frac{\partial L}{\partial w_j}=\frac{1}{N}\sum_{i}^{N}(z^{(i)}-y^{(i)})\frac{\partial z_j^{(i)}}{w_j}=\frac{1}{N}\sum_{i}^{N}(z^{(i)}-y^{(i)})\,x_j^{(i)} \tag{11-1}$$

变量 gradient_w 的每一行代表一个样本对梯度的贡献。根据梯度计算公式(11-1)，总梯度是样本对梯度贡献的平均值。代码第 18 行使用 np.mean()函数得到梯度贡献的均值，相当于将矩阵的每一行相加之后除以总行数。

代码第 19 行中[:, np.newaxis]意为对全部数据增加一个维度，以适应代码中矩阵操作的要求。由于 np.mean()函数消除了第 0 维，导致使用 numpy 矩阵操作完成梯度计算的同时引入了一个新问题：gradient_w 的形状是(13,)，而 w 的维度为(13, 1)。为了计算方便，gradient_w 和 w 必须保持形状一致。因此代码第 19 行使用 np.newaxis()函数增加一个维度，将一维的 gradient_w 转换成一个维度为(13, 1)的二维矩阵，便于后面的矩阵操作。

代码 24～26 行：update()函数实现梯度更新。沿着梯度的反方向分别移动 eta×gradient_w 和 etaxgradient_b 的距离，更新参数 w 和 b。

代码 28～38 行：train()函数完成模型训练。按照定义的移动步长 eta，前向传播计算出的预测值 z；计算损失值 loss，通过 print()函数输出损失函数的变化，每次沿着梯度的反方向移动一小步，到达下一个点，观察损失函数的变化并返回损失值。

2. 利用网络模型进行房价预测

完成模型网络结构 Network 类的定义之后，下面利用网络模型进行房价预测。首先获取数据，然后训练网络，最后进行房价预测。源代码如下。

```
39 #获取数据
40 train_data, test_data =load_data()
41 x =train_data[: , : -1]
42 y =train_data[: , -1: ]
43 #创建网络
44 net =Network(13)
45 num_iterations=1000
46 #启动训练
47 losses =net.train(x,y, iterations=num_iterations, eta=0.01)
48 #画出损失函数的变化趋势
49 plot_x =np.arange(num_iterations)
50 plot_y =np.array(losses)
51 plt.plot(plot_x, plot_y)
52 plt.title("Loss of Boston housing price")
53 plt.xlabel("iter")
54 plt.ylabel("loss")
55 plt.show()
```

代码 39～42 行用于加载数据：取所有样本中前 13 列为特征值，保存于变量 x；最后一列为目标值，保存于变量 y。

代码 43～47 行用于构建网络并启动训练：网络权重变量设置为 13 个，迭代次数设置为 1000，学习率设置为 0.01。

代码 48～55 行绘制损失函数变化趋势图：每迭代 10 次绘制一次损失值，生成散点图。

运行结果如图 11-14 所示。

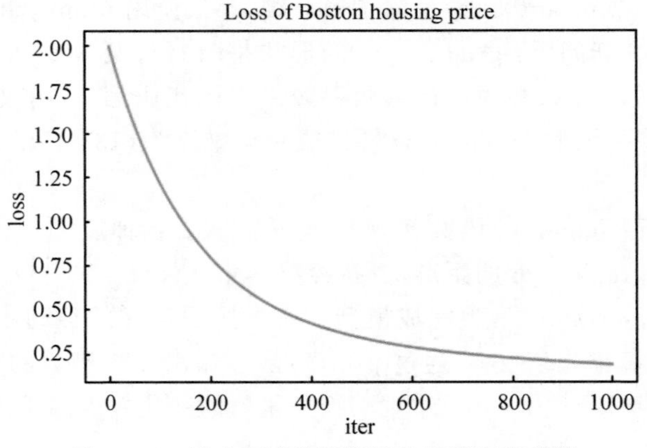

图 11-14　波士顿房价预测损失函数变化趋势

11.2.7　模型评估

与分类预测结果相比，回归预测的数值型结果不能严苛地与真实值完全相同。一般情况下，人们可以使用多种评价函数衡量预测值与真实值之间的差距，如平均绝对误差（MAE）和均方误差（MSE），但是这两种评价指标与具体的应用场景有关。在不同应用场景中评价模型时，这两种评价函数存在缺陷；而 R-squared 评价指标既考虑回归值与真实值之间的差异，又兼顾应用场景中真实值本身的变动，在统计意义上表现出模型在数值回归方面的拟合能力。

1. 线性回归器性能评估

首先，分别使用三种回归评价机制和两种调用 R-squared 评价模块的方法对线性回归器的性能进行评估。代码如下。

```
#1.使用 linearregression 模块自带的评估模块
print('The value of default means of LinearRegression is ', \
  lr.score(x_test, y_test))
#2.使用专门的评价模块进行评估
from sklearn.metrics import r2_score, mean_squared_error
from sklearn.metrics import mean_absolute_error
print('The value of R-squared of LinearRegression is ',\
      r2_score(y_test, lr_y_pred))
print('The mean squared error of LinearRegression is ',
      mean_squared_error(ss_y.inverse_transform(y_test), \
      ss_y.inverse_transform(lr_y_pred)))
print('The mean absolute error of LinearRegression is ',
      mean_absolute_error(ss_y.inverse_transform(y_test), \
      ss_y.inverse_transform(lr_y_pred)))

#3.使用 SGDRegressor 自带模块进行评估
print('The value of default measurement of SGDRegressor is ',\
  sgdr.score(x_test, y_test))
#4.使用专门的评价模块进行评估
print('The value of R-squared of SGDRegressor is ', \
  r2_score(y_test, sgdr_y_pred))
print('The mean squared error of SGDRegressor is ',
      mean_squared_error(ss_y.inverse_transform(y_test), \
      ss_y.inverse_transform(sgdr_y_pred)))
print('The mean absolute error of SGDRegressor is ',
      mean_absolute_error(ss_y.inverse_transform(y_test),\
      ss_y.inverse_transform(sgdr_y_pred)))
```

代码运行结果如下。

```
The value of default means of LinearRegression is 0.6757955014529481
The value of R-squared of LinearRegression is 0.6757955014529481
The mean squared error of LinearRegression is 25.139236520353453
The mean absolute error of LinearRegression is 3.532532543705398
The value of default measurement of SGDRegressor is 0.6692921751176728
The value of R-squared of SGDRegressor is 0.6692921751176728
The mean squared error of SGDRegressor is 25.643512863353674
The mean absolute error of SGDRegressor is 3.49695922108399
```

从代码 2～3 行和代码 7～8 行的输出结果可以看出,回归模型自带的评估模块与 sklearn.metrics 中 r2_score()评价函数得到的结果相同,可见这两种方式的结果是等价的。

代码 1～14 行的输出结果表明,三种评价指标 R-squared、MSE 和 MAE 在评估结果的具体取值上不同,但是在总体评价优劣程度的趋势上基本一致。

对比代码 1～14 行和代码 16～27 行的输出结果可以看出,使用随机梯度下降法 SGDRegressor 进行参数估计在性能上不如使用解析法 LinearRegression。然而,在数据规模庞大的模型训练任务中,随机梯度下降法具有节省计算时间的优势。

2. 支持向量机性能评估

类似地,使用 R-squared、MSE 和 MAE 指标对三种配置的支持向量机回归模型在相同测试集上进行性能评估。代码如下。

```
from sklearn.metrics import r2_score, mean_absolute_error
from sklearn.metrics import mean_squared_error
print('R-squared of linear SVR: ',linear_svr.score(x_test,y_test))
print('The mean squared error of linear SVR is ', \
      mean_squared_error(ss_y.inverse_transform(y_test), \
      ss_y.inverse_transform(linear_svr_y_pred)))
print('The mean absolute error of linear SVR is ', \
      mean_absolute_error(ss_y.inverse_transform(y_test),\
      ss_y.inverse_transform(linear_svr_y_pred)))
print('\n')
print('R-squared of poly SVR is', poly_svr.score(x_test, y_test))
print('The mean squared error of poly SVR is ', \
      mean_squared_error(ss_y.inverse_transform(y_test), \
      ss_y.inverse_transform(poly_svr_y_pred)))
print('The mean absolute error of poly SVR is ', \
      mean_absolute_error(ss_y.inverse_transform(y_test),\
      ss_y.inverse_transform(poly_svr_y_pred)))
print('\n')
print('R-squared of RBF SVR is', rbf_svr.score(x_test,y_test))
print('The mean squared error of RBF SVR is ', \
      mean_squared_error(ss_y.inverse_transform(y_test), \
```

```
        ss_y.inverse_transform(rbf_svr_y_pred)))
print('The mean absolute error of RBF SVR is ', \
        mean_absolute_error(ss_y.inverse_transform(y_test),\
        ss_y.inverse_transform(rbf_svr_y_pred)))
```

代码运行结果如下。

```
R-squared value of linear SVR is 0.650659546421538
The mean squared error of linear SVR is 27.088311013556027
The mean absolute error of linear SVR is 3.4328013877599624

R-squared value of poly SVR is 0.403650651025512
The mean squared error of poly SVR is 46.241700531039
The mean absolute error of poly SVR is 3.7384073710465047

R-squared value of RBF SVR is 0.7559887416340946
The mean squared error of RBF SVR is 18.920948861538715
The mean absolute error of RBF SVR is 2.6067819999501114
```

三组性能评估的结果表明，不同配置的模型在相同测试集上的性能表现存在显著差异。使用径向基核函数对特征进行非线性映射后，支持向量机表现出最佳的回归性能。

同理，对不同配置的 K-近邻回归模型在房价预测任务中的性能评估结果表明，采用加权平均的 K-近邻回归策略具有更好的预测性能；默认配置的回归树在测试集上的性能优于上述两种线性回归器；三种集成回归模型在“波士顿房价”数据集上获得了更好的预测性能和更强的稳定性，然而它们在模型训练中耗费的时间也更多。

第12章 案例报告

本章以一个综合案例的数据分析报告作为整个数据分析过程的总结，相关源代码参见本书电子资源网站。

杭州地铁乘客流量数据分析与可视化研究

摘要　地铁交通具有快速、准时、运输量大、事故率低、相对环保等优势，已经成为城市居民的重要出行方式，也是缓解城市交通压力的主要手段。本文依据杭州地铁交通刷卡数据，地铁路网地图数据，融合地铁沿线房价分布数据以及杭州卫星图等多源数据，运用时间取样法、刷卡计数法等对杭州地铁乘客流量进行统计分析，挖掘杭州地铁乘客出行规律，进而对代表性地铁站点、重要时间段、城市不同功能区的乘客流量规律进行可视化研究。最后，结合杭州实际情况对研究结果进行验证，提出可能的解决方案。

关键字　地铁刷卡数据；乘客流量；Python；数据分析；可视化分析

中图分类号　U293. 13；U239.5

Visualization Research and Data Analysis on Passenger Flows of Hangzhou Metro

ABSTRACT　With the characteristics of fast, punctual, large transport volume, low accident rate, and other features, taking metro has become a customary trip mode of urban residents, which is also the main means to aueviate urban traffic pressure. In this report, the passenger flows of Hangzhou Metro are analyzed using the methods of time sampling and swiped counting, which is based on multi-source data fusion of swiping record, subway network map, the data of housing price distribution along the subway and Hangzhou satellite map. Furthermore, the travel patterns of Hangzhou subway passengers are mined, and the rules of passenger flow are visualized, especially in representative subway stations, important time periods and different functional areas of the city. Finally, the research results are verified and possible solutions are put forward according to the actual situation of Hangzhou.

Key words Swiping record; Passenger flows; Python; Data analysis; Visual analysis

近年来,地铁交通线网的规模不断扩大,地铁交通的网络化客流特征日趋明显,地铁交通线网客流分布呈现新的特点。分析、研究杭州地铁交通网络的客流特征和规律,可以帮助杭州市民选择更加合理的出行路线,规避交通堵塞;有助于杭州交通管理部门合理分配人力和设备,提前部署地铁站点安保措施;有利于实现大数据助力城市居民快速出行的目标。

1. 研究背景

杭州地铁(Hangzhou Metro)是指服务于杭州市及杭州都市圈各地区的城市轨道交通,其首条线路杭州地铁 1 号线于 2012 年 11 月 24 日正式开通[1]。截至 2019 年 5 月,杭州地铁运营线路共 3 条,分别为杭州地铁 1 号线、杭州地铁 2 号线、杭州地铁 4 号线,总营运里程约 135.36km,共设站点 81 个(包括 5 个换乘站),日均客运量达到 145 万左右。其中,1 号线由杭港地铁负责运营;2 号线、4 号线由杭州地铁运营分公司负责运营。

截至 2018 年 9 月,杭州市城市轨道交通线网规划总里程 539km,其中地铁三期建设规划总里程为 387.8km[2]。2022 年杭州亚运会前,杭州将形成“10 条轨道普线+1 条轨道快线+2 条市域线”共计 13 条线路,总长度达 516km 的城市轨道交通骨干网络,实现杭州十城区轨道交通线网全覆盖[3]。

近年来,地铁在杭州城市生活中扮演着越来越重要的角色。它具有速度快、运量大、污染小、效率高、安全性好等优点,能有效缓解地面交通压力,缓解城市交通的供需矛盾,有效降低整个城市的交通成本,满足城市化日益增长的交通需求。由于杭州地铁的便捷性,它已经成为杭州城市居民的重要出行方式。在杭州,越来越多的出行者选择地铁出行,轨道交通的优势和重要性逐步显现,如表 12-1 所示。

表 12-1 杭州地铁客运流量年度统计表[1]

年 份	客运总量/亿乘次	年增长率/%	总运营里程/km
2018 年	5.30	55.9	117.72
2017 年	3.40	26.5	107.02
2016 年	2.69	20.3	81.52
2015 年	2.23	53.9	81.52
2014 年	1.45	57.1	66.27
2013 年	1.17		47.97

目前,杭州地铁每个站点均有闸机,乘客可以选择包括“杭州通”通用卡、交通卡、学生卡、长者卡以及优待卡等刷卡入闸乘车,也可以直接扫支付宝“杭州地铁乘车码”实现扫码进出站点。在刷卡或扫码乘车过程中会产生大量的刷卡数据,包括进站、出站、进站时间和出站时间等。从这些地铁乘客流量相关数据中分析整个地铁系统的交通流量变化,探

索杭州地铁系统中代表性站点、重要时间段、城市不同功能区的乘客流量变化规律，对改善杭州地铁交通站点周边的交通状况，降低沿线及周边居民的出行时间成本和经济成本，提高城市居民的生活水平，具有明显的实用价值。作为杭州轨道交通项目进一步建设的前提，客流统计分析和可视化研究可以为下一步建设规模的确定、车辆选型及编组方案、设备配置、运输组织、经济效益评价以及工程投资等提供依据，同时也对杭州地铁管理和运营部门进行地铁安全预警和控制具有重要意义[4]。

2. 数据获取

"阿里天池全球城市计算 AI 挑战赛"开放了 20190101 至 20190125 共 25 天杭州地铁刷卡数据记录[5]，共涉及 3 条线路 81 个地铁站约七千万条数据作为训练数据(Metro_train.zip)。同时提供了路网地图，即各地铁站之间的连接关系表，存储在 Metro_roadMap.csv 文件中。

将训练数据压缩包 Metro_train.zip 解压后得到 25 个 CSV 文件，每天的刷卡数据单独保存在一个 CSV 文件中，以 record 为前缀(表 12-2 所示)。如 2019 年 1 月 1 日所有线路所有站点的刷卡数据记录存储在 record_2019-01-01.csv 文件中，以此类推。在 record_2019-01-xx.csv 文件中，除第一行外，其余每行包含一条乘客刷卡记录。对于 userID 属性，在 payType 属性为 3 时无法唯一标识用户身份。即此 userID 可能为多人使用，但在一次进出站期间可以视为同一用户。对于其他取值的 payType，其对应的 userID 可以唯一标识一个用户。

表 12-2 用户刷卡数据表(record_2019-01-xx.csv)

列 名	类 型	说 明	示 例
time	String	刷卡发生时间	2019-02-01 00:30:53
lineID	String	地铁线路 ID	C
stationID	int	地铁站 ID	15
deviceID	int	刷卡设备编号 ID	2992
status	int	进出站状态，0 为出站，1 为进站	1
userID	String	用户身份 ID	Ad53ce59370e8b141dbc99c03d2158fe4
payType	int	用户刷卡类型	0

路网地图文件 Metro_roadMap.csv 提供了各地铁站之间的连接关系表，相应的邻接矩阵存储在 roadMap.csv 中，其中包含一个 81×81 的二维矩阵。文件中首行和首列表示地铁站 ID(stationID)，均为[0,80]区间的整数。其中，roadMap[i][j] = 1 表示 stationID 为 i(0≤i≤80)的地铁站和 stationID 为 j(0≤j≤80)的地铁站直接相连；roadMap[i][j]=0 表示 stationID为 i 的地铁站和 stationID 为 j 的地铁站不相连。此外，测试数据包括 2019 年

1 月 26 日或 28 日的刷卡数据，大赛要求对 2019 年 1 月 27 日或 29 日全天各地铁站以 10min 为单位的乘客流量进行预测。这些数据来自杭州地铁公司和杭州市公安机关，比较可靠。

3. 数据预处理

杭州地铁刷卡数据预处理包括数据缺失值与异常值的探索分析，数据的属性规约、清洗、和变换等。

3.1　数据清洗

杭州地铁刷卡数据清洗是指对数据进行重新审查和校验，目的在于删除重复信息、纠正存在的错误，并提供数据一致性。

(1) 空值和缺失值的处理：本文使用 Python 扩展库 pandas 中的 isnull()方法和 notnull()方法判断数据集中是否存在空值和缺失值，如图 12-1 和图 12-2 所示。这里以杭州地铁站 1 月 16 日三条线路所有站点的刷卡数据记录为例。isnull()方法返回值全为"False"，说明没有一个空值或缺失值；notnull()方法返回值全为"True"，没有一个空值或缺失值，说明提供的数据很干净。由于 stationID 为 54 的站点数据缺失，在后续的数据处理中使用 fillna()方法将 54 站点的数据用零填充；27 日数据没有预测，也用零填充。

```
In [3]: test_28 = pd.read_csv(open(path + '/Metro_train/record_2019-01-16.csv', encoding="utf8"))

In [4]: test_28.isnull()
Out[4]:
```

	time	lineID	stationID	deviceID	status	userID	payType
0	False	False	False	False	False	False	False
1	False	False	False	False	False	False	False
2	False	False	False	False	False	False	False
3	False	False	False	False	False	False	False
4	False	False	False	False	False	False	False
...	...	...	...	...	...	...	...
2417054	False	False	False	False	False	False	False
2417055	False	False	False	False	False	False	False
2417056	False	False	False	False	False	False	False
2417057	False	False	False	False	False	False	False
2417058	False	False	False	False	False	False	False

2417059 rows × 7 columns

图 12-1　isnull()查看是否存在空值和缺失值

(2) 重复值的处理：乘客地铁刷卡记录中的时间点是唯一的，不可能同一个乘客在相同的时间点(如 2019/01/01 08：11)有两条甚至是三条相同的记录出现。因为一位乘客搭乘地铁一次是不可能出现多条记录的，除非系统记录出现漏洞，所以这次数据清洗需要检查并处理重复值。本文使用 duplicated()方法检测刷卡数据是否有重复值，所有的标记都显示为"False"，如图 12-3 所示。说明杭州地铁站 1 月 16 日三条线路所有站点的刷卡数据记录没有重复值。

```
In [5]: test_28.notnull()
Out[5]:
```

	time	lineID	stationID	deviceID	status	userID	payType
0	True	True	True	True	True	True	True
1	True	True	True	True	True	True	True
2	True	True	True	True	True	True	True
3	True	True	True	True	True	True	True
4	True	True	True	True	True	True	True
...	...	...	...	...	...	...	...
2417054	True	True	True	True	True	True	True
2417055	True	True	True	True	True	True	True
2417056	True	True	True	True	True	True	True
2417057	True	True	True	True	True	True	True
2417058	True	True	True	True	True	True	True

2417059 rows × 7 columns

图 12-2 notnull()查看是否存在空值和缺失值

```
In [6]: test_28.duplicated()
Out[6]: 0          False
        1          False
        2          False
        3          False
        4          False
                   ...
        2417054    False
        2417055    False
        2417056    False
        2417057    False
        2417058    False
        Length: 2417059, dtype: bool
```

图 12-3 重复值处理

(3) 异常值处理：异常值是指样本中的个别值，其数值明显偏离所属样本集的其余观测值，这些数值是不合理的或错误的，需要进行检查和处理。检查一组数据是否包含异常值，常用箱型图进行可视化查看。在箱型图的上下界之外的离散点表示异常值，如图 12-4 所示。从箱型图可以看出杭州地铁站 1 月 16 日三条线路所有站点的刷卡数据记录没有出现离散点，说明提供的数据规范干净，没有出现异常值。

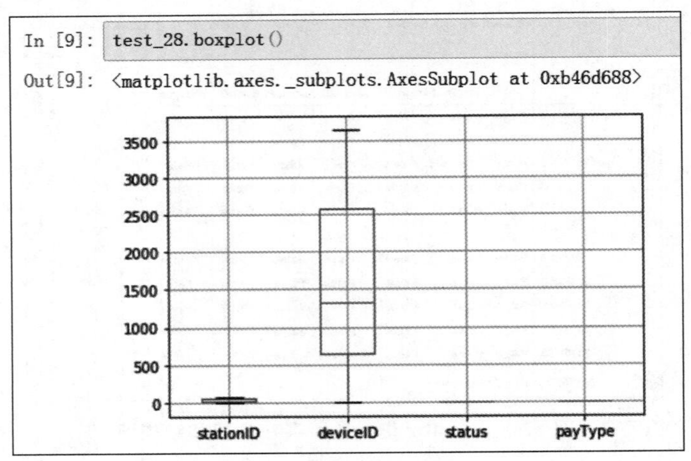

图 12-4 异常值处理

3.2 数据合并

杭州地铁刷卡数据集中每天的刷卡数据均单独存放在一个 CSV 文件中，这些刷卡数据文件格式相同。为了方便数据处理，本文将需要分析的 25 个数据文件合并为一个总的数据文件。数据合并操作使用 pandas.concat()函数，将数据按照纵轴进行简单的数据融合。以图 12-5 为例，分别读取 1 月 1 日到 1 月 3 日这三天的刷卡数据，将相同字段的数据首尾相接，合并这三张表。在后面的数据处理中，依据此方法将 1 月 1 日到 1 月 25 日的刷卡数据首尾相连，合并为一个完整的数据文件。

```
test_1 = pd.read_csv(open(path + '/Metro_train/record_2019-01-01.csv',encoding="utf8"))
test_2 = pd.read_csv(open(path + '/Metro_train/record_2019-01-02.csv',encoding="utf8"))
test_3 = pd.read_csv(open(path + '/Metro_train/record_2019-01-03.csv',encoding="utf8"))

In [3]: file_data=[test_1,test_2,test_3]

In [4]: result=pd.concat(file_data)

In [5]: result
Out[5]:
```

	time	lineID	stationID	deviceID	status	userID	payType
0	2019-01-01 02:00:05	B	27	1354	0	D13f76f42c9a677c4add94d9e480fb5c5	3
1	2019-01-01 02:01:40	B	5	200	1	D9a337d37d9512184b8e3fd477934b293	3
2	2019-01-01 02:01:53	B	5	247	0	Dc9e179298617f40b782490c1f3e2346c	3
3	2019-01-01 02:02:38	B	5	235	0	D9a337d37d9512184b8e3fd477934b293	3
4	2019-01-01 02:03:42	B	23	1198	0	Dd1cde61886c23fdb7ef1fdb76c9b1234	3
...	...	...	...	...	...	...	...
2293466	2019-01-03 23:59:33	C	64	2979	0	Af01db6ea87fd8e7df7f09087abf3ac07	0
2293467	2019-01-03 23:59:36	C	35	1671	0	B706e4e60de5b413520b7506b092069a2	1
2293468	2019-01-03 23:59:39	C	35	1674	0	C409614c3ad090164ca7fa29e5b7b49c4	2
2293469	2019-01-03 23:59:57	C	64	2981	0	Adee7375f5ef8999b94894e8f1b3b0471	0
2293470	2019-01-03 23:59:59	C	64	2980	0	B4cb86f8efaff4ea0103fa66f7a10ae51	1

7209525 rows × 7 columns

图 12-5 concat()函数实现数据合并

4. 数据探查

4.1 数据读取

读取杭州地铁三条线路所有站点的刷卡数据记录，以 1 月 16 日的数据为例，如图 12-6 所示。可以看出，刷卡数据记录包括刷卡时间、乘客所在线路、搭车站点、刷卡设备号等，其中刷卡状态为 0 或 1，表示“有”或“没有”刷卡，客户 ID 是一个字符串，支付类型有

```
file_data = pd.read_csv(file_path)
file_data
Out[1]:
```

	time	lineID	stationID	deviceID	status	userID	payType
0	2019-01-16 00:00:05	C	64	2980	0	Bee069dae5399509d4427e1bda7a344ff	1
1	2019-01-16 00:00:12	C	64	2980	0	D755fb649e121396c2cbd1d077979f1d7	3
2	2019-01-16 00:00:28	B	31	1523	1	D46300a0b9cfbc742a02315a5e3a40483	3
3	2019-01-16 00:02:20	C	65	3036	0	C656e7789dba16442c2330d4015ff35a2	2
4	2019-01-16 00:02:22	C	65	3019	0	B4be1b508ef536ec3ede05386ca967926	1
...	...	...	...	...	...	...	...
2417054	2019-01-16 23:59:32	C	64	2993	0	B771656a569a81981f268fbc53cd47a81	1
2417055	2019-01-16 23:59:34	C	64	2980	0	Aeb94121ffb9ccc49ac39b76879b4d761	0
2417056	2019-01-16 23:59:35	C	64	2994	0	Bdc60ad97bef1044bcf35ad305358ebbe	1
2417057	2019-01-16 23:59:54	C	64	2994	0	B78adaa0231664c6e6d91758e25f7094c	1
2417058	2019-01-16 23:59:55	C	35	1687	0	Ae99a6b1614b206e1aa783d39d25de358	0

2417059 rows × 7 columns

图 12-6 读取 CSV 数据文件

三种。

4.2 数据分组

为了针对杭州地铁刷卡数据进行统计分析，本文首先将原始数据按照特征划分成不同的组别，得到分组数据。进行数据分组的目的是观察数据的分布特征，为接下来的数据聚合做准备。

如图 12-7 所示，首先读取 lineID 这一列，只取唯一值。通过读取 lineID 特征的唯一值可以看出，给定的所有数据文件中只涉及三条地铁线路的刷卡数据。接着按照 lineID 特征将数据分组，统计每个分组的数量。然后按照"userID"一列从大到小排列得到统计结果，如图 12-8 所示：B 线路的人流量最大，A 线路人流量最小，所以 B 线路更容易发生人流拥堵问题。再按 stationID 列进行数据分组，统计每个分组的数量。仍然按照"userID"一列从大到小排列，如图 12-9 所示。可以看出，15 号站点人流量最大，容易发生人流拥堵问题，74 号站点人流量最少。还可以按照 deviceID 列进行数据分组，统计每个分组的数量。按"userID"一列从大到小排列后可以看出，474 号设备的刷卡数最多，如图 12-10 所示。

In [2]:
```
#创建一个DataFrame对象，该对象只有一列列数据:lineID[线路ID]
new_df = pd.DataFrame({'lineID':file_data['lineID'].unique()})
new_df
```
Out[2]:

	lineID
0	C
1	B
2	A

图 12-7 按 lineID 列数据分组

In [4]:
```
groupy_area = file_data.groupby(by='lineID').count()
groupy_area
#按 "userID" 一列从大到小排列
groupy_area.sort_values(by=['userID'], ascending=False)
```
Out[4]:

lineID	time	stationID	deviceID	status	userID	payType
B	1347738	1347738	1347738	1347738	1347738	1347738
C	792347	792347	792347	792347	792347	792347
A	276974	276974	276974	276974	276974	276974

图 12-8 按 userID 列排序

In [6]:
```
#按 "userID" 一列从大到小排列
groupy_area.sort_values(by=['userID'], ascending=False)
```
Out[6]:

stationID	time	lineID	deviceID	status	userID	payType
15	173048	173048	173048	173048	173048	173048
9	91220	91220	91220	91220	91220	91220
4	75352	75352	75352	75352	75352	75352
7	67875	67875	67875	67875	67875	67875
10	55754	55754	55754	55754	55754	55754
...	...	...	...	...	...	...
28	9303	9303	9303	9303	9303	9303
35	9229	9229	9229	9229	9229	9229
31	8433	8433	8433	8433	8433	8433
72	8301	8301	8301	8301	8301	8301
74	6652	6652	6652	6652	6652	6652

80 rows × 6 columns

图 12-9 按 stationID 列数据分组

```
In [8]:  #按“userID”一列从大到小排列
         groupy_area.sort_values(by=['userID'], ascending=False)
Out[8]:
```

deviceID	time	lineID	stationID	status	userID	payType
474	8634	8634	8634	8634	8634	8634
473	8396	8396	8396	8396	8396	8396
475	7936	7936	7936	7936	7936	7936
1149	7661	7661	7661	7661	7661	7661
156	7273	7273	7273	7273	7273	7273
...	...	...	...	...	...	...
3379	1	1	1	1	1	1
3378	1	1	1	1	1	1
3304	1	1	1	1	1	1
3303	1	1	1	1	1	1
3279	1	1	1	1	1	1

1700 rows × 6 columns

图 12-10　按 deviceID 数据分组

4.3　数据聚合

按照指定条件将数据划分为不同的分组后，通过数据聚合对每个分组中的数据执行操作，将计算结果整合。本文分别使用 lineID、stationID 和 deviceID 特征对杭州地铁打卡数据分组，求得每个分组的最大值、最小值、中位数、平均值等，得知人流量为中位数的站点是 stationID 为 39 和 63 的站点。

4.4　数据可视化

使用图形和图表可以将数据特征和变量清晰有效地展示出来。通过不同维度探查数据，可以更深入观察和分析数据。本文分别使用 matplotlib 库和 seaborn 库中的图形绘制函数，从不同角度绘制了 1 月 16 日杭州地铁打卡数据的直方图和散点图，如图 12-11～图 12-14 所示。

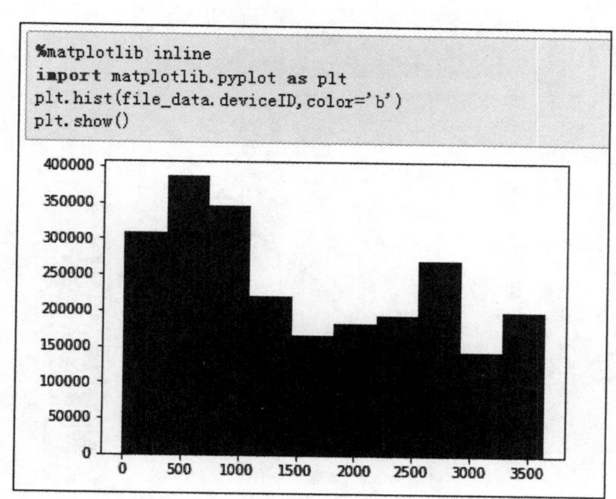

图 12-11　matplotlib 库绘制直方图

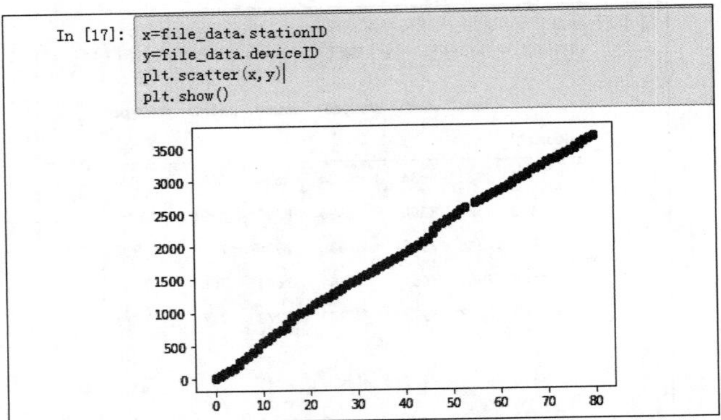

图 12-12 matplotlib 库绘制散点图

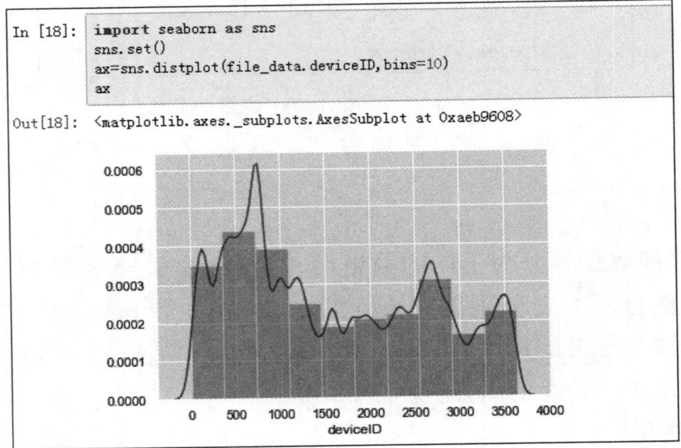

图 12-13 seaborn 库绘制核密度估计直方图

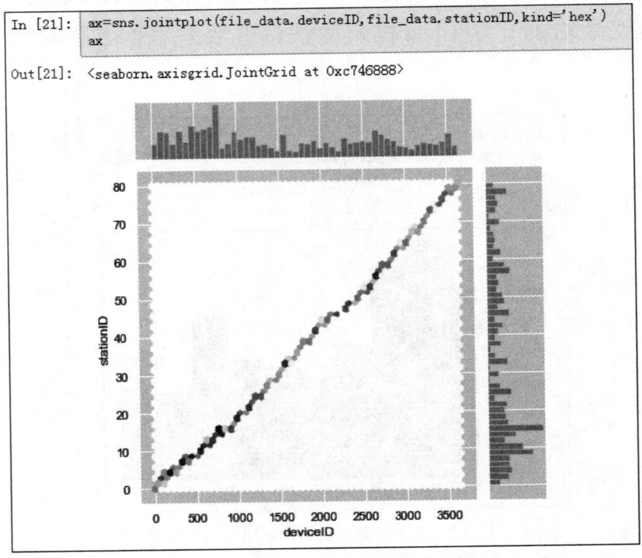

图 12-14 seaborn 库绘制二维散点图

如图 12-11 和图 12-12 所示，直方图适合表示数量的多少，而散点图适合描述若干数据系列中各数值之间的关系。图 12-12 和图 12-14 的散点图明确显示出 stationID 为 54 的站点数据缺失，图 12-13 明确显示出 deviceID 不同的设备承担刷卡任务呈现不均衡性。

5. 数据预处理

杭州地铁打卡数据预处理主要由两部分组成：构建完整数据集及特征；融合多源数据构建空间地铁线路以及连接关系表。

5.1　构建完整数据集

在数据预处理阶段，本文首先构建用于杭州地铁打卡数据分析的完整数据集。主要由以下步骤组成。

(1) 构造训练数据集的基本特征

如图 12-6 所示，杭州地铁刷卡数据文件主要包括刷卡时间 time、线路 lineID、站点 stationID、闸机 deviceID、乘客 userID 等特征。为了构建用于杭州地铁打卡数据分析的完整数据集，首先将源数据文件的时间特征细粒度化，拆分成三个时间特征：minute、hour 和 day，其中，minute 特征以 10min 为计数单位；增加了 week 和 weekend 特征，分别表示"星期几(整型数据)"，"是否为周末(标称数据)"。然后以 10min 为计数单位统计"刷卡次数"和"累计刷卡总数"。接着以不同列作为分组依据统计"入站人数"和"出站人数"，得到杭州地铁刷卡数据分析需要的两个重要特征：inNums 和 outNums 特征。代码如图 12-15 所示。下面加载 Metro_train 文件夹下保存 1 月 1 日至 1 月 25 日杭州地铁刷卡数据的 25 个 CSV 文件，调用自定义函数 get_base_features(df_)分别生成数据集的基本特征，将 25 个刷卡数据文件生成的基本特征统计合并至一个总的数据文件。

```
def get_base_features(df_):
    df = df_.copy()

    # base time
    df['day'] = df['time'].apply(lambda x: int(x[8:10]))
    df['week'] = pd.to_datetime(df['time']).dt.dayofweek + 1
    df['weekend'] = (pd.to_datetime(df.time).dt.weekday >= 5).astype(int)
    df['hour'] = df['time'].apply(lambda x: int(x[11:13]))
    df['minute'] = df['time'].apply(lambda x: int(x[14:15] + '0'))

    # count, sum
    result = df.groupby(['stationID', 'week', 'weekend', 'day', 'hour', 'minute']).status.agg(
        ['count', 'sum']).reset_index()

    # nunique deviceID闸机编号
    tmp = df.groupby(['stationID'])['deviceID'].nunique().reset_index(name='nuni_deviceID_of_stationID')
    result = result.merge(tmp, on=['stationID'], how='left')
    tmp = df.groupby(['stationID', 'hour'])['deviceID'].nunique().reset_index(name='nuni_deviceID_of_stationID_hour')
    result = result.merge(tmp, on=['stationID', 'hour'], how='left')
    tmp = df.groupby(['stationID', 'hour', 'minute'])['deviceID'].nunique(). \
        reset_index(name='nuni_deviceID_of_stationID_hour_minute')
    result = result.merge(tmp, on=['stationID', 'hour', 'minute'], how='left')

    # in, out
    result['inNums'] = result['sum']
    result['outNums'] = result['count'] - result['sum']

    #
    result['day_since_first'] = result['day'] - 1
    result.fillna(0, inplace=True)
    del result['sum'], result['count']

    return result
```

图 12-15　构造数据集的基本特征

(2) 构造测试结果文件的基本特征

构造测试结果文件(如 1 月 27 日)所需的特征,主要为时间特征,包括是否周末(weekend 列,标称数据),打卡前一天是几号(day_since_first,整型数据)等,删除 startTime、endTime 列。代码如图 12-16 所示。其中,54 站点数据缺失,用零填充。

```
In [10]: test = get_test_features(test)
         data = pd.concat([data,test], axis=0, ignore_index=True)
         ##################################################################
         #构造全部枚举值
         temp_df = pd.DataFrame({"minute":[],"hour":[],"day":[],"stationID":[]})
         for station in range(81):
             print(station)
             for day in range(1,29):
                 for hour in range(24):
                     temp = pd.DataFrame({"minute":[0,10,20,30,40,50]})
                     temp["hour"] = int(hour)
                     temp["day"] = int(day)
                     temp["stationID"] = int(station)
                     temp_df = pd.concat([temp_df,temp],axis=0)
         temp_df = temp_df.reset_index(drop=True)
         data_min_all = temp_df.merge(data, on=["stationID", "day", "hour", "minute"], h
         data_min_all = data_min_all.fillna(0)
```

图 12-16 构造测试结果文件的基本特征

(3) 构建一个存放 28 天打卡数据的完整数据集文件

经过上面两个步骤,已经把 1～28 日的刷卡数据合并至 data_all_b.csv 文件。该数据集文件包含 1 月 1～28 日的杭州地铁打卡数据,囊括 81 个车站,每个小时的特征数据。因为 54 站点数据缺失,所以用零填充;由于 27 日的数据没有预测,也用零填充。该数据集包含 11 个特征:minute、hour、day、day_since_first、inNums、nuni_deviceID_of_stationID、nuni_deviceID_of_stationID_hour、nuni_deviceID_of_stationID_hour_minute、outNums, week、weekend 和 stationID。数据文件 data_all_b.csv 中局部数据如图 12-17 所示。

minute	hour	day	stationID	day_since	inNums	nuni_devi	nuni_devi	nuni_devi	outNums	week	weekend
0	0	28	80	0	0	0	0	0	0	1	0
10	0	28	80	0	0	0	0	0	0	1	0
20	0	28	80	0	0	0	0	0	0	1	0
30	0	28	80	27	1	14	3	2	1	1	0
40	0	28	80	0	0	0	0	0	0	1	0
50	0	28	80	27	1	14	3	2	1	1	0
0	1	28	80	0	0	0	0	0	0	1	0

图 12-17 data_all_b.csv 文件局部数据

5.2 构建地铁线路以及连接关系表

截至 2019 年 2 月,杭州地铁共开通三条线路。依据数据探查阶段(图 12-7)的统计结果,本文数据集只涉及 A、B、C 三条地铁线路。因此,对给定源文件 Metro_roadMap.csv 进行处理,融合杭州地铁营运关系图(见图 12-18)和路网地图,得到 81 个地铁站点对应地理位置及站点名称,保存在 Station_ID.xlsx 文件中(见图 12-19)。

如图 12-19 所示,源数据文件中 B 路线包含地铁站点 34 个,为杭州地铁 1 号线;C 路线包含地铁站点 33 个,为杭州地铁 2 号线;A 路线包含地铁站点 14 个,为杭州地铁 4 号线。

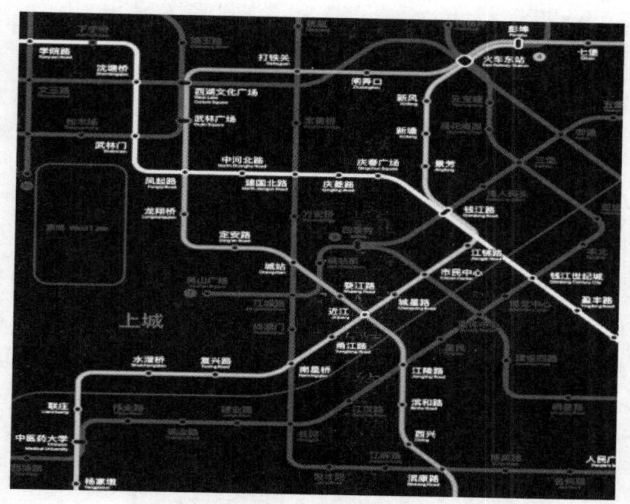

图 12-18　杭州地铁营运关系图

stationID	lineID	线路	其他	相隔站	站名	特殊站	
0	B	一号线	终点		湘湖		
1	B	一号线			滨康路		
2	B	一号线			西兴		
3	B	一号线			滨和路		
4	B	一号线			江陵路		
5	B	一号线	4号换乘	2	近江		
6	B	一号线			婺江路	汽车南站	
7	B	一号线			城站	火车站	站前客运站
8	B	一号线			定安路		
9	B	一号线	2号换乘	1	龙翔桥		
10	B	一号线	2号换乘	2	凤起路		
11	B	一号线	2号换乘	1	武林广场		
12	B	一号线			西湖文化广场		
13	B	一号线			打铁关		
14	B	一号线			闸弄口		
15	B	一号线	4号换乘	1	火车东站	火车东站	
16	B	一号线			彭埠		
17	B	一号线			七堡		
18	B	一号线			九和路		
19	B	一号线			九堡		
20	B	一号线	交叉点	1	客运中心	客运中心	

图 12-19　Station_ID.xlsx 文件

6. 可视化数据分析

本节将数据处理结果可视化，然后融合多源数据对可视化结果进行数据分析。

6.1　确定计数单位，生成可视化图形

首先重构时间数据，使得图形化界面上时间标签的显示形式为“小时：分钟”，小时数值和分钟数值各占两位。然后对数据文件中出现的所有 81 个站点，分别以 10min 为计数单位，构建包括周末及节假日在内每天出入站人流量的折线图。其中，inNums 为入站人流量，显示为蓝色；outNums 为出站人流量，显示为红色。这样，每天每个站点生成 144 张折线图并保存至文件夹 fig_holiday_min 内，文件名为“站点编号”。

图 12-20 显示的是人流量最大的 15 站点一天的刷卡数据。可以看出，以 10min 为计数单位的人流量折线图中，前后时间段的图形相似度较大，更适合细粒度数据分析。如果

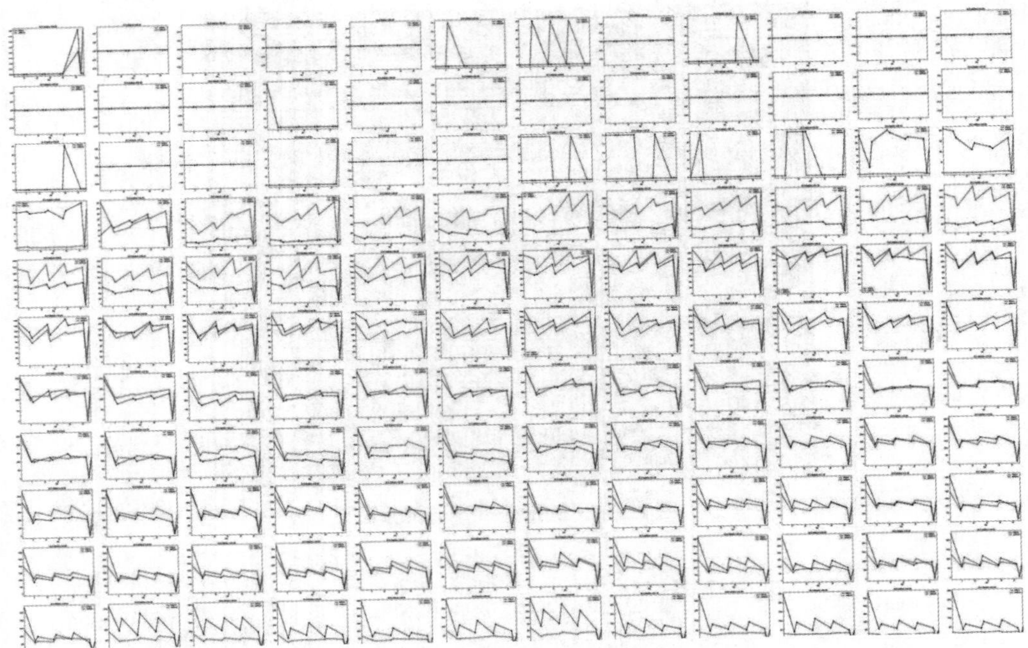

图 12-20 以 10min 为计数单位的人流量折线图

仅根据图形可视化结果进行粗粒度数据分析，这些图形之间存在一定的数据相似性，可视化数据分析效果较差。因此，本文采用 60min 为计数单位，分别对杭州地铁每个站点的出入人流量进行可视化输出(见图 12-21)。以站点编号为文件名保存，每个 jpg 文件存储 24 幅不同时段的出入站点人流量数据折线图。图 12-22 就是 15 号站点 1 月份 26 天 24 小时的出入人流量可视化效果图，可以明显看出，刷卡数据以 7 天为一个周期，

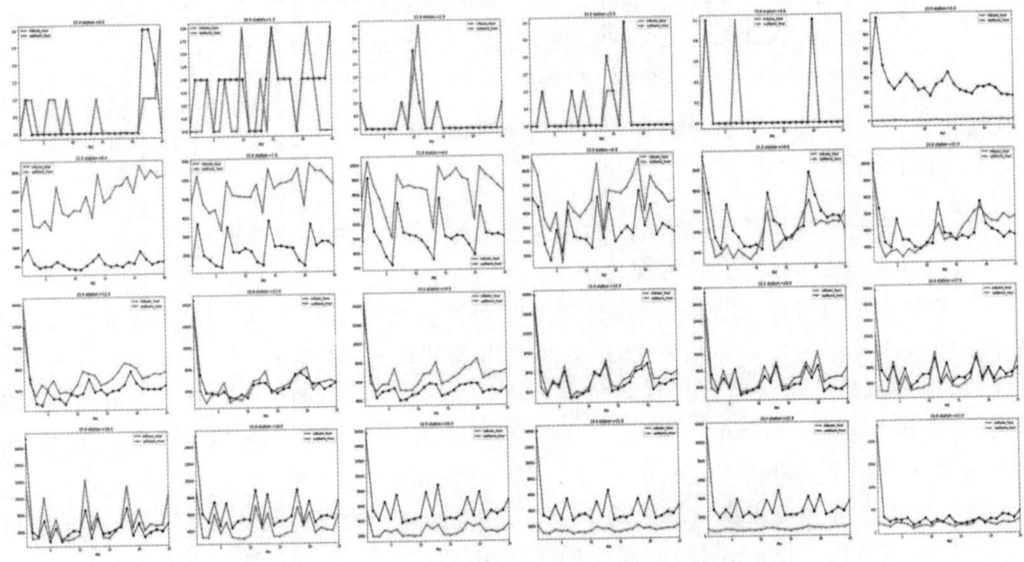

图 12-21 以 60min 为计数单位的人流量折线图

呈现出明显的周期性;前后时间段出入站人流量呈现一定相似性,可以展示出入地铁站点人流量的基本规律。所以,以 60min 为计数单位的折线图可视化效果较好,适合用于本文进行可视化分析。

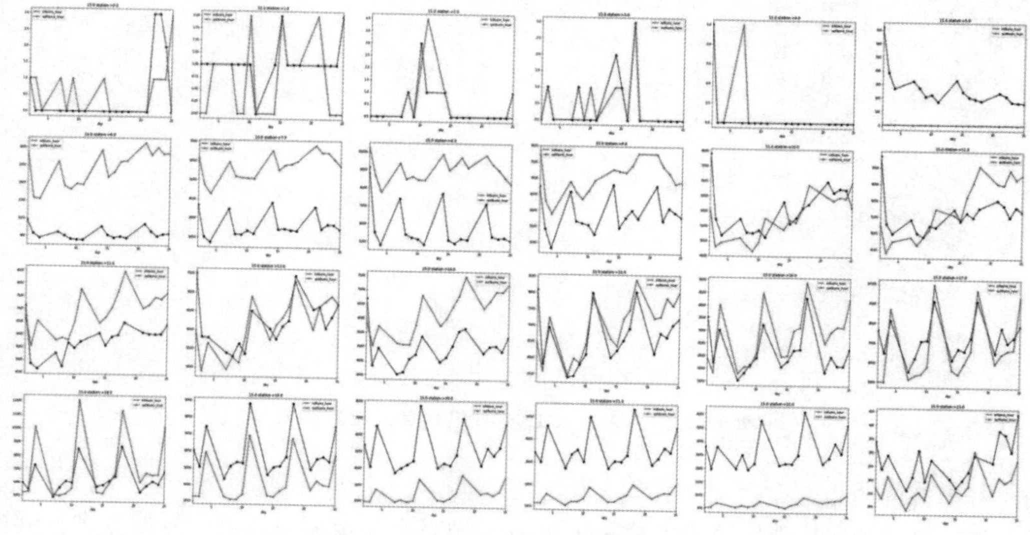

图 12-22　工作日出入 15 号地铁站点人流量情况

从图 12-21 可以明显看出,在一个周期(7 天)内,杭州地铁站点工作日和周末的出入人流量呈现出显著差异。因此,本文将工作日和周末的出入站点人流量分别进行可视化分析。仍然以人流量最大的 15 号站点为例,图 12-22 为工作日出入地铁站点人流量情况。出站入站人流量均比较大,形成许多人流量小高峰;几个相邻时间段出入站人流量呈现相似性。

图 12-23 为周末出入地铁 15 号站点人流量情况。从图中可见,周末出站入站人流量均呈锯齿状,形成周末人流量小高峰。数据显示,早 5～6 点入站人数更多,早 6～9 点出站人数更多,晚 8～11 点入站人数更多。1 月 5 日前出入站人数急剧上升,晚 7～12 点形成入站高峰,20 号后早 4～6 点入站人数剧增。

6.2　融合多源数据的可视化分析

根据 4.2 节数据探查结果得知,15 号站点是全网人流量最大的站点;查询给定源文件 Metro_roadMap.csv 提供的路网地图得知,15 号站点位于最繁忙的 1 号线,是 1 号线和 4 号线的换乘站;融合杭州地铁营运关系图(见图 12-18)及站点名称文件 Station_ID.xlsx,构建地铁站点对应地理位置,可以确定 15 号地铁站点为杭州市火车东站。杭州东站既有高铁,也有普速火车,客流量巨大。特别是周末和节假日,早上 5～6 点赶火车出杭的人们,选择地铁作为主要交通工具,形成入站高峰;早上 6～9 点乘坐火车到杭的人们,或旅游或探亲,地铁作为首选交通工具,形成出站高峰。同样道理,完成白天的行程,晚上 8～11 点乘坐火车离开杭州,地铁也是重要的交通工具。更重要的是,从图 12-21～图 12-23 可以明显地看到,除了元旦期间显著的人流量高峰之外,随着日期的推移,出入站人流量均呈现缓慢上升的趋势。本文推测,随着春节临近,杭州地铁 15 号站点出入站人流量仍然

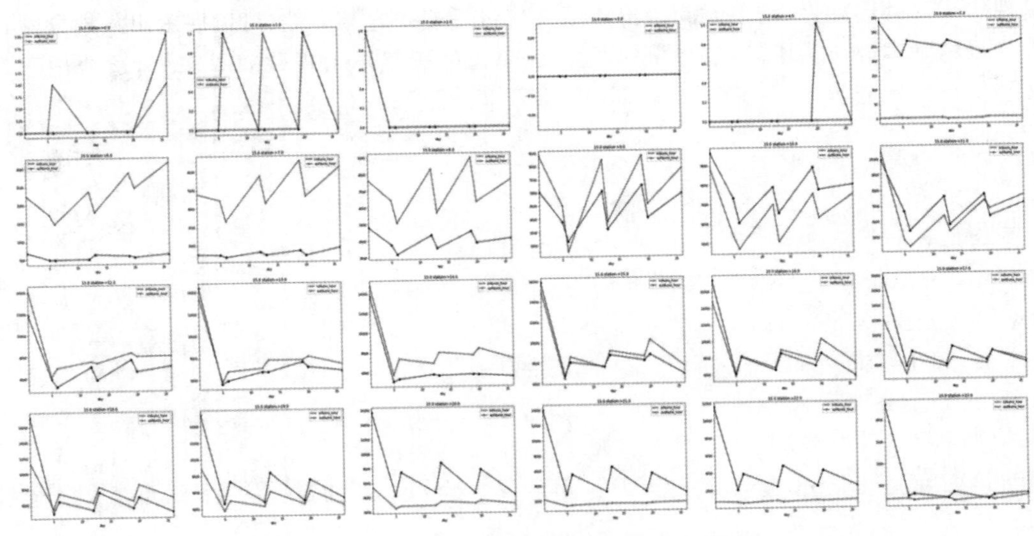

图 12-23 周末出入 15 号地铁站点人流量情况

有继续上升的趋势。

本文继续选取地理位置和功能定位与 15 号站点有一定相似性的 7 号站点进行可视化分析。同在地铁 1 号线上的 7 号站点为城战,位于杭州火车站。杭州火车站列车数量少且大部分为普速列车。虽然城战客流量远小于杭州东站,但其客流量仍为全网第四。如图 12-24～图 12-26 所示,7 号站点工作日早上 7～8 点进出站均有明显的早高峰;周末返杭人数明显增多,并且随着春节临近,返杭人数急速增长,甚至有翻倍的趋势;下午 5～6 点入站人流量呈现明显的晚高峰,并且此时段出站客流量随日期的推移仍呈现明显的增长趋势。这在一定程度上印证了上述推测的有效性。

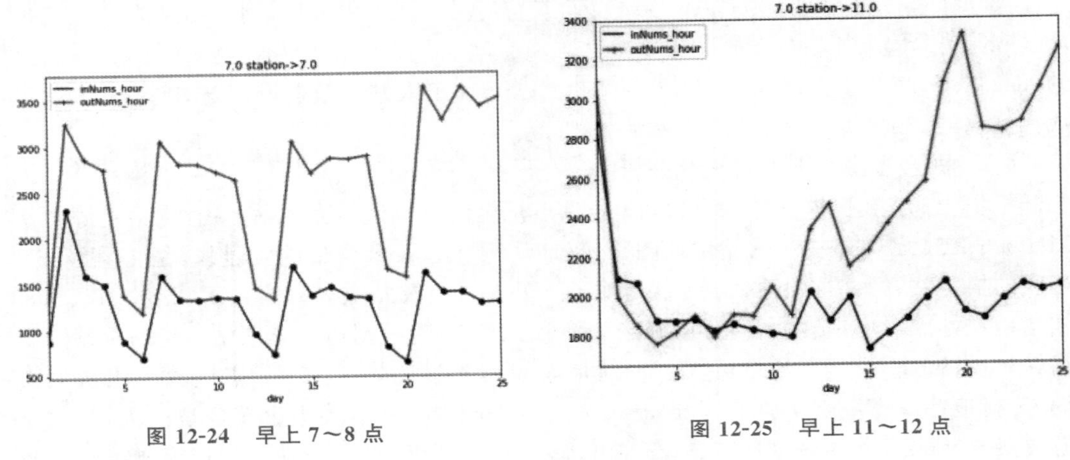

图 12-24 早上 7～8 点

图 12-25 早上 11～12 点

6.3 商业区可视化数据分析

凤起路位于杭州市中心附近,是重要的商业区。本文选取凤起路所在的 10 号站点和

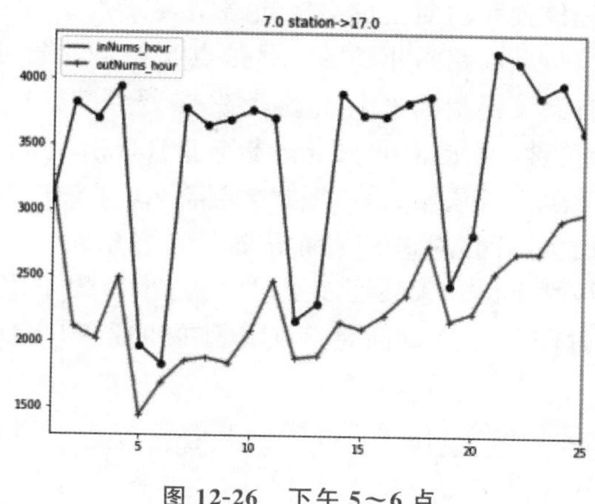

图 12-26　下午 5～6 点

51 号站点进行可视化分析。其中，10 号站点位于最繁忙的 1 号线，出入站人流量居全网第五；51 号站点位于 2 号线，出入站人流量居于全网的中位数。这样算来，作为源数据中唯一拥有两个 ID 号的凤起路，其出入站人流量总和稳居全网首位。

这里以凤起路 10 号站点 26 天的出入站人流量为例。从图 12-27 可以看到，入站和出站人流量均呈现明显周期性，并有锯齿状高峰；入站人流量随日期推移(春节临近)呈锯齿状上升趋势；上午出站人数更多，下午入站人数更多，晚上 7 点左右有入站小高峰，体现了商业区的特点，并且在购物高峰时段，几个相邻时间段出入站人流量规律相似。同为凤起路的 51 号站点出入站人流量比 10 号站点少，但在大多数时间段呈现出与 10 号站点相似的规律性。

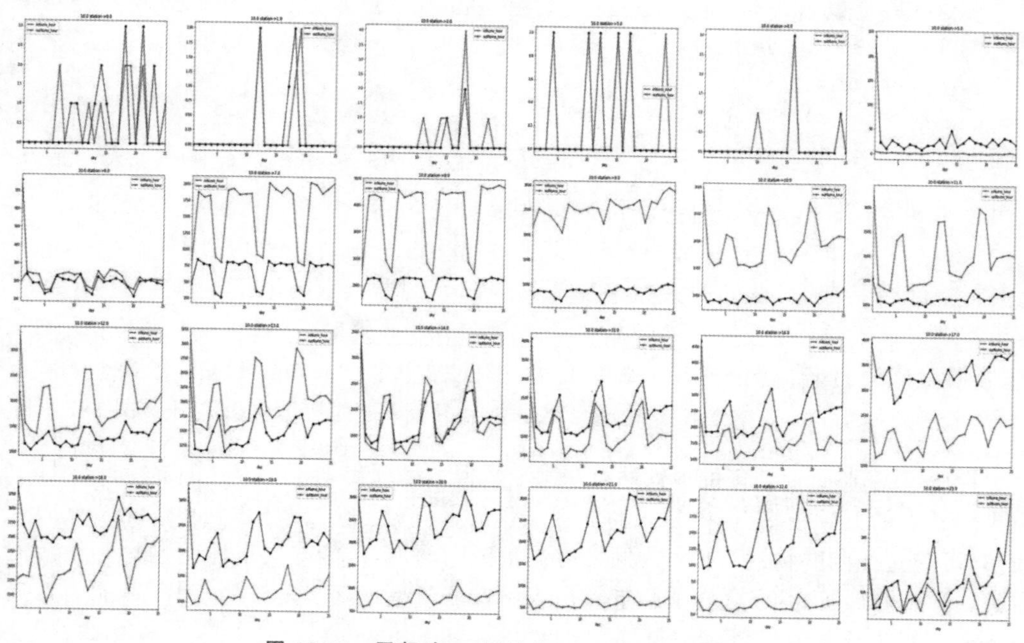

图 12-27　凤起路 10 号站点 26 天出入站人流量

接着，本文选取地理位置和功能定位与凤起路站点较相似的 9 号站点进行可视化分析。同在地铁 1 号线上，与凤起路站相邻的 9 号站点龙翔桥是全网客流量第二大站，杭州市中心的商业区，周围有湖滨银泰等多个大型商场，毗邻西湖景区，相当于上海的南京路和外滩。本文选取几个关键时段进行可视化分析。如图 12-28～图 12-30 所示，早上 7～8 点，龙翔桥站点出站人数远多于进站人数，明显的早高峰，尤其在工作日期间；早上 9 点半左右，正是大型商场开门的时间，周末的龙翔桥站点出站客流量显著增加，应该是居民来此购物；晚上 7～8 点，该站点出站人数远多于进站人数，出现了比较明显的晚高峰，无论是工作日还是周末，此时段的客流量高峰都与商业区的购物高峰时段呈现出明显的关联性。

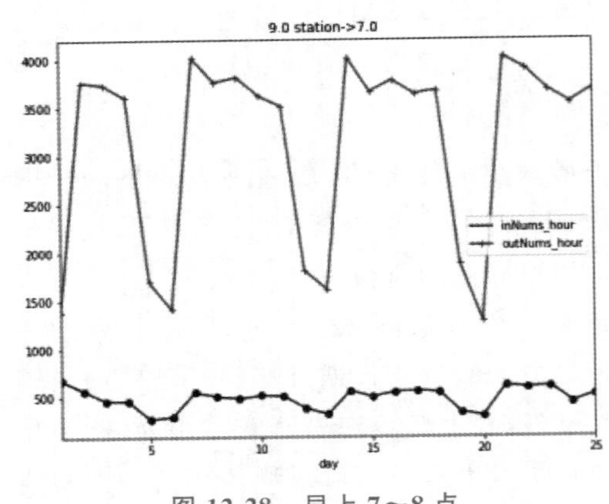

图 12-28　早上 7～8 点

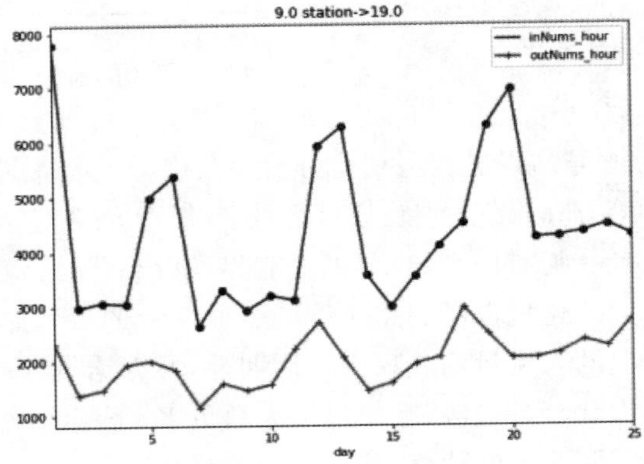

图 12-29　早上 10～11 点

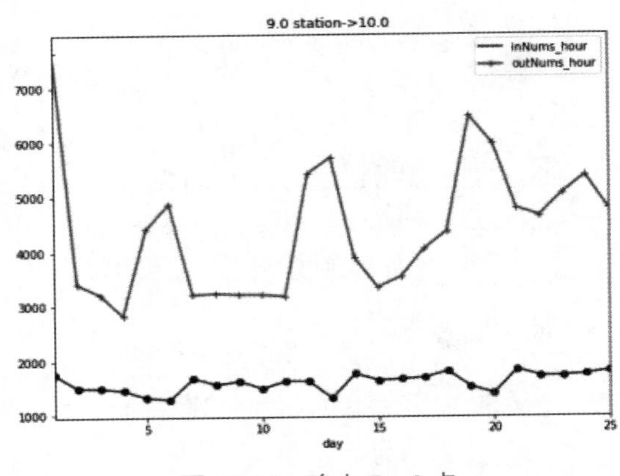

图 12-30　晚上 7～8 点

由此可见，临近商业区的地铁站点在刷卡数据上呈现出如下特点：①工作日早上 7～8 点来此站点的人数较多，可能是来商业区工作的人群；②晚上 7～8 点到达此站点的人数较多，可能是休闲购物的人们；③周末客流量急剧增加，可能与周末休闲购物等生活需求有关；④随着日期的推移(春节临近)，出入站客流量呈现逐步上升的趋势，可能与临近春节人们购买年货有关。

6.4　居住区可视化数据分析

位于全网中位数的 63 号站点在客流量较少的 2 号线上，居于 2 号线的一端，在地理位置上称金家渡站。从图 12-31 可以看出，该站点的出入站人流量呈现明显特点。首先，该站点人流量以 7 天为单位呈现明显的周期性，工作日的出入站人流量处于高峰期，周末的人流量为低谷期。在工作日，上午 5～10 点入站人流量显著增大，说明人们出行的首选交通工具为地铁；下午 5～12 点出站人流量明显更大，说明结束了一天的辛劳，人们乘坐地铁回到这里。这些特征使得金家渡站呈现出距离市区较远的居住区特点。此外，周末入站人流量呈现锯齿状，形成周日入站小低谷，说明是居住区，也有周六加班，但周日上班的人数较少。晚上入站人数稀少，说明鲜有夜晚出门的人流，凌晨之后偶有出站人流，可能是加班回家的人们。

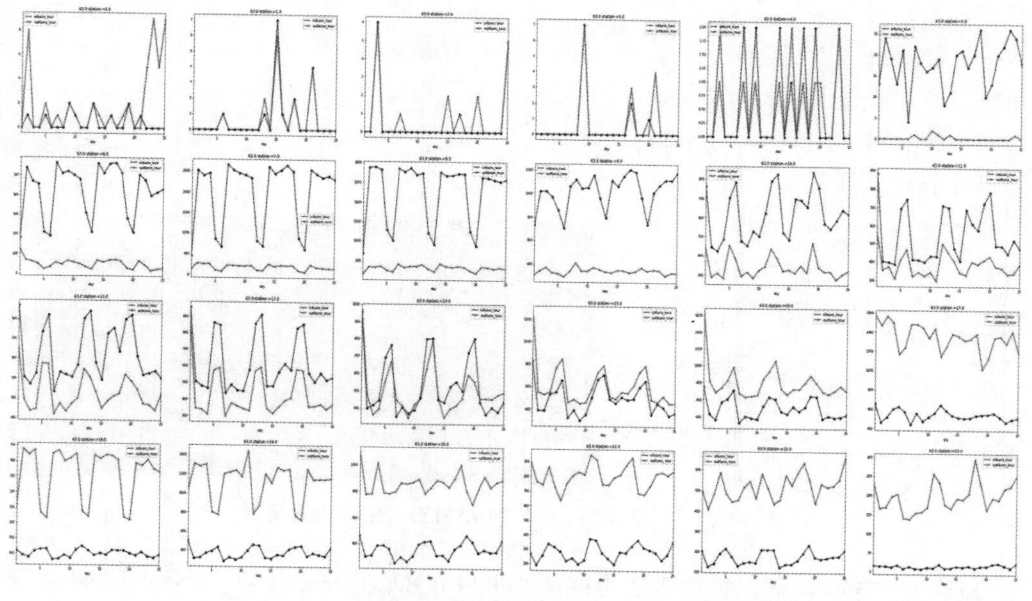

图 12-31　金家渡站 26 天 24 小时出入站人流量情况

由此可见，居民区的地铁站点在刷卡数据上呈现出如下特点：①工作日和周末的出站和入站人流量情况差异明显，规律迥异；②居住区站点的刷卡数据呈现出明显的“早出晚归”特点；③工作日期间，8 小时之内的相邻时间段和 8 小时之外的相邻时间段各自呈现出一定的相关性；④工作日期间，相邻日期的出入站人流量呈现出明显的相似性。

7. 可解释性数据分析及验证

对于地理位置有代表性或区域功能性比较单一的站点，本文进行了可视化分析，取得了有效的分析结果。然而，对于地理位置或功能性比较特殊和复杂的站点，仅依靠简单的折线图无法达到预定的可视化分析效果。因此，本文融合“杭州地铁网”“百度”“知乎”等多种来源的数据，对站点人流量进行综合分析，剖析数据背后的“秘密”。

7.1　甬江路站人流量数据分析

人流量最小的 74 号站点为甬江路站。它位于人流量最少的 4 号线,2018 年 1 月通车。此站点离市中心并不远,只有 5 站路,位置也并不偏僻,但是客流量却是全网最少的。从图 12-32 可以看出,大多数时段出站入站人流量差距不大,上午时段出入站人流量呈现一定周期性;上午入站略高,晚上出站略高,似乎呈现出居民区的迹象。周末入站人流量呈现锯齿状,周日入站进入低谷,可能是住宅区。总的来说,甬江路站早上进站人数多于出站人数,晚上出站人数多于进站人数,属于居民区。本文依据多源数据,希望探索甬江路站人流量最少的可能原因。

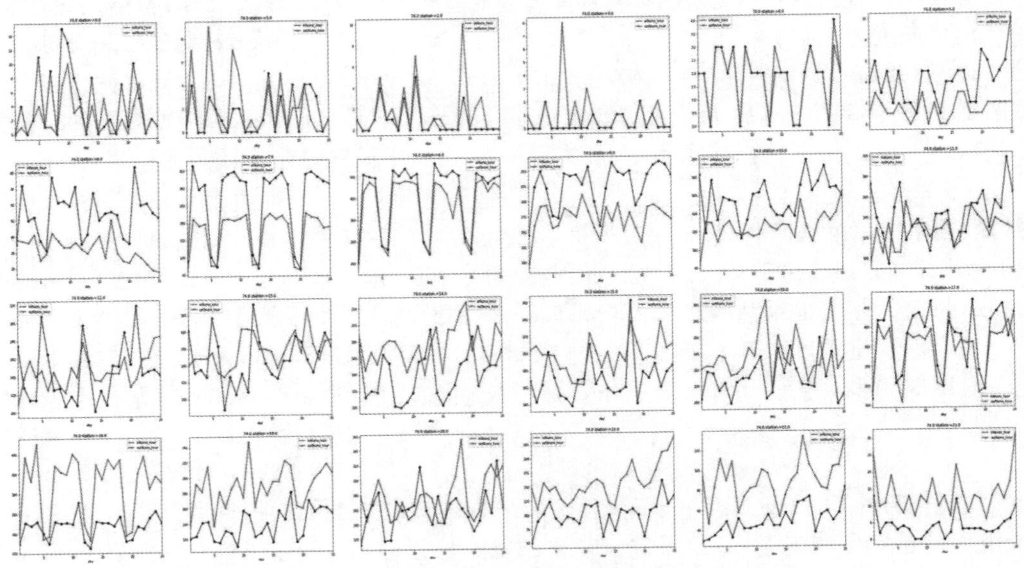

图 12-32　甬江路站 26 天 24 小时出入站人流量情况

地铁为该地区的居民提供了更为便捷的出行方式。位于市中心,交通便利,基础设施齐全的地区应该吸引更多的居民前来购房。总的来说,越靠近市中心的地铁房,价格就越贵,虽然这并不绝对,但是甬江路站的确是杭州市房价最贵的地铁站[6],如图 12-33 所示。甬江路站位于钱江新城豪宅区,方圆 500m 内,一大波江景豪宅,如信达滨江壹品、候潮府、望江府和蓝色钱江等,房价高居杭州市地铁房榜首。看来,甬江路站点人流量小的原因可能是精英人士出入的主要交通工具不以地铁为主,早上 6～8 点入站人员可能是服务人员和社区周边工作人员。

7.2　人民广场站人流量数据分析

出入站人流量位于全网中位数的 39 号站点和 63 号站点,同属于人流量较少的 2 号线,分别居于 2 号线的两端。对比图 12-34 和图 12-32 的出入站人流量情况,这两个站点呈现出较大的差异性。

39 号站点为人民广场站,位于钱塘江南岸的萧山区中心位置。如图 12-34 所示,人民广场站工作日早高峰明显,上午时段出入站人流量呈现一定周期性,并有锯齿状人流量小高峰。锯齿状的形成应该与工作日、周末人流量差距较大有关。早上 5～8 点入站人流

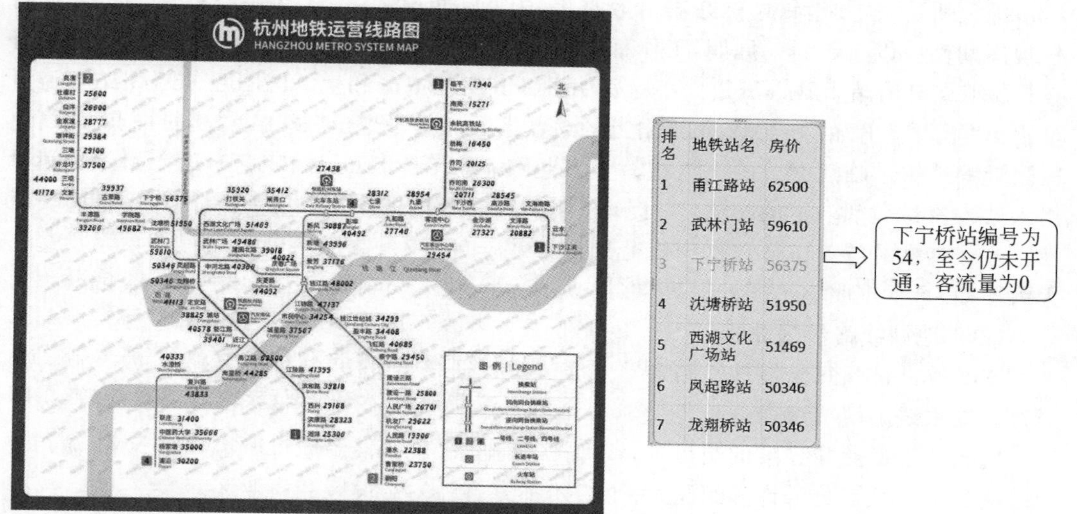

排名	地铁站名	房价
1	甬江路站	62500
2	武林门站	59610
3	下宁桥站	56375
4	沈塘桥站	51950
5	西湖文化广场站	51469
6	风起路站	50346
7	龙翔桥站	50346

图 12-33　杭州地铁房价及排名

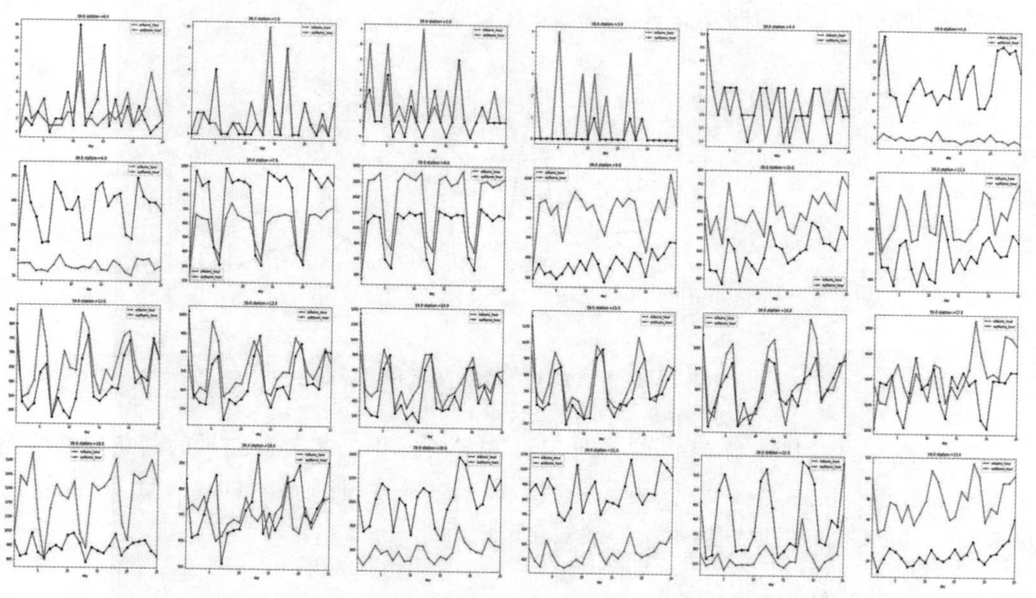

图 12-34　人民广场站 26 天 24 小时出入站人流量情况

量更大，早上 8～12 点出站人流量更大，出入站分界线明显，并有锯齿状人流量小高峰。晚高峰与早高峰出现相似的情况。周末早高峰不明显，周六周日客流差别大。在工作日，晚上 8 点以后入站人数明显增大，可以看出本站是某小型区域的中心站点，以生活区为主。该站点出入站情况在 1～5 日，20 日以后无异常变化，可能居住的是杭州老住户。早上 5～8 时进站人流量大，8～12 时出站人流量大，本站周围具有商业区的部分功能。因此，人民广场站应该是兼有生活区和商业区部分特点的区域性中心站点，属于居民区。

综上所述,杭州地铁站点在刷卡数据上呈现出如下特点:①出站数据和入站数据均呈现周期性。以7天为一周期,工作日和周末的人流量差别很大,分别呈现不同的周期特点;②工作日出站入站人流量大小区别明显。其中住宅区和生活区附近的地铁站人流量呈现出“早入晚出”的特点,工作区附近的地铁站人流量呈现出“早出晚归”的特点,而商业区附近的地铁站临近春节的人流量有上升趋势;③工作日的上午、晚上几个相邻时间段出入站人流量呈现一定的相似性,工作日期间相邻日期的出入站人流量具有一定的关联性;④周末数据与工作日数据应该分别进行数据分析,源数据中只有1月1日元旦这一天为假期,且呈现明显不同的模式,在进一步数据预测时可以尝试不考虑这一天的数据。

7.3 地铁线路数据分析

本节累计杭州每条地铁线路各站点客流量数据,结合杭州地理位置和行政区划情况,对每天地铁线路情况综合分析。

杭州位于平原和丘陵的交界处,钱塘江、西湖景区、西溪湿地将城市分割开来,城市交通由此受阻。城市分为许多组团,每个组团都有自己的居民区和商业区。

地铁1号线串联了城市的多个组团,如主城区、滨江、下沙、临平等。从图12-35可以看出,客流量曲线有许多极大值点,说明杭州的区域性中心有多个,分别对应每个组团或卫星城的中心,但是它们的发展状况仍远不及主城区。

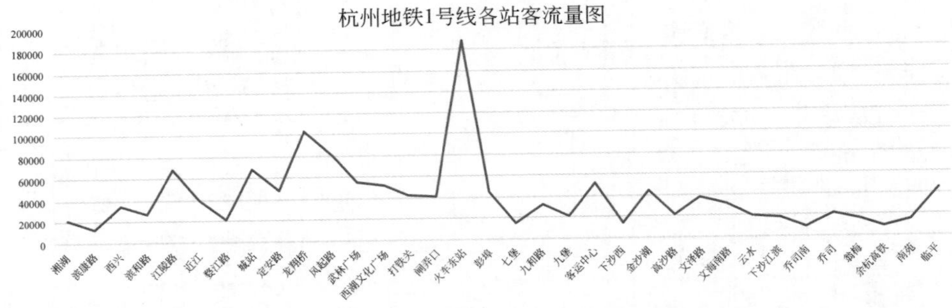

图12-35 地铁1号线各站点客流量图

从图12-36和图12-37可以看出,2号线和4号线作为客流量较少的两条地铁线路,相比附近的非换乘站,换乘站(凤起路,近江,火车东站等)拥有较大的客流量,明显高于非换乘站。可以说,杭州地铁换乘站的设置比较合理。

8. 数据分析结果

地铁交通系统是一个复杂的系统,涉及人、车辆、道路和环境的相互作用。其中,车辆和道路基础设施状况是影响交通流量的重要因素,很大程度上决定了地铁客流量具有非线性和不确定性。然而,人们乘坐地铁出行的行为总体上具有规律性,在一定程度上决定了地铁客流量具有时空相似性,主要表现在以下几个方面。

8.1 动态性

同一路段在不同时刻的交通流量分布不同[7],其原因主要如下。

(1) 经济社会的快速发展促使人们的需求和出行结构向多元化发展,如本文甬江路

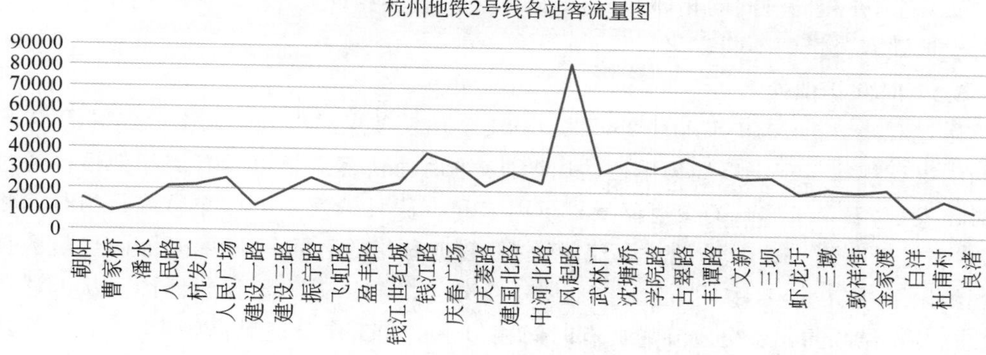

图 12-36　地铁 2 号线各站点客流量图

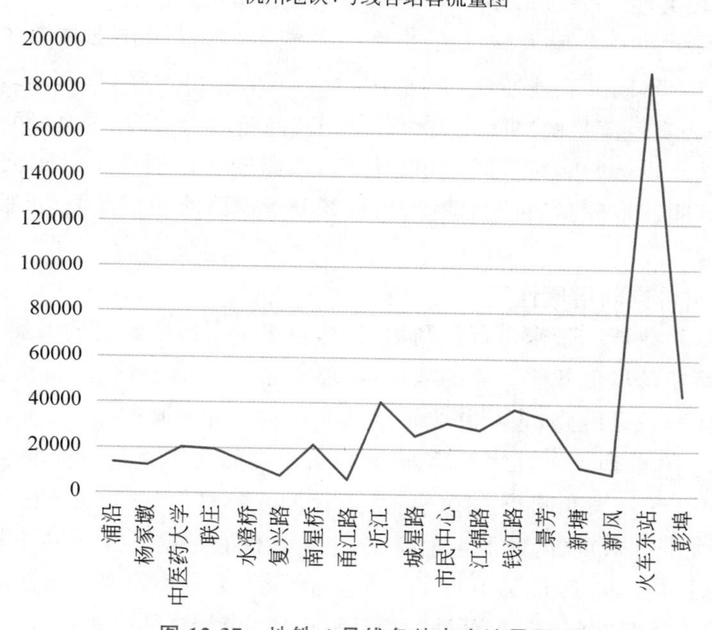

图 12-37　地铁 4 号线各站点客流量图

站附近豪宅林立，许多居民出行的首选交通工具并不一定是地铁。

(2) 恶劣天气情况的频发，使得人们的出行方式和出行频率也随之变化，例如，雨天的道路行驶状况和晴天可能有区别。本文也收集整理了 2019 年 1 月每天的天气情况，粗略探索杭州天气情况与地铁刷卡数据的潜在关系。由于训练样本有限，天气变化不够显著，目前未形成具有显著意义的结论，故没有展示评价结果。

(3) 季节的更替变化，冬季白昼短，夏季白昼长，很多单位会相应调整工作时间。

(4) 节假日的影响，例如元旦、春节等，本文提供的杭州地铁打卡数据中，节假日和工作日的交通流量分布规律有着显著差别。

(5) 交通事故或临时性的交通管制等。

实际上,在相同时间的相邻路段,交通流量也不尽相同。总之,多种影响因子的变化会造成地铁客流量的不断变化。

8.2 时间相似性

通过对比分析 2019 年 1 月 26 天杭州 81 个地铁站点的出入站人流量数据,可以发现人们的出行规律呈现出以周为单位的周期性,进而地铁客流量也具有周相似性。通过数据对比发现,五个工作日的交通流量异于周末和节假日。为了验证交通流量的时间相似性,本文整理了近一个月的地铁人流量数据,数据采集的时间间隔为 60min,经过数据预处理绘制了 2019 年 1 月 1 日至 28 日共 81 个站点的出入站人流量折线图。从上述可视化数据分析结果看出:交通流量具有时间相似性。在工作日通勤高峰期,交通流量达到峰值,部分客流量较大的站点可能会出现交通拥堵现象。而周六周日的交通流量呈现出先上升后下降的趋势,明显不同于工作日状况。

8.3 空间相关性

杭州地铁系统是一个庞大并交互的繁杂系统,通常显示出非线性、非稳定性等特点[8]。由于城市道路网具有连通性,不同路段之间存在拓扑关系,这些路段的交通量也会彼此影响,表现为交通流量的空间相关性。且距离愈近,彼此作用愈强;距离愈远,彼此作用愈弱。换乘站点也会影响路段间的相互作用,故路网的连通性决定了交通流量具有空间相关性[9]。若想获取较高的预测精度,需要充分考虑路网的拓扑关系,服务于杭州地铁交通控制和疏导。

8.4 地铁房价空间增值性

地铁交通给沿线居民带来出行便利的同时,也带动了沿线经济的发展,尤其突出的是对沿线房地产价格的增值效应。总的来说,越靠近市中心的地铁房,价格就越贵,但这也并不绝对。具体到每条线路,它们并非平滑地向两端延伸递减[10]。

在图 12-33 中,以地铁 1 号线下沙为例,房价最高的区域为龙翔桥至西湖文化广场一带,价格在 49 486~51 469 元/平方米;随后滨江的江陵路(41 399 元/平方米)、江干的彭埠站(40 492 元/平方米)也出现了一个高点;全线最便宜的房价出现在下沙西,为 20 711 元/平方米,随后再往东,房价又出现了一个小高峰。房屋均价高于 50 000 的有 7 个站点,除了最贵的甬江路站(62 500 元/平方米)位于钱江新城,其余都散布在武林门周围区域,如武林门(59 610 元/平方米)、龙翔桥(50 346 元/平方米)等。杭州地铁 1、2、4 号线中,房价最贵的线路是地铁 4 号线,均价 42 177 元/平方米,主要因为 4 号线沿线经过一大批钱江新城豪宅;平均房价最低的是地铁 1 号线,为 32 353 元/平方米,主要受临平、下沙一带房价“拖后腿”。

由此可以看出,房价高和客流量大的成因可能是相同的,即位于市中心,交通便利,基础设施齐全。对于房价较高的几个站点均是如此。但对于房价最高的甬江路来说,客流量反而最低。客流量小的原因可能是精英人士出行的交通工具不以地铁为主。

对于杭州来说,地铁线路客流量和地铁周边房价恰好呈现反相关关系。可能和杭州地铁的线路设置有关。综上所述,地铁客流量和地铁周边房价的关系很复杂,需要进一步的分析和学习。

9. 可能的解决方案

通过对杭州地铁乘客流量特征分析与总结，基本梳理出杭州地铁各线路的客流成长规律。从目前的客流特征出发，本节提出有助于提高地铁交通规划设计与运营管理水平的可能解决方案[11]。

(1) 加强杭州地铁大数据的收集、处理和利用工作。本文数据分析发现，杭州地铁客流量高峰期为每天上午的6～9点、下午的5～9点，结合实际情况便可明白引发这种现象的主要原因是“上下班高峰期”。为了解决这一问题，可以采用大数据技术对杭州地铁以前的数据进行分析整理，制定出一套科学的A方案。每当高峰期临近时，杭州地铁管理部门可以增加繁忙线路上车辆数量，适当调整地铁班次，启动进站口刷卡处的报警装置。当站点可承受客流量临近上限，报警装置示警，启动紧急处理方案A。这样，车辆班次的增加、等待时间的缩短对降低地铁运营负荷具有积极作用。

(2) 利用大数据相关技术完善地铁交通管理，改善地铁交通运行的不确定性与不平衡性，提高地铁运营效率。目前，地铁交通客流量会随着时间、季节、事件的变化而变化，其中不确定性问题主要表现在节假日或大型活动举办期间。这时地铁客流量会集中在某一区域的某一时间点，致使该时间段的客流量大幅增加，给地铁运营带来较大压力；不平衡性问题主要表现为商业区、换乘车站等人流量较大的区域也是地铁客流量较大的站点，而郊区、“城中村”等人流量较小的区域也是地铁客流量较少的地区。可以通过提前部署，合理调配等方式尽量缓解暂时拥堵现象。

(3) 利用智能设备规避地铁风险，提高地铁交通客运服务质量。随着地铁客流量增加，客运服务工作量愈发庞大，服务人员的工作压力骤然上升。为了保证乘客人身安全，应该安排工作人员站在屏蔽门前维护秩序，避免乘客因为拥挤、踩踏发生意外，尤其是杭州西湖等著名景点附近的地铁站。这种情况下，可以利用大数据技术开发智能检测系统[12]，将系统安装于屏蔽门前的黄线内，当红外线感应器感应到人体红外线时会发出警告，提醒乘客后退，从而达到节约人力资源、减少工作量，提高地铁客运服务质量的目的。

10. 总结与展望

本文整理了2019年1月的杭州地铁人流量数据，完成数据预处理并绘制了2019年1月1日至28日共81个站点的出入站人流量数据折线图，对代表性地铁站点、重要时间段、城市不同功能区的乘客流量规律进行可视化研究，挖掘杭州地铁乘客出行规律，验证了杭州地铁客流量具有时空相似性。这对规避交通堵塞，部署站点安保，实现智慧出行具有显著意义和实用价值，对研究地铁交通与沿线房地产价格的关系具有一定借鉴意义。

杭州地铁交通系统是动态的庞大系统，影响杭州地铁刷卡数量的因素繁杂而多样。本文仅完成了粗粒度的出入站人流量可视化分析。为了更详细、更全面地探究杭州地铁人流量规律，本文下一步的工作将研究XGBoost[13]、LightGBW[14]算法在地铁人流量预测模型中的应用，对本文的源数据进行细粒度的数据分析、挖掘和预测，为大数据助力智慧出行提供更翔实的解决方案。

本章参考文献

[1] 杭州地铁，百度百科. https://baike.baidu.com/item/杭州地铁/9670206? fr=aladdin[DB/OL]. [2020.01.05].

[2] 杭州地铁. http://www.hzmetro.com/ [DB/OL]. [2020.01.04].

[3] 杭州：2022 年亚运会前将新建 400 公里轨道交通[EB/OL]. [2018.12.22]. 中国政府网 http://www.gov.cn/xinwen/2018-12/22/content_5351166.htm? _zbs_baidu_bk.

[4] 陈白磊.杭州市轨道交通客流预测中的一些问题及对策[J]. 城市轨道交通研究，2003：81-84.

[5] 天池大数据众智平台——阿里云天池. https://tianchi.aliyun.com/home[DB/OL]，[2019.05.20].

[6] 杭州地铁房价[EB/OL]. https://hz.focus.cn/zixun/ec5aaa1fa47b6407.html.

[7] 沈丽萍，马莹，高世廉.城市轨道交通客流分析[J]. 城市交通，2007，5(3)：14-19.

[8] 蔡后琮.无锡、上海、杭州轨道交通考察印象浅析[J]. 企业管理，DOI：10.16661/j.cnki.1672-3791.2018.23.136. 2018(23)：136-137.

[9] 刘剑锋，罗铭，马毅林，等. 北京轨道交通网络化客流特征分析与启示[J]. 都市快轨交通，2012，25(5)：27-32.

[10] 张术.城市轨道交通对房地产价格的空间效应研究——以杭州市地铁 1 号线为例[D]. 浙江：浙江大学，2014.

[11] 朱玮.轨道交通发展对杭州商业空间形态的影响[D]. 浙江：浙江大学，2016.

[12] 金昱.基于上海轨道交通刷卡数据的乘客出行模式研究[J]. 都市快轨交通. 2019，32(3)：91-96.

[13] 范淼，李超.Python 机器学习及实践[M]. 北京：清华大学出版社，2016.

[14] LightGBW 基本原理介绍. https://blog.csdn.net/qq_24519677/article/details/82811215，2020.01.05.

参考文献

[1] Tan P N，Michael S，Vipin K. 数据挖掘导论[M]. 范明，范宏建，等译. 北京：人民邮电出版社，2011.

[2] Han J W，Micheline，Pei J.数据挖掘：概念与技术[M]. 北京：机械工业出版社，2012.

[3] Tom M M 著. 机器学习[M]. 曾华军，张银奎，译. 北京：机械工业出版社，2014.

[4] 李航. 统计学习方法[M]. 北京：清华大学出版社，2017.

[5] 鲁燃，张玉叶. 大学 IT(数据科学基础)[M]. 青岛：中国石油大学出版社，2019.

[6] 于晓梅，王红. 智能数据挖掘——面向不确定数据的频繁模式[M]. 北京：清华大学出版社，2018.

[7] 董付国. Python 程序设计(2 版)[M]. 北京：清华大学出版社，2016.

[8] 董付国. Python 可以这样学[M]. 北京：清华大学出版社，2017.

[9] 张健，张良均. Python 编程基础[M]. 北京：人民邮电出版社，2018.

[10] 嵩天，礼欣，黄天羽. Python 语言程序设计基础[M]. 北京：高等教育出版社，2020.

[11] 江吉彬，张良均. Python 网络爬虫技术[M]. 北京：人民邮电出版社，2019.

[12] 齐文光. Python 网络爬虫实例教程[M]. 北京：人民邮电出版社，2019.

[13] 董付国. Python 数据分析、挖掘与可视化(第 2 版)[M]. 北京：人民邮电出版社，2020.

[14] 吕云翔，李伊琳，王肇一，等. Python 数据分析实战[M]. 北京：清华大学出版社，2019.

[15] 张思民. Python 程序设计案例教程从入门到机器学习[M]. 北京：清华大学出版社，2019.

[16] 王浩，袁琴，张明慧. Python 数据分析案例实战[M]. 北京：人民邮电出版社，2020.

[17] 黄源，蒋文豪，徐受蓉.大数据分析：Python 爬虫、数据清洗和数据可视化[M]. 北京：清华大学出版社，2020.

[18] 范淼，李超. Python 机器学习及实践——从零开始通往 Kaggle 竞赛之路[M]. 北京：清华大学出版社，2016.

[19] 赵卫东，董亮. Python 机器学习实战案例[M]. 北京：清华大学出版社，2020.

[20] 高随祥，文新，马艳军，等. 深度学习导论与应用实践[M]. 北京：清华大学出版社，2019.

[21] 飞桨 AI Studio[EB/OL]. [2021]. http://aistudio.baidu.com/aistudio/course.

图书资源支持

感谢您一直以来对清华版图书的支持和爱护。为了配合本书的使用，本书提供配套的资源，有需求的读者请扫描下方的“书圈”微信公众号二维码，在图书专区下载，也可以拨打电话或发送电子邮件咨询。

如果您在使用本书的过程中遇到了什么问题，或者有相关图书出版计划，也请您发邮件告诉我们，以便我们更好地为您服务。

我们的联系方式：

地　　址：北京市海淀区双清路学研大厦 A 座 714

邮　　编：100084

电　　话：010-83470236　010-83470237

客服邮箱：2301891038@qq.com

QQ：2301891038（请写明您的单位和姓名）

资源下载：关注公众号“书圈”下载配套资源。

资源下载、样书申请

书圈

图书案例

清华计算机学堂

观看课程直播